Análise de circuitos

JOHN R. O'MALLEY é professor de engenharia elétrica na University of Florida. É Ph.D. pela University of Florida e bacharel em direito pela Georgetown University. É autor de dois livros sobre análise de circuitos e dois sobre computação digital. Leciona em cursos de análise de circuito elétrico desde 1959.

O54a	O'Malley, John.
	    Análise de circuitos / John O'Malley ; tradução: Flávio Adalberto Poloni Rizzato. – 2. ed. – Porto Alegre : Bookman, 2014.
	    xii, 376 p. : il. ; 28 cm.
	
	    ISBN 978-85-8260-170-9
	
	    1. Engenharia elétrica. 2. Circuitos. I. Título.
	
	                                                  CDU 621.316

Catalogação na publicação: Suelen Spíndola Bilhar – CRB 10/2269

John O'Malley

Análise de circuitos
Segunda edição

Tradução

Flávio Adalberto Poloni Rizzato
Engenheiro Eletricista pela Fundação Armando Alvares Penteado – FAAP
Mestre em Educação pela Universidade Tuiuti do Paraná
Professor do Instituto Federal de Educação do Paraná – Campus Campo Largo

2014

Obra originalmente publicada sob o título *Schaum's Outline of Basic Circuit Analysis*, 2nd Edition
ISBN 0071756434 / 9780071756433

Original edition copyright ©2011, The McGraw-Hill Global Education Holdings, LLC., New York, New York 10020. All rights reserved.

Portuguese language translation copyright ©2014, Bookman Companhia Editora Ltda., a Grupo A Educação S.A company. All rights reserved.

Gerente editorial: *Arysinha Jacques Affonso*

Colaboraram nesta edição:

Editora: *Maria Eduarda Fett Tabajara*

Capa (arte sobre capa original): *Kaéle Finalizando Ideias*

Preparação de originais: *Gabriela Barboza*

Editoração: *Techbooks*

Reservados todos os direitos de publicação, em língua portuguesa, à
BOOKMAN EDITORA LTDA., uma empresa do GRUPO A EDUCAÇÃO S.A.
Av. Jerônimo de Ornelas, 670 – Santana
90040-340 – Porto Alegre – RS
Fone: (51) 3027-7000   Fax: (51) 3027-7070

É proibida a duplicação ou reprodução deste volume, no todo ou em parte, sob quaisquer formas ou por quaisquer meios (eletrônico, mecânico, gravação, fotocópia, distribuição na Web e outros), sem permissão expressa da Editora.

Unidade São Paulo
Av. Embaixador Macedo Soares, 10.735 – Pavilhão 5 – Cond. Espace Center
Vila Anastácio – 05095-035 – São Paulo – SP
Fone: (11) 3665-1100   Fax: (11) 3667-1333

SAC 0800 703-3444 – www.grupoa.com.br

IMPRESSO NO BRASIL
PRINTED IN BRAZIL
Impresso sob demanda na Meta Brasil a pedido de Grupo A Educação.

*Dedicado à memória amorosa de meu irmão
Norman Joseph O'Malley,
advogado, engenheiro e conselheiro.*

Prefácio

Estudando com este livro, estudantes de tecnologia elétrica e de engenharia elétrica irão aprender análise de circuitos com menos esforço. Visto que o livro começa com a análise de circuitos resistivos de corrente contínua e, na sequência, analisa a corrente alternada (assim como um livro-texto popular de análise de circuitos), o aluno pode usar este livro como um complemento a outros livros de análise de circuitos.

O leitor não precisa conhecer cálculo diferencial ou cálculo integral, embora o livro apresente derivadas nos capítulos sobre capacitores, indutores e transformadores, como é exigido para as relações tensão-corrente. Os poucos problemas com derivadas são seguidos de explicações físicas claras e não há uma única integral em qualquer parte do livro. Apesar de não utilizar conhecimentos avançados de matemática, este livro pode ser útil para o leitor de engenharia elétrica, já que a maioria do material utilizado em cursos de análise de circuitos em engenharia elétrica requer apenas conhecimentos de álgebra. O leitor é alertado quando existem diferentes definições nos campos da tecnologia elétrica e da engenharia, como reatâncias capacitivas, fasores e potência reativa, e as várias definições são apresentadas.

Uma das características especiais deste livro é a apresentação de circuitos amplificadores operacionais (amp op). Outro tema adicionado é o uso de calculadoras científicas avançadas para resolver as equações simultâneas que surgem na análise de circuitos. Embora requeira a colocação das equações na forma matricial, absolutamente nenhum conhecimento de álgebra matricial é necessário. Finalmente, foram incluídos muito mais problemas sobre circuitos que contêm fontes dependentes.

Gostaria de agradecer ao Dr. R.L. Sullivan, que era presidente do Departamento de Engenharia Elétrica da University of Florida enquanto eu estava escrevendo esta edição. Ele nutriu um ambiente que tornou propícia a escrita de livros. Agradeço também à minha esposa, Lois Anne, e a meu filho, Mathew, por seu apoio e incentivo constante, sem os quais eu não poderia ter escrito esta edição.

John R. O'Malley

Sumário

CAPÍTULO 1	**Conceitos Básicos**	**1**
	Agrupamento de dígitos	1
	Sistema internacional de unidades	1
	Carga elétrica	2
	Corrente elétrica	2
	Tensão	3
	Fontes dependentes	4
	Potência	4
	Energia	5
CAPÍTULO 2	**Resistência**	**17**
	Lei de Ohm	17
	Resistividade	17
	Efeitos da temperatura	18
	Resistores	19
	Consumo de potência no resistor	19
	Valores nominais e tolerâncias	19
	Código de cores	20
	Circuito aberto e curto-circuito	20
	Resistência interna	20
CAPÍTULO 3	**Circuito CC Série e Paralelo**	**31**
	Ramos, nós, laços, malhas e componentes conectados em série e em paralelo	31
	Lei de Kirchhoff das Tensões e circuitos CC em série	31
	Divisor de tensão	32
	Lei de Kirchhoff das Correntes e circuitos CC em paralelo	32
	Divisor de corrente	34
	Método quilo-ohm-miliampère	34
CAPÍTULO 4	**Análise de Circuitos CC**	**54**
	Regra de Cramer	54
	Soluções com calculadora	55
	Transformações de fontes	56
	Análise de malhas	56
	Análise de laço	57
	Análise nodal	58
	Fontes dependentes e análise de circuitos	59
CAPÍTULO 5	**Circuitos CC Equivalentes, Teoremas de Rede e Circuitos Ponte**	**82**
	Introdução	82
	Teoremas de Thévenin e de Norton	82
	Teorema da máxima transferência de potência	84
	Teorema da superposição	84
	Teorema de Millman	85
	Transformações Y-Δ e Δ-Y	85
	Circuitos ponte	86

CAPÍTULO 6	**Circuitos Amplificadores Operacionais**	**112**
	Introdução	112
	Operação do amp op	112
	Circuitos populares com amp op	114
	Circuitos com múltiplos amplificadores operacionais	117
CAPÍTULO 7	**Capacitores e Capacitância**	**136**
	Introdução	136
	Capacitância	136
	Construção do capacitor	136
	Capacitância total	137
	Armazenamento de energia	138
	Tensões e correntes variáveis no tempo	138
	Corrente no capacitor	139
	Circuito CC excitado com um único capacitor	139
	Temporizadores e osciladores *RC*	140
CAPÍTULO 8	**Indutores e Indutância**	**157**
	Introdução	157
	Fluxo magnético	157
	Indutância e construção do indutor	158
	Relação tensão e corrente no indutor	158
	Indutância total	159
	Energia armazenada	160
	Circuitos CC excitados por um indutor	160
CAPÍTULO 9	**Tensão e Corrente Alternada Senoidal**	**170**
	Introdução	170
	Ondas senoidais e cossenoidais	171
	Relações de fase	173
	Valor médio	174
	Resposta senoidal de um resistor	174
	Valores eficazes ou rms	175
	Resposta senoidal de um indutor	175
	Resposta senoidal de um capacitor	176
CAPÍTULO 10	**Álgebra Complexa e Fasores**	**192**
	Introdução	192
	Números imaginários	192
	Números complexos e a forma retangular	193
	Forma polar	194
	Fasores	196
CAPÍTULO 11	**Análise de Circuitos CA Básicos, Impedância e Admitância**	**207**
	Introdução	207
	Elementos de circuito no domínio fasorial	207
	Análise de circuitos CA em série	209
	Impedância	210
	Divisão de tensão	212
	Análise de circuito CA paralelo	212
	Admitância	213
	Divisão de corrente	214
CAPÍTULO 12	**Análise de Malha, Laço e Nodal para Circuitos CA**	**240**
	Introdução	240
	Transformações de fontes	240
	Análise de malha e de laço	241
	Análise nodal	242

CAPÍTULO 13	**Circuitos CA Equivalentes, Teoremas de Rede e Circuitos Ponte**		**262**
	Introdução		262
	Teoremas de Thévenin e de Norton		262
	Teorema da máxima transferência de potência		263
	Teorema da superposição		263
	Transformações Y-Δ e Δ-Y em CA		264
	Circuitos CA ponte		265
CAPÍTULO 14	**Potência em Circuitos CA**		**290**
	Introdução		290
	Consumo de potência do circuito		290
	Wattímetros		291
	Potência reativa		292
	Potência complexa e potência aparente		292
	Correção do fator de potência		293
CAPÍTULO 15	**Transformadores**		**315**
	Introdução		315
	Regra da mão direita		316
	Convenção de pontos		316
	Transformador ideal		316
	Transformador com núcleo de ar		319
	Autotransformador		321
CAPÍTULO 16	**Circuitos Trifásicos**		**344**
	Introdução		344
	Notação de índice		344
	Geração de tensão trifásica		344
	Conexões dos enrolamentos do gerador		346
	Sequência de fase		346
	Circuito Y balanceado		347
	Carga Δ balanceada		349
	Cargas em paralelo		350
	Potência		351
	Medições de potências trifásicas		352
	Circuitos desbalanceados		353
	Índice		**373**

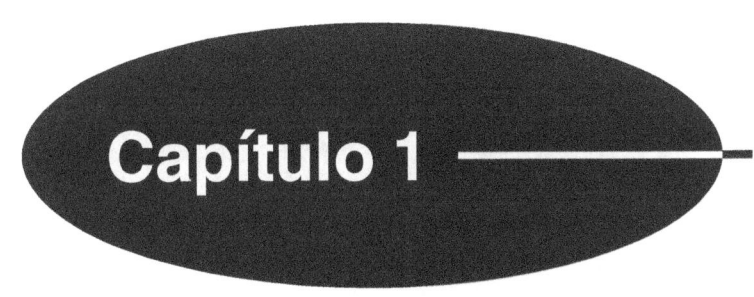

Capítulo 1

Conceitos Básicos

AGRUPAMENTO DE DÍGITOS*

Para tornar os números mais fáceis de ler, algumas comissões científicas internacionais recomendam a prática de separar os dígitos em grupos de três para a direita e para a esquerda do ponto decimal, como em 64 325.473 53. No entanto, nenhuma separação é necessária para quatro dígitos, que, de preferência, não são separados. Por exemplo, 4138 ou 4 138 são aceitáveis, assim como 0.1278 ou 0.127 8, mas 4138 e 0.1278 são preferíveis. Os comitês internacionais não aprovam o uso da vírgula para separar dígitos, porque, em alguns países, usa-se a vírgula no lugar do ponto decimal.

SISTEMA INTERNACIONAL DE UNIDADES

O *Sistema Internacional de Unidades* (SI) é a linguagem internacional de medidas. O SI tem nove unidades básicas, que são mostrados na Tabela 1-1 juntamente com os símbolos de suas respectivas grandezas. Todas as outras unidades de grandezas físicas são derivadas delas.

Tabela 1-1

Grandeza física	Unidade	Símbolo
comprimento	metro	m
massa	quilograma	kg
tempo	segundo	s
corrente	ampère	A
temperatura	kelvin	K
quantidade de substância	mol	mol
intensidade luminosa	candela	cd
ângulo plano	radianos	rad
ângulo reto	esferorradianos	sr

Existe uma relação *decimal*, indicada por prefixos, entre múltiplos e submúltiplos de cada unidade básica. Um prefixo é um termo conectado ao início do nome da unidade do SI para formar um múltiplo ou submúltiplo decimal. Por exemplo, uma vez que "quilo" é o prefixo para mil, um quilômetro equivale a 1.000 m. E, uma vez que "micro" é o prefixo do SI para 1/1.000.000, um microssegundo é igual a 0,000.001 s.

Os prefixos do SI têm símbolos, como mostrado na Tabela 1-2, onde também são apresentados os pesos correspondentes na base 10. Para a maioria das análises de circuitos, apenas mega, quilo, mili, micro, nano e pico são importantes. A localização adequada para o símbolo de um prefixo é em frente do símbolo da unidade, como no km para quilômetros e cm para centímetros.

---

* N. de T.: Prática comum nos Estados Unidos, não no Brasil.

Tabela 1-2

Multiplicador	Prefixo	Símbolo	Multiplicador	Prefixo	Símbolo
10^{18}	hexa	E	10^{-1}	deci	d
10^{15}	peta	P	10^{-2}	centi	c
10^{12}	tera	T	10^{-3}	mili	m
10^{9}	giga	G	10^{-6}	micro	μ
10^{6}	mega	M	10^{-9}	nano	n
10^{3}	quilo	k	10^{-12}	pico	p
10^{2}	hecto	h	10^{-15}	femto	f
10^{1}	deca	da	10^{-18}	atto	a

CARGA ELÉTRICA

Cientistas descobriram dois tipos de carga elétrica: *positiva* e *negativa*. Carga positiva é composta por partículas subatômicas chamadas de *prótons*, e carga negativa por partículas subatômicas chamadas de *elétrons*. Todos os demais valores de cargas são múltiplos inteiros dessas cargas elementares. Os cientistas também descobriram que as cargas podem produzir forças umas sobre as outras: cargas de mesmo sinal se repelem; cargas de sinais opostos se atraem. Além disso, em um circuito elétrico, há *conservação das cargas*. Isso significa que a carga na rede elétrica permanece constante – a carga não é criada nem destruída. (Componentes elétricos interconectados para formar um caminho fechado compreendem um *circuito elétrico* ou *rede*.)

A carga de um elétron ou próton é muito pequena para ser a expressa na unidade básica de carga. Em vez disso, a unidade SI de carga é o *coulomb*, cujo símbolo é C. O símbolo da grandeza de carga é Q para uma carga constante e q para uma carga que varia com o tempo. A carga de um elétron é $-1,602 \times 10^{-19}$ C e a de um próton é $1,602 \times 10^{-19}$ C. Em outras palavras, a carga combinada de $6,241 \times 10^{18}$ elétrons é igual a -1 C, e a de $6,241 \times 10^{18}$ prótons é igual a 1 C.

Cada átomo da matéria tem um núcleo com carga positiva que consiste em prótons e partículas carregadas chamadas de *nêutrons*. Os elétrons orbitam em torno do núcleo sob a atração dos prótons. Para um átomo estável, o número de elétrons é igual ao número de prótons, fazendo com que o átomo fique eletricamente neutro. Mas, se um elétron recebe energia exterior, digamos calor, ele pode ganhar energia suficiente para superar a força de atração dos prótons e tornar-se um *elétron livre*. O átomo tem então mais carga positiva que negativa, tornando-se um *íon positivo*. Alguns átomos também podem "capturar" elétrons livres para ganhar um excedente de carga negativa, tornando-se *íons negativos*.

CORRENTE ELÉTRICA

Corrente elétrica resulta do movimento de cargas elétricas. A unidade de corrente no SI é o *ampère*, cujo símbolo é A. Para uma corrente constante, o símbolo é I, e para uma corrente variando no tempo, é i. Se um fluxo constante de carga de 1 C passa por um determinado ponto em um condutor em 1 s, a corrente resultante é 1 A. Em geral,

$$I(\text{ampères}) = \frac{Q(\text{coulombs})}{t(\text{segundos})}$$

onde t é o símbolo da grandeza de tempo.

A corrente tem um sentido associado. Por convenção, a direção do fluxo de corrente é na direção do movimento das cargas positivas e oposta ao sentido do movimento das cargas negativas. Em sólidos, somente elétrons livres se movem para produzir fluxo de corrente – os íons não podem se mover. No entanto, em gases e líquidos, ambos os íons, positivos e negativos, podem mover-se para produzir o fluxo de corrente. Uma vez que circuitos elétricos são quase inteiramente sólidos, apenas os elétrons produzem o fluxo de corrente, na maioria dos circuitos. Esse fato não é muito considerado na análise de circuitos, uma vez que as análises são quase sempre no nível de corrente e não no nível de carga.

Em um diagrama de circuito, cada I (ou i) possui geralmente uma seta associada para indicar o *sentido da corrente de referência*, como mostrado na Fig. 1-1. Essa seta especifica a direção do fluxo de corrente positiva, mas não necessariamente a direção do fluxo real. Se, depois de cálculos, I é encontrado como sendo uma corrente positiva, então o fluxo de corrente real é na direção da seta. Mas, se for negativo, o fluxo de corrente é na direção oposta.

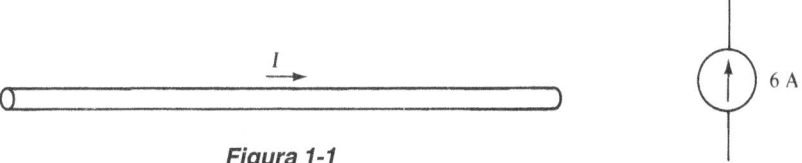

Figura 1-1

Figura 1-2

A corrente que flui em apenas uma direção o tempo todo é uma *corrente contínua* (CC), e uma corrente que se alterna na direção do fluxo é uma *corrente alternada* (CA). Normalmente, no entanto, a corrente contínua refere-se apenas a uma corrente constante, e a corrente alternada refere-se apenas a uma corrente que varia senoidalmente com o tempo.

Uma *fonte de corrente* é um elemento de circuito que fornece uma corrente especificada. A Figura 1-2 mostra o símbolo de diagrama de circuitos para uma fonte de corrente. Essa fonte fornece uma corrente de 6 A na direção da seta, independentemente da tensão (discutida a seguir) do outro lado da fonte.

TENSÃO

O conceito de *tensão* envolve trabalho, que, por sua vez, envolve força e distância. A unidade de trabalho no SI é o *joule*, cuja unidade possui o símbolo J, e a unidade de força no SI é o *newton*, cuja unidade tem símbolo N. A unidade para a distância no SI é o metro com unidade de símbolo m.

Trabalho é necessário para mover um objeto contra uma força que se opõe ao movimento. Levantar algo contra a força da gravidade, por exemplo, requer trabalho. Em geral, o trabalho necessário em joules é o produto da força em newtons pela distância movida em metros:

$$W(\text{joules}) = F(\text{newtons}) \times s(\text{metros})$$

onde W, F e s são os símbolos de trabalho, força e distância, respectivamente.

Energia é a capacidade de realizar trabalho. Uma de suas formas é a *energia potencial*: a energia que um corpo possui em função de sua posição.

A *diferença de tensão* (também chamada de *diferença de potencial*) entre dois pontos é o trabalho, em joules, necessário para mover uma carga de 1 C de um ponto para o outro. A unidade de tensão no SI é o *volt*, cujo símbolo é o V. O símbolo é V ou v, embora E e e também sejam populares. Em geral,

$$V(\text{volts}) = \frac{W(\text{joules})}{Q(\text{coulombs})}$$

O símbolo da tensão, V, às vezes tem índice para designar os dois pontos aos quais corresponde a tensão. Se a letra a designa um ponto e b o outro, e se W joules de trabalho são *necessários* para mover Q coulombs a partir de b para a, então $V = W/Q$. Note que o primeiro subscrito é o ponto para onde a carga é movida. O símbolo da quantidade de trabalho, por vezes, também tem subscrito como em $V_{ab} = W_{ab}/Q$.

Se mover uma carga positiva de b para a (ou uma carga negativa a partir de a para b) requer trabalho, o ponto a é positivo em relação ao ponto b. Essa é a definição da *polaridade da tensão*. Em um diagrama de circuito, a polaridade da tensão é indicada com um sinal positivo (+) no ponto a e um sinal negativo (−) no ponto b, como mostrado na Fig. 1-3a para 6 V. Os termos utilizados para designar essa tensão são um *aumento de tensão* ou *de potencial* de 6 V de b para a, ou de forma equivalente, uma *queda de tensão* ou *de potencial* de 6 V de a para b.

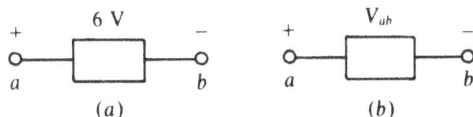

Figura 1-3

Se a tensão é designada por um símbolo como na Fig. 1-3b, os sinais positivos e negativos são polaridades de referência e não polaridades necessariamente reais. Além disso, se os subscritos são utilizados, o sinal de polaridade positiva está no ponto correspondente ao primeiro subscrito (a) e o sinal de polaridade negativa está no ponto correspondente ao segundo subscrito (b). Se, após os cálculos, o V_{ab} encontrado é positivo, o ponto a é realmente positivo em relação ao ponto b, de acordo com os sinais de polaridade de referência. Mas, se V_{ab} é negativo, as polaridades reais são opostas àquelas apresentadas.

Uma tensão constante é chamada de *tensão CC*. Por sua vez, uma tensão que varia senoidalmente com o tempo é chamada de *tensão CA*.

Uma *fonte de tensão*, como uma bateria ou gerador, fornece uma tensão que, idealmente, não depende do fluxo de corrente através da fonte. A Figura 1-4a mostra o símbolo para o circuito de uma bateria. Essa fonte fornece uma tensão de 12 V. Esse símbolo é muito utilizado para outros tipos de fontes que podem não ser uma bateria. Muitas vezes, os sinais + e − não se encontram visíveis porque, por convenção, a linha longa no final designa o terminal positivo e a linha pequena no final designa o terminal negativo. Outro símbolo para circuito de fonte de tensão é mostrado na Fig. 1-4b. A bateria utiliza energia química para mover cargas negativas de atração a partir do terminal positivo, onde existe um excedente de prótons, e para repelir cargas negativas do terminal em que há um excedente de elétrons. Um gerador de tensão fornece essa energia a partir da energia mecânica de bobinas magnéticas que gira um imã por meio de espiras de fio.

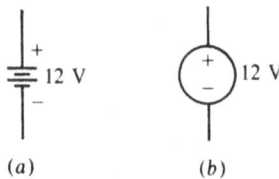

Figura 1-4

FONTES DEPENDENTES

As fontes de Figs. 1-2 e 1-4 são fontes *independentes*. Uma fonte de corrente independente fornece uma corrente fixa e, por outro lado, uma fonte de tensão independente fornece uma tensão fixa, ambas de forma não relacionada com qualquer outra corrente ou tensão do circuito. Em contraste, uma fonte *dependente* (também chamada de fonte *controlada*) fornece uma tensão ou corrente que depende da tensão ou corrente proveniente de outra parte do circuito. Em um diagrama de circuito, uma fonte dependente é designada por um símbolo em forma de losango. A ilustração, do circuito da Fig. 1-5, contém uma fonte de tensão dependente que fornece uma tensão de $5V_1$, que é cinco vezes a tensão V_1 que aparece através de um resistor em outra parte do circuito. (O resistor mostrado será discutido no próximo capítulo.) Há quatro tipos de fontes de dependentes: *fonte de tensão com tensão controlada*, como mostrado na Fig. 1-5, *fonte de tensão com corrente controlada*, *fonte de corrente com tensão controlada* e *fonte de corrente com corrente controlada*. Em fontes dependentes, os componentes físicos raramente são separados, mas eles são importantes porque ocorrem em *modelos* de componentes eletrônicos, como amplificadores operacionais e transistores.

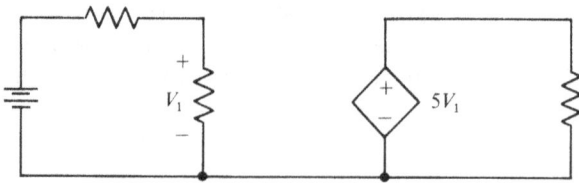

Figura 1-5

POTÊNCIA

A *razão* na qual algo absorve ou produz energia é a *potência* absorvida ou produzida. Uma fonte de energia produz ou fornece uma potência e uma carga absorve energia. A unidade SI de potência é o *watt*, cujo símbolo é W. O símbolo é *P* para potência constante e *p* para potência variável no tempo. Se um trabalho de 1 J é absorvido ou entregue a uma taxa constante em 1 s, a potência correspondente é 1 W. Em geral,

$$P(\text{watts}) = \frac{W(\text{joules})}{t(\text{segundos})}$$

A potência *absorvida* por um componente elétrico é o produto de tensão pela corrente, se a seta de referência atual é no terminal positivamente referenciado, como mostrado na Fig. 1-6:

$$P(\text{watts}) = V(\text{volts}) \times I(\text{ampères})$$

Tais referências são chamadas de *referências associadas*. (O termo *convenção passiva de sinal* é frequentemente utilizado em vez de "referências associadas".) Se as referências não estão associadas (se a seta está referenciando o terminal negativo), a potência absorvida é $P = -VI$.

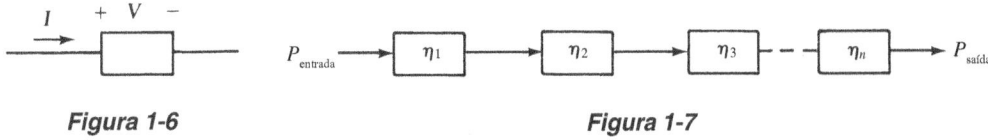

Figura 1-6   **Figura 1-7**

Se o *P* calculado é positivo com qualquer das fórmulas gerais, o componente *absorve* potência. Mas, se *P* é negativo, o componente *produz* potência – ele é uma *fonte* de energia elétrica.

A saída de potência de motores é normalmente expressa em uma unidade de energia chamada de *horse-power* (hp)*, mesmo não sendo uma unidade SI. A relação entre potência e watts é de 1 cv = 745,7 W.

Os motores elétricos e outros sistemas têm uma *eficiência* (η) de operação definida por

$$\text{Eficiência} = \frac{\text{potência de saída}}{\text{potência de entrada}} \times 100\% \quad \text{ou} \quad \eta = \frac{P_{\text{saída}}}{P_{\text{entrada}}} \times 100\%$$

Eficiência também pode ser baseada na produção de trabalho dividido pelo trabalho de entrada. Nos cálculos, a eficiência é geralmente expressa como uma fração decimal, que é a porcentagem dividida por 100.

A eficiência global de um sistema de cascata, como mostrado na Fig. 1-7, é o produto das eficiências individuais:

$$\frac{P_{\text{saída}}}{P_{\text{entrada}}} = \eta_1 \, \eta_2 \, \eta_3 \cdots \eta_n$$

ENERGIA

A energia elétrica consumida ou produzida é o produto da potência elétrica de entrada ou saída e o tempo durante o qual entrada ou saída ocorre:

$$W(\text{joules}) = P(\text{watts}) \times t(\text{segundos})$$

A energia elétrica é o que o consumidor compra de empresas concessionárias de energia elétrica. Essas empresas não usam o joule como unidade de energia, mas o *quilowatt-hora* (kWh), que é maior e mais conveniente, mesmo que não seja uma unidade do SI. O número de quilowatts-hora consumidos é igual ao produto da potência absorvida em quilowatts e o tempo em horas durante o qual foi absorvido:

$$W(\text{quilowatts-horas}) = P(\text{quilowatts}) \times t(\text{horas})$$

---

* N. de T: É muito comum encontrarmos como referência à unidade em inglês, *horse-power* (hp), sua tradução, cavalo-vapor (cv), sendo que: 1 hp = 745,7 watts e 1 cv = 735,5 watts.

Problemas Resolvidos

1.1 Encontre a carga em coulombs de (*a*) $5{,}31 \times 10^{20}$ elétrons, (*b*) $2{,}9 \times 10^{22}$ prótons.

(a) Uma vez que a carga de um elétron é $-1{,}602 \times 10^{-19}$ C, a carga total é

$$5{,}31 \times 10^{20} \text{ elétrons} \times \frac{-1{,}602 \times 10^{-19} \text{ C}}{1 \text{ elétron}} = -85{,}1 \text{ C}$$

(b) Similarmente, a carga total é

$$2{,}09 \times 10^{22} \text{ prótons} \times \frac{1{,}602 \times 10^{-19} \text{ C}}{1 \text{ próton}} = 4{,}65 \text{ kC}$$

1.2 Quantos prótons tem uma carga combinada de 6,8 pC?

Como a carga combinada de $6{,}241 \times 10^{18}$ prótons é igual 1 C, o número de prótons é

$$6{,}8 \times 10^{-12} \text{ C} \times \frac{6{,}241 \times 10^{18} \text{ prótons}}{1 \text{ C}} = 4{,}24 \times 10^{7} \text{ prótons}$$

1.3 Encontre o valor da corrente através de uma lâmpada a partir do movimento constante de (*a*) 60 C em 4 s, (*b*) 15 C em 2 min e (*c*) 10^{22} elétrons em 1 h.

Como a corrente corresponde à taxa de movimento de cargas em coulombs por segundo, então

(a) $I = \dfrac{Q}{t} = \dfrac{60 \text{ C}}{4 \text{ s}} = 15 \text{ C/s} = 15 \text{ A}$

(b) $I = \dfrac{15 \text{ C}}{2 \text{ min}} \times \dfrac{1 \text{ min}}{60 \text{ s}} = 0{,}125 \text{ C/s} = 0{,}125 \text{ A}$

(c) $I = \dfrac{10^{22} \text{ elétrons}}{1 \text{ h}} \times \dfrac{1 \text{ h}}{3600 \text{ s}} \times \dfrac{-1{,}602 \times 10^{-19} \text{ C}}{1 \text{ elétron}} = -0{,}445 \text{ C/s} = -0{,}445 \text{ A}$

O sinal negativo na resposta indica que a corrente flui em um sentido oposto ao da circulação de elétrons. Mas esse sinal não é importante aqui e pode ser omitido, porque o enunciado do problema não especifica a direção do movimento de elétrons.

1.4 Elétrons passam para a direita através de uma seção transversal de fio a uma taxa de $6{,}4 \times 10^{21}$ elétrons por minuto. Qual é a corrente no fio?

Como corrente é a taxa de movimento de cargas em coulombs por segundo,

$$I = \frac{6{,}4 \times 10^{21} \text{ elétrons}}{1 \text{ min}} \times \frac{-1 \text{ C}}{6{,}241 \times 10^{18} \text{ elétrons}} \times \frac{1 \text{ min}}{60 \text{ s}} = -17{,}1 \text{ C/s} = -17{,}1 \text{ A}$$

O sinal negativo na resposta indica que a corrente é para a esquerda, oposta ao sentido do movimento de elétrons.

1.5 Em um líquido, os íons negativos, cada um com um elétron excedente, movem-se para a esquerda a uma taxa constante de $2{,}1 \times 10^{20}$ íons por minuto, e os íons positivos, cada um com dois prótons em excesso, movem-se para a direita a uma taxa constante de $4{,}8 \times 10^{19}$ íons por minuto. Encontre a corrente para a direita.

Os íons negativos se movendo para a esquerda e os íons positivos se movendo para a direita produzem uma corrente para a direita, porque o fluxo de corrente se encontra na direção oposta ao da circulação da carga negativa e na mesma direção do movimento da carga positiva. Para uma corrente para a direita, o movimento dos elétrons para a esquerda é um movimento negativo. Além disso, cada íon positivo, sendo duplamente ionizado, tem o dobro da carga de um próton. Portanto,

$$I = \frac{2,1 \times 10^{20} \text{ elétrons}}{1 \text{ min}} \times \frac{-1,602 \times 10^{-19} \text{ C}}{1 \text{ elétron}} \times \frac{1 \text{ min}}{60 \text{ s}} + \frac{2 \times 4,8 \times 10^{19} \text{ prótons}}{1 \text{ min}} \times$$

$$\frac{1,602 \times 10^{-19} \text{ C}}{1 \text{ próton}} \times \frac{1 \text{ min}}{60 \text{ s}} = 0,817 \text{ A}$$

1.6 Será que um fusível de 10 A suporta uma taxa constante do fluxo de carga de 45.000 C/h através dele?

A corrente é

$$\frac{45.000 \text{ C}}{1 \text{ h}} \times \frac{1 \text{ h}}{3.600 \text{ s}} = 12,5 \text{ A}$$

que é maior que os 10 A suportados. Assim, o fusível irá se romper.

1.7 Assumindo que uma corrente de fluxo constante flui através de uma chave, encontre o tempo necessário para que (*a*) 20 C fluam com a corrente de 15 mA, (*b*) 12 μC fluam com a corrente de 30 pA e (*c*) 2,58 × 10^{15} elétrons fluam com a corrente de − 64,2 nA.

Uma vez que $I = Q/t$, temos que $t = Q/I$,

(a) $t = \dfrac{20}{15 \times 10^{-3}} = 1,33 \times 10^3 \text{ s} = 22,2 \text{ min}$

(b) $t = \dfrac{12 \times 10^{-6}}{30 \times 10^{-12}} = 4 \times 10^5 \text{ s} = 111 \text{ h}$

(c) $t = \dfrac{2,58 \times 10^{15} \text{ elétrons}}{-64,2 \times 10^{-9} \text{ A}} \times \dfrac{-1 \text{ C}}{6,241 \times 10^{18} \text{ elétrons}} = 6,44 \times 10^3 \text{ s} = 1,79 \text{ h}$

1.8 A carga total que uma bateria pode fornecer normalmente é especificada em ampère-hora (Ah). Um ampère-hora é a quantidade de carga que corresponde ao fluxo de corrente de 1 A durante 1 h. Encontre o número de coulombs correspondentes a 1 Ah.

Uma vez que $Q = It$, 1 C é igual a um ampère segundo (As),

$$Q = 1 \text{ Ah} \times \frac{3.600 \text{ s}}{1 \text{ h}} = 3.600 \text{ As} = 3.600 \text{ C}$$

1.9 Uma bateria de carro é especificada para 700 Ah em 3,5 A, o que significa que ela pode fornecer 3,5 A para cerca de 700/3,5 = 200 h. Entretanto, quanto maior for a corrente, menor a carga que pode ser tirada. Por quanto tempo essa bateria pode entregar 2 A?

O tempo que a corrente pode fluir é aproximadamente igual ao ampère-hora dividido pela corrente:

$$t = \frac{700 \text{ Ah}}{2 \text{ A}} = 350 \text{ h}$$

Na verdade, a bateria pode fornecer 2 A por mais de 350 h, porque o ampère-hora para uma corrente menor é maior do que para 3,5 A.

1.10 Encontre a velocidade média de deslocamento dos elétrons em um fio de cobre 14 AWG conduzindo uma corrente de 10 A, dado que o cobre tem $8,42 \times 10^{22}$ elétrons livres por centímetros cúbicos* e que a área de seção transversal do condutor 14 AWG é $2,1 \times 10^{-2} \text{ cm}^2$.

---

* N. de T.: Originalmente, o texto apresenta a unidade como sendo polegadas cúbicas, medida utilizada nos Estados Unidos. Tomamos o cuidado de efetuar a conversão para o sistema brasileiro, centímetros cúbicos. O mesmo foi feito a seguir com a medida in², que foi convertida para cm².

A velocidade média (v) é igual à corrente dividida pelo produto da área de seção transversal e a densidade de elétrons:

$$v = \frac{10\,C}{1\,s} \times \frac{1}{2,1 \times 10^{-2}\,cm^2} \times \frac{1\,cm^3}{8,42 \times 10^{22}\,elétrons} \times \frac{1\,elétron}{-1,602 \times 10^{-19}\,C}$$

$$= -3,53 \times 10^{-4}\,m/s$$

O sinal negativo na resposta indica que os elétrons se movem em direção oposta ao do fluxo de corrente. Observe a baixa velocidade. Um elétron viaja apenas 1,28 m em 1h, em média, mesmo que os impulsos elétricos produzidos pelo movimento de viagem de elétrons estejam próximos à velocidade da luz ($2,998 \times 10^8$ m/s).

1.11 Encontre o trabalho necessário para levantar um elevador de 4.500 kg a uma distância vertical de 50 m.

O trabalho requerido é o produto da distância percorrida pela força necessária para ultrapassar o peso do elevador. Uma vez que este peso em newtons é de 9,8 vezes a massa em quilogramas,

$$W = Fs = (9,8 \times 4.500)(50)\,J = 2,2\,MJ$$

1.12 Encontre a energia potencial em joules adquirida por um homem de 82 kg ao subir uma escada de 1,8 m de altura.

A energia potencial adquirida pelo homem é igual ao trabalho que ele teve que fazer para subir a escada. A força envolvida é o seu peso, e a distância é a altura da escada. O fator de conversão de peso em quilogramas a uma força em newtons é 1 N = 9,8 kg, assim,

$$W = (9,8 \times 82) \times (1,8)\,J = 1,45\,kJ$$

1.13 Quanta energia química uma bateria de carro de 12 V deve gastar para mover $8,93 \times 10^{20}$ elétrons do seu terminal positivo para o seu terminal negativo?

A fórmula adequada é $W = QV$. Embora os sinais de Q e V sejam importantes, aqui o produto dessas quantidades deve ser positivo, porque a energia é consumida para mover os elétrons. Assim, a abordagem mais simples é ignorar os sinais de Q e V. Ou, se os sinais são usados, V é negativo porque a carga se move para um terminal mais negativo, e, claro, Q é negativo porque os elétrons têm carga negativa. Portanto,

$$W = QV = 8,93 \times 10^{20}\,elétrons \times (-12\,V) \times \frac{-1\,C}{6,241 \times 10^{18}\,elétrons} = 1,72 \times 10^3\,VC = 1,72\,kJ$$

1.14 Se o movimento de uma carga positiva de 16 C do ponto b para o ponto a requer 0,8 J, encontre V_{ab}, a queda de tensão a partir do ponto a para o ponto b.

$$V_{ab} = \frac{W_{ab}}{Q} = \frac{0,8}{16} = 0,05\,V$$

1.15 Ao se mover do ponto a para o ponto b, 2×10^{19} elétrons realizam um trabalho de 4 J. Encontre a queda de tensão, V_{ab}, do ponto a para o ponto b.

O trabalho realizado *pelos* elétrons é equivalente ao trabalho *negativo* feito *sobre* os elétrons, e a tensão depende do trabalho realizado *sobre* a carga. Assim, $W_{ba} = -4\,J$, mas $W_{ab} = -W_{ba} = 4\,J$. Assim,

$$V_{ab} = \frac{W_{ab}}{Q} = \frac{4\,J}{2 \times 10^{19}\,elétrons} \times \frac{6,241 \times 10^{18}\,elétrons}{-1\,C} = -1,25\,J/C = -1,25\,V$$

O sinal negativo indica que há um aumento de tensão a partir de a para b, em vez de uma queda de tensão. Em outras palavras, o ponto b é mais positivo que o ponto a.

1.16 Encontre a queda de tensão, V_{ab}, do ponto a para o ponto b, se 24 J são necessários para mover as cargas de (a) 3 C, (b) − 4 C e (c) 20 × 10^{19} elétrons do ponto a para o ponto b.

Se 24 J são necessários para mover as cargas do ponto a para o ponto b, então −24 J são necessários para movê-los do ponto b para o ponto a. Em outras palavras, $W_{ab} = -24$ J. Portanto,

(a) $V_{ab} = \dfrac{W_{ab}}{Q} = \dfrac{-24}{3} = -8$ V

O sinal negativo na resposta indica que o ponto a é mais negativo que o ponto b – há um aumento de tensão entre a e b.

(b) $V_{ab} = \dfrac{W_{ab}}{Q} = \dfrac{-24}{-4} = 6$ V

(c) $V_{ab} = \dfrac{W_{ab}}{Q} = \dfrac{-24 \text{ J}}{20 \times 10^{19} \text{ elétrons}} \times \dfrac{6{,}241 \times 10^{18} \text{ elétrons}}{-1 \text{ C}} = 0{,}749$ V

1.17 Encontre a energia armazenada em uma bateria de carro de 12 V com uma taxa de 650 Ah.

De $W = QV$ e do fato de que 1 As = 1 C,

$$W = 650 \text{ Ah} \times \dfrac{3.600 \text{ s}}{1 \text{ h}} = 12 \text{ V} = 2{,}34 \times 10^6 \text{ As} \times 12 \text{ V} = 28{,}08 \text{ MJ}$$

1.18 Encontre a queda de tensão através do bulbo de uma lâmpada se uma corrente de 0,5 A fluindo através dela por 4 s a faz desprender 240 J na forma de luz e calor.

Uma vez que a carga que flui é $Q = It = 0{,}5 \times 4 = 2$C,

$$V = \dfrac{W}{Q} = \dfrac{240}{2} = 120 \text{ V}$$

1.19 Encontre a potência média de entrada de um rádio que consome 3.600 J em 2 min.

$$P = \dfrac{W}{t} = \dfrac{3.600 \text{ J}}{2 \text{ min}} \times \dfrac{1 \text{ min}}{60 \text{ s}} = 30 \text{ J/s} = 30 \text{ W}$$

1.20 Quantos joules uma lâmpada de 60 W consume em 1 h?

Da equação $P = W/t$ e do fato de que 1 Ws = 1 J,

$$W = Pt = 60 \text{ W} \times 1 \text{ h} \times \dfrac{3.600 \text{ s}}{1 \text{ h}} = 216.000 \text{ Ws} = 216 \text{ kJ}$$

1.21 Quanto tempo uma lâmpada de 100 W demora para consumir 13 kJ?

Pela equação $P = W/t$,

$$t = \dfrac{W}{P} = \dfrac{13.000}{100} = 130 \text{ s}$$

1.22 Qual é a potência consumida por um forno submetido a uma corrente de 10 A, quando conectado a uma rede de 115 V?

$$P = VI = 115 \times 10 \text{ W} = 1{,}15 \text{ kW}$$

1.23 Qual é a corrente que circula por uma torradeira com potência de 1.200 W conectada em uma rede de 120 V?

Pela equação $P = VI$,

$$I = \frac{P}{V} = \frac{1.200}{120} = 10 \text{ A}$$

1.24 A Figura 1-8 mostra um diagrama de circuito de uma fonte de tensão de V volts conectada a uma fonte de corrente de I ampères. Encontre a potência absorvida pela fonte de tensão para

(a) $V = 2$ V, $\quad I = 4$ A

(b) $V = 3$ V, $\quad I = -2$ A

(c) $V = -6$ V, $\quad I = -8$ A

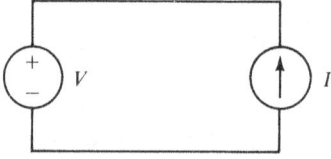

Figura 1-8

Devido à seta de referência para a corrente I ser referenciada positivamente no terminal V da fonte de tensão, as referências de corrente e tensão para a fonte de tensão estão associadas. Isso significa que não existe um sinal positivo (ou a ausência de um sinal negativo) na relação entre a potência absorvida e o produto de tensão e corrente, que é dado por $P = VI$. Com os valores dados inseridos,

(a) $P = VI = 2 \times 4 = 8$ W

(b) $P = VI = 3 \times (-2) = -6$ W

O sinal negativo para a potência indica que a fonte de tensão fornece em vez de absorver potência.

(c) $P = VI = -6 \times (-8) = 48$ W

1.25 A Figura 1-9 mostra um diagrama de circuito de uma fonte de corrente de I ampères conectada a uma fonte de tensão independente de 8 V e uma fonte de tensão controlada dependente por corrente que fornece uma tensão que, em volts, é igual a duas vezes o fluxo de corrente em ampères através dela. Determine a potência P_1 absorvida pela fonte de tensão independente e a potência P_2 absorvida pela fonte de tensão dependente para (a) $I = 4$ A, (b) $I = 5$ mA, (c) $I = -3$ A.

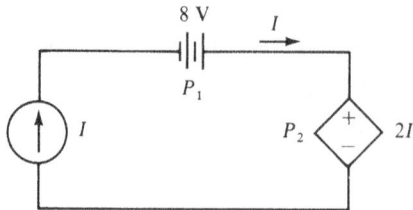

Figura 1-9

Porque a seta de referência para I é dirigida para o terminal negativo da fonte de 8 V, a fórmula da potência absorvida tem um sinal negativo: $P_1 = -8I$. Para a fonte dependente, porém, a referência de tensão e corrente são associadas, e assim a potência absorvida é $P_2 = 2I(I) = 2I^2$. Com os valores de correntes dadas

(a) $P_1 = -8(4) = -32$ W e $P_2 = 2(4)^2 = 32$ W. A potência negativa para a fonte independente indica que ela está produzindo potência, em vez de absorvê-la.

(b) $P_1 = -8(5 \times 10^{-3}) = -40 \times 10^{-3}$ W $= -40$ mW
$P_2 = 2(5 \times 10^{-3})^2 = 50 \times 10^{-6}$ W $= 50$ μW

(c) $P_1 = -8(-3) = 24$ W e $P_2 = 2(-3)^2 = 18$ W. A potência absorvida pela fonte dependente permanece positiva porque, embora o sentido da corrente seja contrário, a polaridade da tensão também é, de modo que o fluxo real da corrente é o do terminal positivo.

1.26 Calcule a potência absorvida por cada componente no circuito da Fig. 1-10.

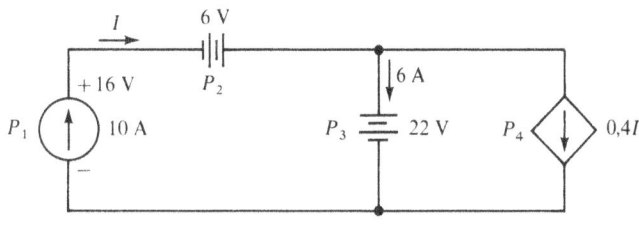

Figura 1-10

Uma vez que, para a fonte de corrente de 10 A, a corrente flui para fora do terminal positivo, a potência absorvida é $P_1 = -16(10) = -160$ W. O sinal negativo indica que essa fonte não absorve potência dos outros componentes do circuito, mas fornece potência para eles. Para a fonte de 6 V, a corrente de 10 A flui para o terminal negativo, e assim $P_2 = -6(10) = -60$ W. Para a fonte de 22 V, $P_3 = 22(6) = 132$ W. Finalmente, a fonte dependente fornece uma corrente de 0,4(10) = 4 A. Essa corrente flui para o terminal positivo uma vez que a fonte também tem 22 V, positiva na parte superior, através dela. Consequentemente, $P_4 = 22(4) = 88$ W. Observe que

$$P_1 + P_2 + P_3 + P_4 = -160 - 60 + 132 + 88 = 0 \text{ W}$$

A soma de 0 W indica que, nesse circuito, a potência absorvida pelos componentes é igual à potência fornecida. Esse resultado é verdadeiro para todos os circuitos.

1.27 Por quanto tempo uma bateria de carro de 12 V pode fornecer 250 A para um motor de partida se a bateria tem 4×10^6 J de energia química que pode ser convertida em energia elétrica?

O melhor método é usar $t = W/P$,

$$P = VI = 12 \times 250 = 3.000 \text{ W}$$

E, assim

$$t = \frac{W}{P} = \frac{4 \times 10^6}{3.000} = 1.333,33 \text{s} = 22,2 \text{ min}$$

1.28 Encontre a corrente consumida a partir de uma linha de 115 V por um motor elétrico que oferece 1 hp. Assuma uma eficiência de 100% de operação.

Da equação $P = VI$ e do fato de que 1 W/V = 1 A,

$$I = \frac{P}{V} = \frac{1 \text{ hp}}{115 \text{ V}} \times \frac{745,7 \text{ W}}{1 \text{ hp}} = 6,48 \text{ W/V} = 6,48 \text{ A}$$

1.29 Encontre a eficiência de operação de um motor elétrico que proporciona 1 hp, absorvendo uma potência de entrada de 990 W.

$$\eta = \frac{P_{saída}}{P_{entrada}} \times 100\% = \frac{1\,hp}{900\,W} \times \frac{745{,}7\,W}{1\,hp} \times 100\% = 82{,}9\%$$

1.30 Qual é a eficiência de funcionamento de um motor elétrico de 2 hp totalmente carregado que consome uma corrente de 19 A a 100 V? (A potência de um motor especifica a potência de saída e não a potência de entrada.)

Uma vez que a potência de entrada é

$$P_{entrada} = VI = 100 \times 19 = 1.900\,W$$

a eficiência é

$$\eta = \frac{P_{saída}}{P_{entrada}} \times 100\% = \frac{2\,hp}{1.900\,W} \times \frac{745{,}7\,W}{1\,hp} \times 100\% = 78{,}5\%$$

1.31 Encontre a potência de entrada para um motor de 5 hp totalmente carregado que opera a uma eficiência de 80%.

Para quase todos os cálculos, a eficiência é mais bem expressa como uma fração decimal que é a porcentagem dividida por 100, que aqui é 0,8. Em seguida, a partir de $\eta = P_{saída} / P_{entrada}$,

$$P_{entrada} = \frac{P_{saída}}{P_{entrada}} = \frac{5\,hp}{0{,}8} \times \frac{745{,}7\,W}{1\,hp} = 4{,}66\,kW$$

1.32 Encontre a corrente consumida por um motor elétrico CC que fornece 2 hp enquanto estiver operando com uma eficiência de 85% uma linha de 110 V.

De $P_{entrada} = VI = P_{saída} / \eta$

$$I = \frac{P_{saída}}{\eta V} = \frac{2\,hp}{0{,}85 \times 110\,V} \times \frac{745{,}7\,W}{1\,hp} = 15{,}95\,A$$

1.33 A máxima energia solar recebida é cerca de 1 kW/m². Se os painéis solares, que convertem energia solar em energia elétrica, são 13% eficientes, quantos metros quadrados de painéis solares são necessários para fornecer a energia para uma torradeira de 1.600 W?

A potência de cada metro quadrado de painéis solares é

$$P_{saída} = \eta P_{entrada} = 0{,}13 \times 1.000 = 130\,W$$

Assim, a área total do painel solar necessária é

$$\text{Área} = 1.600\,W \times \frac{1\,m^2}{130\,W} = 12{,}3\,m^2$$

1.34 Qual é a potência, em horse-power, que um motor elétrico precisa desenvolver para bombear a água até 12 m de altura a uma taxa de 7.400 litros por hora (l/h), se o sistema de bombeamento opera a uma eficiência de 80%?

Uma maneira de calcular a potência é utilizando o trabalho realizado pela bomba em 1 h, que é o peso da água elevada em 1 h vezes a altura a qual é levantado. Esse trabalho, dividido pelo tempo necessário, é a potência de saída do sistema de bombeamento. E essa potência dividida pela eficiência é a potência de entrada para o sistema de bombeamento, que é a potência de saída requerida pelo motor elétrico. Alguns dados necessários são de que 1 l de água pesa 1 kg e que 1 hp = 745,7 W. Assim,

$$P = \frac{(9{,}8 \times 7.400)\,N}{3.600\,s} \times 12\,m \times \frac{1}{0{,}8} = 302{,}2\,W = 0{,}41\,hp$$

1.35 Dois sistemas estão em cascata. Um deles opera com uma eficiência de 75% e o outro com uma eficiência de 85%. Se a potência de entrada é de 5 kW, qual é a potência de saída?

$$P_{\text{saída}} = \eta_1 \eta_2 P_{\text{entrada}} = 0{,}75(0{,}85)(5000) \text{ W} = 3{,}19 \text{ kW}$$

1.36 Encontre a relação de conversão entre joules e quilowatts-hora.

A melhor abordagem é converter de quilowatt-hora para watts-segundos e então usar o fato de que 1 J = 1 Ws:

$$1 \text{ kWh} = 1.000 \text{ W} \times 3600 \text{ s} = 3{,}6 \times 10^6 \text{ Ws} = 3{,}6 \text{ MJ}$$

1.37 Para uma taxa elétrica de quilowatt-hora a R$ 0,70, quanto custa deixar uma lâmpada de 60 W acesa por 8 h?

O custo total é igual ao custo da energia total utilizada vezes o custo por unidade de energia:

$$\text{Custo} = 60 \text{ W} \times 8 \text{ h} \times \frac{1 \text{ kWh}}{1.000 \text{ Wh}} \times \frac{\text{R\$ }0{,}70}{1 \text{ kWh}} = \text{R\$ }0{,}336$$

1.38 Um motor elétrico entrega 5 hp enquanto opera com uma eficiência de 85%. Encontre o custo para operar continuamente por um dia se a taxa elétrica for de R$ 0,60 quilowatt-hora.

A energia total utilizada é a potência de saída vezes o tempo de operação, todas divididas pela eficiência. O produto dessa energia e a taxa elétrica é o custo total:

$$\text{Custo} = 5 \text{ hp} \times 1 \text{ d} \times \frac{1}{0{,}85} \times \frac{\text{R\$ }0{,}60}{1 \text{ kWh}} \times \frac{0{,}7457 \text{ kW}}{1 \text{ hp}} \times \frac{24 \text{ h}}{1 \text{ d}} = \text{R\$ }63{,}16$$

Problemas Complementares

1.39 Encontre a carga em coulombs de (a) $6{,}28 \times 10^{11}$ elétrons e (b) $8{,}76 \times 10^{10}$ prótons.

Resp. (a) -1.006 C, (b) 140 C

1.40 Quantos elétrons tem uma carga total de -4 nC?

Resp. $2{,}5 \times 10^{10}$ elétrons

1.41 Encontre o fluxo de corrente através de uma chave para um movimento constante de (a) 90 C em 6 s, (b) 900 C em 20 min e (c) 4×10^{23} elétrons em 5 h.

Resp. (a) 15 A, (b) 0,75 A, (c) 3,56 A

1.42 Um capacitor é um componente do circuito elétrico que armazena carga elétrica. Se um capacitor é carregado a taxa constante de 10 mC em 0,02 ms e se descarrega em 1 μs a uma taxa constante, quais são os valores das correntes de carga e descarga?

Resp. 500 A, 10.000 A

1.43 Em um gás, se íons negativos duplamente ionizados se movem para a direita a uma taxa constante de $3{,}62 \times 10^{20}$ íons por minuto e os íons positivos ionizados individualmente se movem para a esquerda a uma taxa constante de $5{,}83 \times 10^{20}$ íons por minuto, encontre a corrente para a direita.

Resp. $-3{,}49$ A

1.44 Encontre o menor tempo durante o qual 120 C podem fluir através de um disjuntor de 20 A sem dispará-lo.

Resp. 6 s

1.45 Se um dos fluxos de corrente constante flui para um capacitor, encontre o tempo necessário para que o capacitor (*a*) adquira uma carga de 2,5 mC se a corrente é de 35 mA, (*b*) adquira uma carga carga de 36 pC se a corrente é 18 μA e (*c*) armazene 9,36 × 10^{17} elétrons se a corrente é 85,6 nA.

Resp.   (*a*) 71,4 ms,   (*b*) 2 μs,   (*c*) 20,3 dias

1.46 Por quanto tempo uma bateria de 4,5 Ah, 1,5 V, pode alimentar uma lanterna de 100 mA?

Resp.   45 h

1.47 Encontre a energia potencial em joules perdidos por um livro de 454 g ao cair de uma mesa de 79 cm de altura.

Resp.   4,2 J

1.48 Quanta energia química deve possuir uma bateria de lanterna de 1,25 V para produzir um fluxo de corrente de 130 mA por 5 min?

Resp.   48,8 J

1.49 Encontre o trabalho realizado por uma bateria de 9 V para deslocar 5 × 10^{20} elétrons a partir do seu terminal positivo para o seu terminal negativo.

Resp.   721 J

1.50 Encontre a energia total disponível em uma bateria recarregável de lanterna, com 1,25 V, com uma notação de 1,2 Ah.

Resp.   5,4 kJ

1.51 Se toda a energia de uma bateria de rádio transistorizado de 9 V, estimada em 0,392 Ah, é usada para elevar um homem de 68 kg, a que altura ele vai ser elevado em metros?

Resp.   19 m

1.52 Se para mover uma carga de − 4 C do ponto *a* para o ponto *b* gasta-se uma energia de 20 J, qual é o valor de V_{ab}?

Resp.   − 5 V

1.53 Mover 6,93 × 10^{19} elétrons de um ponto *b* para um ponto *a* requer um trabalho de 98 J. Encontre V_{ab}.

Resp.   − 8,83 V

1.54 Quanta potência elétrica requer um pulso de relógio de 27,3 mA em uma tensão de 110 V?

Resp.   3 W

1.55 Encontre a corrente consumida por um ferro a vapor de 1.000 W a partir de uma tensão de 120 V.

Resp.   8,33 A

1.56 Para o circuito da Fig. 1-11, encontre a potência absorvida pela fonte de corrente para (*a*) $V = 4$ V, $I = 2$ mA; (*b*) $V = -50$ V; $I = -150$ μA; (*c*) $V = 10$ mV, $I = -5$ mA; (*d*) $V = -120$ mV, $I = 80$ mA.

Resp.   (*a*) − 8 mW,   (*b*) − 7,5 mW,   (*c*) 150 μW,   (*d*) 9,6 mW

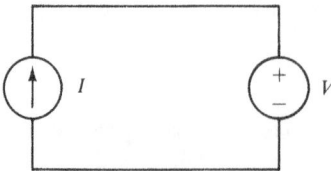

Figura 1-11

1.57 Para o circuito da Fig. 1-12, determine P_1, P_2, P_3, que são potências absorvidas, para (a) $I = 2$ A, (b) $I = 20$ mA e (c) $I = -3$ A.

Resp. (a) $P_1 = 16$ W, $P_2 = -24$ W, $P_3 = -20$ W; (b) $P_1 = 0,16$ W, $P_2 = -2,4$ mW, $P_3 = -0,2$ W;
(c) $P_1 = -24$ W, $P_2 = -54$ W, $P_3 = 30$ W

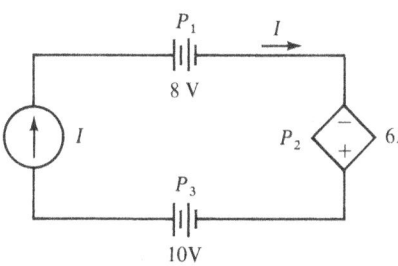

Figura 1-12

1.58 Calcule a potência absorvida por cada componente no circuito da Fig. 1-13.

Resp. $P_1 = 16$ W, $P_2 = -48$ W, $P_3 = -48$ W, $P_4 = 80$ W

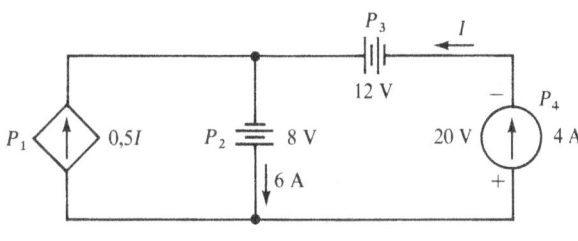

Figura 1-13

1.59 Encontre a potência média de entrada de um rádio que consome 4.500 J em 3 min.

Resp. 25 W

1.60 Encontre a queda de tensão em uma torradeira que consome 7.500 J de calor quando uma corrente de 13,64 A flui através dela por 5 s.

Resp. 110 V

1.61 Quantos joules uma lâmpada de 40 W consome em 1 dia?

Resp. 3,46 MJ

1.62 Por quanto tempo uma bateria de carro de 12 V pode fornecer 200 A para um motor de partida se a bateria tem 28 MJ de energia química que pode ser convertida em energia elétrica?

Resp. 3,24 h

1.63 Quanto tempo leva uma TV a cores de 420 W para consumir (a) 2 kWh e (b) 15 kJ?

Resp. (a) 4,76 h, (b) 35,7 s

1.64 Encontre a corrente consumida por um motor elétrico CC de 110 V que fornece 2 hp. Assuma 100% de eficiência de operação.

Resp. 13,6 A

1.65 Encontre a eficiência de operação do motor elétrico que proporciona 5 hp, absorvendo uma entrada de 4.190 W.

Resp. 89%

1.66 Qual é a eficiência operacional de um motor elétrico CC de 1 hp, que proporciona uma corrente de 7,45 A a partir de uma tensão de 115 V?

Resp. 87%

1.67 Encontre a corrente consumida por um motor elétrico CC de 100 V que opera com eficiência de 85%, consumindo uma potência de 0,5 hp.

Resp. 4,39 A

1.68 Qual é a potência em hp produzida por um motor de partida de automóvel que consome 250 A de uma bateria de 12 V, enquanto opera com uma eficiência de 90%?

Resp. 3,62 hp

1.69 Que potência em hp um motor elétrico deve consumir para operar uma bomba, tipo bomba de água, a uma taxa de 24 000 litros por hora (l/h) para uma distância vertical de 50 m, se a eficiência da bomba é de 90%? A força gravitacional em 1 litro de água é 9,78 N.

Resp. 4,86 hp

1.70 Um motor elétrico CA aciona um gerador de tensão elétrica CC. Se o motor funciona a uma eficiência de 90%, o gerador com uma eficiência de 80% e a potência de entrada para o motor é de 5 kW, encontre a potência de saída do gerador.

Resp. 3,6 kW

1.71 Encontre o custo para um ano (365 dias) para operar um rádio transistorizado de FM-AM de 20 W por 5 horas por dia, se os custos de energia elétrica é de 8 centavos o quilowatt-hora.

Resp. R$ 2,92

1.72 Por um custo de R$ 5,00, por quanto tempo um motor elétrico de 5 hp, totalmente carregado, pode funcionar com uma eficiência de 85% se a taxa elétrica é de 6 centavos o quilowatt-hora?

Resp. 19 h

1.73 Se a energia elétrica custa 6 centavos o quilowatt-hora, calcule o valor do serviço por um mês para operar oito lâmpadas de 100 W por 50 h, 10 lâmpadas de 60 W por 70 h, um condicionador de ar de 2 kW por 80 h, um de 3 kW por 45 h, uma TV a cores de 420 W por 180 h e uma geladeira de 300 W por 75 h.

Resp. R$ 28,51

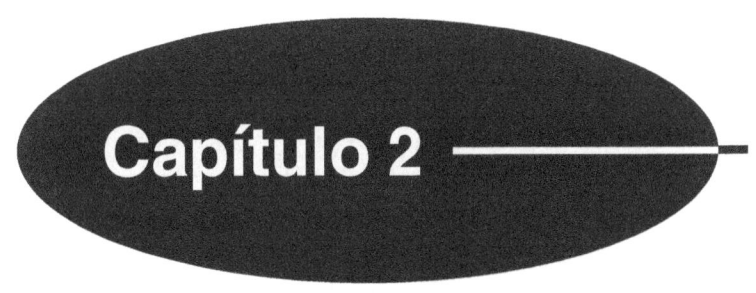

Capítulo 2

Resistência

LEI DE OHM

Os elétrons livres, ao fluirem através de um condutor, colidem com os átomos do condutor e perdem alguma energia cinética que é convertida em calor. Uma tensão aplicada os fará recuperar energia e velocidade, mas as colisões subsequentes irão atrasá-los novamente. Essas aceleração e desaceleração ocorrem continuamente enquanto os elétrons livres se movem entre os átomos do condutor.

A *resistência* é a propriedade de materiais que se opõe ou resiste ao movimento de elétrons e faz com que seja necessário aplicar uma tensão para que a corrente flua. A unidade SI de resistência é o *ohm,* com o símbolo Ω, letra grega ômega maiúscula. O símbolo para resistência é R.

Em condutores metálicos e outros tipos de condutores, a corrente é proporcional à tensão aplicada: se dobrar a tensão, a corrente também dobra; ao triplicar a tensão, a corrente triplica e assim sucessivamente. Para uma tensão V aplicada com uma corrente resultante I, a relação entre V e I é

$$I(\text{ampères}) = \frac{V(\text{volts})}{R(\text{ohms})}$$

onde R é a constante de proporcionalidade. Essa relação é conhecida como *lei de Ohm*. Para tensões e correntes variáveis no tempo, $i = v/R$, e para referências não associadas, $I = -V/R$ ou $i = -v/R$.

Pela lei de Ohm, é evidente que, quanto maior a resistência, menor a corrente para qualquer tensão aplicada. Além disso, a resistência elétrica de um condutor de 1 Ω, com uma tensão aplicada de 1 V, faz com que flua uma corrente de 1 A.

O inverso da resistência é muitas vezes útil. Ele é chamado de *condutância*, cujo símbolo é G. A unidade no SI de condutância é o *siemens*, com o símbolo S, que substitui o *mho*, uma unidade que não é do SI e cujo símbolo é ℧ (ômega invertido). Uma vez que a condutância é o inverso da resistência, $G = 1/R$. Em termos de condutância, a lei de Ohm é

$$I(\text{ampères}) = G(\text{siemens}) \times V(\text{volts})$$

que mostra que a maior condutância de um condutor proporciona a maior corrente para qualquer tensão aplicada.

RESISTIVIDADE

A resistência de um condutor de seção transversal uniforme é diretamente proporcional ao comprimento do condutor e inversamente proporcional à área transversal. A resistência também é uma função da temperatura do condutor, como é explicado na próxima seção. A uma temperatura fixa, a resistência de um condutor é

$$R = \rho \frac{l}{A}$$

onde l é o comprimento do condutor em metros e A é a área de seção transversal em metros quadrados. A constante de proporcionalidade ρ, a letra grega minúscula rho, é o símbolo para a *resistividade*, fator que depende do tipo de material.

A unidade SI de resistividade é o *ohm-metros*, com símbolo da unidade Ω·m. A Tabela 2-1 mostra as resistividades de alguns materiais a 20°C.

Tabela 2-1

Material	Resistividade (Ω·m a 20°C)	Material	Resistividade (Ω·m a 20°C)
Prata	$1,64 \times 10^{-8}$	Nicromo	100×10^{-8}
Cobre recozido	$1,72 \times 10^{-8}$	Silício	2.500
Alumínio	$2,83 \times 10^{-8}$	Papel	10^{10}
Ferro	$12,3 \times 10^{-8}$	Mica	5×10^{11}
Constantan	49×10^{-8}	Quartzo	10^{17}

Um bom condutor possui uma resistividade próxima de 10^{-8} Ω·m. A prata, que é o melhor condutor, é muito cara para a maioria dos usos. O cobre é um condutor mais comum, assim como o alumínio. Materiais com resistividades superiores a 10^{10} Ω·m são *isolantes*. Eles podem fornecer suporte físico, sem corrente de fuga significativa. Também podem ser utilizados como isolantes em fios para evitar fugas de corrente entre os fios que entram em contato. Materiais com resistividades na faixa de 10^{-4} a 10^{-7} Ω·m são denominados *semicondutores*, dos quais são feitos os transistores.

A relação entre condutância, comprimento e área de seção transversal é

$$G = \sigma \frac{A}{l}$$

onde a constante de proporcionalidade σ, letra grega sigma minúscula, é o símbolo para *condutividade*. A unidade SI da condutividade é o *siemens por metro*, cujo símbolo é S·m^{-1}.

EFEITOS DA TEMPERATURA

A resistência da maioria dos materiais bons condutores aumenta quase que linearmente com a temperatura acima da faixa de temperaturas normais de funcionamento, como mostrado pela linha contínua da Fig. 2-1. No entanto, alguns materiais e semicondutores comuns, em particular, têm resistências que diminuem com o aumento da temperatura.

Se a parte em linha reta na Fig. 2-1 for estendida para a esquerda, ela cruzará o eixo de temperatura em T_0, temperatura na qual a resistência parece ser zero. Essa temperatura T_0 é a *temperatura inferida para resistência zero*. (A temperatura real de resistência zero é -273°C.) Se T_0 é conhecido e a resistência R_1 em outra temperatura T_1 também é conhecida, então a resistência R_2 em outra temperatura T_2 é, a partir da linha reta geométrica,

$$R_2 = \frac{T_2 - T_0}{T_1 - T_0} R_1$$

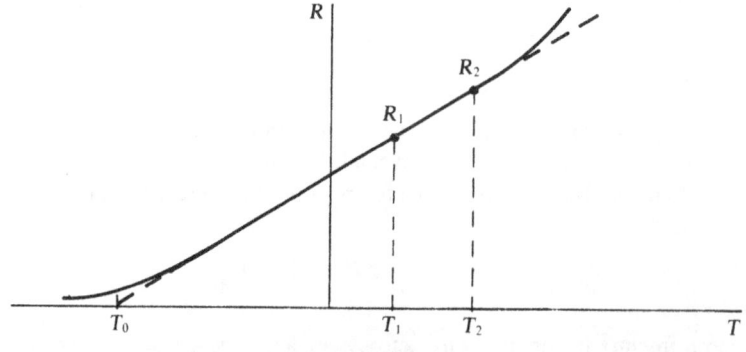

Figura 2-1

A Tabela 2-2 apresenta temperaturas negativas de resistência para alguns materiais condutores comuns.

Tabela 2-2

Material	Temperatura inferida para resistência zero (°C)
Tungstênio	− 202
Cobre	− 234,5
Alumínio	− 236
Prata	− 243
Constantan	− 125.000

Tabela 2-3

Material	Coeficiente de temperatura (°C^{-1} a 20°C)
Tungstênio	0,0045
Cobre	0,00393
Alumínio	0,00391
Prata	0,0038
Constantan	0,000008
Carbono	− 0,0005

Uma maneira diferente, mas equivalente a encontrar a resistência R_2 é

$$R_2 = R_1[1 + \alpha_1(T_2 - T_1)]$$

onde α_1, letra grega alfa minúscula, é o *coeficiente de temperatura de resistência* na temperatura T_1. Muitas vezes, T_1 é de 20°C. A Tabela 2-3 possui coeficientes de temperatura de resistência a 20°C de alguns materiais condutores comuns. Note que a unidade de α é *por grau Celsius*, cujo símbolo é °C^{-1}.

RESISTORES

Na prática, um *resistor* é um componente de circuito utilizado devido à sua resistência. Matematicamente, um resistor é um componente de circuito para o qual existe uma relação algébrica entre sua tensão e corrente instantâneas, como $v = iR$; a relação tensão-corrente de um resistor que obedece à lei de Ohm – um *resistor linear*. Qualquer outro tipo de relação tensão-corrente ($v = 4i^2 + 6$, por exemplo) é para um *resistor não linear*. O termo "resistor" geralmente designa um resistor linear. Resistores não lineares são especificados individualmente. A Figura 2-2a mostra o símbolo de um resistor linear para um circuito e a Fig. 2-2b para um resistor não linear.

(a)   (b)

Figura 2-2

CONSUMO DE POTÊNCIA NO RESISTOR

Substituindo $V = IR$ na equação $P = VI$, temos a potência consumida por um resistor linear em termos de sua resistência:

$$P = \frac{V^2}{R} = I^2 R$$

Cada resistor tem uma classificação de *potência máxima*, também chamada de *valor nominal de potência*, que é a potência máxima que o resistor pode absorver sem sobreaquecimento a uma temperatura destrutiva.

VALORES NOMINAIS E TOLERÂNCIAS

Os fabricantes informam os valores de resistência no corpo das embalagens dos resistores, de forma numérica ou em um código de cores. Esses valores, no entanto, são *valores nominais*: são apenas aproximadamente iguais às resistências reais. A possível variação percentual da resistência sobre seu valor nominal é chamada de *tolerância*. Os resistores mais comuns compostos de carbono têm tolerâncias de 20, 10 e 5%, o que significa que as resistências reais podem variar a partir dos valores nominais em torno de ± 20, ± 10 e ± 5% dos valores nominais.

CÓDIGO DE CORES

O código de cores mais popular para resistências tem valores nominais e tolerâncias indicados pelas cores de três ou quatro faixas em torno do invólucro da resistência, como mostrado na Fig. 2-3.

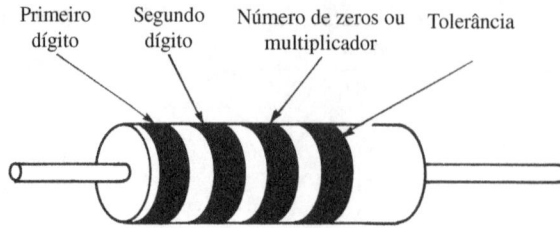

Figura 2-3

Cada cor tem um valor numérico correspondente, conforme especificado na Tabela 2-4. As cores da primeira e da segunda faixas correspondem, respectivamente, aos primeiros dois dígitos do valor da resistência nominal. Como o primeiro dígito nunca é zero, a primeira faixa nunca é preta. A cor da terceira faixa, com exceção da prata e ouro, corresponde ao número de zeros que seguem os dois primeiros dígitos. Uma terceira faixa de cor prata corresponde a um multiplicador de 10^{-2}, e uma terceira faixa de cor ouro ao multiplicador de 10^{-1}. A quarta faixa indica a tolerância, podendo ser na cor ouro, prata ou ausente. Ouro corresponde a uma tolerância de 5%, prata a 10% e uma faixa ausente a 20%.

Tabela 2-4

Cor	Número	Cor	Número
Preto	0	Azul	6
Marrom	1	Violeta	7
Vermelho	2	Cinza	8
Laranja	3	Branco	9
Amarelo	4	Ouro	0,1
Verde	5	Prata	0,01

CIRCUITO ABERTO E CURTO-CIRCUITO

Um *circuito aberto* tem uma resistência infinita, o que significa que tem um fluxo de corrente nulo para qualquer tensão finita através dele. Em um diagrama de circuito, é indicado por dois terminais não conectados a nada – nenhum caminho é mostrado para que o fluxo de corrente flua através dele. Um circuito aberto também pode ser chamado de *aberto*.

Um *curto-circuito* é o oposto de um circuito aberto. Ele possui tensão zero através dele, para qualquer fluxo de corrente finito que o atravesse. Em um diagrama de circuito, um curto-circuito é designado por fio condutor ideal – um condutor com uma resistência zero. Um curto-circuito também é chamado de *curto*.

Nem todos os circuitos aberto e curto são desejáveis. Frequentemente, um ou outro é um defeito de circuito que ocorre como resultado de uma falha de um componente a partir de um acidente ou do uso indevido de um circuito.

RESISTÊNCIA INTERNA

Cada fonte de tensão ou de corrente tem uma *resistência interna* que afeta adversamente o funcionamento da fonte. Para qualquer carga, exceto um circuito aberto, uma fonte de tensão tem uma perda de tensão através de sua resistência interna. Com exceção de uma carga de curto-circuito, uma fonte de corrente tem uma queda de corrente através de sua resistência interna.

Na prática, a resistência interna de uma fonte de tensão tem quase o mesmo efeito de um resistor em série com uma fonte de tensão ideal, como mostrado na Fig. 2-4a. (Componentes em série conduzem a mesma corrente.) Do mesmo modo, a resistência interna de uma fonte de corrente tem o mesmo efeito de um resistor em paralelo com uma fonte de corrente ideal, como mostrado na Fig. 2-4b. (Componentes em paralelo têm mesma tensão entre eles.)

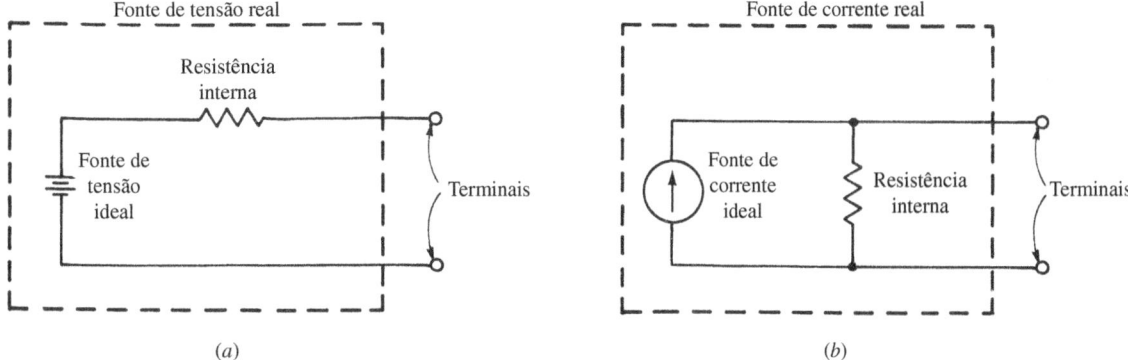

Figura 2-4

Problemas Resolvidos

2.1 Se um forno de 240 V possui um elemento de aquecimento com uma resistência de 24 Ω, qual é o valor mínimo de corrente de um fusível que pode ser utilizado na linha para o elemento de aquecimento?

O fusível deve ser capaz de transportar a corrente do elemento de aquecimento:

$$I = \frac{V}{R} = \frac{240}{24} = 10 \text{ A}$$

2.2 Qual é a resistência de um ferro de solda que solicita uma corrente de 0,8333 A a 120 V?

$$R = \frac{V}{I} = \frac{120}{0,8333} = 144 \text{ Ω}$$

2.3 Uma torradeira com resistência de 8,27 Ω solicita uma corrente de 13,9 A. Determine a tensão aplicada.

$$V = IR = 13,9 \times 8,27 = 115 \text{ V}$$

2.4 Qual é a condutância de um resistor de 560 kΩ?

$$G = \frac{1}{R} = \frac{1}{560 \times 10^3} \text{ S} = 1,79 \text{ μS}$$

2.5 Qual é a condutância de um amperímetro que indica 20 A quando submetido a uma tensão de 0,01 V?

$$G = \frac{I}{V} = \frac{20}{0,01} = 2.000 \text{ S}$$

2.6 Encontre a resistência a 20°C de uma barra de cobre recozido coletora com 3 m de comprimento e 0,5 cm por 3 cm em seção transversal retangular.

A área da seção transversal da barra é $(0,5 \times 10^{-2})(3 \times 10^{-2}) = 1,5 \times 10^{-4}$ m². A Tabela 2-1 apresenta a resistividade do cobre recozido: $1,72 \times 10^{-8}$ Ω·m a 20°C. Assim,

$$R = \rho \frac{l}{A} = \frac{(1,72 \times 10^{-8})(3)}{1,5 \times 10^{-4}} \Omega = 344 \ \mu\Omega$$

2.7 Encontre a resistência de um fio de alumínio que tem comprimento de 1.000 m e diâmetro de 1,626 mm. O fio está a 20°C.

A área da seção transversal do fio é πr^2, em que $r = d/2 = 1,626 \times 10^{-3}/2 = 0,813 \times 10^{-3}$ m. A partir da Tabela 2-1, a resistividade do alumínio é $2,83 \times 10^{-8}$ Ω·m. Assim,

$$R = \rho \frac{l}{A} = \frac{(2,83 \times 10^{-8})(1.000)}{\pi (0,813 \times 10^{-3})^2} = 13,6 \ \Omega$$

2.8 A resistência de um determinado fio é 15 Ω. Outro fio do mesmo material e à mesma temperatura tem um terço do diâmetro e o dobro do comprimento. Encontre a resistência do segundo fio.

A resistência de um fio é proporcional ao comprimento e inversamente proporcional à área. Além disso, a área é proporcional ao quadrado do diâmetro. Assim, a resistência do segundo fio é

$$R = \frac{15 \times 2}{(1/3)^2} = 270 \ \Omega$$

2.9 Qual é a resistividade da platina se um cubo com 1 cm de aresta tem uma resistência de 10 $\mu\Omega$ através das faces opostas?

De $R = \rho l / A$ e do fato de $A = 10^{-2} \times 10^{-2} = 10^{-4}$ m² e $l = 10^{-2}$ m,

$$\rho = \frac{RA}{l} = \frac{(10 \times 10^{-6})(10^{-4})}{10^{-2}} = 10 \times 10^{-8} \ \Omega \cdot \text{m}$$

2.10 Um fio de 4,57 m de comprimento, com uma área de seção transversal de 0,06422 mm², tem uma resistência de 8,74 Ω a 20°C. De que material o fio é feito?

O material pode ser encontrado a partir do cálculo da resistividade e comparando-a com as resistividades dadas na Tabela 2-1. Reorganizando $R = \rho l / A$,

$$\rho = \frac{AR}{l} = \frac{0,06422 \times 10^{-6} \ \text{m}^2 \times 8,74 \Omega}{4,572 \ \text{m}} = 12,3 \times 10^{-8} \ \Omega \cdot \text{m}$$

Uma vez que o ferro tem essa resistividade na Tabela 2-1, o material deve ser de ferro.

2.11 Qual é o comprimento de um fio de nicromo nº 28 AWG (0,08129 mm² de área de seção transversal) necessário para fabricar um resistor de 24 Ω a 20°C?

Rearranjando a equação $R = \rho l / A$ e usando a resistividade do nicromo dada na Tabela 2-1,

$$l = \frac{AR}{\rho} = \frac{(8,129016 \times 10^{-8} \ \text{m}^2)(24 \ \Omega)}{(100 \times 10^{-8} \ \Omega \cdot \text{m})} = 1,95 \ \text{m}$$

2.12 Um certo fio de alumínio tem uma resistência de 5 Ω a 20°C. Qual é a resistência de um fio de cobre recozido do mesmo tamanho e à mesma temperatura?

Para os fios de cobre e alumínio, respectivamente,

$$R = \rho_c \frac{l}{A} \quad \text{e} \quad 5 = \rho_a \frac{l}{A}$$

Tomando a relação entre as duas equações, onde as relações de comprimento e área (l/A) são iguais, a relação das resistências é igual à razão entre as resistividades:

$$\frac{R}{5} = \frac{\rho_c}{\rho_a} \quad \text{e} \quad R = \frac{\rho_c}{\rho_a} \times 5$$

Então, com a inserção de resistividades a partir da Tabela 2-1,

$$R = \frac{1,72 \times 10^{-8}}{2,83 \times 10^{-8}} \times 5 = 3,04 \text{ Ω}$$

2.13 Um fio com 50 m de comprimento e 2 mm² de área de seção transversal tem uma resistência de 0,56 Ω. Outro fio de 100 m comprimento de mesmo material tem uma resistência de 2 Ω à mesma temperatura. Encontre o diâmetro desse fio.

A partir dos dados fornecidos para o primeiro fio, a resistividade do material condutor é

$$\rho = \frac{RA}{l} = \frac{0,56(2 \times 10^{-6})}{50} = 2,24 \times 10^{-8} \text{ Ω·m}$$

Portanto, a área da seção transversal do segundo fio é

$$A = \frac{\rho l}{R} = \frac{(2,24 \times 10^{-8})(100)}{2} = 1,12 \times 10^{-6} \text{ m}^2$$

e, a partir de $A = \pi(d/2)^2$, o diâmetro é

$$d = 2\sqrt{\frac{A}{\pi}} = 2\sqrt{\frac{1,12 \times 10^{-6}}{\pi}} = 1,19 \times 10^{-3} \text{ m} = 1,19 \text{ mm}$$

2.14 Um resistor de fio enrolado deve ser feito a partir do enrolamento do fio de constantan de 0,2 mm de diâmetro em torno de um cilindro com 1 cm de diâmetro. Quantas espiras de fio são necessárias para obter uma resistência de 50 Ω a 20°C?

O número de espiras é igual ao comprimento do fio dividido pela circunferência do cilindro. Partindo de $R = \rho l/A$ e da resistividade do constantan dada na Tabela 2-1, o comprimento do fio que tem uma resistência de 50 Ω é

$$l = \frac{RA}{\rho} = \frac{R\pi r^2}{\rho} = \frac{50\pi(0,1 \times 10^{-3})^2}{49 \times 10^{-8}} = 3,21 \text{ m}$$

A circunferência do cilindro é $2\pi r$, onde $r = 10^{-2}/2 = 0,005$ m, que é o raio do cilindro. Assim, o número de espiras é

$$\frac{l}{2\pi r} = \frac{3,21}{2\pi(0,005)} = 102 \text{ espiras}$$

2.15 Um fio de cobre recozido n° 14 AWG com 2,084 mm² de área de seção transversal tem uma resistência de 8,46 mΩ/m a 25°C. Qual é a resistência de 152,4 m de um mesmo material, n° 6 AWG a 25°C? A área da seção transversal desse fio é 13,3 mm².

Talvez a melhor abordagem seja calcular a resistência de um comprimento 152,4 m do fio N° 14 AWG,

$$(8,46 \times 10^{-3})(152,4) = 1,29 \ \Omega$$

e a tomar a razão entre o duas equações $R = \rho l/A$. Uma vez que as resistividades e comprimentos são os mesmos, dividem-se as duas equações, de modo que

$$\frac{R}{1,29} = \frac{2,084}{13,3} \qquad \text{ou} \qquad R = \frac{2,084}{13,3} \times 1,29 = 0,202 \ \Omega$$

2.16 A condutância de um certo fio é 0,5 S. Outro fio do mesmo material e à mesma temperatura tem um diâmetro duas vezes maior e um comprimento três vezes maior. Qual é a condutância do segundo fio?

A condutância de um fio é proporcional à área e inversamente proporcional ao comprimento. Além disso, a área é proporcional ao quadrado do diâmetro. Por conseguinte, a condutividade do segundo fio é

$$G = \frac{0,5 \times 2^2}{3} = 0,667 \ \text{S}$$

2.17 Encontre a condutância de um fio de ferro N° 14 AWG com 30,48 m e diâmetro de 1,63 mm. A temperatura é de 20°C.

A fórmula de condutância é $G = \sigma A/l$, em que $\sigma = 1/\rho$ e $A = \pi(d/2)^2$. A resistividade do ferro pode ser obtida a partir da Tabela 2-1. Assim,

$$G = \sigma \frac{A}{l} = \frac{1}{12,3 \times 10^{-8}} \frac{\text{S}}{\text{m}} \times \frac{\pi(1,63 \times 10^{-3} \ \text{m}/2)^2}{30,48 \ \text{m}} = 0,556 \ \text{S}$$

2.18 A resistência de uma determinada linha de cobre é 100 Ω a 20°C. Qual é sua resistência quando o sol aquece a linha a 38°C?

A partir da Tabela 2-2, a temperatura inferida para resistência absoluta zero de cobre é $-234,5$°C, que é T_0 na fórmula $R_2 = R_1(T_2 - T_0)/(T_1 - T_0)$. Também a partir dos dados fornecidos, $T_2 = 38$°C, $R_1 = 100 \ \Omega$ e $T_1 = 20$°C. Assim, a resistência do fio, a 38°C é

$$R_2 = \frac{T_2 - T_0}{T_1 - T_0} R_1 = \frac{38 - (-234,5)}{20 - (-234,5)} \times 100 = 107 \ \Omega$$

2.19 Quando 120 V são aplicados através de uma determinada lâmpada, flui uma corrente de 0,5 A, fazendo a temperatura do filamento de tungstênio aumentar para 2.600°C. Qual é a resistência da lâmpada elétrica à temperatura ambiente normal de 20°C?

A resistência da lâmpada energizada é 120/0,5 = 240 Ω. E, uma vez que a partir da Tabela 2-2 a temperatura inferida para resistência zero do tungstênio é $- 202$°C, a resistência a 20°C é

$$R_2 = \frac{T_2 - T_0}{T_1 - T_0} R_1 = \frac{20 - (-202)}{2.600 - (-202)} \times 240 = 19 \ \Omega$$

2.20 Um certo condutor de cobre de um transformador desenergizado tem resistência de enrolamento de 30 Ω a 20°C. Sob operação nominal, no entanto, a resistência aumenta para 35 Ω. Encontre a temperatura do enrolamento energizado.

A fórmula $R_2 = R_1(T_2 - T_0)/(T_1 - T_0)$ rearranjada para T_2 torna-se

$$T_2 = \frac{R_2(T_1 - T_0)}{R_1} + T_0$$

A partir dos dados especificados, $R_2 = 35\ \Omega$, $T_1 = 20°C$ e $R_1 = 30\ \Omega$. Além disso, a partir da Tabela 2-2, $T_0 = -234,5°C$. Assim,

$$T_2 = \frac{35[20 - (-234,5)]}{30} - 234,5 = 62,4\ °C$$

2.21 A resistência de uma determinada linha de alimentação de alumínio é $150\ \Omega$ a $20°C$. Encontre a resistência da linha quando o sol aquece a linha de $42°C$. Primeiro use a fórmula de temperatura inferida para resistência zero e em seguida a fórmula para coeficiente de temperatura de resistência para mostrar que as duas fórmulas são equivalentes.

A partir da Tabela 2-2, a temperatura resistência zero de alumínio é $-236°C$. Assim,

$$R_2 = \frac{T_2 - T_0}{T_1 - T_0} R_1 = \frac{42 - (-236)}{20 - (-236)} \times 150 = 163\ \Omega$$

Com base na Tabela 2-3, o coeficiente de temperatura de resistência do alumínio é $0,00391°C^{-1}$ a $20°C$. Assim,

$$R_2 = R_1[1 + \alpha_1(T_2 - T_1)] = 150[1 + 0,003\ 91(42 - 20)] = 163\ \Omega$$

2.22 Encontre a resistência a $35°C$ de um fio de alumínio que tem um comprimento de 200 m e um diâmetro de 1 mm.

A resistência do fio, a $20°C$ pode ser encontrada utilizando a fórmula de coeficiente de temperatura da resistência. (Alternativamente, a fórmula de temperatura inferida para resistência zero pode ser utilizada.) Uma vez que a área da seção transversal do fio é $\pi(d/2)^2$, onde $d = 10^{-3}$ m, e que, a partir da Tabela 2-1, a resistividade do alumínio é $2,83 \times 10^{-8}\ \Omega \cdot m$, a resistência do condutor a $20°C$ é

$$R = \rho \frac{l}{A} = (2,83 \times 10^{-8}) \times \frac{200}{\pi(10^{-3}/2)^2} = 7,21\ \Omega$$

Outra forma necessária para calcular a resistência do fio a $35°C$ é o coeficiente de temperatura da resistência do alumínio a $20°C$. A partir da Tabela 2-3, tem-se $0,00391°C^{-1}$. Assim,

$$R_2 = R_1[1 + \alpha(T_2 - T_1)] = 7,21[1 + 0,003\ 91(35 - 20)] = 7,63\ \Omega$$

2.23 Obtenha uma fórmula para o cálculo do coeficiente de temperatura da resistência a partir da temperatura T_1 de um material, e T_0, sua temperatura inferida para resistência zero.

Em $R_2 = R_1[1 + \alpha_1(T_2 - T_1)]$, selecione $T_2 = T_0$. Em seguida, $R_2 = 0\ \Omega$, por definição. O resultado é $0 = R_1[1 + \alpha_1(T_0 - T_1)]$, a partir do qual

$$\alpha_1 = \frac{1}{T_1 - T_0}$$

2.24 Calcule o coeficiente de temperatura de resistência do alumínio a $30°C$ e use-o para encontrar a resistência de um fio de alumínio a $70°C$, se o fio tem uma resistência de $40\ \Omega$ de $30°C$.

A partir da Tabela 2-2, o alumínio tem a temperatura inferida para resistência zero de $-236°C$. Com esse valor inserido, a fórmula derivada da solução do Problema 2.23 fornece

$$\alpha_{30°C} = \frac{1}{T_1 - T_0} = \frac{1}{30 - (-236)} = 0,003759°C^{-1}$$

Portanto, $$R_2 = R_1[1 + \alpha_1(T_2 - T_1)] = 40[1 + 0,003759(70 - 30)] = 46\ \Omega$$

2.25 Encontre a resistência de um aquecedor elétrico que absorve 2.400 W quando conectado a uma linha de 120 V.

De $P = V^2/R$,

$$R = \frac{V^2}{P} = \frac{120^2}{2.400} = 6\ \Omega$$

2.26 Determine a resistência interna de um aquecedor de água de 2 kW que consome uma corrente de 8,33 A.

De $P = I^2 R$,

$$R = \frac{P}{I^2} = \frac{2.000}{8,33^2} = 28,8 \ \Omega$$

2.27 Qual é a maior tensão que pode ser aplicada através de um resistor de 2,7 KΩ, 1/8 W, sem provocar sobreaquecimento?

De $P = V^2/R$,

$$V = \sqrt{RP} = \sqrt{(2,7 \times 10^6)(\tfrac{1}{8})} = 581 \ V$$

2.28 Se um resistor não linear tem uma relação tensão-corrente de $V = 3I^2 + 4$, que corrente circulará quando for energizado por 61V? Além disso, qual é a potência que ele vai absorver?

Inserindo a tensão aplicada nos resultados equação não linear, tem-se $61 = 3I^2 + 4$, a partir do qual

$$I = \sqrt{\frac{61 - 4}{3}} = 4,36 \ A$$

Em seguida, a partir de $P = VI$,

$$P = 61 \times 4,36 = 266 \ W$$

2.29 A 20°C, uma junção de diodo pn de silício apresenta relação de corrente-tensão de $I = 10^{-14}(e^{40V} - 1)$. Qual será a tensão do diodo quando a corrente for 50 mA?

Pela fórmula dada,

$$50 \times 10^{-3} = 10^{-14}(e^{40V} - 1)$$

Multiplicando ambos os lados por 10^{14} e adicionando 1 para os resultados de ambos os lados, resulta

$$50 \times 10^{11} + 1 = e^{40V}$$

Em seguida, a partir do logaritmo natural de ambos os lados,

$$V = \tfrac{1}{40} \ln(50 \times 10^{11} + 1) = 0,73 \ V$$

2.30 Qual é a faixa de resistência para (*a*) um resistor de 470 Ω a 10% e (*b*) um resisitor de 2,7 MΩ a 20%? (*Sugestão*: 10% correspondem a 0,1 e 20% a 0,2.)

(a) A resistência pode chegar a $0,1 \times 470 = 47 \ \Omega$ a partir do valor 470 Ω nominal. Assim, a resistência pode ser tão pequena quanto $470 - 47 = 423 \ \Omega$ ou tão grande quanto $470 + 47 = 517 \ \Omega$.

(b) Uma vez que a variação de resistência máxima a partir do valor nominal é de 0,2 (2,7 +10^6) = 0,54 MΩ, a resistência pode ser tão pequena quanto $2,7 - 0,54 = 2,16$ MΩ ou tão grande quanto $2,7 + 0,54 = 3,24$ MΩ.

2.31 Uma tensão de 110 V é aplicada em um resistor de 20 kΩ a 5%. Qual é o intervalo de corrente sobre ele? (*Sugestão*: 5% correspondem a 0,05.)

A resistência pode variar 0,05 $(20 \times 10^3) = 10^3 \ \Omega$ a partir do valor nominal, o que significa que a resistência pode ser no mínimo de $20 - 1 = 19$ kΩ ou no máximo de $20 + 1 = 21$ kΩ. Portanto, a corrente pode ser no mínimo

$$\frac{110}{21 \times 10^3} = 5,24 \ mA$$

ou no máximo

$$\frac{110}{19 \times 10^3} = 5,79 \ mA$$

2.32 Quais são as cores das faixas em um resistor de 5,6 Ω a 10%?

Uma vez que 5,6 = 56 × 0,1, a resistência tem um primeiro dígito igual a 5, um segundo dígito igual a 6 e um multiplicador igual a 0,1. A partir da Tabela 2-4, 5 corresponde a verde, 6 a azul e 0,1 a ouro. Além disso, a prata corresponde à tolerância de 10%. Assim, as faixas de cor e disposição são verde-azul-ouro-prata a partir de uma extremidade para o centro do invólucro do resistor.

2.33 Determine as cores das faixas de um resistor de 2,7 MΩ a 20%.

O valor numérico da resistência é 2.700.000, que é um 2 e um 7, seguido por cinco zeros. A partir da Tabela 2-4, o código de cores correspondente é vermelho para 2, violeta para 7 e verde para os cinco zeros. Também há uma faixa de cor em falta para a tolerância de 20%. Assim, as faixas de cor a partir de uma extremidade do invólucro do resistor para o meio são vermelho-violeta-verde-ausente.

2.34 Quais são a resistência nominal e tolerância de um resistor com faixa de cor na ordem verde-azul-amarelo--prata a partir da extremidade do invólucro do resistor para o meio?

A partir da Tabela 2-4, verde corresponde a 5, azul a 6 e amarelo a 4. O 5 é o primeiro dígito, 6 o segundo dígito do valor da resistência e 4 é o número de zeros à direita. Por conseguinte, a resistência é de 560.000 Ω ou 560 kΩ. A faixa prata designa uma tolerância de 10%.

2.35 Determine a resistência correspondente às faixas de cores na ordem vermelho-amarelo-preto-ouro.

Da Tabela 2-4, vermelho corresponde a 2, amarelo a 4 e 0 a preto (sem zeros à direita). A quarta faixa na cor ouro corresponde a uma tolerância de 5%. Assim, a resistência é 24 Ω com uma tolerância de 5%.

2.36 Se uma bateria de carro de 12 V tem uma resistência interna de 0,04 Ω, qual é a tensão nos terminais da bateria quando ela fornece 40 A?

A tensão no terminal da bateria é a tensão gerada menos a queda de tensão através da resistência interna:

$$V = 12 - IR = 12 + 40(0,04) = 10,4 \text{ V}$$

2.37 Se uma bateria de automóvel de 12 V tem uma resistência interna de 0,1 Ω, qual é a tensão gerada por uma corrente de 4 A no terminal positivo?

A tensão aplicada deve ser igual à tensão da bateria gerada mais a queda de tensão através da resistência interna:

$$V = 12 + IR = 12 + 40(0,1) = 12,4 \text{ V}$$

2.38 Se uma fonte de corrente de 10 A tem uma resitência interna de 100 Ω, qual é o fluxo de corrente fornecido pela fonte quando a tensão no terminal é 200 V?

O fluxo de corrente da fonte é 10 A menos o fluxo de corrente através da resistência interna:

$$I = 10 - \frac{V}{R} = 10 - \frac{200}{100} = 8 \text{ A}$$

Problemas Complementares

2.39 Qual é a resistência de uma secadora de roupas elétrica de 240 V que solicita 23,3 A?

Resp. 10,3 Ω

2.40 Se um voltímetro tem 500 kΩ de resistência interna, encontre o fluxo de corrente através dele quando indica 86 V.

Resp. 172 μA

2.41 Se um amperímetro tem 2 mΩ de resistência interna, encontre a tensão através dele para 10 A.
Resp. 20 mV

2.42 Qual é a condutância de um resistor 39 Ω?
Resp. 25,6 mS

2.43 Qual é a condutância de um voltímetro que indica 150 V quando o fluxo de corrente é 0,3 mA?
Resp. 2 μS

2.44 Encontre a resistência a 20°C de uma barra de ferro recozido de 2 m de comprimento e 1 cm por 4 cm de seção transversal retangular.
Resp. 86 μΩ

2.45 Qual é a resistência de um fio de cobre recozido que tem um comprimento de 500 m e um diâmetro de 0,404 mm?
Resp. 67,1 Ω

2.46 A resistência de um fio é 25 Ω. Outro fio do mesmo material à mesma temperatura tem um diâmetro duas vezes maior e um comprimento seis vezes maior. Encontre a resistência do fio.
Resp. 37,5 Ω

2.47 Qual é a resistividade do estanho se um cubo de 10 cm de cada lado tem um resistência de 1,15 μΩ através das faces opostas?
Resp. $11,5 \times 10^{-8}$ Ω·m

2.48 Um fio metálico de 40 m de comprimento com diâmetro de 0,574 mm tem uma resistência de 75,7 Ω a 20°C. De que material o fio é feito?
Resp. Constantan

2.49 Qual é o comprimento de um fio de constantan N° 30 AWG (0,254 mm de diâmetro) a 20°C cuja resistência é de 200 Ω?
Resp. 20,7 m

2.50 Se fio de cobre recozido N° 29 AWG a 20°C tem uma resistência de 83,4 Ω por 304,8 m, qual é a resistência por 30,48 m de fio de Nicromo do mesmo tamanho e à mesma temperatura?
Resp. 485 Ω por 30,48 m

2.51 Um condutor com resistência de 5,16 Ω tem um diâmetro de 1,143 mm e um comprimento de 304,8 m. Outro condutor do mesmo material tem uma resistência de 16,5 Ω e um diâmetro de 0,46 mm. Qual é o comprimento do segundo condutor se ambos estão à mesma temperatura?
Resp. 154 m

2.52 Considere uma resistência de fio N° 30 AWG (0,254 mm de diâmetro) de constantan enrolado em torno de um cilindro de 0,5 cm de diâmetro. Quantas espiras são necessárias para obter uma resistência de 25 Ω, a 20°C?
Resp. 165 espiras

2.53 A condutância de um fio é de 2,5 S. Outro fio do mesmo material e à mesma temperatura tem um quarto do diâmetro e o dobro do comprimento. Encontre a condutância do segundo fio.
Resp. 78,1 mS

2.54 Encontre a condutância de 5 m de fio Nicromo cujo diâmetro é de 1 mm.
Resp. 157 mS

2.55 Se uma linha de alimentação de alumínio tem uma resistência de 80 Ω a 30°C, qual é a sua resistência quando o ar frio reduz sua temperatura para −10°C?

Resp. 68 Ω

2.56 Se a resistência de um fio constantan é 2 MΩ a −150°C, qual é sua resistência a 200°C?

Resp. 2,006 MΩ

2.57 A resistência de um fio de alumínio é de 2,4 Ω a − 5°C. Qual é a temperatura para 2,8 Ω?

Resp. 33,5 °C

2.58 Qual é a resistência a 90°C de uma haste de carbono que tem uma resistência de 25 Ω a 20°C?

Resp. 24,1 Ω

2.59 Encontre o coeficiente de temperatura da resistência de ferro a 20°C, se o ferro tem uma temperatura inferida para resistência zero de − 162°C.

Resp. 0,0055°C^{-1}

2.60 Qual é a corrente máxima que um resistor de 56 kΩ, 1 W, pode conduzir com segurança?

Resp. 4,23 mA

2.61 Qual é a tensão máxima que pode ser aplicada com segurança através de um resistor de 91 Ω, 1/2 W?

Resp. 6,75 V

2.62 Qual é a resistência de um aquecedor elétrico de 240 V, 5.600 W?

Resp. 10,3 Ω

2.63 Um resistor não linear tem uma relação de tensão-corrente de ($V = 2I^2 = 3I +10$). Encontre a corrente consumida por esse resistor quando 37 V são aplicados sobre ele.

Resp. 3 A

2.64 Se um diodo tem uma relação tensão-corrente de ($I = 10^{-14} (e^{40V} − 1)$), qual é a tensão no diodo quando a corrente é de 150 mA?

Resp. 0,758 V

2.65 Qual é a faixa de resistência para um resistor de 75 kΩ a 5%?

Resp. 71,25 a 78,75 kΩ

2.66 Uma corrente de 12,1 mA flui através de um resistor de 2,7 kΩ a 10%. Qual é a faixa de tensão sobre o resistor?

Resp. 29,4 a 35,9 V

2.67 Quais são as cores do código de cores para as resistências nominais e suas tolerâncias, para os resistores de (*a*) 0,18 Ω a 10%, (*b*) 39 kΩ a 5% e (*c*) 20 MΩ a 20%?

Resp. (a) marrom-cinza-prata-prata, (b) laranja-branco-laranja-ouro, (c) vermelho-preto-azul-ausente

2.68 Encontre a tolerância e resistências nominais correspondentes aos códigos de cores de (*a*) marrom-marrom-prata-ouro, (*b*) verde-marrom-marrom-ausente, (*c*) azul-cinza-verde-prata.

Resp. (*a*) 0,11 Ω a 5%, (*b*) 510 Ω a 20%, (*c*) 6,8 MΩ a 10%

2.69 Uma bateria fornece 6 V em circuito aberto e 5,4 V quando entrega 6 A. Qual é a resistência interna da bateria?

Resp. 0,1 Ω

2.70 Um motor de arranque elétrico de 3 hp de um automóvel opera com eficiência de 85% com uma bateria de 12 V. Qual é a resistência interna da bateria se a tensão em seus terminais cai para 10 V quando o motor de arranque é energizado?

Resp. 7,60 mΩ

2.71 Um curto-circuito através de uma fonte de corrente extrai 20 A. Quando a fonte de corrente está em circuito aberto, a tensão em seus terminais é de 600 V. Determine a resistência interna da fonte.

Resp. 30 Ω

2.72 Um curto-circuito através de uma fonte de corrente extrai 15 A. Se um resistor de 10 Ω através da fonte dissipa 13 A, qual é a resistência interna da fonte?

Resp. 65 Ω

Capítulo 3

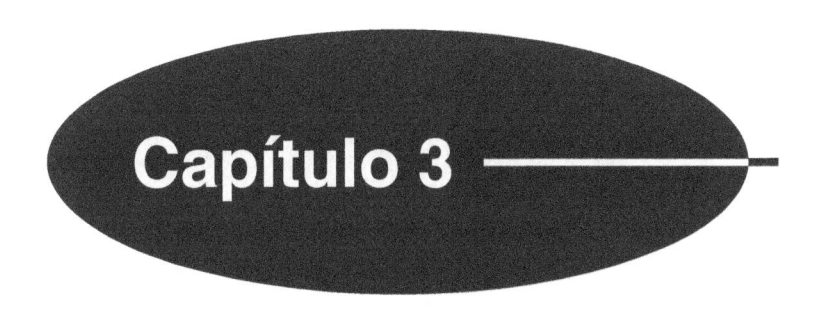

Circuito CC Série e Paralelo

RAMOS, NÓS, LAÇOS, MALHAS E COMPONENTES CONECTADOS EM SÉRIE E EM PARALELO

Estritamente falando, um *ramo* de um circuito é um componente simples, como um resistor ou uma fonte. Ocasionalmente, no entanto, esse termo é aplicado a um grupo de componentes que conduzem a mesma corrente, em especial quando são do mesmo tipo.

Um *nó* é um ponto de conexão entre dois ou mais ramos. Em um diagrama de circuito, um nó é ocasionalmente indicado por um ponto que pode ser um ponto de solda no circuito real. O nó também inclui todos os fios conectados ao ponto. Em outras palavras, ele inclui todos os pontos ao mesmo potencial. Se um curto-circuito liga dois nós, eles são equivalentes e, de fato, são apenas um único nó, mesmo se dois pontos são mostrados.

Um *laço* é qualquer caminho fechado simples em um circuito. Uma *malha* é um circuito que não tem um caminho fechado no seu interior. Não há componentes dentro de uma malha.

Os componentes são conectados em *série*, se percorridos pela mesma corrente.

Os componentes são conectados em *paralelo*, se a mesma tensão é aplicada através deles.

LEI DE KIRCHHOFF DAS TENSÕES E CIRCUITOS CC EM SÉRIE

A *Lei de Kirchhoff das Tensões* (LKT) tem três versões equivalentes: em qualquer instante em torno de um laço, em qualquer direção, seja no sentido horário ou anti-horário,

1. a soma algébrica das quedas de tensão é igual a zero;
2. a soma algébrica dos aumentos de tensão é igual a zero;
3. a soma algébrica das quedas de tensão é igual à soma algébrica dos aumentos de tensão.

Em todas essas versões, a palavra "algébrica" significa que os sinais das quedas e dos aumentos de tensão estão incluídos nas adições. Não esqueça que um aumento de tensão é uma queda de tensão negativa e que uma queda de tensão é um aumento de tensão negativa. Para laços sem fontes de corrente, a versão mais conveniente da LKT é muitas vezes a terceira, restrita de tal forma que as quedas de tensão são apenas em resistores e os aumentos de tensão são fontes de tensão.

Na aplicação da LKT, um laço de corrente é geralmente referenciado no sentido horário, como mostrado no circuito em série da Fig. 3-1, e a LKT é aplicada na direção da corrente. (Esse é um circuito em série, porque a mesma corrente I flui através de todos os componentes.) A soma das quedas de tensão entre os resistores, $V_1 + V_2 + V_3$, é igual ao aumento da tensão V_S através da fonte de tensão: $V_1 + V_2 + V_3 = V_S$. Então, as relações da lei de Ohm, RI, são substituídas para as tensões nos resistores:

$$V_S = V_1 + V_2 + V_3 = IR_1 + IR_2 + IR_3 = I(R_1 + R_2 + R_3) = IR_T$$

a partir da qual $I = V_S/R_T$ e $R_T = R_1 + R_2 + R_3$. R_T é a *resistência total* dos resistores conectados em série. Outro termo utilizado é *resistência equivalente*, com o símbolo R_{eq}.

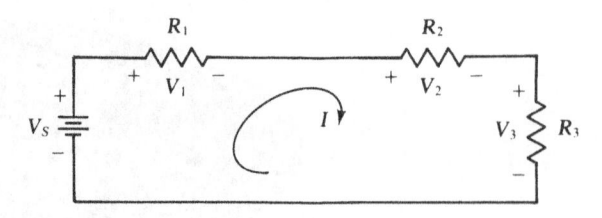

Figura 3-1

A partir desse resultado, fica evidente que, em geral, a resistência total de resistores conectados em série (resistores em série) é igual à soma das resistências individuais:

$$R_T = R_1 + R_2 + R_3 + \cdots$$

Além disso, se as resistências são as mesmas (R), e se houver N delas, então $R_T = NR$. É mais fácil encontrar a corrente em um circuito série usando a resistência total do que aplicando a LKT diretamente.

Se um circuito em série tem mais do que uma fonte de tensão, então

$$I(R_1 + R_2 + R_3 + \cdots) = V_{S_1} + V_{S_2} + V_{S_3} + \cdots$$

em que cada termo V_S é positivo para um aumento de tensão e negativo para uma queda de tensão na direção de I.

A LKT raramente é aplicada a um laço que contém uma fonte de corrente, porque a tensão através da fonte de corrente não é conhecida e não existe uma fórmula para isso.

DIVISOR DE TENSÃO

O *divisor de tensão* ou a *regra para a divisão de tensão* se aplica a resistores em série. Isso fornece a tensão através de qualquer resistor em termos das resistências e da tensão total em toda a combinação em série – o passo de se encontrar a corrente no resistor é eliminado. A fórmula de divisão de tensão é fácil de encontrar a partir do circuito mostrado na Fig. 3-1. Considere que se queira encontrar a tensão V_2. Pela lei de Ohm, $V_2 = IR_2$. Além disso, $I = V_S/(R_1 + R_2 + R_3)$. Eliminando I, resulta em

$$V_2 = \frac{R_2}{R_1 + R_2 + R_3} V_S$$

Em geral, para qualquer número de resistores em série com uma resistência total R_T e com uma tensão V_S através da combinação em série, a tensão V_X através do resistor R_X é

$$V_X = \frac{R_X}{R_T} V_S$$

Essa é a fórmula para a regra de divisão ou divisor de tensão. Por ela, V_S e V_X devem ter polaridades opostas; isto é, o caminho fechado deve ser uma queda de tensão e o outro um aumento de tensão. Se ambos são aumentos ou são quedas, a fórmula requer um sinal negativo. A tensão V_S não precisa ser a de uma fonte: é apenas a tensão total através dos resistores em série.

LEI DE KIRCHHOFF DAS CORRENTES E CIRCUITOS CC EM PARALELO

A *Lei de Kirchhoff das Correntes* (LKC) tem três versões equivalentes:
Em qualquer instante em um circuito,

1. a soma algébrica das correntes que saem de uma superfície fechada é zero;
2. a soma algébrica das correntes que entram uma superfície fechada é zero;
3. a soma algébrica das correntes que entram em uma superfície fechada é igual à soma algébrica das que deixam a superfície.

A palavra "algébrica" significa que os sinais das correntes são incluídos nas adições. Lembre-se de que uma corrente que entra é uma corrente negativa que sai, e que uma corrente que sai é uma corrente negativa que entra.

Em quase todas as aplicações de circuito, as superfícies fechadas de interesse são os nós fechados. Assim, há pouca perda de generalidade em usar a palavra "nó" no lugar de "superfície fechada" em cada versão da LKC. Além disso, para um nó em que nenhuma fonte de tensão esteja conectada, a versão mais conveniente da LKC é muitas vezes a terceira, restringido de modo que as correntes que entram são a partir de fontes de corrente e as correntes que saem são através de resistores.

Na aplicação da LKC, um nó é selecionado como *terra*, de *referência* ou *nó dado*, que é frequentemente indicado pelo símbolo de terra (⏚). Normalmente, o nó na parte inferior do circuito é o nó terra, como mostrado no circuito paralelo da Fig. 3-2. (Esse é um circuito paralelo porque a tensão V é a mesma em todos os componentes do circuito.) As tensões sobre os outros nós são quase sempre referenciadas como positivas em relação ao nó terra. No nó não referenciado no circuito mostrado na Fig. 3-2, a soma das correntes que saem dos resistores, $I_1 + I_2 + I_3$, é igual à corrente I_S, que entra nesse nó vindo da fonte de corrente: $I_1 + I_2 + I_3 = I_S$. A substituição de $I = GV$, que é a relação da lei de Ohm para as correntes dos resistores, resulta em

$$I_S = I_1 + I_2 + I_3 = G_1 V + G_2 V + G_3 V = (G_1 + G_2 + G_3)V = G_T V$$

de onde $V = I_S/G_T$ e $G_T = G_1 + G_2 + G_3 = 1/R_1 + 1/R_2 + 1/R_3$. Essa condutância G_T é a *condutância total* do circuito. Outro termo utilizado é *condutância equivalente*, cujo símbolo é G_{eq}.

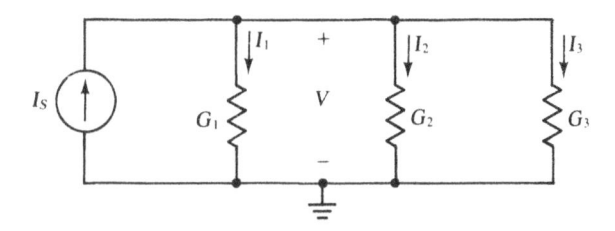

Figura 3-2

A partir desse resultado, fica evidente que, em geral, a condutância total de resistores conectados em paralelo (resistores paralelos) é igual à soma das condutâncias individuais:

$$G_T = G_1 + G_2 + G_3 + \cdots$$

Se as condutâncias forem iguais (G) e houver N delas, então $G_T = NG$ e $R_T = 1/G_T = 1/NG = R/N$. É mais fácil encontrar a tensão em um circuito paralelo usando condutância total do que aplicando a LKC diretamente.

Por vezes, o trabalho com resistências é preferível ao de condutâncias. A partir de $R_T = 1/G_T = 1/(G_1 + G_2 + G_3 + \cdots)$,

$$R_T = \frac{1}{1/R_1 + 1/R_2 + 1/R_3 + \cdots}$$

Uma verificação importante em cálculos com essa fórmula é que R_T deve ser sempre menor que a menor resistência dos resistores paralelos.

Para o caso especial de apenas dois resistores paralelos,

$$R_T = \frac{1}{1/R_1 + 1/R_2} = \frac{R_1 R_2}{R_1 + R_2}$$

Assim, a resistência total ou equivalente de dois resistores em paralelo é o produto das resistências dividido pela soma.

O símbolo ∥, como em $R_1 \| R_2$, indica a resistência de dois resistores em paralelo: $R_1 \| R_2 = R_1 R_2/(R_1 + R_2)$. Também é utilizado para indicar que dois resistores estão em paralelo.

Se um circuito em paralelo tem mais do que uma fonte de corrente,

$$(G_1 + G_2 + G_3 + \cdots)V = I_{S_1} + I_{S_2} + I_{S_3} + \cdots$$

em que cada I_S é um termo positivo para uma fonte de corrente que entra no nó não referenciado e é negativo para uma fonte de corrente deixando esse nó.

A LKC raramente é aplicada a um nó ao qual uma fonte de tensão está conectada. A razão é que a corrente através de uma fonte de tensão não é conhecida e não existe uma fórmula para isso.

DIVISOR DE CORRENTE

O *divisor de corrente* ou *regra para divisão de corrente* aplica-se a resistores em paralelo. Isso fornece a corrente através de qualquer resistor em termos de condutância e da corrente na combinação paralela – o passo de encontrar a tensão do resistor é eliminado. A fórmula de divisão de corrente é fácil de ser encontrada a partir do circuito mostrado na Fig. 3-2. Considere que se deseje encontrar a corrente I_2. Pela lei de Ohm, $I_2 = G_2 V$. Além disso, $V = I_S/(G_1 + G_2 + G_3)$. Eliminando V, resulta

$$I_2 = \frac{G_2}{G_1 + G_2 + G_3} I_S$$

Em geral, para qualquer número de resistores em paralelo com uma condutância total G_T e com uma corrente I_S, entrando na combinação paralela, a corrente I_X através de um dos resistores com condutância G_X é

$$I_X = \frac{G_X}{G_T} I_S$$

Essa é a fórmula para a divisão de corrente ou regra para divisor de corrente. Por ela, I_S e I_X devem ser referenciados na mesma direção, com I_X referenciado saindo do nó dos resistores em paralelo e I_S entrando. Se ambas as correntes entrarem nesse nó, a fórmula requer um sinal negativo. A corrente I_S não precisa ser de uma fonte. É apenas a corrente total que entra nos resistores em paralelo.

Para o caso especial de dois resistores em paralelo, a fórmula de divisão de corrente é normalmente expressa em resistências em vez de em condutâncias. Se as duas resistências são R_1 e R_2, a corrente I_1 no resistor com resistência R_1 é

$$I_1 = \frac{G_1}{G_1 + G_2} I_S = \frac{1/R_1}{1/R_1 + 1/R_2} I_S = \frac{R_2}{R_1 + R_2} I_S$$

Em geral, essa fórmula indica que a corrente que flui em um dos resistores em paralelo é igual à resistência do outro resistor dividida pela soma das resistências vezes a corrente que flui para a combinação em paralelo.

MÉTODO QUILO-OHM-MILIAMPÈRE

As equações básicas $V = RI$, $I = GV$, $P = VI$, $P = V^2/R$ e $P = I^2 R$ são válidas, é claro, para as unidades de volts (V), ampères (A), ohms (Ω), siemens (S) e watts (W). Mas elas são igualmente válidas para as unidades de volts (V), miliampères (mA), quilo-ohms (kΩ), milisiemens (mS) e miliwatts (mW), cuja utilização é por vezes referida como o *método quilo-ohm-miliampère*. Neste livro, o segundo conjunto será utilizado apenas na escrita de equações de rede quando as resistências de rede estão na faixa de quilo-ohm, porque com ele a escrita de potências de 10 pode ser evitada.

Problemas Resolvidos

3.1 Determine o número de nós e os ramos do circuito mostrado na Fig. 3-3.

Os pontos 1 e 2 são um nó, como o são os pontos 3 e 4, e também os pontos 5 e 6, todos com fios de ligação. O ponto 7 e os dois fios em ambos os lados são outro nó, como o são os pontos 8 e os dois fios em ambos os lados. Assim, existem cinco nós. Cada um dos componentes mostrados de A a H é um ramo – oito ramos no total.

Figura 3-3

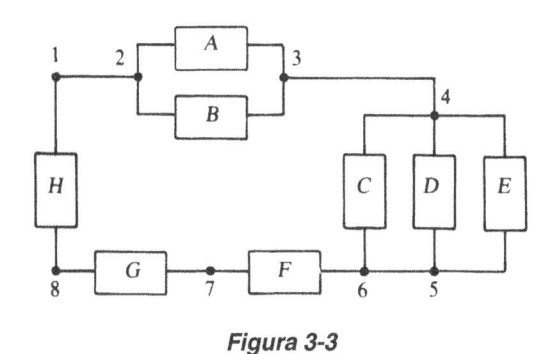

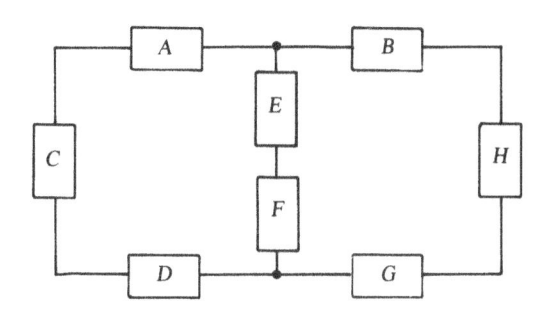

Figura 3-4

3.2 Quais componentes na Fig. 3-3 estão em série e quais estão em paralelo?

Os componentes F, G e H estão em série, uma vez que são percorridos pela mesma corrente. Os componentes A e B, sendo conectados entre si em ambas as extremidades, têm a mesma tensão e por isso estão em paralelo. O mesmo é verdadeiro para os componentes C, D e E – eles estão em paralelo. Além disso, o grupo paralelo de A e B está em série com o grupo paralelo de C, D e E, e ambos os grupos estão em série com os componentes F, G e H.

3.3 Identifique todos os laços e todas as malhas para o circuito mostrado na Fig. 3-4. Além disso, especifique quais componentes estão em série e quais estão em paralelo.

Existem três laços: um dos componentes A, E, F, D e C, um segundo dos componentes B, H, G, F e E, e um terceiro de A, B, H, G, D e C. Os primeiros dois laços também são malhas, mas o terceiro não o é porque os componentes E e F estão em seu interior. Os componentes A, C e D estão em série, porque transportam a mesma corrente. Pela mesma razão, os componentes E e F estão em série, assim como os componentes B, H e G. Não existem componentes em paralelo.

3.4 Repita o Problema 3.3 para o circuito mostrado na Fig. 3-5.

Os três laços com os componentes A, B e C; C, D, E; e F, D e B também são malhas – as únicas malhas. Os outros laços não são malhas, pois os componentes estão dentro deles. Os componentes A, B, D e E formam o laço um; os componentes A, F e E, o segundo; os componentes A, F, D e C, o terceiro; e os componentes F, E, C e B, o quarto. O circuito possui três malhas e sete laços. Nenhum dos componentes está em série ou em paralelo.

3.5 Qual é a tensão V através do circuito aberto no circuito mostrado na Fig. 3-6?

A soma das quedas de tensão na direção dos ponteiros do relógio é, começando a partir do canto superior esquerdo,

$$60 - 40 + V - 10 + 20 = 0 \qquad \text{a partir do qual} \qquad V = -30\,\text{V}$$

Na soma, 40 e 10 V são negativos porque são elevações de tensão no sentido horário. O sinal negativo na resposta indica que a tensão de circuito aberto real tem uma polaridade oposta à polaridade de referência mostrada.

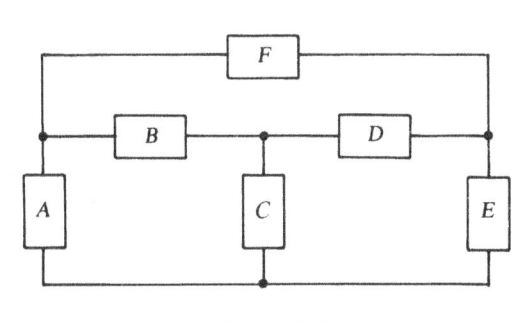

Figura 3-5

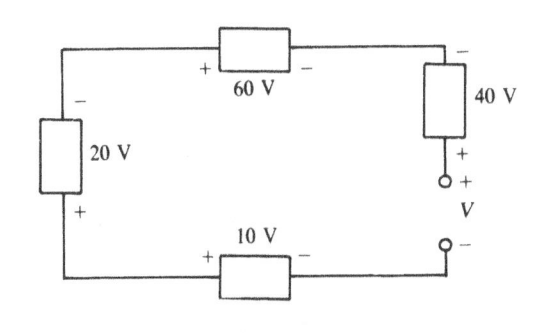

Figura 3-6

3.6 Encontre as tensões desconhecidas no circuito mostrado na Fig. 3-7. Encontre V_1 primeiro.

A abordagem básica é a utilização da LKT nos laços com apenas uma tensão desconhecida. Esse laço V_1 inclui os componentes 10, 8 e 9 V. A soma das quedas de tensão no sentido horário em torno desse laço é

$$10 - 8 + 9 - V_1 = 0 \quad \text{a partir do qual} \quad V_1 = 11 \text{ V}$$

Do mesmo modo, para V_2 a soma das quedas de tensão no sentido horário em torno da malha de cima é

$$V_2 + 8 - 10 = 0 \quad \text{a partir do qual} \quad V_2 = 2 \text{ V}$$

No sentido horário em torno da malha inferior, a soma das quedas de tensão é

$$-8 + 9 + V_3 = 0 \quad \text{a partir do qual} \quad V_3 = -1 \text{ V}$$

O sinal negativo para V_3 indica que a polaridade da tensão real é oposta à polaridade de referência.

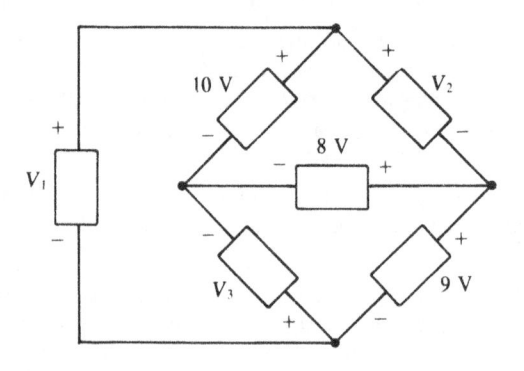

Figura 3-7

3.7 Qual é a resistência total dos resistores 2, 5, 8, 10 e 17 Ω conectados em série?

A resistência total dos resistores em série é a soma das resistências individuais: $R_T = 2 + 5 + 8 + 10 + 17 = 42$ V.

3.8 Qual é a resistência total de 30 resistores de 6 Ω conectados em série?

A resistência total é o número de resistores vezes a resistência comum de 6 Ω: $R_T = 30 \times 6 = 180$ Ω.

3.9 Qual é a condutância total dos resistores 4, 10, 16, 20 e 24 S conectados em série?

A melhor abordagem é converter as condutâncias para resistências, adicionando as resistências para obter a resistência total e depois invertendo a resistência total para obter a condutância total:

$$R_T = \frac{1}{4} + \frac{1}{10} + \frac{1}{16} + \frac{1}{20} + \frac{1}{24} = 0{,}504 \text{ Ω}$$

e

$$G_T = \frac{1}{R_T} = \frac{1}{0{,}504} = 1{,}98 \text{ S}$$

3.10 Uma sequência de luzes de árvore de Natal é composta por oito lâmpadas de 6 W, 15 V, ligadas em série. Qual é a corrente que circula quando é conectada a uma tomada de 120 V e qual é a resistência de cada lâmpada quente?

A potência total é $P_T = 8 \times 6 = 48$ W. De $P_T = VI$, a corrente é $I = P_T/V = 48/120 = 0{,}4$ A. E, a partir de $P = I^2R$, a resistência quente de cada lâmpada é $R = P/I^2 = 6/0{,}4^2 = 37{,}5$ Ω.

3.11 Uma lâmpada de lanterna de 3 V, 300 mA, será usada como luz em um rádio conectado em 120 V. Que resistência do resistor deve ser conectada em série com a lâmpada de lanterna para limitar a corrente?

Uma vez que apenas 3 V podem ser aplicados à lâmpada de lanterna, haverá $120 - 3 = 117$ V em todo o resistor em série. A corrente é de 300 mA nominal. Por conseguinte, a resistência é $117/0{,}3 = 390\ \Omega$.

3.12 Uma pessoa quer trocar um rádio AM-FM transistorizado de 20 W de um carro usado com uma bateria de 6 V para um carro novo com uma bateria de 12 V. Qual é a resistência do resistor que deve ser conectado em série com o rádio para limitar a corrente e qual é sua classificação de potência mínima?

De $P = VI$, o rádio solicita $20/6 = 3{,}33$ A. O resistor, sendo em série, tem a mesma corrente. Além disso, tem a mesma tensão, porque $12 - 6 = 6$ V. Como resultado, $R = 6/3{,}33 = 1{,}8\ \Omega$. Com a mesma tensão e corrente, o resistor deve dissipar a mesma potência que o rádio e, por isso, tem 20 W de potência mínima.

3.13 Um circuito em série consiste em uma fonte 240 V e resistores de 12, 20 e 16 Ω. Encontre a corrente que sai do terminal positivo da fonte de tensão. Também encontre a tensão no resistor. Suponha referências associadas, como sempre deve ser feito quando não há especificação de referências.

A corrente é a tensão aplicada dividida pela resistência equivalente:

$$I = \frac{240}{12 + 20 + 16} = 5\ \text{A}$$

A tensão em cada resistor é a corrente vezes a resistência correspondente: $V_{12} = 5 \times 12 = 60$ V, $V_{20} = 5 \times 20 = 100$ V e $V_{16} = 5 \times 16 = 80$ V. A soma das tensões dos resistores é $60 + 100 + 80 = 240$ V, que é a mesma tensão aplicada.

3.14 Um resistor em série com um resistor de 8 Ω absorve 100 W quando os dois estão conectados através de uma linha 60 V. Encontre a resistência R desconhecida.

A resistência total é $8 + R$, portanto a corrente é $60/(8 + R)$. De $I^2R = P$,

$$\left(\frac{60}{8+R}\right)^2 R = 100 \quad \text{ou} \quad 3.600R = 100(8+R)^2$$

que, simplificando, fica $R^2 - 20R + 64 = 0$. A fórmula quadrática pode ser usada para encontrar R. Lembre que, para a equação $ax^2 + bc + c = 0$, a fórmula é

$$x = \frac{-b \pm \sqrt{b^2 - 4ac}}{2a}$$

Assim, $$R = \frac{-(-20) \pm \sqrt{(-20)^2 - 4(1)(64)}}{2(1)} = \frac{20 \pm 12}{2} = 16\ \Omega\ \text{ou}\ 4\ \Omega$$

Um resistor com resistência de 16 ou 4 Ω irá dissipar 100 W quando conectado em série com um resistor de 8 Ω através de uma tensão de 60 V.

Essa equação quadrática em particular pode ser fatorada sem usar a fórmula quadrática. Por inspeção, $R^2 - 20R + 64 = (R - 16)(R - 4) = 0$, a partir do qual $R = 16\ \Omega$ ou $R = 4\ \Omega$, o mesmo resultado de antes.

3.15 Os resistores R_1, R_2 e R_3 estão em série com uma fonte de 100 V. A queda de tensão total ao longo de R_1 e R_2 é 50 V, e através de R_2 e R_3 é 80 V. Encontre as três resistências se a resistência total é 50 Ω.

A corrente é a tensão aplicada dividida pela resistência total: $I = 100/50 = 2$ A. Uma vez que a tensão através dos resistores R_1 e R_2 é 50 V, a tensão através de R_3 deve ser de $100 - 50 = 50$ V. Pela lei de Ohm, $R_3 = 50/2 = 25\ \Omega$. Os resistores R_2 e R_3 têm 80 V sobre eles, deixando $100 - 8 = 20$ V através de R_1. Assim, $R_1 = 20/2 = 10\ \Omega$. A resistência de R_2 é a resistência total menos as resistências de R_1 e R_3: $R_2 = 50 - 10 - 25 = 15\ \Omega$.

3.16 Qual é a tensão máxima que pode ser aplicada sobre uma combinação em série de um resistor de 150 Ω, 2 W, e um de 100 Ω, 1 W, sem exceder a potência de ambos os resistores?

De $P = I^2R$, a corrente máxima segura para o resistor de 150 Ω é $I = \sqrt{P/R} = \sqrt{2/150} = 0{,}115$ A, e para o resistor de 100 Ω é $\sqrt{1/100} = 0{,}1$ A. A corrente máxima não pode exceder a menor das duas correntes e por isso é 0,1 A. Por essa corrente, $V = I(R_1 + R_2) = 0{,}1(150 + 100) = 25$ V.

3.17 Em um circuito em série, a corrente flui a partir do terminal positivo de uma fonte de 180 V através de dois resistores: um tem resistência de 30 Ω e o outro tem 45 V sobre ele. Encontre a corrente e a resistência desconhecida.

O resistor de 30 Ω tem $180 - 45 = 135$ V através dele e, assim, uma corrente de $135/30 = 4{,}5$ A através dele. A resistência do outro é $45/4{,}5 = 10\ \Omega$.

3.18 Encontre a corrente e as tensões desconhecidas no circuito mostrado na Fig. 3-8.

A resistência total é a soma das resistências: $10 + 15 + 6 + 8 + 11 = 50\ \Omega$. O aumento da tensão total a partir das fontes de tensão na direção de I é de $12 - 5 + 8 = 15$ V. A corrente I é essa tensão dividida pela resistência total: $I = 15/50 = 0{,}3$ A. Pela lei de Ohm, $V_1 = 0{,}3 \times 10 = 3$ V, $V_2 = 0{,}3 \times 15 = 4{,}5$ V, $V_3 = -0{,}3 \times 6 = -1{,}8$ V, $V_4 = 0{,}3 \times 8 = 2{,}4$ V e $V_5 = -0{,}3 \times 11 = 3{,}3$ V. As equações para V_3 e V_5 têm sinais negativos, pois as referências para essas tensões e a referência para I não estão associadas.

3.19 Encontre a tensão V_{ab} no circuito mostrado na Fig. 3-8.

V_{ab} é a queda de tensão a partir do nó a para o nó b, que é a soma das quedas de tensões entre os componentes conectados entre os nós a e b para a direita ou para a esquerda do nó a. É conveniente escolher o caminho para a direita, porque essa é a direção da corrente $I = 0{,}3$ A, encontrada na solução do Problema 3.18. Assim,

$$V_{ab} = (0{,}3 \times 15) + 5 + (0{,}3 \times 6) + (0{,}3 \times 8) - 8 = 5{,}7\ \text{V}$$

Note que uma queda IR é sempre positiva na direção de I. Uma tensão de referência, V_3, em particular aqui, não tem nenhum efeito sobre esta.

3.20 Encontre I_1, I_2 e V, no circuito mostrado na Fig. 3-9.

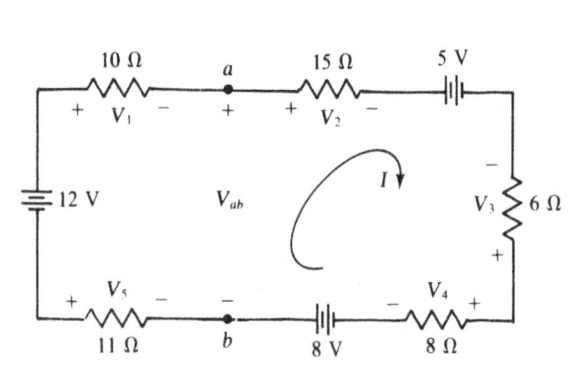

Figura 3-8

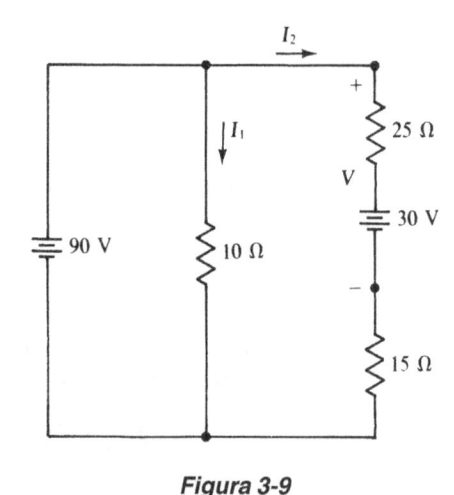

Figura 3-9

Uma vez que a fonte 90 V está sobre o resistor de 10 Ω, $I_1 = 90/10 = 9$ A. Em torno do laço externo, no sentido horário, a queda de tensão através dos dois resistores é $(25 + 15) I_2 = 40 I_2$. Isso é igual à soma dos aumentos de tensão através das fontes de tensão nesse laço externo:

$$40 I_2 = -30 + 90 \qquad \text{a partir do qual} \qquad I_1 = 60/40 = 1{,}5 \text{ A}$$

A tensão V é igual à soma das quedas de através do resistor 25 Ω e da fonte de 30 V: $V = (1{,}5 \times 25) + 30 = 67{,}5$ V. Observe que o resistor de 10 Ω em paralelo não afeta I_2. Em geral, os resistores em paralelo com fontes de tensão que têm resistências internas iguais a zero (fontes de tensão ideais) não afetam correntes ou tensões em outros lugares do circuito. Eles causam, no entanto, um aumento no fluxo de corrente em fontes de tensão.

3.21 Uma fonte de 90 V está em série com cinco resistores cujas resistências são 4, 5, 6, 7 e 8 Ω. Encontre a tensão através do resistor de 6 Ω. (Aqui, "tensão" refere-se à tensão positiva, que deverá ser utilizada em problemas posteriores, a menos que indicado o contrário. O mesmo é verdade para a corrente.)

Pela fórmula de divisão de tensão, a tensão através de um resistor de um circuito em série é igual à resistência daquele resistor vezes a tensão aplicada dividida pela resistência total. Assim,

$$V_6 = \frac{6}{4 + 5 + 6 + 7 + 8} \times 90 = 18 \text{ V}$$

3.22 Use divisão de tensão para determinar as tensões V_4 e V_5 no circuito mostrado na Fig. 3-8.

A tensão total aplicada através dos resistores é igual à soma das elevações de tensão a partir das fontes de tensão, de preferência no sentido horário: $12 - 5 + 8 = 15$ V. A polaridade dessa tensão é tal que produz um fluxo de corrente no sentido horário. Nessa soma, a tensão de 5 V é negativa, porque é uma queda, e as elevações estão adicionadas. Dito de outra forma, a polaridade da fonte de 5 V se opõe às polaridades das fontes de 12 e 8 V. A fórmula de divisão de tensão sobre V_4 deve ter um sinal positivo porque V_4 é uma queda no sentido horário – ela se opõe à polaridade da tensão aplicada:

$$V_4 = \frac{8}{10 + 15 + 6 + 8 + 11} \times 15 = \frac{8}{50} \times 15 = 2{,}4 \text{ V}$$

A fórmula de divisão de tensão para V_5 requer um sinal negativo, pois a tensão V_5 é uma elevação de tensão da fonte, em sentido horário:

$$V_5 = -\frac{11}{50} \times 15 = -3{,}3 \text{ V}$$

3.23 Encontre a tensão V_{ab} através do circuito aberto mostrado na Fig. 3-10.

O resistor 10 Ω tem corrente zero que flui através dele, porque está em série com um circuito aberto. (Também tem tensão de zero volt através dele.) Por conseguinte, a divisão de tensão pode ser utilizada para obter a tensão V_1. O resultado é

$$V_1 = \frac{60}{60 + 40} \times 100 = 60 \text{ V}$$

Em seguida, um somatório das quedas de tensão em torno da metade direita do circuito dá $0 - 30 + V_{ab} + 10 - 60 = 0$. Portanto, $V_{ab} = 80$V.

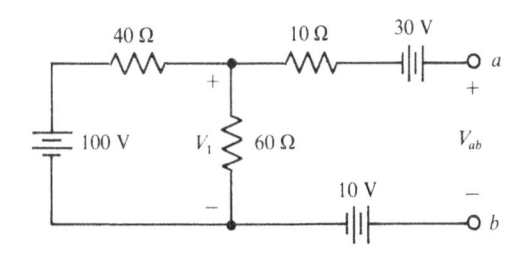

Figura 3-10

3.24 Para o circuito da Fig. 3-11, calcule I e a potência absorvida pela fonte dependente.

Um bom começo é resolver V_1 em termos de I. Aplicando a lei de Ohm ao resistor de 4 Ω, temos $V_1 = 4I$. Por conseguinte, na direção de I, o aumento de tensão através da fonte dependente é de $4{,}5(4I) = 18I$. Em seguida, pela LKT,

$$4I + 2I - 18I = 24 \quad \text{e, assim,} \quad I = 24/(-12) = -2\text{ A}$$

O sinal negativo indica que a corrente de 2 A flui no sentido anti-horário, oposto ao sentido de referência para I.

Uma vez que as referências de corrente e tensão para a fonte dependente não estão associadas, a fórmula de potência absorvida tem um sinal negativo:

$$P = -4{,}5V_1(I) = -4{,}5(4I)(I) = -18I^2$$

Mas $I = -2$ A e, assim, $P = -18(-2)^2 = -72$ W. A presença do sinal negativo significa que a fonte dependente está fornecendo energia, em vez de absorver.

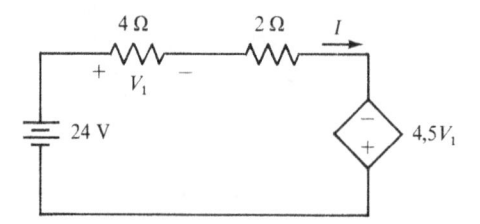

Figura 3-11

3.25 No circuito da Fig. 3-11, determine a resistência "vista" pela fonte de tensão independente.

A resistência "vista" pela fonte é igual à relação entre a tensão da fonte e a corrente que flui para fora do terminal positivo da fonte:

$$R = \frac{24}{I} = \frac{24}{-2} = -12\text{ Ω}$$

O sinal negativo da resistência é um resultado da ação da fonte dependente, o que indica que o restante do circuito fornece energia para a fonte independente. Na verdade, é a fonte dependente que fornece essa energia, bem como a energia para os resistores.

3.26 Encontre V_1 no circuito da Fig. 3-12.

Primeiramente, observe que nenhuma corrente flui no circuito que liga as duas metades desse circuito, como é evidente, pois cada metade é uma superfície fechada. Então, apenas um condutor cruzaria a superfície e, uma vez que a soma das correntes que saem de qualquer superfície fechada deve ser zero, a corrente nesse fio deve ser zero. Por outro ponto de vista, não existe um caminho de retorno para a corrente que fluiria nesse condutor.

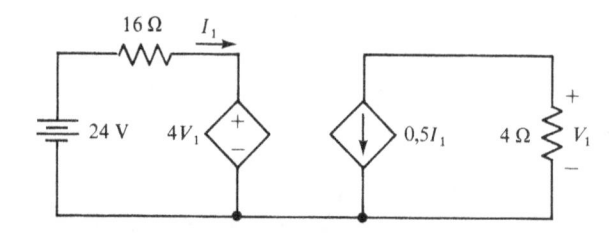

Figura 3-12

Pela LKT aplicada à metade esquerda do circuito, $16I_1 - 4V_1 = 24$. E, para a metade direita do circuito, a lei de Ohm dá

$$V_1 = -0{,}5I_1(4) = -2I \quad \text{ou} \quad I_1 = -0{,}5V_1$$

Em seguida, substituindo I_1 na equação da LKT, produz-se

$$16(-0{,}5V_1) + 4V_1 = 24 \quad \text{e, assim,} \quad V_1 = -6\,\text{V}$$

3.27 Calcule I e V_{ab} no circuito da Fig. 3-13.

Devido ao circuito aberto entre os nós a e b, o ramo do meio não tem qualquer efeito sobre a corrente I. Consequentemente, I pode ser obtido através da aplicação da LKT para o laço externo. A resistência total do circuito é $2 + 8 + 5 + 9 = 24\,\Omega$. Na direção de I, a soma das elevações de tensão a partir das fontes de tensão é $100 + 20 = 120$ V. Assim, $I = 120/24 = 5$ A.

A partir da soma de quedas de tensão através do ramo da direita, de cima para baixo, através do ramo do meio é $5(5) - 20 + 5(9) = 50$ V. Por conseguinte, $V_{ab} = 50 - 30 = 20$ V, porque existe uma queda de tensão de zero volt através do resistor de $10\,\Omega$.

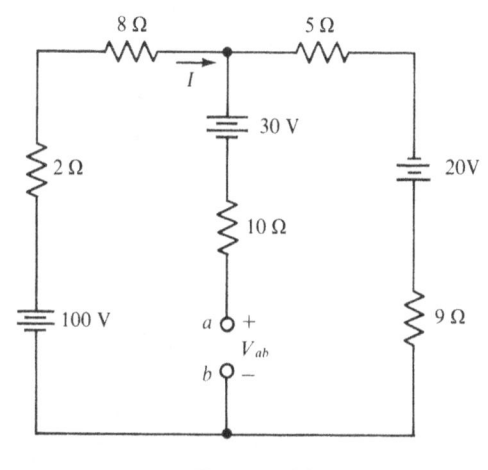

Figura 3-13

3.28 Determine a queda de tensão V_{ab} através do circuito aberto no circuito da Fig. 3-14.

Devido o circuito aberto, nenhuma corrente flui nos resistores de $9\,\Omega$ e $13\,\Omega$ e, por isso, há uma tensão de zero volt através de cada um. Além disso, em seguida, toda corrente da fonte de 6 A flui através do resistor de $10\,\Omega$ e toda corrente da fonte de 8 A flui através do resistor $5\,\Omega$, fazendo $V_1 = -6(10) = -60$ V e $V_2 = 8(5) = 40$ V, respectivamente.

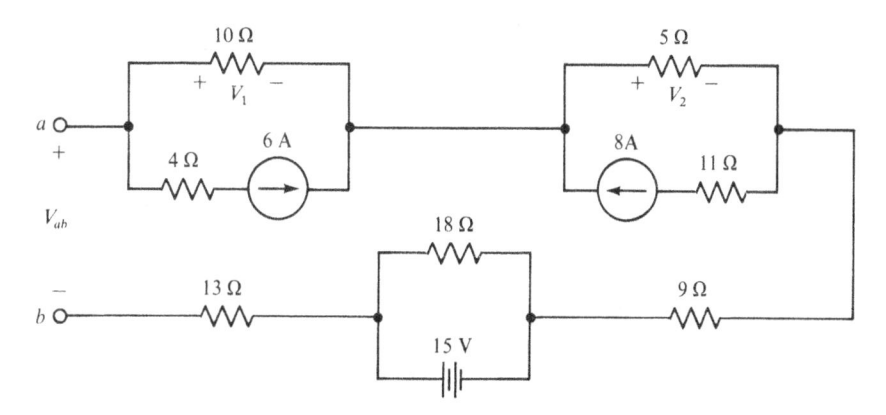

Figura 3-14

Assim, a queda de tensão V_{ab}, do nó a para b, é a soma das quedas de tensão,

$$V_{ab} = V_1 + V_2 + 0 - 15 + 0 = -60 + 40 - 15 = -35 \text{ V}$$

Os resistores de 4, 11, 9, 18, e 13 Ω não têm nenhum efeito sobre esse resultado.

3.29 Encontre as correntes desconhecidas no circuito mostrado na Fig. 3-15. Encontre I_1, em primeiro lugar.

A abordagem básica da LKC é utilizada para encontrar as superfícies fechadas de tal modo que apenas uma corrente desconhecida flua através de cada superfície. Na Fig. 3-15, o laço pontilhado maior representa uma superfície fechada desenhada de modo que a corrente I_1 é a única desconhecida que flui através dele. Outras correntes que fluem através dele são as correntes de 10, 8 e 9 A. I_1 e a corrente de 9 A saem da superfície fechada, e as correntes de 8 A e 10 A entram na superfície. Pela LKC, a soma das correntes que saem é zero: $I_1 + 9 - 8 - 10 = 0$ ou $I_1 = 9$ A. I_2 é facilmente encontrada a partir da soma das correntes que saem do nó central superior: $I_2 - 8 - 10 = 0$ ou $I_2 = 18$ A. Da mesma forma, no nó superior direito, $I_3 + 8 - 9 = 0$ e $I_3 = 1$ A. Verificando o nó superior esquerdo: $10 - I_1 - I_3 = 10 - 9 - 1 = 0$, como deveria ser.

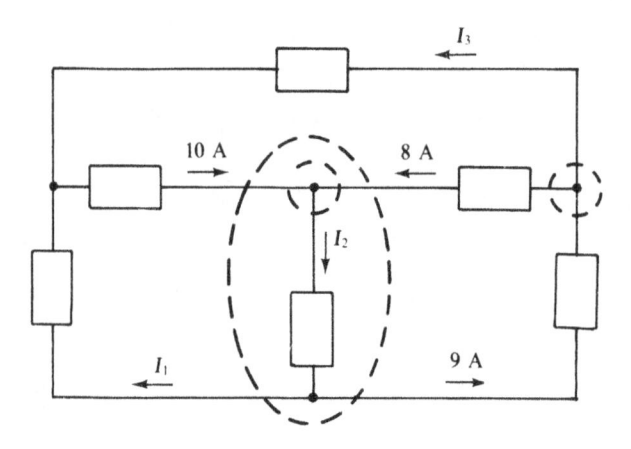

Figura 3-15

3.30 Encontre I para o circuito mostrado na Fig. 3-16.

Uma vez que a corrente I é a única desconhecida que flui através do circuito tracejado mostrado, ela pode ser encontrada igualando a zero a soma das correntes que saem desse laço: $I - 16 - 8 - 9 + 3 + 2 - 10 = 0$, a partir da qual $I = 38$ A.

3.31 Encontre a corrente de curto-circuito I_3 para o circuito mostrado na Fig. 3-17.

O curto-circuito coloca a tensão de 100 V da fonte através do resistor de 20 Ω, e a tensão de 200 V através do resistor de 25 Ω. Pela lei de Ohm, $I_1 = 100/20 = 5$ A e $I_2 = -200/25 = -8$ A. O sinal negativo aparece na fórmula de I_2 porque as referências não são associadas.

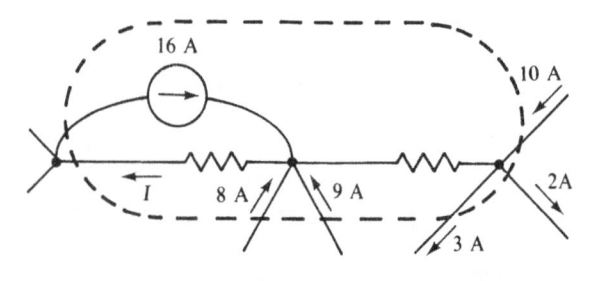

Figura 3-16

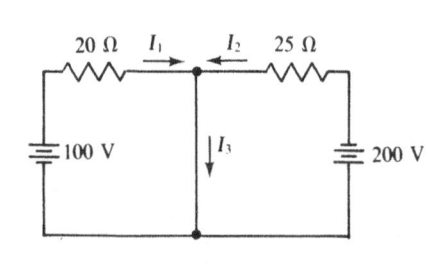

Figura 3-17

Da aplicação da LKC no nó central superior, $I_3 = I_1 + I_2 = 5 - 8 = -3$ A. Certamente, o sinal negativo na resposta significa que 3 A realmente flui através do curto-circuito para cima, oposto ao sentido da seta de referência da corrente I_3.

3.32 Calcule V no circuito da Fig. 3-18.

O curto-circuito coloca toda tensão de 36 V da fonte sobre o resistor de 20 kΩ. Então, pela lei de Ohm, $I_1 = 36/20 = 1{,}8$ mA. (O método quilo-ohm-miliampères foi usado para encontrar I_1.) Aplicando a LKC ao nó central superior, tem-se

$$I_2 = I_1 + 10I_2 = 1{,}8 + 10I_2 \qquad \text{e, portanto,} \qquad I_2 = -0{,}2 \text{ mA}$$

Finalmente, pela lei de Ohm,

$$V = -5(10I_2) = -5(-2) = 10 \text{ V}$$

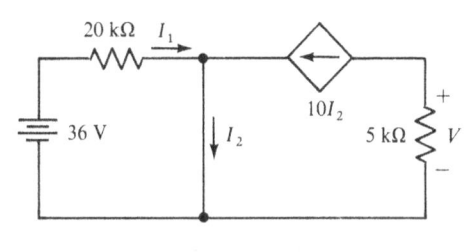

Figura 3-18

3.33 Encontre a condutância total e a resistência de quatro resistores em paralelo com resistências de 1, 0,5, 0,25 e 0,125 Ω.

A condutância total é a soma das condutâncias individuais:

$$G_T = \frac{1}{1} + \frac{1}{0{,}5} + \frac{1}{0{,}25} + \frac{1}{0{,}125} = 1 + 2 + 4 + 8 = 15 \text{ S}$$

A resistência total é o inverso da condutância total: $R_T = 1/G_T = 1/15 = 0{,}0667$ Ω.

3.34 Determine a resistência total de 50 resistores de 200 Ω conectados em paralelo.

A resistência total é igual à resistência comum dividida pelo número de resistores: $200/50 = 4$ Ω.

3.35 Um resistor deve ser conectado em paralelo com um resistor de 10 kΩ e um resistor de 20 kΩ para produzir uma resistência total de 12 kΩ. Qual é a resistência do resistor?

Assumindo que o resistor adicionado é um resistor convencional, nenhum valor de resistor adicionado em paralelo dará uma resistência total de 12 kΩ, porque a resistência total de resistores paralelos é sempre menor que a menor resistência individual, que é de 10 kΩ. Com transistores, no entanto, é possível fazer um componente que tenha uma resistência negativa e que, em paralelo, possa causar um aumento na resistência total. Geralmente, contudo, o termo *resistor* significa um resistor convencional que tem apenas uma resistência positiva.

3.36 Três resistores em paralelo têm uma condutância total de 1,75 S. Se duas das resistências são 1 e 2 Ω, qual é a terceira resistência?

A soma das condutâncias individuais é igual à condutância total:

$$\frac{1}{1} + \frac{1}{2} + G_3 = 1{,}75 \qquad \text{ou} \qquad G_3 = 1{,}75 - 1{,}5 = 0{,}25 \text{ S}$$

A resistência do terceiro resistor é o inverso dessa condutância: $R_3 = 1/G_3 = 1/0{,}25 = 4$ Ω

3.37 Sem usar condutâncias, encontre a resistência total de dois resistores em paralelo com resistências de 5 e 20 Ω.

A resistência total é igual ao produto das resistências individuais dividido pela soma: $R_T = (5 \times 20)/(5 + 20) = 100/25 = 4\ \Omega$.

3.38 Repita o Problema 3.37 para três resistores em paralelo com resistências de 12, 24 e 32 Ω.

Uma abordagem é considerar duas resistências de cada vez. Para as resistências de 12 e 24 Ω, a resistência equivalente é

$$\frac{12 \times 24}{12 + 24} = \frac{288}{36} = 8\ \Omega$$

Esse resultado combinado com a resistência de 32 Ω dá uma resistência total de

$$R_T = \frac{8 \times 32}{8 + 32} = \frac{256}{40} = 6{,}4\ \Omega$$

3.39 Uma lâmpada de 60 W, outra de 100 W e outra de 200 W são conectadas em paralelo através de uma tensão de 120 V. Obtenha a resistência equivalente a quente dessa combinação das resistências individuais quentes das lâmpadas.

A partir de $R = V^2/P$, as resistências individuais são $120^2/60 = 240\ \Omega$, $120^2/100 = 144\ \Omega$ e $120^2/200 = 72\ \Omega$. As resistências 72 e 144 Ω têm uma resistência equivalente de $(72 \times 144)/(72 + 144) = 48\ \Omega$. A resistência equivalente dessa com a resistência de 240 Ω é a resistência total equivalente a quente: $(240 \times 48)/(240 + 48) = 40\ \Omega$. Como verificação, a partir da potência total de 360 W, $R_T = V^2/P = 120^2/360 = 40\ \Omega$.

3.40 Determine R_T em $R_T = (4 + 24 \parallel 12) \parallel 6$.

É essencial começar avaliando dentro dos parênteses, e após, fora. Por definição, o termo $24 \parallel 12 = (24 \times 12)/(24 + 12) = 8$. Isso somado a 4: $4 + 8 = 12$. A expressão reduz-se a $12 \parallel 6$, que é $(12 \times 6)/(12 + 6) = 4$. Assim, $R_T = 4\ \Omega$.

3.41 Encontre a resistência total R_T da rede de resitor em escada mostrada na Fig. 3-19.

Para encontrar a resistência equivalente de uma rede em escada através da combinação de resistências, sempre comece pela extremidade oposta aos terminais de entrada. Nessa extremidade, os resistores em série de 4 e 8 Ω têm resistência equivalente de 12 Ω. Isso, combinado em paralelo com a resistência de 24 Ω, fornece: $(24 \times 12)/(24 + 12) = 8\ \Omega$. Isso, adicionado aos 3 e 9 Ω dos resistores em série, dá a soma $8 + 3 + 9 = 20\ \Omega$, o que, por sua vez, combinado em paralelo com a resistência 5 Ω, dá: $(20 \times 5)/(20 + 5) = 4\ \Omega$. R_T é a soma dessa resistência e as resistências em série dos resistores de 16 e 14 Ω: $R_T = 4 + 16 + 14 = 34\ \Omega$.

3.42 No circuito mostrado na Fig. 3-20, encontre a resistência total R_T com os terminais a e b (a) em circuito aberto e (b) em curto-circuito.

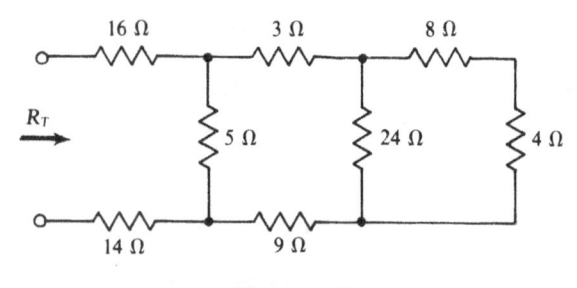

Figura 3-19

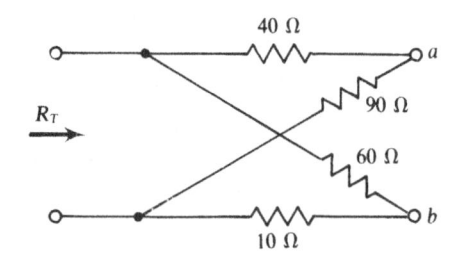

Figura 3-20

(a) Com terminais a e b abertos, os resistores de 40 e 90 Ω estão em série, assim como os resistores de 60 e 10 Ω. As duas combinações em série estão em paralelo, de modo que

$$R_T = \frac{(40 + 90)(60 + 10)}{40 + 90 + 60 + 10} = 45,5\ \Omega$$

(b) Para os terminais a e b em curto-circuito, os resistores de 40 e 60 Ω estão em paralelo, assim como os resistores de 90 e 10 Ω. As duas combinações paralelas estão em série, resultando

$$R_T = \frac{40 \times 60}{40 + 60} + \frac{90 \times 10}{90 + 10} = 33\ \Omega$$

3.43 Uma corrente de 90 A flui através de quatro resistores em paralelo com resistências de 5, 6, 12 e 20 Ω. Determine a corrente em cada resistor.

A resistência total é

$$R_T = \frac{1}{1/5 + 1/6 + 1/12 + 1/20} = 2\ \Omega$$

Esse valor vezes a corrente dá a tensão através da combinação paralela: $2 \times 90 = 180$ V. Então, pela lei de Ohm, $I_5 = 180/5 = 36$ A, $I_6 = 180/6 = 30$ A, $I_{12} = 180/12 = 15$ A e $I_{20} = 180/20 = 9$ A.

3.44 Encontre as correntes e tensões desconhecidas no circuito mostrado na Fig. 3-21.

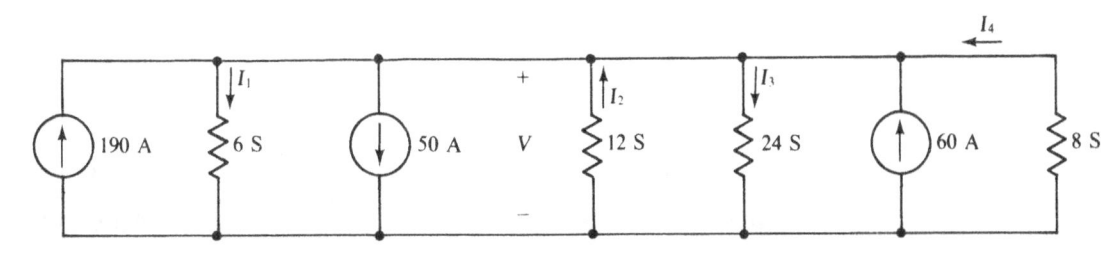

Figura 3-21

Embora se tenha vários pontos, a linha superior é um único nó, porque todos estão no mesmo potencial. O mesmo é verdadeiro para a linha inferior. Assim, há apenas dois nós e uma tensão V. A condutância total dos resistores conectados em paralelo é $G = 6 + 12 + 24 + 8 = 50$ S. Além disso, a corrente total que entra no nó superior a partir das fontes de corrente é $190 - 50 + 60 = 200$ A. Essas condutância e corrente podem ser utilizadas na versão de condutância da lei de Ohm, $I = GV$, para obter a tensão: $V = I/G = 200/50 = 4$ V. Uma vez que essa é a tensão em cada resistor, as correntes nos resistores são $I_1 = 6 \times 4 = 24$ A, $I_2 = -12 \times 4 = -48$ A, $I_3 = 24 \times 4 = 96$ A e $I_4 = -8 \times 4 = -32$ A. Os sinais negativos são o resultado de referências não associadas. Obviamente, todas as correntes reais do resistor saem do nó superior.

Observe que as fontes de corrente em paralelo têm o mesmo efeito de uma única fonte de corrente, corrente resultante da soma algébrica das correntes individuais das fontes.

3.45 Use divisão de corrente para encontrar as correntes I_2 e I_3 no circuito mostrado na Fig. 3-21.

A soma das correntes das fontes de corrente para o nó superior é $190 - 50 + 60 = 200$ A. Além disso, a soma das condutâncias é $6 + 12 + 24 + 8 = 50$ S. Pela fórmula de divisão de corrente,

$$I_2 = -\frac{12}{50} \times 200 = -48\ \text{A} \qquad \text{e} \qquad I_3 = \frac{24}{50} \times 200 = 96\ \text{A}$$

A fórmula para I_2 tem sinal negativo porque I_2 tem uma referência no nó superior, e a soma das correntes a partir das fontes de corrente é também em direção ao nó superior. Para um sinal positivo, uma das correntes na fórmula deve chegar no nó e outra corrente deve estar saindo do mesmo nó.

3.46 O fluxo de corrente em dois resistores em paralelo com resistências de 12 e 24 Ω é de 90 A. Determine a corrente no resistor de 24 Ω.

A corrente no resistor de 24 Ω é igual à resistência do outro resistor em paralelo dividida pela soma das resistências e o resultado vezes a corrente de entrada:

$$I_{24} = \frac{12}{12+24} \times 90 = 30 \text{ A}$$

Como verificação, essa corrente resulta em uma tensão de $30 \times 24 = 720$ V, que é igual à aplicada através do resistor de 12 Ω. Assim, $I_{12} = 720/12 = 60$ A e $I_{24} + I_{12} = 30 + 60 = 90$ A, que é a corrente de entrada.

3.47 Calcule V_1 e V_2 no circuito da Fig. 3-22.

O primeiro passo para resolver é escrever a corrente I em termos de V_1: $I = V_1/5$. Assim, a fonte de corrente dependente é, em termos de V_1, $3(V_1/5) = 0,6V_1$, direcionada para baixo. Então, aplicando a LKC no nó superior direito, tem-se

$$\frac{V_1}{5} + \frac{V_1}{10} + 0,6V_1 = 9 \quad \text{a partir do qual} \quad V_1 = 10 \text{ V}$$

A queda de tensão através do resistor de 12 Ω é $9 \times 12 = 108$ V. Finalmente, a LKT aplicada em torno dos resultados do laço de saída resulta em $V_2 = 180 + 10 = 118$V. Observe que o resistor de 12 Ω não tem efeito sobre V_1, mas tem um efeito sobre V_2.

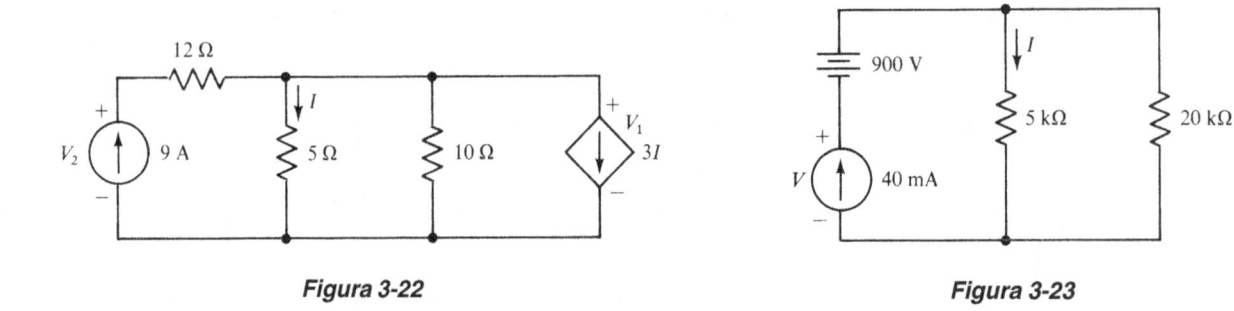

Figura 3-22

Figura 3-23

3.48 Calcule I e V no circuito da Fig. 3-23.

A fonte de corrente de 40 mA flui na direção dos resistores em paralelo. Então, por divisão de corrente,

$$I = \frac{20}{20+5} \times 40 = 32 \text{ mA}$$

Em seguida, pela LKT, $V = -900 + 32(5) = -740$ V. Observe que, embora a tensão da fonte tenha um efeito sobre a tensão da fonte de corrente, ela não tem efeito sobre a corrente I.

3.49 Use divisão de tensão duas vezes para encontrar V_1 no circuito mostrado na Fig. 3-24.

Claramente, V_1 pode ser encontrado a partir de V_2 por divisão de tensão. V_2 pode ser encontrado a partir da fonte de tensão por divisão de tensão utilizando a resistência equivalente à direita do resistor de 16 Ω. Essa resistência é

$$\frac{(54+18)(36)}{54+18+36} = 24 \text{ Ω}$$

Por divisão de tensão,

$$V_2 = \frac{24}{16+24} \times 80 = 48 \text{ V} \quad \text{e} \quad V_1 = \frac{18}{54+18} \times 48 = 12 \text{ V}$$

Um erro comum ao encontrar V_2 é negligenciar a carga dos resistores à direita do nó V_2.

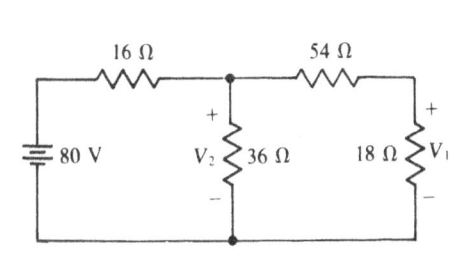

Figura 3-24 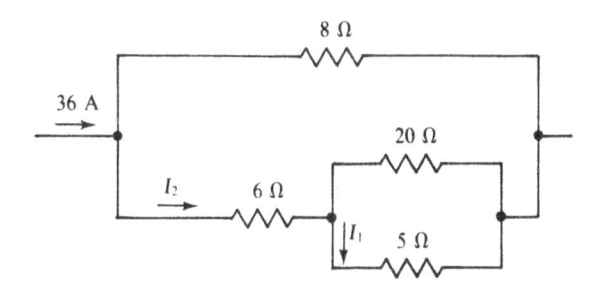   *Figura 3-25*

3.50 Use divisão de corrente duas vezes para encontrar I_1 no circuito mostrado na Fig. 3-25.

Obviamente I_1 pode ser encontrado a partir de I_2 por divisão de corrente. E, se a resistência total dos três ramos da parte inferior for encontrado, a divisão de corrente pode ser utilizada para encontrar I_2 a partir da corrente de entrada. A resistência total necessária é

$$6 + \frac{20 \times 5}{20 + 5} = 10 \, \Omega$$

Pela forma das duas resistências da fórmula de divisão de corrente,

$$I_2 = \frac{8}{10 + 8} \times 36 = 16 \, \text{A} \qquad \text{e} \qquad I_1 = \frac{20}{20 + 5} \times 16 = 12{,}8 \, \text{A}$$

Problemas Complementares

3.51 Determine o número de nós, ramos, laços e malhas no circuito mostrado na Fig. 3-26.

Resp. 6 nós, 8 ramos, 7 laços, 3 malhas

3.52 Encontre V_1, V_2 e V_3 para o circuito mostrado na Fig. 3-26.

Resp. $V_1 = 26 \, \text{V}$, $V_2 = -21 \, \text{V}$, $V_3 = 2 \, \text{V}$

3.53 Quatro resistores em série têm uma resistência total de 500 Ω. Se três dos resistores têm resistências de 100, 150 e 200 Ω, qual é a resistência do quarto resistor?

Resp. 50 Ω

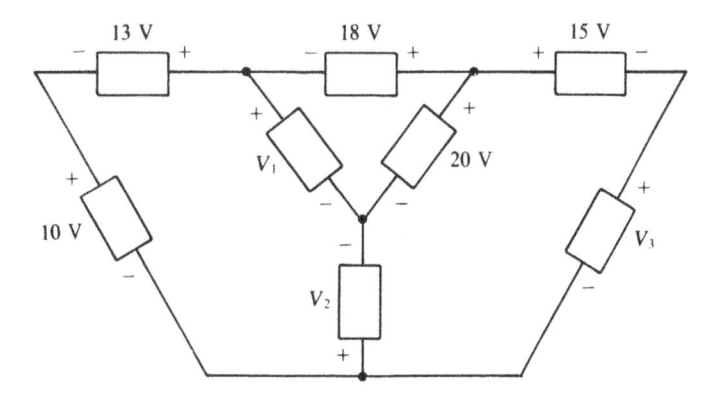

Figura 3-26

3.54 Encontre a condutância total dos resistores de 2, 4, 8 e 10 S conectados em série.

Resp. 1,03 S

3.55 Uma lâmpada de 60 W, 120 V, é ligada em série com um resistor através de uma linha de 277 V. Qual é a resistência e potência mínima necessária do resistor se a lâmpada operar em condições nominais?

Resp. 314 Ω, 78,5 W

3.56 Um circuito em série consiste em uma fonte de tensão CC e resistores de 4, 5 e 6 Ω. Se a corrente é de 7 A, encontre o valor da fonte da tensão.

Resp. 105 V

3.57 Uma bateria de 12 V, com resistência interna de 0,3 Ω, é carregada a partir de uma fonte de 15 V. Se a corrente de carga não deve exceder 2 A, qual é a resistência mínima de um resistor em série que vai limitar a corrente a esse valor seguro?

Resp. 1,2 Ω

3.58 Um resistor em série com outro resistor de 100 Ω absorve 80 W quando os dois estão ligados através de uma linha de 240 V. Encontre a resistência desconhecida.

Resp. 20 ou 500 Ω

3.59 Um circuito em série consiste em uma fonte de 4 V e resistores de 2, 4 e 6 Ω. Qual é a potência mínima de cada resistor se os resistores estão disponíveis em potências de $\frac{1}{2}$ W, 1 W e 2 W?

Resp. $P_2 = \frac{1}{2}$ W, $P_4 = \frac{1}{2}$ W, $P_6 = 1$ W

3.60 Encontre V_{ab} no circuito mostrado na Fig. 3-27.

Resp. 20 V

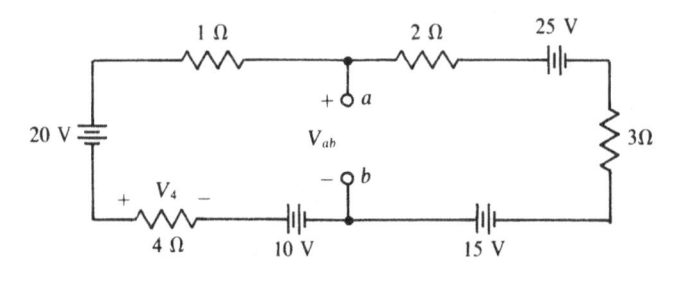

Figura 3-27

3.61 Use a divisão de tensão para encontrar a tensão V_4 no circuito mostrado na Fig. 3-27.

Resp. −8 V

3.62 Um circuito em série consiste em uma fonte de 100 V e resistores de 4, 5, 6, 7 e 8 Ω. Use a divisão de tensão para determinar a tensão através do resistor de 6 Ω.

Resp. 20 V

3.63 Determine I no circuito da Fig. 3-28.

Resp. 3 A

3.64 Encontre V através do circuito aberto no circuito da Fig. 3-29.

Resp. −45 V

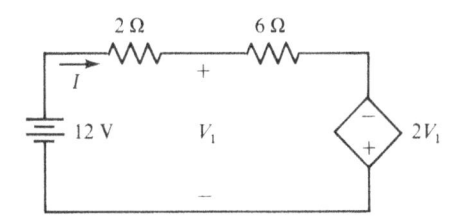

Figura 3-28

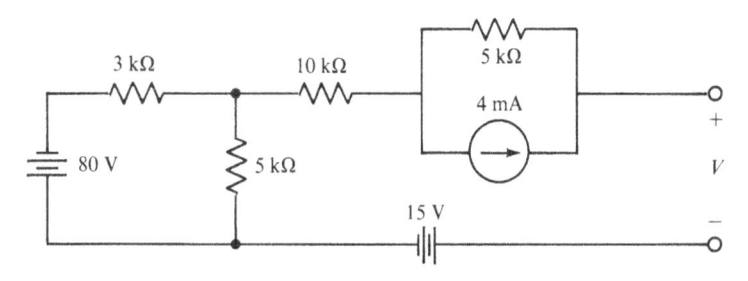

Figura 3-29

3.65 Encontre as correntes desconhecidas indicadas nos circuitos mostrados na Fig. 3-30.

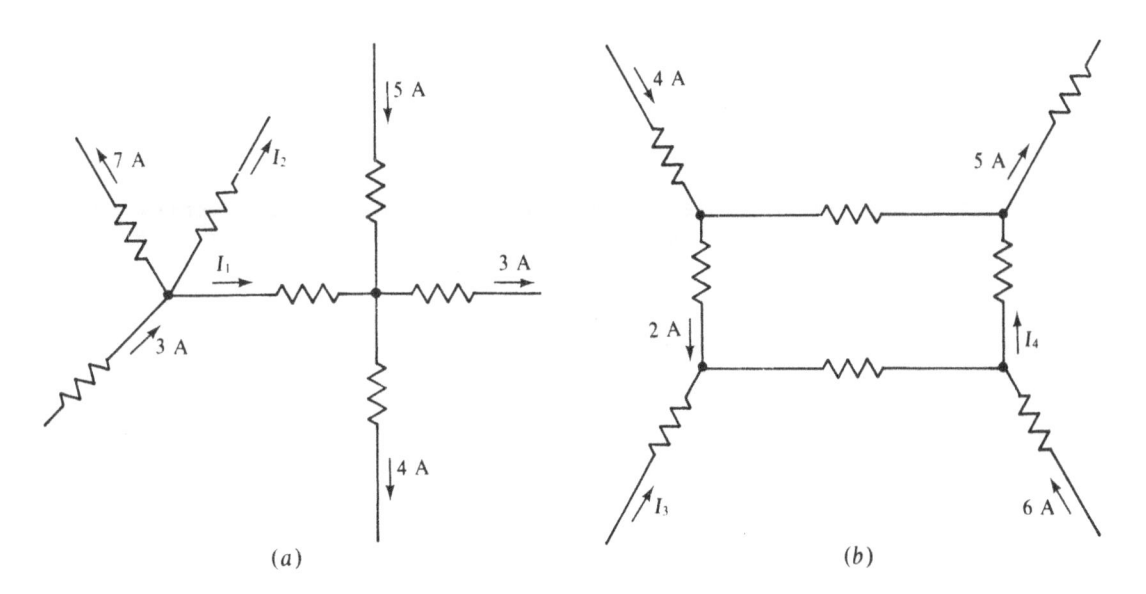

Resp. $I_1 = 2$ A, $I_2 = -6$ A, $I_3 = -5$ A, $I_4 = 3$ A

Figura 3-30

3.66 Encontre a corrente de curto-circuito I no circuito mostrado na Fig. 3-31.

Resp. 3 A

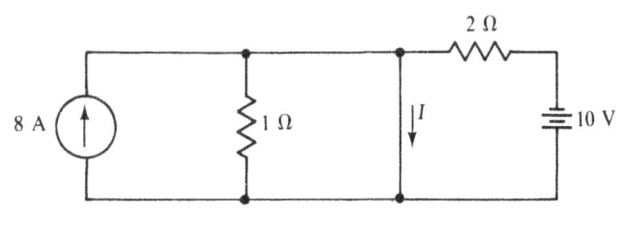

Figura 3-31

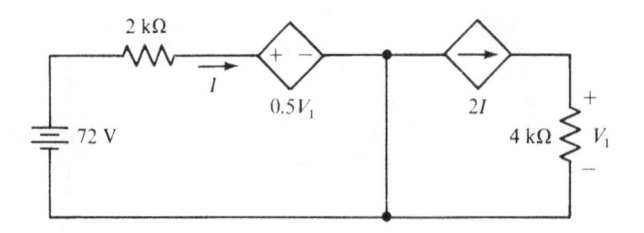

Figura 3-32

3.67 Calcule V_1 no circuito da Fig. 3-32.

Resp.   96 V

3.68 Que valores diferentes de resistências podem ser obtidos com três resistores de 4 Ω?

Resp.   1,33; 2; 2,67; 4; 6; 8 e 12 Ω

3.69 Um resistor de 100 Ω e outro resistor em paralelo têm uma resistência equivalente de 75 Ω. Qual é a resistência do outro resistor?

Resp.   300 Ω

3.70 Determine a resistência equivalente a quatro resistores em paralelo com resistências de 2, 4, 6 e 8 Ω.

Resp.   0,96 Ω

3.71 Três resistores em paralelo têm uma condutância total de 2 mS. Se duas das resistências são de 1 e 5 kΩ, qual é a resistência do terceiro resistor?

Resp.   1,25 kΩ

3.72 A resistência equivalente de três resistores em paralelo é 10 Ω. Se dois dos resistores têm resistências de 40 e 60 Ω, qual é a resistência do terceiro resistor?

Resp.   17,1 Ω

3.73 Determinar R_T em $R_T = (24 \| 48 + 24) \| 10$.

Resp.   8 Ω

3.74 Determine R_T em $R_T = (6 \| 12 + 10 \| 40) \| (6 + 2)$.

Resp.   4,8 Ω

3.75 Encontre a resistência total R_T da rede de resistor mostrada na Fig. 3-33.

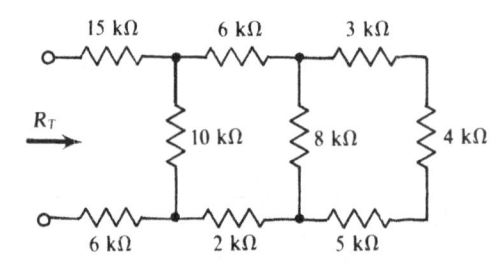

Resp.   26,6 kΩ

Figura 3-33

3.76 Repita o Problema 3.75 com todas as resistências duplicadas.

Resp. 53,2 kΩ

3.77 No circuito mostrado na Fig. 3-34, encontre R_T com os terminais a e b em (*a*) circuito aberto e (*b*) curto-circuito.

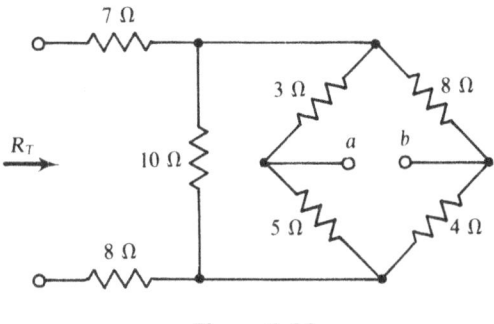

Resp. (*a*) 18,2 Ω, (*b*) 18,1 Ω

Figura 3-34

3.78 A corrente em quatro resistores em paralelo com as resistências de 4, 6, 8 e 12 kΩ é de 15 mA. Encontre a corrente em cada resistor.

Resp. $I_4 = 6$ mA, $I_6 = 4$ mA, $I_8 = 3$ mA, $I_{12} = 2$ mA

3.79 Repita o Problema 3.78 com todas as resistências duplicadas.

Resp. Mesmas correntes

3.80 Encontre as correntes desconhecidas no circuito mostrado na Fig. 3-35.

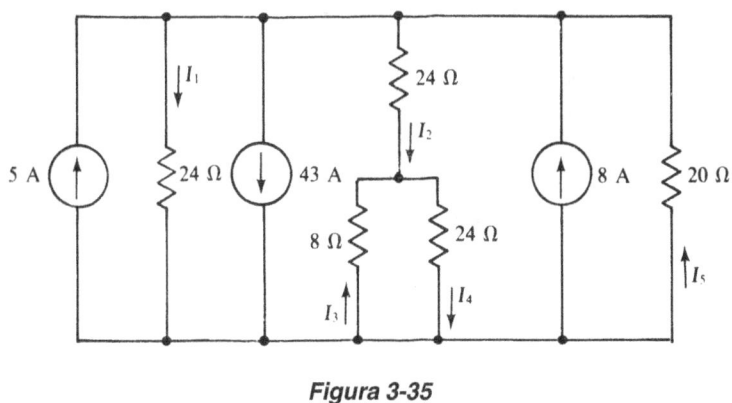

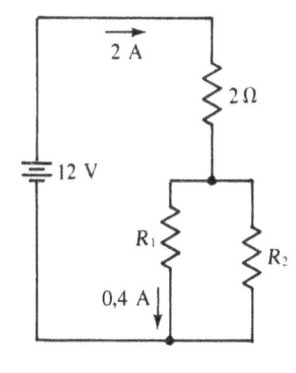

Resp. $I_1 = -10$ A, $I_2 = -8$ A, $I_3 = 6$ A, $I_4 = -2$ A, $I_5 = 12$ A

Figura 3-35

Figura 3-36

3.81 Encontre R_1 e R_2 para o circuito mostrado na Fig. 3-36.

Resp. $R_1 = 20$ Ω, $R_2 = 5$ Ω

3.82 No circuito apresentado na Fig. 3-36, faça $R_1 = 6$ Ω e $R_2 = 12$ Ω. Em seguida, use a divisão de corrente para encontrar a nova corrente no resistor R_1.

Resp. 1,33 A

3.83 Uma corrente de 60 A circula em uma rede de resistores descrita por $R_T = 40 \parallel (12 + 40 \parallel 10)$. Encontre a corrente no resistor 10 Ω.

Resp. 32 A

3.84 Uma fonte de 620 V conectada a uma rede de resistores descrita por $R_T = 50 + R \parallel 20$ fornece 120 V para o resistor de 20 Ω. Qual é o valor de *R*?

Resp. 30 Ω

3.85 Encontre *I* no circuito mostrado na Fig. 3-37.

Resp. 4 A

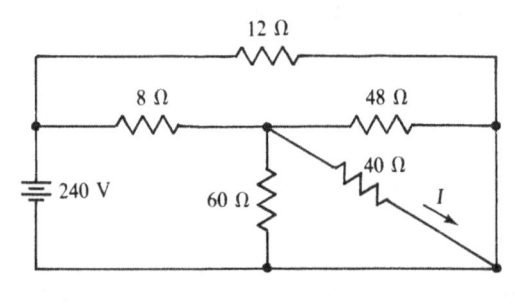

Figura 3-37

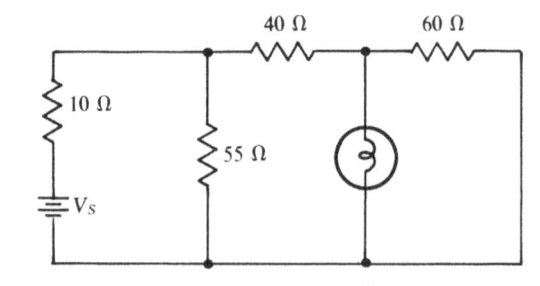

Figura 3-38

3.86 No circuito representado na Fig. 3-38, há uma lâmpada de 120 V, 60 W. Qual deve ser o valor da tensão de alimentação V_S para a lâmpada operar sob condições nominais?

Resp. 285 V

3.87 No circuito da Fig. 3-39, calcule a corrente *I* e a potência absorvida pela fonte dependente.

Resp. 2 A, 560 W

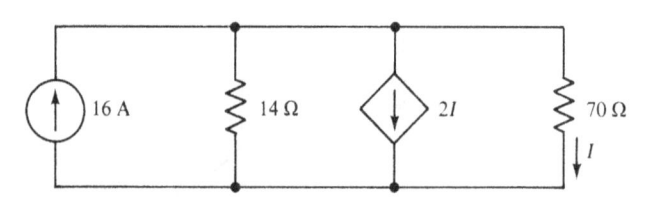

Figura 3-39

3.88 Use divisão de tensão duas vezes para encontrar a tensão *V* no circuito mostrado na Fig. 3-40.

Resp. 36 V

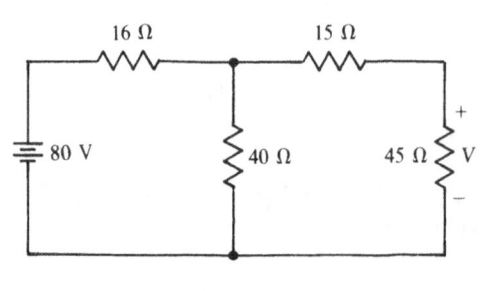

Figura 3-40

3.89 No circuito mostrado na Fig. 3-41, use divisão de corrente duas vezes para calcular a corrente I no resistor de carga R_L para (a) $R_L = 0\,\Omega$, (b) $R_L = 5\,\Omega$ e (c) $R_L = 20\,\Omega$.

Resp. (a) 16 A, (b) 9,96 A, (c) 4,67 A

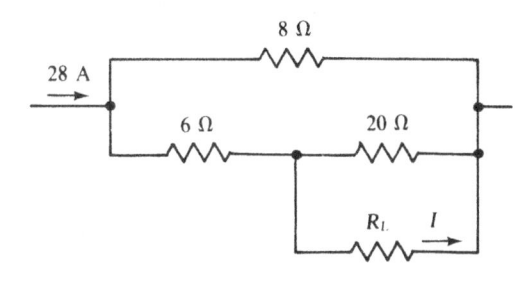

Figura 3-41

3.90 Use a divisão de corrente diversas vezes para encontrar I no circuito da Fig. 3-42.

Resp. 4 mA

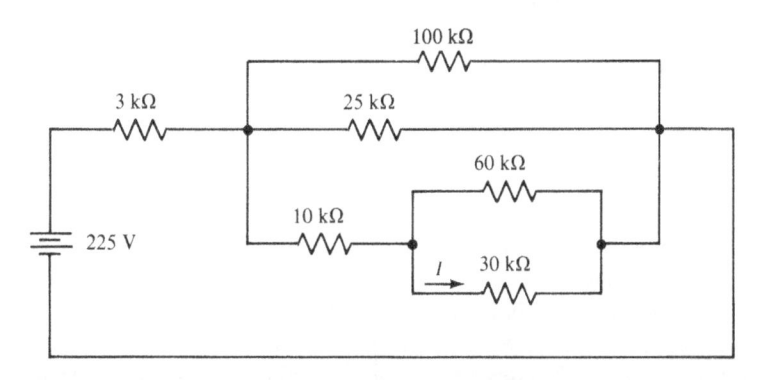

Figura 3-42

Capítulo 4

Análise de Circuitos CC

REGRA DE CRAMER

É necessário ter algum conhecimento de *determinantes* para utilizar a *regra de Cramer*, que é um método popular para resolver as *equações simultâneas* que ocorrem na análise de um circuito. Um determinante é um arranjo quadrado de números entre duas linhas verticais, como segue:

$$\begin{vmatrix} a_{11} & a_{12} & a_{13} \\ a_{21} & a_{22} & a_{23} \\ a_{31} & a_{32} & a_{33} \end{vmatrix}$$

em que cada *a* é um número. O primeiro e o segundo índice indicam a linha e a coluna, respectivamente, que cada número ocupa dentro do termo.

Um determinante com duas linhas e duas colunas é um determinante de segunda ordem; com três linhas e três colunas é um determinante de terceira ordem e assim por diante.

Determinantes possuem valores. O valor do determinante de segunda ordem

$$\begin{vmatrix} a_{11} & a_{12} \\ a_{21} & a_{22} \end{vmatrix}$$

é $a_{11}a_{22} - a_{21}a_{12}$, que é o produto dos números na diagonal principal menos o produto dos números na outra diagonal:

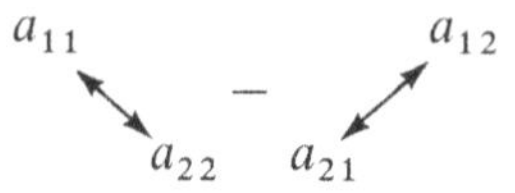

$$\begin{matrix} a_{11} & & a_{12} \\ \searrow & - & \nearrow \\ a_{22} & & a_{21} \end{matrix}$$

Por exemplo, o valor de

$$\begin{vmatrix} 8 & -2 \\ 6 & -4 \end{vmatrix}$$

é $8(-4) - 6(-2) = -32 + 12 = -20$.

Um método conveniente para avaliar um determinante de terceira ordem é repetir as duas primeiras colunas à direita da terceira coluna e então pegar a soma dos produtos dos números nas diagonais indicado pelas setas para baixo, como segue, e subtrair disso a soma dos produtos dos números nas diagonais indicada pelas setas ascendentes. O resultado é

$$a_{11}a_{22}a_{33} + a_{12}a_{23}a_{31} + a_{13}a_{21}a_{32} - a_{31}a_{22}a_{13} - a_{32}a_{23}a_{11} - a_{33}a_{21}a_{12}$$

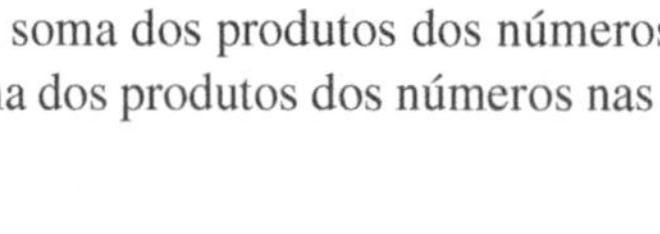

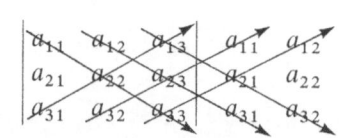

$$\begin{vmatrix} a_{11} & a_{12} & a_{13} \\ a_{21} & a_{22} & a_{23} \\ a_{31} & a_{32} & a_{33} \end{vmatrix} \begin{matrix} a_{11} & a_{12} \\ a_{21} & a_{22} \\ a_{31} & a_{32} \end{matrix}$$

Por exemplo, o valor de

$$\begin{vmatrix} 2 & -3 & 4 \\ 6 & 10 & 8 \\ 7 & -5 & 9 \end{vmatrix}$$

a partir de

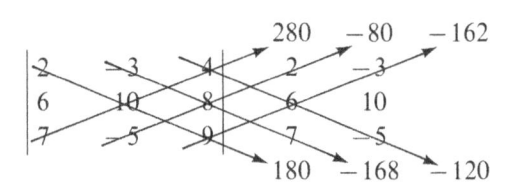

$$\begin{array}{c} 280 \quad -80 \quad -162 \\ \begin{vmatrix} 2 & -3 & 4 \\ 6 & 10 & 8 \\ 7 & -5 & 9 \end{vmatrix} \begin{matrix} 2 & -3 \\ 6 & 10 \\ 7 & -5 \end{matrix} \\ 180 \quad -168 \quad -120 \end{array}$$

é $180 - 168 - 120 - (280 - 80 - 162) = -146$.

As avaliações de determinantes de ordem superior necessitam de outros métodos que não serão considerados aqui.

Antes de a regra de Cramer poder ser aplicada para resolver as incógnitas de um conjunto de equações, as equações devem ser dispostas com as incógnitas de um lado, digamos o esquerdo, dos sinais de igualdade, e as incógnitas conhecidas do lado direito. As incógnitas devem ter a mesma ordem em cada equação. Por exemplo, I_1 deve ser a primeira incógnita em cada equação, I_2, a segunda, e assim sucessivamente. Em seguida, pela regra de Cramer, cada incógnita é a razão entre dois determinantes. Os determinantes do denominador são os mesmos, sendo formados a partir dos coeficientes das incógnitas. Cada determinante do numerador difere do determinante do denominador em apenas uma coluna. Para a primeira incógnita, o determinante do numerador tem uma *primeira* coluna que está do lado direito das equações. Para a segunda incógnita, o determinante do numerador tem uma segunda coluna que está do lado direito das equações e assim por diante. Como ilustração, tem-se

$$10I_1 - 2I_2 - 4I_3 = 32$$
$$-2I_1 + 12I_2 - 9I_3 = -43$$
$$-4I_1 - 9I_2 + 15I_3 = 13$$

$$I_1 = \frac{\begin{vmatrix} 32 & -2 & -4 \\ -43 & 12 & -9 \\ 13 & -9 & 15 \end{vmatrix}}{\begin{vmatrix} 10 & -2 & -4 \\ -2 & 12 & -9 \\ -4 & -9 & 15 \end{vmatrix}} \quad I_2 = \frac{\begin{vmatrix} 10 & 32 & -4 \\ -2 & -43 & -9 \\ -4 & 13 & 15 \end{vmatrix}}{\begin{vmatrix} 10 & -2 & -4 \\ -2 & 12 & -9 \\ -4 & -9 & 15 \end{vmatrix}} \quad I_3 = \frac{\begin{vmatrix} 10 & -2 & 32 \\ -2 & 12 & -43 \\ -4 & -9 & 13 \end{vmatrix}}{\begin{vmatrix} 10 & -2 & -4 \\ -2 & 12 & -9 \\ -4 & -9 & 15 \end{vmatrix}}$$

SOLUÇÕES COM CALCULADORA

Embora a utilização da regra de Cramer seja popular, uma maneira melhor de resolver as equações simultâneas de interesse aqui é utilizar uma calculadora científica avançada. Nenhuma programação é necessária, as equações são fáceis de entrar e as soluções podem ser obtidas apenas pressionando uma única tecla. Em geral, as equações devem ser colocadas primeiramente em *forma matricial*, mas nenhum conhecimento de álgebra matricial é necessário.

Para poderem ser colocadas em forma de matriz, as equações devem estar dispostas exatamente da mesma forma que para uso da regra de Cramer, com as incógnitas na mesma ordem de cada equação. Em seguida, três matrizes são formadas a partir dessas equações. Como ilustração, para as equações seguintes anteriormente consideradas,

$$10I_1 - 2I_2 - 4I_3 = 32$$
$$-2I_1 + 12I_2 - 9I_3 = -43$$
$$-4I_1 - 9I_2 + 15I_3 = 13$$

a equação da matriz correspondente é:

$$\begin{bmatrix} 10 & -2 & -4 \\ -2 & 12 & -9 \\ -4 & -9 & 15 \end{bmatrix} \begin{bmatrix} I_1 \\ I_2 \\ I_3 \end{bmatrix} = \begin{bmatrix} 32 \\ -43 \\ 13 \end{bmatrix}$$

Incidentalmente, uma matriz que compreende apenas uma coluna é em geral referida como um *vetor*.

Os elementos da matriz três por três são apenas os coeficientes das incógnitas e são idênticos aos elementos do determinante do denominador da regra de Cramer. O vetor adjacente tem elementos que são as incógnitas a serem encontradas, e o vetor do lado direito tem elementos que consistem nos lados direitos das equações originais.

Os elementos do vetor no lado direito e os elementos da matriz de coeficientes são introduzidos em uma calculadora. O método exato de introduzir os elementos depende da calculadora utilizada, mas deve ser simples de fazer. Normalmente, as soluções são apresentadas em forma de vetor e aparecem na mesma ordem dos símbolos das grandezas correspondentes no vetor de incógnitas.

O método com calculadora é fortemente recomendado. A diminuição de erros e o tempo que irá economizar compensará rapidamente o usuário pelo custo da calculadora. A calculadora também deve ser capaz de resolver as equações simultâneas que tenham número complexo, em vez de coeficientes apenas reais, como será necessário mais tarde para a análise de circuitos excitados senoidalmente.

TRANSFORMAÇÕES DE FONTES

Dependendo do tipo de análise, um circuito sem fontes de tensão ou sem fonte de corrente pode ser preferível. Como um circuito pode ter um tipo de fonte indesejada, é conveniente poder transformar fontes de tensão em fontes de corrente equivalentes e fontes de corrente em fontes de tensão equivalentes. Para uma transformação, cada fonte de tensão deve ter uma resistência interna em *série*, e cada fonte de corrente uma resistência interna *paralela*.

A Figura 4-1a mostra a transformação de uma fonte de tensão em uma fonte de corrente equivalente, e a Fig. 4-1b a transformação a partir de uma fonte de corrente para uma fonte de tensão equivalente. Essa equivalência se aplica apenas ao circuito externo conectado às fontes. As tensões e correntes do circuito externo serão as mesmas com uma ou outra fonte. Internamente, as fontes em geral *não* são equivalentes.

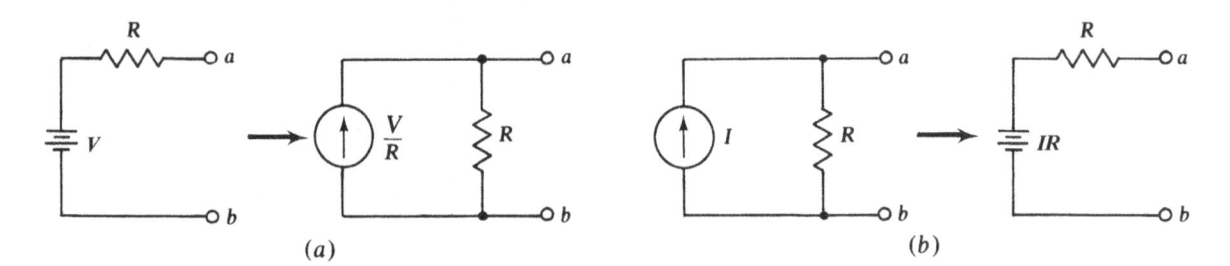

Figura 4-1

Como mostrado, na transformação de uma fonte de tensão em uma fonte de corrente equivalente, o mesmo resistor é colocado em paralelo com a fonte de corrente, e a fonte de corrente é igual à fonte de tensão original, dividida pela resistência do resistor. A seta na fonte de corrente é dirigida para o terminal mais próximo do terminal positivo da fonte de tensão. Na transformação a partir de uma fonte de corrente para uma fonte de tensão equivalente, o resistor será colocado em série com a fonte de tensão e a tensão da fonte será igual à fonte de corrente original vezes a resistência desse resistor. O terminal positivo da fonte de tensão é o mais próximo do terminal para o qual a seta da fonte de corrente é dirigida. Esse mesmo procedimento se aplica às transformações de fontes dependentes.

ANÁLISE DE MALHAS

Na *análise de malha*, a LKT é aplicada com correntes de malha, as quais são atribuídas às malhas, e de preferência referenciada no sentido horário, como mostrado na Fig. 4-2a.

A LKT é aplicada a cada malha, uma de cada vez, utilizando o fato de que, na direção de uma corrente *I*, a queda de tensão através de um resistor é *IR*, como mostrado na Fig. 4-2b. As quedas de tensão através dos resistores

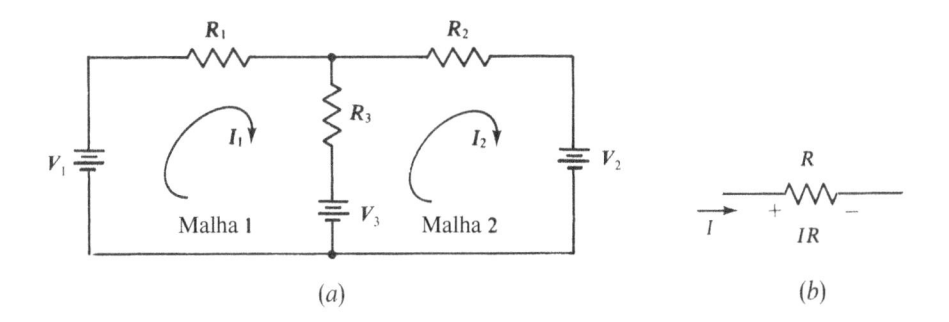

Figura 4-2

tomadas no sentido das correntes de malha são iguais aos aumentos de tensão através das fontes de tensão. Como esclarecimento, no circuito mostrado na Fig. 4-2a, em torno de malha de 1, as quedas através dos resistores R_1 e R_3 são I_1R_1 e $(I_1 - I_2)R_3$, respectivamente, o último porque a corrente através de R_3 na direção de I_1 é $I_1 - I_2$. O aumento da tensão total a partir de fontes de tensão é $V_1 - V_3$, em que V_3 tem sinal negativo porque é uma queda de tensão. Assim, a equação de malha para malha 1 é

$$I_1R_1 + (I_1 - I_2)R_3 = V_1 - V_3 \quad \text{ou} \quad (R_1 + R_3)I_1 - R_3I_2 = V_1 - V_3$$

Observe que $R_1 + R_3$, o coeficiente de I_1, é a soma das resistências dos resistores na malha 1. Essa soma é chamada de *autorresistência* da malha 1. Além disso, $-R_3$, o coeficiente de I_2, é o negativo da resistência do resistor que é comum ou mútuo para as malhas 1 e 2. R_3 é chamado de *resistência mútua*. Nas equações de malha, os termos de resistência mútua sempre têm sinais negativos, porque as correntes de malha que fluem através dos resistores mútuos possuem direções opostas às das correntes de malha principais.

É mais fácil escrever equações de malha usando autorresistências e resistências mútuas do que aplicando diretamente a LKT. Fazer isso para a malha 2 resulta em

$$-R_3I_1 + (R_2 + R_3)I_2 = V_3 - V_2$$

Em uma equação de malha, a tensão de uma fonte de tensão tem sinal positivo se a fonte de tensão auxilia o fluxo de corrente da malha principal – isto é, se a corrente flui para fora do terminal positivo –, porque o auxílio é equivalente a um aumento da tensão. Caso contrário, a fonte de tensão tem sinal negativo.

Para a análise de malha, a transformação de todas as fontes de corrente para fontes de tensão é geralmente preferível, porque não existe uma fórmula para as tensões através das fontes de corrente. Se, no entanto, uma fonte de corrente é posicionada no exterior do circuito, de modo que apenas um dos fluxos da malha de corrente atravessa a malha, a fonte de corrente pode permanecer, porque a corrente através da malha é conhecida – ela é a fonte de corrente ou o negativo da mesma, dependendo da direção. A LKT não é aplicada a essa malha.

O número de equações de malha é igual ao número de malhas menos o número de fontes de corrente, se houver algum.

ANÁLISE DE LAÇO

A *análise de laço* é semelhante à análise de malha; a principal diferença está no fato de que os caminhos de correntes selecionados são laços que não são necessariamente malhas. Além disso, não há convenção sobre a direção das correntes de laço, pois elas podem ser no sentido horário ou anti-horário. Como resultado, os termos mútuos podem ser positivos quando a LKT é aplicada aos laços.

Para a análise do laço, as fontes de corrente não precisam ser transformadas em fonte de tensão, mas cada fonte de corrente deve ter apenas uma corrente de laço fluindo através do circuito, de modo que essa corrente seja conhecida. Além disso, em seguida, a LKT *não* é aplicada a esse ciclo, porque a tensão da fonte de corrente é desconhecida.

Obviamente, os laços para as correntes de laço devem ser selecionados de modo que cada componente tenha, pelo menos, uma corrente de laço que flua através dele. O número desses laços é igual ao número de malhas se o circuito é *planar*, isto é, se o circuito pode ser desenhado sobre uma superfície plana sem cruzamento de fios. Em geral, o número de correntes de laço requerido é $B - N + 1$, onde B é o número de ramos e N é o número de nós.

Se a corrente através de um único componente é necessária, os laços devem ser selecionados de forma que apenas uma corrente de laço flua através desse componente. Então, apenas uma corrente deve ser encontrada. Em contraste, para a análise de malha, encontrar a corrente através de um componente interior exige que se encontre duas correntes de malha.

ANÁLISE NODAL

Para a *análise nodal*, preferencialmente todas as fontes de tensão são transformadas em fontes de corrente e todas as resistências são convertidas em condutâncias. A LKC é aplicada a todos os nós, exceto ao nó terra, que é frequentemente indicado por um símbolo de terra no nó inferior do circuito, como mostrado na Fig. 4-3a. Como mencionado no Cap. 3, quase sempre o nó inferior é selecionado como o nó terra, embora qualquer nó possa sê-lo. Convencionalmente, *as tensões sobre todos os outros nós são referenciadas como positivas em relação ao nó terra*. Como consequência, os sinais de polaridade de tensão no nó não são necessários.

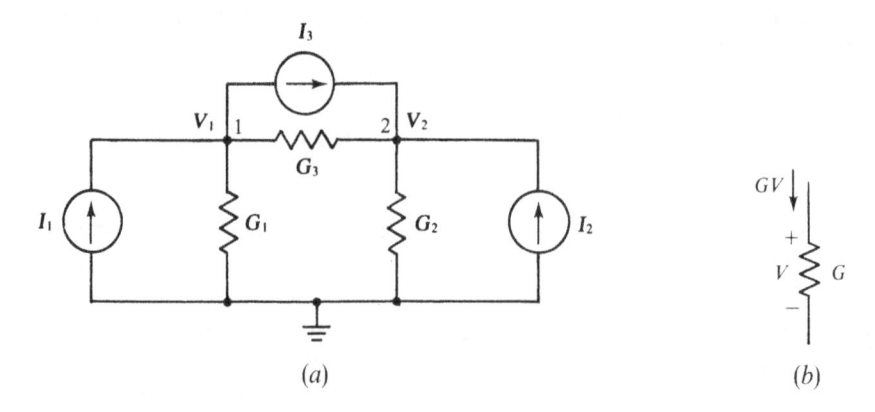

Figura 4-3

Na análise nodal, a LKC é aplicada a cada nó não conectado ao terra, um de cada vez, utilizando o fato de que, na direção de uma queda de tensão V, a corrente em um resistor é GV, como mostrado na Fig. 4-3b. As correntes que saem de um nó através dos resistores são definidas igualmente para as correntes que entram no nó de fontes de corrente. Como ilustração, no circuito mostrado na Fig. 4-3a, a corrente que flui para baixo através do resistor com condutância G_1 é G_1V_1. A corrente para a direita através do resistor com condutância G_3 é $G_3(V_1 - V_2)$. *Essa corrente é igual à condutância vezes a tensão no nó em que a corrente entra no resistor subtraída da tensão no nó em que a corrente sai do resistor.* A grandeza $(V_1 - V_2)$ é, evidentemente, apenas a tensão no resistor referenciado, sendo positiva no nó no qual a corrente entra no resistor e negativa no nó no qual a corrente sai do resistor, como é necessário para referências associadas. A corrente que entra o nó 1 a partir de fontes de corrente é $I_1 - I_3$, na qual I_3 tem um sinal negativo porque está deixando o nó 1. Assim, a equação nodal para o nó 1 é

$$G_1V_1 + G_3(V_1 - V_2) = I_1 - I_3 \quad \text{ou} \quad (G_1 + G_3)V_1 - G_3V_2 = I_1 - I_3$$

Observe que V_1, o coeficiente de $G_1 + G_3$, é a soma das condutâncias dos resistores conectados ao nó 1. Essa soma é chamada de *autocondutância* do nó 1. O coeficiente de V_2 é $-G_3$, o negativo da condutância do resistor conectado entre os nós 1 e 2. G_3 é chamada de *condutância mútua* dos nós 1 e 2. Os termos de condutâncias mútuas sempre têm sinais negativos, porque todos os nós que não possuem tensões nodais aterrados têm a mesma referência de polaridade e são positivos.

É mais fácil escrever equações nodais usando autocondutâncias e condutâncias mútuas do que aplicando a LKC diretamente. Fazer isso para o nó 2 resulta em

$$-G_3V_1 + (G_2 + G_3)V_2 = I_2 + I_3$$

A transformação de todas as fontes de tensão para fontes de corrente não é absolutamente essencial para a análise nodal, mas em geral é preferível para a abordagem mais simples com autocondutâncias e condutâncias mútuas. O problema de fontes de tensão é que não existe uma fórmula para as correntes que fluem através delas. A análise nodal, porém, é bastante fácil de usar com circuitos com fontes de tensão aterradas, cada qual com um terminal conectado ao terra. Tais fontes de tensão dão tensões conhecidas nos terminais dos nós não aterrados, tornando-se necessário aplicar a LKC para esses nós. Outras fontes de tensão – fontes de tensão flutuantes – podem ser transformadas em fontes de corrente.

O número de equações nodais é igual ao número de nós não aterrados menos o número de fontes de tensão ligadas ao terra.

FONTES DEPENDENTES E ANÁLISE DE CIRCUITOS

Análises de malha, laço e nodal dizem respeito tanto a circuitos que tenham fontes dependentes como para circuitos com apenas fontes independentes. Normalmente, porém, existem mais algumas equações. Além disso, termos positivos podem aparecer nas equações de circuito, onde apenas termos de resistência mútua negativa ou condutância aparecem para circuitos com fontes não dependentes. Frequentemente, um bom caminho na análise de um circuito contendo fontes dependentes é encontrar as correntes e as fontes dependentes em termos das correntes de malha ou laço, ou tensões de nó.

Problemas Resolvidos

4.1 Encontre os seguintes determinantes:

$$(a) \begin{vmatrix} 1 & -2 \\ 3 & 4 \end{vmatrix} \quad (b) \begin{vmatrix} -5 & 6 \\ 7 & -8 \end{vmatrix}$$

(a) O produto dos números na diagonal principal é $1 \times 4 = 4$, e para os números na outra diagonal é $-2 \times 3 = -6$. O valor do determinante é o primeiro produto menos o segundo produto: $4 - (-6) = 10$

(b) De modo semelhante, o valor do segundo determinante é $-5(-8) - 7(6) = 40 - 42 = -2$.

4.2 Encontre o determinante a seguir:

$$\begin{vmatrix} 8 & -9 & 4 \\ 3 & -2 & 1 \\ 6 & 5 & -4 \end{vmatrix}$$

Um método é repetir as duas primeiras colunas para a direita da terceira coluna e então obter os produtos dos números nas diagonais, como indicado:

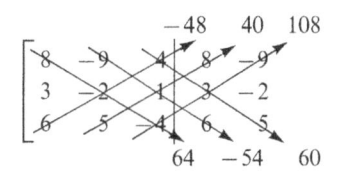

$$\begin{bmatrix} 8 & -9 & 4 & 8 & -9 \\ 3 & -2 & 1 & 3 & -2 \\ 6 & 5 & -4 & 6 & 5 \end{bmatrix}$$

$-48 \quad 40 \quad 108$

$64 \quad -54 \quad 60$

O valor do determinante é a soma dos produtos indicados pelas setas apontando para baixo menos a soma dos produtos indicados pelas setas apontando para cima:

$$(64 - 54 + 60) - (-48 + 40 + 108) = -30$$

4.3 Utilize a regra de Cramer para resolver as incógnitas em

$$5V_1 + 4V_2 = 31$$
$$-4V_1 + 8V_2 = 20$$

A primeira incógnita, V_1, é igual à relação de dois determinantes. O determinante do denominador tem elementos que são os coeficientes de V_1 e V_2. O determinante do numerador difere apenas por ter a primeira coluna substituída pelos termos do lado direito das equações:

$$V_1 = \frac{\begin{vmatrix} 31 & 4 \\ 20 & 8 \end{vmatrix}}{\begin{vmatrix} 5 & 4 \\ -4 & 8 \end{vmatrix}} = \frac{31(8) - 20(4)}{5(8) - (-4)(4)} = \frac{168}{56} = 3 \text{ V}$$

O determinante do denominador para V_2 tem o mesmo valor de 56. No determinante do numerador, em vez da primeira, tem a segunda coluna substituída pelos termos do lado direito das equações:

$$V_2 = \frac{\begin{vmatrix} 5 & 31 \\ -4 & 20 \end{vmatrix}}{56} = \frac{5(20) - (-4)(31)}{56} = \frac{224}{56} = 4 \text{ V}$$

4.4 Utilize a regra de Cramer para resolver as incógnitas em

$$10I_1 - 2I_2 - 4I_3 = 10$$
$$-2I_1 + 12I_2 - 6I_3 = -34$$
$$-4I_1 - 6I_2 + 14I_3 = 40$$

Todas as incógnitas possuem no determinante os mesmos coeficientes do denominador, que, resolvendo, dá

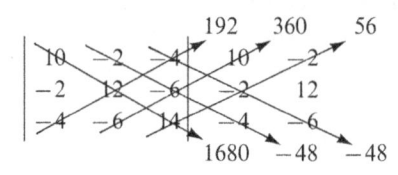

$$\begin{vmatrix} 10 & -2 & -4 \\ -2 & 12 & -6 \\ -4 & -6 & 14 \end{vmatrix}$$

Nos determinantes do numerador, nos lados direitos das equações, substitua a primeira coluna por I_1, a segunda coluna por I_2 e a terceira coluna por I_3:

$$I_1 = \frac{\begin{vmatrix} 10 & -2 & -4 \\ -34 & 12 & -6 \\ 40 & -6 & 14 \end{vmatrix}}{976} = \frac{1952}{976} = 2 \text{ A} \qquad I_2 = \frac{\begin{vmatrix} 10 & 10 & -4 \\ -2 & -34 & -6 \\ -4 & 40 & 14 \end{vmatrix}}{976} = \frac{-976}{976} = -1 \text{ A}$$

$$I_3 = \frac{\begin{vmatrix} 10 & -2 & 10 \\ -2 & 12 & -34 \\ -4 & -6 & 40 \end{vmatrix}}{976} = \frac{2928}{976} = 3 \text{ A}$$

4.5 Transforme as fontes de tensão mostradas na Fig. 4-4 em fontes de corrente.

(a) A corrente da fonte de corrente equivalente é igual à tensão da fonte de tensão original dividida pela resistência: $21/3 = 7$ A. O sentido da corrente é no sentido do nó a, porque o terminal positivo da fonte de tensão é no sentido desse nó. O resistor paralelo é o mesmo resistor de 3 Ω da fonte de tensão original. A fonte de corrente equivalente é mostrada na Fig. 4-5a.

                                                                Figura 4-4

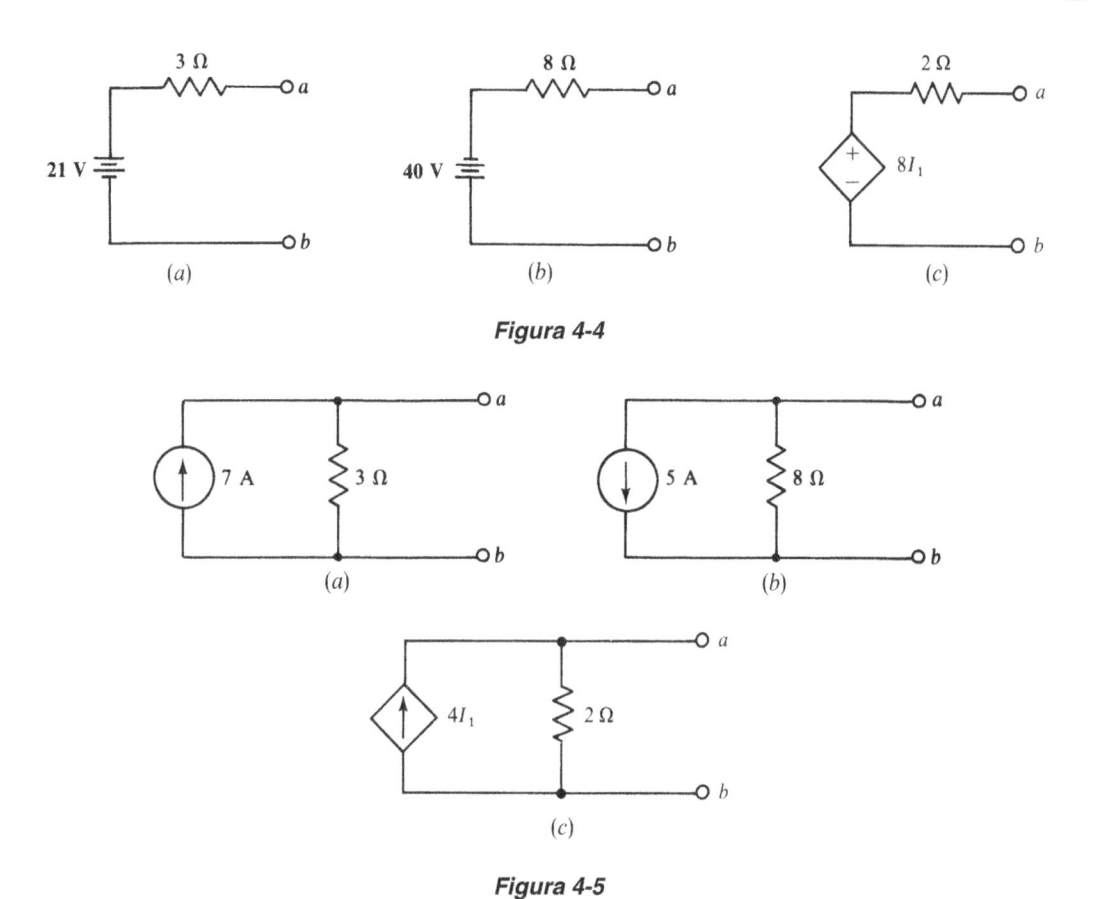

                                                                Figura 4-5

(b) A corrente da fonte de corrente é de 40/8 = 5 A. Ela é direcionada para o nó *b* porque o terminal positivo da fonte de tensão é no sentido desse nó. O resistor paralelo de 8 Ω é o mesmo resistor da fonte de tensão. A Figura 4-5*b* mostra a fonte de corrente equivalente.

(c) A corrente da fonte de corrente é $8I_1/2 = 4I_1$, com direção para o nó *a* porque o terminal positivo da fonte de tensão é no sentido desse nó. O resistor paralelo de 2 Ω é o mesmo da fonte de tensão. A Figura 4-5*c* mostra a fonte de corrente equivalente.

4.6 Transforme as fontes de corrente mostradas na Fig. 4-6 para fontes de tensão.

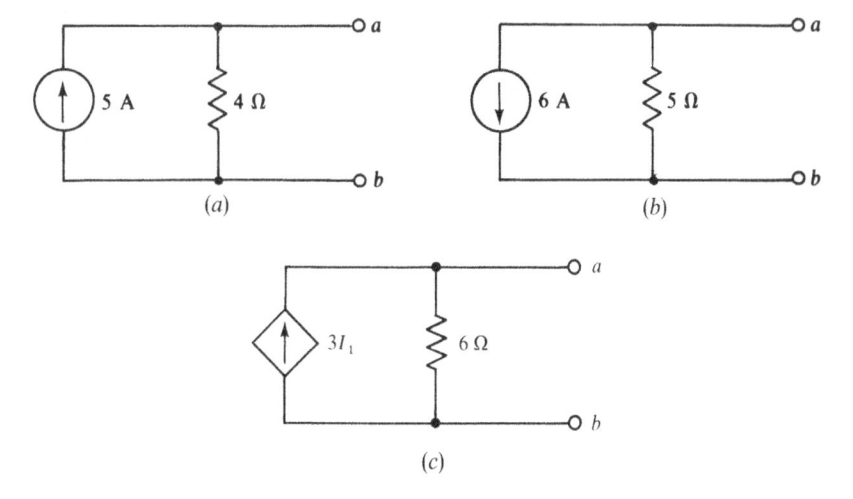

                                                                Figura 4-6

(a) A tensão da fonte de tensão equivalente é igual à corrente da fonte original vezes a resistência: $5 \times 4 = 20$ V. O terminal positivo é no sentido do nó a, porque o sentido da corrente da fonte de corrente original é no sentido desse nó. Naturalmente, a resistência de fonte permanece 4 Ω, mas está em série, em vez de em paralelo. A Figura 4-7a mostra a fonte de tensão equivalente.

(b) A tensão é de $6 \times 5 = 30$ V, positiva em relação ao nó b porque o sentido da corrente da fonte de corrente original é no sentido desse nó. A resistência da fonte é a mesma de 5 Ω, mas está em série. A fonte de tensão equivalente é mostrada na Fig. 4-7b.

(c) A tensão é $3I_1 \times 6 = 18I_1$, positiva em relação ao nó a, porque o sentido da corrente da fonte de corrente é no sentido desse nó. A resistência da fonte é a mesma de 6 Ω, mas está em série. A fonte de tensão equivalente é mostrada na Fig. 4-7c.

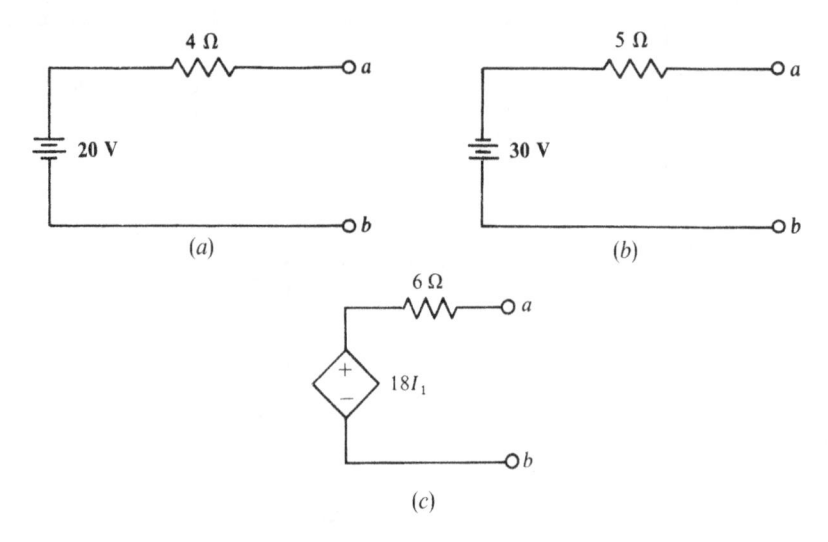

Figura 4-7

4.7 Encontre as correntes ao longo dos resistores do circuito mostrado na Fig. 4-8. Em seguida, transforme a fonte de corrente e o resistor de 2 Ω em uma fonte de tensão equivalente e encontre as correntes no resistor. Compare os resultados.

Por divisão de corrente, a corrente através do resistor de 2 Ω é

$$\frac{6}{2+6} \times 16 = 12 \text{ A}$$

O restante da fonte de corrente ($16 - 12 = 4$ A) flui para baixo através do resistor de 6 Ω.

A transformação da fonte de corrente produz uma fonte de tensão de $16 \times 2 = 32$ V em série com um resistor de 2 Ω, tudo em série com um resistor de 6 Ω, como mostrado no circuito da Fig. 4-9. Nesse circuito, a mesma corrente de $32/(2+6) = 4$ A flui através de ambos os resistores. A corrente no resistor 6 Ω é a mesma do circuito original, mas a corrente no resistor de 2 Ω é diferente. Esse resultado ilustra o fato de que, embora uma fonte transformada produza as mesmas tensões e correntes em seu circuito externo, as tensões e correntes no interior da fonte geralmente se alteram.

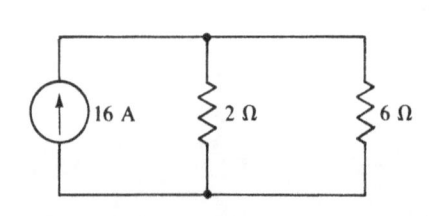

Figura 4-8

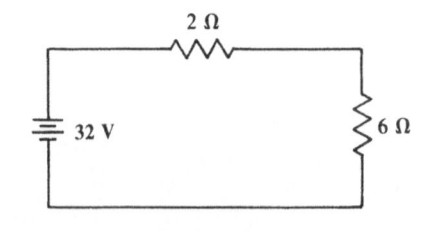

Figura 4-9

4.8 Para o circuito da Fig. 4-10, use repetidas transformações de fonte para obter um circuito de malha única e então encontre a corrente *I*.

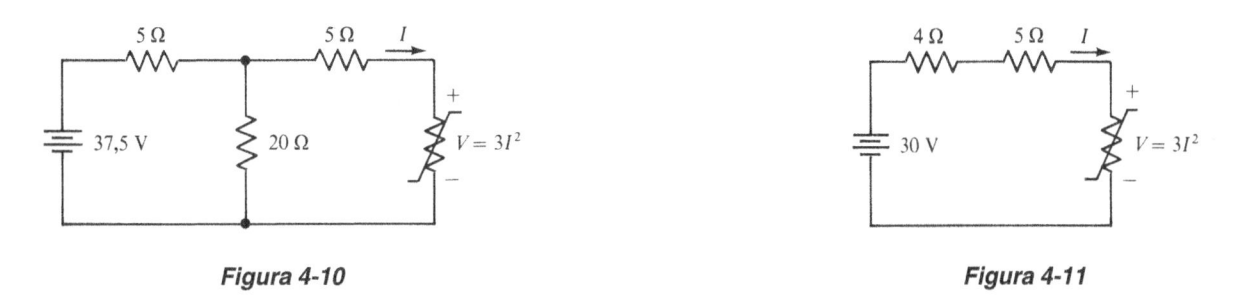

Figura 4-10

Figura 4-11

O primeiro passo consiste em transformar a fonte de tensão e o resistor em série em uma fonte de corrente e um resistor em paralelo. A resistência não muda, mas a fonte de corrente é de 37,5/5 = 7,5 A ascendente, como indicado. O resistor de 5 Ω a partir da transformação de origem está em paralelo com o resistor de 20 Ω. Consequentemente, a resistência combinada é $(5 \times 20)/(5 + 20) = 4$ Ω. O próximo passo é transformar a fonte de corrente de 7,5 A e o resistor paralelo de 4 Ω em uma fonte de tensão com resistor em série. A resistência permanece a mesma e a tensão da fonte de tensão é de 4 (7,5) = 30 V, positiva para cima, como mostrado no circuito da Fig. 4-11, que é um circuito de malha única.

A equação da LKT para esse circuito é $3I^2 + 9I - 30 = 0$, a partir da qual a corrente *I* pode ser obtida através da aplicação da fórmula quadrática:

$$I = \frac{-9 \pm \sqrt{9^2 - 4(3)(-30)}}{2(3)}$$

As soluções são $I = 2$ A e $I = -5$ A. Apenas $I = 2$ A é fisicamente possível. A corrente deve ser positiva uma vez que, no circuito da Fig. 4-11, existe apenas uma fonte e a corrente deve fluir para fora do terminal positivo dela.

4.9 Encontre as correntes de malha no circuito mostrado na Fig. 4-12.

A autorresistência de malha 1 é $5 + 6 = 11$ Ω, e a resistência mútua com a malha 2 é 6 Ω. A soma das elevações de tensão que sobe na direção de I_1 é de $62 - 16 = 46$ V. Assim, a equação da LKT para a malha 1 é $11I_1 - 6I_2 = 46$.

Não é necessária a equação da LKT para a malha 2, porque I_2 é a única corrente que flui através fonte de corrente de 4 A, com o resultado $I_2 = -4$ A. A corrente I_2 é negativa, porque sua direção de referência é para baixo da fonte de corrente, mas a fonte de corrente de 4 A realmente flui para cima. Incidentalmente, uma equação da LKT não pode ser escrita para a malha 2 sem a introdução de uma variável para a tensão através da fonte de corrente, porque essa tensão é desconhecida.

A substituição de $I_2 = -4$ A na equação da malha 1 resulta em

$$11I_1 - 6(-4) = 46 \quad \text{e} \quad I_1 = \frac{22}{11} = 2 \text{ A}$$

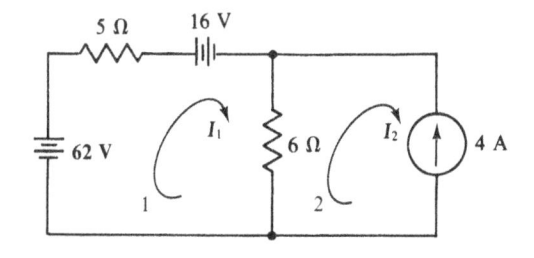

Figura 4-12

4.10 Determine as correntes de malha no circuito mostrado na Fig. 4-13.

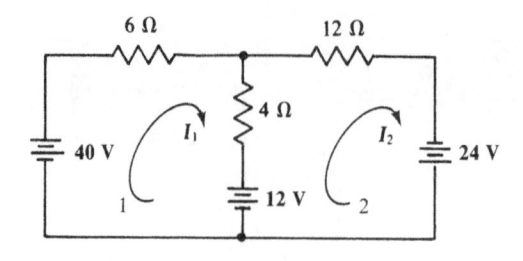

Figura 4-13

A autorresistência da malha 1 é $6 + 4 = 10\ \Omega$, a resistência mútua com a malha 2 é $4\ \Omega$ e a soma das elevações de tensão da fonte, em direção de I_1, é de $40 - 12 = 28$ V. Assim, a equação da LKT da malha 1 é $10I_1 - 4I_2 = 28$.

Similarmente, a autorresistência para a malha 2 é $4 + 12 = 16\ \Omega$, a resistência mútua é de $4\ \Omega$ e a soma das elevações de tensão a partir das fontes de tensão é de $24 + 12 = 36$ V. Isso dá a equação da LKT na malha 2 de $-4I_1 + 16I_2 = 36$.

Colocando as duas equações de malha em conjunto, observamos a simetria de coeficientes (aqui -4) sobre a diagonal principal como um resultado da resistência mútua comum:

$$10I_1 - 4I_2 = 28$$
$$-4I_1 + 16I_2 = 36$$

Uma boa maneira de resolver as equações é multiplicar a primeira equação por quatro e adicionar a segunda equação para eliminar I_2. O resultado é

$$40I_1 - 4I_1 = 112 + 36 \qquad \text{a partir do qual} \qquad I_1 = \frac{148}{36} = 4{,}11\ \text{A}$$

Substituindo na segunda equação, tem-se:

$$-4(4{,}11) + 16I_2 = 36 \qquad e \qquad I_2 = \frac{52{,}44}{16} = 3{,}28\ \text{A}$$

4.11 Obtenha as correntes de malha no circuito da Fig. 4-14.

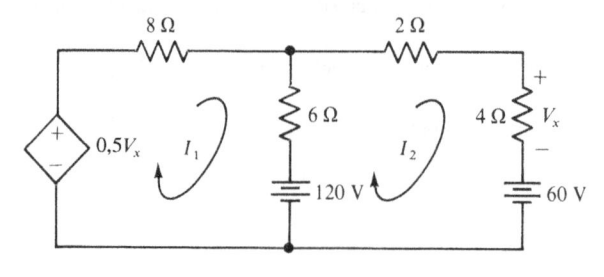

Figura 4-14

O primeiro passo para resolver é encontrar o valor de V_x em termos da corrente de malha I_2, $V_x = 4I_2$, e, consequentemente, a tensão da fonte dependente é $0{,}5V_x = 0{,}5(4I_2) = 2I_2$. Em seguida, aplica-se a LKT para as malhas, de onde vem

$$(8 + 6)I_1 - 6I_2 - 2I_2 = -120$$

e

$$(6 + 2 + 4)I_2 - 6I_1 = 120 - 60$$

CAPÍTULO 4 • ANÁLISE DE CIRCUITOS CC

Na forma matricial, pode-se simplificar para

$$\begin{bmatrix} 14 & -8 \\ -6 & 12 \end{bmatrix} \begin{bmatrix} I_1 \\ I_2 \end{bmatrix} = \begin{bmatrix} -120 \\ 60 \end{bmatrix}$$

Na matriz de coeficientes, a falta de simetria sobre a diagonal principal é decorrente da ação da fonte dependente. As soluções podem ser obtidas utilizando a regra de Cramer ou, de preferência, uma calculadora. As correntes de malha são $I_1 = -8$ A e $I_2 = 1$ A.

4.12 Encontre as correntes de malha no circuito mostrado na Fig. 4-15.

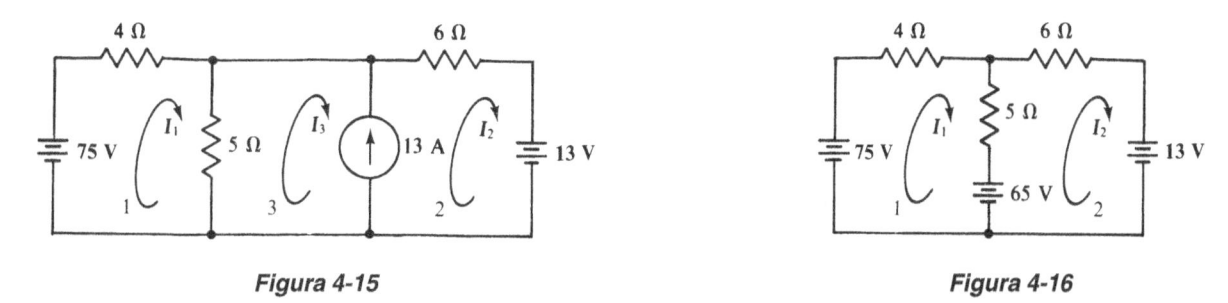

Figura 4-15

Figura 4-16

Uma abordagem de análise é transformar a fonte de corrente de 13 A e o resistor paralelo de 5 Ω em uma fonte de tensão, como mostrado no circuito da Fig. 4-16.

A autorresistência da malha 1 é $4 + 5 = 9$ Ω e a da malha 2 é $6 + 5 = 11$ Ω. A resistência mútua é 5 Ω. Os aumentos de tensão das fontes são $75 - 65 = 10$ V para a malha 1 e $65 - 13 = 52$ V para malha 2. As equações de malha correspondentes são

$$9I_1 - 5I_2 = 10$$
$$-5I_1 + 11I_2 = 52$$

Multiplicando a primeira equação por 5 e a segunda por 9 e, em seguida, somando-as, elimina-se I_1:

$$-25I_2 + 99I_2 = 50 + 468 \quad \text{a partir da qual} \quad I_2 = \frac{518}{74} = 7 \text{ A}$$

Substituindo na primeira equação, tem-se:

$$9I_1 - 5(7) = 10 \quad \text{ou} \quad I_1 = \frac{10 + 35}{9} = 5 \text{ A}$$

A partir do circuito original mostrado na Fig. 4-15, a corrente através da fonte de corrente é $I_2 - I_3 = 13$ A, assim

$$I_3 = I_2 - 13 = 7 - 13 = -6 \text{ A}$$

Outra abordagem é a utilização do chamado *método da supermalha*, que é aplicável quando um circuito contém fontes de corrente internas. Correntes de malha são utilizadas, mas, para cada fonte de corrente interna, a LKT é aplicada ao laço que seria uma malha se a fonte de corrente fosse removida. Para o circuito da Fig. 4-15, esse laço (supermalha) compreende os resistores de 5 Ω e de 6 Ω e a fonte de 13 V. A equação da LKT é $5(I_3 - I_1) + 6I_2 = -13$. Essa equação, com a equação de malha de 1, $9I_1 - 5I_3 = 75$, compreende duas equações com três incógnitas. A terceira equação necessária pode ser obtida através da aplicação da LKC a qualquer nó da fonte de corrente ou, mais simplesmente, notando que a corrente para cima através da fonte de corrente, em termos de correntes de malha, é $I_2 - I_3$. Essa corrente deve, é claro, ser igual a 13 A da fonte. Assim, as duas equações da LKT são acrescidas com a equação única da LKC $I_2 - I_3 = 13$. Na forma matricial, essas equações são:

$$\begin{bmatrix} -5 & 6 & 5 \\ 9 & 0 & -5 \\ 0 & 1 & -1 \end{bmatrix} \begin{bmatrix} I_1 \\ I_2 \\ I_3 \end{bmatrix} = \begin{bmatrix} -13 \\ 75 \\ 13 \end{bmatrix}$$

As soluções são as mesmas obtidas anteriormente: $I_1 = 5$ A, $I_2 = 7$ A e $I_3 = -6$ A.

Em geral, para a abordagem da supermalha, as equações da LKT devem ser aumentadas com equações da LKC, em número igual ao número de fontes de corrente internas.

4.13 Encontre as correntes de malha no circuito mostrado na Fig. 4-17.

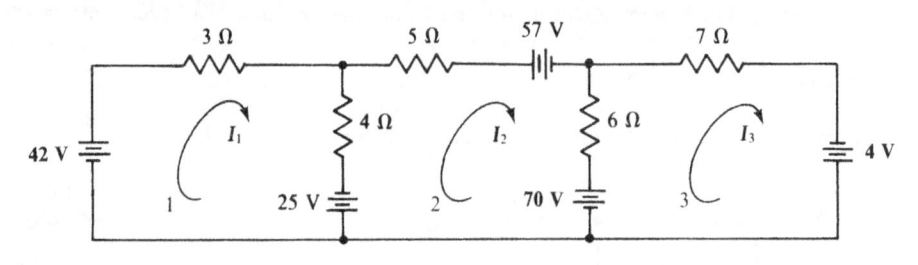

Figura 4-17

As autorresistências são $-3 + 4 = 7\,\Omega$ para a malha 1, $4 + 5 + 6 = 15\,\Omega$ para a malha 2 e $6 + 7 = 13\,\Omega$ para malha 3. As resistências mútuas são $4\,\Omega$ para as malhas 1 e 2, $6\,\Omega$ para as malhas 2 e 3 e $0\,\Omega$ para malhas 1 e 3. As tensões da fonte são $42 + 25 = 67$ V para a malha 1, $-25 - 57 - 70 = -152$ V para a malha 2 e $70 + 4 = 74$ V para a malha 3. Assim, as equações de malha são

$$7I_1 - 4I_2 - 0I_3 = 67$$
$$-4I_1 + 15I_2 - 6I_3 = -152$$
$$-0I_1 - 6I_2 + 13I_3 = 74$$

Observe a simetria mútua indicada dos coeficientes sobre a diagonal principal mostrada como uma linha tracejada. Por causa das resistências mútuas comuns, essa simetria ocorre sempre, a menos que um circuito tenha fontes dependentes. Observe, também, que, em cada malha, a autorresistência é igual ou maior que a soma das resistências mútuas, porque a autorresistência inclui as resistências mútuas.

Pela regra de Cramer,

$$I_1 = \frac{\begin{vmatrix} 67 & -4 & 0 \\ -152 & 15 & -6 \\ 74 & -6 & 13 \end{vmatrix}}{\begin{vmatrix} 7 & -4 & 0 \\ -4 & 15 & -6 \\ 0 & -6 & 13 \end{vmatrix}} = \frac{4525}{905} = 5\,\text{A} \qquad I_2 = \frac{\begin{vmatrix} 7 & 67 & 0 \\ -4 & -152 & -6 \\ 0 & 74 & 13 \end{vmatrix}}{905} = \frac{-7240}{905} = -8\,\text{A}$$

$$I_3 = \frac{\begin{vmatrix} 7 & -4 & 67 \\ -4 & 15 & -152 \\ 0 & -6 & 74 \end{vmatrix}}{905} = \frac{1810}{905} = 2\,\text{A}$$

4.14 Encontre as correntes de malha no circuito mostrado na Fig. 4-18.

As autorresistências são $3 + 4 + 5 = 12\,\Omega$ para a malha 1, $5 + 6 + 7 = 18\,\Omega$ para a malha 2 e $6 + 4 + 8 = 18\,\Omega$ para a malha 3. As resistências mútuas são $5\,\Omega$ para as malhas 1 e 2, $6\,\Omega$ para as malhas 2 e 3, e $4\,\Omega$ para as malhas 1 e 3. As tensões da fonte são $150 - 100 - 74 = -24$ V para a malha 1, $74 + 15 + 23 = 112$ V para a malha 2 e $100 - 191 - 15 = -106$ V para a malha 3. Assim, as equações de malha são

$$12I_1 - 5I_2 - 4I_3 = -24$$
$$-5I_1 + 18I_2 - 6I_3 = 112$$
$$-4I_1 - 6I_2 + 18I_3 = -106$$

Para verificação, observe a simetria dos coeficientes sobre a diagonal principal.

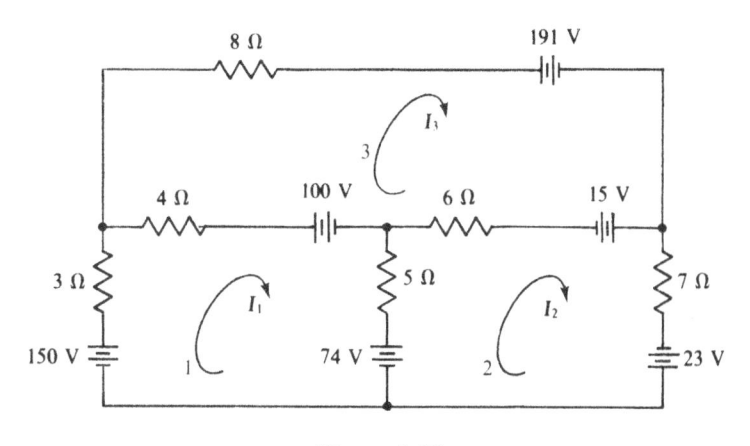

Figura 4-18

Pela regra de Cramer,

$$I_1 = \frac{\begin{vmatrix} -24 & -5 & -4 \\ 112 & 18 & -6 \\ -106 & -6 & 18 \end{vmatrix}}{\begin{vmatrix} 12 & -5 & -4 \\ -5 & 18 & -6 \\ -4 & -6 & 18 \end{vmatrix}} = \frac{-4956}{2478} = -2 \text{ A} \qquad I_2 = \frac{\begin{vmatrix} 12 & -24 & -4 \\ -5 & 112 & -6 \\ -4 & -106 & 18 \end{vmatrix}}{2478} = \frac{9912}{2478} = 4 \text{ A}$$

$$I_3 = \frac{\begin{vmatrix} 12 & -5 & -24 \\ -5 & 18 & 112 \\ -4 & -6 & -106 \end{vmatrix}}{2478} = \frac{-12\,390}{2478} = -5 \text{ A}$$

4.15 Use a análise de malha na determinação da potência absorvida pela fonte de tensão dependente no circuito da Fig. 4-19.

Em termos de correntes de malha, a fonte dependente que controla a quantidade I_x é $I_x = I_1 - I_2$. Assim, a fonte dependente fornece uma tensão de $20I_x = 20(I_1 - I_2)$. Ao escrever equações de malha de um circuito que tem fontes dependentes, um bom método é ignorar temporariamente as fontes dependentes, escrever as equações de malha usando o método da auto e mútua resistência e, em seguida, adicionar as expressões de fontes dependentes para as equações pertinentes.

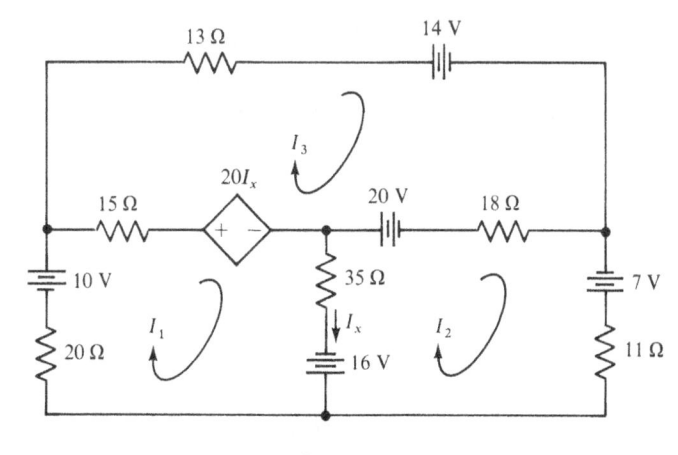

Figura 4-19

O resultado é

$$70I_1 - 35I_2 - 15I_3 + 20(I_1 - I_2) = 10 + 16$$
$$-35I_1 + 64I_2 - 18I_3 = 7 - 16 - 20$$
$$-15I_1 - 18I_2 + 46I_3 - 20(I_1 - I_2) = 20 - 14$$

que, simplificando, fica

$$\begin{bmatrix} 90 & -55 & -15 \\ -35 & 64 & -18 \\ -35 & 2 & 46 \end{bmatrix} \begin{bmatrix} I_1 \\ I_2 \\ I_3 \end{bmatrix} = \begin{bmatrix} 26 \\ -29 \\ 6 \end{bmatrix}$$

As soluções são $I_1 = 0{,}148$ A, $I_2 = -0{,}3$ A e $I_3 = 0{,}256$ A. Finalmente, a potência absorvida pelas fontes dependentes é igual ao valor da tensão vezes a corrente que flui para os terminais positivos referenciados:

$$P = 20(I_1 - I_2)(I_1 - I_3) = 20(0{,}148 + 0{,}3)(0{,}148 - 0{,}256) = -0{,}968 \text{ W}$$

4.16 Use análise de malha e encontre V_0 no circuito da Fig. 4-20.

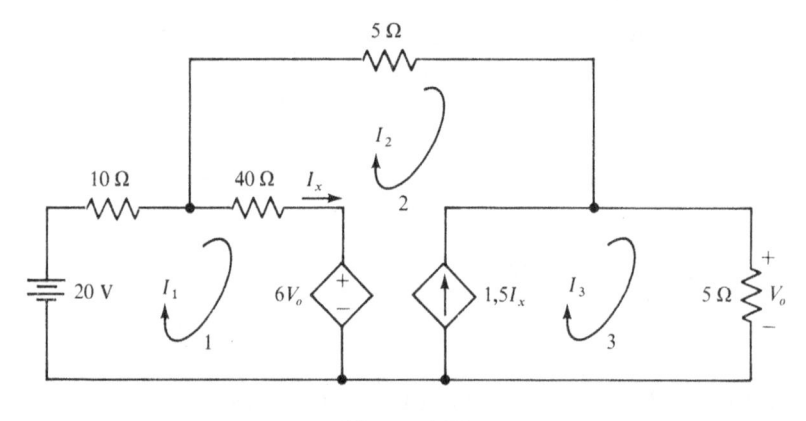

Figura 4-20

Como sempre, para um circuito contendo fontes dependentes, o melhor caminho é resolver a fonte dependente, controlando as quantidades em termos de incógnitas que estão sendo atribuídas para as correntes de malha. Obviamente, $I_x = I_1 - I_2$ e $V_0 = 5I_3$. Assim, a fonte de corrente dependente fornece uma corrente de $1{,}5I_x = 1{,}5(I_1 - I_2)$ e a fonte de tensão dependente fornece tensão de $6V_0 = 6(5I_3) = 30I_3$.

A equação da LKT para a malha 1 é $(10 + 40)I_1 - 40I_2 + 30I_3 = 20$. Preferencialmente, a LKT não deve ser aplicada para as malhas 2 e 3, devido à fonte de corrente dependente que está nessas malhas. Uma boa saída a ser usada é o método da supermalha apresentado no Problema 4.12. Aplicar a LKT à malha obtida pela exclusão da fonte de corrente dá a equação $-30I_3 + 40(I_2 - I_1) + 5I_2 + 25I_3 = 0$. A terceira equação independente necessária, $1{,}5(I_1 - I_2) = I_3 - I_2$, é obtida através da aplicação da LKC ao terminal da fonte de corrente dependente. Essas três equações simplificadas, em forma de matriz,

$$\begin{bmatrix} 50 & -40 & 30 \\ -40 & 45 & -25 \\ 1{,}5 & -0{,}5 & -1 \end{bmatrix} \begin{bmatrix} I_1 \\ I_2 \\ I_3 \end{bmatrix} = \begin{bmatrix} 20 \\ 0 \\ 0 \end{bmatrix}$$

Em seguida, a regra de Cramer ou, de preferência, uma calculadora pode ser usada para obter a corrente $I_3 = 0{,}792$ A. Finalmente, $V_0 = 5I_3 = 5(0{,}792) = 3{,}96$ V.

4.17 Utilize a análise de laço para encontrar a corrente que flui para a direita através do resistor de 5 kΩ no circuito mostrado na Fig. 4-21.

Três correntes de laço são necessárias porque o circuito possui três malhas. Apenas uma corrente de laço deve fluir através do resistor de 5 kΩ, de modo que apenas uma das correntes precisa ser encontrada. Os caminhos para as outras duas correntes de laço podem ser selecionados como mostrado, mas há também outros caminhos adequados.

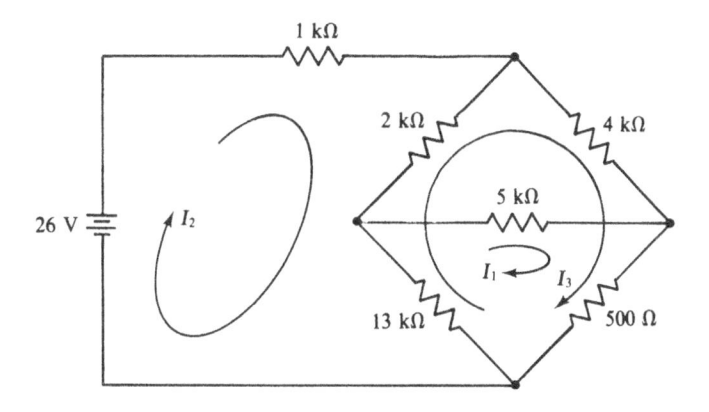

Figura 4-21

Como já mencionado, uma vez que o trabalho com quilo-ohms é inconveniente, uma prática comum é diminuir as unidades, dividindo cada resistência por 1.000. No entanto, em seguida, as correntes encontradas estarão em miliampères. Com essa aproximação e conforme as autorresistências, resistências e tensões mútuas e fonte auxiliar, as equações de laço são

$$18{,}5I_1 - 13I_2 + 13{,}5I_3 = 0$$
$$-13I_1 + 16I_2 - 15I_3 = 26$$
$$13{,}5I_1 - 15I_2 + 19{,}5I_3 = 0$$

Observe a simetria dos coeficientes I sobre a diagonal principal, assim como para as equações de malha. Mas há a diferença de que alguns desses coeficientes são positivos. Esse é o resultado de duas correntes de laço que fluem através de um resistor mútuo no mesmo sentido – algo que não pode acontecer em análise de malha se todas as correntes de malha são selecionadas no sentido horário, como é convencional.

Pela regra de Cramer,

$$I_1 = \frac{\begin{vmatrix} 0 & -13 & 13{,}5 \\ 26 & 16 & -15 \\ 0 & -15 & 19{,}5 \end{vmatrix}}{\begin{vmatrix} 18{,}5 & -13 & 13{,}5 \\ -13 & 16 & -15 \\ 13{,}5 & -15 & 19{,}5 \end{vmatrix}} = \frac{1.326}{663} = 2 \text{ mA}$$

4.18 Utilize a análise de laço para encontrar a corrente para baixo através do resistor 8 Ω no circuito mostrado na Fig. 4-22.

Como o circuito tem três malhas, a análise requer três correntes de laço. Os laços podem ser selecionados como mostrado, com apenas uma corrente I_1 que flui através do resistor de 8 Ω, de modo que apenas uma corrente precisa ser encontrada. Além disso, apenas uma corrente deve fluir através do circuito da fonte de 7 A, de modo que o circuito de

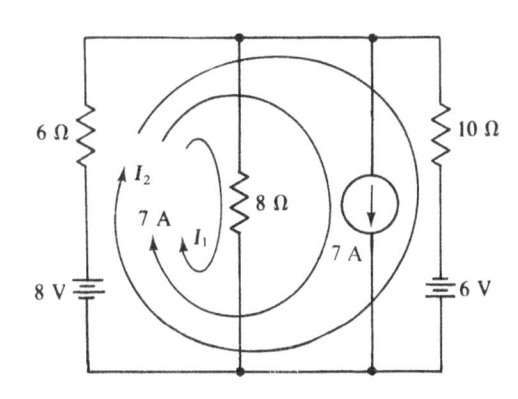

Figura 4-22

corrente é conhecido, tornando-se necessário aplicar a LKT ao laço correspondente. Há outras maneiras de selecionar os caminhos de laço de corrente para satisfazer tais condições.

A autorresistência do primeiro laço é $6 + 8 = 14\,\Omega$ e a resistência mútua com o segundo laço é $6\,\Omega$. Uma corrente de 7 A flui através do resistor de $6\,\Omega$, produzindo uma queda de 42 V no primeiro laço. A equação de laço resultante é

$$14I_1 + 6I_2 + 42 = 8 \quad \text{ou} \quad 14I_1 + 6I_2 = -34$$

O coeficiente de 6 de I_2 é positivo porque I_2 flui através do resistor de $6\,\Omega$ no mesmo sentido de I_1.

Para o segundo laço, a autorresistência é $6 + 10 = 16\,\Omega$, dos quais $6\,\Omega$ é mútuo com o primeiro laço. A equação do segundo laço é

$$6I_1 + 16I_2 + 42 = 8 + 6 \quad \text{ou} \quad 6I_1 + 16I_2 = -28$$

As duas equações de laço juntas são

$$14I_1 + 6I_2 = -34$$
$$6I_1 + 16I_2 = -28$$

Multiplicando a primeira equação por 8 e a segunda por -3 e, em seguida, somando-as, elimina-se I_2:

$$112I_1 - 18I_1 = -272 + 84 \quad \text{a partir da qual} \quad I_1 = -\frac{188}{94} = -2\,\text{A}$$

4.19 Duas baterias de 12 V são carregadas por um gerador de 16 V. As resistências internas são 0,5 e 0,8 Ω para as baterias e 2 Ω para o gerador. Encontre as correntes que circulam nos terminais positivos da bateria.

A ligação é basicamente paralela, com apenas dois nós. Se a tensão no nó positivo em relação ao nó negativo é chamada de V, a corrente que flui através do nó positivo através das fontes é

$$\frac{V - 12}{0,5} + \frac{V - 12}{0,8} + \frac{V - 16}{2} = 0$$

Multiplicando por 4, temos

$$8V - 96 + 5V - 60 + 2V - 32 = 0 \quad \text{ou} \quad 15V = 188 \quad \text{e} \quad V = \frac{188}{15} = 12{,}533\,\text{V}$$

Consequentemente, a corrente entrando na bateria de 12 V com resistência interna de $0{,}5\,\Omega$ é $(12{,}533 - 12)/0{,}5 = 1{,}07$ A e a corrente entrando na outra bateria de 12 V é $(12{,}533 - 12)/0{,}8 = 0{,}667$ A.

4.20 Determine as tensões de nó do circuito mostrado na Fig. 4-23.

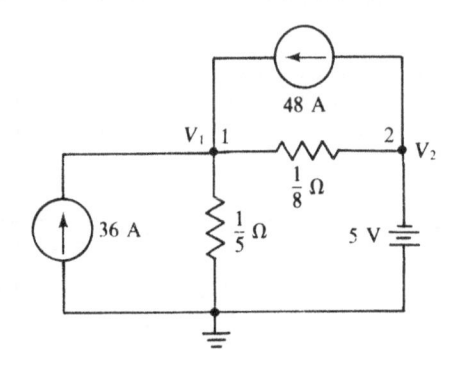

Figura 4-23

Usar a autocondutância e a condutância mútua é o melhor método para obter as equações nodais. A autocondutância do nó 1 é $5 + 8 = 13$ S e a condutância mútua é 8 S. A soma das correntes a partir das fontes de corrente para esse nó é $36 + 48 = 84$ A. Assim, a equação da LKC para o nó 1 é $13V_1 - 8V_2 = 84$.

Nenhuma equação da LKC é necessária para o nó 2, porque uma fonte de tensão aterrada está conectada a ele, fazendo com que $V_2 = -5$ V. De qualquer maneira, uma equação da LKC não pode ser escrita para esse nó sem a introdução de uma variável para a corrente através da fonte de 5 V, porque essa corrente é desconhecida.

A substituição de $V_2 = -5$ V na equação do nó 1, resulta em

$$13V_1 - 8(-5) = 84 \qquad e \qquad V_1 = \frac{44}{13} = 3{,}38 \text{ V}$$

4.21 Encontre as tensões de nó no circuito mostrado na Fig. 4-24.

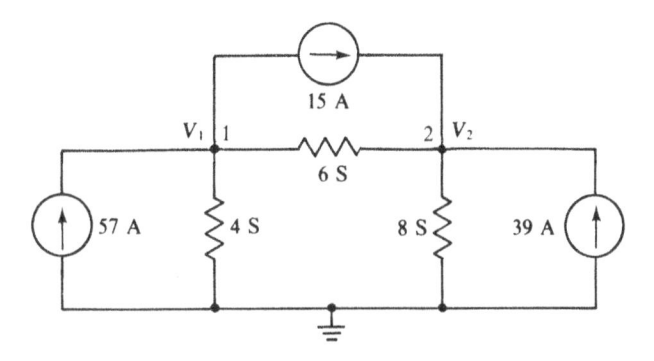

Figura 4-24

A autocondutância do nó 1 é $6 + 4 = 10$ S. A condutância mútua com o nó 2 é 6 S e a soma das correntes no nó 1 a partir de fontes de corrente é $57 - 15 = 42$ A. Assim, a equação da LKC para o nó é $10V_1 - 6V_2 = 42$.

Do mesmo modo, para o nó 2, a autocondutância é $6 + 8 = 14$ S, a condutância mútua é 6 S e a soma das correntes de entrada de fontes de corrente é $39 + 15 = 54$ A. Esses dão uma equação da LKC para o nó 2 $-6V_1 + 14V_2 = 54$.

Colocando as duas equações nodais em conjunto, pode-se notar a simetria dos coeficientes (aqui −6) sobre a diagonal principal como resultado do mesmo coeficiente de condutância mútua em ambas as equações.

$$10V_1 - 6V_2 = 42$$
$$-6V_1 + 14V_2 = 54$$

Multiplicando a primeira equação por três, a segunda por cinco e somando as duas, elimina-se V_1. O resultado é

$$-18V_2 + 70V_2 = 126 + 270 \qquad \text{a partir do qual} \qquad V_2 = \frac{396}{52} = 7{,}62 \text{ V}$$

Substituindo na primeira equação, tem-se

$$10V_1 - 6(7{,}62) = 42 \qquad e \qquad V_1 = \frac{87{,}7}{10} = 8{,}77 \text{ V}$$

4.22 Use a análise nodal para encontrar I no circuito da Fig. 4-25.

Em termos de tensões de nó, a corrente I pode ser expressa por $I = V_2/6$. Consequentemente, a fonte de corrente dependente fornece uma corrente de $0{,}5I = 0{,}5(V_2/6) = V_2/12$ e a fonte de tensão dependente fornece uma tensão de $12I = 12(V_2/6) = 2V_2$.

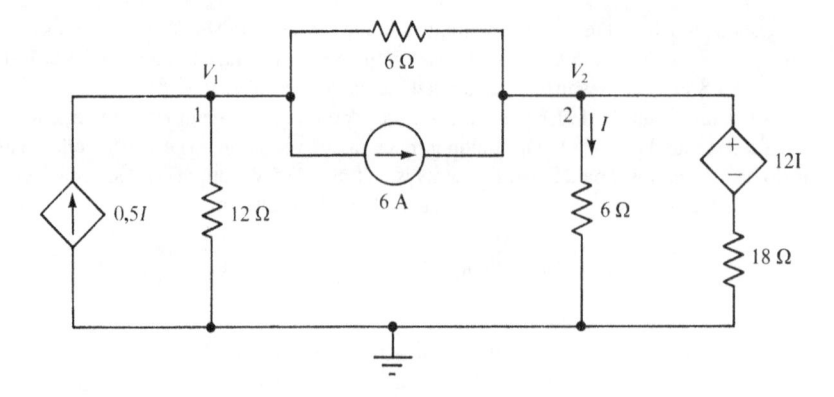

Figura 4-25

Devido à presença das fontes dependentes, é melhor aplicar a LKC nos nós 1 e 2 ramo a ramo, em vez de tentar usar um método de atalho. Fazendo isso, temos

$$\frac{-V_2}{12} + \frac{V_1}{12} + \frac{V_1 - V_2}{6} = -6 \qquad \text{e} \qquad \frac{V_2 - V_1}{6} + \frac{V_2}{6} + \frac{V_2 - 2V_2}{18} = 6$$

Simplificando, temos

$$3V_1 - 3V_2 = -72 \qquad \text{e} \qquad -3V_1 + 5V_2 = 108$$

Ao somar essas equações, elimina-se V_1 e resulta em $2V_2 = 36$ ou $V_2 = 18$ V. Finalmente,

$$I = \frac{V_2}{6} = \frac{18}{6} = 3 \text{ A}$$

4.23 Encontre as tensões de nó mostrado no circuito da Fig. 4-26.

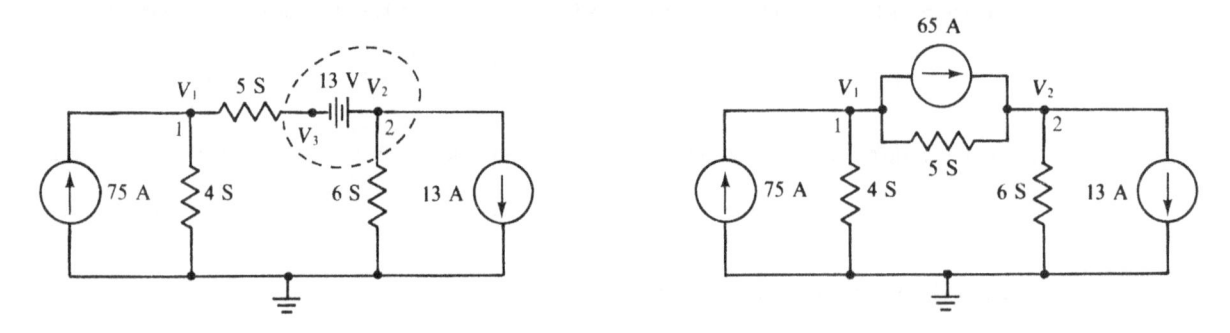

Figura 4-26

Figura 4-27

Uma abordagem de análise é transformar a fonte de tensão e o resistor em série em uma fonte de corrente e um resistor paralelo, como mostrado no circuito da Fig. 4-27.

A autocondutância do nó 1 é $4 + 5 = 9$ S e a do nó 2 é $5 + 6 = 11$ S. A condutância mútua é 5 S. A soma das correntes no nó 1 a partir das fontes de corrente é $75 - 65 = 10$ A e no nó 2 é $65 - 13 = 52$ A. Assim, as equações correspondentes nodais são

$$9V_1 - 5V_2 = 10$$
$$-5V_1 + 11V_2 = 52$$

Exceto por ter V em vez de I, essas são as mesmas equações apresentadas no Problema 4.12. Consequentemente, as respostas são as mesmas: $V_1 = -5$ V e $V_2 = 7$ V. Circuitos com equações semelhantes são chamados de *duais*.

A partir do circuito original mostrado na Fig. 4-26, a fonte de 13 V faz V_3 ter 13 V mais negativo que V_2: $V_3 = V_2 - 13 = 7 - 13 = -6$ V.

Outra abordagem é aplicar o chamado *método do supernó*, que é aplicável para as análises nodais de circuitos que contêm fontes de tensão flutuantes. (A fonte de tensão está flutuando quando não possui qualquer terminal conectado ao terra.) Para esse método, cada fonte de tensão flutuante é colocada entre um laço separado, ou superfície fechada, como mostrado na Fig. 4-26 para a fonte de 13 V. Em seguida, a LKC é aplicada a cada superfície fechada, bem como aos nós não aterrados e que não possuam outras fontes de tensão conectadas.

Para o circuito da Fig. 4-26, a LKC pode ser aplicada ao nó I da forma usual. O resultado é $9V_1 - 5V_3 = 75$. Para um supernó, é melhor não usar todos os atalhos, mas considerar cada ramo de corrente. Para o supernó mostrado, tem-se $6V_2 + 5(V_3 - V_1) = -13$. Outra equação independente é necessária. Ela pode ser obtida a partir da queda de tensão através da fonte de tensão flutuante: $V_2 - V_3 = 13$. Assim, as duas equações da LKC são aumentadas com uma única equação da LKT. Na forma matricial, estas equações são

$$\begin{bmatrix} 9 & 0 & -5 \\ -5 & 6 & 5 \\ 0 & 1 & -1 \end{bmatrix} \begin{bmatrix} V_1 \\ V_2 \\ V_3 \end{bmatrix} = \begin{bmatrix} 75 \\ -13 \\ 13 \end{bmatrix}$$

As soluções são, é claro, as mesmas: $V_1 = 5$ V, $V_2 = 7$ V e $V_3 = -6$ V.

Em geral, para a abordagem de supernó, as equações da LKC devem ser aumentadas com equações da LKT, em número igual ao número de fontes de tensão flutuantes.

4.24 Use análise nodal para obter as tensões V_1 e V_2 nos nós do circuito da Fig. 4-28.

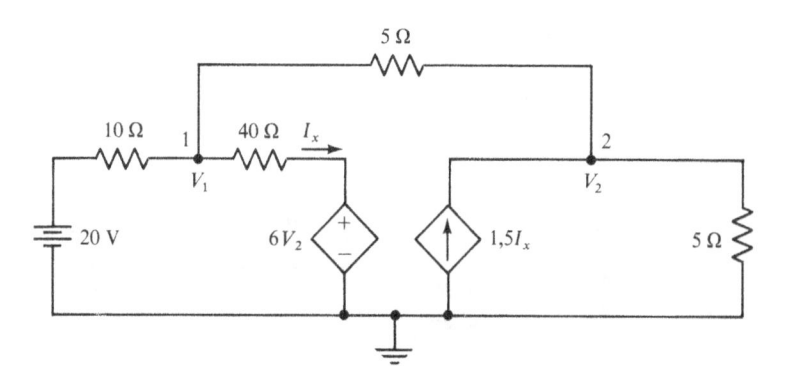

Figura 4-28

A corrente de controle I_x expressa em termos de tensões nos nós é $I_x = (V_1 - 6V_2)/40$. Assim, a fonte de corrente dependente fornece uma corrente de $1,5I_x = 1,5(V_1 - 6V_2)$. Aplicando a LKC aos nós 1 e 2, produz-se

$$\frac{V_1 - 20}{10} + \frac{V_1 - V_2}{5} + \frac{V_1 - 6V_2}{40} = 0 \quad \text{e} \quad \frac{V_2 - V_1}{5} - \frac{1,5(V_1 - 6V_2)}{40} + \frac{V_2}{5} = 0$$

Simplificando, tem-se

$$13V_1 - 14V_2 = 80 \quad \text{e} \quad -9,5V_1 + 25V_2 = 0$$

que tem as soluções de $V_1 = 10,4$ V e $V_2 = 3,96$ V, que pode ser facilmente obtida.

O circuito da Fig. 4-28 é o mesmo da Fig. 4-20 do Problema 4.16, em que a análise de malha foi utilizada. Observe que a análise nodal é mais fácil de aplicar do que a análise de malha, uma vez que existe uma equação a menos e as equações são mais fáceis de serem obtidas. Muitas vezes, mas nem sempre, um método de análise é melhor. A habilidade de selecionar o melhor método de análise advém principalmente da experiência. O primeiro passo deve ser sempre verificar o número de equações necessárias para os vários métodos de análise: malha, laço e nodal.

4.25 Obtenha as equações nodais para o circuito mostrado na Fig. 4-29.

As autocondutâncias são $3 + 4 = 7$ S para o nó 1, $4 + 5 + 6 = 15$ S para o nó 2 e $6 + 7 = 13$ S para o nó 3. As condutâncias mútuas são 4 S para os nós 1 e 2, 6 s para os nós 2 e 3, e 0 S para os nós 1 e 3. As correntes que fluem dos

74   ANÁLISE DE CIRCUITOS

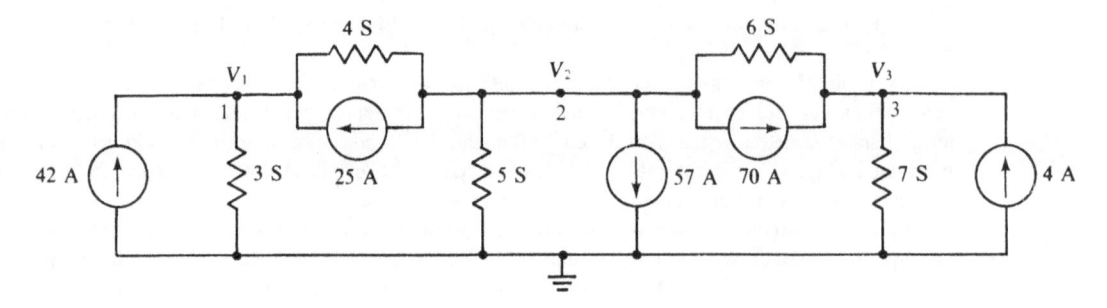

Figura 4-29

nós vindo das fontes de corrente são $42 + 25 = 67$ A para o nó 1, $-25 - 57 - 70 = -152$ A para o nó 2 e $70 + 4 = 74$ A para o nó 3. Assim, as equações nodais são

$$7V_1 - 4V_2 - 0V_3 = 67$$
$$-4V_1 + 15V_2 - 6V_3 = -152$$
$$0V_1 - 6V_2 + 13V_3 = 74$$

Observe a simetria dos coeficientes sobre a diagonal principal. Essa simetria ocorre sempre para circuitos que não têm fontes dependentes.

Uma vez que esse conjunto de equações é igual ao do Problema 4.13, exceto por ter V em vez de I, as respostas são as mesmas: $V_1 = 5$ V, $V_2 = -8$ V e $V_3 = 2$ V.

4.26 Obtenha as equações nodais para o circuito mostrado na Fig. 4-30.

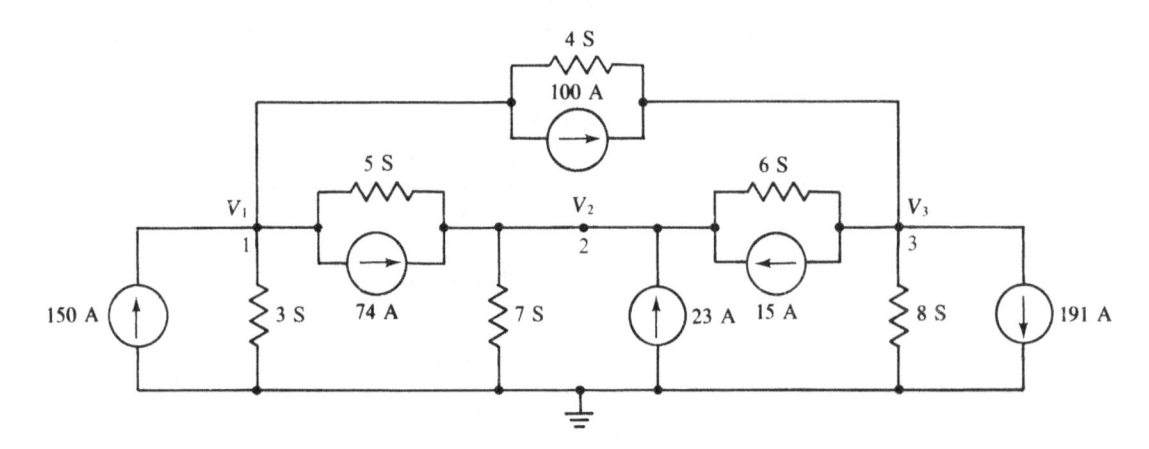

Figura 4-30

As autocondutâncias são $3 + 4 + 5 = 12$ S para o nó 1, $5 + 6 + 7 = 18$ S para o nó 2, e $6 + 4 + 8 = 18$ S para o nó 3. As condutâncias mútuas são 5 S para os nós 1 e 2, 6 S para os nós 2 e 3, e 4 S para os nós 1 e 3. As correntes que entram nos nós vindas das fontes correntes são $150 - 100 - 74 = -24$ A para o nó 1, $74 + 15 + 23 = 112$ A para o nó 2 e $100 - 191 - 15 = -106$ A para o nó 3. Assim, as equações nodais são

$$12V_1 - 5V_2 - 4V_3 = -24$$
$$-5V_1 + 18V_2 - 6V_3 = 112$$
$$-4V_1 - 6V_2 + 18V_3 = -106$$

Como verificação, observe a simetria dos coeficientes sobre a diagonal principal.

Uma vez que essas equações são basicamente iguais às do Problema 4.14, as respostas são as mesmas: $V_1 = -2$ V, $V_2 = 4$ V e $V_3 = -5$ V.

4.27 A Figura 4-31 mostra um transistor com um circuito de polarização. Se $I_C = 50I_B$ e $V_{BE} = 0,7$ V, encontre V_{CE}.

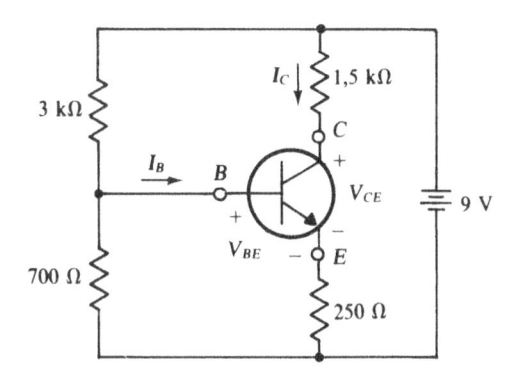

Figura 4-31

Talvez a melhor maneira de encontrar V_{CE} seja primeiramente encontrar I_B e I_C, e com eles encontrar as quedas de tensão nos resistores de 1,5 kΩ e de 250 Ω. Em seguida, utilize a LKT na malha do lado direito para obter V_{CE} a partir de 9 V menos essas duas quedas.

I_B pode ser encontrado a partir das duas malhas da esquerda. A corrente através do resistor 250 Ω é $I_C + I_B = 50I_B + I_B = 51I_B$, proporcionando uma queda de tensão de $(51I_B)(250)$. Essa queda adicionada a V_{BE} é a queda através do resistor de 700 Ω. Assim, a corrente através desse resistor é $[0,7 + (51I_B)(250)]/700$. Da LKC aplicada ao nó do lado esquerdo, essa corrente mais I_B é a corrente total que flui através do resistor 3 kΩ. A queda de tensão através do resistor adicionado à queda através do resistor 700 Ω é igual a 9 V, como é evidente a partir do laço externo.

$$\left[\frac{0,7 + (51I_B)(250)}{700} + I_B\right](3.000) + 0,7 + (51I_B)(250) = 9$$

A partir disso, $I_B = 75,3$ μA. Então, $I_C = 50I_B = 3,76$ mA e

$$V_{CE} = 9 - 1.500I_C - 250(I_C + I_B) = 2,39 \text{ V}$$

Problemas Complementares

4.28 Calcule os seguintes determinantes:

$$(a) \begin{vmatrix} 4 & 3 \\ -2 & -6 \end{vmatrix} \quad (b) \begin{vmatrix} 8 & -30 \\ 42 & 56 \end{vmatrix}$$

Resp. $(a) -18$, (b) 1708

4.29 Calcule os seguintes determinantes:

$$(a) \begin{vmatrix} 16 & 0 & -25 \\ -32 & 15 & -19 \\ 13 & 21 & -18 \end{vmatrix} \quad (b) \begin{vmatrix} -27 & 33 & -45 \\ -52 & 64 & -73 \\ 18 & -92 & 46 \end{vmatrix}$$

Resp. (a) 23.739, $(b) -26.022$

4.30 Utilize a regra de Cramer para encontrar as incógnitas em

$$(a) \begin{aligned} 26V_1 - 18V_2 &= -124 \\ -18V_1 + 30V_2 &= 156 \end{aligned} \quad (b) \begin{aligned} 16I_1 - 12I_2 &= 560 \\ -12I_1 + 21I_2 &= -708 \end{aligned}$$

Resp. (a) $V_1 = -2$ V, $V_2 = 4$ V, (b) $I_1 = 17$ A, $I_2 = -24$ A

4.31 Sem utilizar a regra de Cramer ou a abordagem de matriz por calculadora, obtenha as incógnitas em

(a) $\begin{aligned} 44I_1 - 28I_2 &= -704 \\ -28I_1 + 37I_2 &= 659 \end{aligned}$ (b) $\begin{aligned} 62V_1 - 42V_2 &= 694 \\ -42V_1 + 77V_2 &= 161 \end{aligned}$

Resp. (a) $I_1 = -9$ A, $I_2 = 11$ A, (b) $V_1 = 20$ V, $V_2 = 13$ V

4.32 Utilize a regra de Cramer para encontrar as incógnitas em

$$\begin{aligned} 26V_1 - 11V_2 - 9V_3 &= -166 \\ -11V_1 + 45V_2 - 23V_3 &= 1.963 \\ -9V_1 - 23V_2 + 56V_3 &= -2.568 \end{aligned}$$

Resp. $V_1 = -11$ V, $V_2 = 21$ V, $V_3 = -39$ V

4.33 Qual é a fonte de corrente equivalente de uma bateria de 12 V com resistência interna 0,5 Ω?
Resp. $I = 24$ A, $R = 0,5$ Ω

4.34 Qual é a fonte de tensão equivalente de uma fonte de corrente de 3 A em paralelo com uma resistência de 2 kΩ?
Resp. $V = 6$ kV, $R = 2$ kΩ

4.35 Utilize repetidas transformações de fonte na obtenção de I no circuito da Fig. 4-32.
Resp. 2 A

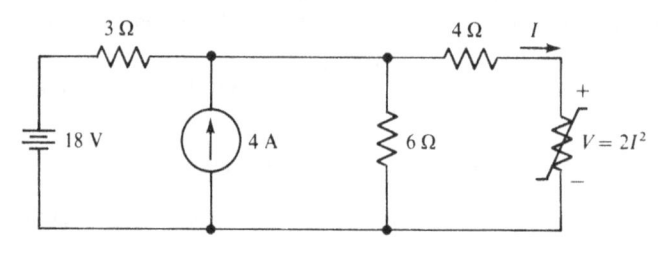

Figura 4-32

4.36 Encontre as correntes de malha no circuito mostrado na Fig. 4-33.
Resp. $I_1 = 3$ A, $I_2 = -8$ A, $I_3 = 7$ A

4.37 Encontre as correntes de malha no circuito mostrado na Fig. 4-34.
Resp. $I_1 = 5$ mA, $I_2 = -2$ mA

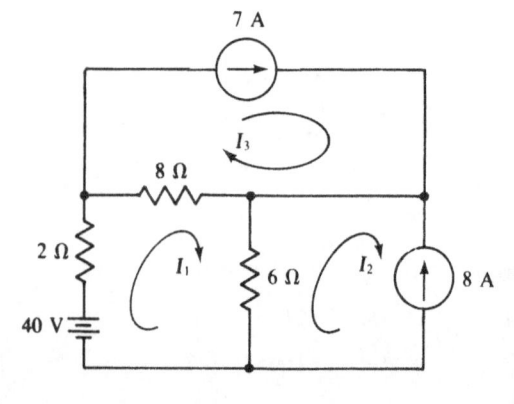

Figura 4-33

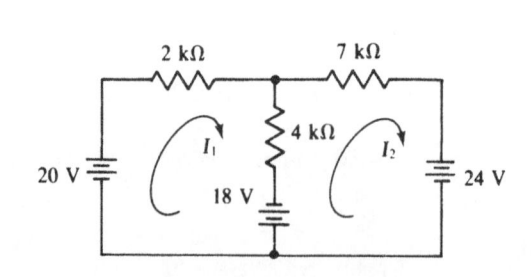

Figura 4-34

4.38 Repita o Problema 4.37 alterando a fonte de 24 V para −1 V.

Resp. $I_1 = 7$ mA, $I_2 = 1$ mA

4.39 Duas baterias de 12 V em paralelo fornecem corrente a uma lâmpada cuja resistência a quente é 0,5 Ω. Se as resistências internas da bateria são 0,1 e 0,2 Ω, encontre a potência consumida pela lâmpada.

Resp. 224 W

4.40 Determine I_x no circuito da Fig. 4-35.

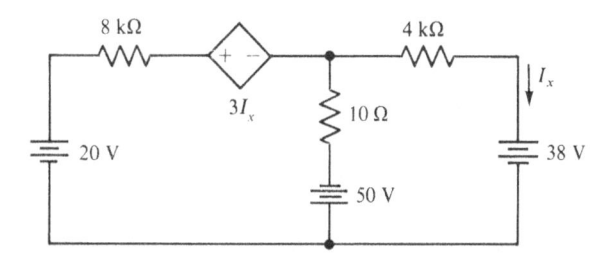

Resp. − 4,86 mA

Figura 4-35

4.41 Calcule as correntes de malha no circuito da Fig. 4-36.

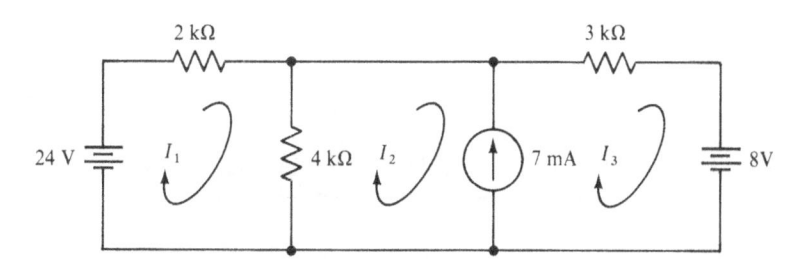

Resp. $I_1 = 2$ mA, $I_2 = -3$ mA, $I_3 = 4$ mA

Figura 4-36

4.42 Encontre as correntes de malha no circuito mostrado na Fig. 4-37.

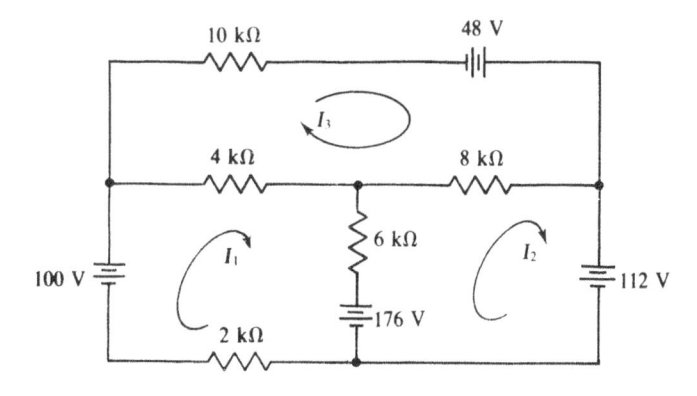

Resp. $I_1 = -2$ mA, $I_2 = 6$ mA, $I_3 = 4$ mA

Figura 4-37

4.43 Dobre as tensões das fontes de tensão no circuito mostrado na Fig. 4-37 e redetermine as correntes de malha. Compare os resultados com as correntes de malha originais.

Resp. $I_1 = -4\,\text{mA}, I_2 = 12\,\text{mA}, I_3 = 8\,\text{mA}$; as correntes são o dobro

4.44 Dobre o valor das resistências dos resistores no circuito mostrado na Fig. 4-37 e redetermine as correntes de malha. Compare os resultados com as correntes de malha originais.

Resp. $I_1 = -1\,\text{mA}, I_2 = 3\,\text{mA}, I_3 = 2\,\text{mA}$; as correntes são reduzidas à metade

4.45 Repita o Problema 4.42 efetuando as mudanças das tensões das três fontes, como indicado: de 176 V para 108 V, de 112 V para 110 V e de 48 V para 66 V.

Resp. $I_1 = 3\,\text{mA}, I_2 = 4\,\text{mA}, I_3 = 5\,\text{mA}$

4.46 Para um circuito de três malhas as autorresistências são 20, 25 e 32 Ω para as malhas 1, 2 e 3, respectivamente. As resistências mútuas são de 10 Ω para malhas 1 e 2, 12 Ω para malhas 2 e 3, e 6 Ω para malhas 1 e 3. As tensões auxiliares a partir de fontes de tensão são $-74\,\text{V}$, 227 V e $-234\,\text{V}$ para malhas de 1, 2 e 3, respectivamente. Encontre as correntes de malha.

Resp. $I_1 = -3\,\text{A}, I_2 = 5\,\text{A}, I_3 = -6\,\text{A}$

4.47 Repita o Problema 4.46 para as mesmas autorresistências e resistências mútuas, mas para fontes de tensões de 146 V, $-273\,\text{V}$ e 182 V para as malhas 1, 2 e 3, respectivamente.

Resp. $I_1 = 5\,\text{A}, I_2 = -7\,\text{A}, I_3 = 4\,\text{A}$

4.48 Obtenha as correntes de malha no circuito da Fig. 4-38.

Resp. $I_1 = -0{,}879\,\text{mA}, I_2 = -6{,}34\,\text{mA}, I_3 = -10{,}1\,\text{mA}$

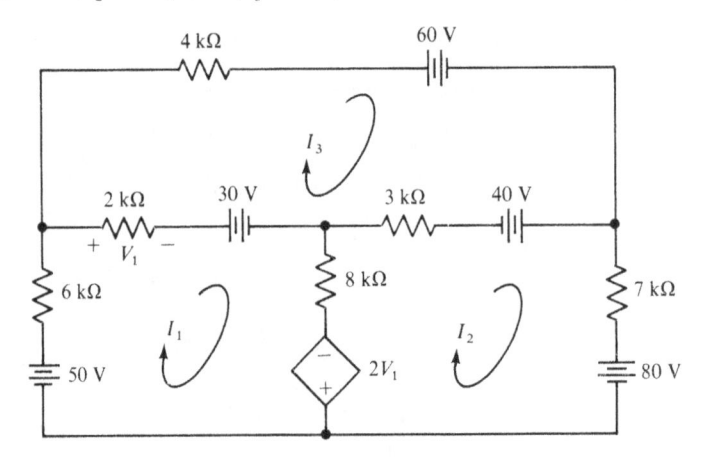

Figura 4-38

4.49 Determine as correntes de malha no circuito da Fig. 4-39.

Resp. $I_1 = -3{,}26\,\text{mA}, I_2 = -1{,}99\,\text{mA}, I_3 = 1{,}82\,\text{mA}$

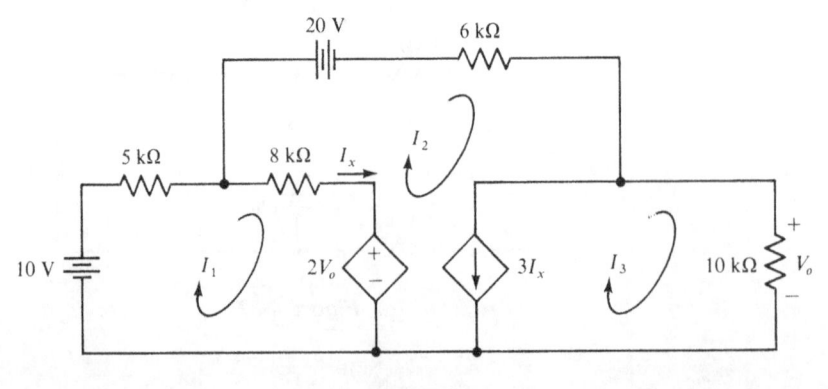

Figura 4-39

4.50 Utilize a análise de laço para encontrar a corrente que flui através do resistor de 6 Ω no circuito mostrado na Fig.4-33.
Resp. 11 A

4.51 Utilize a análise de laço para encontrar a corrente que flui através do resistor de 8 kΩ no circuito mostrado na Fig. 4-37.
Resp. 2 mA

4.52 Utilize a análise de laço para encontrar a corrente *I* no circuito mostrado na Fig. 4-40.
Resp. 0,375 A

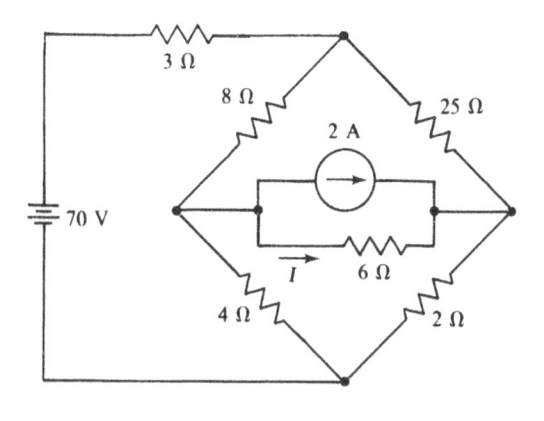

Figura 4-40

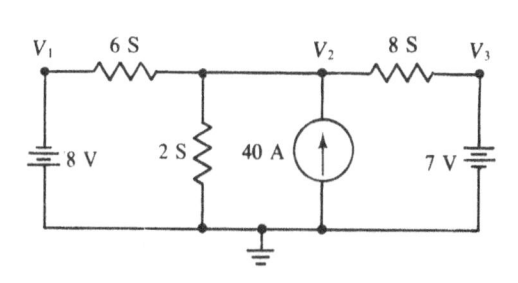

Figura 4-41

4.53 Obtenha as tensões de nó do circuito mostrado na Fig. 4-41.
Resp. $V_1 = -8$ V, $V_2 = 3$ V, $V_3 = 7$ V

4.54 Encontre as tensões de nó no circuito mostrado na Fig. 4-42.
Resp. $V_1 = 5$ V, $V_2 = -2$ V

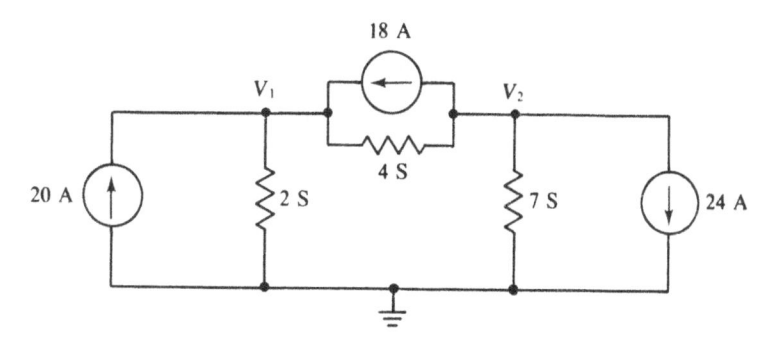

Figura 4-42

4.55 Dobre as correntes a partir das fontes de corrente no circuito mostrado na Fig. 4-42 e redetermine as tensões nodais. Compare os resultados com as tensões de nó original.
Resp. $V_1 = 10$ V, $V_2 = -4$ V; as tensões são o dobro

4.56 Dobre as condutâncias dos resistores no circuito mostrado na Fig. 4-42 e redetermine as tensões nodais. Compare os resultados com as tensões de nó original.
Resp. $V_1 = 2,5$ V, $V_2 = -1$ V; as tensões são reduzidas pela metade

4.57 Repita o Problema 4.54 alterando a fonte de 24 A por outra de − 1 A.

Resp. $V_1 = 7$ V, $V_2 = 1$ V

4.58 Encontre V_0 para o circuito mostrado na Fig. 4-43.

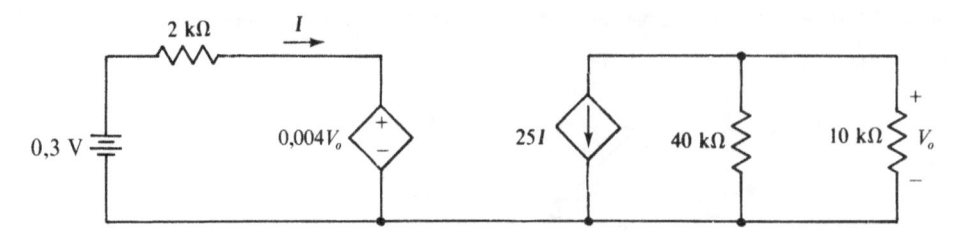

Resp. − 50 V

Figura 4-43

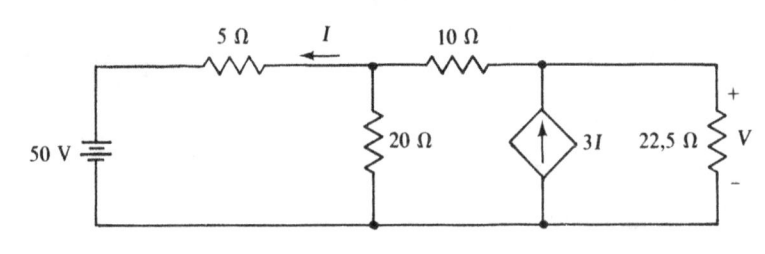

Figura 4-44

4.59 Encontre V no circuito mostrado na Fig. 4-44.

Resp. 180 V

4.60 Calcule as tensões de nó do circuito da Fig. 4-45.

Resp. $V_1 = -63{,}5$ V, $V_2 = 105{,}9$ V

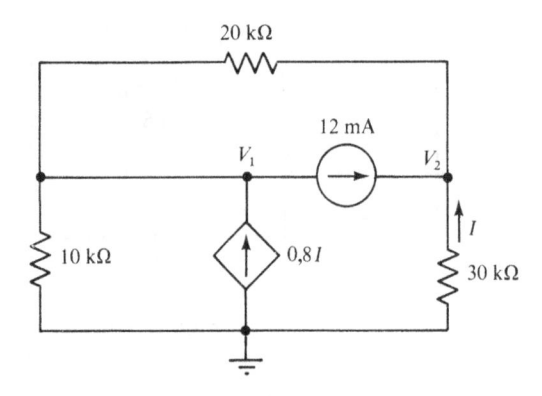

Figura 4-45

4.61 Encontre as tensões V_1, V_2 e V_3 no circuito mostrado na Fig. 4-46.

Resp. $V_1 = 5$ V, $V_2 = -2$ V, $V_3 = 3$ V

4.62 Encontre as tensões de nó no circuito mostrado na Fig. 4-47.

Resp. $V_1 = -2$ V, $V_2 = 6$ V, $V_3 = 4$ V

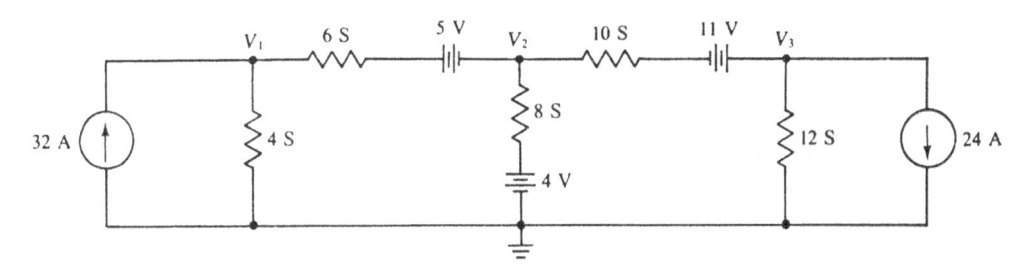

Figura 4-46

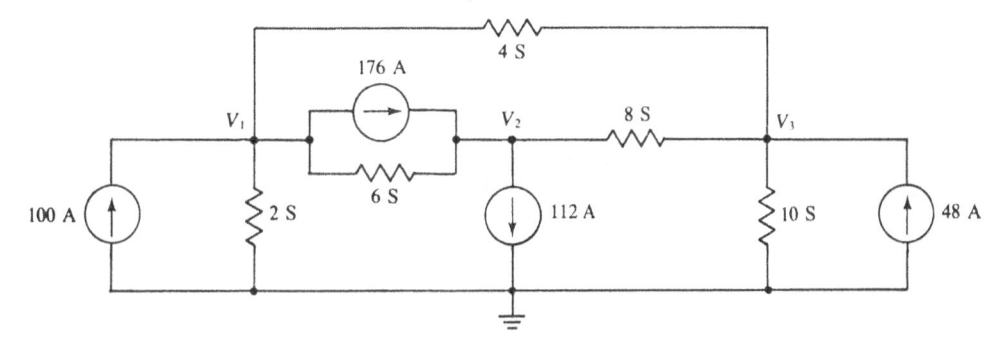

Figura 4-47

4.63 Repita o Problema 4.62 com as três mudanças de fonte de corrente de 176 para 108 A, de 112 para 110 A e de 48 para 66 A.

Resp. $V_1 = 3$ V, $V_2 = 4$ V, $V_3 = 5$ V

4.64 Para um determinado circuito de quatro nós, incluindo um nó aterrado, as autocondutâncias são 40, 50 e 64 S para os nós 1, 2 e 3, respectivamente. As condutâncias mútuas são 20 S para os nós 1 e 2, 24 S para os nós 2 e 3, e 12 S para os nós 1 e 3. As correntes que fluem em fontes de corrente conectadas a esses nós são 74 A saindo do nó 1, 227 A entrando no nó 2 e 234 A saindo do nó 3. Encontre as tensões nodais.

Resp. $V_1 = -1,5$ V, $V_2 = 2,5$ V, $V_3 = -3$ V

4.65 Repita o Problema 4.64 para as mesmas autocondutâncias e condutâncias mútuas, mas para as correntes de origem de 292 A entrando no nó 1, 546 A saindo do nó 2 e 364 A entrando no nó 3.

Resp. $V_1 = 5$ V, $V_2 = -7$ V, $V_3 = 4$ V

4.66 No circuito apresentado na Fig. 4-48, encontre V_{CE} se $I_C = 30I_B$ e $V_{BE} = 0,7$ V.

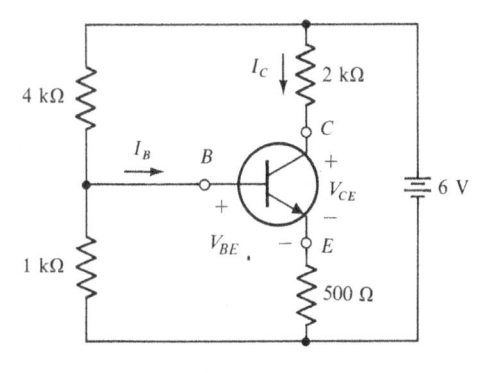

Resp. 3,68 V

Figura 4-48

4.67 Repita o Problema 4.66 com a fonte de tensão alterada para 9 V e o resistor de coletor alterado de 2 kΩ para 2,5 kΩ.

Resp. 2,89 V

Capítulo 5

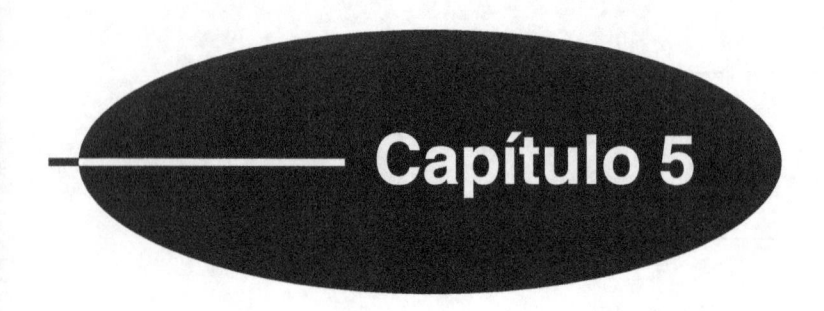

Circuitos CC Equivalentes, Teoremas de Rede e Circuitos Ponte

INTRODUÇÃO

Teoremas de rede frequentemente são ajudas importantes para análises de rede. Alguns teoremas só se aplicam a circuitos lineares, bilaterais ou partes deles. Um circuito elétrico *linear* é feito de elementos elétricos lineares, bem como de fontes independentes. Um elemento elétrico linear tem uma relação excitação-resposta tal que, duplicando a excitação, dobra-se a resposta, triplicando a excitação, triplica-se a resposta e assim por diante. Um circuito *bilateral* é feito de elementos bilaterais e de fontes independentes. Um elemento bilateral opera da mesma forma sobre a reversão da excitação, exceto pelo fato de que a resposta também inverte. Resistores são lineares e bilaterais se têm tensão-corrente que obedece às relações da lei de Ohm. Por outro lado, um diodo, que é um componente eletrônico comum, não é linear nem bilateral.

Alguns teoremas requerem a desativação de fontes independentes. O termo *desativação* refere-se à substituição de todas as fontes *independentes* por suas resistências internas. Em outras palavras, todas as fontes de tensão ideais são substituídas por curto-circuito, e todas as fontes de corrente ideal por circuitos abertos. As resistências internas não são afetadas, nem o são as fontes *dependentes*. *Fontes dependentes* nunca *são desativadas na aplicação de um teorema*.

TEOREMAS DE THÉVENIN E DE NORTON

Os *teoremas de Thévenin* e de *Norton* são, provavelmente, os teoremas de rede mais importantes. Para a aplicação de qualquer um deles, uma rede é dividida em duas partes, *A* e *B*, como mostrado na Fig. 5-1*a*, com dois terminais unidos. Uma parte da rede deve ser linear e bilateral, mas a outra pode ser qualquer uma das possibilidades.

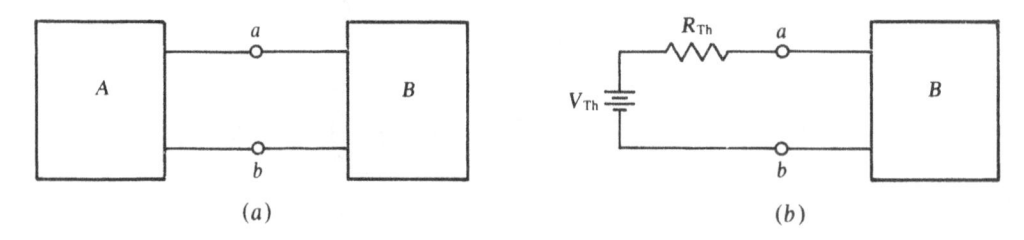

Figura 5-1

O Teorema de Thévenin especifica que a parte linear, bilateral, ou seja, a parte *A*, pode ser substituída por um *circuito equivalente de Thévenin* consistindo em uma fonte de tensão e um resistor em série, como mostrado na Fig. 5-1*b*, sem quaisquer alterações nas tensões ou correntes na parte *B*. A tensão V_{Th} da fonte de tensão é chamada de *tensão de Thévenin*, e a resistência R_{Th} do resistor é chamada de *resistência de Thévenin*.

CAPÍTULO 5 • CIRCUITOS CC EQUIVALENTES, TEOREMAS DE REDE E CIRCUITOS PONTE   83

Como deveria ser evidente a partir da Fig. 5-1*b*, V_{Th} é a tensão através dos terminais *a* e *b* se a parte *B* é substituída por um circuito aberto. Assim, se os fios nos terminais *a* e *b* do circuito mostrado na Fig. 5-1 forem cortados e um voltímetro for conectado para medir a tensão através dele, a leitura do voltímetro será V_{Th}. Essa tensão é quase sempre diferente da tensão através do terminal *a* e *b* com a parte *B* conectada. A tensão V_{Th} de Thévenin ou tensão de circuito aberto é por vezes designada por V_{OC}.

Com os fios de união cortados, como mostrado na Fig. 5-2a, R_{Th} é a resistência da parte *A* com todas as fontes independentes desativadas. Em outras palavras, se todas as fontes independentes na parte *A* forem substituídas pelas suas resistências internas, um ohmímetro conectado aos terminais *a* e *b* lerá a resistência de Thévenin.

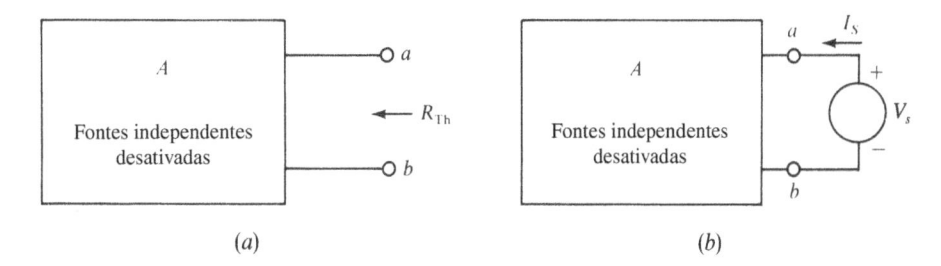

Figura 5-2

Se, na Fig. 5-2a, os resistores na parte *A* estão em uma configuração em série-paralelo, então R_{Th} pode ser facilmente obtida por meio da combinação das resistências. Se, no entanto, a parte *A* contiver fontes dependentes (lembre que elas não são desativadas), então, é claro, a combinação de resistência não será aplicável. Mas, nesse caso, pode ser utilizada a abordagem mostrada na Fig. 5-2b. Uma fonte independente é aplicada, de tensão ou de corrente e de qualquer valor, e R_{Th} é obtida a partir da resistência "vista" por essa fonte. Matematicamente,

$$R_{Th} = \frac{V_s}{I_s}$$

Assim, se uma fonte de tensão V_s é aplicada, então I_s é calculada por essa relação. E, se uma fonte de corrente I_s é aplicada, então V_s é calculada. A preferência da fonte, se for o caso, depende da configuração da parte *A*.

O Teorema de Thévenin garante apenas que as tensões e correntes na parte *B* não mudem quando a parte *A* for substituída pelo seu circuito de Thévenin equivalente. As tensões e correntes no circuito de Thévenin são quase sempre diferentes daquelas originais da parte *A*, exceto nos terminais *a* e *b*, onde são as mesmas.

Embora R_{Th} seja muitas vezes determinada por meio do cálculo da resistência nos terminais *a* e *b* com os de fios de ligação desconectados e as fontes independentes desativadas, ela também pode ser encontrada a partir da corrente I_{SC} que flui em um curto-circuito colocado através dos terminais *a* e *b*, como mostrado na Fig. 5-3a. Como é aparente a partir da Fig. 5-3b, essa corrente de curto-circuito do terminal *a* para *b* está relacionada com a tensão e a resistência de Thévenin. Especificamente,

$$R_{Th} = \frac{V_{Th}}{I_{SC}}$$

Assim, R_{Th} é igual à relação entre a tensão de circuito aberto nos terminais *a* e *b* e a corrente de curto-circuito entre eles. Com essa abordagem para determinar R_{Th}, existem fontes que não são desativadas.

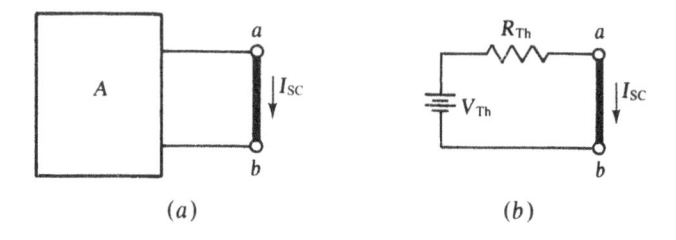

Figura 5-3

Partindo de $V_{Th} = I_{SC}R_{Th}$, é evidente que o equivalente de Thévenin pode ser obtido de duas formas diferentes, I_{SC} e R_{Th}. O senso comum diz que, das duas formas, deve ser utilizada a que for mais fácil de determinar.

O *circuito equivalente de Norton* pode ser derivado pela aplicação de uma transformação de fonte para o circuito equivalente de Thévenin, como ilustrado na Fig. 5-4a. O circuito equivalente de Norton é por vezes ilustrado como na Fig. 5-4b, em que $I_N = V_{Th}/R_{Th}$ e $R_N = R_{Th}$. Observe que, se um curto-circuito é colocado entre os terminais a e b no circuito mostrado na Fig. 5-4b, o I_{SC} de curto-circuito a partir de um terminal a para b é igual à corrente de Norton I_N. Muitas vezes, em diagramas de circuitos, utiliza-se a notação I_{SC} para a corrente da fonte em vez de I_N. Além disso, muitas vezes, utiliza-se R_{Th} para a resistência, em vez de R_N.

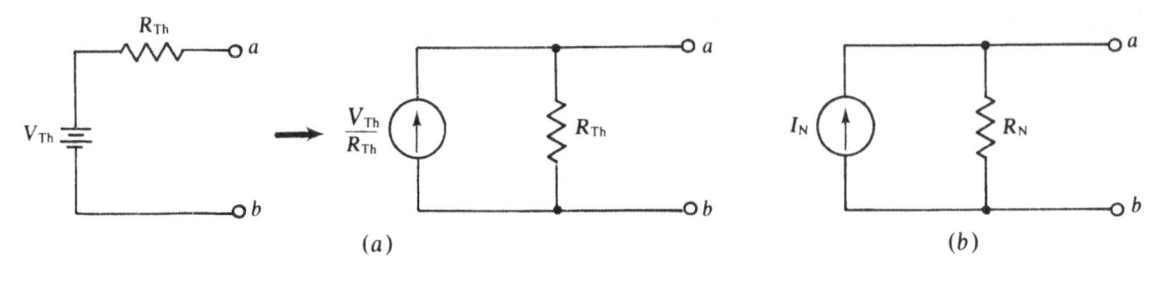

Figura 5-4

Na literatura de circuitos eletrônicos, um circuito eletrônico com uma carga é muitas vezes descrito como tendo uma resistência de saída $R_{saída}$. Se a carga está desconectada e a fonte de entrada do circuito eletrônico é substituída por sua resistência interna, então a resistência de saída $R_{saída}$ do circuito eletrônico é a resistência "vista" nos terminais de carga. Claramente, é a mesma que a resistência de Thévenin.

Um circuito eletrônico também tem uma entrada de resistência $R_{entrada}$, a resistência que aparece na entrada do circuito. Em outras palavras, é a resistência "vista" pela fonte. Uma vez que um circuito eletrônico normalmente contém fontes dependentes equivalentes, a resistência de entrada é determinada da mesma maneira que uma resistência de Thévenin, que é muitas vezes obtida aplicando uma fonte e determinando a relação entre a tensão da fonte e a fonte de corrente.

TEOREMA DA MÁXIMA TRANSFERÊNCIA DE POTÊNCIA

O *teorema da máxima transferência de potência* especifica que uma carga resistiva recebe a máxima potência de um circuito CC linear, bilateral, se a resistência de carga é igual à resistência de Thévenin do circuito como "visto" pela carga. A prova é baseada em cálculo diferencial. A seleção da resistência de carga para ser igual à resistência de Thévenin é chamada de *combinação de resistências*. Na combinação, a tensão de carga é $V_{Th}/2$ e, assim, a potência consumida pela carga é $(V_{Th}/2)^2/R_{Th} = V_{Th}^2/4R_{Th}$.

TEOREMA DA SUPERPOSIÇÃO

O *teorema da superposição* especifica que, em um circuito linear contendo várias fontes independentes, a corrente ou a tensão em um elemento do circuito é igual à *soma algébrica* das tensões ou correntes dos componentes produzidas pelas fontes independentes agindo sozinhas. Dito de outro modo, a contribuição de tensão ou corrente a partir de cada fonte independente pode ser encontrada em separado e, em seguida, todas as contribuições algebricamente adicionadas para obter a tensão ou corrente atual com todas as fontes independentes no circuito.

Esse teorema se aplica somente a fontes independentes – não às dependentes. Além disso, aplica-se apenas para encontrar tensões e correntes. Em particular, ele não pode ser utilizado para encontrar potência nos circuitos CC. Ainda, o teorema se aplica a cada fonte independente atuando isoladamente, o que significa que outras fontes independentes devem ser desativadas. Na prática, porém, não é essencial que fontes independentes sejam consideradas uma de cada vez; qualquer número pode ser considerado simultaneamente.

Como a aplicação do teorema da superposição requer várias análises, mais trabalho pode ser feito do que com uma única malha, laço ou análise nodal com todas as fontes presentes. Assim, o uso do teorema de superposição em uma análise CC raramente é vantajoso. Pode ser útil, no entanto, nas análises de alguns circuitos amplificadores operacionais do próximo capítulo.

TEOREMA DE MILLMAN

O *teorema de Millman* é um método para a redução de circuito por meio da combinação paralela de fontes de tensão a uma fonte de tensão única. É apenas um caso especial de aplicação do teorema de Thévenin.

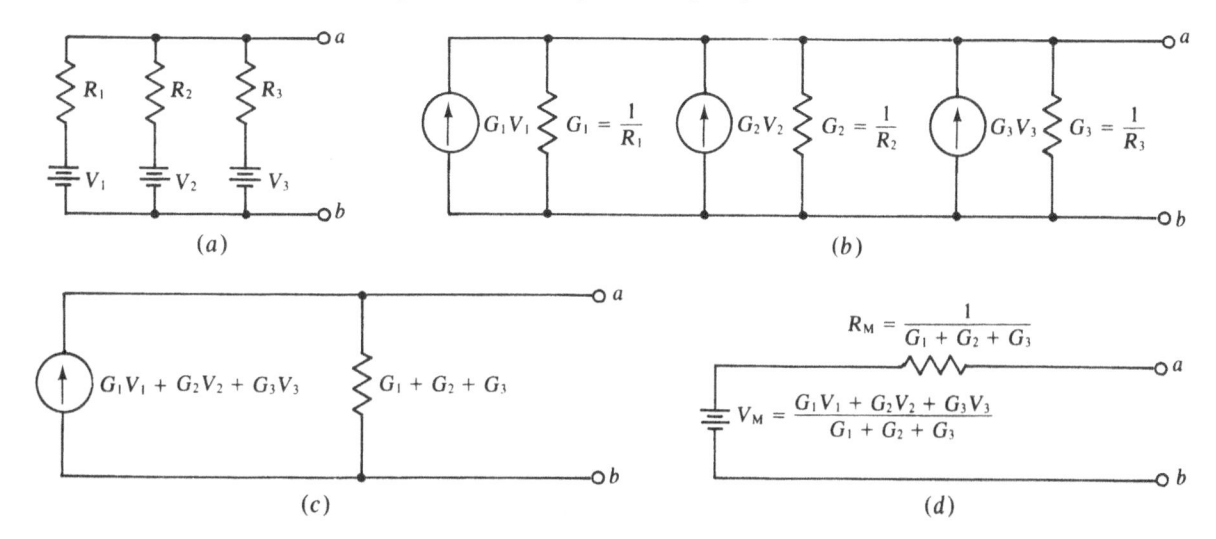

Figura 5-5

A Figura 5-5 ilustra o teorema para apenas três fontes de tensão paralelas, mas o teorema se aplica a qualquer número de fontes. A derivação do teorema de Millman é simples. Se as fontes de tensão mostradas na Fig. 5-5a são transformadas em fontes de corrente (Fig. 5-5b) e as correntes adicionadas, e se as condutâncias são adicionadas, o resultado é uma única fonte de corrente de $G_1V_1 + G_2V_2 + G_3V_3$ em paralelo com um resistor que possui uma condutância de $G_1 + G_2 + G_3$ (Fig. 5-5c). Em seguida, a transformação dessa fonte de corrente para uma fonte de tensão dá o resultado final indicado na Fig. 5-5d. Em geral, para N fontes de tensão paralelas à fonte de tensão Millman, tem-se uma tensão de

$$V_M = \frac{G_1V_1 + G_2V_2 + \cdots + G_NV_N}{G_1 + G_2 + \cdots + G_N}$$

e o resistor Millman em série tem uma resistência de

$$R_M = \frac{1}{G_1 + G_2 + \cdots + G_N}$$

Note que, segundo a fórmula da fonte de tensão, se todas as fontes têm a mesma tensão, essa tensão é também a tensão da fonte Millman.

TRANSFORMAÇÕES Y-Δ E Δ-Y

A Figura 5-6a mostra um circuito resistivo em Y (ípsilon) e a Fig. 5-6b um circuito resistivo em Δ (delta). Existem outros nomes. Se o circuito Y é desenhado com a forma de T, ele também é chamado de circuito T (tê), e se o circuito Δ é desenhado na forma de π, também é chamado de circuito π (pi).

É possível transformar um circuito Y em um Δ equivalente e também um circuito Δ em um Y equivalente. Os circuitos correspondentes são equivalentes apenas para tensões e correntes *externas* aos circuitos Y e Δ. Internamente, as tensões e correntes são diferentes.

As fórmulas de transformações podem ser encontradas equiparando das resistências entre duas linhas, uma Δ e uma Y, quando a terceira linha para cada uma está aberta. Essa equiparação é feita três vezes, com uma linha diferente aberta de cada vez. A manipulação algébrica dos resultados produz as seguintes fórmulas para a transformação de Δ para Y:

$$R_A = \frac{R_1R_2}{R_1 + R_2 + R_3} \qquad R_B = \frac{R_2R_3}{R_1 + R_2 + R_3} \qquad R_C = \frac{R_1R_3}{R_1 + R_2 + R_3}$$

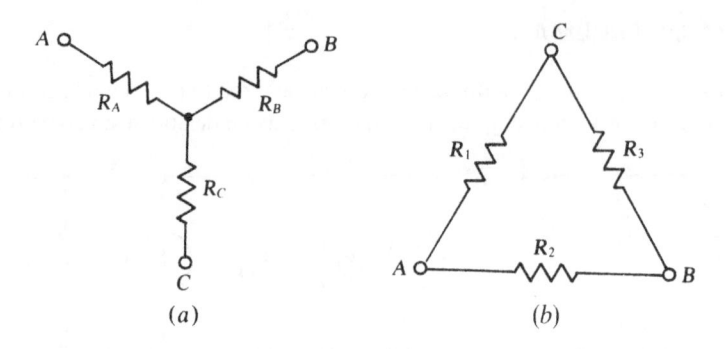

Figura 5-6

Além disso, as seguintes fórmulas para a transformação de Y para Δ são produzidas:

$$R_1 = \frac{R_A R_B + R_A R_C + R_B R_C}{R_B} \qquad R_2 = \frac{R_A R_B + R_A R_C + R_B R_C}{R_C} \qquad R_3 = \frac{R_A R_B + R_A R_C + R_B R_C}{R_A}$$

Observe, nas fórmulas de transformação de Δ para Y, que os denominadores são os mesmos: $R_1 + R_2 + R_3$, a soma das resistências Δ. Nas fórmulas de transformação de Y para Δ, os numeradores são os mesmos: $R_A R_B + R_A R_C + R_B R_C$, a soma dos produtos diferentes das resistências Y tomadas duas de cada vez.

Desenhar o Y dentro do Δ, como na Fig. 5-7, é uma boa ajuda para se lembrar dos numeradores das fórmulas de transformação Δ para Y e dos denominadores das fórmulas de transformação Y para Δ. Para cada resistor Y nas fórmulas de transformação Δ para Y, as duas resistências em cada produto do numerador são os dois resistores Δ adjacentes ao resistor Y sendo encontrado. Nas fórmulas da transformação Y para Δ, a única resistência Y de cada denominador é o resistor Y oposto do resistor Δ sendo encontrado.

Se cada resistor Y tiver o mesmo valor R_Y, então cada resistência do Δ correspondente é $3R_Y$, como dado nas fórmulas. Do mesmo modo, se cada resistência Δ é R_Δ, então cada resistência do Y correspondente é $R_\Delta/3$. Assim, nesse caso especial, mas bastante comum, $R_\Delta = 3R_Y$ e, é claro, $R_Y = R_\Delta/3$.

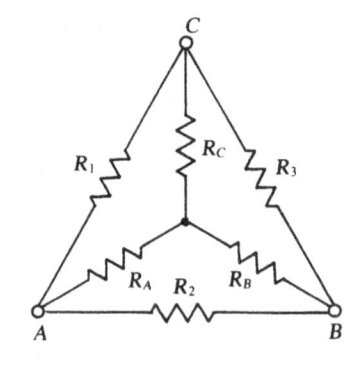

Figura 5-7

CIRCUITOS PONTE

Como ilustrado na Fig. 5-8a, um circuito resistivo *ponte* possui dois circuitos em Δ ou, dependendo do ponto de vista, dois circuitos em Y com um ramo compartilhado. Embora geralmente o circuito apareça nessa forma, as formas mostradas na Fig. 5-8b e c também são comuns. O circuito mostrado na Fig. 5-8c é frequentemente chamado de *rede*. Se uma parte Δ da ponte é transformada em um Y, ou uma parte Y é transformada em um Δ, o circuito torna-se série-paralelo. Em seguida, as resistências podem ser facilmente combinadas e o circuito reduzido.

Um circuito ponte pode ser utilizado para medições de resistências de precisão. Uma *ponte de Wheatstone* tem um ramo central que é um indicador sensível de corrente como um galvanômetro, como mostrado na Fig. 5-9. Três dos outros ramos são resistores de precisão, um dos quais é variável, conforme indicado. O quarto ramo é o resistor com a resistência desconhecida R_X, que se deseja medir.

Figura 5-8

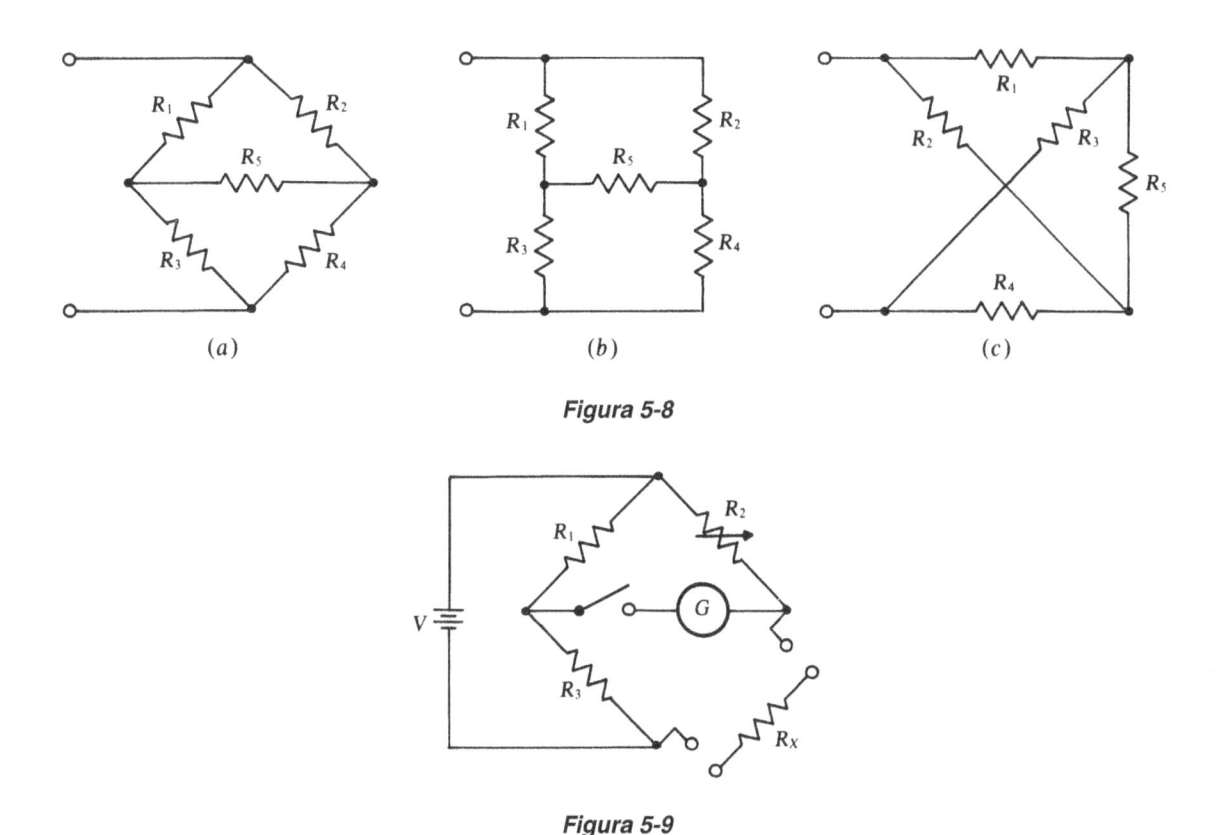

Figura 5-9

Para a medição de resistência, a resistência R_2 da resistência variável é ajustada até que a agulha do galvanômetro não desvie quando o interruptor no ramo central for fechado. Tal falta de deflexão é o resultado de tensão zero através do galvanômetro, e isso significa que, mesmo com o interruptor aberto, a tensão através de R_1 é igual à tensão sobre R_2, e a tensão sobre R_3 é igual à tensão sobre R_X. Nessa condição, diz-se que a ponte está *balanceada*. Por divisão de tensão,

$$\frac{R_1 V}{R_1 + R_3} = \frac{R_2 V}{R_2 + R_X} \quad \text{e} \quad \frac{R_3 V}{R_1 + R_3} = \frac{R_X V}{R_2 + R_X}$$

Ao tomar a relação entre as duas equações, produz-se a *equação de balanceamento da ponte*:

$$R_X = \frac{R_2 R_3}{R_1}$$

Provavelmente, R_1 e R_3 sejam resistências padrão conhecidas e um seletor conectado a R_2 dê essa resistência, de modo que R_X possa ser obtida. Certamente, uma ponte de Wheatstone comercial tem seletores que indicam diretamente a R_X que causa seu balanceamento.

Uma boa maneira de lembrar a equação de equilíbrio da ponte é igualar os produtos das resistências de ramos opostos: $R_1 R_X = R_2 R_3$. Outra maneira de fazê-lo é igualar a relação das resistências superior e inferior de um lado com o do outro: $R_1/R_3 = R_2/R_X$.

Problemas Resolvidos

5.1 Uma bateria de carro tem uma tensão no terminal de circuito aberto de 12,6 V. A tensão no terminal cai para 10,8 V quando a bateria fornece 240 A para um motor de arranque. Qual é o circuito de Thévenin equivalente para essa bateria?

A tensão de Thévenin é a tensão de circuito aberto 12,6 V ($V_{Th} = 12,6$ V). A queda de tensão quando a bateria fornecer 240 A é a mesma queda que poderia ocorrer através do resistor de Thévenin, no circuito equivalente de Thévenin, porque esse resistor está em série com a fonte de tensão de Thévenin. A partir da queda,

$$R_{Th} = \frac{12,6 - 10,8}{240} = 7,5 \text{ m}\Omega$$

5.2 Encontre o circuito equivalente de Thévenin para uma fonte de tensão CC que tem uma tensão terminal 30 V na entrega de 400 mA e tensão terminal de 27 V na entrega de 600 mA.

Para o circuito equivalente de Thévenin, a tensão no terminal é a tensão de Thévenin menos a queda através do resistor de Thévenin. Consequentemente, a partir das duas condições especificadas de operação,

$$V_{Th} - (400 \times 10^{-3})R_{Th} = 30$$
$$V_{Th} - (600 \times 10^{-3})R_{Th} = 27$$

Subtraindo,

$$-(400 \times 10^{-3})R_{Th} + (600 \times 10^{-3})R_{Th} = 30 - 27$$

A partir do qual

$$R_{Th} = \frac{3}{200 \times 10^{-3}} = 15 \text{ }\Omega$$

O valor de R_{Th} substituído na primeira equação dá

$$V_{Th} - (400 \times 10^{-3})(15) = 30 \quad \text{ou} \quad V_{Th} = 36 \text{ V}$$

5.3 Encontre o circuito equivalente de Thévenin para uma caixa de bateria contendo quatro baterias com seus terminais positivos conectados entre si e os seus terminais negativos conectados entre si. As tensões em circuito aberto e as resistências internas das baterias são 12,2 V e 0,5 Ω, 12,1 Ω e 0,1 V, 12,4 V e 0,16 Ω, e 12,4 V e 0,2 Ω.

O primeiro passo consiste em transformar cada fonte de tensão em uma fonte de corrente. O resultado é quatro fontes de corrente ideais e quatro resistores, todos em paralelo. O próximo passo é somar as correntes a partir das fontes de corrente e as condutâncias dos resistores. O objetivo é combinar as fontes de corrente em uma única fonte de corrente e os resistores em um único resistor. O passo final é transformar a fonte e a resistência em uma fonte de tensão em série com um resistor para obter o circuito equivalente de Thévenin. As correntes das fontes equivalentes são

$$\frac{12,2}{0,5} = 24,4 \text{ A} \qquad \frac{12,1}{0,1} = 121 \text{ A} \qquad \frac{12,4}{0,16} = 77,5 \text{ A} \qquad \frac{124}{0,2} = 62 \text{ A}$$

que somadas dão

$$24,4 + 121 + 77,5 + 62 = 284,9 \text{ A}$$

As condutâncias somadas totalizam

$$\frac{1}{0,5} + \frac{1}{0,1} + \frac{1}{0,16} + \frac{1}{0,2} = 23,25 \text{ S}$$

A partir dessa corrente e da condutância, a tensão e a resistência de Thévenin são:

$$V_{Th} = \frac{I}{G} = \frac{284,9}{23,25} = 12,3 \text{ V} \qquad \text{e} \qquad R_{Th} = \frac{1}{23,25} = 0,043 \text{ }\Omega$$

5.4 Encontre o circuito equivalente de Norton para o fornecimento de energia do Problema 5.2 se a tensão do terminal é de 28 V em vez de 27 V quando a fonte de alimentação fornece 600 mA.

Para o circuito equivalente de Norton, a corrente de carga é a corrente de Norton menos a perda de corrente através do resistor Norton. Consequentemente, a partir das duas condições especificadas de operação,

$$I_N - \frac{30}{R_N} = 400 \times 10^{-3}$$

$$I_N - \frac{28}{R_N} = 600 \times 10^{-3}$$

Subtraindo,

$$-\frac{30}{R_N} + \frac{28}{R_N} = 400 \times 10^{-3} - 600 \times 10^{-3}$$

ou $-\dfrac{2}{R_N} = -200 \times 10^{-3}$ a partir do qual $R_N = \dfrac{2}{200 \times 10^{-3}} = 10\ \Omega$

Substituindo na primeira equação, temos

$$I_N - \frac{30}{10} = 400 \times 10^{-3} \quad \text{e, assim,} \quad I_N = 3{,}4\ \text{A}$$

5.5 Qual resistor solicita uma corrente de 5 A quando conectado entre os terminais a e b do circuito mostrado na Fig. 5-10?

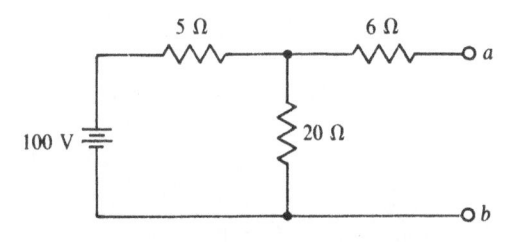

Figura 5-10

Uma boa abordagem é usar o teorema de Thévenin para simplificar o circuito para o equivalente de Thévenin com uma fonte de tensão V_{Th} em série com um resistor R_{Th}. Em seguida, a resistência de carga R está em série com eles e a lei de Ohm pode ser utilizada para encontrar R:

$$5 = \frac{V_{Th}}{R_{Th} + R} \quad \text{a partir do qual} \quad R = \frac{V_{Th}}{5} - R_{Th}$$

A tensão de circuito aberto nos terminais a e b é a tensão através do resistor 20 Ω, uma vez que existe 0 V sobre o resistor de 6 Ω, porque nenhuma corrente flui através dele. Por divisão de tensão, essa tensão é

$$V_{Th} = \frac{20}{20 + 5} \times 100 = 80\ \text{V}$$

R_{Th} é a resistência nos terminais a e b com a fonte de 100 V substituída por um curto-circuito. Esse curto-circuito coloca os resistores de 5 e 20 Ω em paralelo para uma resistência de $5 \parallel 20 = 4\ \Omega$. Então, $R_{Th} = 6 + 4 = 10\ \Omega$.

Com V_{Th} e R_{Th} conhecido, a resistência R de carga para uma corrente 5 A pode ser encontrada a partir da equação derivada anteriormente:

$$R = \frac{V_{Th}}{5} - R_{Th} = \frac{80}{5} - 10 = 6\ \Omega$$

5.6 No circuito representado na Fig. 5-11, encontre de base I_B se $I_C = 30I_B$. A corrente de base é fornecida por um circuito de polarização consistindo em resistores de 54 e 9,9 kΩ e uma fonte de 9 V. Há uma queda de 0,7 V da base para o emissor.

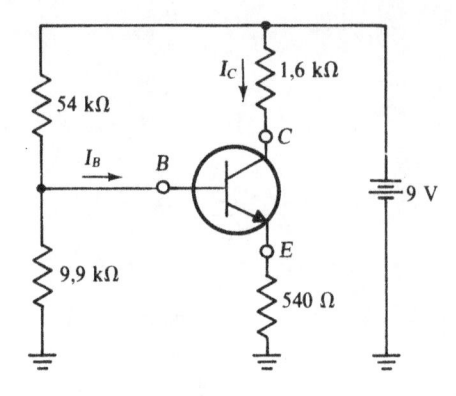

Figura 5-11

Uma maneira de encontrar a corrente de base é abrir o circuito no terminal da base e determinar o equivalente de Thévenin do circuito de polarização. Para essa abordagem, pode-se considerar a fonte de 9 V como se fosse duas fontes 9 V, uma das quais está conectada ao resistor de coletor de 1,6 kΩ e a outra conectada ao resistor de polarização de 54 kΩ. Em seguida, o circuito de polarização aparece como ilustrado na Fig. 5-12a. A partir dele, a tensão V_{Th} é, por divisão de tensão,

$$V_{Th} = \frac{9,9}{9,9 + 54} \times 9 = 1,394 \text{ V}$$

Substituindo a fonte de 9 V por um curto-circuito, colocamos os resistores de 54 e 9,9 kΩ em paralelo para um R_{TH} de

$$R_{Th} = \frac{9,9 \times 54}{9,9 + 54} = 8,37 \text{ kΩ}$$

e o circuito simplificado é mostrado na Fig. 5-12b.

A partir da LKT aplicada ao laço de base e do fato de que $I_C + I_B = 31I_B$ flui através do resistor de emissor de 540 Ω,

$$1,394 = 8,37I_B + 0,7 + 0,54 \times 31I_B$$

a partir do qual

$$I_B = \frac{0,694}{25,1} = 0,0277 \text{ mA} = 27,7 \text{ μA}$$

Certamente, o método de simplificação quilo-ohm-miliampère foi utilizado em alguns dos cálculos.

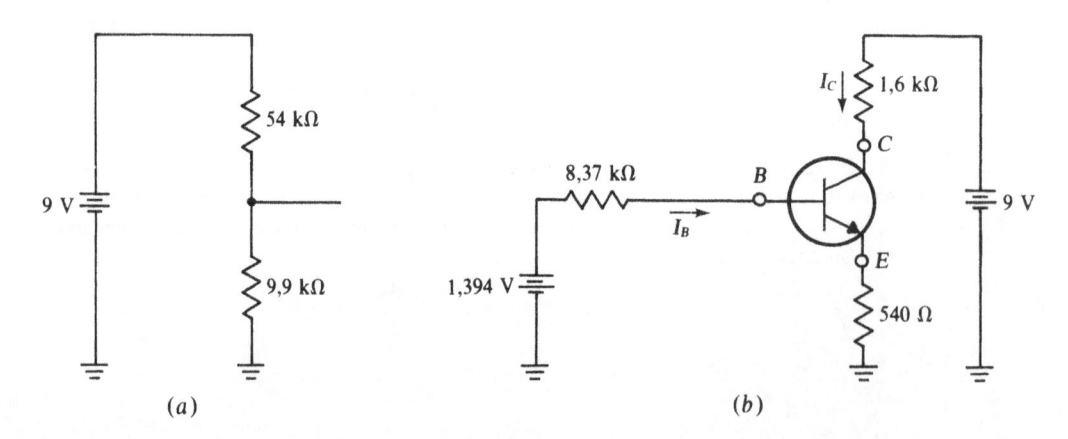

(a)   (b)

Figura 5-12

5.7 Encontre o circuito equivalente de Thévenin nos terminais a e b do circuito com o modelo de transistor mostrado na Fig. 5-13.

A tensão de circuito aberto é $500 \times 30I_B = 15.000I_B$, positiva no terminal b. A partir do circuito de base, $I_B = 10/1.000$ A $= 10$ mA. Substituindo o valor de I_B,

$$V_{Th} = 15.000(10 \times 10^{-3}) = 150 \text{ V}$$

A melhor maneira de encontrar R_{Th} é desativar a fonte independente de 10 V e determinar a resistência nos terminais a e b. Com a fonte desativada, $I_B = 0$ A e, assim, $30I_B = 0$ A. Isso significa que a fonte dependente de corrente atua como um circuito aberto – produzindo uma corrente zero, independentemente da tensão através dela. O resultado é que a resistência nos terminais a e b é apenas a mostrada de 500 Ω.

O circuito equivalente de Thévenin é um resistor de 500 Ω em série com uma fonte de 150 V que tem seu terminal positivo no sentido do terminal b, como mostrado na Fig. 5-14.

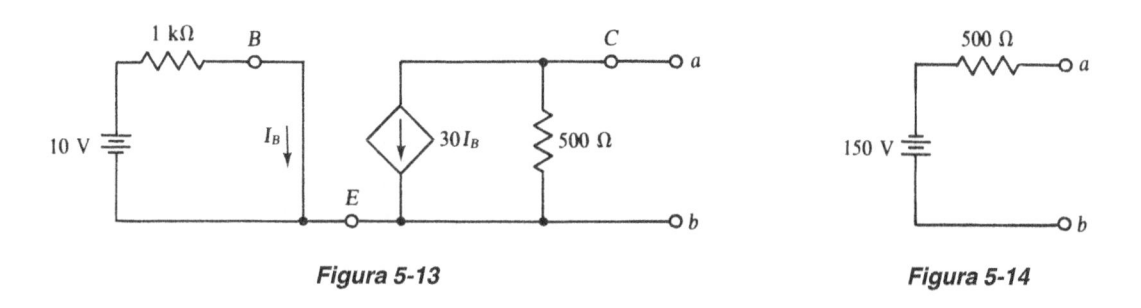

Figura 5-13

Figura 5-14

5.8 Qual é o circuito equivalente de Norton para o circuito de transistor mostrado na Fig. 5-15?

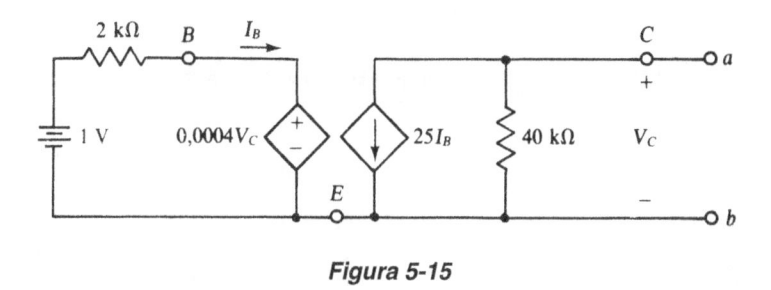

Figura 5-15

Uma boa abordagem é primeiramente encontrar I_{SC}, que é a corrente Norton I_N; depois, encontrar V_{OC}, que é a tensão de Thévenin V_{Th}, e então fazer sua relação para obter a resistência Norton R_N, que é a mesma de R_{Th}.

A colocação de um curto-circuito entre os terminais a e b faz $V_C = 0$ V, a qual, por sua vez, faz a fonte de tensão dependente no circuito de base ser um curto-circuito. Como resultado, $I_B = 1/2.000$ A $= 0,5$ mA. Esse curto-circuito também coloca 0 V através do resistor de 40 kΩ, impedindo qualquer fluxo de corrente através dele. Então, toda a corrente $25I_B = 25 \times 0,5 = 12,5$ mA da fonte de corrente dependente flui através do curto-circuito em direção do terminal b para a: $I_{SC} = I_N = 12,5$ mA.

A tensão de circuito aberto é mais difícil de encontrar. Do circuito do coletor, $V_C = (-25I_B)(40.000) = -10^6 I_B$. Esse valor, substituído na equação da LKT para o circuito da base, produz uma equação em que I_B é o único desconhecido:

$$1 = 2.000I_B + 0,0004V_C = 2.000I_B + 0,0004(-10^6 I_B) = 1.600I_B$$

Assim, $I_B = 1/1.600$ A $= 0,625$ mA e $V_C = -10^6 I_B = -10^6(0,625 \times 10^{-3}) = -625$ V. O resultado é $V_{OC} = 625$ V, positivo no terminal b.

No cálculo de R_N, os sinais são importantes quando, como aqui, um circuito tem fontes dependentes que podem tornar R_N negativo. Pela Fig. 5-3b, $R_{Th} = R_N$ é a razão entre a tensão de circuito aberto com referência positiva no terminal *a* e uma corrente de curto-circuito com referência do terminal *a* para o terminal *b*. Alternativamente, ambas as referências podem ser invertidas, o que é conveniente neste caso. Assim,

$$R_N = \frac{V_{OC}}{I_{SC}} = \frac{625}{12,5 \times 10^{-3}} = 50 \text{ k}\Omega$$

O circuito equivalente de Norton é um resistor 50 kΩ em paralelo com uma fonte de corrente de 12,5 mA direcionada para o terminal *b*, como mostrado na Fig. 5-16.

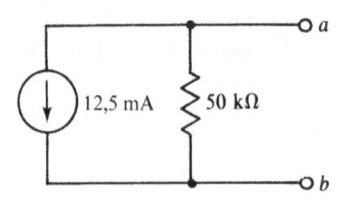

Figura 5-16

5.9 Encontre diretamente a resistência de saída do circuito mostrado na Fig. 5-15.

A Figura 5-17 mostra o circuito com a fonte independente de 1 V desativada e uma fonte de corrente de 1 A aplicada na saída aos terminais *a* e *b*. Por meio da lei de Ohm aplicada ao circuito de base,

$$I_B = -\frac{0,0004 V_C}{2.000} = -2 \times 10^{-7} V_C$$

A análise nodal aplicada ao nó superior do circuito de coletor dá

$$\frac{V_C}{40.000} + 25 I_B = 1 \quad \text{ou} \quad \frac{V_C}{40.000} + 25(-2 \times 10^{-7} V_C) = 1$$

após a substituição de I_B. A solução é $V_C = 50.000$ V e, assim, $R_{\text{saída}} = R_{\text{Th}} = 50$ kΩ. Isso verifica a resposta em que $R_N = R_{\text{Th}}$ do Problema 5.8, em que foi utilizada a solução $R_N = R_{\text{Th}} = V_{OC}/I_{SC}$.

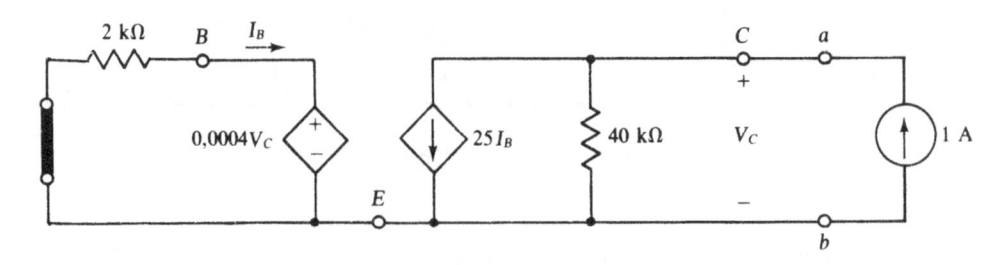

Figura 5-17

5.10 Encontre o equivalente de Thévenin do circuito mostrado na Fig. 5-18.

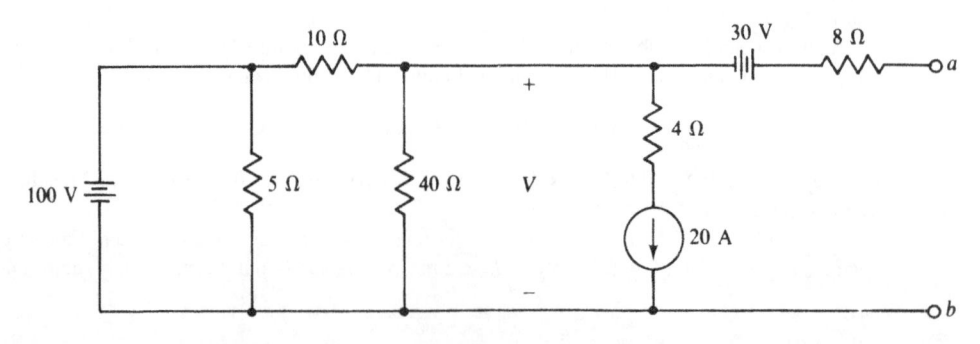

Figura 5-18

A tensão de Thévenin de circuito aberto, positiva no terminal *a*, é o *V* indicado mais a tensão da fonte de 30 V. O resistor de 8 Ω não tem efeito sobre essa tensão, porque um há fluxo de corrente zero através dele, como resultado do circuito aberto. Como a corrente é zero, a tensão é zero. A tensão *V* pode ser encontrada a partir de uma equação nodal única:

$$\frac{V-100}{10} + \frac{V}{40} + 20 = 0$$

Multiplicando por 40 e simplificando, temos

$$5V = 400 - 800 \qquad \text{a partir do qual} \qquad V = -80 \text{ V}$$

Assim, $V_{Th} = -80 + 30 = -50$ V. Observe que os resistores de 5 Ω e 4 Ω não têm efeito sobre V_{Th}.

A Figura 5-19*a* mostra o circuito com as fontes de tensão substituídas por curto-circuitos e a fonte de corrente por um circuito aberto. Observe que o resistor de 5 Ω não tem efeito sobre R_{Th}, porque está curto-circuitado, tampouco o resistor 4 Ω, porque está em série com um circuito aberto. Uma vez que o arranjo de resistor da Fig. 5-19 é uma série-paralelo, é fácil calcular R_{Th} combinando resistências: $R_{Th} = 8 + 40 \| 10 = 16$ Ω.

A Figura 5-19*b* mostra o circuito equivalente de Thévenin.

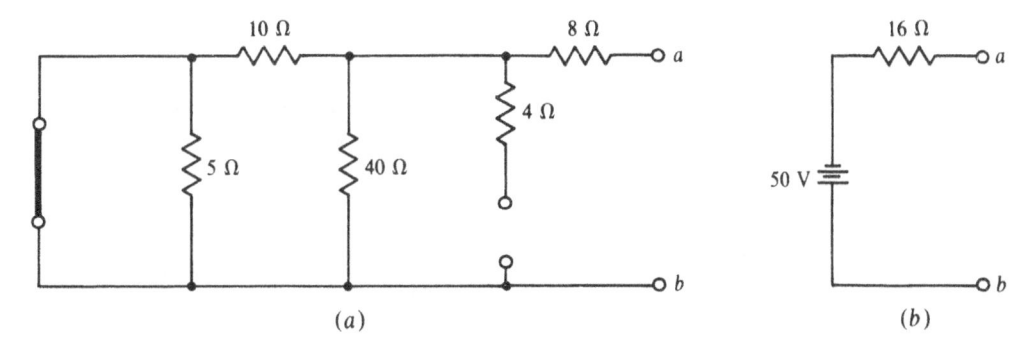

Figura 5-19

O fato de que nem o resistor de 5 Ω, nem o de 4 Ω tem efeito sobre V_{Th} e R_{Th} conduz à generalização de que resistores em paralelo com fontes de tensão ideais e resistores em série com fontes de corrente ideais não têm efeito sobre tensões e correntes em qualquer outra parte do circuito.

5.11 Obtenha o equivalente de Thévenin do circuito da Fig. 5-20*a*.

Por inspeção, $V_{Th} = 0$ V porque o circuito não contém fontes independentes. Para uma determinação de R_{Th}, é necessário aplicar uma fonte e calcular a razão entre a tensão da fonte e a fonte de corrente. Qualquer fonte independente pode ser aplicada, mas muitas vezes uma em particular é melhor. Aqui, se uma fonte de tensão de 12 V é aplicada, positiva no terminal *a*, como mostrado na Fig. 5-20*b*, então $I = 12/12 = 1$ A, que é a corrente mais conveniente. Como resultado, a fonte dependente fornece uma tensão de $8I = 8$ V. Assim, pela LKC,

$$I_s = \frac{12}{12} + \frac{12}{6} + \frac{12-8}{4} = 4 \text{ A}$$

Finalmente, $$R_{Th} = \frac{V_s}{I_s} = \frac{12}{4} = 3 \text{ Ω}$$

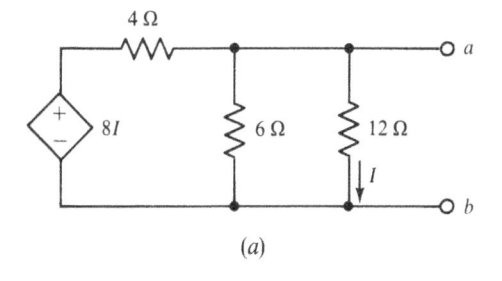

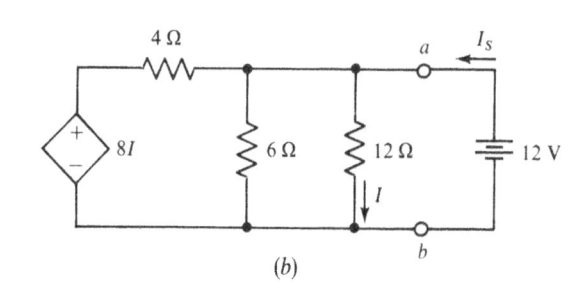

Figura 5-20

5.12 Para o circuito da Fig. 5-21, obtenha o equivalente de Thévenin a esquerda dos terminais a e b. Após, utilize esse equivalente na determinação de I.

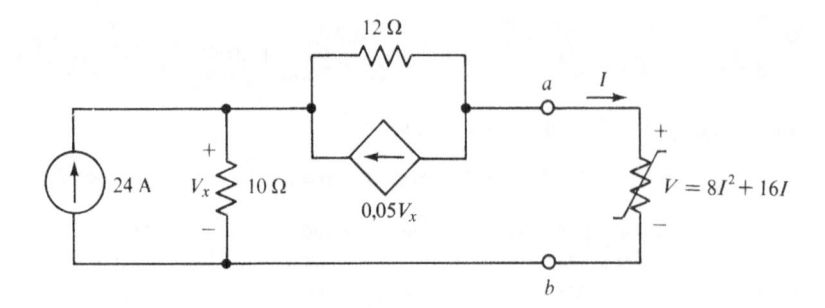

Figura 5-21

O equivalente de Thévenin pode ser obtido pela determinação de dois valores dentre V_{Th}, R_{Th} e I_{SC}. Por inspeção, parece que a maneira mais fácil é determinar V_{Th} e R_{Th}.

Se o circuito está aberto nos terminais a e b, toda a corrente da fonte independente de 24 A tem seu fluxo através do resistor de 10 Ω, fazendo $V_x = 10(24) = 240$ V. Por conseguinte, a fonte de corrente dependente fornece uma corrente de $0{,}05V_x = 0{,}05(240) = 12$ A, as quais devem fluir através do resistor 12 Ω. Tem-se como resultado, pela LKT,

$$V_{Th} = V_{ab} = -12(12) + 240 = 96 \text{ V}$$

Devido à presença da fonte dependente, R_{Th} deve ser encontrada pela aplicação de uma fonte e determinando a relação entre a tensão da fonte pela corrente da fonte. É preferível aplicar uma fonte de corrente, como mostrado na Fig. 5-22a. Se a fonte for de 1 A, então $V_x = 10(1) = 10$ V e, consequentemente, a fonte de corrente dependente fornece uma corrente de $0{,}05(10) = 0{,}5$ A. Uma vez que essa é metade da fonte da corrente, a outra metade deve fluir através do resistor de 12 Ω. Assim, pela LKT,

$$V_s = 0{,}5(12) + 1(10) = 16\text{V}$$

Então,
$$R_{Th} = \frac{V_s}{I_s} = \frac{16}{1} = 16 \text{ Ω}$$

A Figura 5-22b mostra o equivalente de Thévenin conectado à carga não linear do circuito original. A corrente I é muito mais fácil de calcular com esse circuito. Pela LKT,

$$16I + 8I^2 + 16I = 96 \quad \text{ou} \quad I^2 + 4I - 12 = 0$$

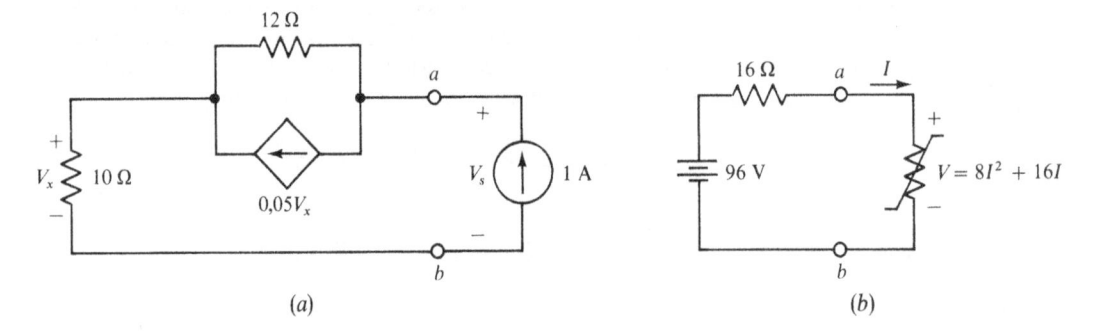

Figura 5-22

Aplicando a fórmula quadrática, tem-se

$$I = \frac{-4 \pm \sqrt{16 + 48}}{2} = \frac{-4 \pm 8}{2} = 2 \text{ A} \quad \text{ou} \quad -6 \text{ A}$$

Apenas a corrente 2 A é fisicamente possível, porque a corrente deve fluir para fora do terminal positivo da fonte de tensão de Thévenin, o que significa que I deve ser positivo. Assim, $I = 2$ A.

5.13 A Figura 5-23a mostra um circuito seguidor de emissor para a obtenção de uma baixa resistência de saída para a resistência correspondente. Encontre $R_{saída}$.

Como o circuito tem uma fonte dependente, mas não fontes independentes, $R_{saída}$ deve ser encontrada pela aplicação de uma fonte nos terminais de saída, preferencialmente uma fonte de corrente de 1 A, como mostrado na Fig. 5-23b.

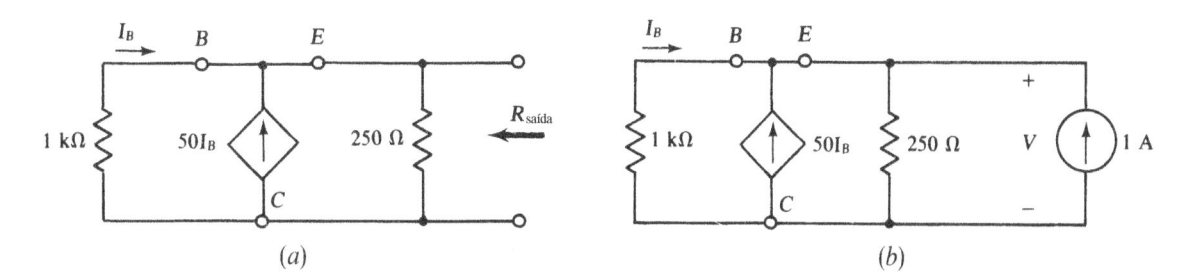

Figura 5-23

Pela LKC aplicada ao nó superior,

$$\frac{V}{1.000} - 50I_B + \frac{V}{250} = 1$$

Mas, pela lei de Ohm aplicada ao resistor de 1 kΩ, $I_B = -V/1.000$. Com essa substituição, a equação torna-se

$$\frac{V}{1.000} - 50\left(-\frac{V}{1.000}\right) + \frac{V}{250} = 1$$

a partir da qual $V = 18,2$ V. Em seguida, $R_{saída} = V/1 = 18,2$ Ω, que é muito menor que a resistência de qualquer resistor no circuito.

5.14 Encontre a resistência de entrada $R_{entrada}$ do circuito mostrado na Fig. 5-24.

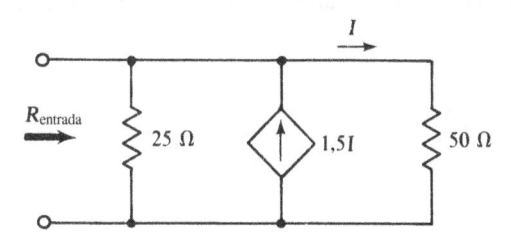

Figura 5-24

Uma vez que o circuito tem uma fonte dependente, mas não tem fontes independentes, a abordagem para encontrar a resistência de entrada é a aplicação de uma fonte na entrada. Em seguida, a resistência de entrada é igual à tensão de entrada dividida pela corrente de entrada. A melhor fonte seria a com corrente de 1 A, como mostrado na Fig. 5-25.

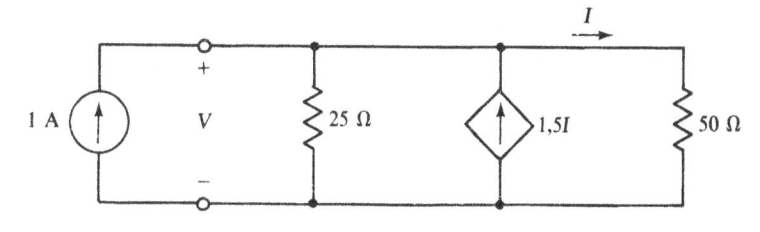

Figura 5-25

Pela análise nodal,

$$\frac{V}{25} - 1,5I + \frac{V}{50} = 1$$

Mas, a partir do ramo da direita, $I = V/50$. Com essa substituição, a equação torna-se

$$\frac{V}{25} - 1,5\frac{V}{50} + \frac{V}{50} = 1$$

da qual a solução é $V = 33,3$ V. Assim, a resistência de entrada é

$$R_{entrada} = \frac{V}{1} = \frac{33,3}{1} = 33,3 \ \Omega$$

5.15 Encontre a resistência de entrada do circuito mostrado na Fig. 5-24 se a fonte de corrente dependente tem uma corrente de $5I$ em vez de $1,5I$.

Para obter uma fonte de corrente de 1 A aplicada aos terminais de entrada, a equação nodal no nó superior é

$$\frac{V}{25} - 5I + \frac{V}{50} = 1$$

Mas, a partir do ramo do lado direito, $I = V/50$. Com essa substituição, a equação é

$$\frac{V}{25} - 5\frac{V}{50} + \frac{V}{50} = 1$$

a partir da qual $V = -25$ V. Assim, a resistência de entrada é $R_{entrada} = -25/1 = -25 \ \Omega$.

Uma resistência negativa pode parecer estranha quando encontrada, mas é fisicamente real, embora se tenha um circuito de transistor, um amplificador operacional ou semelhantes. Fisicamente, uma resistência de entrada negativa significa que o circuito fornece energia para qualquer fonte aplicada na entrada, com a fonte dependente sendo a fonte de potência.

5.16 A Figura 5-26a mostra um circuito seguidor de emissor para a obtenção de uma alta resistência de entrada para a resistência de acoplamento. A carga é um resistor de 30 Ω, como mostrado. Encontre a resistência de entrada de $R_{entrada}$.

Uma vez que o circuito tem uma fonte dependente e não fontes independentes, o método preferido para encontrar $R_{entrada}$ é partir da aplicação de uma fonte na entrada com corrente de 1 A, como mostrado na Fig. 5-26b. Aqui, $I_B = 1$ A, e assim a corrente total para os resistores paralelos é $I_B + 100I_B = 101I_B = 101$ A, de modo que a tensão V é

$$V = 101(250 \| 30) \ V = 2,7 \text{ kV}$$

A resistência de entrada é $R_{entrada} = V/1 = 2,7$ kΩ, que é muito maior do que os 30 Ω da carga.

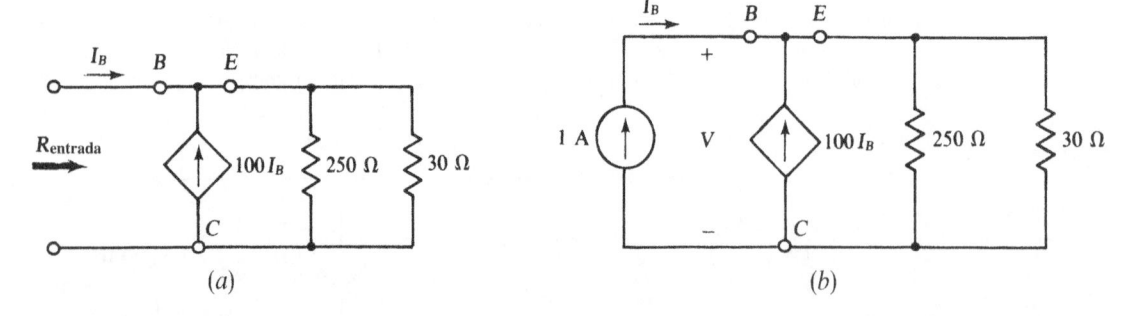

Figura 5-26

5.17 Qual é a potência máxima que pode ser obtida de uma bateria de 12 V com resistência interna de 0,25 Ω?

Uma carga resistiva de 0,25 Ω solicita a potência máxima porque tem a mesma resistência de Thévenin ou resistência interna da fonte. Para essa carga, metade da queda de tensão da fonte estará sobre a carga, fazendo com que a potência seja $6^2/0,25 = 144$ W.

5.18 Qual é a potência máxima que pode ser solicitada por um resistor conectado aos terminais a e b do circuito mostrado na Fig. 5-15?

Na solução do Problema 5.8, a resistência de Thévenin do circuito mostrado na Fig. 5-15 foi encontrada como sendo de 50 kΩ e a corrente Norton foi encontrada como sendo 12,5 mA. Assim, um resistor de carga de 50 kΩ absorve a potência máxima. Por divisão de corrente, metade da corrente de Norton flui através dele, produzindo uma potência de

$$\left(\frac{12,5}{2} \times 10^{-3}\right)^2 (50 \times 10^3) = 1,95 \text{ W}$$

5.19 No circuito da Fig. 5-27, qual resistor R_L absorverá potência máxima e qual será essa potência?

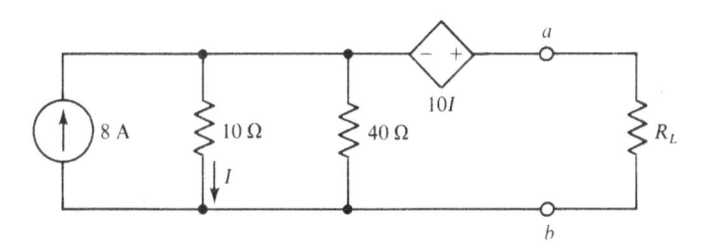

Figura 5-27

Para máxima transferência de potência, $R_L = R_{Th}$ e $P_{máx} = V_{Th}^2/(4R_{Th})$. Assim, é necessário obter o equivalente de Thévenin do circuito da parte esquerda dos terminais a e b.

Se R_L é substituído por um circuito aberto, em seguida, a corrente I é, por divisão de corrente,

$$I = \frac{40}{40 + 10} \times 8 = 6,4 \text{ A}$$

Por conseguinte, a fonte de tensão dependente fornece uma tensão de $10(6,4) = 64$ V. Em seguida, pela LKT,

$$V_{ab} = V_{Th} = 64 + 10(6,4) = 128 \text{ V}$$

É conveniente utilizar a abordagem de corrente curto-circuito para determinar R_{Th}. Se um curto-circuito é colocado entre os terminais a e b, todos os componentes do circuito da Fig. 5-27 estão em paralelo. Por conseguinte, a queda de tensão, de cima para baixo, através do resistor de 10 Ω, será $10I$, que é igual à $-10I$, a queda de tensão através da fonte de tensão dependente. Uma vez que a solução para $10I = -10I$ é $I = 0$ A, existe uma queda de tensão zero através dos dois resistores, o que significa que todos os 8 A da fonte de corrente devem circular para baixo através do curto-circuito. Assim, $I_{SC} = 8$ A e

$$R_{Th} = \frac{V_{Th}}{I_{SC}} = \frac{128}{8} = 16 \text{ Ω}$$

Assim, $R_L = 16$ Ω para a máxima potência absorvida. Finalmente, a potência é

$$P_{máx} = \frac{V_{Th}^2}{4R_{Th}} = \frac{128^2}{4(16)} = 256 \text{ W}$$

5.20 No circuito da Fig. 5-28, qual resistor R_L absorverá potência máxima e qual será essa potência?

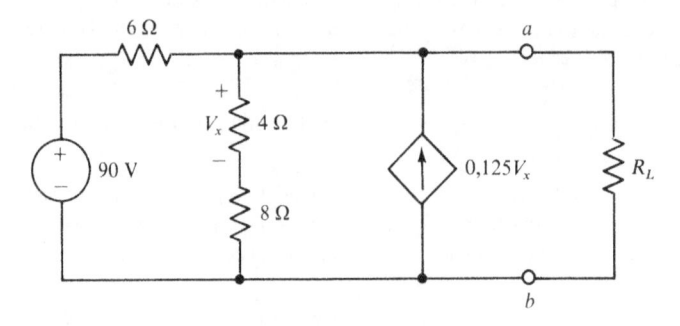

Figura 5-28

Certamente, é necessário obter o equivalente de Thévenin para a esquerda dos terminais a e b. A tensão de Thévenin V_{Th} será obtida em primeiro lugar. Observe que a queda de tensão através do resistor de 4Ω é V_x e que este é o resistor em série com um resistor de 8 Ω. Consequentemente, por divisão de tensão realizada de forma inversa, a tensão de circuito aberto é $V_{Th} = V_{ab} = 3V_x$. Em seguida, com R_L removido, aplicando a LKC no nó que inclui terminal a, tem-se,

$$\frac{3V_x - 90}{6} + \frac{V_x}{4} - 0{,}125V_x = 0$$

para a qual a solução é $V_x = 24$ V. Assim, $V_{Th} = 3V_x = 3(24) = 72$ V.

Por inspeção do circuito, evidentemente é mais fácil utilizar I_{SC} para obter R_{Th} que determinar R_{Th} diretamente. Se um curto-circuito é colocado entre os terminais a e b, então $V_x = 0$ V e, assim, nenhuma corrente circulará no resistor de 4 Ω e não haverá fluxo de corrente na fonte de corrente dependente. Por conseguinte, $I_{SC} = 90/6 = 15$ A. Em seguida,

$$R_{Th} = \frac{V_{Th}}{I_{SC}} = \frac{72}{15} = 4{,}8 \, \Omega$$

que é a resistência que R_L deve ter para a máxima absorção de potência. Finalmente,

$$P_{máx} = \frac{V_{Th}^2}{4R_{Th}} = \frac{72^2}{4(4{,}8)} = 270 \text{ W}$$

5.21 Use superposição para encontrar a potência absorvida pelo resistor de 12 Ω no circuito mostrado na Fig. 5-29.

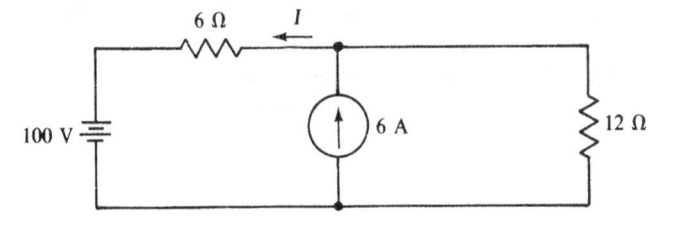

Figura 5-29

Superposição não pode ser utilizada para encontrar a potência em um circuito CC, porque o método se aplica apenas a quantidades lineares e a potência possui uma relação com o quadrado de tensão ou da corrente em vez de uma relação linear. Para ilustrar, a corrente através do resistor de 12 Ω a partir da fonte de 100 V é, com a fonte de 6 A substituída por um circuito aberto, $100/(12 + 6) = 5{,}556$ A. A potência correspondente é $5{,}556^2 \times 12 = 370$ W. Com a fonte de tensão substituída por um curto-circuito, a corrente através do resistor de 12 Ω a partir da fonte de corrente de 6 A é, por divisão de corrente, $[6/(12 + 6)] (6) = 2$ A. A potência é de $2^2 \times 12 = 48$ W. Assim, se a superposição pudesse ser aplicada a potências, o resultado seria $370 + 48 = 418$ W para a potência dissipada no resistor de 12 Ω.

CAPÍTULO 5 • CIRCUITOS CC EQUIVALENTES, TEOREMAS DE REDE E CIRCUITOS PONTE   99

Superposição se aplica, porém, a correntes. Então, a corrente total através do resistor de 12 Ω é 5,556 + 2 = 7,556 A, e a potência consumida é $7,556^2 \times 12 = 685$ W, que é muito diferente dos 418 W encontrados erroneamente aplicando superposição para potência.

5.22 No circuito mostrado na Fig. 5-29, altere a fonte de 100 V de origem para uma fonte de 360 V e a fonte de corrente 6 A por uma fonte de 18 A, utilizando superposição para encontrar a corrente I.

A Figura 5-30a mostra o circuito com a fonte de corrente substituída por um circuito aberto. Obviamente, a componente I_V de I a partir da fonte de tensão é $I_V = -360/(6 + 12) = -20$ A. A Figura 5-30b mostra o circuito com a fonte de tensão substituída por um curto-circuito. Pela divisão de corrente, I_C, o componente de fonte de corrente I, é $I_C = [12/(12 + 6)](18) = 12$ A. A corrente total é a soma algébrica das componentes das correntes: $I = I_V + I_C = -20 + 12 = -8$ A.

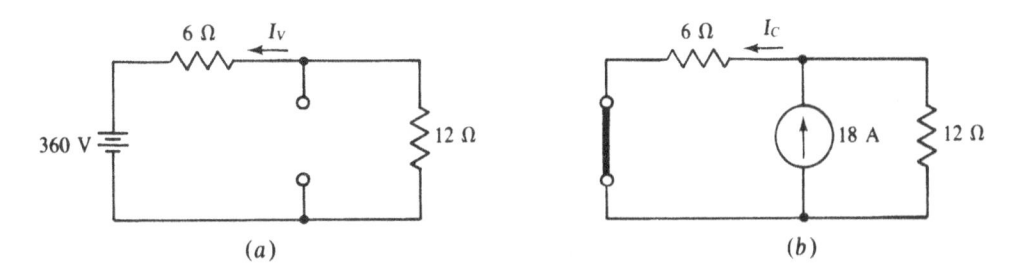

Figura 5-30

5.23 Para o circuito mostrado na Fig. 5-18, use superposição para encontrar V_{Th} com referência positiva no terminal a.

Claramente, a fonte de 30 V contribui com 30 V para V_{Th}, porque essa fonte, estando em série com um circuito aberto, não pode causar qualquer circulação de correntes. Uma corrente zero causa a queda de tensão zero no resistor e, assim, a tensão no circuito é somente a fonte.

A Figura 5-31a mostra o circuito com todas as fontes independentes desativadas, exceto a fonte de l00 V. Observe que a tensão através do resistor de 40 Ω aparece nos terminais a e b porque existe uma queda de tensão zero através do resistor de 8 Ω. Por divisão de tensão, o componente de V_{Th} é

$$V_{Th_V} = \frac{40}{40 + 10} \times 100 = 80 \text{ V}$$

A Figura 5-31b mostra o circuito com a fonte de corrente como a única fonte independente. A tensão através do resistor de 40 Ω é a tensão de circuito aberto, uma vez que existe uma queda de tensão zero através do resistor de 8 Ω. Observe que o curto-circuito substituindo a fonte de 100 V impede que o resistor de 5 Ω tenha efeito e também coloca os resistores de 40 e 10 Ω em paralelo com uma resistência de rede $40 \| 10 = 8$ Ω. Assim, o componente de V_{Th} a partir da fonte de corrente é $V_{Th_C} = -20 \times 8 = -160$ V.

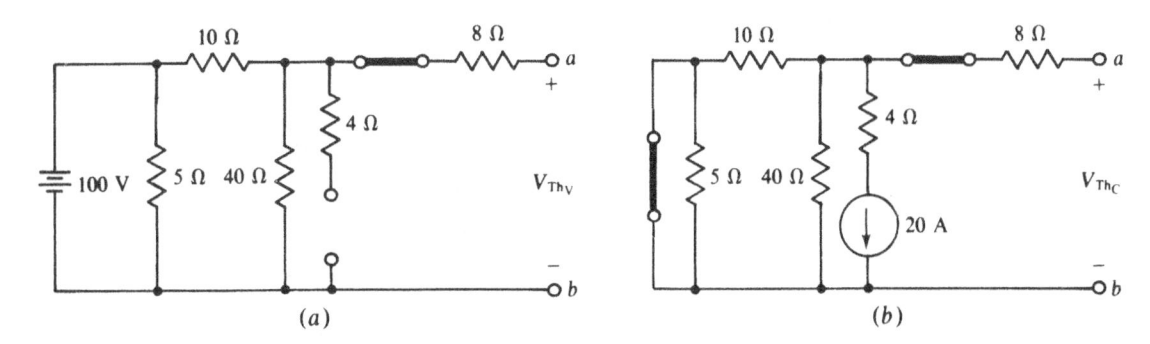

Figura 5-31

V_{Th} é a soma algébrica dos três componentes de tensão:

$$V_{Th} = 30 + 80 - 160 = -50 \text{ V}$$

Observe que encontrar V_{Th} por superposição requer mais trabalho do que encontrá-lo por meio de análise nodal, como foi feito na solução para o Prob. 5.10.

5.24 Use superposição para encontrar V_{Th} no circuito mostrado na Fig. 5-15.

Embora esse circuito tenha três fontes, a superposição não pode ser utilizada, porque duas das fontes são dependentes e apenas uma fonte é independente. O teorema da superposição não se aplica a fontes dependentes.

5.25 Use o teorema de Millman para encontrar a corrente que circula em um resistor de 0,2 Ω a partir de quatro baterias que operam em paralelo. Cada bateria tem uma tensão de 12,8 V em circuito aberto. As resistências internas são 0,1, 0,12, 0,2 e 0,25 Ω.

Uma vez que as tensões das baterias são as mesmas, 12,8 V, a tensão de Millman é $V_M = 12,8$ V. A resistência de Millman é o inverso da soma das condutâncias:

$$R_M = \frac{1}{1/0,1 + 1/0,12 + 1/0,2 + 1/0,25} \, \Omega = 36,6 \text{ m}\Omega$$

Obviamente, a corrente no resistor é igual à tensão de Millman dividida pela soma das resistências de Millman e de carga:

$$I = \frac{V_M}{R_M + R} = \frac{12,8}{0,2 + 0,0366} = 54,1 \text{ A}$$

5.26 Utilize o teorema de Millman para encontrar a corrente consumida por um resistor de 5 Ω de quatro baterias que operam em paralelo. As tensões das baterias em circuito aberto e resistências internas são 18 V e 1 Ω, 20 V e 2 Ω, 22 V e 5 Ω, 24 V e 4 Ω.

A tensão e a resistência de Millman são

$$V_M = \frac{(1)(18) + (1/2)(20) + (1/5)(22) + (1/4)(24)}{1 + 1/2 + 1/5 + 1/4} = 19,7 \text{ V}$$

$$R_M = \frac{1}{1 + 1/2 + 1/5 + 1/4} = 0,513 \, \Omega$$

A corrente é, naturalmente, a tensão de Millman dividida pela soma da resistência de Millman e de carga:

$$I = \frac{V_M}{R_M + R} = \frac{19,7}{0,513 + 5} = 3,57 \text{ A}$$

5.27 Utilize o teorema Millman para encontrar I no circuito mostrado na Fig. 5-32.

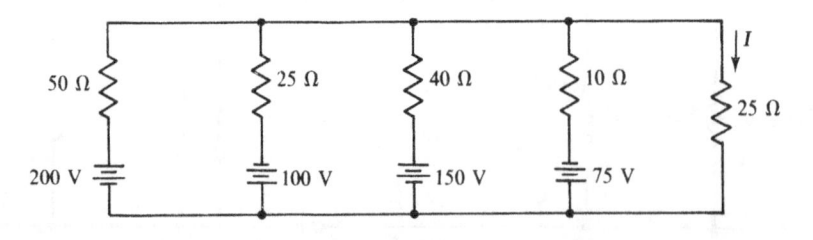

Figura 5-32

CAPÍTULO 5 • CIRCUITOS CC EQUIVALENTES, TEOREMAS DE REDE E CIRCUITOS PONTE

A tensão e a resistência de Millman são

$$V_M = \frac{(1/50)(200) + (1/25)(-100) + (1/40)(150) + (1/10)(-75)}{1/50 + 1/25 + 1/40 + 1/10} = -20{,}27 \text{ V}$$

$$R_M = \frac{1}{1/50 + 1/25 + 1/40 + 1/10} = 5{,}41 \text{ }\Omega$$

E, assim,
$$I = \frac{V_M}{R_M + R} = \frac{-20{,}27}{5{,}41 + 25} = -0{,}667 \text{ A}$$

5.28 Transforme o Δ mostrado na Fig. 5-33a para o Y mostrado na Fig. 5-33b para (a) $R_1 = R_2 = R_3 = 36 \text{ }\Omega$ e (b) $R_1 = 20 \text{ }\Omega$, $R_2 = 30 \text{ }\Omega$ e $R_3 = 50 \text{ }\Omega$.

(a) Para as resistências Δ do mesmo valor, $R_Y = R_\Delta/3$. Então, aqui, $R_A = R_B = R_C = 36/3 = 12 \text{ }\Omega$.

(b) Os denominadores das fórmulas de R_Y são os mesmos: $R_1 + R_2 + R_3 = 20 + 30 + 50 = 100 \text{ }\Omega$. Os numeradores são os produtos das resistências dos resistores adjacentes, se Y é colocado dentro de Δ:

$$R_A = \frac{R_1 R_2}{100} = \frac{20 \times 30}{100} = 6 \text{ }\Omega \qquad R_B = \frac{R_2 R_3}{100} = \frac{30 \times 50}{100} = 15 \text{ }\Omega \qquad R_C = \frac{R_1 R_3}{100} = \frac{20 \times 50}{100} = 10 \text{ }\Omega$$

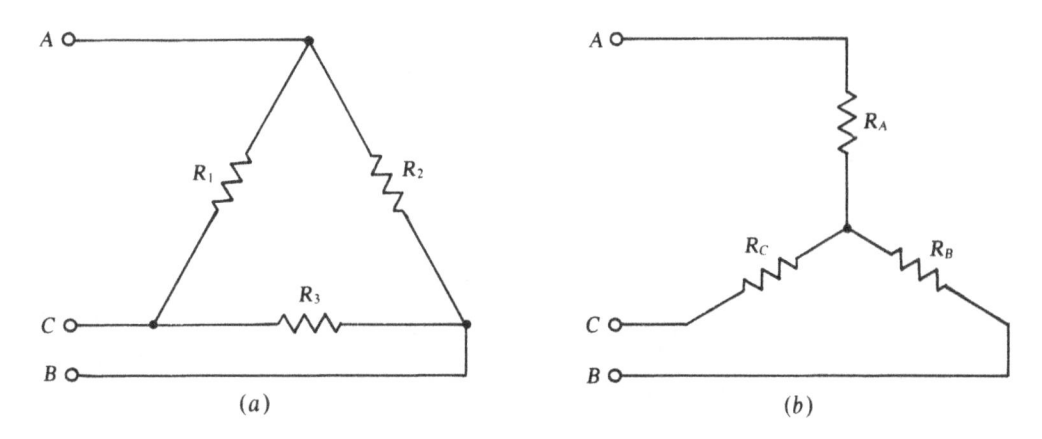

Figura 5-33

5.29 Transforme o Y mostrado na Fig. 5-33b no Δ mostrado na Fig. 5-33a para (a) $R_A = R_B = R_C = 5 \text{ }\Omega$ e (b) $R_A = 10 \text{ }\Omega$, $R_B = 5\Omega$, $R_C = 20\Omega$.

(a) Para as resistências do Y do mesmo valor: $R_\Delta = 3R_Y$. Assim, aqui, $R_1 = R_2 = R_3 = 3 \times 5 = 15 \text{ }\Omega$.

(b) Os numeradores das fórmulas de R_Δ são os mesmos: $R_A R_B + R_A R_C + R_B R_C = 10 \times 5 + 10 \times 20 + 5 \times 20 = 350$. Os denominadores das fórmulas de R_Δ são as resistências dos braços de Y opostas aos braços de Δ se Y é colocado no interior de Δ. Assim,

$$R_1 = \frac{350}{R_B} = \frac{350}{5} = 70 \text{ }\Omega \qquad R_2 = \frac{350}{R_C} = \frac{350}{20} = 17{,}5 \text{ }\Omega \qquad R_3 = \frac{350}{R_A} = \frac{350}{10} = 35 \text{ }\Omega$$

5.30 Use uma transformação Δ para Y para encontrar as correntes I_1, I_2 e I_3 para o circuito mostrado na Fig. 5-34.

Os resistores de 15 Ω do Δ se transformam em resistores Y de 15/3 = 5 Ω, que estão em paralelo com os resistores Y de 20 Ω. Não é óbvio que eles estejam em paralelo e, de fato, eles não estariam se as resistências de cada Y não fossem todas do mesmo valor. Quando, como neste caso, são do mesmo valor, uma análise mostra que os nós centrais estão no mesmo potencial, como se um fio fosse conectado entre eles. Assim, os resistores correspondentes aos dois Y

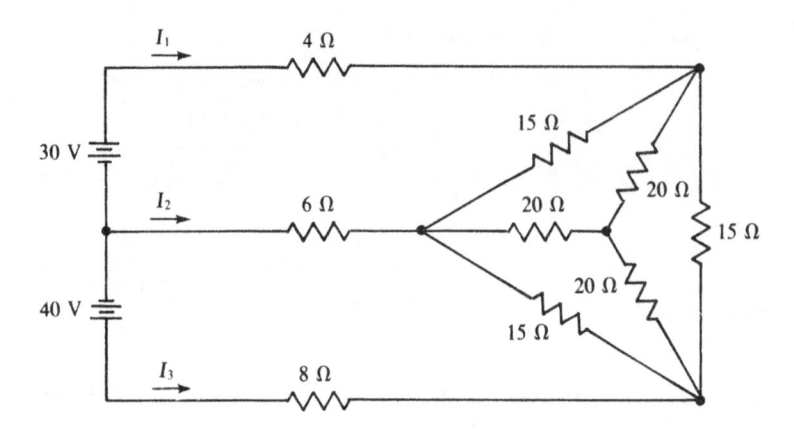

Figura 5-34

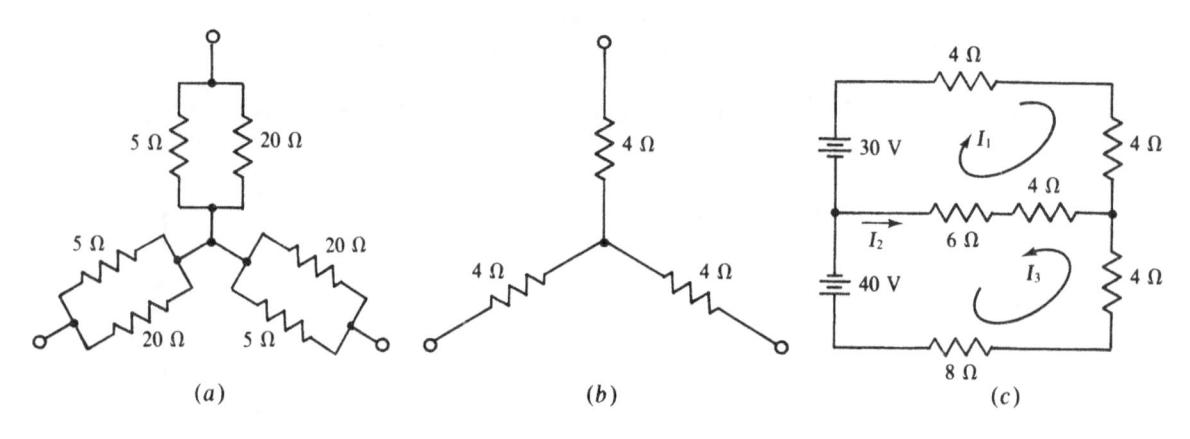

Figura 5-35

estão em paralelo como mostrado na Fig. 5-35a. Os dois Y podem ser reduzidos a um único Y como mostrado na Fig. 5-35b, em que cada resistência Y é 5∥20 = 4 Ω. Com Y substituindo a combinação Δ-Y, o circuito é como o mostrado na Fig. 5-35c.

Considerando I_1 e I_3 como as correntes de laço, as equações da LKT correspondentes são

$$30 = 18I_1 + 10I_3 \quad e \quad 40 = 10I_1 + 22I_3$$

com soluções $I_1 = 0{,}88$ A e $I_3 = 1{,}42$ A. Então, a partir da LKC aplicada ao nó da direita, $I_2 = -I_1 - I_3 = -2{,}3$ A.

5.31 Usando uma transformação Y para Δ, encontre a resistência total R_T do circuito mostrado na Fig. 5-36, que tem um atenuador em ponte T.

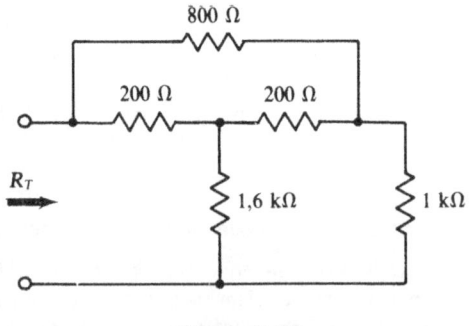

Figura 5-36

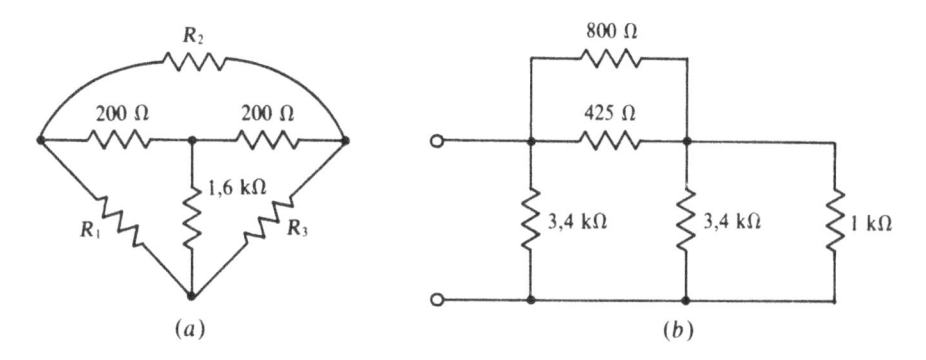

CAPÍTULO 5 • CIRCUITOS CC EQUIVALENTES, TEOREMAS DE REDE E CIRCUITOS PONTE

Figura 5-37

A Figura 5-37a mostra a parte T do circuito no interior de um Δ como uma ajuda para encontrar as resistências Δ. A partir das fórmulas de transformação Y para Δ,

$$R_1 = R_3 = \frac{200(200) + 200(1.600) + 200(1.600)}{200} = \frac{680.000}{200} \Omega = 3,4 \text{ k}\Omega$$

$$R_2 = \frac{680.000}{1.600} = 425 \ \Omega$$

Como resultado dessa transformação, o circuito torna-se uma série-paralelo como mostrado na Fig. 5-37b e a resistência total é fácil de encontrar:

$$R_T = 3.400 \ (800 \| 425 + 3.400 \| 1.000) = 3.400 \| 1.050 = 802 \ \Omega$$

5.32 Encontre *I* para o circuito mostrado na Fig. 5-38 utilizando uma transformação Δ-Y.

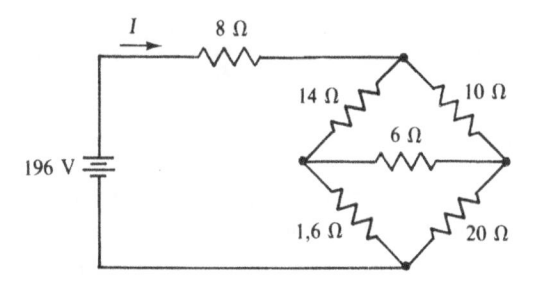

Figura 5-38

A ponte pode ser simplificada para uma configuração série-paralelo a partir de uma transformação do Δ da parte superior ou inferior a um Y, ou do Y da esquerda ou da direita para um Δ. Talvez a melhor abordagem seja transformar de Δ para Y, embora o trabalho necessário seja aproximadamente o mesmo para qualquer tipo de transformação. A Fig. 5-39a mostra o Δ superior dentro de um Y como auxiliar para a transformação do presente Δ para o Y. Todas as fórmulas do Y têm o mesmo denominador: 14 + 10 + 6 = 30. Os numeradores, no entanto, são os produtos das resistências dos resistores adjacentes de Δ:

$$R_A = \frac{10 \times 14}{30} = 4,67 \ \Omega \qquad R_B = \frac{14 \times 6}{30} = 2,8 \ \Omega \qquad R_C = \frac{6 \times 10}{30} = 2 \ \Omega$$

Com essa transformação, o circuito é simplificado como mostrado na Fig. 5-39b, na qual todos os resistores estão em série-paralelo. A partir dele,

$$I = \frac{196}{8 + 4,67 + (2,8 + 1,6) \| (2 + 20)} = 12 \text{ A}$$

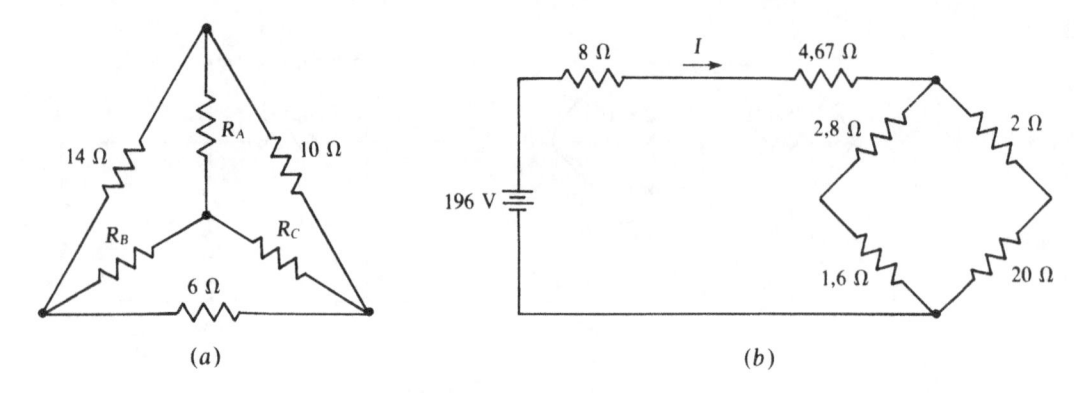

Figura 5-39

5.33 No circuito mostrado na Fig. 5-38, qual é o resistor R que, substituindo o resistor de 20 Ω, faz a ponte ficar balanceada? Além disso, qual é o valor de I?

Para o equilíbrio, o produto das resistências dos braços opostos da ponte é

$$R \times 14 = 1{,}6 \times 10 \qquad \text{a partir do qual} \qquad R = \frac{16}{14} = 1{,}14 \text{ Ω}$$

Com a ponte em equilíbrio, o braço do centro pode ser considerado um circuito aberto, porque não circula corrente. Sendo esse o caso, e porque a ponte é um arranjo série-paralelo, a corrente I é

$$I = \frac{196}{8 + (14 + 1{,}6) \| (10 + 1{,}14)} = 13{,}5 \text{ A}$$

Alternativamente, o braço do centro pode ser considerado um curto-circuito, porque suas extremidades estão no mesmo potencial. A partir deste ponto de vista

$$I = \frac{196}{8 + 14 \| 10 + 1{,}6 \| 1{,}14} = 13{,}5 \text{ A}$$

que é, evidentemente, a mesma.

5.34 A ponte de fio deslizante mostrada na Fig. 5-40 tem uma resistência de fio uniforme de 1 m de comprimento. Se o equilíbrio ocorre com a barra deslizante a 24 cm do topo, qual é a resistência de R_x?

Considere R_w como a resistência total da resistência do fio. Em seguida, a resistência a partir do topo do fio até o cursor é $(24/100)R_w = 0{,}24R_w$ e, do cursor até a parte inferior do fio, é $(76/100)R_w = 0{,}76R_w$. Assim, as resistências da ponte são $0{,}24R_w$, $0{,}76R_w$, 30 Ω e R_x. Inserindo tais valores na equação de equilíbrio da ponte, temos

$$R_x = \frac{0{,}76R_W}{0{,}24R_W} \times 30 = 95 \text{ Ω}$$

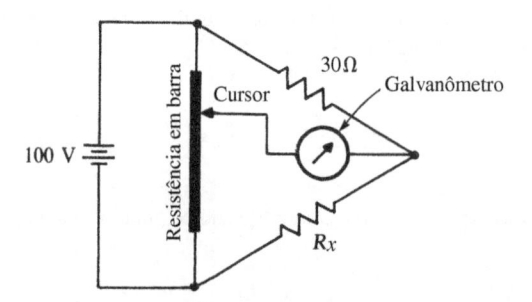

Figura 5-40

Problemas Complementares

5.35 Uma bateria de carro tem uma tensão nominal de 12,1 V ao fornecer 10 A para as lâmpadas do carro. Quando o motor de arranque é acionado, uma corrente extra de 250 A é solicitada, gerando uma queda de tensão no terminal da bateria de 10,6 V. Qual é o circuito equivalente de Thévenin dessa bateria?

Resp. 6 mΩ, 12,16 V

5.36 Em pleno sol, uma célula solar de 2 por 2 centímetros tem uma corrente de curto-circuito de 80 mA, e a corrente é de 75 mA para uma tensão terminal de 0,6 V. Qual é o circuito equivalente de Norton?

Resp. 120 Ω, 80 mA

5.37 Encontre o equivalente de Thévenin do circuito mostrado na Fig. 5-41. A referência V_{Th} é positiva em direção ao terminal *a*.

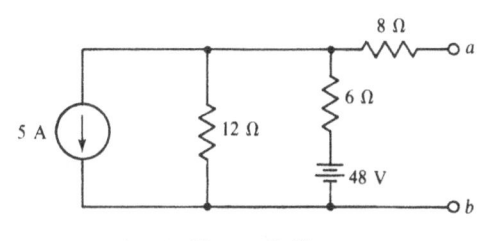

Resp. 12 Ω, 12 V

Figura 5-41

5.38 No circuito mostrado na Fig.5-4, altere a fonte de corrente 5 A para uma fonte de corrente 7 A, o resistor de 12 Ω para um resistor de 18 Ω e a fonte de 48 V para uma fonte de 96 V. Em seguida, encontre o circuito equivalente de Norton com a seta de corrente direcionada para o terminal *a*.

Resp. 12,5 Ω, 3,24 A

5.39 Para o circuito mostrado na Fig. 5-42, encontre o equivalente de Norton com I_N positiva referenciada em direção ao terminal *a*.

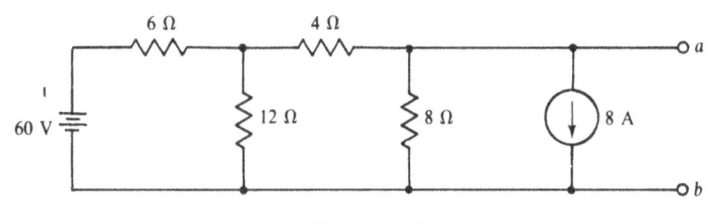

Resp. 4 Ω, − 3 A

Figura 5-42

5.40 Encontre o equivalente de Norton do circuito da Fig. 5-43. Referencie I_N para cima.

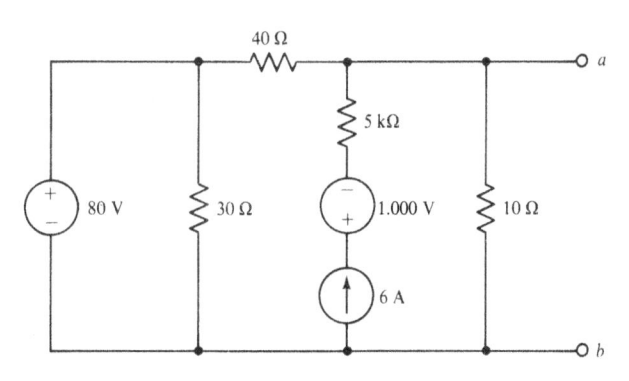

Resp. 8 Ω, 8 A

Figura 5-43

5.41 Determine o equivalente de Norton do circuito da Fig. 5-44. Referencie I_N para cima.

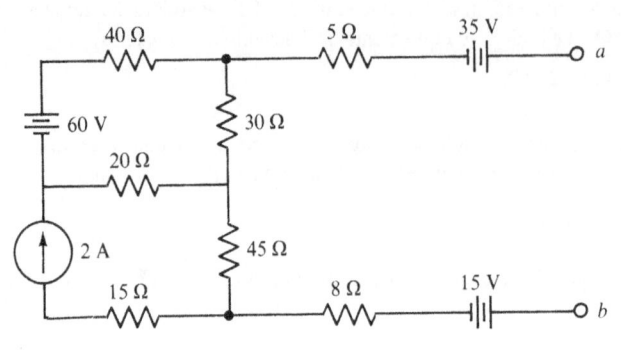

Resp. 78 Ω, 1,84 A

Figura 5-44

5.42 Encontre o equivalente Thévenin do circuito do transistor com base aterrada, mostrado na Fig. 5-45. A referência de V_{Th} é positiva na direção do terminal *a*.

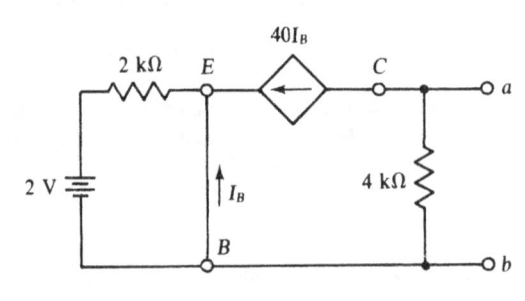

Resp. 4 kΩ, 3,9 V

Figura 5-45

5.43 No circuito de transistor mostrado na Fig. 5-46, encontre a corrente de base I_B se $I_C = 40I_B$. Há uma queda de 0,7 V da base para o emissor.

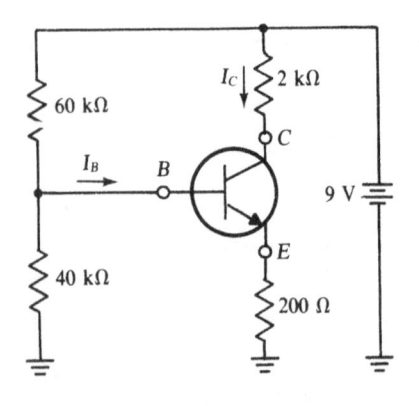

Resp. 90,1 μA

Figura 5-46

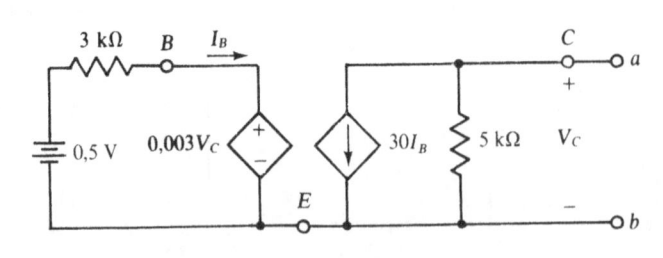

Figura 5-47

5.44 Encontre o equivalente de Thévenin do circuito transistorizado mostrado na Fig. 5-47. A referência V_{Th} é positiva na direção do terminal *a*.

Resp. 5,88 kΩ, −29,4 V

5.45 Encontre I no circuito mostrado na Fig. 5-48, que contém um elemento não linear tendo uma relação V-I dada por $V = 3I^2$. Use o teorema Thévenin e a fórmula quadrática.

Resp. 2 A

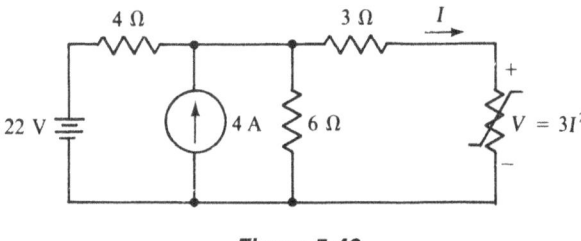

Figura 5-48

5.46 Encontre o equivalente de Thévenin do circuito da Fig. 5-49. A referência V_{Th} é positiva na direção do terminal a.

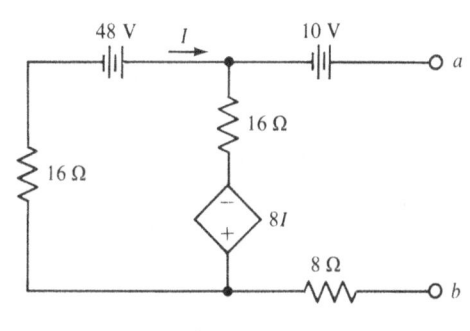

Resp. 18,7 Ω, 26 V

Figura 5-49

5.47 Obtenha o equivalente de Thévenin do circuito da Fig. 5-50.

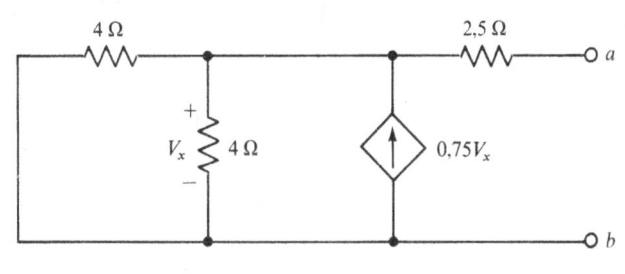

Resp. −1,5 Ω, 0 V

Figura 5-50

5.48 Encontre a resistência de entrada nos terminais 1 e 1' do circuito transistor mostrado na Fig. 5-51, se um resistor de 2 kΩ está conectado entre os terminais 2 e 2'.

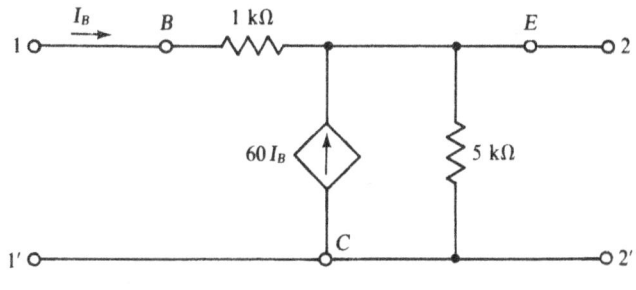

Resp. 88,1 kΩ

Figura 5-51

5.49 Encontre a resistência de saída nos terminais 2 e 2' do circuito de transistor mostrado na Fig. 5-51 se uma fonte com resistência interna 1 kΩ está conectada aos terminais 1 e 1'. Para encontrar a resistência de saída, lembre-se de substituir a fonte por sua resistência interna.

Resp.   32,6 Ω

5.50 Encontre a resistência de entrada nos terminais 1 e 1' do circuito transistor mostrado na Fig. 5-52 se um resistor de carga 5kΩ está conectado entre os terminais 2 e 2', do coletor para o emissor.

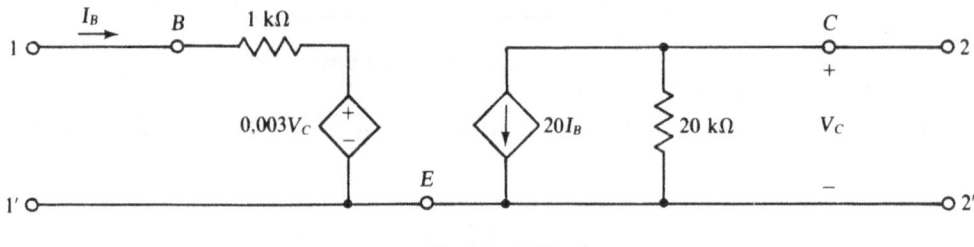

Resp.   760 Ω

Figura 5-52

5.51 Encontre a resistência de saída nos terminais 2 e 2' do circuito de transistor mostrado na Fig. 5-52 se uma fonte com resistência interna 500 Ω está conectada aos terminais 1 e 1'.

Resp.   100 kΩ

5.52 Qual resistor conectado entre os terminais a e b no circuito ponte mostrado na Fig. 5-53 absorve potência máxima e qual é essa potência?

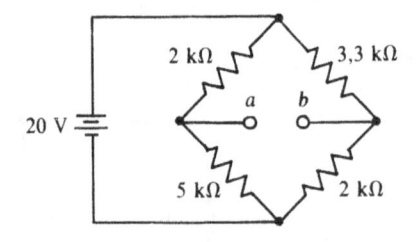

Resp.   2,67 kΩ, 4,25 mW

Figura 5-53

5.53 Qual será a leitura de um amperímetro com resistência zero conectado entre os terminais a e b do circuito ponte mostrado na Fig. 5-53? Assuma que o amperímetro está conectado para ter uma leitura de escala alta. Qual será a leitura se um resistor de 1 kΩ estiver em série com o amperímetro?

Resp.   2,52 mA, 1,83 mA

5.54 Algumas células solares são interligadas para um aumento de potência. Cada uma tem as especificações indicadas no Problema 5.36. Qual é a área de células solares necessária para uma potência de saída de 1 W? Suponha uma carga equilibrada.

Resp.   20,8 cm^2

5.55 No circuito da Fig. 5-54, qual é o resistor R_L que absorverá potência máxima e qual será essa potência?

Resp.   3,33 Ω, 480 W

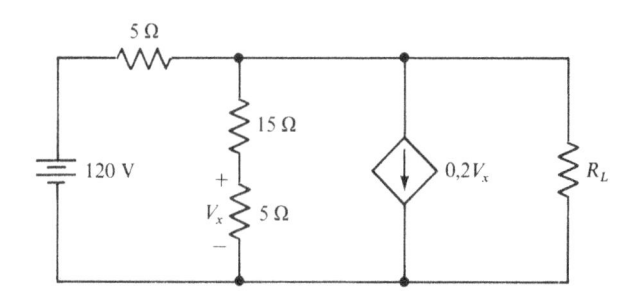

Figura 5-54

5.56 No circuito da Fig. 5-55, qual é o resistor que conectado entre os terminais a e b absorverá potência máxima e qual será essa potência?

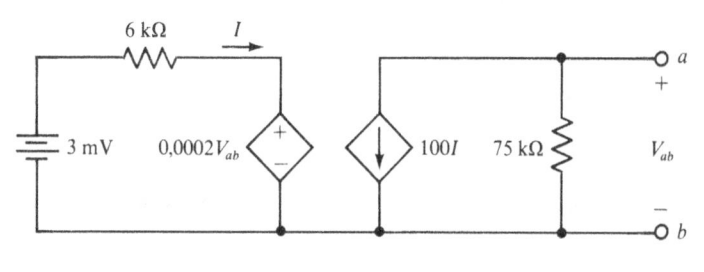

Resp. 100 kΩ, 62,5 μW

Figura 5-55

5.57 Para o circuito mostrado na Fig. 5-41, use superposição para encontrar a contribuição de cada fonte para V_{Th} se ela tem referência positiva para o terminal a.

Resp. 32 V da fonte de 48 V, − 20 V da fonte de 5 A

5.58 Para o circuito mostrado na Fig. 5-42, use superposição para encontrar a contribuição de cada fonte para a corrente de um curto-circuito conectado entre os terminais a e b. A referência de curto-circuito é do terminal a para o terminal b.

Resp. 5 A da fonte de 60 V, − 8 A da fonte de 8 A

5.59 No circuito mostrado na Fig. 5-48, substitua o resistor não linear por um circuito aberto e utilize superposição para encontrar a contribuição de cada fonte para a tensão de circuito aberto referenciado como positivo na parte superior.

Resp. 13,2 V da fonte de 22 V, 9,6 V da fonte de 4 A

5.60 Um gerador de automóvel operando em paralelo com uma bateria energiza uma carga de 0,8 Ω. As tensões de circuito aberto e a resistências internas são 14,8 V e 0,4 Ω para o gerador e 12, 8 V e 0,5 Ω para a bateria. Use o teorema de Millman para encontrar a corrente de carga.

Resp. 13,6 A.

5.61 Para o circuito do automóvel do Problema 5.60, utilize superposição para encontrar a contribuição de cada fonte para a corrente de carga.

Resp. 8,04 A do gerador, 5,57 A da bateria.

5.62 Transforme o Δ mostrado na Fig. 5-56a para o Y da Fig. 5-56b para $R_1 = 2$ kΩ, $R_2 = 4$ kΩ e $R_3 = 6$ kΩ.

Resp. $R_A = 667$ Ω, $R_B = 2$ kΩ, $R_C = 1$ kΩ

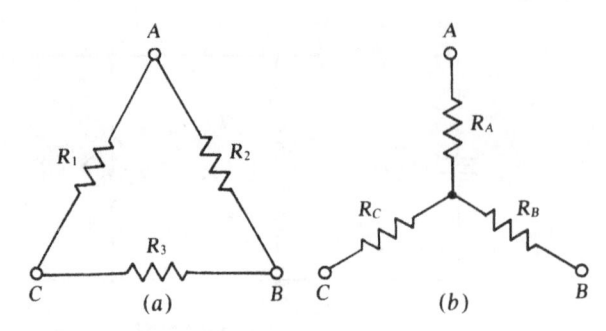

Figura 5-56

5.63 Repita o Problema 5.62 para $R_1 = 8\,\Omega$, $R_2 = 5\,\Omega$ e $R_3 = 7\,\Omega$.
  Resp. $R_A = 2\,\Omega$, $R_B = 1,75\,\Omega$, $R_C = 2,8\,\Omega$

5.64 Transforme o Y mostrado na Fig. 5-56b em Δ da Fig. 5-56a para $R_A = 12\,\Omega$, $R_B = 15\,\Omega$ e $R_C = 18\,\Omega$.
  Resp. $R_1 = 44,4\,\Omega$, $R_2 = 37\,\Omega$, $R_3 = 55,5\,\Omega$

5.65 Repita o Problema 5.64 para $R_A = 10\,k\Omega$, $R_B = 18\,k\Omega$ e $R_C = 12\,k\Omega$.
  Resp. $R_1 = 28,7\,k\Omega$, $R_2 = 43\,k\Omega$, $R_3 = 51,6\,k\Omega$

5.66 Para o circuito em rede mostrado na Fig. 5-57, utilize uma transformação Δ-Y para encontrar o V que torna $I = 3$ A.
  Resp. 177 V

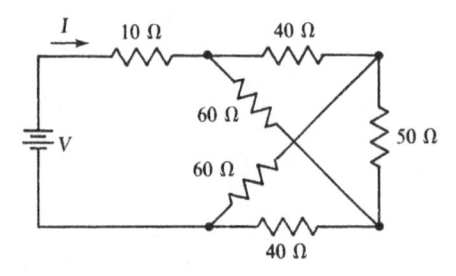

Figura 5-57

5.67 Use uma transformação Δ-Y para encontrar as correntes no circuito mostrado na Fig. 5-58.
  Resp. $I_1 = 7,72$ A, $I_2 = -0,36$ A, $I_3 = -7,36$ A

5.68 Utilize uma transformação Δ para Y para encontrar a tensão V que faz com que 2 A circule para baixo através do resistor de 3 Ω no circuito mostrado na Fig. 5-59.
  Resp. 17,8 V

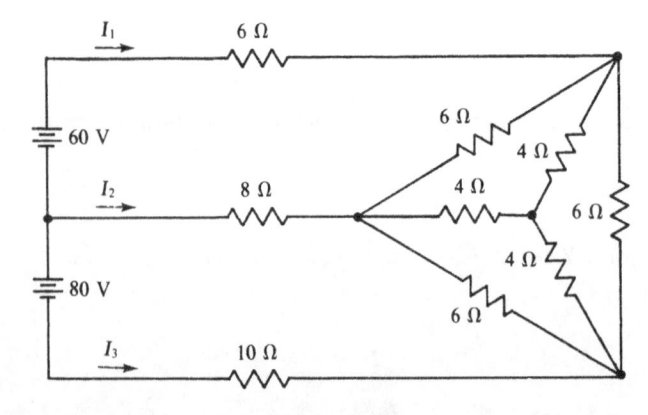

Figura 5-58

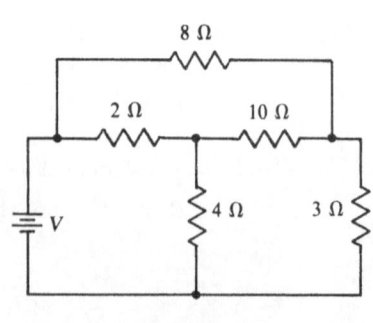

Figura 5-59

CAPÍTULO 5 • CIRCUITOS CC EQUIVALENTES, TEOREMAS DE REDE E CIRCUITOS PONTE   111

5.69 No circuito em rede mostrado na Fig. 5-57, qual é o resistor que, substituído pelo resistor superior de 40 Ω, faz com que a corrente no resistor de 50 Ω seja zero?

Resp. 90 Ω

5.70 Se, na ponte deslizante mostrada na Fig. 5-40, ocorre o balanceamento com o controle deslizante a 67 cm do topo, qual é a resistência R_x?

Resp. 14,8 Ω

5.71 Use uma transformação Δ-Y para encontrar I no circuito mostrado na Fig. 5-60. Lembre que, para uma transformação Δ-Y, apenas as tensões e correntes externas ao Δ e ao Y não se alteram.

Resp. 0,334 A

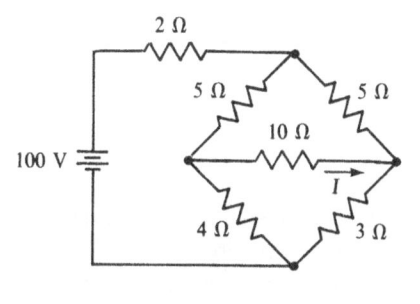

Figura 5-60

5.72 No circuito da Fig. 5-61, qual resistor R_L absorverá potência máxima e qual será essa potência?

Resp. 12 Ω, 192 W

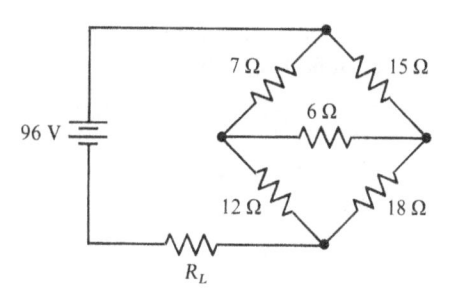

Figura 5-61

5.73 No circuito da Fig. 5-62, qual resistor R_L absorverá potência máxima e qual será essa potência?

Resp. 30 Ω, 1,48 W

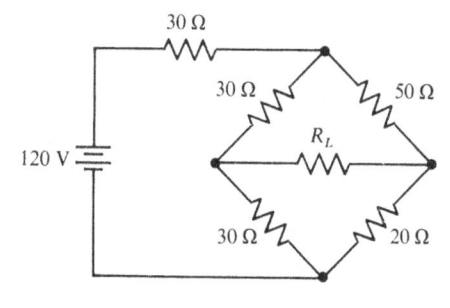

Figura 5-62

Capítulo 6

Circuitos Amplificadores Operacionais

INTRODUÇÃO

Os *amplificadores operacionais*, geralmente chamados de *amp ops*, são importantes componentes de circuitos eletrônicos. Basicamente, um amp op é um amplificador de tensão com ganho muito alto, tendo um ganho de tensão de 100.000 ou maior. Embora um amp op possa ser constituído por mais de 24 de transistores, 12 resistências e talvez um capacitor, pode ser tão pequeno quanto um resistor individual. Devido ao seu pequeno tamanho e ao fato de sua operação *externa* ser relativamente simples, para fins de análise ou de desenho, um amp op pode frequentemente ser considerado um elemento único do circuito.

A Figura 6-1*a* mostra o símbolo do circuito para um amp op. Os três terminais são um *terminal* a *de entrada inversora* (marcado −), um *terminal* b *de entrada não inversora* (marcado +) e um *terminal* c *de saída*. No entanto, um amplificador operacional físico tem mais terminais. Os dois adicionais mostrados na Fig. 6-1*b* são para entradas de fornecimento de alimentação CC, que muitas vezes são +15 V e −15 V. Ambas as tensões de alimentação, positiva e negativa, são necessárias para habilitar a tensão de saída no terminal *c*, que pode variar tanto positiva quanto negativamente em relação ao terra.

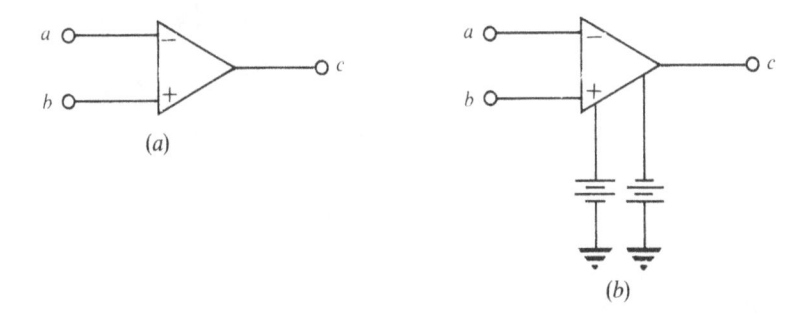

Figura 6-1

OPERAÇÃO DO AMP OP

O circuito da Fig. 6-2*a*, que é um modelo para um amplificador operacional, ilustra a forma como um amp op opera como um amplificador de tensão. Assim como indicado pela fonte de tensão dependente, para uma carga de circuito aberto, o amplificador operacional fornece uma tensão de saída de $v_o = A(v_+ - v_-)$, que é A vezes a diferença entre as tensões de entrada. Esse A é muitas vezes referido como *ganho de tensão em circuito aberto*. De $A(v_+ - v_-)$, observe que uma tensão positiva v_+ aplicada ao terminal de entrada não inversora *b* tende a tornar a tensão de saída positiva, e uma tensão positiva aplicada ao terminal de entrada inversora *a* tende a tornar a tensão de saída negativa.

O ganho de tensão de circuito aberto A é normalmente tão grande (100.000 ou maior) que pode, com frequência, ser aproximado ao infinito (∞), como é mostrado no modelo mais simples da Fig. 6-2*b*. Observe que a Fig.

6-2b não mostra as fontes ou circuitos que fornecem a tensão de entrada v_+ e v_-, em relação ao terra. Em vez disso, apenas as tensões v_+ e v_- são mostradas. Isso é feito para simplificar os diagramas de circuitos sem perda de informação.

Na Fig. 6-2a, os resistores mostrados nos terminais de entrada têm resistências grandes (megaohms) em comparação com outras resistências (geralmente quilo-ohms) de um circuito amp op típico, que pode ser considerado circuito aberto, como é mostrado na Fig. 6-2b. Como consequência, as correntes de entrada para um amp op são quase sempre insignificantes, assumidas como sendo zero. É importante lembrar dessa aproximação.

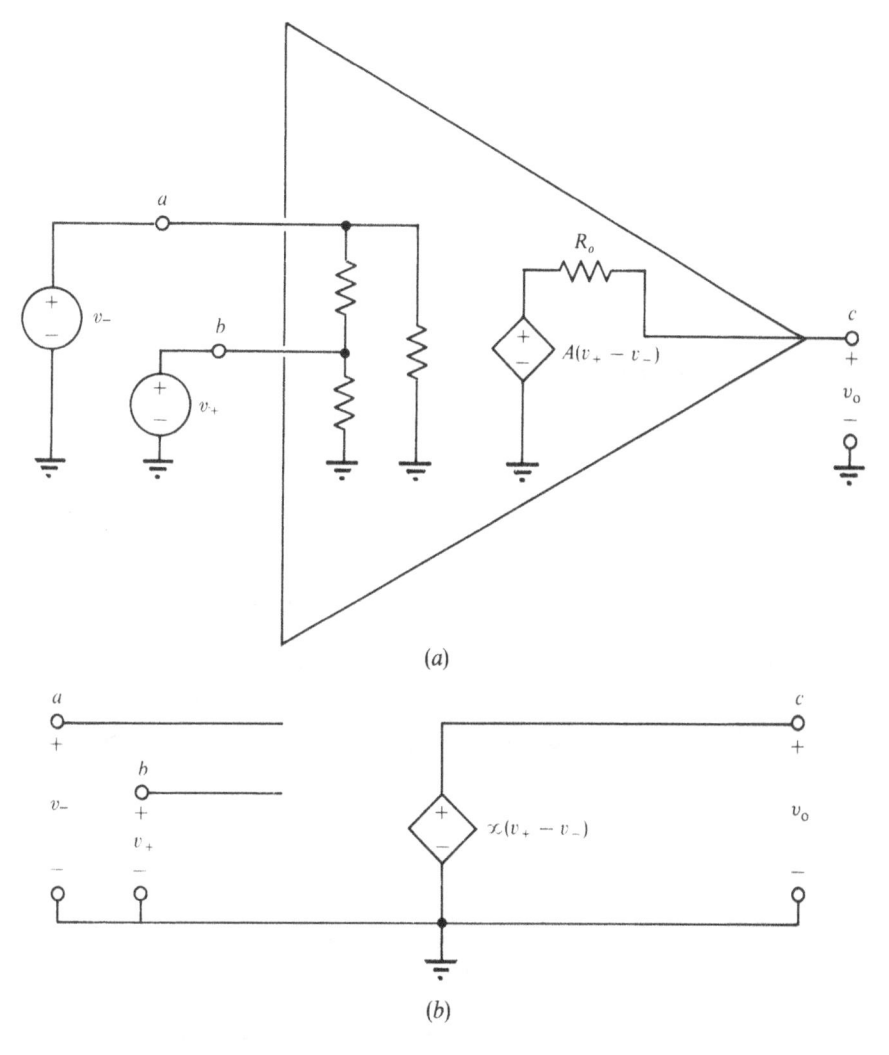

Figura 6-2

A resistência de saída R_o pode ser tão grande como 75 Ω ou mais, não podendo ser insignificantemente pequena. Quando, no entanto, um amp op é usado com componentes de realimentação negativa (como será explicado), o efeito de R_o é insignificante, e por isso R_o pode ser substituída por um curto-circuito, como mostrado na Fig. 6-2b, exceto por alguns circuitos especiais com amp op, em que a realimentação negativa é utilizada.

O modelo simples da Fig. 6-2b é adequado para muitas aplicações. No entanto, embora não indicado, existe um limite para a tensão de saída: não pode ser maior que a tensão de alimentação positiva ou menor que a tensão de alimentação negativa. De fato, ela pode ser alguns volts menor, em módulo, que a tensão de alimentação, com o valor exato dependendo da corrente consumida a partir do terminal de saída. Quando a tensão de saída está em ambos os extremos, dizemos que o amp op está *saturado* ou *em saturação*. Diz-se que um amp op que não está saturado está operando de forma *linear*.

Uma vez que o ganho de tensão A de circuito aberto é muito grande e a tensão de saída é limitada em módulo, a tensão $v_+ - v_-$ nos terminais de entrada deve ser muito pequena para um amp op operar de forma linear. Especificamente, deve ser inferior a 100 μV em uma aplicação típica do amp op (essa pequena tensão é obtida com *realimentação negativa*, como será explicado). Pelo fato de essa tensão ser insignificante se comparada às tensões de outros circuitos em um amp op típico, ela pode ser considerada zero. Essa é uma aproximação válida para qualquer amp op que não esteja saturado, mas, se um amp op é saturado, a diferença de tensão $v_+ - v_-$ pode ser significativamente grande, como, de fato, normalmente o é.

De menor importância é o limite do valor da corrente que pode ser absorvida a partir do terminal de saída do amp op. Para um amp op comum, essa corrente de saída não pode exceder os 40 mA.

As aproximações da corrente de entrada zero e de tensão zero através dos terminais de entrada, como as mostradas na Fig. 6-3, são a base para as análises seguintes de circuitos de amp op populares. Além disso, a análise nodal será utilizada quase exclusivamente.

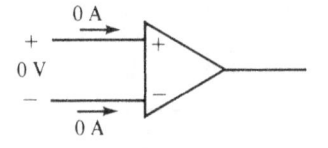

Figura 6-3

CIRCUITOS POPULARES COM AMP OP

A Figura 6-4 mostra o *amplificador inversor* ou simplesmente *inversor*. A tensão de entrada é v_i e a tensão de saída é v_o. Como será mostrado, $v_o = Gv_i$, em que G é uma constante *negativa*. Assim, a tensão de saída v_o é semelhante à tensão de entrada v_i, mas amplificada e com sinal alterado (invertido).

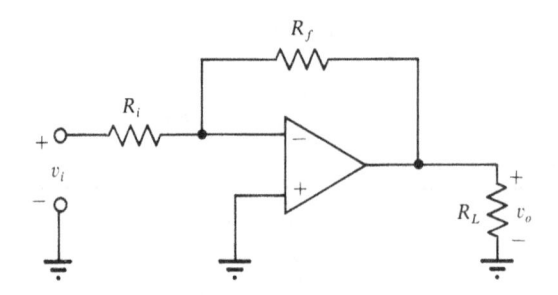

Figura 6-4

Como já mencionado, a *realimentação negativa* fornece a tensão de quase zero através dos terminais de entrada de um amp op. Para compreender isso, suponha que, no circuito da Fig. 6-4, v_i seja positivo. Em seguida, uma tensão positiva aparece na entrada inversora por causa do caminho de condução através do resistor R_i. Como resultado, a tensão de saída v_o se torna negativa. Devido ao caminho de retorno através do resistor R_f, a tensão negativa também afeta a tensão no terminal de entrada de inversão e provoca um cancelamento quase completo da tensão positiva. Se a entrada de tensão v_i fosse negativa, a tensão de realimentação seria positiva e novamente teria produzido cancelamento quase completo da tensão entre os terminais de entrada amp op.

Esse cancelamento quase completo ocorre apenas para um amp op não saturado. Uma vez que um amp op se torna saturado, no entanto, a tensão de saída torna-se constante e assim a tensão de realimentação não pode aumentar, em módulo, como faz a tensão de entrada.

Em todos os circuitos amp op neste capítulo, cada amp op tem um resistor de realimentação conectado entre o terminal de saída e o terminal de entrada inversora. Por conseguinte, na *ausência de saturação*, todos os amps op nesses circuitos podem ser considerados como tendo zero volts através dos terminais de entrada. Eles também podem ser considerados como tendo correntes zero nos terminais de entrada, devido às resistências de entrada de grandes dimensões.

A melhor maneira de obter o ganho de tensão do inversor da Fig. 6-4 é aplicar a LKC no terminal de entrada de inversão. Antes de fazer isso, no entanto, considere o seguinte: uma vez que a tensão entre os terminais de entrada do amp op é zero, e desde que o terminal de entrada não inversor esteja conectado ao terra, segue-se que o terminal de entrada de inversão também está aterrado. Isso significa que toda a tensão de entrada v_i está sobre o resistor R_i e que toda a tensão de saída v_o está sobre o resistor R_f. Por conseguinte, a soma das correntes de entrada no terminal de entrada inversor é

$$\frac{v_i}{R_i} + \frac{v_o}{R_f} = 0 \qquad \text{e, portanto,} \qquad v_o = -\frac{R_f}{R_i} v_i$$

Assim, o ganho de tensão é $G = -(R_f/R_i)$, que é o negativo da resistência do resistor de realimentação dividido pela resistência do resistor de entrada. Essa é uma fórmula importante de ser lembrada para análise de um circuito amp op inversor ou para projetar um (não confundir o ganho G do circuito inversor com o ganho A do amp op em si).

Evidentemente, a resistência de entrada é apenas R_i. Além disso, embora o resistor de carga R_L afete a corrente que o amp op deve fornecer, não há qualquer efeito sobre o ganho de tensão.

O *amplificador somador* ou *somador* é mostrado na Fig. 6-5. Basicamente, um somador é um circuito inversor com mais de uma entrada. Por convenção, as fontes que fornecem as tensões de entrada v_a, v_b e v_c não são mostradas. Se esse circuito é analisado com a mesma abordagem utilizada para o inversor, o resultado é

$$v_o = -\left(\frac{R_f}{R_a} v_a + \frac{R_f}{R_b} v_b + \frac{R_f}{R_c} v_c\right)$$

Para o caso especial de todas as resistências iguais, essa fórmula é simplifica para

$$v_o = -(v_a + v_b + v_c)$$

Não há um significado especial de haver três entradas. Pode haver duas, quatro, ou mais entradas.

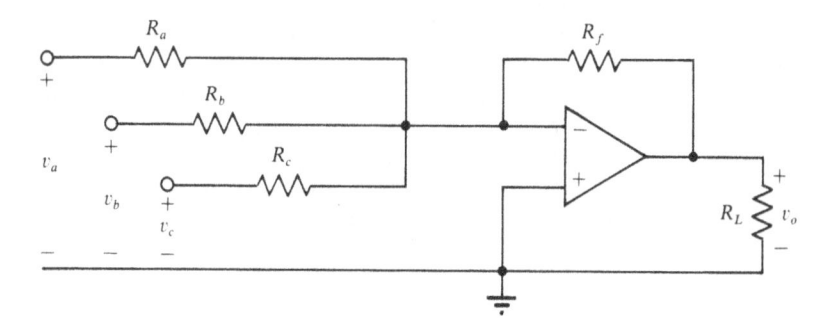

Figura 6-5

A Figura 6-6 mostra o *amplificador de tensão não inversor*. Observe que a tensão de entrada v_i é aplicada no terminal de entrada não inversor. Devido à tensão quase zero através dos terminais de entrada, v_i é também efetivamente ao terminal de entrada inversor. Consequentemente, a equação da LKC, no terminal de entrada de inversão é

$$\frac{v_i}{R_a} + \frac{v_i - v_o}{R_f} = 0 \qquad \text{cujo resultado é} \qquad v_o = \left(1 + \frac{R_f}{R_a}\right) v_i$$

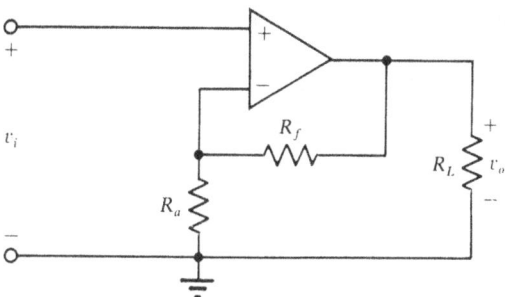

Figura 6-6

Uma vez que o ganho de tensão $1/(1 + R_f/R_a)$ não tem sinal negativo, não há qualquer inversão com esse tipo de amplificador. Além disso, para as mesmas resistências, o valor do ganho de tensão é ligeiramente maior do que o do inversor. Mas sua grande vantagem sobre o inversor é uma resistência de entrada muito maior. Como resultado, esse amplificador irá prontamente amplificar a tensão de uma fonte que tenha resistência de saída grande. Em contraste, se for usado um inversor, a quase totalidade da fonte de tensão será perdida através da resistência de saída grande da fonte, como deve ser evidente a partir da divisão de tensão.

O *amplificador buffer*, também chamado de *seguidor de tensão* ou *amplificador de ganho unitário*, é mostrado na Fig. 6-7. É basicamente um amplificador não inversor em que o resistor R_a é substituído por um circuito aberto e o resistor R_f por um curto-circuito. Uma vez que não há zero volts através dos terminais de entrada do amp op, a tensão de saída é igual à tensão de entrada: $v_o = v_i$. Portanto, o ganho de tensão é 1. Tal amplificador é utilizado exclusivamente por causa de sua grande resistência de entrada, além do amp op ter uma resistência de saída baixa.

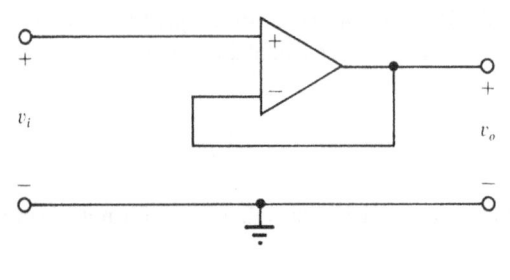

Figura 6-7

Existem aplicações nas quais um sinal de tensão deve ser convertido para uma saída de corrente proporcional tal como, por exemplo, na condução de uma bobina de deflexão em um aparelho de televisão. Se a carga é flutuante (nenhuma extremidade aterrada), então o circuito da Fig. 6-8 pode ser usado. Isso às vezes é chamado de *conversor de tensão para corrente*. Uma vez que a tensão através dos terminais de entrada do amp op é de zero volts, a corrente no resistor R_a é $i_L = v_i/R_a$ e essa corrente também circula através do resistor de carga R_L. É evidente que a corrente de carga I_L é proporcional à tensão de entrada v_i.

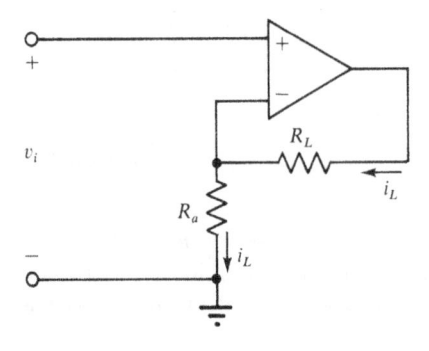

Figura 6-8

O circuito da Fig. 6-8 também pode ser utilizado para aplicações em que a resistência de carga R_L varia, mas a corrente de carga i_L deve ser constante. A tensão v_i é uma tensão constante, e v_i e R_a são selecionados de modo que v_i/R_a seja a corrente desejada i_L. Consequentemente, quando R_L varia, a corrente de carga i_L não se altera. Certamente, a corrente de carga não pode exceder a corrente máxima admissível de saída do amp op, e a tensão de carga mais a tensão da fonte não pode exceder a tensão máxima de saída máxima.

CIRCUITOS COM MÚLTIPLOS AMPLIFICADORES OPERACIONAIS

Frequentemente, os circuitos com amp op estão em *cascata*, como mostrado, por exemplo, no circuito da Fig. 6-9. Em uma disposição em cascata, a entrada de cada fase do amp op é a saída de um amp op do estágio anterior, com a exceção, naturalmente, da primeira fase amp op. A ligação em cascata é muitas vezes utilizada para melhorar a resposta em frequência, que é um assunto que está fora do escopo desta discussão.

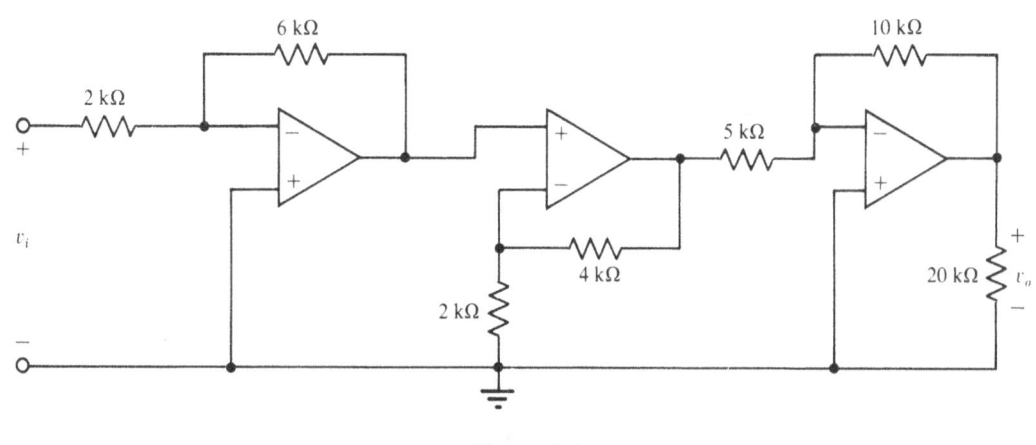

Figura 6-9

Por causa da resistência de saída muito baixa de uma fase do amp op, em comparação com a resistência de entrada da fase seguinte, não há carga para o circuito do amp op. Em outras palavras, ligar os circuitos com amp op juntos não afeta o funcionamento dos circuitos de amp ops individuais, o que significa que o ganho de tensão global G_T é igual ao produto dos ganhos de tensões individuais, $G_1, G_2, G_3, \ldots$; isto é, $G_T = G_1 \cdot G_2 \cdot G_3 \ldots$

Para verificar essa fórmula, considere o circuito da Fig. 6-9. O primeiro estágio é um amplificador inversor, o segundo estágio é um amplificador não inversor e a última etapa é outro amplificador inversor. A tensão de saída do primeiro inversor é $-(6/2)v_i = -3v_i$, que é a entrada para o amplificador não inversor. A tensão de saída desse amplificador é $(1 + 4/2)(-3v_i) = -9v_i$, e essa é a entrada para o inversor da última etapa. Finalmente, a saída deste estágio é $v_o = -9v_i(-10/5) = 18v_i$. Assim, o ganho de tensão total é 18, que é igual ao produto dos ganhos de tensão individuais: $G_T = (-3)(3)(-2) = 18$.

Se um circuito contém múltiplos circuitos amp ops que não estão conectados em um arranjo em cascata, então outra abordagem deve ser usada. A análise nodal é o padrão em tais casos. Variáveis de tensão são atribuídas aos nós do terminal de saída do amp op, bem como para os outros nós não aterrados, da maneira usual. Em seguida, equações nodais são escritas nos terminais de *entrada* do amp op não aterrado para tirar proveito das correntes de entrada zero conhecidas. Elas também são escritas nos nós em que as variáveis de tensão são atribuídas, *exceto* nos nós que estão nas saídas dos amp ops. A razão para essa exceção é o fato de que as correntes de saída do amp op são desconhecidas e que, se equações nodais são escritas nesses nós, correntes variáveis adicionais devem ser introduzidas, o que aumenta o número de incógnitas. Normalmente, isso não é desejável. Essa abordagem de análise se aplica também a um circuito que tem apenas um único amp op.

Mesmo que vários circuitos amp op não estejam conectados em cascata, podemos tratá-los como se estivessem. Isso deve ser considerado especialmente se a tensão de saída for realimentada para as entradas do amp op. Em seguida, a tensão de saída pode muitas vezes ser vista como outra entrada e inserida em fórmulas de ganho de tensão conhecidas.

Problemas Resolvidos

6.1 Faça o seguinte para o circuito da Fig. 6-10. Assuma as partes sem saturação em (*a*) e (*b*). (*a*) Faça $R_f = 12$ kΩ, $V_a = 2$ V e $V_b = 0$ V. Determine V_o e I_o. (*b*) Repita a parte (*a*) para $R_f = 9$ kΩ, $V_a = 4$ V e $V_b = 2$ V. (*c*) Torne $V_a = 5$ V e $V_b = 3$ V e determine o valor mínimo de R_f que irá produzir a saturação se os níveis de tensão de saturação forem $V_o = \pm 14$ V.

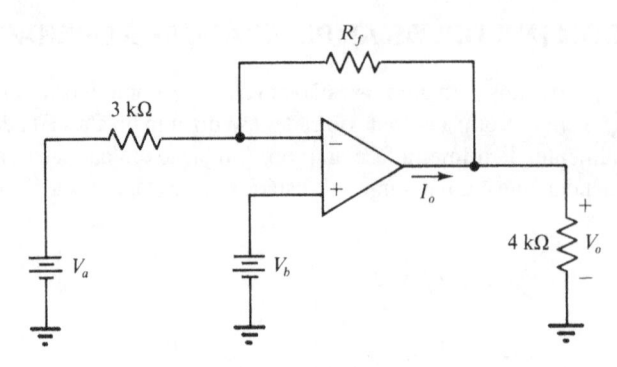

Figura 6-10

(a) Uma vez que para $V_b = 0$ V o circuito é um inversor, a fórmula de ganho de tensão do inversor pode ser utilizada para obter V_o.

$$V_o = -\tfrac{12}{3}(2) = -8 \text{ V}$$

Em seguida, aplicando a LKC no terminal de saída, temos

$$I_o = -\tfrac{8}{4} - \tfrac{8}{12} = -2{,}67 \text{ mA}$$

(b) Por causa da tensão zero através dos terminais de entrada do amp op, $V_- = V_b = 2$ V. Em seguida, aplicando a LKC no terminal de entrada inversora do amp op,

$$\frac{4-2}{3} + \frac{V_o - 2}{9} = 0$$

A solução é $V_o = -4$ V. Outra abordagem é a utilização de superposição. Uma vez que o circuito é um inversor com relação a V_a e um amplificador não inversor no que diz respeito a V_b, a tensão de saída é

$$V_o = -\tfrac{9}{3}(4) + (1 + \tfrac{9}{3})(2) = -12 + 8 = -4 \text{ V}$$

Com V_o conhecido, a LKC pode ser aplicada no terminal de saída para obter

$$I_o = -\frac{4}{4} + \frac{-4-2}{9} = -1{,}67 \text{ mA}$$

(c) Por superposição,

$$V_o = -\frac{R_f}{3}(5) + \left(1 + \frac{R_f}{3}\right)(3) = 3 - 0{,}667 R_f$$

Dado que R_f deve ser positiva, o amp op pode saturar-se apenas com o nível de tensão especificado de -14 V. Assim,

$$-14 = 3 - 0{,}667 R_f$$

a solução é $R_f = 25{,}5$ kΩ. Esse é o valor mínimo de R_f que irá produzir a saturação. Na verdade, o amp op irá saturar para $R_f \geq 25{,}5$ kΩ.

6.2 Assuma para o somador da Fig. 6-5 que $R_a = 4$ kΩ. Determine os valores de R_b, R_c e R_f que irão proporcionar uma tensão de saída de $v_o = -(3v_a + 5v_b + 2v_c)$.

Em primeiro lugar, determine R_f. A contribuição de v_a para v_o é $-(R_f/R_a)v_a$. Consequentemente, para um ganho de tensão de -3 e com $R_a = 4$ kΩ,

$$-\frac{R_f}{4} = -3 \qquad \text{e, assim,} \qquad R_f = 12 \text{ k}\Omega$$

Em seguida, determine R_b. A contribuição de v_b para v_o é $-(R_f/R_b)v_b$. Assim, com $R_f = 12$ kΩ e para um ganho de tensão de -5,

$$-\frac{12}{R_b} = -5 \qquad \text{e, portanto,} \qquad R_b = \frac{12}{5} = 2{,}4 \text{ k}\Omega$$

Finalmente, a contribuição de v_c para v_o é $-(R_f/R_c)v_c$. Assim, com $R_f = 12$ kΩ e para um ganho de tensão de -2,

$$-\frac{12}{R_c} = -2 \qquad \text{que resulta em} \qquad R_c = 6 \text{ kΩ}$$

6.3 No circuito da Fig. 6-11, primeiramente encontre V_o e I_o para $V_a = 4$ V. Em seguida, assuma como níveis de tensão de saturação do amp op $V_o = \pm 12$ V e determine o intervalo de V_a para termos uma operação linear.

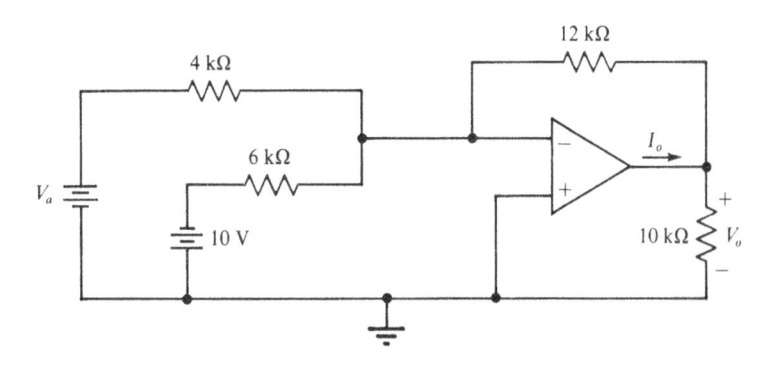

Figura 6-11

Uma vez que este circuito é um somador,

$$V_o = -[\tfrac{12}{4}(4) + \tfrac{12}{6}(-10)] = 8 \text{ V} \qquad \text{e} \qquad I_o = \tfrac{8}{10} + \tfrac{8}{12} = 1{,}47 \text{ mA}$$

Agora, encontre a faixa de V_a para operação linear,

$$\pm 12 = -[\tfrac{12}{4}(V_a) + \tfrac{12}{6}(-10)] = -3V_a + 20$$

Portanto, $V_a = (20 \pm 12)/3$. Assim, para uma operação linear, é necessário V_a menor que $(20 + 12)/3 = 10{,}7$ V e maior que $(20 - 12)/3 = 2{,}67$ V. Portanto, $2{,}67$ V $< V_a < 10{,}7$ V.

6.4 Calcule V_o e I_o no circuito da Fig. 6-12.

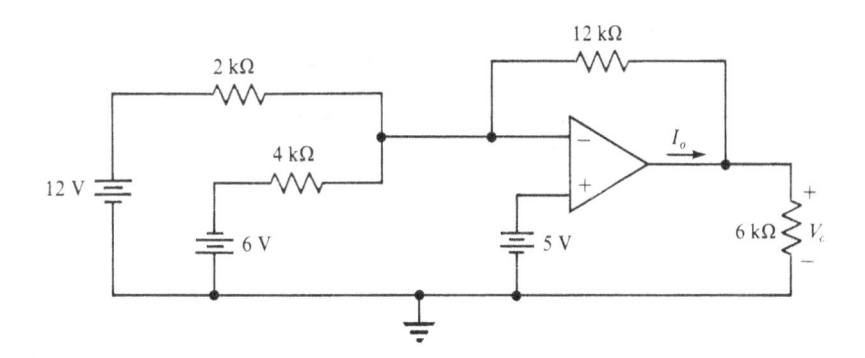

Figura 6-12

Devido à queda de tensão de zero através dos terminais de entrada do amp op, a tensão em relação ao terra no terminal de entrada de inversão é o mesmo 5 V que está no terminal de entrada não inversora. Com essa tensão conhecida, a tensão V_o pode ser determinada a partir da soma das correntes que circulam para o terminal de entrada inversor:

$$\frac{12 - 5}{2} + \frac{-6 - 5}{4} + \frac{V_o - 5}{12} = 0$$

Assim, $V_o = -4$ V. Finalmente, a aplicação da LKC no terminal de saída dá

$$I_o = \frac{-4}{6} + \frac{-4 - 5}{12} = -1{,}42 \text{ mA}$$

6.5 No circuito da Fig. 6-13a, um resistor de carga de 10 kΩ é energizado por uma fonte de tensão v_s que tem resistência interna de 90 kΩ. Determine v_L e repita o problema para o circuito da Figura. 6-13b.

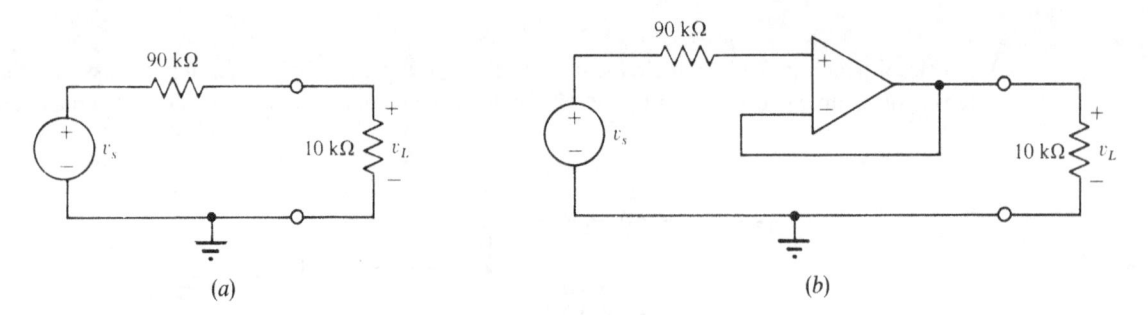

Figura 6-13

Aplicando o divisor de tensão ao circuito da Fig. 6-13a, temos

$$v_L = \frac{10}{10 + 90} v_s = 0{,}1 v_s$$

Assim, apenas 10% da tensão da fonte atingem a carga. Os outros 90% são perdidos através da resistência interna da fonte.

Para o circuito da Fig. 6-13b, nenhuma corrente flui na fonte por causa da alta resistência de entrada do amp op. Consequentemente, existe uma queda de tensão zero através da resistência interna da fonte, e toda tensão da fonte aparece no terminal de entrada não inversora. Finalmente, uma vez que há zero volts através dos terminais de entrada do amp op, $v_L = v_s$. Assim, a inserção de um seguidor de tensão resulta em um aumento da tensão de carga de $0{,}1 v_s$ para v_s.

Observe que, embora nenhuma corrente circule no resistor de 90 kΩ no circuito da Fig. 6-13b, existe fluxo de corrente no resistor de 10 kΩ, no qual o caminho não é evidente a partir do diagrama de circuito. Para um v_L positivo, essa corrente flui para baixo através do resistor de 10 kΩ em direção ao terra, e em seguida através da alimentação do amp op (não mostrado), e, finalmente, através do circuito interno do amp op para seu terminal de saída.

6.6 Obtenha a resistência de entrada $R_{entrada}$ do circuito da Fig. 6-14a.

A resistência de entrada $R_{entrada}$ pode ser determinada da forma habitual, aplicando uma fonte e obtendo a razão entre a tensão da fonte para a corrente de origem que flui para fora do terminal positivo da fonte. A Figura 6-14b mostra uma fonte de tensão V_s aplicada. Devido ao fluxo de corrente zero no terminal da entrada não inversora do amp op, toda corrente I_s da fonte flui através de R_f, produzindo assim uma tensão $I_s R_f$ através dele, como mostrado. Uma vez que a tensão entre os terminais de entrada do amp op é zero, essa tensão é também atravessa R_a e resulta em um fluxo de corrente para a direita $I_s R_f / R_a$. Devido ao fluxo de corrente zero no terminal de entrada inversora do amp op, essa corrente

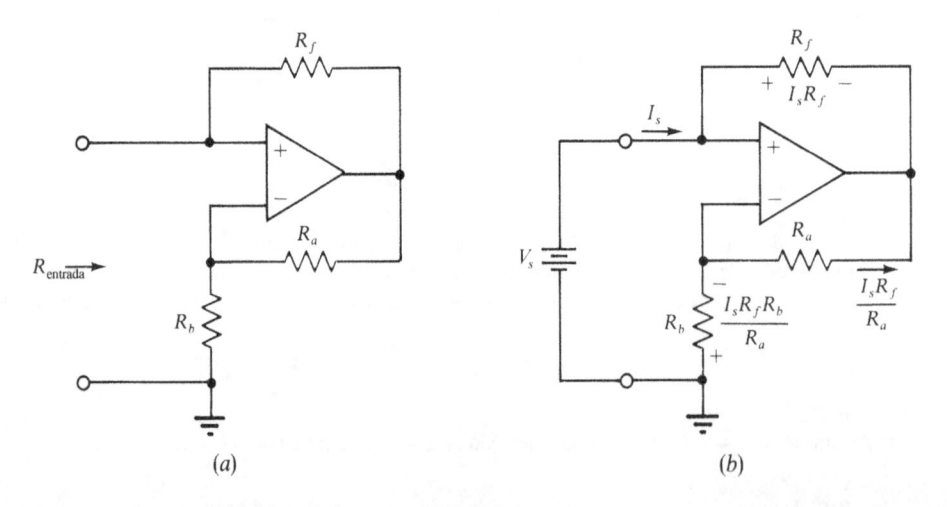

Figura 6-14

também flui para *cima* através de R_b, resultando em uma tensão através dele de $I_s R_f R_b / R_a$, positiva na parte inferior. Em seguida, a LKT aplicada à malha da esquerda nos dá

$$V_s + 0 + \frac{I_s R_f R_b}{R_a} = 0 \qquad \text{e assim} \qquad R_{\text{entrada}} = \frac{V_s}{I_s} = -\frac{R_f R_b}{R_a}$$

A resistência de entrada negativa significa que esse circuito amp op irá fazer a corrente circular para *dentro* do terminal positivo da fonte de tensão que for conectada através dos terminais de entrada, desde que o amplificador operacional não esteja saturado. Consequentemente, o circuito amp op fornece potência para essa fonte de tensão. Mas, é claro, essa potência é realmente fornecida pelas fontes de tensão CC que alimentam o amp op.

6.7 Para o circuito da Fig.6-14a, seja $R_f = 6$ kΩ, $R_b = 4$ kΩ e $R_a = 8$ kΩ e determine a potência que será fornecida a uma fonte de 4,5 V conectada através dos terminais de entrada.

A partir da solução do Problema 6.6,

$$R_{\text{entrada}} = -\frac{R_f R_b}{R_a} = -\frac{6(4)}{8} = -3 \text{ kΩ}$$

Portanto, a corrente que flui para *dentro* do terminal positivo da fonte é de 4,5/3 = 1,5 mA. Por conseguinte, a potência fornecida à fonte é de 4,5(1,5) = 6,75 mW.

6.8 Obtenha uma expressão para a tensão v_o no circuito da Fig. 6-15.

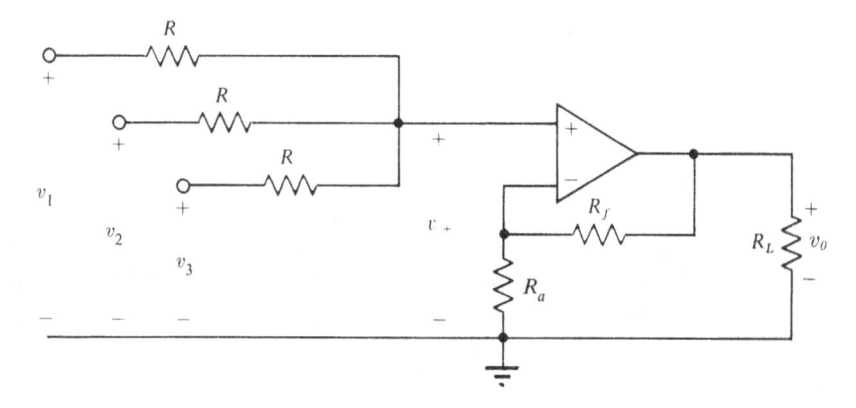

Figura 6-15

Claramente, em termos de v_+, esse circuito é um amplificador não inversor, assim,

$$v_o = \left(1 + \frac{R_f}{R_a}\right) v_+$$

A tensão v_+ pode ser encontrada através da aplicação de análise nodal no terminal de entrada não inversora.

$$\frac{v_1 - v_+}{R} + \frac{v_2 - v_+}{R} + \frac{v_3 - v_+}{R} = 0 \qquad \text{de onde} \qquad v_+ = \tfrac{1}{3}(v_1 + v_2 + v_3)$$

Finalmente, substituindo v_+ temos

$$v_o = \frac{1}{3}\left(1 + \frac{R_f}{R_a}\right)(v_1 + v_2 + v_3)$$

A partir desse resultado, é evidente que o circuito da Fig. 6-15 é um *somador não inversor*. O número de entradas não está limitado a três. Em geral,

$$v_o = \frac{1}{n}\left(1 + \frac{R_f}{R_a}\right)(v_1 + v_2 + \cdots + v_n)$$

em que *n* é o número de entradas.

6.9 No circuito da Fig. 6-15, suponha que $R_f = 6$ kΩ, determine os valores dos outros resistores necessários para obter $v_o = 2(v_1 + v_2 + v_3)$.

A partir da solução para o Problema 6.8, o multiplicador da soma de tensão é

$$\frac{1}{3}\left(1 + \frac{6}{R_a}\right) = 2 \qquad \text{a solução para o qual é} \qquad R_a = 1{,}2 \text{ kΩ}$$

Contanto que o valor de R seja razoável, digamos na faixa de quilo-ohm, não há muita importância que o valor não seja exato. Da mesma forma, o valor específico de R_L não afeta v_o, desde que R_L esteja no intervalo de quilo-ohm ou maior.

6.10 Obtenha uma expressão para o ganho de tensão do circuito amp op da Fig. 6.16.

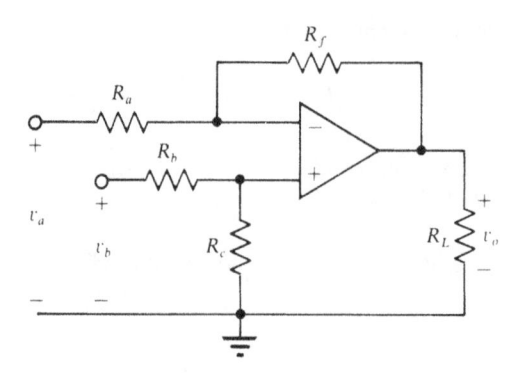

Figura 6-16

A superposição é uma boa abordagem para usar neste caso. Se $v_b = 0$ V, então a tensão no terminal de entrada não inversora é zero, e assim o amplificador torna-se um amplificador inversor. Por conseguinte, a contribuição de v_a para a tensão de saída v_c é $-(R_f/R_a)v_a$. Por outro lado, se $v_a = 0$ V, o circuito torna-se um amplificador não inversor que amplifica a tensão no terminal de entrada não inversora. Por divisão de tensão, a tensão é $R_c v_b/(R_b + R_c)$. Consequentemente, a contribuição de v_b para a tensão de saída v_o é

$$\frac{R_c}{R_b + R_c}\left(1 + \frac{R_f}{R_a}\right)v_b = \frac{R_c(R_a + R_f)}{R_a(R_b + R_c)}v_b$$

Finalmente, por superposição, a tensão de saída é

$$v_o = \frac{R_c(R_a + R_f)}{R_a(R_b + R_c)}v_b - \frac{R_f}{R_a}v_a$$

A fórmula do ganho de tensão pode ser simplificada através da seleção de resistências, de forma que $R_a/R_f = R_b/R_c$. O resultado é

$$v_o = \frac{R_f}{R_a}(v_b - v_a)$$

caso em que a saída de tensão v_o é uma constante vezes a diferença $v_b - v_a$ das duas tensões de entrada. Essa constante pode, é claro, ser feita igual a 1 pela seleção de $R_f = R_a$. Por razões óbvias, o circuito da Fig. 6-16 é chamado de *amplificador diferenciador*.

6.11 Para o amplificador diferenciador da Fig. 6-16, faça $R_f = 8$ kΩ e determine os valores de R_a, R_b e R_c para obter $v_o = 4(v_b - v_a)$.

A partir da solução para o Problema 6.10, a contribuição de $-4v_a$ para v_o exige que $R_f/R_a = 8/R_a = 4$, portanto, $R_a = 2$ kΩ. Para esse valor de R_a e para $R_f = 8$ kΩ, o multiplicador de v_b torna-se

$$\frac{R_c}{R_b + R_c}\left(1 + \frac{8}{2}\right) = 4 \qquad \text{ou} \qquad \frac{R_c}{R_b + R_c} = \frac{4}{5}$$

Invertendo, temos como resultado

$$\frac{R_b}{R_c} + 1 = \frac{5}{4} \qquad \text{ou} \qquad \frac{R_b}{R_c} = \frac{1}{4}$$

Portanto, $R_c = 4R_b$ dá resposta desejada e, obviamente, não existe uma solução única, como é típico do processo de projeto. Assim, se R_b é selecionado como 1 kΩ, então $R_c = 4$ kΩ, e se $R_b = 2$ kΩ, $R_c = 8$ kΩ, e assim sucessivamente.

6.12 Encontre V_o no circuito da Fig. 6-17.

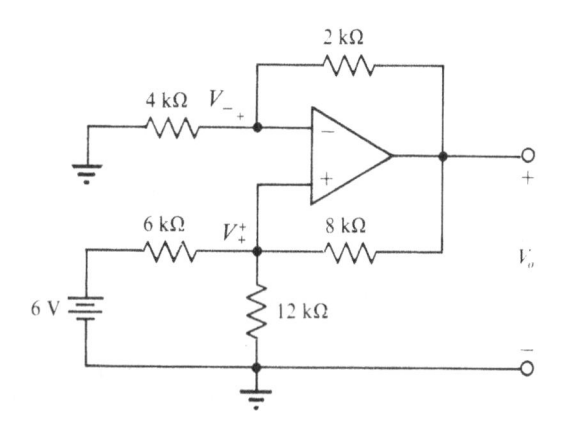

Figura 6-17

Por análise nodal no terminal da entrada não inversora,

$$\frac{V_+}{12} + \frac{V_+ - V_o}{8} + \frac{V_+ - 6}{6} = 0$$

que, simplificado, torna-se $V_o = 3V_+ - 8$. Mas, por divisão de tensão,

$$V_- = V_+ = \frac{4}{4+2} V_o = \tfrac{2}{3} V_o$$

e, assim,

$$V_o = 3(\tfrac{2}{3} V_o) - 8 \qquad \text{a partir do qual} \qquad V_o = 8 \text{ V}$$

6.13 Para o circuito amp op da Fig. 6-18, calcule V_o. Em seguida, assuma tensões de saturação no amp op de ± 14 V e encontre a resistência do resistor de realimentação R_f que resultará em saturação do amp op.

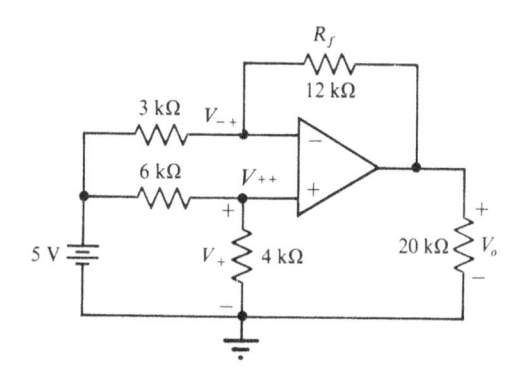

Figura 6-18

Por divisão de tensão,

$$V_+ = \frac{4}{4+6} \times 5 = 2 \text{ V}$$

Em seguida, uma vez que $V_- = V_+ = 2$ V, a equação da tensão no nó do terminal de entrada inversora é

$$\frac{5-2}{3} + \frac{V_o - 2}{12} = 0 \qquad \text{o que resulta em} \qquad V_o = -10 \text{ V}$$

Agora, R_f deverá ser alterado para obter a saturação em um dos dois níveis de saturação de tensão. Aplicando a LKC no terminal da entrada inversora,

$$\frac{5-2}{3} + \frac{V_o - 2}{R_f} = 0 \qquad \text{ou} \qquad R_f + V_o - 2 = 0$$

Assim, $R_f = 2 - V_o$. Claramente, para um valor de resistência positiva de R_f, a saturação deve estar no nível de tensão negativa de -14 V. Por conseguinte, $R_f = 2 - (-14) = 16$ kΩ. Na verdade, esse é o valor mínimo de R_f que dá saturação. Haverá saturação se $R_f \geq 16$ kΩ.

6.14 Para o circuito da Fig. 6-19, calcule o valor da tensão V_o e da corrente I_o.

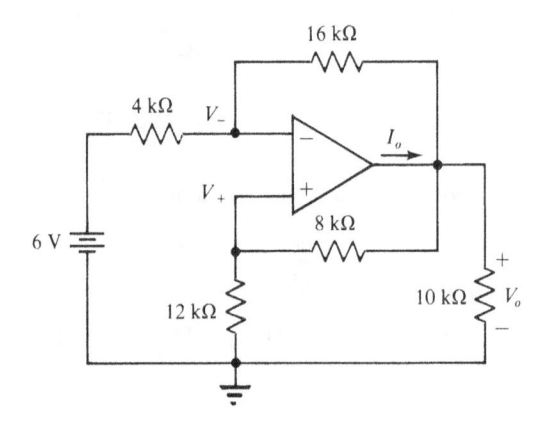

Figura 6-19

Na Fig. 6-19, observe a falta de referências de polaridade para V_- e V_+. Referências de polaridade não são essenciais, porque essas tensões são sempre referenciadas positivamente em relação ao terra. Do mesmo modo, a referência de polaridade para V_o poderia ter sido omitida.

Por divisão de tensão,

$$V_+ = V_- = \frac{12}{12+8} V_o = 0{,}6 V_o$$

Com $V_- = 0{,}6 V_o$, a equação da tensão de nó no terminal da entrada inversora é

$$\frac{6 - 0{,}6 V_o}{4} + \frac{V_o - 0{,}6 V_o}{16} = 0 \qquad \text{que simplificado gera} \qquad V_o = 12 \text{ V}$$

A corrente I_o pode ser obtida a partir da aplicação da LKC no terminal de saída do amp op:

$$I_o = \frac{12}{10} + \frac{12}{8+12} + \frac{12 - 0{,}6(12)}{16} = 2{,}1 \text{ mA}$$

6.15 Determine V_o e I_o no circuito da Fig. 6-20.

A tensão V_o pode ser obtida mediante equações nodais, no terminal da entrada inversora e no nó V_1, e utilizando o fato de que o terminal de entrada de inversão é efetivamente um terra. A partir da soma de correntes que entram no terminal inversor e contrário ao nó V_1, essas equações são

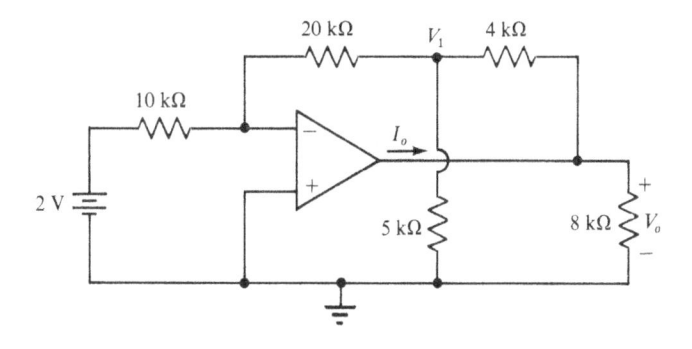

Figura 6-20

$$\frac{2}{10} + \frac{V_1}{20} = 0 \quad \text{e} \quad \frac{V_1}{20} + \frac{V_1}{5} + \frac{V_1 - V_o}{4} = 0$$

que são simplificadas para

$$V_1 = -4\,\text{V} \quad \text{e} \quad 10V_1 - 5V_o = 0$$

Consequentemente,

$$V_o = 2V_1 = 2(-4) = -8\,\text{V}$$

Finalmente, V_o é igual à soma das correntes que circulam ao longo do terminal de saída do amp op através dos resistores de 8 kΩ e de 4 kΩ:

$$I_o = \frac{-8}{8} + \frac{-8-(-4)}{4} = -2\,\text{mA}$$

6.16 Encontre V_o para o circuito da Fig. 6-21.

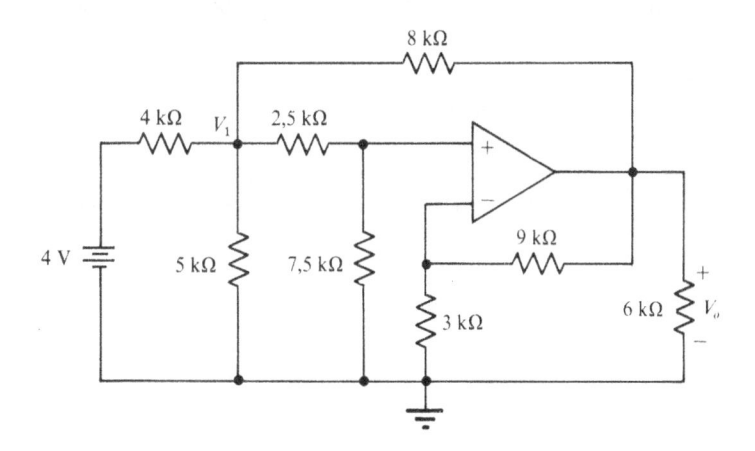

Figura 6-21

A equação das tensões dos nós no nó V_1 é

$$\left(\frac{1}{5} + \frac{1}{4} + \frac{1}{2,5+7,5} + \frac{1}{8}\right)V_1 - \frac{1}{8}V_o = \frac{4}{4}$$

o qual, após a multiplicação por 40, torna-se $27V_1 - 5V_o = 40$. Além disso, por divisão de tensão,

$$V_+ = \frac{7,5}{7,5+2,5}V_1 = 0,75V_1$$

Além disso, uma vez que o amp op e os resistores de 9 kΩ e de 3 kΩ formam um amplificador não inversor, teremos

$$V_o = (1 + \tfrac{9}{3})(0{,}75V_1) = 3V_1 \quad \text{ou} \quad V_1 = \tfrac{1}{3}V_o$$

Finalmente, por substituição de V_1 na equação de tensão nodal

$$27\left(\frac{V_o}{3}\right) - 5V_o = 40 \quad \text{e então} \quad V_o = 10 \text{ V}$$

6.17 Determine V_o no circuito da Fig. 6-22.

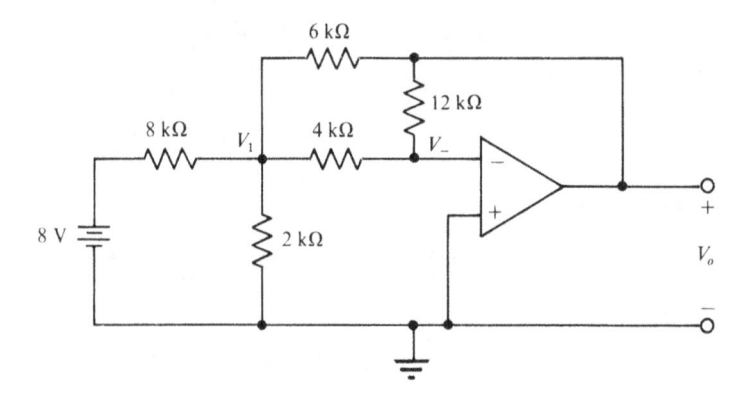

Figura 6-22

Uma vez que $V_- = 0$ V, as equações de tensão nodal do nó V e nos terminais da entrada inversora são:

$$\frac{V_1}{2} + \frac{V_1}{4} + \frac{V_1 - 8}{8} + \frac{V_1 - V_o}{6} = 0 \quad \text{e} \quad \frac{V_1}{4} + \frac{V_o}{12} = 0$$

Multiplicando a primeira equação por 24 e a segunda equação por 12, temos:

$$25V_1 - 4V_o = 24 \quad \text{e} \quad 3V_1 + V_o = 0$$

a partir do qual V_o pode ser obtido: $V_o = -1{,}95$ V.

6.18 Assuma para o amplificador operacional no circuito da Fig. 6-23 que as tensões de saturação são $V_o = \pm 14$ V e que $R_f = 6$ kΩ. Em seguida, determine a máxima resistência R_a que resulta na saturação do amp op.

O circuito da Fig. 6-23 é um amplificador não inversor, com ganho de tensão igual a $G = 1 + 6/2 = 4$. Por conseguinte, $V_o = 4V_+$ e, por saturação no nível positivo (a única saturação possível), $V_+ = 14/4 = 3{,}5$ V. A resistência de R_a que resultará nessa tensão pode ser obtida usando divisão de tensão:

$$V_+ = \frac{10}{10 + R_a} \times 4{,}9 = 3{,}5 \quad \text{ou} \quad 49 = 35 + 3{,}5R_a$$

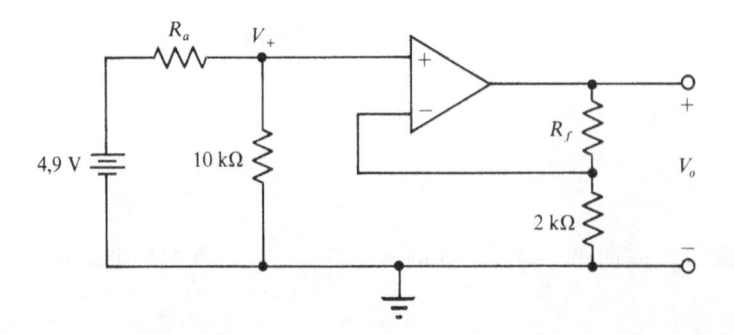

Figura 6-23

e, assim,

$$R_a = \frac{14}{3,5} = 4 \text{ k}\Omega$$

Esse é o valor máximo da resistência de R_a para o qual existe saturação. Na verdade, a saturação ocorre por $R_a \leq 4$ kΩ.

6.19 No circuito da Fig. 6-23, suponha que $R_a = 2$ kΩ e então encontre qual será o valor da resistência de R_f para o amp op operar no modo linear. Suponha tensões de saturação $V_o = \pm 14$ V.

Com $R_a = 2$ kΩ, a tensão V_+ é, por divisão de tensão,

$$V_+ = \frac{10}{10 + 2} \times 4,9 = 4,08 \text{ V}$$

Então, para $V_o = 14$ V, a equação da tensão de saída é

$$14 = 4,08\left(1 + \frac{R_f}{2}\right) = 4,08 + 2,04 R_f$$

Portanto,

$$R_f = \frac{14 - 4,08}{2,04} = 4,86 \text{ k}\Omega$$

Claramente, então, para V_o ter um valor menor que a tensão de saturação de 14 V, a resistência do resistor de realimentação R_f deve ser inferior a 4,86 kΩ.

6.20 Obtenha o equivalente de Thévenin do circuito da Fig. 6-24 com a referência positiva de V_{Th} no terminal a.

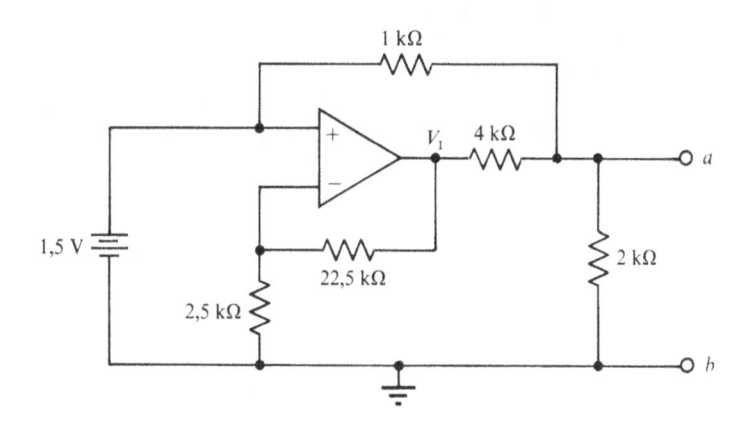

Figura 6-24

Por inspeção, a parte do circuito que compreende o amp op e os resistores de 2,5 kΩ e 22,5 kΩ é um amplificador não inversor. Por conseguinte,

$$V_1 = \left(1 + \frac{22,5}{2,5}\right) \times 1,5 = 15 \text{ V}$$

Uma vez que $V_{Th} = V_{ab}$, a equação de tensão nodal no terminal a é

$$\frac{V_{Th}}{2} + \frac{V_{Th} - 1,5}{1} + \frac{V_{Th} - 15}{4} = 0 \qquad \text{e então} \qquad V_{Th} = 3 \text{ V}$$

ANÁLISE DE CIRCUITOS

Se um curto-circuito for colocado entre os terminais a e b, temos:

$$I_{sc} = I_{ab} = \frac{1,5}{1} + \frac{15}{4} = 5,25 \text{ mA}$$

Consequentemente,

$$R_{Th} = \frac{V_{Th}}{I_{sc}} = \frac{3}{5,25} = 0,571 \text{ k}\Omega$$

6.21 Calcule V_o no circuito da Fig. 6-25.

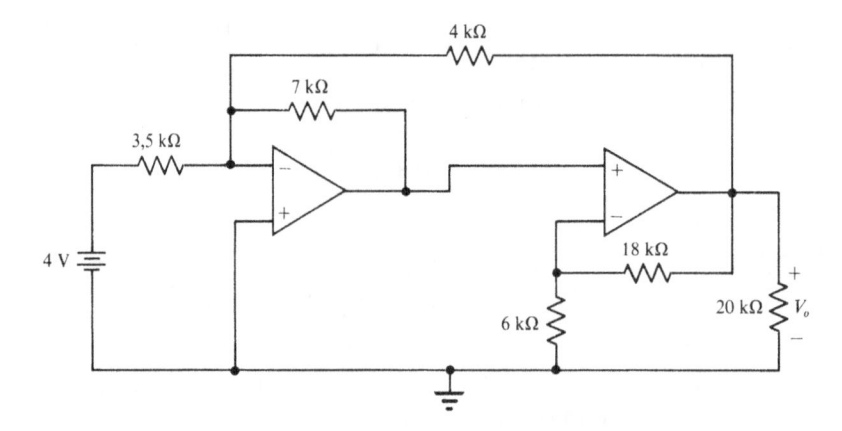

Figura 6-25

Embora a análise nodal possa ser aplicada, é mais simples visualizar esse circuito como um somador em cascata com um amplificador não inversor. O somador tem duas entradas, V_o e 4 V. Por conseguinte, pela utilização do somador e das fórmulas de tensão do não inversor,

$$V_o = -\left(\frac{7}{3,5} \times 4 + \frac{7}{4}V_o\right)\left(1 + \frac{18}{6}\right) = -32 - 7V_o$$

Deste modo,

$$8V_o = -32 \quad \text{e} \quad V_o = -4 \text{ V}$$

6.22 Encontre V_o no circuito da Fig. 6-26.

O circuito da Fig. 6-26 pode ser visto como dois somadores em cascata, tendo V_o como uma das duas entradas para o primeiro somador. A outra entrada é 3 V. Em seguida, a saída V_1 do primeiro somador é

$$V_1 = -\left[\tfrac{12}{2}(3) + \tfrac{12}{6}V_o\right] = -18 - 2V_o$$

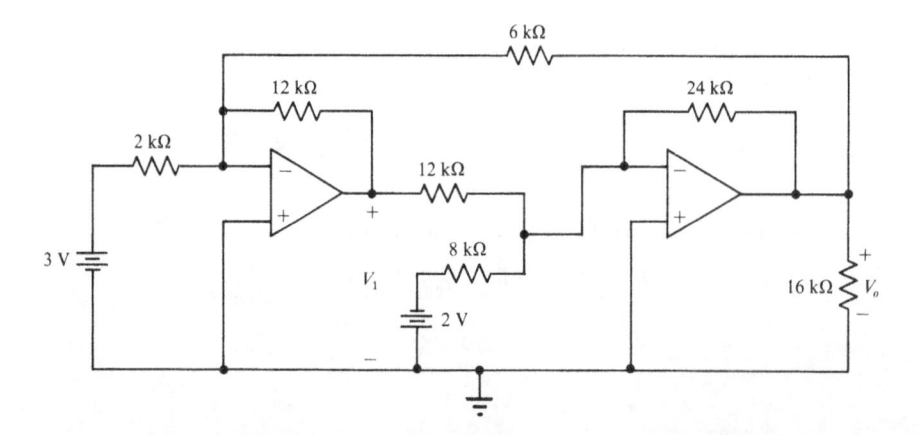

Figura 6-26

A saída V_o do segundo somador é:

$$V_o = -[\tfrac{24}{8}(-2) + \tfrac{24}{12}V_1] = 6 - 2V_1$$

Substituindo por V_1, temos:

$$V_o = 6 - 2(-18 - 2V_o) = 6 + 36 + 4V_o$$

Finalmente, $V_o = -\tfrac{42}{3} = -14$ V.

6.23 Determine V_o no circuito da Fig. 6-27.

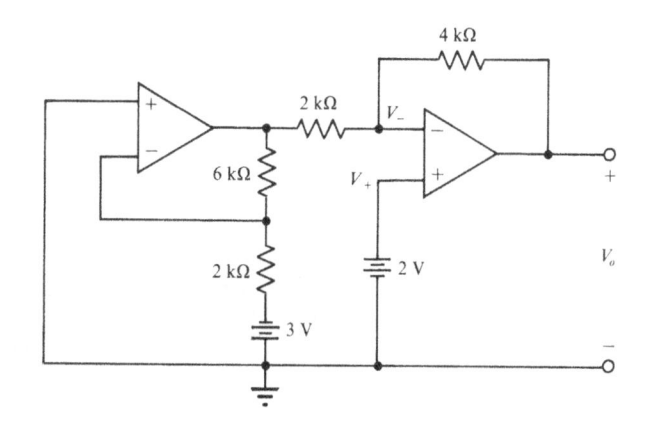

Figura 6-27

Nesse arranjo em cascata, o primeiro circuito amp op é um amplificador inversor. Consequentemente, a tensão de saída do amp op é $-(6/2)(-3) = 9$ V. Para o segundo amp op, observe que $V_- = V_+ = 2$ V. Assim, a equação nodal no terminal de entrada do inversor é

$$\frac{9-2}{2} + \frac{V_o - 2}{4} = 0 \qquad \text{e, assim,} \qquad V_o = -12 \text{ V}$$

Talvez a melhor abordagem para o segundo circuito amp op seja a aplicação da superposição, como segue:

$$V_o = -\tfrac{4}{2}(9) + (1 + \tfrac{4}{2})(2) = -18 + 6 = -12 \text{ V}$$

6.24 Encontre V_{1o} e V_{2o} para o circuito da Fig. 6-28.

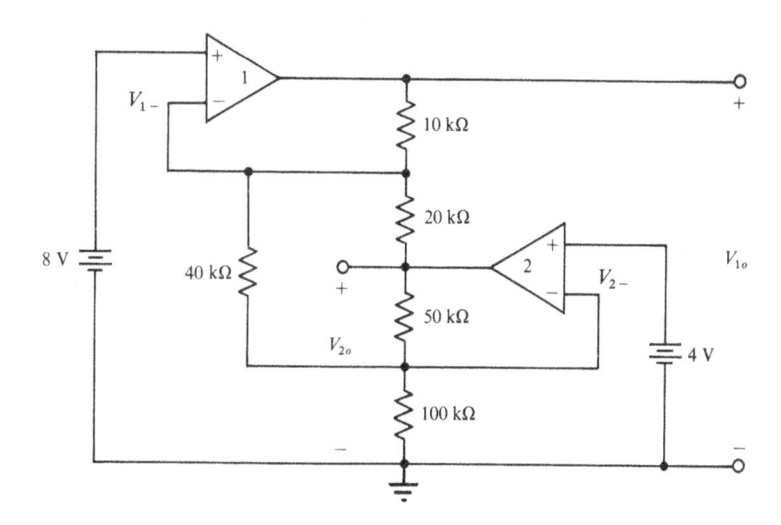

Figura 6-28

Antes de iniciar a análise, observe que, devido à tensão zero através dos terminais de entrada do amp op, as tensões da entrada inversora são $V_{1-} = 8$ V e $V_{2-} = 4$ V. As duas equações necessárias para relacionar as tensões de saída podem ser obtidas pela aplicação da LKC nos dois terminais de entrada do inversor. Essas equações são

$$\frac{8-V_{1o}}{10} + \frac{8-V_{2o}}{20} + \frac{8-4}{40} = 0 \quad \text{e} \quad \frac{4-V_{2o}}{50} + \frac{4}{100} + \frac{4-8}{40} = 0$$

Simplificando essas equações, temos

$$V_{1o} + 2V_{2o} = 52 \quad \text{e} \quad 2V_{2o} = 2$$

As soluções para as equações são $V_{1o} = 12,5$ V e $V_{2o} = 1$ V.

6.25 Para o circuito da Fig. 6-29, calcule V_{1o}, V_{2o}, I_1 e I_2. Suponha que as tensões de saturação do amp op sejam ± 14 V.

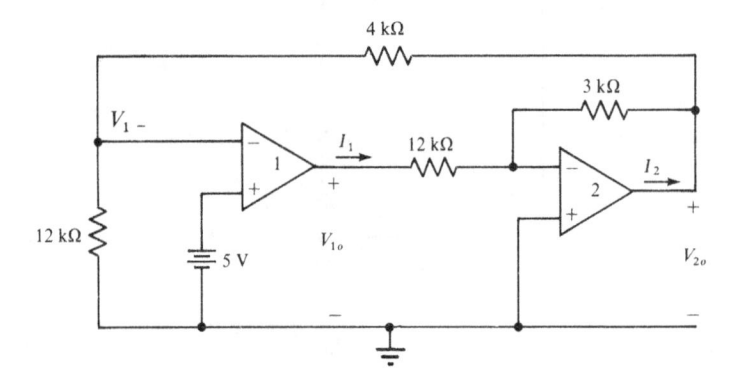

Figura 6-29

Observe que o amp op 1 não tem qualquer realimentação negativa e, assim, provavelmente, está em saturação. Essa saturação é em 14 V por causa dos 5 V aplicados ao terminal de entrada *não inversor*. Suponha que isso seja assim. Em seguida, 14 V é uma entrada para a parte do circuito que contém o amp op 2, que é um inversor. Consequentemente, $V_{2o} = -(3/12)(14) = -3,5$ V. Assim, por divisão de tensão,

$$V_{1-} = \frac{12}{12+4}(-3,5) = -2,625 \text{ V}$$

Uma vez que essa tensão negativa é aplicada à entrada inversora do amp op 1, ambas as entradas para o presente amp op tendem a tornar a saída do amp op positiva. Além disso, a tensão entre os terminais de entrada do amp op não é aproximadamente zero. Por esses motivos, a hipótese de que o amp op 1 está saturado com o nível de saturação positivo é confirmada. Portanto, $V_{1o} = 14$ V e $V_{2o} = -3,5$ V. Finalmente, pela LKC,

$$I_1 = \frac{14}{12} = 1,17 \text{ mA} \quad \text{e} \quad I_2 = \frac{-3,5}{3} + \frac{-3,5}{4+12} = -1,39 \text{ mA}$$

Problemas Complementares

6.26 Obtenha uma expressão para a corrente de carga i_L no circuito da Fig. 6-30 e mostre que esse circuito é um conversor de tensão para corrente, ou uma fonte de corrente constante, adequado para uma resistência de carga conectado ao terra.

Resp. $I_L = -v_i/R$; i_L é proporcional ao v_i e é independente de R_L

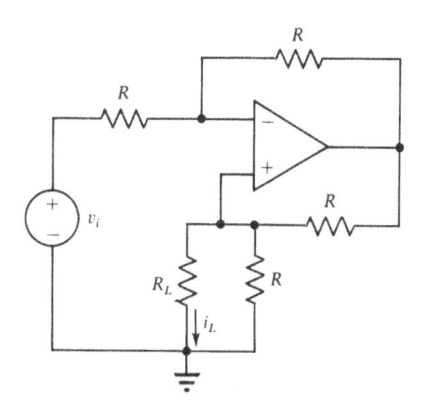

Figura 6-30

6.27 Encontre V_o no circuito da Fig. 6-31.

Resp. −4 V

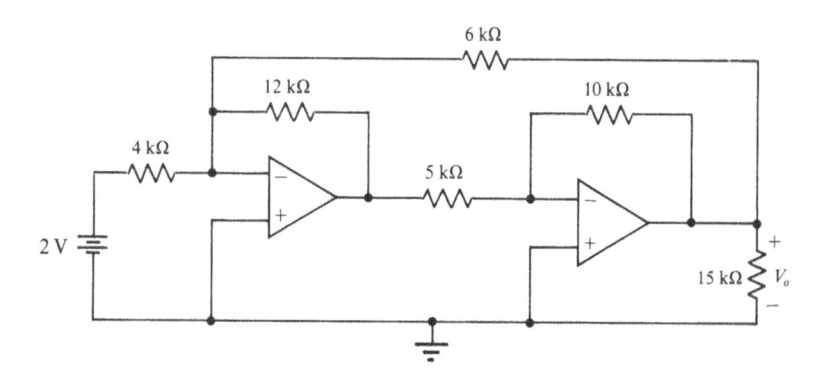

Figura 6-31

6.28 Para o somador da Fig. 6-5, assuma que $R_b = 12$ kΩ e obtenha os valores de R_a, R_c e R_f, que irão resultar em uma tensão de saída $v_o = -(8v_a + 4v_b + 6v_c)$.

Resp. $R_a = 6$ kΩ, $R_c = 8$ kΩ e $R_f = 48$ kΩ

6.29 Para o circuito da Fig. 6-32, determine V_o e I_o para $V_a = 6$ V e $V_b = 0$ V.

Resp. −5 V, −0,625 mA

6.30 Repita o Problema 6.29 para $V_a = 16$ V e $V_b = 4$ V.

Resp. 10 V, 1,08 mA

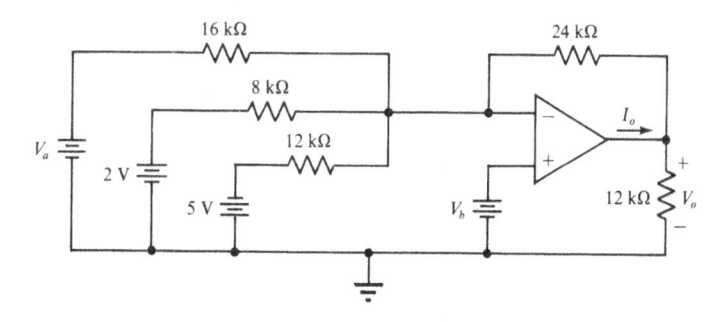

Figura 6-32

6.31 Para o circuito da Fig. 6-32, suponha que as tensões de saturação do amp op sejam de ± 14 V e que $V_b = 0$ V. Determine o intervalo de V_a para operação linear.

Resp. $-6{,}67 \text{ V} < V_a < 12 \text{ V}$

6.32 Para o amplificador diferenciador da Fig. 6-16, assuma $R_f = 12$ kΩ e determine os valores de R_a, R_b e R_c para obter $v_o = v_b - 2v_a$.

Resp. $R_a = 6$ kΩ; R_b e R_c possuem resistências de modo que $R_b = 2R_c$

6.33 No circuito da Fig. 6-33, seja $V_s = 4$ V e calcule V_o e I_o.

Resp. 7,2 V, 1,8 mA

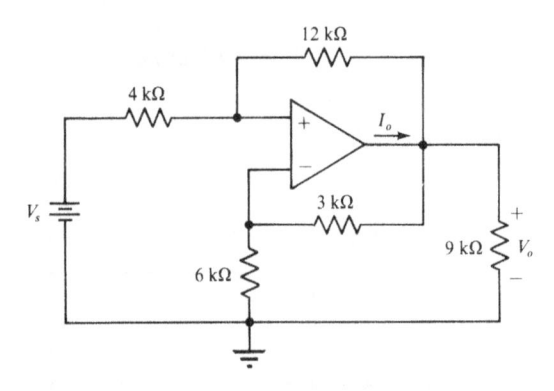

Figura 6-33

6.34 Para o circuito amp op da Fig. 6-33, encontre a intervalo de V_s para operação linear se as tensões de saturação do amp op são $V_o = \pm 14$ V.

Resp. $-7{,}78 \text{ V} < V_s < 7{,}78 \text{ V}$

6.35 Para o circuito da Fig. 6-34, calcule V_o e I_o para $V_a = 0$ V e $V_b = 12$ V.

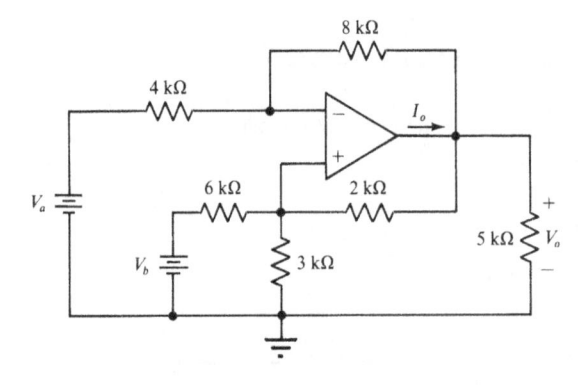

Resp. -12 V, $-7{,}4$ mA

Figura 6-34

6.36 Repita o Problema 6.35 para $V_a = 4$ V e $V_b = 8$ V.

Resp. 8 V, 3,27 mA

6.37 Determine V_o e I_o no circuito da Fig. 6-35 para $V_a = 1{,}5$ V e $V_b = 0$ V.

Resp. -11 V, $-6{,}5$ mA

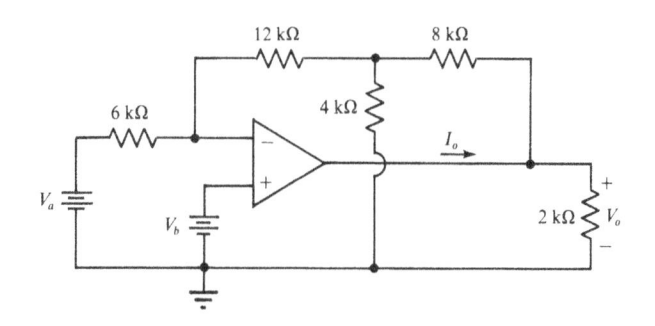

Figura 6-35

6.38 Repita o Problema 6.37 para $V_a = 5$ V e $V_b = 3$ V.

Resp. $-5{,}67$ V, $-3{,}42$ mA

6.39 Obtenha V_o e I_o no circuito da Fig. 6-36 para $V_a = 12$ V e $V_b = 0$ V.

Resp. $10{,}8$ V, $4{,}05$ mA

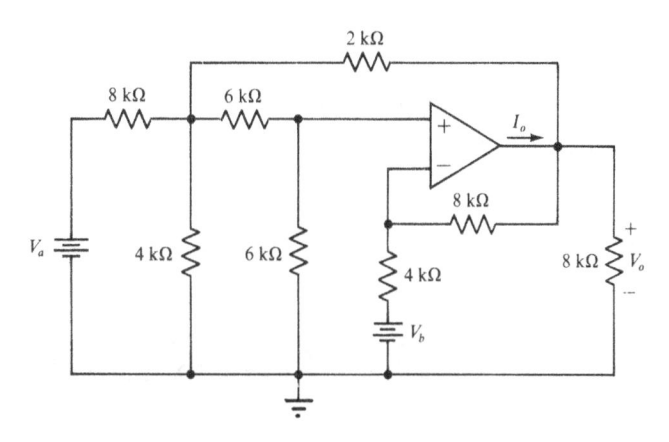

Figura 6-36

6.40 Repita o Problema 6.39 para $V_a = 4$ V e $V_b = 2$ V.

Resp. $-14{,}8$ V, $-7{,}05$ mA

6.41 No circuito da Fig. 6-37, calcule V_o se $V_s = 4$ V.

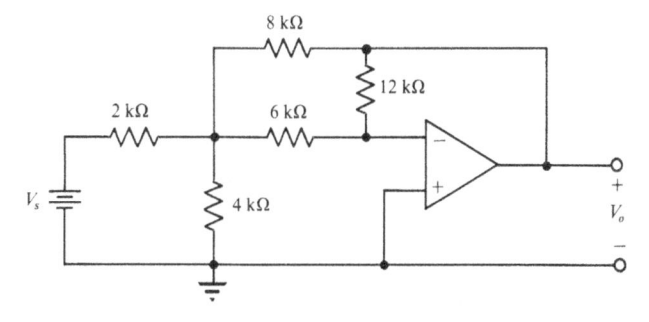

Resp. $-3{,}10$ V

Figura 6-37

6.42 Assuma para o circuito da Fig. 6-37 que as tensões de saturação do amp op são $V_o = \pm 14$ V. Determine o valor mínimo positivo de V_s que irá produzir a saturação.

Resp. 18,1 V

6.43 Assuma para o amp op do circuito da Fig. 6-38 que as tensões de saturação são $V_o = \pm 14$V e que $R_f = 12$ kΩ. Calcule o intervalo de valores de R_a que irão resultar em saturação do amp op.

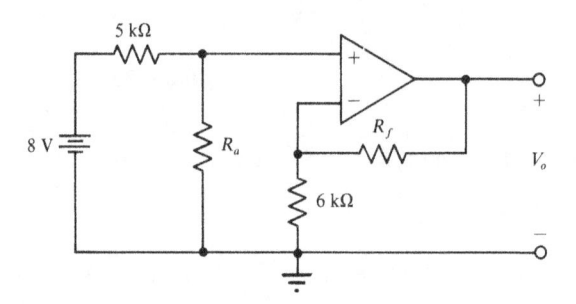

Resp. $R_a \geq 7$ kΩ

Figura 6-38

6.44 Assuma para o circuito amp op da Fig. 6-38 que $R_a = 10$ kΩ e que as tensões de saturação do amp op são $V_o = \pm 13$ V. Determine o intervalo de R_f que irá resultar em operação linear.

Resp. $0 \, \Omega \leq R_f \leq 8{,}625$ kΩ

6.45 Obtenha o equivalente de Thévenin do circuito da Fig. 6-39 para $V_s = 4$ V e $R_f = 8$ kΩ. Considere a referência V_{Th} positiva na direção do terminal a.

Resp. 5,33 V, 1,33 kΩ

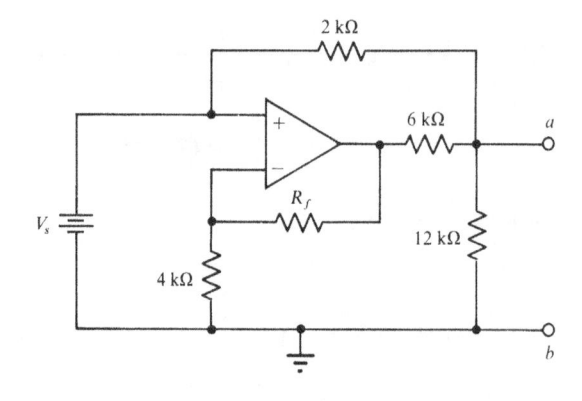

Figura 6-39

6.46 Repita o Problema 6.45 para $V_s = 5$ V e $R_f = 6$ kΩ.

Resp. 6,11 V, 1,33 kΩ

6.47 Calcule V_o no circuito da Fig. 6-40, substituindo R_f por um circuito aberto.

Resp. 8 V

6.48 Repita o Problema 6.47 para $R_f = 4$ kΩ.

Resp. −4,8 V

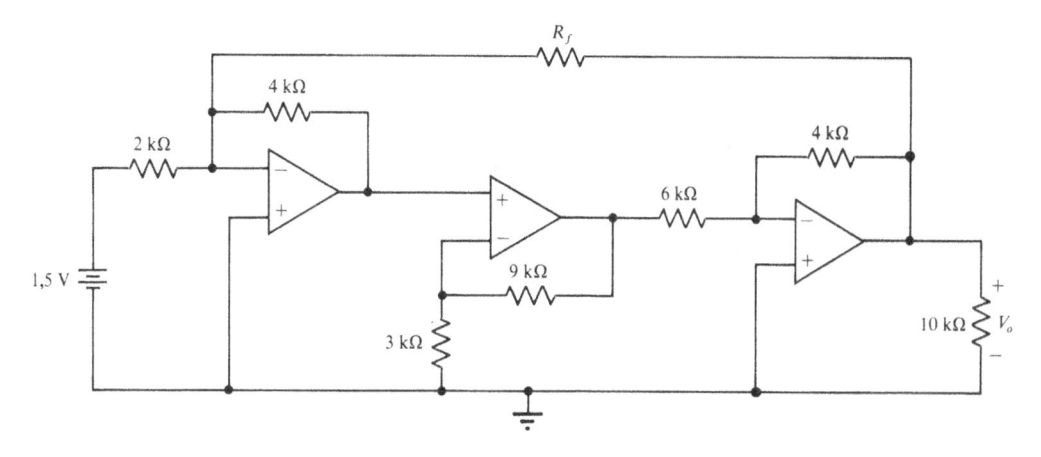

Figura 6-40

6.49 Calcule V_o no circuito da Fig. 6-41 para $V_a = 2$ V e $V_b = 0$ V.

Resp. 1,2 V

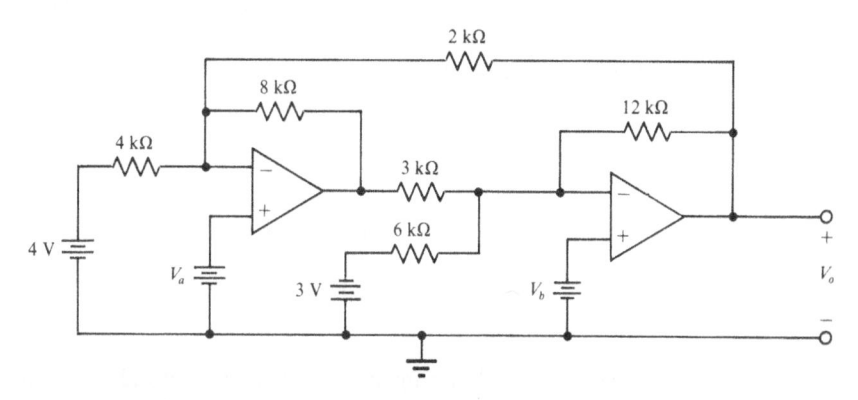

Figura 6-41

6.50 Repita o Problema 6.49 para $V_a = 3$ V e $V_b = 2$ V.

Resp. 2,13 V

6.51 Determine V_{1o} e V_{2o} no circuito da Fig 6-42.

Resp. $V_{1o} = 1,6$ V, $V_{2o} = 10,5$ V

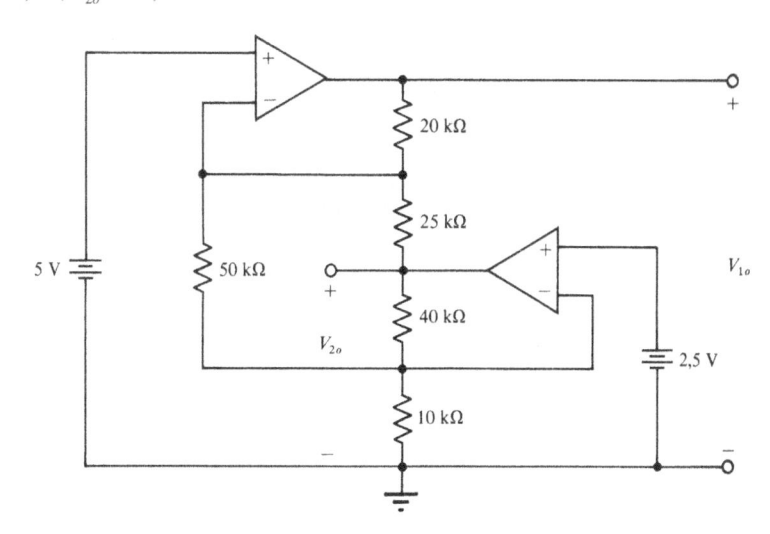

Figura 6-42

Capítulo 7

Capacitores e Capacitância

INTRODUÇÃO

Um *capacitor* consiste em dois condutores separados por um isolador. A principal característica de um capacitor é sua capacidade de armazenar carga elétrica, com carga negativa sobre um de seus dois condutores e carga positiva sobre o outro. Acompanhando essa carga está a energia que um capacitor pode liberar. A Fig. 7-1 mostra o símbolo utilizado para um capacitor.

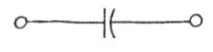

Figura 7-1

CAPACITÂNCIA

A *capacitância*, propriedade elétrica dos capacitores, é a medida da capacidade do capacitor de armazenar cargas sobre seus dois condutores. Especificamente, se a diferença de potencial entre os dois condutores é V volts quando há uma carga positiva de Q coulombs sobre um condutor e uma carga negativa do mesmo valor no outro, o capacitor tem uma capacitância de

$$C = \frac{Q}{V}$$

onde C é o símbolo de capacitância.

A unidade de capacitância no SI é o *farad*, com o símbolo F. Infelizmente, o farad é uma unidade muito grande para aplicações, de modo que o microfarad (μF) e picofarad (pF) são muito mais comuns.

CONSTRUÇÃO DO CAPACITOR

Um tipo comum de capacitor é o capacitor de placa paralela da Fig. 7-2a. Esse capacitor tem duas placas condutoras espaçadas, que podem ser retangulares, como mostrado, mas que muitas vezes são circulares. O isolante entre as placas é chamado de *dielétrico*. O dielétrico na Fig. 7-2a é o ar e, na Fig. 7-2b, é uma placa de isolante sólido.

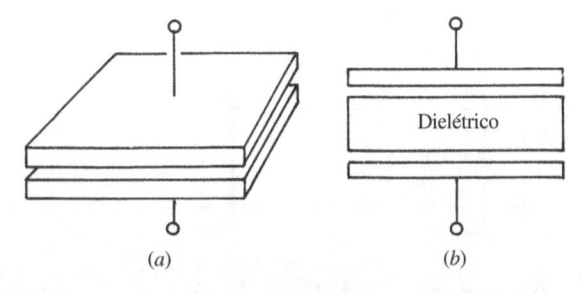

Figura 7-2

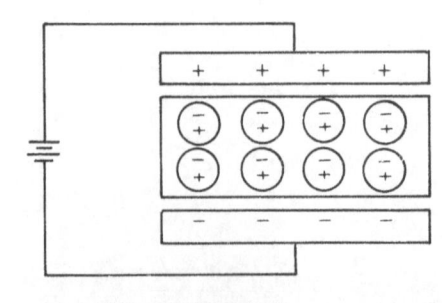

Figura 7-3

Uma fonte de tensão conectada a um capacitor, como mostrado na Fig. 7-3, faz o capacitor tornar-se carregado. Os elétrons da placa superior são atraídos pelo terminal positivo da fonte e passam através da fonte para o terminal negativo, onde eles são repelidos para a placa de inferior. Como cada elétron perdido pela placa superior é obtido pela placa inferior, o valor da carga Q é o mesmo em ambas as placas. Certamente, a tensão através do capacitor a partir dessa carga é exatamente igual à tensão da fonte. O trabalho realizado pela fonte de tensão sobre os elétrons para movê-los para a placa inferior transforma-se em energia armazenada no capacitor.

Para um capacitor de placas paralelas, a capacitância em farad é

$$C = \varepsilon \frac{A}{d}$$

onde A é a área de uma das placas em metros quadrados, d é a distância de separação em metros e ε é a *permissividade* do dielétrico em farad por metro (F/m). Quanto maior a área da placa ou menor separação da placa, ou maior a permissividade do dielétrico, maior será a capacitância.

A permissividade ε se refere aos efeitos atômicos no dielétrico. Como mostrado na Fig. 7-3, a carga sobre as placas do capacitor altera os átomos do dielétrico, resultando na existência de uma carga negativa sobre a superfície superior do dielétrico e uma carga positiva sobre a superfície inferior do dielétrico inferior. Essa carga dielétrica neutraliza parcialmente os efeitos da carga armazenada e permite um aumento na carga para a mesma tensão.

A permissividade do vácuo, designada por ε_0, é 8,85 pF/m. As permissividades de outros dielétricos estão relacionadas com as do vácuo por um fator chamado de *constante dielétrica* ou *permissividade relativa*, designada por ε_r. A relação é $\varepsilon = \varepsilon_r \varepsilon_0$. As constantes dielétricas de alguns dielétricos comuns são 1,006 para ar, 2,5 para papel parafinado, 5 para mica, 7,5 para vidro e 7.500 para a cerâmica.

CAPACITÂNCIA TOTAL

A capacitância total ou equivalente (C_T ou C_{eq}) de capacitores em paralelos, como visto na Fig. 7-4a, pode ser encontrada a partir da carga total armazenada e da fórmula $Q = CV$. A carga total armazenada Q_T é igual à soma das cargas individuais armazenadas: $Q_T = Q_1 + Q_2 + Q_3$. Com a substituição apropriada de $Q = CV$ para cada Q, a equação torna-se $C_T V = C_1 V + C_2 V + C_3 V$. Após a divisão por V, reduz-se a $C_T = C_1 + C_2 + C_3$. Como o número de capacitores não é significativo nessa derivação, o resultado pode ser generalizado para qualquer número de capacitores em paralelos:

$$C_T = C_1 + C_2 + C_3 + C_4 + \cdots$$

Então, a capacitância total ou equivalente de capacitores em paralelos é a soma das capacitâncias individuais.

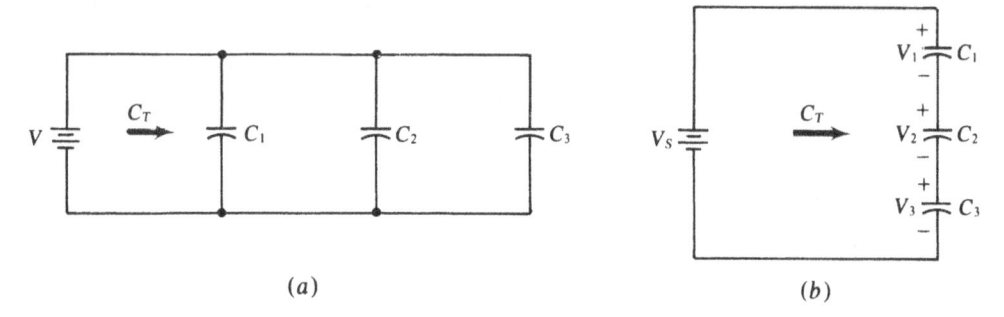

Figura 7-4

Para capacitores em série, como mostrado na Fig. 7-4b, a fórmula para a capacitância total é derivada pela substituição Q/C para cada V na equação da LKT. O Q em cada termo é o mesmo, porque a carga obtida por uma placa de qualquer capacitor deve ter vindo de uma placa de um capacitor adjacente. A equação da LKT para o circuito mostrado na Fig. 7-4b é $V_S = V_1 + V_2 + V_3$. Com a substituição apropriada de Q/C para cada V, a equação torna-se:

$$\frac{Q}{C_T} = \frac{Q}{C_1} + \frac{Q}{C_2} + \frac{Q}{C_3} \quad \text{ou} \quad \frac{1}{C_T} = \frac{1}{C_1} + \frac{1}{C_2} + \frac{1}{C_3}$$

após a divisão por Q. Isso pode também ser escrito como:

$$C_T = \frac{1}{1/C_1 + 1/C_2 + 1/C_3}$$

Generalizando,

$$C_T = \frac{1}{1/C_1 + 1/C_2 + 1/C_3 + 1/C_4 + \cdots}$$

que especifica que a capacitância total de capacitores em série é igual ao inverso da soma dos inversos das capacitâncias individuais. Observe que a capacitância total de capacitores em série é encontrada da mesma maneira que a resistência total de resistores em paralelo.

Para o caso especial de N capacitores em série, com a mesma capacitância C, a fórmula pode ser simplificada para $C_T = C/N$, e para dois capacitores em série é $C_T = C_1 C_2 /(C_1 + C_2)$.

ARMAZENAMENTO DE ENERGIA

Assim como pode ser demonstrado utilizando cálculo, a energia armazenada em um capacitor é

$$W_C = \tfrac{1}{2}CV^2$$

onde W_C é em joules, C em farads e V em volts. Observe que essa energia armazenada não depende da corrente do capacitor.

TENSÕES E CORRENTES VARIÁVEIS NO TEMPO

Nos circuitos CC resistivos, as correntes e tensões são constantes – nunca variam. Mesmo que chaves sejam incluídas, a operação de comutação pode, no máximo, causar uma tensão ou corrente para comutar de um nível constante para o outro (o "salto" significa uma alteração de um valor para outro em tempo igual a zero). Quando capacitores são incluídos, porém, é raro uma tensão ou uma corrente saltar de um nível constante para outro quando as chaves são abertas ou fechadas. Algumas tensões ou correntes podem, inicialmente, mudar, mas as mudanças quase nunca são os valores finais. Em vez disso, eles variam de valores a partir dos quais as tensões ou correntes alteram *exponencialmente* para os seus valores finais. Essas tensões e correntes *variam com o tempo*.

Os símbolos das grandezas variáveis com o tempo são distinguidos daqueles de grandezas constantes pelo uso de letras minúsculas em vez de letras maiúsculas. Por exemplo, v e i são os símbolos para tensões e correntes variando no tempo. Às vezes, o t minúsculo, para tempo, é utilizado como argumento com símbolos minúsculos como em $v(t)$ e $i(t)$. Os valores numéricos de v e i são chamados de *valores instantâneos* ou *tensões e correntes instantâneas*, porque esses valores dependem de (variam de acordo com) instantes exatos de tempo.

Conforme explicado no Capítulo 1, uma corrente constante é o quociente entre a carga Q, que passa em um ponto em um fio, e o tempo T necessário para a carga passar: $I = Q/T$. O tempo T específico não é importante, porque a carga em um circuito CC resistivo flui a uma taxa constante. Isso significa que, duplicando o tempo T, a carga Q duplica, triplicando o tempo triplica a carga e assim por diante, mantendo I constante.

Para uma corrente variando no tempo, o valor de i geralmente muda a cada instante. Assim, encontrar a corrente em um determinado instante requer o uso de um intervalo de tempo Δt muito pequeno. Se uma pequena carga Δq flui durante esse intervalo de tempo, então a corrente é de aproximadamente $\Delta q/\Delta t$. Para um valor exato de corrente, o quociente deve ser encontrado no limite em que Δt se aproxima de zero ($\Delta t \to 0$):

$$i = \lim_{\Delta t \to 0} \frac{\Delta q}{\Delta t} = \frac{dq}{dt}$$

Esse limite, designado por dq/dt, é chamado de *derivada* de carga em relação ao tempo.

CORRENTE NO CAPACITOR

Uma equação para a corrente no capacitor pode ser encontrada substituindo $q = Cv$ por $i = dq/dt$:

$$i = \frac{dq}{dt} = \frac{d}{dt}(Cv)$$

No entanto, C é uma constante, e constantes podem ser fatoradas em uma derivada. O resultado é

$$i = C\frac{dv}{dt}$$

assumindo referências associadas. Se as referências não estão associadas, um sinal negativo deve ser incluído. Essa equação especifica que a corrente de um capacitor, em qualquer momento, é igual ao produto da capacitância e a taxa de variação da tensão naquele momento. Mas a corrente *não* depende do valor da tensão naquele momento.

Se uma tensão no capacitor é constante, então a tensão não está mudando e, assim, dv/dt é zero, fazendo com que a corrente no capacitor seja zero. Claro que, a partir de considerações físicas, se uma tensão no capacitor é constante, nenhuma carga pode estar entrando ou saindo do capacitor, o que significa que a corrente no capacitor é zero. Com uma tensão sobre ele e um fluxo de corrente zero através dele, o capacitor age como um circuito aberto: *um capacitor é um circuito aberto para circuitos CC*. Lembre-se, porém, de que somente após a tensão no capacitor tornar-se constante é que o capacitor age como um circuito aberto. Os capacitores são frequentemente usados em circuitos eletrônicos para bloquear correntes e tensões CC.

Outro fato importante a partir de $i = C\,dv/dt$ ou $i \simeq C\Delta v/\Delta t$ é que *a tensão no capacitor não pode saltar*. Se, por exemplo, a tensão no capacitor pudesse saltar de 3 V a 5 V ou, em outras palavras, mudasse 2 V em tempo zero, então o Δv seria 2 e o Δt seria 0, resultando que a corrente no capacitor seria infinita. Uma corrente infinita é impossível porque nenhuma fonte pode fornecer tal corrente. Além disso, tal fluxo de corrente através de um resistor produziria uma perda de energia infinita, e não há fontes de potência infinita e nem resistores que possam absorver tal potência. A corrente no capacitor não tem qualquer restrição similar. Ela pode saltar ou até mesmo mudar de direção, instantaneamente. A tensão no capacitor sem variação significa que uma tensão no capacitor imediatamente após uma operação de comutação é a mesma que imediatamente antes da operação. Esse é um fato importante para a análise de circuitos capacitor-resistor (RC).

CIRCUITO CC EXCITADO COM UM ÚNICO CAPACITOR

Quando uma chave abre ou fecha em um circuito CC RC com um único capacitor, todas as tensões e correntes que a mudança provoca acontecem exponencialmente a partir de seus valores iniciais para os seus valores constantes finais, como pode ser mostrado a partir de equações diferenciais. Os termos exponenciais em uma expressão de tensão ou corrente são chamados de *termos transitórios* porque, eventualmente, tornam-se zero em circuitos práticos.

A Fig. 7-5 mostra essas mudanças exponenciais para uma operação de comutação em $t = 0$ s. Na Fig. 7-5a, o valor inicial é maior que o valor final, e na Fig. 7-5b o valor final é maior. Embora tanto o inicial e o final sejam mostrados como positivos, ambos podem ser negativos ou um pode ser positivo e outro negativo.

As tensões e correntes aproximam seus valores finais assintoticamente, graficamente falando – isso significa que elas nunca chegam a alcançá-los. Por uma questão prática, no entanto, após cinco constantes de tempo (definidas a seguir), eles estão perto o suficiente desses valores finais que podem ser considerados como eles.

A *constante de tempo*, cujo símbolo é τ, é uma medida do tempo necessária para certas mudanças nas tensões e nas correntes. Para um circuito RC simples com um único capacitor, a constante de tempo é o produto da capacitância pela resistência de Thévenin "vista" pelo capacitor:

$$\text{Constante de tempo } RC = \tau = R_{\text{Th}}C$$

As expressões para as tensões e correntes indicadas na Fig. 7-5 são

$$v(t) = v(\infty) + [v(0+) - v(\infty)]e^{-t/\tau}\ V$$
$$i(t) = i(\infty) + [i(0+) - i(\infty)]e^{-t/\tau}\ A$$

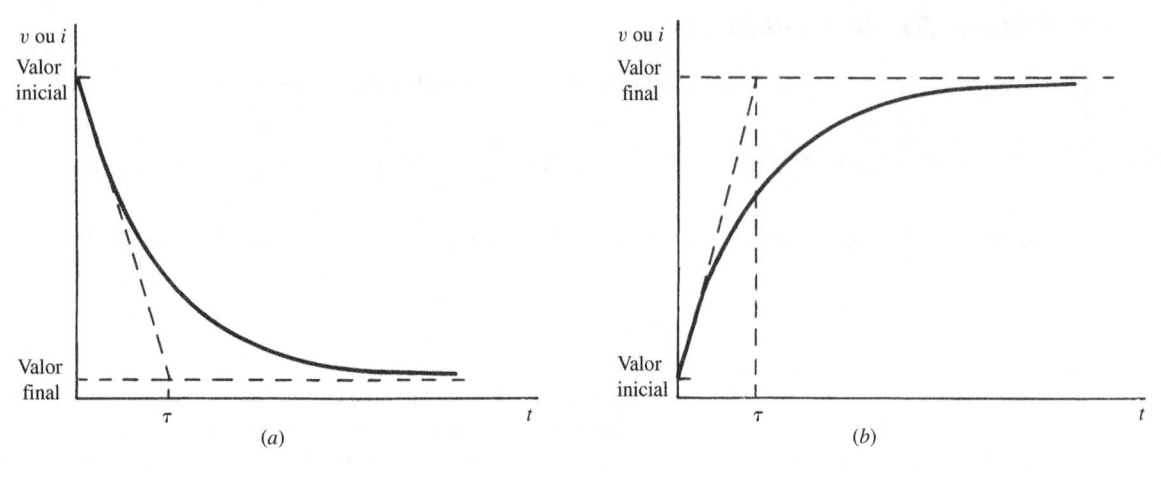

Figura 7-5

para todo o tempo maior que zero ($t > 0$ s). Nessas equações, $v(0+)$ e $i(0+)$ são valores iniciais imediatamente após a comutação; $v(\infty)$ e $i(\infty)$ são valores finais; $e = 2,718$ é a base dos logaritmos naturais; τ é a constante de tempo do circuito em análise. Essas equações se aplicam a todas as tensões e correntes em um circuito linear, *RC*, em circuito com um único capacitor em que as fontes independentes, se houver, são todas CC.

Ao permitir que $t = \tau$ nessas equações, é fácil ver que, em um tempo igual a uma constante de tempo, as mudanças de tensões e correntes chegam a 63,2% da sua variação total de $v(\infty) - v(0+)$ ou $i(\infty) - i(0+)$. Deixando $t = 5\tau$, é fácil observar que, depois de cinco constantes de tempo, as mudanças de tensões e correntes chegam a 99,3% da sua mudança total, e assim podem ser consideradas como seus valores finais para a maioria dos fins práticos.

TEMPORIZADORES E OSCILADORES *RC*

Uma utilização importante para capacitores está em circuitos para medir o tempo – *temporizadores*. Um cronômetro simples consiste em uma chave, um capacitor, um resistor e uma fonte de tensão CC, todos em série. No início de um intervalo de tempo a ser medido, a chave é fechada para fazer o capacitor iniciar a carga. No final do intervalo de tempo, a chave é aberta para parar o carregamento e "armar" a carga do capacitor. A tensão correspondente no capacitor é a medida do intervalo de tempo. Um voltímetro conectado através do capacitor pode ter uma escala de tempo calibrada para dar um tempo de medição direta.

Assim como indicado na Fig. 7-5, por tempos menores que uma constante de tempo, as variações de tensão nos capacitores são quase lineares. Além disso, se obteria a tensão final no capacitor se uma constante de tempo tivesse a taxa de variação constante no seu valor inicial. Essa aproximação de variação linear é válida se o tempo a ser medido for 1/10 ou menos da constante de tempo, ou, dito de outra forma, se a variação da tensão durante o intervalo de tempo for 1/10, ou menos, a diferença entre os valores inicial e final de tensão.

Um circuito de temporização pode ser utilizado com um tubo de gás para fazer um *oscilador* – circuito que produz uma forma de onda de repetitiva. Um tubo de gás tem resistência muito grande – aproximadamente um circuito aberto – para pequenas tensões. No entanto, a uma certa tensão, irá disparar ou, em outras palavras, conduzir e ter uma resistência muito baixa – aproximadamente um curto-circuito para alguns fins. Depois de começar a conduzir, ele continuará a conduzir, mesmo com uma queda de tensão, desde que a tensão não fique muito abaixo de uma tensão em que o tubo pare de queimar (se apaga) e torna-se um circuito aberto novamente.

O circuito mostrado na Fig. 7-6*a* é um oscilador para a produção de uma tensão no capacitor que gera uma onda dente de serra, como mostrado na Fig. 7-6*b*. Se a tensão V_F de disparo do tubo de gás for 1/10 ou menos da tensão da fonte V_S, a tensão no capacitor aumenta linearmente, como mostrado na Fig. 7-6*b*, até V_F, momento *T* em que o tubo a gás conduz. Se a resistência do tubo de gás condutor é pequena e muito menor que a do resistor *R*, o capacitor descarrega rapidamente através do tubo até que a tensão do capacitor caia para V_E, a tensão de extinção, em que

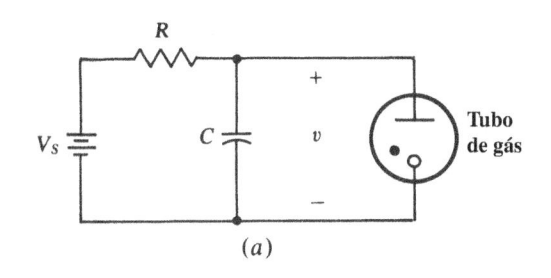

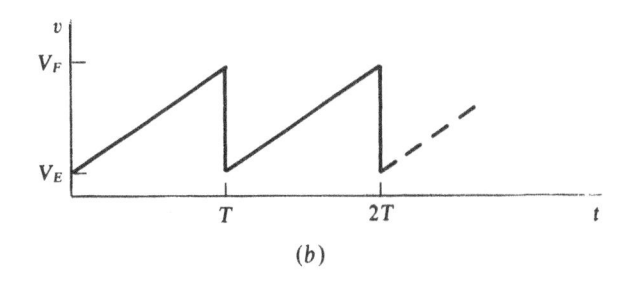

Figura 7-6

não é grande o suficiente para manter o tubo conduzindo. Em seguida, o tubo para de conduzir, o capacitor começa a carregar novamente e o processo se repete indefinidamente. O tempo T para um ciclo de carga e de descarga é chamado de *período*.

Problemas Resolvidos

7.1 Encontre a capacitância de um capacitor inicialmente descarregado para o qual o movimento de 3×10^{15} elétrons a partir de uma placa do capacitor para a outra produz uma tensão no capacitor de 200 V.

A partir da fórmula básica do capacitor $C = Q/V$, em que Q é em coulombs,

$$C = \frac{-3 \times 10^{15} \text{ elétrons}}{200 \text{ V}} \times \frac{-1 \text{ C}}{6{,}241 \times 10^{18} \text{ elétrons}} = 2{,}4 \times 10^{-6} \text{ F} = 2{,}4 \text{ }\mu\text{F}$$

7.2 Qual é a carga armazenada em um capacitor de 2 μF com 10 V sobre ele?

A partir de $C = Q/V$,

$$Q = CV = (2 \times 10^{-6})(10) \text{ C} = 20 \text{ }\mu\text{C}$$

7.3 Qual é a variação de tensão produzida por 8×10^9 elétrons que se deslocam a partir de uma placa para a outra de capacitor de 10 pF inicialmente carregado?

Como $C = Q/V$ é uma relação linear, C refere-se também a alterações na carga e na tensão: $C = \Delta Q/\Delta V$. Nessa equação, ΔQ é a alteração na carga armazenada e ΔV é a variação da tensão. Assim.

$$\Delta V = \frac{\Delta Q}{C} = \frac{-8 \times 10^9 \text{ elétrons}}{10 \times 10^{-12} \text{ F}} \times \frac{-1 \text{ C}}{6{,}241 \times 10^{18} \text{ elétrons}} = 128 \text{ V}$$

7.4 Encontre a capacitância de um capacitor de placa paralela se as dimensões de cada placa retangular são 1 por 0,5 cm e a distância entre as placas é de 0,1 mm. O dielétrico é o ar. Além disso, encontre a capacitância se o dielétrico for mica em vez de ar.

A constante dielétrica de ar é tão próxima de 1 que a permissividade do vácuo pode ser utilizada para o ar na fórmula de placas paralelas do capacitor:

$$C = \varepsilon \frac{A}{d} = \frac{(8{,}85 \times 10^{-12})(10^{-2})(0{,}5 \times 10^{-2})}{0{,}1 \times 10^{-3}} \text{ F} = 4{,}43 \text{ pF}$$

Devido ao fato de a constante dielétrica de mica ser 5, um dielétrico de mica aumenta a capacitância por um fator de 5: $C = 5 \times 4{,}43 = 22{,}1$ pF.

7.5 Encontre a distância entre as placas de um capacitor de placa paralela de 0,01 μF se a área de cada placa é de 0,07 m^2 e o dielétrico é de vidro.

Reorganizando $C = \varepsilon A/d$ e utilizando 7,5 para a constante dielétrica de vidro,

$$d = \frac{\varepsilon A}{C} = \frac{7{,}5(8{,}85 \times 10^{-12})(0{,}07)}{0{,}01 \times 10^{-6}} \text{ m} = 0{,}465 \text{ mm}$$

7.6 Um capacitor tem um dielétrico em forma de disco de cerâmica, que tem um diâmetro 0,5 cm e 0,521 mm de espessura. O disco é revestido em ambos os lados com prata, sendo esse revestimento nas placas. Encontre a capacitância.

Com a constante dielétrica da cerâmica de 7.500 na fórmula do capacitor de placas paralelas,

$$C = \varepsilon \frac{A}{d} = \frac{7.500(8{,}85 \times 10^{-12})[\pi \times (0{,}25 \times 10^{-2})^2]}{0{,}521 \times 10^{-3}} \text{ F} = 2.500 \text{ pF}$$

7.7 Um capacitor de placas paralelas de 1 F tem um dielétrico de cerâmica de 1 mm de espessura. Se as placas são quadradas, encontre o comprimento do lado de uma placa.

Em função de cada placa ser quadrada, o comprimento l de um lado é $l = \sqrt{A}$. A partir disso e com $C = \varepsilon A/d$,

$$l = \sqrt{\frac{dC}{\varepsilon}} = \sqrt{\frac{10^{-3} \times 1}{7.500(8{,}85 \times 10^{-12})}} = 123 \text{ m}$$

Cada lado tem 123 m ou, aproximadamente, 1,3 vezes o comprimento de um campo de futebol. Esse problema demonstra que o farad é uma unidade extremamente grande.

7.8 Quais são as diferentes capacitâncias que podem ser obtidas com um capacitor de 1 e outro de 3 μF?

Os capacitores podem produzir 1 e 3 μF individualmente, $1 + 3 = 4$ μF em paralelo e $(1 \times 3)/(1 + 3) = 0{,}75$ μF em série.

7.9 Encontre a capacitância total C_T do circuito mostrado na Fig. 7-7.

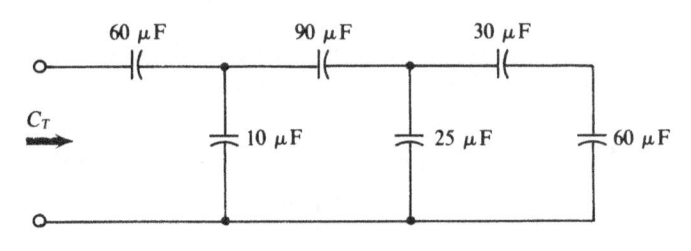

Figura 7-7

Na extremidade oposta à entrada, os capacitores de 30 e 60 μF em série têm uma capacitância total de $30 \times 60/(30 + 60) = 20$ μF. Isso somado à capacitância do capacitor de 25 μF em paralelo resulta em um total de 45 μF à direita do capacitor de 90 μF. As capacitâncias de 45 e 90 μF em série fornecem $45 \times 90/(45 + 90) = 30$ μF. Isso, somado à capacitância do capacitor paralelo de 10 μF, dará um total de $30 + 10 = 40$ μF à direita do capacitor 60 μF. Finalmente,

$$C_T = \frac{60 \times 40}{60 + 40} = 24 \text{ } \mu\text{F}$$

7.10 Os capacitores de 4 μF, 6 μF e 8 μF estão conectados em paralelo através de uma fonte de 300 V. Encontre (*a*) a capacitância total, (*b*) o valor da carga armazenada por cada capacitor e (*c*) a energia total armazenada.

(*a*) Uma vez que os capacitores estão em paralelo, a capacitância total ou equivalente é a soma das capacitâncias individuais: $C_T = 4 + 6 + 8 = 18$ μF.

(b) As três cargas são, a partir de $Q = CV$: $(4 \times 10^{-6})(300)$ C = 1,2 mC, $(6 \times 10^{-6})(300)$ C = 1,8 mC e $(8 \times 10^{-6})(300)$ C = 2,4 mC para os capacitores de 4, 6 e 8 μF, respectivamente.

(c) A energia total armazenada pode ser obtida através da capacitância total:

$$W = \tfrac{1}{2}C_T V^2 = 0{,}5(18 \times 10^{-6})(300)^2 = 0{,}81 \text{ J}$$

7.11 Repita o Problema 7.10 para os capacitores em série em vez de em paralelo, mas encontre cada tensão no capacitor em vez de cada carga armazenada.

(a) Uma vez que os capacitores estão em série, a capacitância total é o inverso da soma dos inversos das capacitâncias individuais:

$$C_T = \frac{1}{1/4 + 1/6 + 1/8} = 1{,}846 \ \mu\text{F}$$

(b) A tensão através de cada capacitor depende da carga armazenada, que é a mesma para cada capacitor. Essa carga pode ser obtida a partir da capacitância total e da tensão aplicada:

$$Q = C_T V = (1{,}846 \times 10^{-6})(300) \text{ C} = 554 \ \mu\text{C}$$

A partir de $V = Q/C$, as tensões individuais dos capacitores são:

$$\frac{554 \times 10^{-6}}{4 \times 10^{-6}} = 138{,}5 \text{ V} \qquad \frac{554 \times 10^{-6}}{6 \times 10^{-6}} = 92{,}3 \text{ V} \qquad \frac{554 \times 10^{-6}}{8 \times 10^{-6}} = 69{,}2 \text{ V}$$

para os capacitores de 4, 6 e 8 μF, respectivamente.

(c) A energia total armazenada é

$$W = \tfrac{1}{2}C_T V^2 = 0{,}5(1{,}846 \times 10^{-6})(300)^2 \text{ J} = 83{,}1 \text{ mJ}$$

7.12 Uma fonte de 24 V e dois capacitores estão conectados em série. Se um capacitor tem capacitância de 20 μF, com uma tensão de 16 V através dele, qual é a capacitância do outro capacitor?

Pela LKT, o outro capacitor tem 24 − 16 = 8 V sobre ele. Além disso, sua carga é a mesma que a do outro capacitor: $Q = CV = (20 \times 10^{-6})(16)$ C = 320 μC. Assim, $C = Q/V = 320 \times 10^{-6}/8$ F = 40 μF.

7.13 Encontre a tensão em cada capacitor no circuito mostrado na Fig. 7-8.

O primeiro passo é encontrar a capacitância equivalente, depois usá-la para encontrar a carga total e então usar esse valor para encontrar as tensões através dos capacitores de 6 e 12 μF, uma vez que eles estão em série com a fonte.

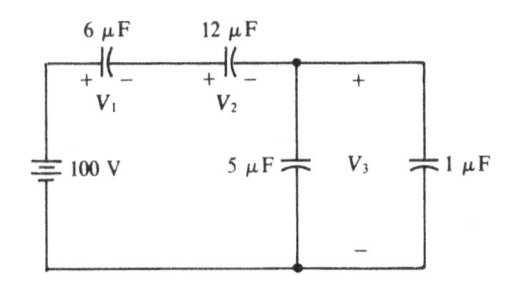

Figura 7-8

Na extremidade oposta à fonte, os dois capacitores paralelos têm uma capacitância equivalente de 5 + 1 = 6 μF. Com essa redução, os demais capacitores estão em série, resultando:

$$C_T = \frac{1}{1/6 + 1/12 + 1/6} = 2{,}4 \ \mu\text{F}$$

A carga desejada é

$$Q = CV = (2{,}4 \times 10^{-6})(100) \text{ C} = 240 \ \mu\text{C}$$

que é a carga nos capacitores de 6 μF, bem como no de 12 μF. A partir de $V = Q/C$,

$$V_1 = \frac{240 \times 10^{-6}}{6 \times 10^{-6}} = 40 \text{ V} \qquad V_2 = \frac{240 \times 10^{-6}}{12 \times 10^{-6}} = 20 \text{ V}$$

e, pela LKT, $V_3 = 100 - V_1 - V_2 = 40$ V.

7.14 Encontre a tensão em cada capacitor no circuito da Fig. 7-9.

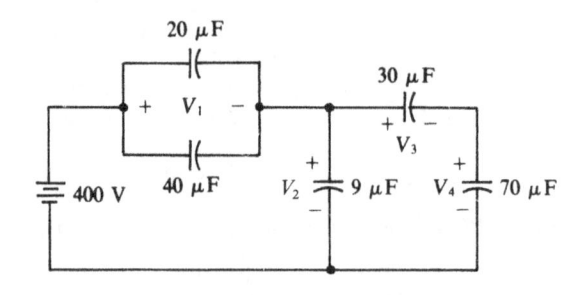

Figura 7-9

Um bom método de análise é reduzir o circuito em um circuito em série com dois capacitores e uma fonte de tensão, encontrar a carga em cada capacitor e a partir dele encontrar as tensões através dos demais capacitores. Em seguida, o processo pode ser repetido parcialmente para encontrar todas as tensões em cada capacitor no circuito original.

Os capacitores de 20 e 40 μF em paralelo podem ser reduzidos a um único capacitor de 60 μF. Os capacitores de 30 e 70 μF podem ser reduzidos a um capacitor de $30 \times 70/(30 + 70) = 21$ μF em paralelo com o capacitor de 9 μF. Assim, os três capacitores resultantes podem ser reduzidos para um capacitor em paralelo de $21 + 9 = 30$ μF, que está em série com o capacitor de 60 μF, e a capacitância total nos terminais de fonte é $30 \times 60/(30 + 60) = 20$ μF. A carga desejada é

$$Q = C_T V = (20 \times 10^{-6})(400) \text{ C} = 8 \text{ mC}$$

Essa carga pode ser usada para obter V_1 e V_2:

$$V_1 = \frac{8 \times 10^{-3}}{60 \times 10^{-6}} = 133 \text{ V} \qquad \text{e} \qquad V_2 = \frac{8 \times 10^{-3}}{30 \times 10^{-6}} = 267 \text{ V}$$

Alternativamente, $V_2 = 400 - V_1 = 400 - 133 = 267$ V.

A carga no capacitor de 30 μF e também sobre o capacitor de 70 μF em série é a carga total, 8 mC, menos a carga no capacitor de 9 μF:

$$8 \times 10^{-3} - (9 \times 10^{-6})(267) \text{ C} = 5{,}6 \text{ mC}$$

Consequentemente, a partir de $V = Q/C$,

$$V_3 = \frac{5{,}6 \times 10^{-3}}{30 \times 10^{-6}} = 187 \text{ V} \qquad \text{e} \qquad V_4 = \frac{5{,}6 \times 10^{-3}}{70 \times 10^{-6}} = 80 \text{ V}$$

Como verificação, $V_3 + V_4 = 187 + 80 = 267$ V $= V_2$.

7.15 Um capacitor de 3 μF carregado com uma tensão de 100 V é conectado através de um capacitor descarregado de 6 μF. Encontre a tensão e a energia armazenada inicial e final.

A carga e a capacitância são necessárias para encontrar a tensão a partir de $V = Q/C$. Inicialmente, a carga no capacitor de 3 μF é $Q = CV = (3 \times 10^{-6})(100)$ C $= 0{,}3$ mC. Quando os capacitores são conectados entre si, essa carga é distribuída ao longo dos dois capacitores, mas não se altera. Uma vez que a mesma tensão é aplicada através dos dois capacitores, eles estão em paralelo. Assim, $C_T = 3 + 6 = 9\ \mu\text{F}$ e

$$V = \frac{Q}{C_T} = \frac{0{,}3 \times 10^3}{9 \times 10^{-6}} = 33{,}3\ \text{V}$$

A energia inicial é toda armazenada pelo capacitor de 3 μF: $\frac{1}{2}CV^2 = 0{,}5(3 \times 10^{-6})(100)^2\ \text{J} = 15\ \text{mJ}$. A energia final é armazenada por ambos os capacitores: $0{,}5(9 \times 10^{-6})(33{,}3)^2\ \text{J} = 5\ \text{mJ}$.

7.16 Repita o Problema 7.15 para um resistor de 2 kΩ adicionado em série ao circuito.

O resistor não tem efeito sobre a tensão final, que é de 33,3 V, porque essa tensão depende apenas da capacitância equivalente e da carga armazenada, nenhum dos quais é afetado pela presença do resistor. Uma vez que a tensão final é a mesma, o armazenamento de energia final é o mesmo: 5 mJ. Obviamente, o resistor não tem qualquer efeito sobre os 15 mJ armazenados inicialmente. O resistor terá, no entanto, o efeito de retardar o tempo necessário para que a tensão possa atingir seu valor final, o qual será um tempo relativo ao de cinco constantes de tempo após a comutação. Esse tempo é igual a zero se a resistência é zero. A presença do resistor provoca uma diminuição de 10 mJ na energia armazenada, que é dissipada no resistor.

7.17 Um capacitor de 2 μF carregado com 150 V e um capacitor 1 μF carregado com 50 V estão conectados entre si com placas de polaridade oposta unidas. Encontre a tensão e as energias inicial e final armazenadas.

Devido à ligação de polaridades opostas, parte da carga sobre um capacitor anula a do outro. A carga inicial é $(2 \times 10^{-6})(150)\ \text{C} = 300\ \mu\text{C}$ para o capacitor de 2 μF e $(1 \times 10^{-6})(50)\ \text{C} = 50\ \mu\text{C}$ para o capacitor de 1 μF. A carga final distribuída sobre ambos os capacitores é a diferença dessas duas cargas: $300 - 50 = 250\ \mu\text{C}$. Ela produz uma tensão de

$$V = \frac{Q}{C_T} = \frac{250 \times 10^{-6}}{2 \times 10^{-6} + 1 \times 10^{-6}} = 83{,}3\ \text{V}$$

A energia inicial armazenada é a soma das energias armazenadas por ambos os capacitores:

$$0{,}5(2 \times 10^{-6})(150)^2 + 0{,}5(1 \times 10^{-6})(50)^2 = 23{,}8\ \text{mJ}$$

A energia final armazenada é

$$\tfrac{1}{2} C_T V_F^2 = 0{,}5(3 \times 10^{-6})(83{,}3)^2\ \text{J} = 10{,}4\ \text{mJ}$$

7.18 Qual é a corrente que flui através de um capacitor de 2 μF submetido a uma tensão de 10 V?

Não há informações suficientes para encontrar a corrente no capacitor. A corrente depende da taxa de variação da tensão do capacitor, *não* do valor de tensão, e essa taxa não é dada.

7.19 Se a tensão em um capacitor de 0,1 μF é de 3.000t V, encontre a corrente no capacitor.

A corrente no capacitor é igual ao produto da capacitância pela derivada da tensão no tempo. Uma vez que a derivada de 3.000t no tempo é 3.000,

$$i = C\frac{dv}{dt} = (0{,}1 \times 10^{-6})(3.000)\ \text{A} = 0{,}3\ \text{mA}$$

é um valor constante.

A corrente no capacitor pode também ser encontrada a partir de $i = C\,\Delta v/\Delta t$, uma vez que a tensão aumenta linearmente. Se Δt é tomado como, digamos, 2 s, de 0 a 2 s, o Δv correspondente é $3.000\Delta t = 3.000(2 - 0) = 6.000$ V. Assim,

$$i = C\frac{\Delta v}{\Delta t} = \frac{(0{,}1 \times 10^{-6})(6.000)}{2}\ \text{A} = 0{,}3\ \text{mA}$$

7.20 Esboce a forma de onda da corrente que flui através de um capacitor de 2 μF quando a tensão no capacitor é como a mostrada na Fig. 7-10. Como sempre, assuma referências associadas, porque não há qualquer indicação em contrário.

Graficamente, o dv/dt em $i = C\,dv/dt$ é a *inclinação* do gráfico da tensão. Para linhas retas, esse declive é o mesmo que $\Delta v/\Delta t$. Para esse gráfico de tensão, a linha reta para o intervalo de $t = 0$ s a $t = 1$ μs tem um declive de $(20 - 0)/(1 \times 10^{-6} - 0)$ V/s = 20 MV/s, que é a tensão em $t = 1$ μs menos a tensão em $t = 0$ s, dividida pelo tempo em $t = 1$ μs menos o tempo em $t = 0$ s. Como resultado, durante esse intervalo de tempo, a corrente é $i = C\,dv/dt = (2 \times 10^{-6})(20 \times 10^6) = 40$ A.

De $t = 1$ μs a $t = 4$ μs, o gráfico de tensão é horizontal, o que significa que a inclinação e, consequentemente, a corrente é zero: $i = 0$ A.

Para o intervalo de tempo de $t = 4$ μs a $t = 6$ μs, a linha reta tem um declive de $(-20 - 20)/(6 \times 10^{-6} - 4 \times 10^{-6})$ V/s = -20 MV/s. Essa mudança na tensão produz uma corrente de $i = C\,dv/dt = (2 \times 10^{-6})(-20 \times 10^6) = -40$ A.

Finalmente, a partir de $t = 6$ μs a t = 8 μs, a inclinação da linha reta é $[0 - (-20)]/(8 \times 10^{-6} - 6 \times 10^{-6})$ V/s = 10MV/s e a corrente através do capacitor é $i = C\,dv/dt = (2 \times 10^{-6})(10 \times 10^6) = 20$ A. A Fig. 7-11 mostra o gráfico da corrente no capacitor. Observe que, ao contrário de tensão no capacitor, a corrente no capacitor pode variar, como faz em 1, 4 e 6 μs. De fato, em 6 μs a corrente inverte a direção instantaneamente.

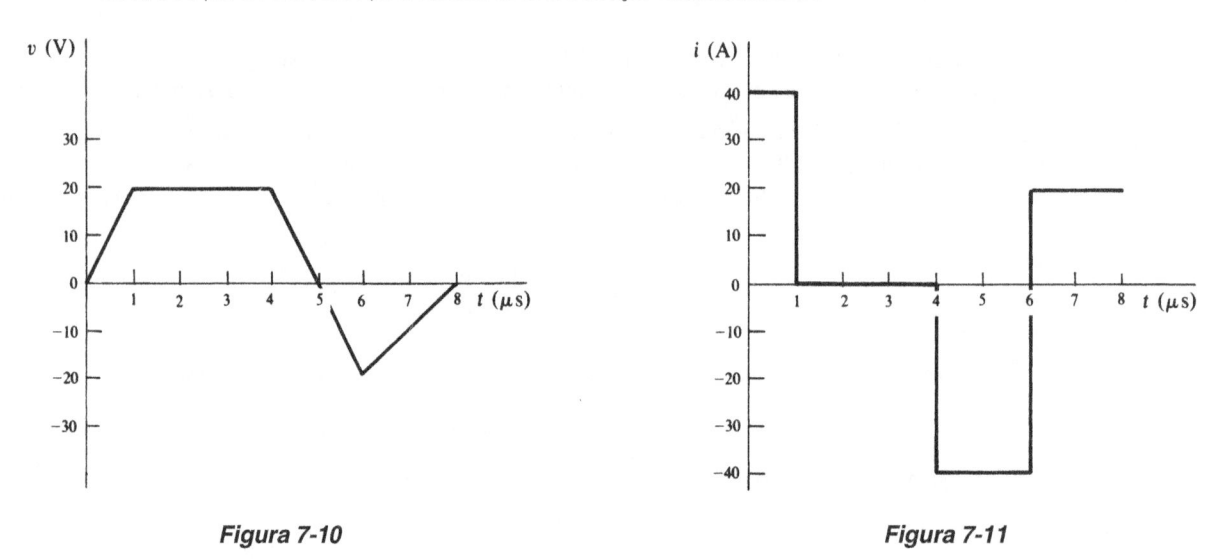

Figura 7-10

Figura 7-11

7.21 Encontre a constante de tempo do circuito mostrado na Fig. 7-12.

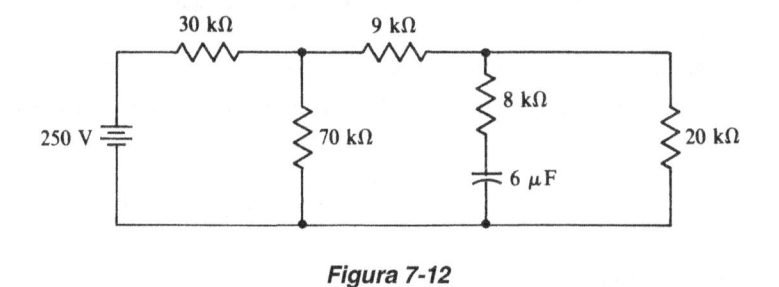

Figura 7-12

A constante de tempo é $\tau = R_{Th}C$, onde R_{Th} é a resistência de Thévenin nos terminais do capacitor. Aqui,

$$R_{Th} = 8 + 20\|(9 + 70\|30) = 8 + 20\|30 = 20\text{ k}\Omega$$

e assim a constante de tempo é $\tau = R_{Th}C = (20 \times 10^3)(6 \times 10^{-6}) = 0,12$ s.

7.22 Quanto tempo demora um capacitor de 20 μF carregado com 150 V para se descarregar através de um resistor 3 MΩ? Além disso, em que momento ocorre a máxima corrente de descarga e qual é seu valor?

A descarga é considerada concluída após a constante de tempo:

$$5\tau = 5RC = 5(3 \times 10^6)(20 \times 10^{-6}) = 300 \text{ s}$$

Uma vez que a corrente diminui com a descarga do capacitor, tem-se um gráfico como o mostrado na Fig. 7-5a com um valor máximo no momento da comutação, $t = 0$ s. Nesse circuito, a corrente tem um valor inicial de 150/(3 × 10^6) A = 50 μA porque inicialmente a tensão no capacitor é de 150 V, o que não pode mudar e fluir através do resistor de 3 MΩ.

7.23 Em $t = 0$ s, uma fonte de 100 V é conectada em série com um resistor de 1 kΩ e um capacitor descarregado de 2 μF. Quais são (a) a tensão inicial do capacitor, (b) a corrente inicial, (c) a taxa inicial de aumento de tensão capacitor e (d) o tempo necessário para a tensão do capacitor para atingir o seu valor máximo?

(a) Uma vez que a tensão do capacitor é zero antes da comutação, também será zero imediatamente após a comutação – a tensão de um capacitor não pode saltar: $v(0+) = 0$ V.

(b) Pela LKT, em $t = 0+$ s, os 100 V da fonte estão todos através do resistor 1kΩ, porque a tensão no capacitor é 0 V. Consequentemente, $i(0+) = 100/10^3$ A = 100 mA.

(c) Como pode ser visto a partir da Fig. 7-5b, a taxa inicial de aumento de tensão no capacitor é igual à variação total na tensão no capacitor dividida pela constante de tempo do circuito. Nesse circuito, a tensão no capacitor, eventualmente, é igual a da fonte de 100 V. Claro que, o valor inicial é 0 V. Além disso, a constante de tempo é $\tau = RC = 10^3(2 \times 10^{-6})$ s = 2 ms. Assim, a taxa inicial de aumento de tensão no capacitor é 100/(2 × 10^{-3}) = 50.000 V/s. Essa taxa inicial pode também ser encontrada a partir de $i = C\, dv/dt$ avaliada em $t = 0+$ s:

$$\frac{dv}{dt}(0+) = \frac{i(0+)}{C} = \frac{100 \times 10^{-3}}{2 \times 10^{-6}} = 50.000 \text{ V/s}$$

(d) Leva cinco constantes de tempo, $5 \times 2 = 10$ ms, para a tensão no capacitor atingir seu valor final de 100 V.

7.24 Repita o Problema 7.23 para um capacitor com carga inicial de 50 μC. A placa positiva do capacitor está no sentido do terminal positivo da fonte de 100 V.

(a) A tensão inicial no capacitor é $V = Q/C = (50 \times 10^{-6})/(2 \times 10^{-6}) = 25$ V.

(b) Em $t = 0$ s, a tensão através do resistor é, pela LKT, a tensão da fonte menos a tensão inicial no capacitor. Essa diferença de tensão dividida pela resistência é a corrente inicial: $i(0+) = (100 - 25)/10^3$ A = 75 mA.

(c) A taxa inicial de aumento de tensão no capacitor é igual à variação total na tensão no capacitor dividida pela constante de tempo: $75/(2 \times 10^{-3}) = 37.500$ V/s.

(d) A tensão inicial no capacitor não tem efeito sobre a constante de tempo do circuito e, portanto, também sobre o tempo necessário para a tensão no capacitor atingir seu valor final. Esse tempo é de 10 ms, o mesmo que para o circuito discutido no Problema 7.23.

7.25 No circuito mostrado na Fig. 7-13, encontre as tensões e correntes indicadas em $t = 0+$ s, imediatamente após o interruptor ser fechado. Os capacitores estão inicialmente descarregados. Além disso, encontre essas tensões e correntes após "um longo tempo" de fechamento do interruptor.

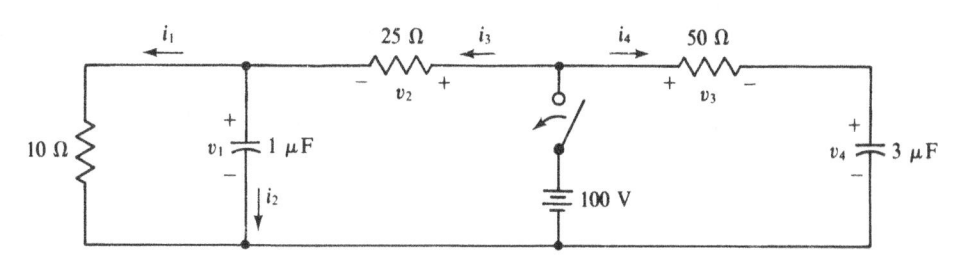

Figura 7-13

Em $t = 0 +$ s, os capacitores tem 0 V entre eles porque as tensões nos capacitores não podem saltar a partir dos valores de 0 V que eles têm em $t = 0 -$ s imediatamente antes da mudança: $v_1(0+) = 0$ V e $v_4(0+) = 0$ V. Além disso, com 0 V através deles, os capacitores agirão como curtos-circuitos em $t = 0 +$ s, com o resultado de que a fonte de 100 V está sobre os resistores de 25 Ω e 50 Ω: $v_2(0+) = v_3(0+) = 100$ V.

Três das correntes iniciais podem ser encontradas a partir destas tensões:

$$i_1(0+) = \frac{0}{10} = 0 \text{ A} \qquad i_3(0+) = \frac{100}{25} = 4 \text{ A} \qquad i_4(0+) = \frac{100}{50} = 2 \text{ A}$$

A corrente inicial restante, $i_2(0+)$, pode ser encontrada pela aplicação da LKC no nó de cima do capacitor de 1 μF:

$$i_2(0+) = i_3(0+) - i_1(0+) = 4 - 0 = 4 \text{ A}$$

Um "longo tempo" após o interruptor fechar significa mais de cinco constantes de tempo depois. Nesse momento, as tensões nos capacitores são constantes, e assim os capacitores agem como circuitos abertos, bloqueando i_2 e i_4: $i_2(\infty) = i_4(\infty) = 0$ A. Com o capacitor de 1μF agindo como um circuito aberto, os resistores de 10 Ω e 25 Ω estão em série através da fonte de 100 V, e assim $i_1(\infty) = i_3(\infty) = 100/35 = 2{,}86$ A. A partir da resistência e das correntes calculadas, $v_1(\infty) = 10 \times 2{,}86 = 28{,}6$ V, $v_2(\infty) = 25 \times 2{,}86 = 71{,}4$ V e $v_3(\infty) = 0 \times 50 = 0$ V. Finalmente, a partir da malha da direita,

$$v_4(\infty) = 100 - v_3(\infty) = 100 - 0 = 100 \text{ V}$$

7.26 Um capacitor de 2 μF, inicialmente carregado com 300 V, é descarregado através de um resistor de 270 kΩ. Qual é a tensão no capacitor em 0,25 s após o capacitor começar a descarregar?

A fórmula de tensão é $v = v(\infty) + [v(0+) - v(\infty)]e^{-t/\tau}$. Uma vez que a constante de tempo é $\tau = RC = (270 \times 10^3)(2 \times 10^{-6}) = 0{,}54$ s, a tensão inicial no capacitor é $v(0+) = 300$ V e a tensão final no capacitor é $v(\infty) = 0$ V, segue-se que a equação para a tensão no capacitor é

$$v(t) = 0 + (300 - 0)e^{-t/0,54} = 300e^{-1{,}85t} \text{ V} \qquad \text{para} \qquad t \geq 0 \text{ s}$$

A partir disso, $v(0{,}25) = 300\,e^{-1{,}85(0{,}25)} = 189$ V.

7.27 O fechamento de uma chave conecta em série uma fonte de 200 V, um resistor de 2 MΩ e um capacitor de 0,1 μF descarregado. Encontre a tensão e a corrente no capacitor após 0,1 s do fechamento da chave.

A fórmula de tensão é $v = v(\infty) + [v(0+) - v(\infty)]e^{-t/\tau}$. Aqui, $v(\infty) = 200$ V, $v(0+) = 0$ V e $\tau = (2 \times 10^6)(0{,}1 \times 10^{-6}) = 0{,}2$ s. Assim,

$$v(t) = 200 + [0 - 200]e^{-t/0{,}2} = 200 - 200e^{-5t} \text{ V} \qquad \text{para} \qquad t > 0 \text{ s}$$

A substituição de t por 0,1 dá $v(0{,}1)$:

$$v(0{,}1) = 200 - 200e^{-0{,}5} = 78{,}7 \text{ V}$$

Similarmente, $i = i(\infty) + [i(0+) - i(\infty)]e^{-t/\tau}$, em que $i(0+) = 200/(2 - 10^6)$ A $= 0{,}1$ mA, $i(\infty) = 0$ A e, é claro, $\tau = 0{,}2$ s. Com esses valores inseridos,

$$i(t) = 0 + (0{,}1 - 0)e^{-5t} = 0{,}1e^{-5t} \text{ mA} \qquad \text{para} \qquad t > 0 \text{ (zero) s}$$

A partir disso, $i(0{,}1) = 0{,}1e^{-0{,}5}$ mA $= 60{,}7$ μA. Essa corrente pode também ser encontrada usando a tensão através do resistor em $t = 0{,}1$ s: $i(0{,}1) = (200 - 78{,}7)/(2 \times 10^6)$ A $= 60{,}7$ μA.

7.28 Para o circuito utilizado no Problema 7.27, encontre o tempo necessário para a tensão no capacitor atingir 50 V. Em seguida, encontre o tempo necessário para a tensão no capacitor para aumentar mais 50 V, de 50 para 100 V. Compare os tempos.

A partir da solução do Problema 7.27, $v(t) = 200 - 200e^{-5t}$ V. Para encontrar o tempo no qual a tensão é de 50 V, é necessário apenas substituir 50 em $v(t)$ e resolver para t: $50 = 200 - 200e^{-5t}$ ou $e^{-5t} = 150/200 = 0{,}75$. O exponencial pode ser eliminado calculando o logaritmo natural de ambos os lados:

$$\ln e^{-5t} = \ln 0{,}75 \qquad \text{a partir do qual} \qquad -5t = -0{,}288 \qquad \text{e} \qquad t = 0{,}288/5 \text{ s} = 57{,}5 \text{ ms}$$

O mesmo procedimento pode ser utilizado para localizar o tempo em que a tensão no capacitor é de 100 V: $100 = 200 - 200e^{-5t}$ ou $e^{-5t} = 100/200 = 0,5$. Além disso,

$$\ln e^{-5t} = \ln 0,5 \quad \text{a partir do qual} \quad -5t = -0,693 \quad \text{e} \quad t = 0,693/5 \text{ s} = 138,6 \text{ ms}$$

A tensão requer 57,5 ms para atingir 50 V e $138,6 - 57,5 = 81,1$ ms para aumentar mais 50 V, o que verifica o fato de a taxa de aumento da tensão se tornar cada vez menor à medida que o tempo aumenta.

7.29 No circuito mostrado na Fig. 7-14, o interruptor é fechado em $t = 0$ s. Encontre v_c e i para $t > 0$ s, se $v_c(0) = 100$ V.

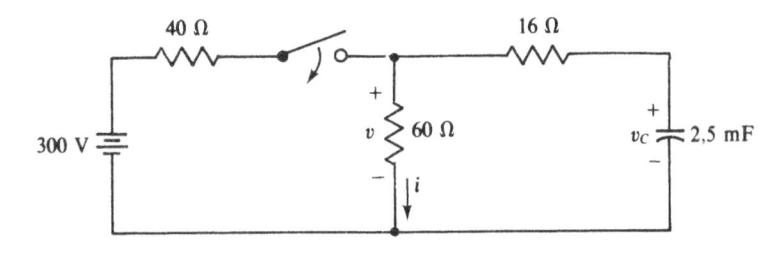

Figura 7-14

Tudo o que é necessário para as fórmulas de v e i é $v_c(0+)$, $v_c(\infty)$, $i(0+)$, $i(\infty)$ e $\tau = R_{Th}C$. É claro que $v_c(0+) = 100$ V, porque a tensão no capacitor não pode variar. A tensão $v_c(\infty)$ é a mesma que a tensão através do resistor de 60 Ω um longo período de tempo após o interruptor ser fechado, porque nesse momento o capacitor atua como um circuito aberto. Assim, por divisão de tensão,

$$v_c(\infty) = \frac{60}{60 + 40} \times 300 = 180 \text{ V}$$

Além disso, $i(\infty) = v_c(\infty)/60 = 180/60 = 3$ A. É fácil obter $i(0+)$ a partir de $v(0+)$, que pode ser resolvido usando a equação nodal do nó central superior para o tempo $t = 0+$ s:

$$\frac{v(0+) - 300}{40} + \frac{v(0+)}{60} + \frac{v(0+) - 100}{16} = 0$$

a partir do qual $v(0+) = 132$ V. Assim, $i(0+) = 132/60 = 2,2$ A. Uma vez que a resistência de Thévenin nos terminais do capacitor é de $16 + 60\|40 = 40$ kΩ, a constante de tempo é $\tau = RC = 40(2,5 \times 10^{-3}) = 0,1$ s.

Com esses valores substituídos nas fórmulas de v e i,

$$v_c(t) = v_c(\infty) + [v_c(0+) - v_c(\infty)]e^{-t/\tau} = 180 + (100 - 180)e^{-10t} = 180 - 80e^{-10t} \text{ V} \quad \text{para} \quad t > 0 \text{ s}$$

$$i(t) = i(\infty) + [i(0+) - i(\infty)]e^{-t/\tau} = 3 + (2,2 - 3)e^{-10t} = 3 - 0,8e^{-10t} \text{ A} \quad \text{para} \quad t > 0 \text{ s}$$

7.30 O interruptor é fechado em $t = 0$ s no circuito mostrado na Fig. 7-15. Encontre i para $t > 0$ s. O capacitor está inicialmente descarregado.

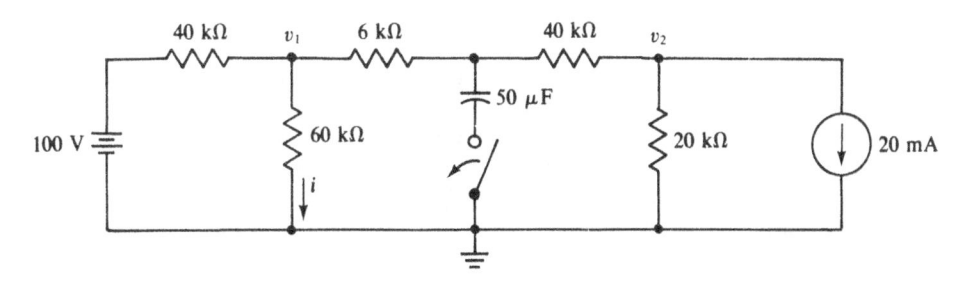

Figura 7-15

Os valores $i(0+)$, $i(\infty)$ e τ são necessários para a fórmula da corrente

$$i = i(\infty) + [i(0+) - i(\infty)]e^{-t/\tau}$$

Em $t = 0 +$ s, a ação do capacitor como curto-circuito impede a fonte de corrente de 20 mA de interferir em $i(0+)$. Além disso, ele coloca o resistor de 6 kΩ em paralelo com o resistor de 60 kΩ. Consequentemente, por divisão de corrente,

$$i(0+) = \left(\frac{6}{60+6}\right)\left(\frac{100}{40+6\|60}\right) = 0{,}2 \text{ mA}$$

em que a simplificação pelo método quilo-ohm-miliampère é utilizada.

Após cinco constantes de tempo, o capacitor já não conduz corrente e pode ser considerado um circuito aberto e então desprezado nos cálculos. Por análise nodal,

$$(\tfrac{1}{40} + \tfrac{1}{60} + \tfrac{1}{46})v_1(\infty) - \tfrac{1}{46}v_2(\infty) = \tfrac{100}{40} \qquad -\tfrac{1}{46}v_1(\infty) + (\tfrac{1}{46} + \tfrac{1}{20})v_2(\infty) = -20$$

a partir do qual $v_1(\infty) = -62{,}67$ V. Assim, $i(\infty) = -62{,}67/(60 \times 10^3)$ A $= -1{,}04$ mA.

A resistência de Thévenin nos terminais do capacitor é $(6 + 40\|60)\|(40 + 20) = 20$ kΩ. Isso pode ser utilizado para encontrar a constante de tempo:

$$\tau = R_{\text{Th}}C = (20 \times 10^3)(50 \times 10^{-6}) = 1 \text{ s}$$

Agora que $i(0+)$, $i(\infty)$ e τ são conhecidos, a corrente i pode ser encontrada:

$$i = -1{,}04 + [0{,}2 - (-1{,}04)]e^{-t} = -1{,}04 + 1{,}24e^{-t} \text{ mA} \qquad \text{para} \qquad t > 0 \text{ s}$$

7.31 Depois de um tempo longo na posição 1, a chave no circuito mostrado na Fig. 7-16 é alterada para a posição 2 em $t = 0$ s por uma duração de 30 s e depois retornada para a posição 1. (*a*) Encontre as equações para v em $t \geq 0$ s. (*b*) Encontre v em $t = 5$ s e em $t = 40$ s. (*c*) Faça um esboço de v para 0 s $\leq t \leq 80$ s.

(*a*) No momento em que a chave é passada para a posição 2, a tensão inicial no capacitor é de 20 V, a mesma imediatamente antes da comutação; a tensão final no capacitor é 70 V, a tensão da fonte no circuito e a constante de tempo é $(20 \times 10^6)(20 \times 10^{-6}) = 40$ s. Consequentemente, enquanto a chave estiver na posição 2,

$$v = 70 + (20 - 70)e^{-t/40} = 70 - 50e^{-0{,}025t} \text{ V}$$

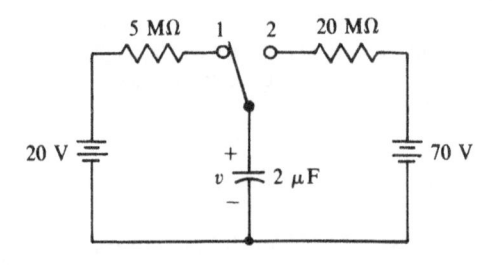

Figura 7-16

Certamente, a tensão no capacitor nunca atinge a "tensão final" porque uma operação de comutação interrompe o carregamento, mas o circuito não "sabe" disso antes do tempo.

Quando a chave é retornada para a posição 1, o circuito se altera, assim como a equação de v. A tensão de comutação inicial em $t = 30$ s pode ser encontrada através da substituição de 30 em t na equação para v que já foi calculada: $v(30) = 70 - 50e^{-0{,}025(30)} = 46{,}4$ V. A tensão final no capacitor é 20 V e a constante de tempo é $(5 \times 10^6)(2 \times 10^{-6}) = 10$ s. Para esses valores, a fórmula básica de tensão deve ser modificada, uma vez que a comutação ocorre em $t = 30$ s em vez de em $t = 0 +$ s. A fórmula modificada é

$$v(t) = v(\infty) + [v(30+) - v(\infty)]e^{-(t-30)/\tau} \text{ V} \qquad \text{para} \qquad t \geq 30 \text{ s}$$

O $t-30$ é necessário no expoente para levar em conta o desvio de tempo. Com os valores inseridos nessa fórmula, a tensão no capacitor é

$$v(t) = 20 + (46,4 - 20)e^{-0,1(t-30)} = 20 + 26,4e^{-0,1(t-30)} \text{ V} \qquad \text{para} \qquad t \geq 30 \text{ s}$$

(b) Para v em $t = 5$ s, a primeira equação da tensão deve ser utilizada porque ela é válida para os primeiros 30 s: $v(5) = 70 - 50e^{-0,025(5)} = 25,9$ V. Para v em $t = 40$ s, a segunda equação deve ser usada porque é a única válida depois de 30 s: $v(40) = 20 + 26,4e^{-0,1(40-30)} = 29,7$ V.

(c) A Fig. 7-17 mostra o gráfico de tensão que é baseado nas duas equações de tensão. A tensão aumenta exponencialmente a 46,4 V em $t = 30$ s, em direção a 70 V. Depois de 30 s, a tensão decai exponencialmente para o valor final de 20 V, atingindo em 80 s cinco constantes de tempo após a chave retornar para a posição 1.

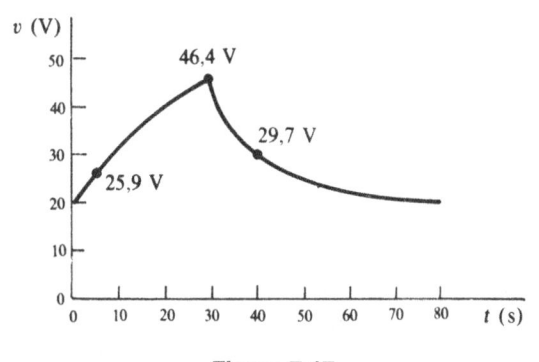

Figura 7-17

7.32 Um simples temporizador RC tem uma chave que, quando fechada, conecta em série uma fonte de 300 V, um resistor de 16 MΩ e um capacitor de 10 μF descarregado. Encontre o tempo entre o fechamento e a abertura da chave para carregar o capacitor com 10 V durante esse tempo.

Visto que 10 V é inferior a 1/10 da tensão final de 300 V, a aproximação linear pode ser usada. Nessa aproximação, a taxa de variação de tensão é considerada constante no seu valor inicial. Embora não seja necessário, essa taxa é o quociente entre a variação da possível tensão total de 300 V e da constante de tempo $RC = (16 \times 10^6)(10 \times 10^{-6}) = 160$ s. Uma vez que a tensão que carrega o capacitor é 1/30 da variação possível de tensão total, o tempo necessário para o carregamento é de aproximadamente 1/30 da constante de tempo, $t \simeq 160/30 = 5{,}33$ s.

Esse tempo pode ser encontrado de forma mais precisa, mas com um esforço maior, a partir da fórmula de tensão. Para isso, $v(0+) = 0$ V, $v(\infty) = 300$ V e $\tau = 160$ s. Com esss valores inseridos, a equação de tensão no capacitor é $v = 300 - 300e^{-t/160}$. Para $v = 10$ V, torna-se $10 = 300 - 300e^{-t/160}$, a partir do qual $t = 160 \ln(300/290) = 5{,}42$ s. A aproximação de 5,33 s está dentro de 2% do valor de 5,42 s da fórmula.

7.33 Repita o Problema 7.32 para uma tensão de 250 V no capacitor.

A aproximação não pode ser utilizada porque 250 V é maior que 1/10 de 300 V. A fórmula exata deverá ser usada. A partir da solução do Problema 7.32, $v = 300 - 300e^{-t/160}$. Para $v = 250$ V, tem-se $250 = 300 - 300e^{-t/160}$, que simplifica para $t = 160 \ln(300/50) = 287$ s. Por comparação, a aproximação linear fornece $t = (250/300)(160) = 133$ s, que é um erro considerável.

7.34 Para o circuito oscilador mostrado na Fig. 7-18, encontre o período de oscilação se o tubo de gás dispara em 90 V e se extingue em 10 V. O tubo de gás tem resistência de 50 Ω quando conduzindo e uma resistência de 10^{10} Ω quando extinto.

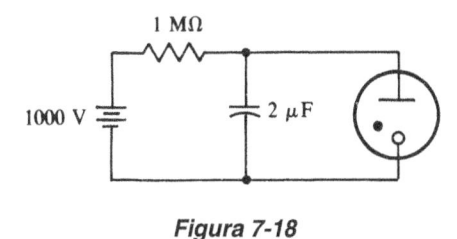

Figura 7-18

Quando extinto, o tubo de gás tem uma resistência muito grande (10^{10} Ω) em comparação com a resistência do resistor de 1 MΩ, que pode ser considerado um circuito aberto e ignorado durante o tempo de carga do capacitor. Durante esse tempo, o capacitor carrega com tensão inicial de 10 V em direção a 1.000 V da fonte, mas para de carregar quando sua tensão atinge 90 V, momento em que o tubo conduz. Embora essa mudança de tensão seja 90 − 10 = 80 V, a ação do circuito inicial é como se a variação de tensão total fosse 1.000 − 10 = 990 V. Uma vez que 80 V é inferior a 1/10 de 990 V, uma aproximação linear pode ser utilizada para encontrar a proporção entre os tempos de carga e a constante de tempo de $10^6(2 \times 10^{-6}) = 2$ s. A proporcionalidade é $t/2 = 80/990$, a partir do qual $t = 160/990 = 0,162$ s. Se uma análise exata for feita, o resultado será 0,16852 s.

Quando o tubo conduz, sua resistência de 50 Ω é tão pequena, quando comparada com a resistência do resistor de 1 MΩ, que o resistor pode ser considerado um circuito aberto e ignorado juntamente com a fonte de tensão. Assim, o circuito de descarga é essencialmente um capacitor inicialmente carregado com 2 μF e um resistor de 50 Ω, até que a tensão caia a partir da tensão inicial de 90 V para a tensão de extinção de 10 V. A constante de tempo desse circuito é apenas $(2 \times 10^{-6})(50)$ s = 0,1 ms. Isso é tão pequeno, em comparação com o tempo de carga, que o tempo de descarga pode geralmente ser ignorado, mesmo que cinco constantes de tempo sejam utilizadas para o tempo de descarga. Se uma análise exata for feita, o resultado seria um tempo de 0,22 ms para a descarga do capacitor de 90 a 10 V.

Em resumo, por aproximações, o período é $T = 0,162 + 0 = 0,162$ s, em comparação com o resultado pelo método exato de $T = 0,168\,52 + 0,000\,22 = 0,168\,74$ s ou 0,169 s com três algarismos significativos. Observe que o resultado aproximado está dentro de cerca de 4% do resultado real. Isso em geral é suficientemente bom, tendo em vista o fato de que no circuito real os valores dos componentes provavelmente são diferentes dos valores especificados.

7.35 Repita o Problema 7.34 com a tensão da fonte mudando de 1.000 V para 100 V.

Durante o ciclo de carga, o capacitor se carrega em direção a 100 V a partir de um início de 10 V, mesmo que a variação da tensão total seja 100 − 10 = 90 V. Uma vez que a variação da tensão real de 90 − 10 = 80 V é consideravelmente maior que 1/10 de 90 V, uma aproximação linear não é válida. O método exato deve ser usado. Para isso, $v(\infty) = 100$ V, $v(0+) = 10$ V e $\tau = 2$ s. A fórmula de tensão correspondente é

$$v = 100 + (10 - 100)e^{-t/2} = 100 + 90e^{-t/2} \text{ V}$$

O tempo desejado é encontrado, deixando $v = 90$ V, e resolvendo para t: $90 = 100 - 90e^{-t/2}$, o que simplifica para $t = 2\ln(90/10) = 4,39$ s. Esse é o período porque o tempo de descarga, que é o mesmo que foi encontrado na solução do Problema 7.34, é insignificante em comparação com esse tempo.

Problemas Complementares

7.36 Qual é o movimento de elétrons entre as placas de um capacitor de 0,1 μF produzido por uma mudança de tensão de 110 V?

Resp. $6,87 \times 10^{13}$ elétrons

7.37 Se o movimento de $4,68 \times 10^{14}$ elétrons entre as placas de um capacitor produz uma mudança de 150 V na tensão do capacitor, encontre a capacitância.

Resp. 0,5μF

7.38 Qual é a mudança na tensão de um capacitor de 20 μF produzida por um movimento de 9×10^{14} elétrons entre suas placas?

Resp. 7,21 V

7.39 Um capacitor tubular consiste em duas folhas de papel de alumínio de 3 cm de largura e 1 m de comprimento, enroladas em um tubo com folhas de separação de papel encerado do mesmo tamanho. Qual é a capacitância se o papel tem 0,1 mm de espessura e uma constante dielétrica de 3,5?

Resp. 9,29 nF

7.40 Encontre a área de cada placa de um capacitor de placas paralelas de 10 μF que tem um dielétrico de cerâmica de 0,5 mm de espessura.

Resp. 0,0753 m^2

7.41 Encontre a espessura do dielétrico de mica de um capacitor de placas paralelas de 10 pF se a área de cada placa é 10^{-4} m^2.

Resp. 0,443 mm

7.42 Encontre o diâmetro de um capacitor de $0,001\,\mu$F em forma de disco que tem a cerâmica como dielétrico de 1 mm de espessura.

Resp. 4,38 mm

7.43 Quais são as capacitâncias diferentes que podem ser obtidas com um capacitor de 1 μF, um de 2 μF e um 3 μF?

Resp. 0,545 μF; 0,667 μF; 0,75 μF; 1 μF; 1,2 μF; 2 μF; 2,2 μF; 2,75 μF; 3 μF; 3,67 μF; 4 μF; 5 μF; 6 μF

7.44 Encontre a capacitância total C_T do circuito mostrado na Fig. 7-19.

Resp. 2,48 μF

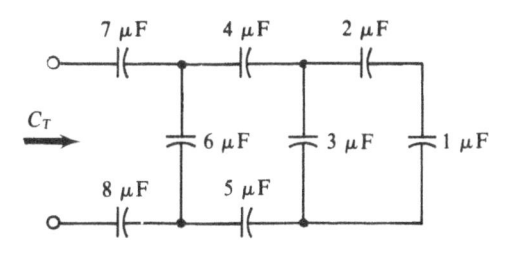

Figura 7-19

7.45 Um capacitor de 5, um de 7 e outro de 9 μF estão em paralelo através de uma fonte de 200 V. Encontre a intensidade da carga armazenada por cada capacitor e a energia total armazenada.

Resp. $Q_5 = 1$ mC, $Q_7 = 1,4$ mC, $Q_9 = 1,8$ mC; 0,42J

7.46 Um capacitor de 6, um de 16 e um de 48 μF estão em série com uma fonte de 180 V. Encontre a tensão em cada capacitor e a energia total armazenada.

Resp. $V_6 = 120$ V, $V_{16} = 45$ V, $V_{48} = 15$ V, 64,8 mJ

7.47 Dois capacitores estão em série através de uma fonte de 50 V. Se um capacitor é de 1 μF com 16 V através dele, qual é a capacitância do outro?

Resp. 0,471 μF

7.48 Encontre a tensão em cada capacitor no circuito mostrado na Fig. 7-20.

Resp. $V_1 = 200$ V, $V_2 = 100$ V, $V_3 = 40$ V, $V_4 = 60$ V

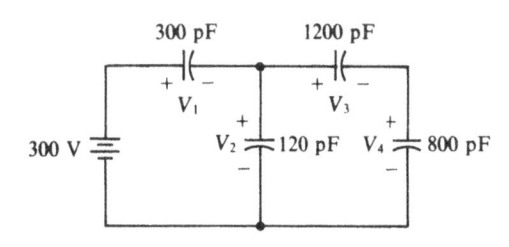

Figura 7-20

7.49 Um capacitor de 0,1 μF carregado a 100 V e um capacitor de 0,2 μF carregado a 60 V estão conectados em conjunto com as placas de mesma polaridade juntas. Encontre a tensão e a energia inicial e final armazenadas.

Resp. 73,3 V, 860 μJ, 807 μJ

7.50 Repita o Problema 7.49 para placas de polaridades opostas unidas.

Resp. 6,67 V, 860 μJ, 6,67 μJ

7.51 Encontre a tensão em um capacitor de 0,1 μF quando a corrente no capacitor for 0,5 mA.

Resp. Não há informações suficientes para determinar um único valor.

7.52 Repita o Problema 7.51, se a tensão do capacitor for 6 V em $t = 0$ s e se a corrente de 0,5 mA no capacitor for constante. Obviamente assuma referências associadas.

Resp. $6 + 5.000t$ V

7.53 Se a tensão em um capacitor de 2 μF é $200t$ V para $t \leq 1$ s, 200 V para $1 \text{ s} \leq t \leq 5$ s e $3.200 - 600t$ V para $t \geq 5$ s, encontre a corrente no capacitor.

Resp. 0,4 mA para $t < 1$ s, 0 A para $1 \text{ s} < t < 5$ s, $-1,2$ mA para $t > 5$ s

7.54 Encontre a constante de tempo do circuito mostrado na Fig. 7-21.

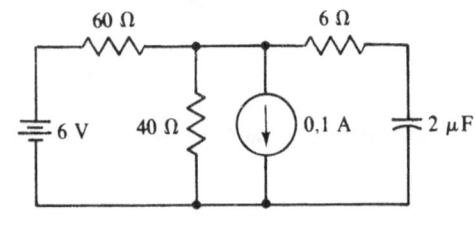

Resp. 60 μs

Figura 7-21

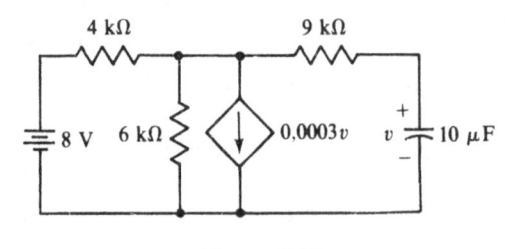

Figura 7-22

7.55 Encontre a constante de tempo do circuito mostrado na Fig. 7-22.

Resp. 66,3 ms

7.56 Quanto tempo leva um capacitor de 10 μF carregado com 200 V para descarregar através de um resistor de 160 kΩ e qual é a energia total dissipada no resistor?

Resp. 8 s, 0,2 J

7.57 Em $t = 0$ s, o fechamento de uma chave conecta uma fonte de 150 V, um resistor de 1,6 kΩ e a combinação em paralelo de um resistor de 1 kΩ e um capacitor de 0,2 μF descarregado. Encontre (a) a corrente inicial do capacitor, (b) a corrente inicial e final no resistor de 1 kΩ, (c) a tensão final no capacitor e (d) o tempo necessário para a tensão no capacitor atingir seu valor final.

Resp. (a) 93,8 mA, (b) 0 A e 57,7 mA, (c) 57,7 V, (d) 0,615 ms

7.58 Repita o Problema 7.57 para uma fonte de 200 V e uma tensão inicial no capacitor de 50 V oposta à polaridade da fonte.

Resp. (a) 43,8 mA, (b) 50 mA e 76,9 mA, (c) 76,9 V, (d) 0,615 ms

7.59 No circuito mostrado na Fig. 7-23, encontre as tensões e correntes indicadas em $t = 0 + $ s, imediatamente após a chave ser fechada. Observe que a fonte de corrente está ativa no circuito antes que a chave se feche.

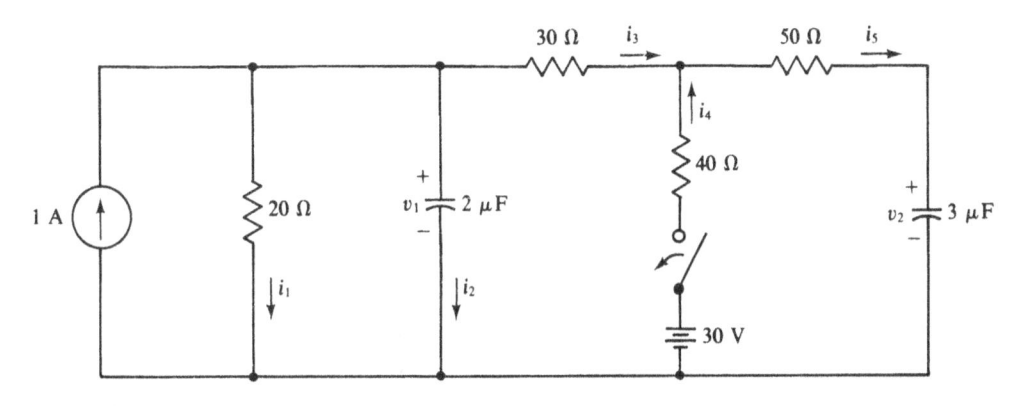

Resp. $v_1(0+) = v_2(0+) = 20$ V $\quad i_3(0+) = -0,106$ A
$i_1(0+) = 1$ A $\quad i_4(0+) = 0,17$ A
$i_2(0+) = 0,106$ A $\quad i_5(0+) = 63,8$ mA

Figura 7-23

7.60 No circuito mostrado na Fig. 7-23, encontre as tensões e correntes indicadas muito tempo depois de a chave ser fechada.

Resp. $v_1(\infty) = 22,2$ V $\quad i_1(\infty) = 1,11$ A $\quad i_3(\infty) = -0,111$ A $\quad i_5(\infty) = 0$ A
$v_2(\infty) = 25,6$ V $\quad i_2(\infty) = 0$ A $\quad i_4(\infty) = 0,111$ A

7.61 Um capacitor de 0,1 μF, inicialmente carregado com 230 V, é descarregado através de um resistor de 3 MΩ. Encontre a tensão no capacitor 0,2 s após o capacitor começar a descarregar.

Resp. 118 V

7.62 Para o circuito descrito no Problema 7.61, quanto tempo o capacitor demora para descarregar a 40 V?

Resp. 0,525 s

7.63 O fechamento de uma chave conecta em série uma fonte de 300 V, um resistor de 2,7 MΩ e um capacitor de 2 μF carregado a 50 V, com a sua placa positiva em direção ao terminal positivo da fonte. Encontre a corrente no capacitor 3 s após o fechamento da chave. Além disso, encontre o tempo necessário para a tensão no capacitor aumentar para 250 V.

Resp. 53,1 μA, 8,69 s

7.64 O interruptor é fechado em $t = 0$ s no circuito mostrado na Fig. 7-24. Encontre v e i para $t > 0$ s. O capacitor está inicialmente descarregado.

Resp. $60(1 - e^{-2t})$ V, $1 - 0,4e^{-2t}$ mA

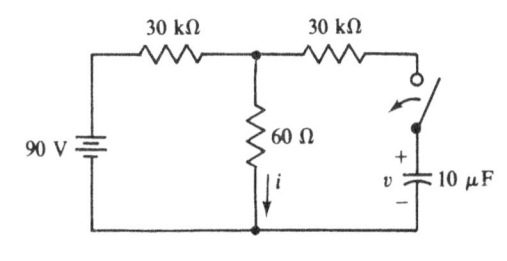

Figura 7-24

7.65 Repita o Problema 7.64 para $v(0+) = 20$ V e para o resistor de 60 kΩ substituído por um resistor de 70 kΩ.

Resp. $63 - 43e^{-1,96t}$ V; $0,9 - 0,253e^{-1,96t}$ mA

7.66 Depois de um tempo longo na posição 1, a chave no circuito mostrado na Fig. 7-25 é passada para a posição 2 por 2 s, após os quais é devolvida à posição 1. Encontre v para $t \geq 0$ s.

Resp. $-200 + 300e^{-0,1t}$ V para $0 \text{ s} \leq t \leq 2$ s; $100 + 54,4e^{-0,2(t-2)} = 100 - 81,1e^{-0,2t}$ V para $t \geq 2$ s

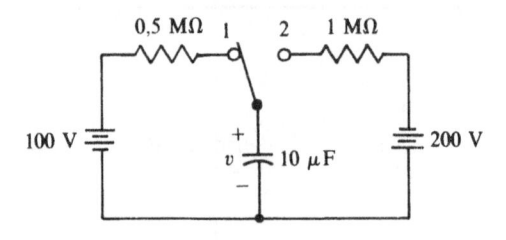

Figura 7-25

7.67 Depois de longo tempo na posição 2, a chave no circuito mostrado na Fig. 7-25 é mudada em $t = 0$ s para a posição 1 por 4 s, após o que é devolvida à posição 2. Encontre v para $t \geq 0$ s.

Resp. $100 - 300e^{-0,2t}$ V para $0 \text{ s} \leq t \leq 4$ s; $-200 + 165e^{-0,1(t-4)} = -200 + 246e^{-0,1t}$ V para $t \geq 4$ s

7.68 Um temporizador *RC* simples tem uma fonte de 50 V, uma chave, um capacitor de 1 μF descarregado e um resistor, todos em série. Fechar a chave e abri-la após 5 s produz uma tensão de 3 V no capacitor. Encontre a resistência do resistor.

Resp.   83,3 MΩ aproximadamente, 80,8 MΩ mais exatamente

7.69 Repita o Problema 7.68 para uma tensão no capacitor de 40 V.

Resp.   3,11 MΩ

7.70 No circuito oscilador mostrado na Fig. 7-18, substitua o resistor de 1 MΩ por um resistor de 4,3 MΩ e a fonte de 1.000 V por uma fonte de 150 V e encontre o período de oscilação.

Resp.   7,29 s

Capítulo 8

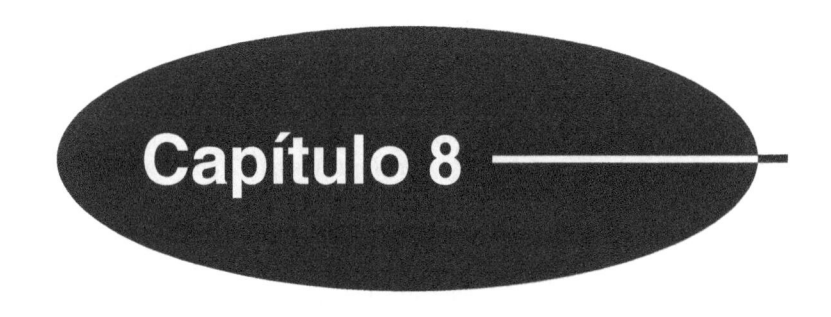

Indutores e Indutância

INTRODUÇÃO

O material a seguir sobre indutores e indutância é semelhante ao relativo a capacitores e capacitância apresentado no Capítulo 7. A razão dessa semelhança deve-se ao fato de que, matematicamente falando, as fórmulas de indutor e capacitor são as mesmas; apenas os símbolos são diferentes. Um tem v, o outro tem i e vice-versa; um tem a capacitância, símbolo C, o outro tem a indutância, símbolo L; e onde um tem R, o outro tem G. Segue-se então que o indutor tem como base a tensão-corrente, cuja fórmula é $v = L\,di/dt$ no lugar de $i = C\,dv/dt$, que a energia armazenada é $\frac{1}{2}Li^2$, em vez de $\frac{1}{2}Cv^2$, que as correntes no indutor, como as tensões nos capacitores, não podem variar, que os indutores são curtos-circuitos, em vez de circuito aberto, em CC, e que a constante de tempo é $LG = L/R$, em vez de CR. Embora seja possível aproximar o estudo da ação do indutor com base nessa dualidade, a abordagem padrão é a utilização de fluxo magnético.

FLUXO MAGNÉTICO

Fenômenos magnéticos são explicados utilizando *fluxo magnético*, ou apenas fluxo, que se refere às linhas de força magnética que, por um ímã, estendem-se em linhas contínuas do polo norte magnético para o polo sul magnético e saem do polo sul para o polo norte dentro do ímã, como é mostrado na Fig. 8-1a. A unidade de fluxo no SI é o *weber*, cujo símbolo da unidade é Wb. O símbolo para um fluxo constante é Φ e para um fluxo variável no tempo é ϕ.

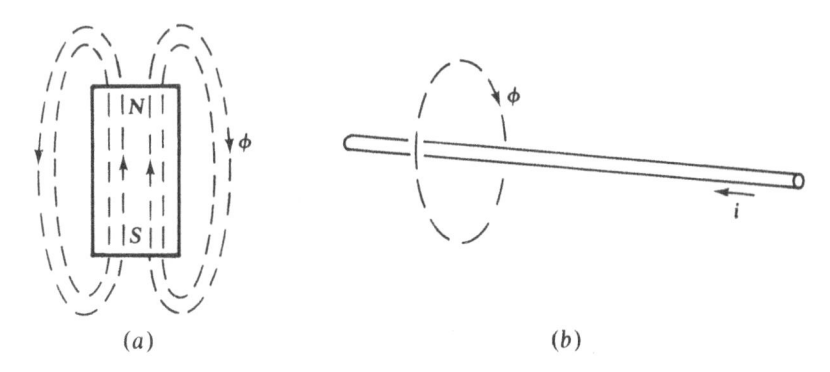

Figura 8-1

A corrente que circula em um fio também produz um fluxo, conforme mostra a Fig. 8-1b. A relação entre a direção do fluxo e a direção da corrente pode ser lembrada pela da *regra da mão direita*. Se o polegar da mão direita é colocado ao longo do fio na direção do fluxo de corrente, os quatro dedos da mão direita estarão na direção do fluxo sobre o fio. O enrolamento do fio aumenta o fluxo, assim como a colocação de determinado material, chamado de *material ferromagnético*, em torno da bobina. Por exemplo, um fluxo de corrente em uma bobina enrolada em um núcleo de ferro cilíndrico produz mais fluxo que a mesma corrente que circula na mesma bobina enrolada de forma idêntica em um cilindro de plástico.

A *permeabilidade*, cuja grandeza tem símbolo μ, é a medida da propriedade do aumento do fluxo. No SI, tem como unidade o *henry por metro* e o símbolo da unidade é H/m (o Henry, cujo símbolo da unidade é H, é a unidade no SI de indutância). A permeabilidade do vácuo, designada por μ_0, é $0,4\pi$ μH/m. As permeabilidades de outros materiais são relacionadas com a do vácuo por um fator chamado de *permeabilidade relativa*, com símbolo μ_r. A relação é $\mu = \mu_r \mu_0$. A maioria dos materiais tem permeabilidade relativa próxima de 1, mas o ferro puro a tem no intervalo de 6.000 a 8.000, e o níquel no intervalo de 400 a 1.000. O permalloy, uma liga com 78,5% de níquel e 21,5% de ferro, tem uma permeabilidade relativa de mais de 80.000.

Se uma bobina de N espiras está acoplada por uma quantidade de fluxo ϕ, essa bobina tem um fluxo de acoplamento de $N\phi$. Qualquer alteração no fluxo de acoplamento induz uma tensão na bobina de

$$v = \lim_{\Delta t \to 0} \frac{\Delta N\phi}{\Delta t} = \frac{d}{dt}(N\phi) = N\frac{d\phi}{dt}$$

Isso é conhecido como a *lei de Faraday*. A polaridade da tensão é tal que qualquer corrente resultante dessa tensão produz um fluxo que se opõe à mudança original em fluxo.

INDUTÂNCIA E CONSTRUÇÃO DO INDUTOR

Para a maioria das bobinas, uma corrente i produz um acoplamento de fluxo $N\phi$ que é proporcional a i. A equação relacionando $N\phi$ e i tem uma constante de proporcionalidade L, que é o símbolo da unidade de *indutância* da bobina. Especificamente, $Li = N\phi$ e $L = N\phi/i$. A unidade no SI de indutância é o *henry*, cujo símbolo é H. O componente concebido para ser utilizado para a propriedade indutância é chamado de *indutor*. Os termos "bobina" e "choque" também são utilizados. A Fig. 8-2 mostra o símbolo do indutor em um circuito.

A indutância de uma bobina depende de sua forma, da permeabilidade do material circundante, do número de espiras, do espaçamento entre as espiras e de outros fatores. Para a bobina de camada única mostrada na Fig. 8-3, a indutância é aproximadamente $L = N^2 \mu A/l$, onde N é o número de espiras de fio, A é a área de seção transversal do núcleo em metros quadrados, l é o comprimento da bobina em metros e μ é a permeabilidade do núcleo. Quanto maior for o comprimento em relação ao diâmetro, mais precisa será a fórmula. Para um comprimento de 10 vezes o diâmetro, a indutância efetiva é de 4% inferior ao valor dado pela fórmula.

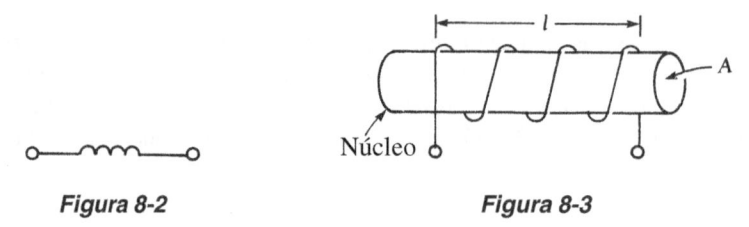

Figura 8-2

Figura 8-3

RELAÇÃO TENSÃO E CORRENTE NO INDUTOR

A indutância é utilizada em vez de fluxo na análise de circuitos que contêm indutores. A equação que relaciona tensão no indutor, corrente e indutância pode ser encontrada a partir da substituição $N\phi = Li$ em $v = d(N\phi)/dt$. O resultado é $v = L\,di/dt$, assumindo referências associadas. Se as referências de tensão e corrente não estão associadas, um sinal negativo deve ser incluído. Observe que a tensão em qualquer instante depende da taxa de variação da corrente no indutor nesse instante, mas não sobre todo o valor da corrente.

Um fato importante a partir de $v = L\,di/dt$ é que, se uma corrente no indutor é constante, então a tensão no indutor é zero porque $di/dt = 0$. Com uma corrente circulando através dele, mas com a tensão zero, um indutor atua como um curto-circuito: *um indutor é um curto-circuito em CC*. Lembre-se, no entanto, de que apenas após a corrente no indutor tornar-se constante é que o indutor atua como um curto-circuito.

A relação $v = L\,di/dt \simeq L\,\Delta i/\Delta t$ também significa que *a corrente no indutor não pode variar instantaneamente*. Para uma variação ocorrer, Δi deveria ser diferente de zero e Δt deveria ser zero, resultando em $\Delta i/\Delta t$ infinito, tornando a tensão no indutor infinita. Em outras palavras, uma variação instantânea de corrente no indutor requer uma tensão infinita no indutor. Mas, é claro, não existem fontes de tensão infinita. A tensão no indutor não tem qualquer restrição semelhante. Ela pode variar, ou até mesmo mudar, a polaridade instantaneamente. O fato de a corrente no indutor não variar instantaneamente não significa que, após uma operação de chaveamento, a corrente será a mesma que imediatamente antes da operação. Esse é um fato importante para a análise de circuitos *RL* (resistor-indutor).

INDUTÂNCIA TOTAL

A indutância total ou equivalente (L_T ou L_{eq}) de indutores conectados em série, como mostrado no circuito da Fig. 8-4a, pode ser encontrada a partir da LKT: $v_s = v_1 + v_2 + v_3$. Substituindo a partir de $v = L\, di/dt$, tem-se

$$L_T \frac{di}{dt} = L_1 \frac{di}{dt} + L_2 \frac{di}{dt} + L_3 \frac{di}{dt}$$

que, após a divisão por di/dt, reduz-se a $L_T = L_1 + L_2 + L_3$. Como o número de indutores em série não é significativo nessa derivação, o resultado pode ser generalizado para qualquer número de indutores em série:

$$L_T = L_1 + L_2 + L_3 + L_4 + \cdots$$

especificando que a indutância total ou equivalente de indutores em série é igual à soma das indutâncias individuais.

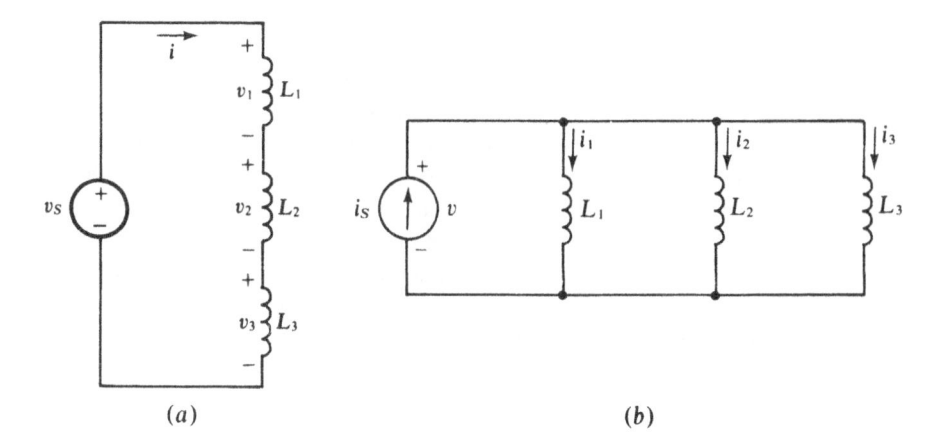

Figura 8-4

A indutância total de indutores conectados em paralelo, como mostrado no circuito da Fig. 8-4b, pode ser encontrada a partir da equação de tensão-corrente nos terminais de fonte: $v = L_T di_s/dt$ e substituída em $i_s = i_1 + i_2 + i_3$:

$$v = L_T \frac{d}{dt}(i_1 + i_2 + i_3) = L_T \left(\frac{di_1}{dt} + \frac{di_2}{dt} + \frac{di_3}{dt} \right)$$

Cada derivada pode ser eliminada utilizando a $di/dt = v/L$ apropriada:

$$v = L_T \left(\frac{v}{L_1} + \frac{v}{L_2} + \frac{v}{L_3} \right) \qquad \text{ou} \qquad \frac{1}{L_T} = \frac{1}{L_1} + \frac{1}{L_2} + \frac{1}{L_3}$$

que também pode ser escrita como

$$L_T = \frac{1}{1/L_1 + 1/L_2 + 1/L_3}$$

Generalizando,

$$L_T = \frac{1}{1/L_1 + 1/L_2 + 1/L_3 + 1/L_4 + \cdots}$$

que especifica que a indutância total de indutores em paralelo é igual ao inverso da soma dos inversos das indutâncias individuais. Para o caso especial de N indutores em paralelo com a mesma indutância L, essa fórmula é simplificada para $L_T = L/N$. Para dois indutores em paralelo, é $L_T = L_1 L_2/(L_1 + L_2)$. Observe que as fórmulas para encontrar indutâncias totais são as mesmas que aquelas para encontrar resistências totais.

ENERGIA ARMAZENADA

Como pode ser demonstrado utilizando cálculo, a energia armazenada em um indutor é

$$w_L = \tfrac{1}{2} L i^2$$

em que w_L é dado em joules, L em henrys e i ampères. Essa energia é considerada armazenada pelo campo magnético que envolve o indutor.

CIRCUITOS CC EXCITADOS POR UM INDUTOR

Quando uma chave abre ou fecha em um circuito RL CC excitado com um único indutor, todas as tensões e as correntes que não são constantes variam exponencialmente a partir de seus valores iniciais para os seus valores constantes finais, como pode ser comprovado a partir de equações diferenciais. Tais alterações exponenciais são as mesmas que foram ilustradas na Fig. 7-5 para capacitores. Consequentemente, as equações de tensão e corrente são as mesmas: $v = v(\infty) + [v(0+) - v(\infty)]e^{-t/\tau}$ V e $i = i(\infty) + [i(0+) - i(\infty)]e^{-t/\tau}$ A. A constante de tempo, τ, entretanto, é diferente. Ela é $\tau = L/R_{Th}$, no qual R_{Th} é a resistência de Thévenin no circuito nos terminais do indutor. É claro que, para uma constante de tempo, as tensões e correntes mudam 63,2% de suas alterações totais, e, após cinco constantes de tempo, elas podem ser consideradas em seus valores finais.

Devido à semelhança entre as equações de RL e RC, é possível fazer temporizadores RL. Entretanto, em termos práticos, os temporizadores RC são muito melhores. Uma razão é o fato de que indutores não são ideais como capacitores, porque suas bobinas apresentam resistências que raramente são insignificantes. Além disso, indutores são relativamente volumosos, pesados e difíceis de fabricar utilizando técnicas de circuitos integrados. Adicionalmente, os campos magnéticos que se estendem para fora dos indutores podem induzir tensões indesejadas em outros componentes. Os problemas com indutores são suficientemente significativos para que os projetistas de circuitos eletrônicos frequentemente excluam indutores de seus circuitos.

Problemas Resolvidos

8.1 Encontre a tensão induzida em uma bobina de 50 espiras a partir de um fluxo constante de 10^4 Wb e também a partir de uma variação de fluxo 3 Wb/s.

Um fluxo constante ligando uma bobina não induz qualquer tensão – apenas uma variação de fluxo o faz. A variação de fluxo de 3 Wb/s induz uma tensão de $v = N\, d\phi/dt = 50 \times 3 = 150$ V.

8.2 Qual é a taxa de variação do fluxo ligando uma bobina de 200 espiras quando 50 V estão sobre a bobina?

Essa taxa de variação é $d\phi/dt$ em $v = N\, d\phi/dt$:

$$\frac{d\phi}{dt} = \frac{v}{N} = \frac{50}{200} = 0{,}25 \text{ Wb/s}$$

8.3 Encontre o número de espiras de uma bobina para a qual uma variação de fluxo de 0,4 Wb/s induz uma tensão de 20 V na bobina.

Esse número de espiras é o N em $v = N\, d\phi/dt$:

$$N = \frac{v}{d\phi/dt} = \frac{20}{0{,}4} = 50 \text{ espiras}$$

8.4 Encontre a indutância de uma bobina de 100 espiras que está ligada por 3×10^{-4} Wb quando circula uma corrente de 20 mA através dela.

A fórmula pertinente é $Li = N\phi$. Assim,

$$L = \frac{N\phi}{i} = \frac{100(3 \times 10^{-4})}{20 \times 10^{-3}} = 1{,}5 \text{ H}$$

8.5 Encontre a indutância aproximada de uma bobina de camada única que tem 300 espiras enroladas sobre um cilindro plástico de 12 cm de comprimento e 0,5 cm de diâmetro.

A permeabilidade relativa do plástico é tão próxima de 1 que a permeabilidade do vácuo pode ser utilizada na fórmula de indutância para a bobina de camada única cilíndrica:

$$L = \frac{N^2 \mu A}{l} = \frac{300^2 (0{,}4\pi \times 10^{-6})[\pi \times (0{,}25 \times 10^{-2})^2]}{12 \times 10^{-2}} \text{ H} = 18{,}5\ \mu\text{H}$$

8.6 Encontre a indutância aproximada de uma bobina de 50 espiras de camada única que é enrolada em um cilindro ferromagnético de 1,5 cm de comprimento e 1,5 mm de diâmetro. O material ferromagnético tem permeabilidade relativa de 7.000.

$$L = \frac{N^2 \mu A}{l} = \frac{50^2 (7.000 \times 0{,}4\pi \times 10^{-6})[\pi \times (0{,}75 \times 10^{-3})^2]}{1{,}5 \times 10^{-2}} \text{ H} = 2{,}59 \text{ mH}$$

8.7 Um indutor de 3 H tem 2.000 espiras. Quantas espiras devem ser adicionadas para aumentar a indutância para 5 H?

Em geral, a indutância é proporcional ao quadrado do número de espiras. Por essa proporcionalidade,

$$\frac{5}{3} = \frac{N^2}{2.000^2} \qquad \text{ou} \qquad N = 2.000\sqrt{\frac{5}{3}} = 2.582 \text{ espiras}$$

Assim, $2.582 - 2.000 = 582$ espiras devem ser adicionadas sem fazer nenhuma outra alteração.

8.8 Encontre a tensão induzida em uma bobina de 150 mH quando a corrente é constante em 4 A. Além disso, encontre a tensão quando essa corrente variar a uma taxa de 4 A/s.

Se a corrente for constante, $di/dt = 0$ e assim a tensão na bobina é zero. Para uma taxa de variação de $di/dt = 4$ A/s,

$$v = L\frac{di}{dt} = (150 \times 10^{-3})(4) = 0{,}6 \text{ V}$$

8.9 Encontre a tensão induzida em uma bobina de 200 mH em $t = 3$ ms se a corrente aumenta uniformemente a partir de 30 mA em $t = 2$ ms para 90 mA em $t = 5$ ms.

Devido ao fato de a corrente aumentar de maneira uniforme, a tensão induzida é constante ao longo do intervalo de tempo. A taxa de aumento é $\Delta i / \Delta t$, onde Δi é a corrente no final do intervalo de tempo menos a corrente no início do intervalo de tempo: $90 - 30 = 60$ mA. Obviamente, Δt é o intervalo de tempo: $5 - 2 = 3$ ms. A tensão é

$$v = L\frac{\Delta i}{\Delta t} = \frac{(200 \times 10^{-3})(60 \times 10^{-3})}{3 \times 10^{-3}} = 4 \text{ V} \qquad \text{para} \qquad 2\text{ ms} < t < 5\text{ ms}$$

8.10 Qual é a indutância de uma bobina se uma mudança de corrente que cresce uniformemente a partir de 30 mA até 80 mA em 100 μS induz 50 mV na bobina?

Devido ao fato de o aumento ser uniforme (linear), a derivada da corrente pelo tempo é igual ao quociente entre a variação da corrente e o intervalo de tempo:

$$\frac{di}{dt} = \frac{\Delta i}{\Delta t} = \frac{80 \times 10^{-3} - 30 \times 10^{-3}}{100 \times 10^{-6}} = 500 \text{ A/s}$$

Em seguida, a partir de $v = L\, di/dt$,

$$L = \frac{v}{di/dt} = \frac{50 \times 10^{-3}}{500} \text{ H} = 100\ \mu\text{H}$$

8.11 Encontre a tensão induzida em uma bobina de 400 mH a partir de 0 s a 8 ms quando o fluxo de corrente mostrado na Fig. 8-5 atravessa a bobina.

O método é encontrar di/dt, a inclinação, a partir do gráfico e inseri-lo em $v = L\, di/dt$ para os vários intervalos de tempo. Para o primeiro milissegundo, a corrente diminui uniformemente a partir de 0 A até -40 mA. Assim, a inclinação é $(-40 \times 10^{-3} - 0)/(1 \times 10^{-3}) = -40$ A/s, que é a mudança na corrente dividida pela alteração correspondente no tempo. A tensão resultante é $v = L\, di/dt = (400 \times 10^{-3})(-40) = -16$ V. Para os próximos três milissegundos, a inclinação é $[20 \times 10^{-3} - (-40 \times 10^{-3})]/(3 \times 10^{-3}) = 20$ A/s e a tensão é $v = (400 \times 10^{-3})(20) = 8$ V.

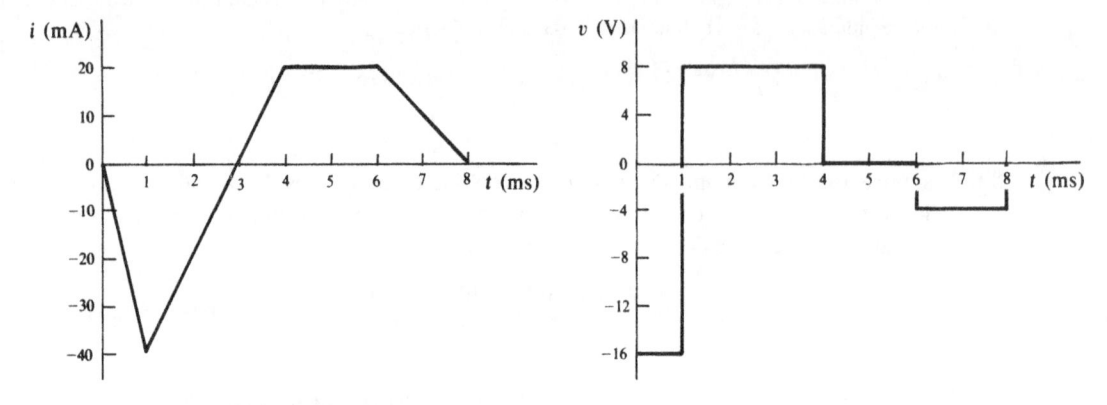

Figura 8-5

Figura 8-6

Para os próximos dois milissegundos, o gráfico de corrente é horizontal, o que significa que a inclinação é zero. Por conseguinte, a tensão é zero: $v = 0$ V. Para os últimos dois milissegundos, a inclinação é $(0 - 20 \times 10^{-3})/(2 \times 10^{-3}) = -10$ A/s e $v = (400 \times 10^{-3})(-10) = -4$ V.

A Fig. 8-6 mostra o gráfico de tensão. Observe que a tensão no indutor pode saltar e até mesmo mudar instantaneamente de polaridade.

8.12 Encontre a indutância total de três indutores em paralelos com indutâncias de 45, 60 e 75 mH.

$$L_T = \frac{1}{1/45 + 1/60 + 1/75} = 19{,}1 \text{ mH}$$

8.13 Encontre a indutância do indutor que, quando conectado em paralelo com um indutor de 40 mH, produz uma indutância total de 10 mH.

Como já foi deduzido, o inverso da indutância total é igual à soma dos inversos das indutâncias dos indutores individuais em paralelo:

$$\frac{1}{10} = \frac{1}{40} + \frac{1}{L} \qquad \text{de onde} \qquad \frac{1}{L} = 0{,}075 \qquad \text{e} \qquad L = 13{,}3 \text{ mH}$$

8.14 Encontre a indutância total L_T do circuito mostrado na Fig. 8-7.

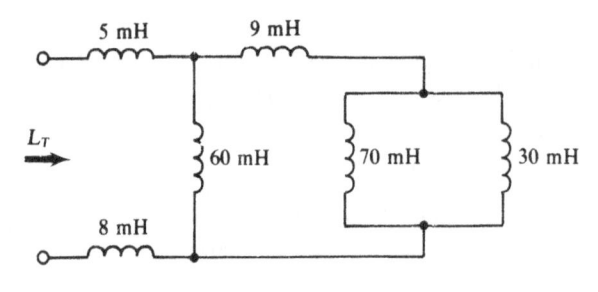

Figura 8-7

O método é combinar indutâncias começando com indutores na extremidade oposta aos terminais em que L_T será encontrado. Os indutores paralelos de 70 e 30 mH têm uma indutância total de $70(30)/(70 + 30) = 21$ mH. Isso aumenta a indutância do indutor em série de 9 mH: $21 + 9 = 30$ mH. Adicionando com a indutância do indutor em paralelo de 60 mH: $60(30)/(60 + 30) = 20$ mH. Finalmente, somando com as indutâncias dos indutores em série de 5 e 8 mH: $L_T = 20 + 5 + 8 = 33$ mH.

8.15 Encontre a energia armazenada em um indutor de 200 mH com 10 V através dele.

Não existe informação suficiente para determinar a energia armazenada. A corrente no indutor é necessária, e não a tensão, e não há maneira de encontrar a corrente a partir da tensão especificada.

8.16 Uma corrente $i = 0,32t$ A circula através de um indutor de 150 mH. Encontre a energia armazenada em $t = 4$ s.

Em $t = 4$ s, a corrente no indutor é $i = 0,32 \times 4 = 1,28$ A e assim a energia armazenada é

$$w = \tfrac{1}{2}Li^2 = 0,5(150 \times 10^{-3})(1,28)^2 = 0,123 \text{ J}$$

8.17 Encontre a constante de tempo do circuito mostrado na Fig. 8-8.

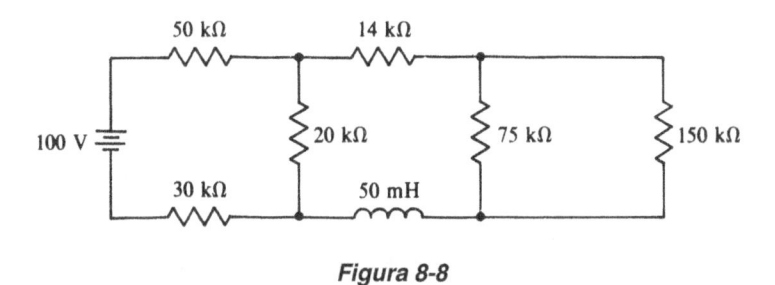

Figura 8-8

A constante de tempo é L/R_{Th}, onde R_{Th} é a resistência de Thévenin do circuito nos terminais do indutor. Para esse circuito,

$$R_{Th} = (50 + 30) \| 20 + 14 + 75 \| 150 = 80 \text{ k}\Omega$$

e assim $\tau = (50 \times 10^{-3})/(80 \times 10^{-3})\text{s} = 0,625$ μs.

8.18 Qual é a energia armazenada no indutor do circuito mostrado na Fig. 8-8?

A corrente no indutor é necessária. Provavelmente, o circuito foi construído em um tempo suficiente ($5\tau = 5 \times 0,625 = 3,13$ μs) para que a corrente no indutor se tornasse constante e, assim, para o indutor ser um curto-circuito. A corrente de curto-circuito pode ser encontrada a partir da resistência e da tensão de Thévenin. A resistência de Thévenin é de 80 kΩ, como encontrada na solução do Problema 8.17. A tensão de Thévenin é a tensão através do resistor de 20 kΩ se o indutor for substituído por um circuito aberto. Essa tensão vai aparecer em todo o circuito aberto desde ques os resistores de 14, 75 e 150 kΩ não transportem qualquer corrente. Por divisão de tensão, a tensão é

$$V_{Th} = \frac{20}{20 + 50 + 30} \times 100 = 20 \text{ V}$$

Devido à carga do indutor de curto-circuito, a corrente no indutor é $V_{Th}/(R_{Th} + 0) = 20/80 = 0,25$ mA e a energia armazenada é $0,5(50 \times 10^{-3})(0,25 \times 10^{-3})^2$ J $= 1,56$ nJ.

8.19 O fechamento da chave conecta em série uma fonte de 20 V, um resistor de 2 Ω e um indutor de 3,6 H. Quanto tempo leva para a corrente chegar ao seu valor máximo e qual é esse valor?

A corrente atinge seu máximo valor cinco constantes de tempo após o fechamento da chave: $5L/R = 5(3,6)/2 = 9$ s. Uma vez que o indutor atua como um curto-circuito nesse momento, só a resistência limita a corrente: $i(\infty) = 20/2 = 10$ A.

8.20 O fechamento de uma chave conecta em série uma fonte de 21 V, um resistor de 3 Ω e um indutor de 2,4 H. Encontre (*a*) as correntes inicial e final, (*b*) as tensões inicial e final no indutor e (*c*) a taxa inicial de crescimento da corrente.

(*a*) Imediatamente após a chave ser fechada, a corrente no indutor é de 0A. Imediatamente antes de a chave ser fechada, a corrente no indutor não pode saltar. A corrente aumenta a partir de 0 A até atingir seu máximo valor de cinco constantes de tempo ($5 \times 2,4/3 = 4$ s), após o fechamento da chave. Em seguida, pela razão de a corrente ser constante, o indutor torna-se um curto-circuito e assim $i(\infty) = V/R = 21/3 = 7$ A.

(*b*) Uma vez que após o fechamento imediato da chave a corrente é zero, a tensão no resistor é 0 V, o que significa, pela LKT, que toda a tensão de fonte está através do indutor: a tensão inicial no indutor é de 21 V. É claro, a tensão final no indutor é zero porque o indutor é um curto-circuito para CC após cinco constantes de tempo.

(c) Como pode ser visto na Fig. 7-5b, a corrente inicialmente aumenta a uma taxa tal que o valor final da corrente seria alcançado em uma constante de tempo, se a taxa não tiver se alterado. Essa taxa inicial é

$$\frac{i(\infty) - i(0+)}{\tau} = \frac{7 - 0}{0,8} = 8,75 \text{ A/s}$$

Outra maneira de encontrar a presente taxa inicial, que é di/dt em $t = 0+$, é a partir da tensão inicial no indutor:

$$v_L(0+) = L\frac{di}{dt}(0+) \quad \text{ou} \quad \frac{di}{dt}(0+) = \frac{v_L(0+)}{L} = \frac{21}{2,4} = 8,75 \text{ A/s}$$

8.21 O fechamento de uma chave conecta uma fonte de 120 V às bobinas de campo de um motor CC. Essas bobinas têm 6 H de indutância e 30 Ω de resistência. Um resistor de descarga em paralelo com a bobina limita a máxima tensão de comutação na bobina no instante em que a chave é aberta. Encontre o valor máximo da resistência de descarga que irá impedir que a tensão da bobina seja superior a 300 V.

Com a chave fechada, a corrente nas bobinas é de 120/30 = 4 A, uma vez que parte das bobinas do indutor é um curto-circuito. Imediatamente após a chave ser aberta, a corrente deve ainda ser de 4 A, porque uma corrente no indutor não pode saltar – o campo magnético sobre a bobina mudará para produzir qualquer tensão na bobina necessária para manter 4 A. Na verdade, se o resistor de descarga não estiver presente, essa tensão se tornaria grande o suficiente – milhares de volts – para produzir arcos aos contatos da chave para proporcionar um percurso para a corrente, a fim de permitir a diminuição da corrente continuamente. Tal tensão grande pode ser destrutiva para os contatos da chave e para o isolamento da bobina. O resistor de descarga proporciona um caminho alternativo para a corrente no indutor, que tem um valor máximo de 4 A. Para limitar a tensão da bobina a 300 V, o valor máximo de resistência de descarga é de 300/4 = 75 Ω. Certamente, qualquer valor inferior a 75 Ω vai limitar a tensão para menos de 300 V, mas uma menor resistência irá resultar em maior dissipação de potência quando a chave for fechada.

8.22 No circuito mostrado na Fig. 8-9, encontre as correntes indicadas muito tempo após a chave ter sido mudada para a posição 1.

O indutor é, evidentemente, um curto-circuito, e elimina o resistor de 20 Ω. Como resultado, $i_1 = 0$ A. Esse curto-circuito também coloca o resistor de 18 Ω em paralelo com o resistor de 12 Ω. Juntos, eles têm uma resistência total de 18(12)/(18 + 12) = 7,2 Ω, o que aumenta a resistência em série do resistor de 6,8 Ω para produzir 7,2 + 6,8 = 14 Ω nos terminais de origem. Assim, a corrente da fonte é 140/14 = 10 A. Por divisão de corrente,

$$i_2 = \frac{12}{12 + 18} \times 10 = 4 \text{ A} \quad \text{e} \quad i_3 = \frac{18}{12 + 18} \times 10 = 6 \text{ A}$$

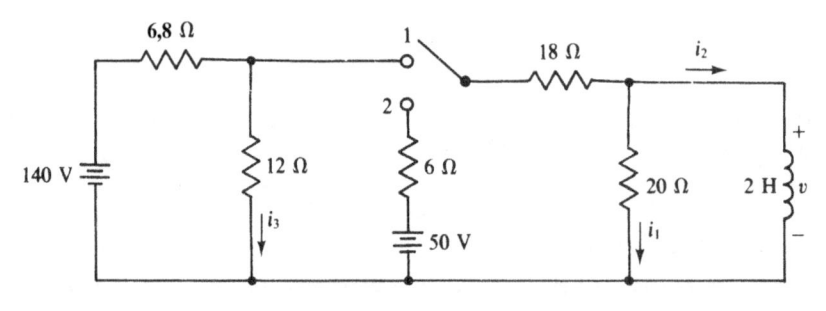

Figura 8-9

8.23 Para o circuito mostrado na Fig. 8-9, encontre a tensão e as correntes indicadas imediatamente após a chave ser mudada da posição 1, onde estava há muito tempo, para a posição 2.

Logo que a chave deixa a posição 1, o lado esquerdo do circuito é isolado, tornando-se um circuito em série em que $i_3 = 140/(6,8 + 12) = 7,45$ A. Na outra parte do circuito, a corrente no indutor não pode variar e é de 4 A, como foi encontrado na solução do Problema 8.22: $i_2 = 4$ A. Uma vez que essa corrente é conhecida, ela pode ser considerada a partir de uma fonte de corrente, como mostrado na Fig. 8-10. Lembre-se, porém, de que o circuito é válido somente para o instante de tempo imediatamente após a chave ser passada para a posição 2. Pela análise nodal,

$$\frac{v}{20} + \frac{v - 50}{6 + 18} + 4 = 0 \quad \text{a partir do qual} \quad v = -20,9 \text{ V}$$

e $i_1 = v/20 = -20{,}9/20 = -1{,}05$ A.

Essa técnica de substituição de indutores de um circuito por fontes de corrente é completamente geral para a análise no instante de tempo imediatamente após uma operação de comutação (de modo análogo, os capacitores podem ser substituídos por fontes de tensão). É claro que, se uma corrente no indutor é zero, então a fonte de corrente transporta 0 A e por isso é equivalente a um circuito aberto.

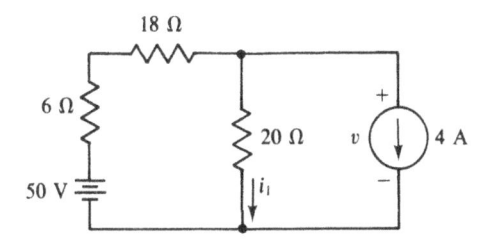

Figura 8-10

8.24 Um curto é colocado através de uma bobina no momento em que está conduzindo 0,5 A. Se a bobina tem indutância de 0,5 H e uma resistência de 2 Ω, qual é a corrente na bobina 0,1 s após um curto ser aplicado?

A equação de corrente é necessária. Para a fórmula básica $i = i(\infty) + [i(0+) - i(\infty)]e^{-t/\tau}$, a corrente inicial é $i(0+) = 0{,}5$ A, pois a corrente no indutor não pode variar; a corrente final é $i(\infty) = 0$ A, porque a corrente cairá para zero após toda a energia armazenada inicialmente ser dissipada na resistência; e a constante de tempo é $\tau = L/R = 0{,}5/2 = 0{,}25$ s. Assim,

$$i(t) = 0 + (0{,}5 - 0)e^{-t/0{,}25} = 0{,}5e^{-4t} \text{ A}$$

e $i(0{,}1) = 0{,}5e^{-4(0{,}1)} = 0{,}335$ A.

8.25 A bobina de um relé tem uma resistência de 30 Ω e indutância de 2 H. Se o relé requer 250 mA para operar, quanto tempo ele irá operar depois de 12 V aplicados à bobina?

Para a fórmula corrente, $i(0+) = 0$ A, $i(\infty) = 12/30 = 0{,}4$ A e $\tau = 2/30 = 1/15$ s. Assim,

$$i = 0{,}4 + (0 - 0{,}4)e^{-15t} = 0{,}4(1 - e^{-15t}) \text{ A}$$

O tempo no qual a corrente é de 250 mA = 0,25 A pode ser encontrado por substituição de 0,25 para i e resolvendo para t:

$$0{,}25 = 0{,}4(1 - e^{-15t}) \quad \text{ou} \quad e^{-15t} = 0{,}375$$

Tomando o logaritmo natural de ambos os lados, tem-se como resultado

$$\ln e^{-15t} = \ln 0{,}375 \quad \text{a partir do qual} \quad -15t = -0{,}9809 \quad \text{e} \quad t = 65{,}4 \text{ ms}$$

8.26 Para o circuito mostrado na Fig. 8-11, encontre v e i para $t > 0$ s se em $t = 0$ s a chave é passada para a posição 2, depois de ter permanecido na posição 1 por um longo tempo.

A chave mostrada é uma chave do tipo que faz o contato no início da posição 2 antes de abrir o contato na posição 1. Esse contato temporário duplo fornece um caminho para a corrente no indutor durante a comutação e impede a formação de arco nos contatos da chave. Para encontrar a tensão e a corrente, é necessário apenas obter seus valores inicial e final, juntamente com a constante de tempo, e inseri-los nas fórmulas de tensão e correntes. A corrente inicial $i(0+)$ é a mesma que a corrente no indutor imediatamente antes da operação de comutação, com a chave na posição 1: $i(0+) = 50/(4+6) = 5$ A. Quando a chave estiver na posição 2, a corrente produzirá quedas de tensão iniciais de $5 \times 6 = 30$ V e $14 \times 5 = 70$ V através dos resistores de 6 e 14 Ω, respectivamente. Pela LKT, $30 + 70 + v(0+) = 20$, a partir do qual $v(0+) = -80$ V. Para os valores finais, claramente $v(\infty) = 0$ V e $i(\infty) = 20/(14+6) = 1$ A. A constante de tempo é $4/20 = 0{,}2$ s. Com esses valores inseridos, as fórmulas de tensão e corrente são

$$v = 0 + (-80 - 0)e^{-t/0{,}2} = -80e^{-5t} \text{ V} \quad \text{para} \quad t < 0 \text{ s}$$
$$i = 1 + (5 - 1)e^{-t/0{,}2} = 1 + 4e^{-5t} \text{ A} \quad \text{para} \quad t \geq 0 \text{ s}$$

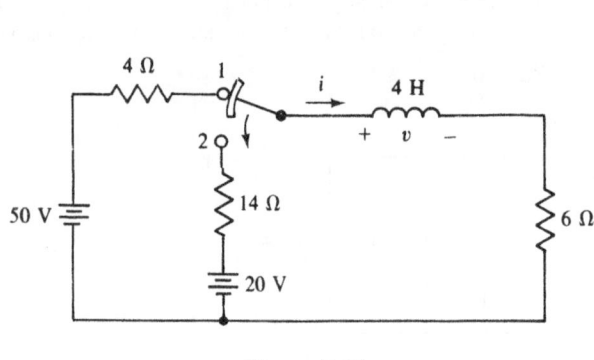

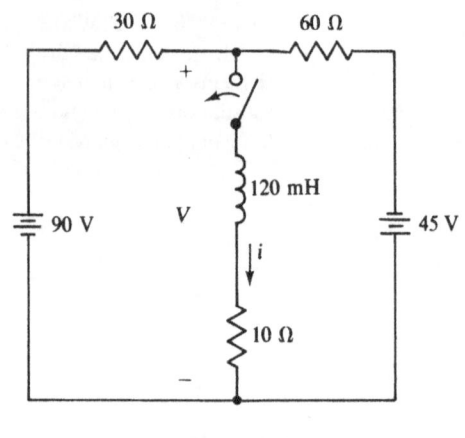

Figura 8-11

Figura 8-12

8.27 Para o circuito mostrado na Fig. 8-12, encontre i para $t \geq 0$ s, se a chave é fechada em $t = 0$ s depois de ter sido aberta por um longo tempo.

Uma boa abordagem é a utilização do circuito equivalente de Thévenin com os terminais do indutor. A resistência de Thévenin é fácil de encontrar, porque os resistores estão em série-paralelo enquanto as fontes estão desativadas: $R_{Th} = 10 + 30\|60 = 30\ \Omega$. A tensão de Thévenin é o V indicado com o ramo central removido, porque substituir o indutor por um circuito aberto impede que o ramo central afete essa tensão. Pela análise nodal,

$$\frac{V - 90}{30} + \frac{V - (-45)}{60} = 0 \qquad \text{a partir do qual} \qquad V = 45\ \text{V}$$

Assim, o circuito equivalente de Thévenin é um resistor de 30 Ω em série com uma fonte de 45 V e a polaridade da fonte é tal que produza uma corrente i positiva. Com o circuito de Thévenin conectado ao indutor, deve ser óbvio que $i(0+) = 0$ A, $i(\infty) = 45/30 = 1,5$ A, $\tau = (120 \times 10^{-3})/30 = 4 \times 10^{-3}$ s e $1/\tau = 250$. Esses valores inseridos na fórmula de corrente resultam em $i = 1,5 - 1,5\ e^{-250t}$ A para $t \geq 0$ s.

8.28 No circuito mostrado na Fig. 8-13, a chave S_1 é fechada em $t = 0$ s e a chave S_2 é aberta em $t = 3$ s. Encontre $i(2)$ e $i(4)$ e faça um esboço de i para $t \geq 0$ s.

Duas equações para i são necessárias: uma com ambas as chaves fechadas e a outra com a chave S_1 fechada e a chave S_2 aberta. No momento em que S_1 é fechada, $i(0+) = 0$ A, e i começa a aumentar para um valor final de $i(\infty) = 6/(0,1 + 0,2) = 20$ A. A constante de tempo é $1,2/(0,1 + 0,2) = 4$ s. O resistor de 1,2 Ω não afeta a corrente ou a constante de tempo,

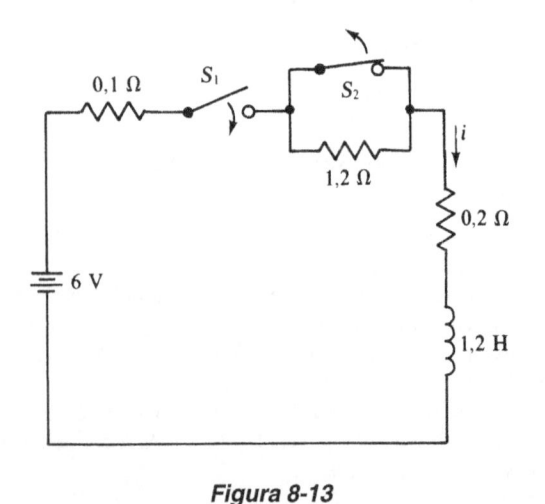

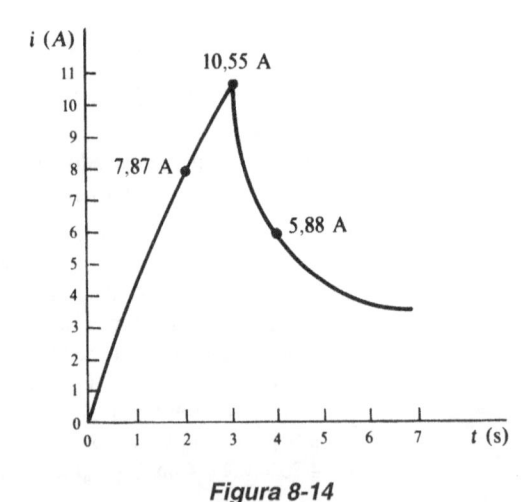

Figura 8-13

Figura 8-14

porque o resistor está em curto com a chave S_2. Assim, para os primeiros três segundos, $i = 20 - 20\ e^{-t/4}$ A, e a partir disso, $i(2) = 20 - 20\ e^{-2/4} = 7,87$ A.

Após abrir a chave S_2 em $t = 3$ s, a equação para i deve alterar, porque o circuito muda como resultado da inserção do resistor de 1,2 Ω. Como a comutação ocorre em $t = 3$ s em vez de em $t = 0$ s, a fórmula básica para i é $i = i(\infty) +$

$[i(3+) - i(\infty)]e^{-(t-3)/\tau}$ A. A corrente $i(3+)$ pode ser calculada a partir da primeira equação de i uma vez que a corrente não pode variar em $t = 3$ s: $i(3+) = 20 - 20e^{-3/4} = 10{,}55$ A. É claro que $i(\infty) = 6/(0{,}1 + 1{,}2 + 0{,}2) = 4$ A e $\tau = 1{,}2/1{,}5 = 0{,}8$ s. Com esses valores inseridos, a fórmula de corrente é

$$i = 4 + (10{,}55 - 4)e^{-(t-3)/0{,}8} = 4 + 6{,}55e^{-1{,}25(t-3)} \text{ A} \quad \text{para} \quad t \geq 3 \text{ s}$$

a partir do qual $i(4) = 4 + 6{,}55e^{-1{,}25(4-3)} = 5{,}88$ A.

A Fig. 8-14 mostra o gráfico de corrente com base nas duas equações de corrente.

Problemas Complementares

8.29 Encontre a tensão induzida na bobina de 500 espiras quando o fluxo varia uniformemente por 16×10^{-5} Wb em 2 ms.

Resp. 40 V

8.30 Encontre a variação no fluxo em uma bobina de 800 espiras quando 3,2 V é induzido por 6 ms.

Resp. 24 μWb

8.31 Qual é o número de espiras de uma bobina para a qual uma variação de fluxo de 40×10^{-6} Wb em 0,4 ms induz 70 V na bobina?

Resp. 700 espiras

8.32 Encontre o fluxo ligando uma bobina de 500 espiras, 0,1 H, conduzindo uma corrente de 2 mA.

Resp. 0,4 μWb

8.33 Encontre a indutância aproximada de uma única camada, em uma bobina com 300 espiras, com núcleo de ar, de 7,6 cm de comprimento e 0,64 cm de diâmetro.

Resp. 47 μH

8.34 Encontre a indutância aproximada de uma única bobina com 500 espiras enrolada em um cilindro ferromagnético de 2,54 cm de comprimento e 0,254 cm de diâmetro. O material ferromagnético tem uma permeabilidade relativa de 8.000.

Resp. 0,501 H

8.35 Um indutor de 250 mH tem 500 espiras. Quantas espiras devem ser adicionadas para aumentar a indutância para 400 mH?

Resp. 132 espiras

8.36 A corrente em um indutor de 300 mH aumenta uniformemente de 0,2 a 1 A em 0,5 s. Qual é a tensão no indutor para esse tempo?

Resp. 0,48 V

8.37 Se uma variação de corrente em um indutor de 0,2 H produz uma tensão constante de 5 V no indutor, quanto tempo é preciso para a corrente aumentar de 30 para 200 mA?

Resp. 6,8 ms

8.38 Qual é a indutância de uma bobina para a qual uma corrente aumentando uniformemente de 150 para 275 mA em 300 μs induz 75 mV na bobina?

Resp. 180 μH

8.39 Encontre a tensão induzida em uma bobina de um 200 mH de 0 a 5 ms, quando uma corrente i descrita como segue flui através da bobina: $i = 250t$ A para 0 s $\leq t \leq 1$ ms, $i = 250$ mA para 1 ms $\leq t \leq 2$ ms e $i = 416 - 83.000t$ mA para 2 ms $\leq t \leq 5$ ms.

Resp. $v = 50$ V para 0 s $< t < 1$ ms; 0 V para 1 ms $< t < 2$ ms; -16 V para 2 ms $< t < 5$ ms

8.40 Encontre a indutância total de quatro indutores em paralelo com indutâncias de 80, 125, 200 e 350 mH.

Resp. 35,3 mH

8.41 Encontre a indutância total de um indutor de 40 mH em série com a combinação em paralelo de um indutor de 60 mH, um indutor de 80 mH e um indutor de 100 mH.

Resp. 65,5 mH

8.42 Um indutor de 2 H, uma resistência de 430 Ω e uma fonte de 50 V foram conectados em série por um longo tempo. Qual é a energia armazenada no indutor?

Resp. 13,5 mJ

8.43 Uma corrente $i = 0{,}56t$ A flui através de um indutor de 0,5 H. Encontre a energia armazenada em $t = 6$ s.

Resp. 2,82 J

8.44 Qual é a energia armazenada pelo indutor no circuito mostrado na Fig. 8-15, se $R = 20$ Ω?

Resp. 667 mJ

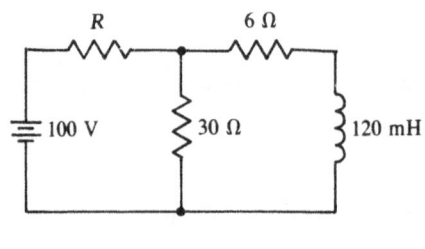

Figura 8-15

8.45 Encontre a constante de tempo do circuito mostrado na Fig. 8-15 para $R = 90$ Ω.

Resp. 4,21 ms

8.46 Quanto tempo após um curto-circuito ser colocado através de uma bobina com uma corrente de 2 A a corrente leva para ser zero se a bobina tem 1,2 H de indutância e 40 Ω de resistência? Além disso, qual é a energia dissipada?

Resp. 0,15 s, 2,4 J

8.47 O fechamento de uma chave conecta em série uma fonte de 10 V, um resistor de 8,2 Ω e um indutor de 1,2 H. Quanto tempo a corrente demora para atingir seu valor máximo e qual é esse valor?

Resp. 732 ms, 1,22 A

8.48 No fechamento, uma chave conecta uma fonte de 100 V com 5 Ω de resistência interna em combinação, em paralelo, de um resistor de 20 Ω e um indutor de 0,4 H. Quais são as correntes inicial e final da fonte e qual é a taxa inicial de crescimento da corrente no indutor?

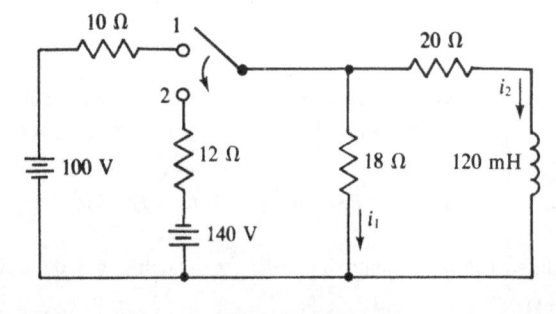

Resp. 4 A, 20 A, 200 A/s

8.49 No circuito mostrado na Fig. 8-16, a chave é passada em $t = 0$ s de uma posição aberta para a posição 1. Encontre as correntes indicadas em $t = 0 +$ s e também a um longo período de tempo mais tarde.

Resp. $i_1(0+) = 3{,}57$ A, $i_2(0+) = 0$ A, $i_1(\infty) = 2{,}7$ A, $i_2(\infty) = 2{,}43$ A

Figura 8-16

8.50 No circuito representado na Fig. 8-16, a chave é passada em $t = 0$ s da posição 2 para a posição 1, onde estava há muito tempo. Encontre as correntes indicadas em $t = 0+$ s e também após um longo período de tempo.

Resp. $i_1(0+) = -5{,}64$ A, $i_2(0+) = 2{,}43$ A, $i_1(\infty) = -3{,}43$ A, $i_2(\infty) = -3{,}09$ A

8.51 Uma chave fechada em $t = 0$ s conecta um indutor de 20 mH a uma fonte de 40 V, com 10 Ω de resistência interna. Encontre a tensão e a corrente no indutor para t > 0 s.

Resp. $v = 40e^{-500t}$ V, $i = 4(1 - e^{-500t})$ A

8.52 Uma chave fechada em $t = 0$ s conecta uma fonte de 100 V, com resistência interna de 15 Ω a uma bobina que tem 200 mH de indutância e 5 Ω de resistência. Encontre a tensão na bobina para $t > 0$ s.

Resp. $25 + 75e^{-100t}$ V

8.53 A bobina de um relé tem resistência de 20 Ω e indutância de 1,2 H. O relé requer 300 mA para operar. Quanto tempo o relé leva para operar após uma fonte de 20 V com 5 Ω de resistência interna ser aplicada à sua bobina?

Resp. 22,6 ms

8.54 Para o circuito mostrado na Fig. 8-17, encontre i como uma função do tempo após a chave ser fechada em $t = 0$ s.

Resp. $0{,}04(1 - e^{-500t})$ A

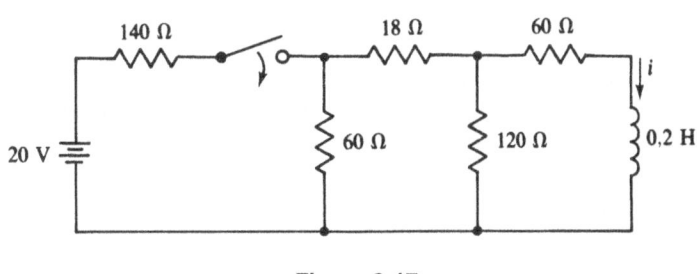

Figura 8-17

8.55 Suponha que a chave no circuito mostrado na Fig. 8-17 tenha sido fechada por um longo tempo. Encontre i como uma função do tempo após a abertura da chave $t = 0$ s.

Resp. $0{,}04e^{-536t}$ A

8.56 No circuito mostrado na Fig. 8-18, a chave é passada para a posição 1 em $t = 0$ s depois de ter sido aberta por muito tempo. Em seguida, ela é passada para a posição 2 em $t = 2{,}5$ s. Encontre i para $t \geq 0$ s.

Resp. $50(1 - e^{-0{,}1t})$ A para $0\text{ s} \leq t \leq 2{,}5$ s; $-20 + 31{,}1e^{-0{,}05(t-2{,}5)}$ A para $t \geq 2{,}5$ s

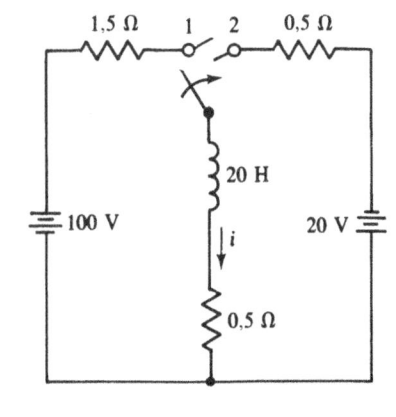

Figura 8-18

Capítulo 9

Tensão e Corrente Alternada Senoidal

INTRODUÇÃO

Nos circuitos considerados até agora, as fontes CC utilizadas eram independentes. Deste ponto em diante, os circuitos têm fontes de *corrente alternada* (CA).

Uma tensão CA (ou corrente CA) varia de forma *senoidal* com o tempo, como mostrado na Fig. 9-1*a*. Trata-se de uma tensão *periódica*, uma vez que varia com o tempo, de modo que se repete continuamente. A menor porção não reproduzível de uma forma de onda periódica é um *ciclo*, e a duração de um ciclo é um *período T* da onda. O inverso do período e do número de ciclos em um período é a *frequência*, que tem uma grandeza cujo símbolo é *f*:

$$f = \frac{1}{T}$$

A unidade no SI da frequência é o *hertz*, cujo símbolo é Hz.

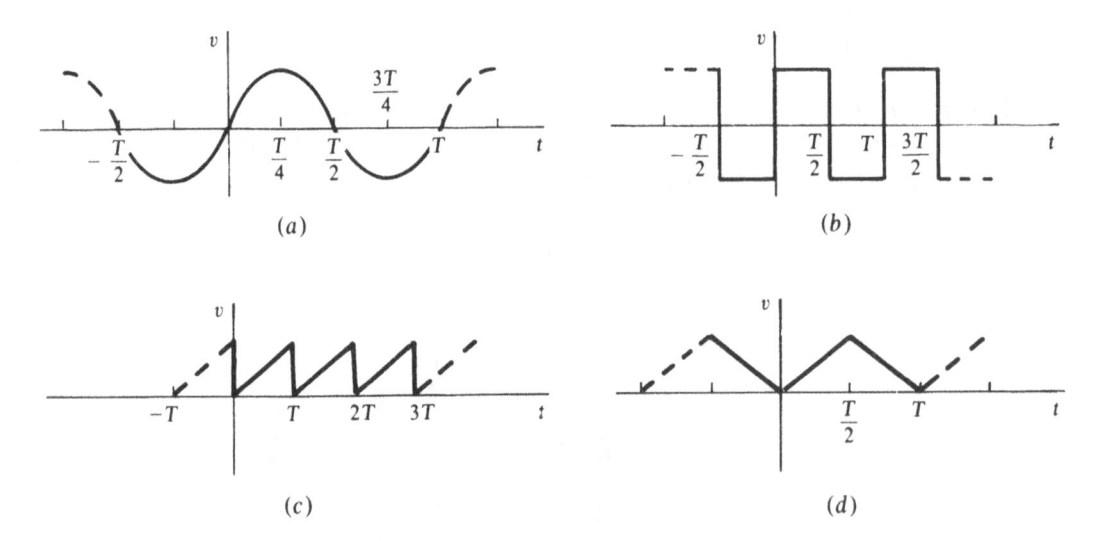

Figura 9-1

Nessas definições, observe os termos *onda* e *forma de onda*. Eles não se referem à mesma coisa. Uma onda é uma tensão ou corrente variável, mas uma forma de onda é um gráfico da tensão ou da corrente. Muitas vezes, porém, esses termos são utilizados de forma intercambiável.

Embora a *onda senoidal* da Fig. 9-1*a* seja de longe a mais comum onda periódica, existem outras comuns: a Figura 9-1*b* mostra uma onda quadrada, a Fig. 9-1*c*, uma onda dente de serra e a Fig. 9-1*d*, uma onda triangular. As linhas tracejadas em ambas as extremidades indicam que as ondas não têm início nem fim, como é estritamente necessário para ondas periódicas. Mas, é claro, todas as tensões e correntes práticas têm começo e fim. Quando uma onda é periódica, as linhas tracejadas são frequentemente omitidas.

As formas de onda de tensão mostrada na Fig. 9-1*a* e *b* são negativas ou abaixo do eixo de tempo para parte de cada período. Durante esses tempos, as tensões correspondentes têm polaridades opostas às polaridades de referência. É claro que, quando as formas de onda estão acima do eixo do tempo, as tensões têm as mesmas polaridades de referência. Para gráficos de correntes, os fluxos de correntes estão nas direções de referência das correntes, quando as formas de onda estão acima do eixo de tempo, e em sentidos opostos, quando as formas de onda são inferiores a este eixo.

ONDAS SENOIDAIS E COSSENOIDAIS

A Fig. 9-2 mostra o básico de um gerador CA ou alternador para gerar uma tensão senoidal. O condutor, que na prática é uma bobina de fio, é girado por uma turbina a vapor ou por alguma fonte de energia mecânica. Essa rotação produz uma variação contínua do fluxo magnético em torno do condutor, induzindo, desse modo, uma tensão de onda senoidal no condutor. A variação de fluxo, e assim a tensão induzida, varia de zero, quando o condutor está na horizontal, para um máximo, quando o condutor está na vertical. Se $t = 0$ s corresponde a um tempo quando o condutor está na horizontal e a tensão induzida é aumentada, a tensão induzida é $v = V_m \operatorname{sen} \omega t$, onde V_m é o valor de pico ou *amplitude*, seno é o designador de operação para uma onda senoidal, ωt é o *argumento* e ω é o símbolo para a grandeza *frequência radiano* da tensão (alguns autores utilizam os termos "velocidade angular" ou "frequência angular" em vez de frequência radiano)*. A unidade SI da frequência angular é *radianos por segundo*, cujo símbolo é rad/s. A frequência f e a frequência angular ω são relacionadas por

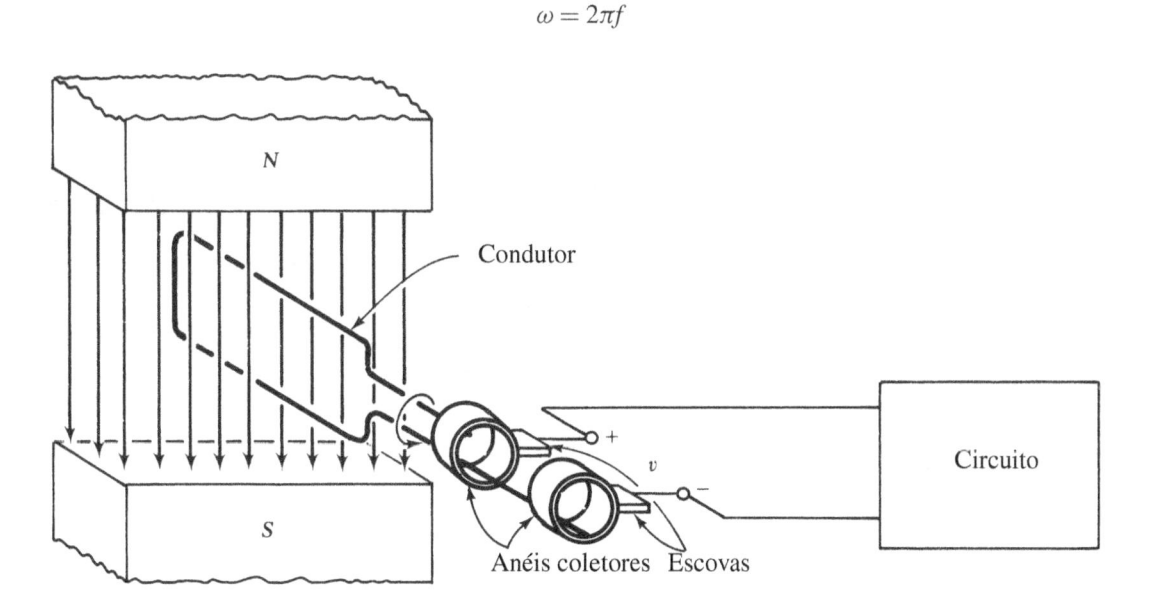

$$\omega = 2\pi f$$

Figura 9-2

O *radiano* em radianos por segundo é uma unidade angular no SI, com o símbolo rad, e é uma alternativa para graus. Um radiano é o ângulo subentendido por um arco na circunferência de um círculo se o arco tem um comprimento igual ao raio. Uma vez que a circunferência de um círculo é igual a $2\pi r$, onde r é o raio, segue-se que 2π rad é igual a 360° ou

$$1 \text{ rad} = \frac{360°}{2\pi} = \frac{180°}{\pi} = 57{,}3°$$

---

*N. de T.: Ao longo do texto original, o autor utiliza a denominação frequência radiano, porém, como no Brasil a mais utilizada é frequência angular, daremos preferência a essa denominação na tradução.

Essa relação é útil para a conversão de graus para radianos e de radianos para graus. Especificamente,

$$\text{Ângulo em radianos} = \frac{\pi}{180°} \times \text{ângulo em graus}$$

e
$$\text{Ângulo em graus} = \frac{180°}{\pi} \times \text{ângulo em radianos}$$

Mas, é claro, uma calculadora científica vai realizar a conversão com o pressionar de uma tecla. A forma de onda de sen ωt tem a forma mostrada na Fig. 9-1a. Em cada ciclo, ela varia de 0 a um pico positivo ou máximo de 1, retorna a 0, em seguida para um pico negativo ou mínimo de -1, e de volta para 0. Para qualquer valor do argumento ωt, o sen ωt pode ser obtido com uma calculadora operando no modo radianos. Alternativamente, o

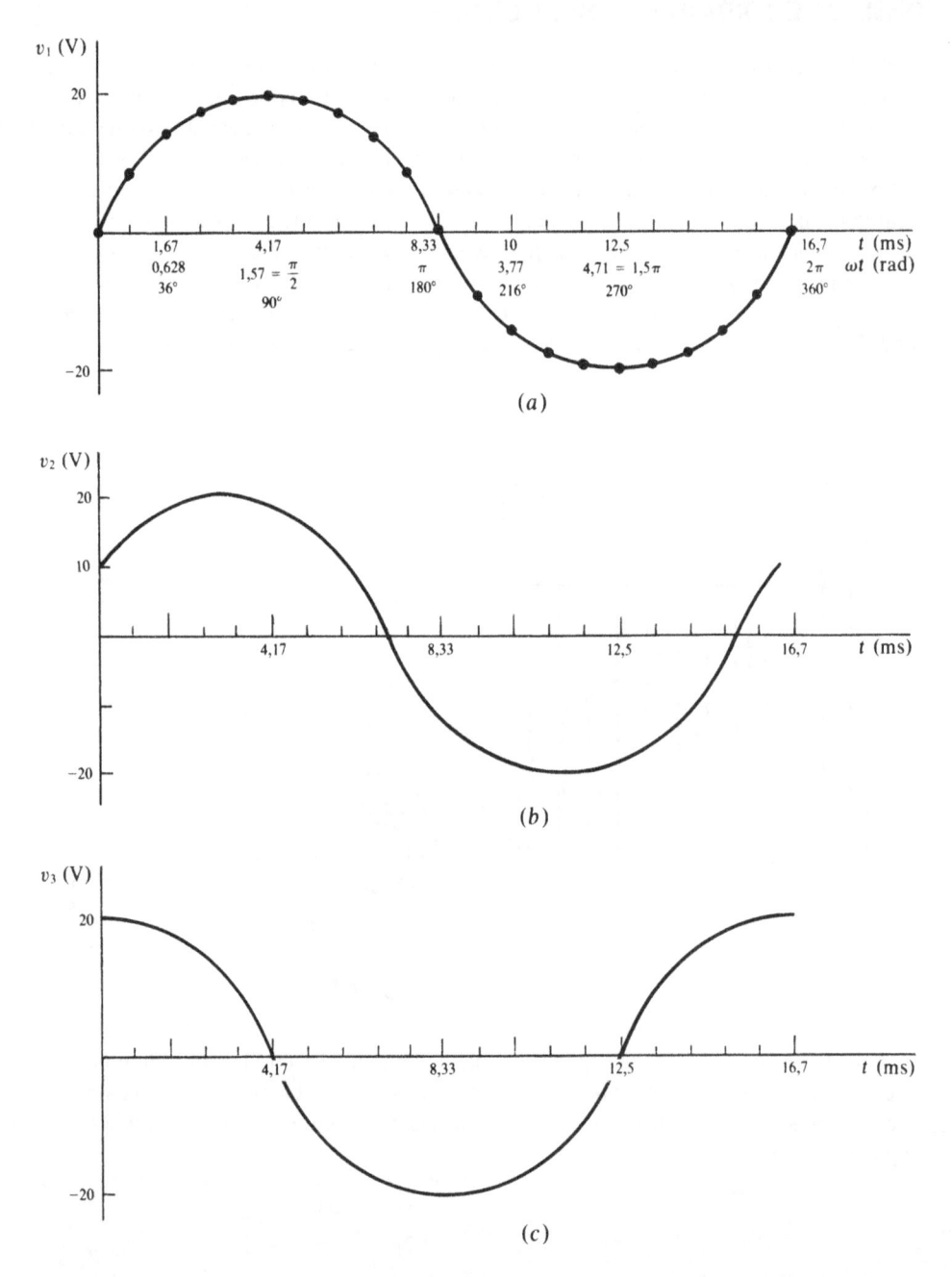

Figura 9-3

argumento pode ser convertido em graus com a calculadora operando no modo graus decimal mais popular. Por exemplo, sen $(\pi/6)$ = sen $30° = 0,5$.

A abcissa de um gráfico de onda senoidal pode ser expressa em radianos, graus ou tempo. Às vezes, quando o tempo é utilizado, ela está em frações do período T, como na Fig. 9-1a. Geralmente, as frações devem determinar as proporções correspondentes de um ciclo.

Considere a representação gráfica de um ciclo de uma tensão CA específica: $v_1 = 20$ sen $377t$ V. O valor de pico ou amplitude é de 20 V, porque sen $377t$ tem valor máximo de 1. A frequência angular é $\omega = 377$ rad/s, o que corresponde a $f = \omega/2\pi = 60$ Hz, a frequência dos sistemas elétricos de potência nos Estados Unidos*. O período é $T = 1/60 = 16,7$ ms. Um ciclo dessa tensão pode ser representado por substituição, em 20 sen $377t$, para diferentes tempos de t, a partir do intervalo de tempo de $t = 0$ s até $t = 16,7$ ms. A Figura 9-3a mostra os resultados de avaliação da presente onda senoidal em 21 tempos diferentes e desenhando uma curva entre os pontos plotados. Para fins de comparação, todas as unidades da abscissa – segundos, radianos e graus – são mostradas.

A Figura 9-3b mostra um gráfico de um ciclo de $v_2 = 20$ sen $(377t + 30°)$ V. Observe que o argumento $377t + 30°$ é a soma de dois termos; o primeiro é em radianos e o segundo é em graus. Demonstrações como essa adição são comuns, apesar do fato de que, antes de os termos poderem ser adicionados, o primeiro termo deve ser convertido em graus ou o segundo termo deve ser convertido em radianos. Os 30° no argumento são chamados de *ângulo de fase*.

A *onda cosseno*, designada por cos, é tão importante quanto a onda senoidal. Sua forma de onda tem o mesmo perfil que a forma de onda senoidal, mas é deslocada 90° – um quarto do período – antes dele. As ondas seno e cosseno são tão semelhantes que o mesmo termo "senoide" é aplicado para ambas, assim como para ondas seno e cosseno de fase deslocada. A Figura 9-3c é um gráfico de $v_3 = 20$ sen $(377t + 90°) = 20$ cos $377t$ V. Observe que os valores da onda cosseno v_3 ocorrem um quarto de período antes que os correspondentes para a onda senoidal v_1.

Algumas identidades do seno e cosseno são importantes no estudo da análise de circuitos CA:

$$\text{sen}(-x) = -\text{sen}\, x \qquad \cos(-x) = \cos x \qquad \text{sen}(x + 90°) = \cos x$$

$$\text{sen}(x - 90°) = -\cos x \qquad \cos(x + 90°) = -\text{sen}\, x \qquad \cos(x - 90°) = \text{sen}\, x$$

$$\text{sen}(x \pm 180°) = -\text{sen}\, x \qquad \cos(x \pm 180°) = -\cos x \qquad \text{sen}^2 x = \frac{1 - \cos 2x}{2}$$

$$\cos^2 x = \frac{1 + \cos 2x}{2} \qquad \text{sen}(x + y) = \text{sen}\, x \cos y + \text{sen}\, y \cos x$$

$$\text{sen}(x - y) = \text{sen}\, x \cos y - \text{sen}\, y \cos x$$

$$\cos(x + y) = \cos x \cos y - \text{sen}\, x\, \text{sen}\, y$$

$$\cos(x - y) = \cos x \cos y + \text{sen}\, x\, \text{sen}\, y$$

$$\text{sen}\, x = \text{sen}(x \pm N \times 360°) \qquad \text{e} \qquad \cos x = \cos(x \pm N \times 360°) \qquad \text{para qualquer inteiro } N$$

RELAÇÕES DE FASE

Senoides de *mesma frequência* possuem *relações de fase* que têm a ver com a diferença angular dos argumentos senoidais. Por exemplo, devido à adição de 30° em seu argumento, $v_2 = 20$ sen $(377t + 30°)$ V da última seção está *adiantado* 30° em relação a $v_1 = 20$ sen $377t$ V. Alternativamente, v_1 está *atrasado* 30° em relação a v_2. Isso significa que os picos, zeros e outros valores de v_2 ocorrem mais cedo que os de v_1 por um tempo correspondente a 30°. Outra maneira, mas menos específica, de expressar a relação de fase é dizer que v_1 e v_2 possuem uma *diferença de fase* de 30°, ou que eles estão *defasados* 30°. Da mesma forma, a onda cosseno v_3 está adiantada 90° em relação à onda seno v_1, ou v_1 está atrasado 90° em relação a v_3. Eles têm uma diferença de fase de 90°; eles estão defasados

---

*N. de T.: Utilizado em muitos países, inclusive no Brasil.

90°. Senoides que têm uma diferença de fase de 0° são considerados *em fase*. A Fig. 9-4*a* mostra senoides que estão em fase e a Fig. 9-4*b* mostra senoides que estão defasados 180°.

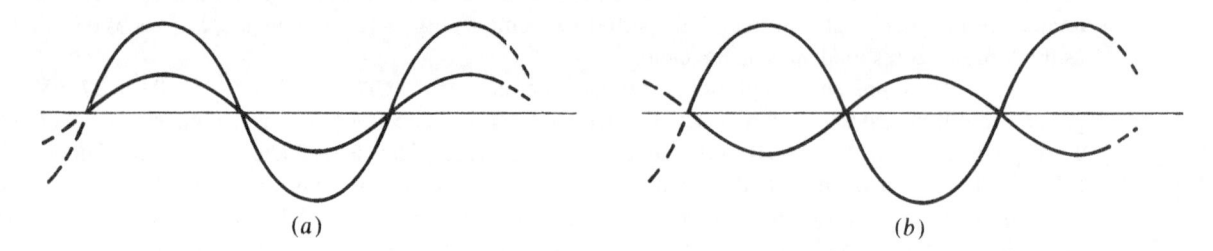

Figura 9-4

A diferença de fase entre duas senoides pode ser encontrada subtraindo o ângulo de fase de uma do ângulo da outra, desde que ambas as senoides tenham tanto a forma de seno quanto de cosseno e que as amplitudes tenham o mesmo sinal – ambas positivas ou negativas. Além disso, é claro, ambas devem ter a mesma frequência.

VALOR MÉDIO

O valor médio de uma onda periódica é um quociente entre a área e o tempo – sendo a área entre a forma de onda correspondente e o eixo do tempo para um período e o intervalo de tempo igual a um período. Áreas acima do eixo de tempo são positivas, e áreas abaixo são negativas. As áreas devem ser somadas algebricamente (sinais devem ser incluídos) para obter a área total entre a forma de onda e o eixo de tempo para um período (o valor médio de uma onda periódica é sempre assumido como sendo calculado ao longo de um período, a menos que seja especificado de outra forma).

O valor médio de uma senoide é zero porque, durante um período, as áreas positivas e negativas se cancelam na soma das duas áreas. Para alguns propósitos, porém, uma "média" diferente de zero é usada. Por definição, essa é a média de meio ciclo positivo. Para cálculo, essa média é de $2/\pi = 0{,}637$ vezes o valor de pico.

RESPOSTA SENOIDAL DE UM RESISTOR

Se um resistor de R ohms tem tensão de $v = V_m \operatorname{sen}(\omega t + \theta)$ sobre ele, a corrente, pela lei de Ohm, é $i = v/R = (V_m/R) \operatorname{sen}(\omega t + \theta)$. O multiplicador V_m/R é a corrente de pico I_m: $I_m = V_m/R$. Observe que a corrente está em fase com a tensão. Repetindo, *a corrente e a tensão em um resistor estão em fase* (as referências são, é claro, assumidas como associadas).

A dissipação de potência instantânea no resistor varia com o tempo porque a tensão e a corrente instantânea variam com o tempo e a potência é o produto das duas. Especificamente,

$$p = vi = [V_m \operatorname{sen}(\omega t + \theta)][I_m \operatorname{sen}(\omega t + \theta)] = V_m I_m \operatorname{sen}^2(\omega t + \theta)$$

o que demonstra que a potência de pico é $P_m = V_m I_m$ e ocorre cada vez que $\operatorname{sen}(\omega t + \theta) = \pm 1$. A partir da identidade $\operatorname{sen}^2 x = (1 - \cos 2x)/2$,

$$p = \frac{V_m I_m}{2} - \frac{V_m I_m}{2} \cos(2\omega t + 2\theta)$$

que é uma constante mais uma senoide com o dobro da frequência da tensão e corrente. Essa potência instantânea é zero cada vez que a tensão e corrente são zero, mas nunca é negativa, porque o primeiro termo positivo é sempre igual ou maior que o segundo termo, que é negativo a metade do tempo. O fato de que a potência nunca é negativa significa que nunca um resistor fornece uma potência ao circuito. Em vez disso, ele dissipa na forma de calor toda a energia que recebe.

A potência média fornecida a um resistor é apenas o primeiro termo: $P_{méd} = V_m I_m/2$, porque o valor médio do segundo termo é zero. De $V_m = I_m R$,

$$P_{méd} = \frac{V_m I_m}{2} = \frac{V_m^2}{2R} = \frac{I_m^2 R}{2}$$

Essas fórmulas diferem das fórmulas correspondentes em CC por um fator de $\frac{1}{2}$.

VALORES EFICAZES OU RMS

Embora tensões e correntes periódicas variem com o tempo, é conveniente a associação com os valores específicos chamados de *valores eficazes*. Tensões eficazes são utilizadas, por exemplo, na classificação de eletrodomésticos. A classificação de 120 V para um secador de cabelo elétrico e a classificação de 240 V para uma secadora elétrica de roupa são valores eficazes. Além disso, a maioria dos amperímetros voltímetros CA fornece leituras de valores eficazes.

Por definição, o valor eficaz de uma tensão ou corrente periódica (V_{ef} ou I_{ef}) é a tensão ou corrente CC positiva que produz a mesma perda de potência média em um resistor: $P_{méd} = V_{ef}^2/R$ e $P_{méd} = I_{ef}^2 R$. Uma vez que para uma tensão senoidal a perda de potência média é $P_{méd} = V_m^2/2R$,

$$P_{méd} = \frac{V_{ef}^2}{R} = \frac{V_m^2}{2R} \qquad \text{a partir do qual} \qquad V_{ef} = \frac{V_m}{\sqrt{2}} = 0{,}707 V_m$$

Do mesmo modo, $I_{ef} = I_m/\sqrt{2} = 0{,}707 I_m$. Assim, *o valor eficaz de uma tensão ou corrente senoidal é igual ao valor de pico dividido por $\sqrt{2}$.*

Outro nome para o valor eficaz é *raiz média quadrática* (rms – *root mean square*). As notações correspondentes para tensão e corrente são V_{rms} e I_{rms}, que são as mesmas que V_{ef} e I_{ef}. Esse nome deriva de um procedimento para encontrar o valor eficaz ou rms de qualquer tensão ou corrente periódica – não apenas senoides. Como pode ser deduzido usando cálculo, o procedimento é

1. *Eleve ao quadrado* a corrente ou a tensão periódica.
2. Encontre a *média* dessa onda ao quadrado mais um período.
3. Encontre a *raiz quadrada* positiva da média.

Infelizmente, exceto para ondas do tipo quadrado, encontrar a área na etapa 2 requer cálculos. Se esse procedimento é aplicado para uma onda dente de serra e uma onda triangular, o resultado para o valor eficaz é o mesmo que o valor de pico dividido por $\sqrt{3}$.

RESPOSTA SENOIDAL DE UM INDUTOR

Se um indutor de L henrys tem corrente $i = I_m \operatorname{sen}(\omega t + \theta)$ que circula através dele, a tensão através do indutor é

$$v = L\frac{di}{dt} = L\frac{d}{dt}[I_m \operatorname{sen}(\omega t + \theta)] = \omega L I_m \cos(\omega t + \theta)$$

O multiplicador $\omega L I_m$ é a tensão de pico V_m: $V_m = \omega L I_m$ e $I_m = V_m/\omega L$. Da comparação de $I_m = V_m/\omega L$ e $I_m = V_m/R$, claramente ωL tem uma ação limitadora de corrente semelhante a R.

A grandeza ωL é chamada de *reatância indutiva* do indutor. Seu símbolo é X_L:

$$X_L = \omega L$$

Ela tem como unidade o ohm, igual à resistência. Ao contrário da resistência, no entanto, a reatância indutiva depende da frequência – quanto maior a frequência, maior é o seu valor e assim maior será a sua ação de limitação de corrente. Para senoides de frequência muito baixa, aproximando-se de 0 Hz ou CC, a reatância indutiva é quase zero. Isso significa que um indutor é quase um curto-circuito para tais senoides, de acordo com resultados CC. No outro extremo da frequência, para senoides de frequências muito elevadas, aproximando-se do infinito, a reatância indutiva se aproxima do infinito, o que significa que um indutor é quase um circuito aberto para tais senoides.

Partindo da comparação de senoides de corrente e tensão no indutor, pode-se observar que *a tensão no indutor está adiantada 90° em relação à corrente ou a corrente no indutor está defasada 90° em relação à tensão.*

A potência instantânea absorvida por um indutor é

$$p = vi = [V_m \cos(\omega t + \theta)][I_m \, \text{sen}\,(\omega t + \theta)] = V_m I_m \cos(\omega t + \theta)\,\text{sen}\,(\omega t + \theta)$$

que, a partir da identidade de seno e cosseno, reduz-se a

$$p = \frac{V_m I_m}{2}\,\text{sen}\,(2\omega t + 2\theta) = V_{\text{ef}} I_{\text{ef}}\,\text{sen}\,(2\omega t + 2\theta)$$

Essa potência é senoidal com o dobro da frequência da tensão e da corrente. Sendo senoidal, seu valor médio é zero – *um indutor excitado senoidalmente absorve potência média zero.* Em termos de energia, nos instantes em que *p* é positivo, um indutor absorve energia. Por sua vez, nos instantes em que *p* é negativo, um indutor retorna energia para o circuito e atua como fonte. Durante um período, ele fornece energia tanto quanto recebe.

RESPOSTA SENOIDAL DE UM CAPACITOR

Se um capacitor de *C* farads tem tensão $v = V_m \,\text{sen}\,(\omega t + \theta)$ através dele, a corrente no capacitor é

$$i = C\frac{dv}{dt} = C\frac{d}{dt}[V_m \,\text{sen}\,(\omega t + \theta)] = \omega C V_m \cos(\omega t + \theta)$$

O multiplicador $\omega C V_m$ é o pico de corrente I_m: $I_m = \omega C V_m$ e $V_m/I_m = 1/\omega C$. Assim, o capacitor tem uma ação limitadora de corrente semelhante a de um resistor, com $1/\omega C$ correspondendo a *R*. Devido a isso, alguns livros de circuitos elétricos definem *reatância capacitiva* como $1/\omega C$. No entanto, quase todos os livros de circuitos elétricos de engenharia elétrica incluem um sinal negativo e definem reatância capacitiva como

$$X_C = -\frac{1}{\omega C}$$

O sinal negativo refere-se à mudança de fase, como será explicado no Capítulo 11. Obviamente, o símbolo para reatância capacitiva é X_C e a unidade é o ohm.

Uma vez que $1/\omega C$ é inversamente proporcional à frequência, quanto maior for a frequência, maior será a corrente para a mesma tensão de pico. Para senoides de frequência alta, o capacitor é quase um curto-circuito e para senoides de frequência baixa, que se aproximam 0 Hz ou CC, o capacitor é quase um circuito aberto.

Partindo da comparação da tensão e corrente senoidais no capacitor, pode-se observar que *a corrente no capacitor está adiantada 90° em relação à tensão ou a tensão no capacitor está atrasada 90° em relação à corrente.* Isso é o oposto da relação entre fase da tensão e corrente no indutor.

A potência instantânea absorvida por um capacitor é

$$p = vi = [V_m \,\text{sen}\,(\omega t) + \theta)][I_m \cos(\omega t + \theta)] = \frac{V_m I_m}{2}\,\text{sen}\,(2\omega t) + 2\theta)$$

a mesma que para um indutor. A potência instantânea senoidal absorvida tem o dobro da frequência da tensão e da corrente e possui valor médio zero. Assim, *o capacitor absorve potência média zero.* Durante um período, o capacitor fornece energia tanto quanto absorve.

Problemas Resolvidos

9.1 Encontre os períodos das tensões periódicas que têm frequências de (a) 0,2 Hz, (b) 12 kHz e (c) 4,2 MHz.

(a) A partir de $T = 1/f$, $T = 1/0,2 = 5$ s

(b) De modo semelhante, $T = 1/(12 \times 10^3)$ s $= 83,3$ μs

(c) $T = 1/(4,2 \times 10^6)$ s $= 238$ ns

9.2 Encontre as frequências das correntes periódicas que têm períodos de (a) 50 μs, (b) 42 ms e (c) 1 h.

(a) A partir de $f = 1/T$, $f = 1/(50 \times 10^{-6})$ Hz $= 20$ kHz

(b) De modo semelhante, $f = 1/(42 \times 10^{-3}) = 23,8$ Hz

(c) $f = \dfrac{1}{1\,\cancel{h}} \times \dfrac{1\,\cancel{h}}{3.600\,s} = 2,78 \times 10^{-4}$ Hz $= 0,278$ mHz

9.3 Quais são o período e a frequência de uma tensão periódica que tem 12 ciclos em 46 ms?

O período é o tempo necessário para um ciclo, o que pode ser encontrado dividindo os 12 ciclos pelo tempo que leva para que eles ocorram (46 ms): $T = 46/12 = 3,83$ ms. É claro que a frequência é o inverso do período: $f = 1/(3,83 \times 10^{-3}) = 261$ Hz. Como alternativa, mas que é equivalente, a frequência é o número de ciclos que ocorrem em 1 s: $f = 12/(46 \times 10^{-3}) = 261$ Hz.

9.4 Encontre o período, a frequência e o número de ciclos indicados para a onda periódica ilustrada na Fig. 9-5.

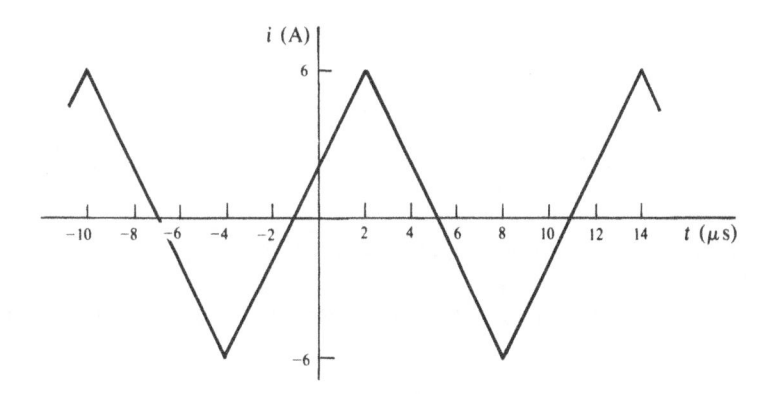

Figura 9-5

A onda tem um pico positivo em 2 μs e outro pico positivo em 14 μs, e entre esses períodos, há um ciclo. Assim, o período é $T = 14 - 2 = 12$ μs e a frequência é $f = 1/T = 1/(12 \times 10^{-6})$ Hz $= 83,3$ kHz. Existe outro ciclo mostrado: de -10 a 2 μs.

9.5 Converta os seguintes ângulos em graus para ângulos em radianos: (a) 49°, (b) $-130°$ e (c) 435°.

(a) $49° \times \dfrac{\pi}{180°} = 0,855$ rad

(b) $-130° \times \dfrac{\pi}{180°} = -2,27$ rad

(c) $435° \times \dfrac{\pi}{180°} = 7,59$ rad

9.6 Converta os seguintes ângulos em radianos para ângulos em graus: (a) π/18 rad, (b) $-0,562$ rad e (c) 4 rad.

(a) $\dfrac{\pi}{18} \times \dfrac{180°}{\pi} = 10°$

(b) $-0,562 \times \dfrac{180°}{\pi} = -32,2°$

(c) $\quad 4 \times \dfrac{180°}{\pi} = 229°$

9.7 Encontre os períodos e frequências das correntes senoidais que têm frequências em radiano de (a) 9π rad/s, (b) 0,042 rad/s e (c) 13 Mrad/s.

De $f = \omega/2\pi$ e $T = 1/f$,

(a) $f = 9\pi/2\pi = 4{,}5$ Hz, $\quad T = 1/4{,}5 = 0{,}222$ s

(b) $f = 0{,}042/2\pi$ Hz $= 6{,}68$ Hz, $\quad T = 1/(6{,}68 \times 10^{-3}) = 150$ s

(c) $f = 13 \times 10^6/2\pi$ Hz $= 2{,}07$ Hz, $\quad T = 1/(2{,}07 \times 10^6)$ s $= 0{,}483\ \mu$s

9.8 Encontre as frequências em radianos das tensões senoidais que têm períodos de (a) 4 s, (b) 6,3 ms e (c) 7,9 μs.

De $\omega = 2\pi f = 2\pi/T$,

(a) $\omega = 2\pi/4 = 1{,}57$ rad/s

(b) $\omega = 2\pi/(6{,}3 \times 10^{-3}) = 997$ rad/s

(c) $\omega = 2\pi/(7{,}9 \times 10^{-6})$ rad/s $= 0{,}795$ Mrad/s

9.9 Encontre as amplitudes e as frequências de (a) $42{,}1\ \text{sen}(377t + 30°)$ e (b) $-6{,}39\cos(10^5 t - 20°)$.

(a) A amplitude é o módulo do multiplicador: $|42{,}1| = 42{,}1$. Observe que as linhas verticais ao redor de 42,1 são para designar a operação de módulo, que remove um sinal negativo, se houver. A frequência angular é o multiplicador de t: 377 rad/s. A partir dele, e $f = \omega/2\pi$, a frequência é $f = 377/2\pi = 60$ Hz.

(b) Do mesmo modo, o módulo é $|-6{,}39| = 6{,}39$. A frequência angular é de 10^5 rad/s, a partir do qual $f = \omega/2\pi = 10^5/2\pi$ Hz $= 15{,}9$ kHz.

9.10 Encontre o valor instantâneo $v = 70\ \text{sen}\ 400\pi t$ V em $t = 3$ ms.

Substituindo para t: $v(3\ \text{ms}) = 70\ \text{sen}\ (400\pi \times 3 \times 10^{-3}) = 70\ \text{sen}\ 1{,}2\pi$ V. Uma vez que o argumento senoidal $1{,}2\pi$ está em radianos, uma calculadora deve ser operada no modo radianos para essa operação. O resultado é $-41{,}1$ V. Alternativamente, o ângulo pode ser convertido em graus, $1{,}2\pi \times 180°/\pi = 216°$, e uma calculadora operada no modo em graus decimal mais simples: $v(3\ \text{ms}) = 70\ \text{sen}\ 216° = -41{,}1$ V.

9.11 Uma corrente senoidal tem pico de 58 mA e frequência angular de 90 rad/s. Encontre a corrente instantânea em $t = 23$ ms.

Partindo do valor de pico e da frequência especificada, a expressão para a corrente é $i = 58\ \text{sen}\ 90t$ mA. Para $t = 23$ ms, é avaliada como

$$i(23\ \text{ms}) = 58\ \text{sen}\ (90 \times 23 \times 10^{-3}) = 58\ \text{sen}\ 2{,}07 = 50{,}9\ \text{mA}$$

Certamente, 2,07 em radianos poderiam ter sido convertidos em graus; $2{,}07 \times 180°/\pi = 118{,}6°$ e, em seguida, 58 sen 118,6° avaliado.

9.12 Avalie (a) $v = 200\ \text{sen}\ (3393t + \pi/7)$ V e (b) $i = 67\cos(3016t - 42°)$ mA em $t = 1{,}1$ ms.

Pela substituição de $1{,}1 \times 10^{-3}$ em t,

(a) $v(1{,}1\ \text{ms}) = 200\ \text{sen}\ (3393 \times 1{,}1 \times 10^{-3} + \pi/7) = 200\ \text{sen}\ 4{,}18 = -172$ V

A utilização de uma calculadora no modo radianos é conveniente para este cálculo, porque ambas as partes do argumento senoidal estão em radianos.

(b) $i(1{,}1\ \text{ms}) = 67\cos(3016 \times 1{,}1 \times 10^{-3} - 42°) = 67\cos(190° - 42°) = -56{,}9$ mA

Observe que o primeiro termo foi convertido de radianos para graus de modo que ele pode ser adicionado ao segundo termo. Alternativamente, o segundo termo poderia ter sido convertido em radianos.

9.13 Encontre as expressões para as senoides mostradas na Fig. 9-6.

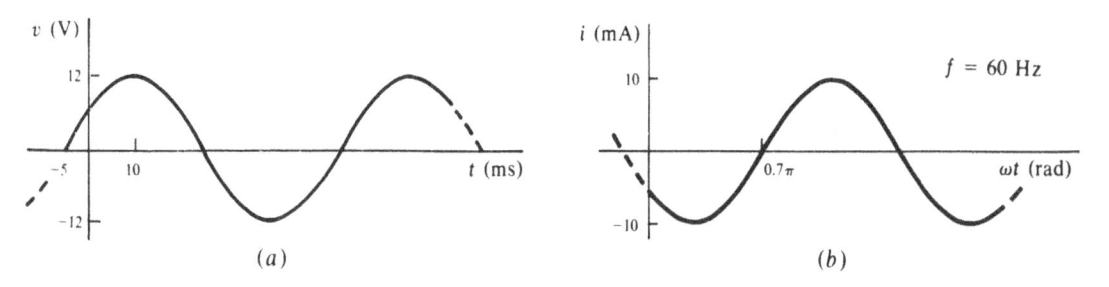

CAPÍTULO 9 • TENSÃO E CORRENTE ALTERNADA SENOIDAL

Figura 9-6

A senoide mostrada na Fig. 9-6a pode ser considerada tanto como uma onda seno com fase deslocada como uma onda cosseno de fase deslocada – isso não faz diferença. Para a seleção de uma onda seno de fase deslocada, a expressão geral é $v = 12$ sen $(\omega t + \theta)$, uma vez que o valor de pico é mostrado como 12. Então, a frequência angular ω pode ser encontrada a partir do período. Um quarto de um período ocorre em 15 ms, no intervalo de tempo de −5 a 10 ms, o que significa que $T = 4 \times 15 = 60$ ms e assim $\omega = 2\pi/T = 2\pi/(60 \times 10^{-3}) = 104,7$ rad/s. Visto que o valor zero em $t = -5$ ms e que a forma de onda vai do negativo para o positivo, assim como uma onda senoidal faz para um argumento zero, o argumento pode ser zero neste momento: $104,7(-5 \times 10^{-3}) + \theta = 0$, a partir do qual $\theta = 0,524$ rad $= 30°$. O resultado é $v = 12$ sen $(104,7t + 0,524) = 12$ sen $(104,7t + 30°)$ V.

Considere agora a equação para a corrente mostrada na Fig. 9-6b. De $\omega = 2\pi f = 2\pi(60) = 377$ rad/s e do valor de pico de 10 mA, $i = 10 \cos(377t + \theta)$ mA, com a seleção arbitrária de uma onda cosseno de fase deslocada. O ângulo θ pode ser determinado a partir do valor zero em $\omega t = 0,7\pi$. Para esse valor de ωt, o argumento do cosseno de fase deslocada pode ser $1,5\pi$ rad, porque a $1,5\pi$ rad $= 270°$ uma forma de onda cosseno é zero e vai do negativo para o positivo, como pode ser visto a partir da Fig. 9-3c. Assim, para $\omega t = 0,7\pi$, o argumento pode ser $\omega t + \theta = 0,7\pi + \theta = 1,5\pi$, a partir do qual $\theta = 0,8\pi$ rad $= 144°$. O resultado é $i = 10 \cos(377t + 0,8\pi) = 10 \cos(377t + 144°)$ mA.

9.14 Esboce um ciclo de $v = 30$ sen $(754t + 60°)$ V para o período iniciando em $t = 0$s. Produza as três unidades de abscissa: tempo, radianos e graus.

Um esboço bastante exato pode ser feito a partir do valor inicial, dos picos de 30 e − 30 V, e dos tempos em que a forma de onda é zero e em seus picos. Também é necessário o período, que é $T = 2\pi/\omega = 2\pi/754 = 8,33$ ms. O valor inicial pode ser encontrado substituindo 0 para t no argumento. O resultado é $v = 30$ sen $60° = 26$ V. A forma de onda é zero pela primeira vez quando o argumento é π radianos desde que o sen $\pi = 0$. Esse tempo pode ser encontrado a partir do argumento com 60° convertido para $\pi/3$ radianos: $754t + \pi/3 = \pi$, a partir do qual $t = 2,78$ ms. O próximo zero é a metade do período posterior: $2,78 + 8,33/2 = 6,94$ ms. O pico positivo para esse ciclo ocorre no momento em que o argumento senoidal é $\pi/2$: $754t + \pi/3 = \pi/2$, a partir do qual $t = 0,694$ ms. O pico negativo é meio período após: $t = 0,694 + 8,33/2 = 4,86$ ms. As unidades em radianos para esses tempos podem ser encontradas para $\omega t = 754t = 240\pi t$. Certamente, as unidades de graus correspondentes podem ser encontradas pela conversão de radianos em graus. A Figura 9-7 mostra essa senoide.

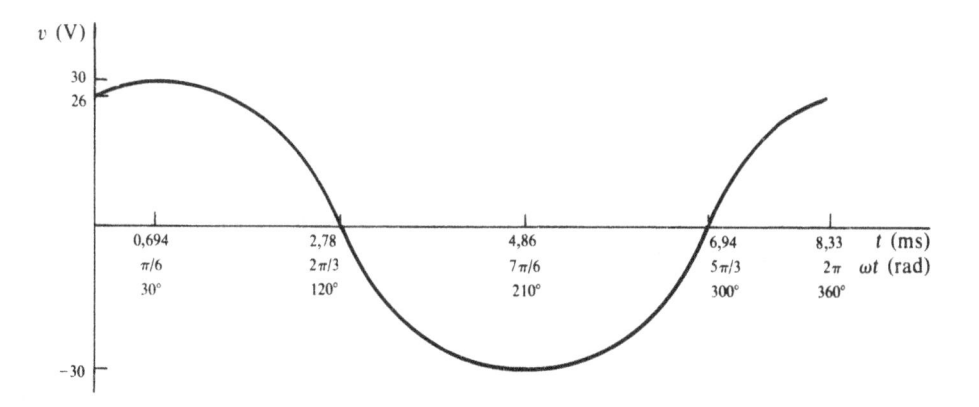

Figura 9-7

9.15 Qual é o menor tempo necessário para uma senoide de 2,1 krad/s aumentar a partir de zero a 4/5 do seu valor de pico?

Por conveniência, a expressão para a senoide pode ser considerada $V_m \operatorname{sen}(2,1 \times 10^{-3}t)$. O tempo necessário para essa onda ser igual a $0,8\,V_m$ pode ser encontrado a partir de $V_m \operatorname{sen}(2,1 \times 10^{-3}t) = 0,8\,V_m$, o que simplifica para $\operatorname{sen}(2,1 \times 10^{-3}t) = 0,8$. Isso pode ser avaliado para t, tomando o inverso do seno, chamado de *arco seno*, de ambos os lados. Essa operação faz com que a operação seno seja cancelada, abandonando o argumento. Em uma calculadora, o arco seno pode ser designado por "sen^{-1}" ou "arcsen". Tomando o arco seno de ambos os lados, produz-se.

$$\operatorname{sen}^{-1}[\operatorname{sen}(2,1 \times 10^{-3}t)] = \operatorname{sen}^{-1} 0,8$$

o qual, simplificado para $2,1 \times 10^3 t = \operatorname{sen}^{-1} 0,8$, a partir do qual

$$t = \frac{\operatorname{sen}^{-1} 0,8}{2,1 \times 10^3} = \frac{0,9273}{2,1 \times 10^3}\, \text{s} = 0,442\, \text{ms}$$

O 0,9273 é, obviamente, em radianos.

9.16 Se 50 V é a tensão de pico induzida no condutor do alternador mostrado na Fig. 9-2, encontre a a tensão induzida após o condutor ser girado um ângulo de 35° a partir de sua posição vertical.

Quando o condutor está em posição vertical, a tensão induzida é máxima em magnitude, mas pode ser positiva ou negativa. A posição vertical pode, por conveniência, ser considerada como correspondente a 0°. Em seguida, uma vez que a tensão induzida é senoidal e que a onda cosseno tem pico em 0°, a tensão pode ser considerada $v = \pm 50 \cos \theta$, em que θ é o ângulo do condutor a partir da vertical. Assim, com o condutor a 35° em relação à vertical, a tensão induzida é $v = \pm 50 \cos 35° = \pm 41$ V.

9.17 Se o condutor no alternador mostrado na Fig. 9-2 está girando a 60 Hz e a tensão induzida tem um pico de 20 V, encontre a tensão induzida 20 ms após o condutor passar por uma posição horizontal, se a tensão nele está aumentando.

A expressão mais simples para a tensão induzida é $v = 20 \operatorname{sen} 377t$ V se $t = 0$ s corresponde ao tempo em que o condutor está na posição horizontal especificada. Essa é a expressão da tensão porque a tensão induzida é senoidal, 20 V é especificado como o pico, 377 rad/s corresponde a 60 Hz e o $\operatorname{sen} \omega t$ é zero em $t = 0$ s e está aumentando. Assim,

$$v(20 \times 10^{-3}) = 20 \operatorname{sen}(377 \times 20 \times 10^{-3}) = 20 \operatorname{sen} 7,54 = 20 \operatorname{sen} 432° = 19\, \text{V}$$

9.18 Encontre os períodos de (a) $7 - 4\cos(400t + 30°)$, (b) $3 \operatorname{sen}^2 4t$ e (c) $4 \cos 3t \operatorname{sen} 3t$.

(a) A expressão $7 - 4\cos(400t + 30°)$ é uma senoide de $-4\cos(400t + 30°)$ "separando" da constante 7. Uma vez que apenas a senoide contribui para as variações de onda, somente ela determina o período: $T = 2\pi/\omega = 2\pi/400$ s $= 15,7$ ms.

(b) Devido ao quadrado, não é imediatamente óbvio qual é o período. A identidade $\operatorname{sen}^2 x = (1 - \cos 2x)/2$ pode ser utilizada para eliminar o quadrado:

$$3 \operatorname{sen}^2 4t = 3\left[\frac{1 - \cos(2 \times 4t)}{2}\right] = 1,5(1 - \cos 8t)$$

A partir da porção de onda cosseno, o período é $T = 2\pi/\omega = 2\pi/8 = 0,785$ s.

(c) Por causa do produto das senoides em $4 \cos 3t \operatorname{sen} 3t$, alguma simplificação deve ser feita antes de o período poder ser determinado. A identidade $\operatorname{sen}(x + y) = \operatorname{sen} x \cos y + \operatorname{sen} y \cos x$ pode ser utilizada, estabelecendo $y = x$. O resultado é

$$\operatorname{sen}(x + x) = \operatorname{sen} x \cos x + \operatorname{sen} x \cos x \quad \text{ou} \quad \operatorname{sen} 2x = 2 \operatorname{sen} x \cos x$$

a partir da qual $\operatorname{sen} x \cos x = (\operatorname{sen} 2x)/2$. Aqui, $x = 3t$ e assim

$$4 \cos 3t \operatorname{sen} 3t = 4\left[\frac{\operatorname{sen}(2 \times 3t)}{2}\right] = 2 \operatorname{sen} 6t$$

A partir disso, o período é $T = 2\pi/\omega = 2\pi/6 = 1,05$ s.

9.19 Encontre as relações de fase para os seguintes pares de senoides:

(a) $v = 60 \text{ sen}(377t + 50°)$ V, $i = 3 \text{ sen}(754t - 10°)$ A

(b) $v_1 = 6,4 \text{ sen}(7,1\pi t + 30°)$ V, $v_2 = 7,3 \text{ sen}(7,1\pi t - 10°)$ V

(c) $v = 42,3 \text{ sen}(400t + 60°)$ V, $i = -4,1 \text{ sen}(400t - 50°)$ A

(a) Não há relação de fase, porque as senoides têm frequências diferentes.

(b) O ângulo pelo qual v_1 está adiantado em relação a v_2 é o ângulo de fase de v_1 menos o ângulo de fase de v_2: ang v_1 − ang $v_2 = 30° − (− 10°) = 40°$. Alternativamente, v_2 está atrasado 40° em relação a v_1.

(c) A amplitude deve ter o mesmo sinal antes de a comparação de fase poder ser feita. O sinal negativo de i pode ser eliminado usando a identidade $-\text{sen } x = \text{sen}(x \pm 180°)$. O sinal positivo em $\pm$ é mais conveniente porque, como será visto, isso leva a uma menor diferença de fase do ângulo, como é geralmente preferível. O resultado é

$$i = -4,1 \text{ sen}(400t - 50°) = 4,1 \text{ sen}(400t - 50° + 180°) = 4,1 \text{ sen}(400t + 130°) \text{ A}$$

O ângulo pelo qual v está adiantado em relação a i é o ângulo de fase de v menos o ângulo de fase de i: ang v − ang $i = 60° − 130° = − 70°$. O sinal negativo indica que v está atrasado, em vez de adiantado, 70° em relação a i. Alternativamente, i está adiantado 70° em relação a v. Se o sinal negativo em $\pm$ tivesse sido utilizado, o resultado teria sido que v estaria adiantado 290° em relação a i, o que equivale a − 70°, porque 360° pode ser subtraído (ou adicionado) de um ângulo senoidal sem afetar o valor da senoide.

9.20 Encontre o ângulo pelo qual $i_1 = 3,1 \text{ sen}(754t - 20°)$ mA está adiantado em relação a $i_2 = -2,4 \cos(754t + 30°)$ mA.

Antes de uma comparação de fase poder ser feita, ambas as amplitudes devem ter o mesmo sinal e ambas as senoides devem ser da mesma forma: ou ondas seno de fase deslocada ou ondas cosseno de fase deslocada. O sinal negativo de i_2 pode ser eliminado utilizando a identidade $-\cos x = \cos(x \pm 180°)$. Nesse ponto, não está claro se o sinal positivo ou negativo é preferível, então ambos serão mantidos:

$$i_2 = 2,4 \cos(754t + 210°) = 2,4 \cos(754t - 150°) \text{ mA}$$

Ambas as ondas cosseno de fase deslocada podem ser convertidas para ondas seno de fase deslocada utilizando a identidade $\cos x = \text{sen}(x + 90°)$:

$$i_2 = 2,4 \text{ sen}(754t + 300°) = 2,4 \text{ sen}(754t - 60°) \text{ mA}$$

Agora, uma comparação do ângulo de fase pode ser efetuada: i_1 está adiantada em relação a i_2 − 20° − 300° = − 320° a partir da primeira expressão de i_2, ou − 20° − (−60°) = 40° a partir da segunda expressão de i_2. Sendo menor em magnitude, o adiantamento de 40° é preferível a um adiantamento de − 320°, embora ambos sejam equivalentes.

9.21 Encontre os valores médios das formas de ondas periódicas mostradas na Fig. 9-8.

A forma de onda mostrada na Fig. 9-8a é uma senoide "afastando" para cima de uma constante de 3 V. Uma vez que o valor médio da senoide é zero, o valor médio da forma de onda é igual à constante de 3 V.

O valor médio da forma de onda mostrada na Fig. 9-8b e de qualquer forma de onda é a área sob a forma de onda para um período dividida pelo período. Uma vez que para o início do ciclo em $t = 0$ s, a forma de onda é de 8 V para meio período e em 1 V para o outro meio período, a área debaixo da curva para esse ciclo é, a partir da fórmula de base vezes altura para a área de um retângulo, $8 \times T/2 + 1 \times T/2 = 4,5T$. Assim, o valor médio é $4,5T/T = 4,5$ V. Observe que o valor médio não depende do período, o que é geralmente verdadeiro.

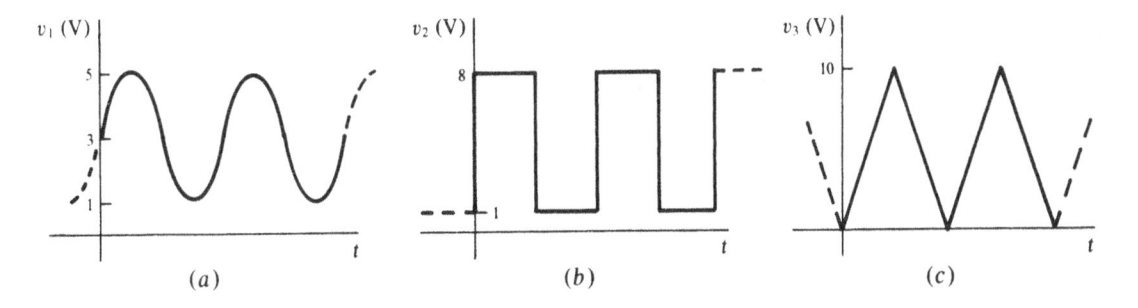

Figura 9-8

O ciclo da forma de onda mostrada na Fig. 9-8c iniciando em $t = 0$ s é um triângulo com altura 10 e base T. A área sob a curva para esse ciclo é, a partir da fórmula da área triangular de metade da altura vezes a base, $0,5 \times 10 \times T = 5 T$. Assim, o valor médio é $5T/T = 5$ V.

9.22 Quais são os valores médios das formas de ondas periódicas mostradas na Fig. 9-9?

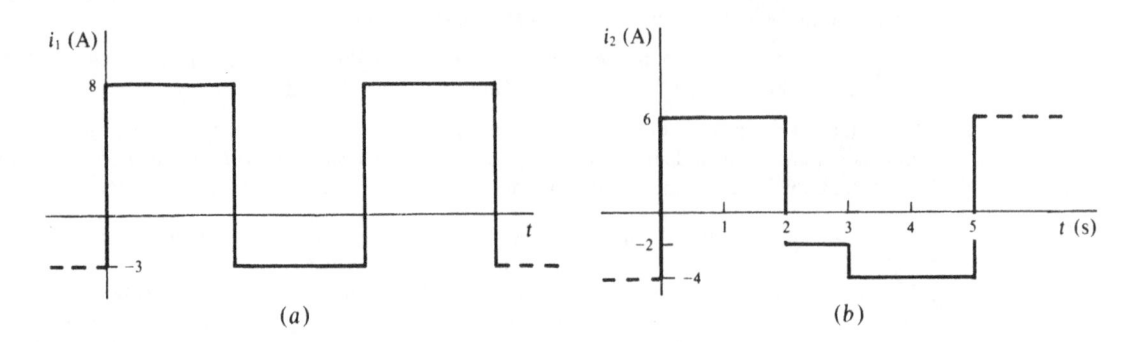

Figura 9-9

Para o ciclo de partida em $t = 0$ s, a forma de onda de i_1 mostrada na Fig. 9-9a está em 8 A para meio período e em -3 A para a outra metade. Assim, a área para esse ciclo é $8 (T/2) + (-3)(T/2) = 2,5T$, e o valor médio é $2,5T/T = 2,5$ A.

A forma de onda de i_2 mostrada na Fig. 9-9b tem um ciclo completo desde $t = 0$ s até $t = 5$ s. Para os primeiros 2 s a área sob a curva é de $6 \times 2 = 12$. Para o segundo seguinte, é $-2 \times 1 = -2$, e para os últimos 2 s é $-4 \times 2 = -8$. A soma algébrica dessas áreas é de $12 - 2 - 8 = 2$ que, dividido pelo período de 5, resulta em um valor médio de $2/5 = 0,4$ A.

9.23 Qual é a potência média absorvida por um componente de circuito que tem uma tensão $v = 6 \,\text{sen}\,(377t + 10°)$ V através dele quando uma corrente $i = 0,3 \,\text{sen}\,(377t - 20°)$ A flui através dele? Suponha referências associadas, pois não há indicação em contrário.

A potência média é, naturalmente, o valor médio da potência instantânea p:

$$p = vi = [6 \,\text{sen}\,(377t + 10°)][0,3 \,\text{sen}\,(377t - 20°)] = 1,8 \,\text{sen}\,(377t + 10°)\,\text{sen}\,(377t - 20°) \text{ W}$$

Isso pode ser simplificado usando uma identidade seno-cosseno derivada pela subtração de $\cos (x + y) = \cos x \cos y - \text{sen}\, x \,\text{sen}\, y$ e de $\cos (x - y) = \cos x \cos y + \text{sen}\, x \,\text{sen}\, y$. O resultado é a identidade $\text{sen}\, x \,\text{sen}\, y = 0,5 [\cos (x - y) - \cos (x + y)]$. Aqui, $x = 377t + 10°$ e $y = 377t - 20°$. Assim,

$$p = 0,5[1,8 \cos (377t + 10° - 377t + 20°) - 1,8 \cos (377t + 10° + 377t - 20°)]$$
$$= 0,9 \cos 30° - 0,9 \cos (754t - 10°) \text{ W}$$

Uma vez que o segundo termo é uma senoide, e assim tem um valor médio de zero, a potência média é igual ao primeiro termo:

$$P_{\text{méd}} = 0,9 \cos 30° = 0,779 \text{ W}$$

Observe em particular que a potência média não é igual ao produto da tensão média (0 V) pela corrente média (0 A), nem é igual ao produto do valor eficaz da tensão ($6/\sqrt{2}$) e o valor eficaz da corrente ($0,3/\sqrt{2}$).

9.24 Se a tensão através de um único componente do circuito é $v = 40 \,\text{sen}\,(400t + 10°)$ V para uma corrente através dele de $i = 34,1 \,\text{sen}\,(400t + 10°)$ mA, e se as referências assumidas estão associadas, qual é o componente?

Uma vez que a tensão e a corrente estão em fase, o componente é um resistor. A resistência é $R = V_m/I_m = 40/(34,1 \times 10^{-3}) \,\Omega = 1,17$ kΩ.

9.25 A tensão através de um resistor de 62 Ω é $v = 30$ sen $(200\pi t + 30°)$ V. Encontre a corrente no resistor e trace um ciclo das formas de onda de tensão e corrente no mesmo gráfico.

A partir de $i = v/R$, $i = [30$ sen $(200\pi t + 30°)]/62 = 0{,}484$ sen $(200\pi t + 30°)$ A. Obviamente, o período é $T = 2\pi/\omega = 2\pi/200\pi$ s $= 10$ ms. Para ambas as ondas, as curvas serão construídas a partir do pico inicial, dos valores zero e dos instantes em que elas ocorrem. Em $t = 0$ s, $v = 30$ sen $30° = 15$ V e $i = 0{,}484$ sen $30° = 0{,}242$ A. Os picos positivos de 30 V e 0,484 A ocorrem em um tempo t_p correspondente a 60°, uma vez que os argumentos senoidais são 90°. A partir da proporcionalidade $t_p/T = 60°/360°$, o tempo de pico é $t_p = 10/6 = 1{,}67$ ms. É claro que os picos negativos ocorrem meio período mais tarde, em $1{,}67 + 5 = 6{,}67$ ms. Os primeiros valores zero ocorrem a um intervalo de tempo correspondente a 150° uma vez que os argumentos senoidais são 180°. Usando a proporcionalidade novamente, esse tempo é $(150/360)(10) = 4{,}17$ ms. Os próximos zeros ocorrem meio período mais tarde, em $4{,}17 + 5 = 9{,}17$ ms. As formas de onda de tensão e de corrente são mostradas na Fig. 9-10. As alturas relativas dos picos de tensão e corrente não devem ser uma preocupação, porque eles estão em unidades diferentes.

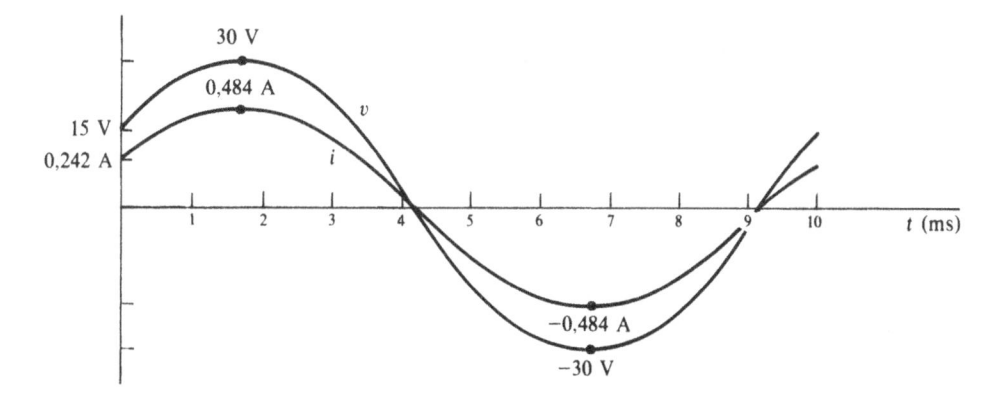

Figura 9-10

9.26 Um resistor de 30 Ω tem tensão de $v = 170$ sen $(377t + 30°)$ V através dele. Qual é a dissipação de potência média do resistor?

$$P_{méd} = \frac{V_m^2}{2R} = \frac{170^2}{2 \times 30} = 482 \text{ W}$$

9.27 Encontre a potência média absorvida por um resistor de 2,7 Ω quando a corrente $i = 1{,}2$ sen $(377t + 30°)$ A flui através dele.

$$P_{méd} = \tfrac{1}{2} I_m^2 R = 0{,}5(1{,}2)^2(2{,}7) = 1{,}94 \text{ W}$$

9.28 Qual é a tensão de pico em uma tomada elétrica de 120 V?

120 V é o valor eficaz da tensão senoidal na saída da tomada. Uma vez que para uma senoide o pico é $\sqrt{2}$ vezes o valor eficaz, a tensão de pico na saída é $\sqrt{2} \times 120 = 170$ V.

9.29 Qual é a leitura de um voltímetro CA conectado sobre um resistor de 680 Ω que tem uma corrente de $i = 6{,}2$ cos $(377t - 20°)$ mA fluindo através dele?

O voltímetro lê o valor eficaz da tensão no resistor, o qual pode ser encontrado a partir de I_{ef} e R.

Uma vez que $V_m = I_m R$, então $V_m/\sqrt{2} = (I_m/\sqrt{2})(R)$ ou $V_{ef} = I_{ef} R$. Assim,

$$V_{ef} = [(6{,}2 \times 10^{-3})/\sqrt{2}](680) = 2{,}98 \text{ V}$$

9.30 Qual é a leitura de um voltímetro CA conectado sobre um resistor de 10 Ω que tem um pico de dissipação de potência de 40 W?

O pico de tensão V_m pode ser encontrado a partir do pico de potência, $P_m = V_m I_m = V_m^2/R$, a partir do qual $V_m = \sqrt{P_m R} = \sqrt{40(10)} = 20$ V. A tensão eficaz ou rms, que é a leitura do voltímetro, é $V_m/\sqrt{2} = 20/\sqrt{2} = 14,1$ V.

9.31 Qual é a expressão para uma onda senoidal de 240 Hz com valor de tensão rms de 120 V?

Uma vez que a tensão de pico é de $120 \times \sqrt{2} = 170$ V e a frequência angular é $2\pi \times 240 = 1508$ rad/s, a onda senoidal é $v = 170$ sen $1508t$ V.

9.32 Encontre o valor eficaz da tensão periódica que tem um valor de 20 V para meio período e −10 V para o período da outra metade.

O primeiro passo é a quadratura da onda. O resultado é 400 para o primeiro meio período e $(-10)^2 = 100$ para o segundo meio período. O próximo passo é encontrar a média dos quadrados da área dividida pelo período: $(400 \times T/2 + 100 \times T/2)/T = 250$. O último passo é encontrar a raiz quadrada dessa média: $V_{ef} = \sqrt{250} = 15,8$ V.

9.33 Encontre o valor eficaz da corrente periódica mostrada na Fig. 9-11a.

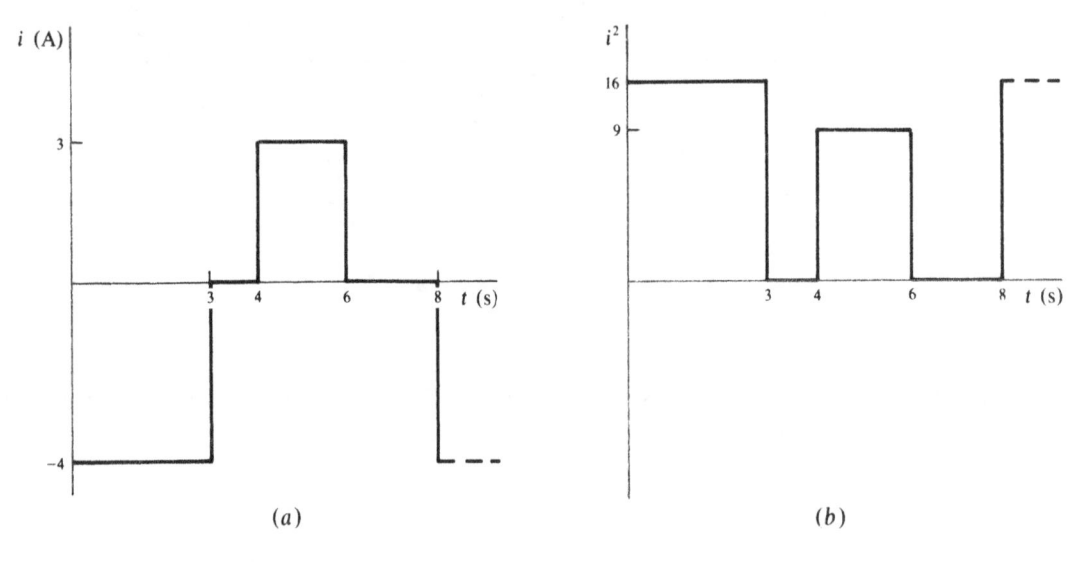

Figura 9-11

O primeiro passo é a quadratura da onda, que tem um período de 8 s. A onda quadrada é mostrada na Fig. 9-11b. O próximo passo é encontrar a média da onda quadrada, que pode ser obtida pela divisão da área pelo período: $[16(3) + 9(6 - 4)]/8 = 8,25$. O último passo é encontrar a raiz quadrada dessa média: $I_{ef} = \sqrt{8,25} = 2,87$ A.

9.34 Encontre as reatâncias de um indutor de 120 mH em (a) 0 Hz (CC), (b) 40 rad/s, (c) 60 Hz e (d) 30 kHz.

A partir de $X_L = \omega L = 2\pi f L$,

(a) $X_L = 2\pi(0)(120 \times 10^{-3}) = 0$ Ω
(b) $X_L = 40(120 \times 10^{-3}) = 4,8$ Ω
(c) $X_L = 2\pi(60)(120 \times 10^{-3}) = 45,2$ Ω
(d) $X_L = 2\pi(30 \times 10^3)(120 \times 10^{-3})$ Ω $= 22,6$ kΩ

9.35 Encontre as indutâncias dos indutores que têm reatâncias de (a) 5 Ω em 377 rad/s, (b) 1,2 kΩ em 30 kHz e (c) 1,6 MΩ em 22,5 Mhz.

Resolvendo para L em $X_L = \omega L$ resulta em $L = X_L/\omega = X_L/2\pi f$. Assim,

(a) $L = 5/377$ H $= 13,3$ mH

(b) $L = (1{,}2 \times 10^3)/(2\pi \times 30 \times 10^3)$ H = 6,37 mH

(c) $L = (1{,}6 \times 10^6)/(2\pi \times 22{,}5 \times 10^6)$ H = 11,3 mH

9.36 Encontre as frequências em que um indutor de 250 mH tem reatâncias de 30 Ω e 50 kΩ.

A partir de $X_L = \omega L = 2\pi f L$, a frequência é $f = X_L/2\pi L$, e, assim:

$$f_1 = \frac{30}{2\pi \times 250 \times 10^{-3}} = 19{,}1 \text{ Hz} \qquad \text{e} \qquad f_2 = \frac{50 \times 10^3}{2\pi \times 250 \times 10^{-3}} \text{ Hz} = 31{,}8 \text{ kHz}$$

9.37 Qual é a tensão através de um indutor de 30 mH que tem corrente de 40 mA, 60 Hz, fluindo através dele?

A corrente especificada é, evidentemente, o valor eficaz, e a tensão desejada é o valor eficaz da tensão, embora não seja especificamente indicada. Em geral, os valores de corrente e tensão CA apresentados são valores eficazes, a menos que especificado o contrário. Pela razão de que $X_L = V_m/I_m$, $X_L = (V_m/\sqrt{2})/(I_m/\sqrt{2}) = V_{ef}/I_{ef}$. Então, aqui, $V_{ef} = I_{ef}X_L = (40 \times 10^{-3})(2\pi \times 60)(30 \times 10^{-3}) = 0{,}452$ V.

9.38 A tensão $v = 30 \text{ sen}(200\pi t + 30°)$ V está sobre um indutor que tem reatância de 62 Ω. Encontre a corrente no indutor e trace um ciclo da tensão e da corrente em um mesmo gráfico.

A corrente de pico é igual ao pico de tensão dividido pela reatância: $I_m = 30/62 = 0{,}484$ A. E, visto que a corrente está atrasada 90° em relação à tensão,

$$i = 0{,}484 \text{ sen}(200\pi t + 30° - 90°) = 0{,}484 \text{ sen}(200\pi t - 60°) \text{ A}$$

O gráfico de tensão é o mesmo que o mostrado na Fig. 9-10. O gráfico da corrente para esses valores, no entanto, difere do da Fig. 9-10 por um deslocamento para a direita por um tempo correspondente a 90°, o qual é um quarto de um período: 10/4 = 2,5 ms. As formas de onda são mostradas na Fig. 9-12.

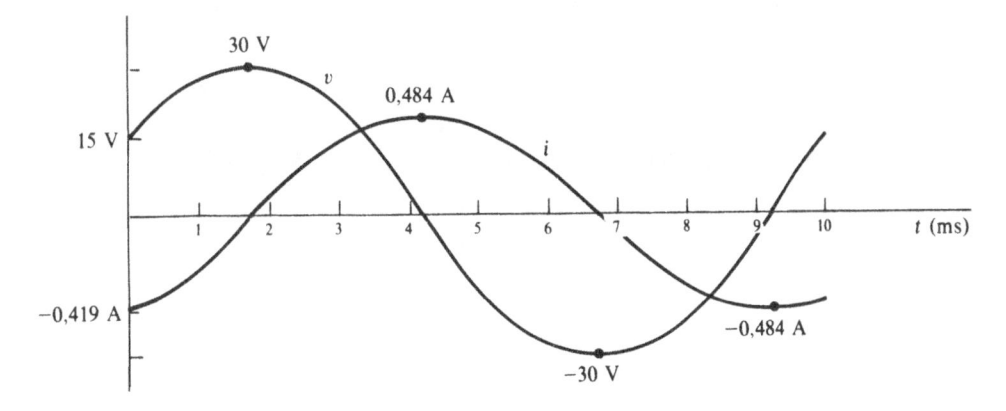

Figura 9-12

9.39 Encontre as tensões através de um indutor de 2 H para as seguintes correntes:

(a) 10 A, (b) 10 sen $(377t + 10°)$ A e (c) 10 cos $(10^4 t - 20°)$ A. Como sempre, assuma referências associadas.

(a) A tensão no indutor é zero porque a corrente é constante e a derivada de uma constante no tempo é zero: $v = 2\, d(10)/dt = 0$ V. De outro ponto de vista, a reatância é 0 Ω porque a frequência é 0 Hz, e assim $V_m = I_m X_L = 10(0) = 0$ V.

(b) O pico de tensão é igual ao pico de corrente vezes a reatância de $377 \times 2 = 754$ Ω:

$$V_m = I_m X_L = 10 \times 754 \text{ V} = 7{,}54 \text{ kV}$$

Uma vez que a tensão está adiantada 90° em relação à corrente e que sen $(x + 90°) = \cos x$,

$$v = 7{,}54 \text{ sen}(377t + 10° + 90°) = 7{,}54 \cos(377t + 10°) \text{ kV}$$

(c) De modo semelhante, $V_m = I_m X_L = 10(10^4 \times 2)$ V $= 0{,}2$ MV e

$$v = 0{,}2 \cos(10^4 t - 20° + 90°) = 0{,}2 \cos(10^4 t + 70°) \text{ MV}$$

9.40 Encontre as reatâncias de um capacitor de 0,1 μF em (a) 0 Hz (CC), (b) 377 rad/s, (c) 30 kHz e (d) 100 MHz.

A partir de $X_C = -1/\omega C = -1/2\pi f C$,

(a) $X_C = \lim\limits_{\omega \to 0} \dfrac{-1}{\omega(0{,}1 \times 10^{-6})} \Omega \to -\infty \ \Omega$ (um circuito aberto)

(b) $X_C = \dfrac{-1}{377(0{,}1 \times 10^{-6})} \Omega = -26{,}5$ kΩ

(c) $X_C = \dfrac{-1}{2\pi(30 \times 10^3)(0{,}1 \times 10^{-6})} \Omega = -53{,}1\ \Omega$

(d) $X_C = \dfrac{-1}{2\pi(100 \times 10^6)(0{,}1 \times 10^{-6})} \Omega = -15{,}9$ mΩ

9.41 Encontre as capacitâncias dos capacitores que têm uma reatância de $-500\ \Omega$ em (a) 377 rad/s, (b) 10 kHz e (c) 22,5 MHz.

Resolvendo para C em $X_C = -1/\omega C$ resulta em $C = -1/\omega X_C = -1/(2\pi f C \times X_C)$. Assim,

(a) $C = \dfrac{-1}{377(-500)}$ F $= 5{,}31\ \mu$F

(b) $C = \dfrac{-1}{2\pi(10 \times 10^3)(-500)}$ F $= 0{,}0318\ \mu$F

(c) $C = \dfrac{-1}{2\pi(22{,}5 \times 10^6)(-500)}$ F $= 14{,}1$ pF

9.42 Encontre as frequências nas quais um capacitor de 2 μF tem reatâncias de $-0{,}1$ e $-2.500\ \Omega$.

A partir de $X_C = -1/\omega C = -1/2\pi f C$, a frequência é $f = -1/(X_C \times 2\pi C)$. Assim,

$$f_1 = \dfrac{-1}{-0{,}1 \times 2\pi \times 2 \times 10^{-6}} \text{ Hz} = 796 \text{ kHz} \qquad \text{e} \qquad f_2 = \dfrac{-1}{-2.500 \times 2\pi \times 2 \times 10^{-6}} = 31{,}8 \text{ Hz}$$

9.43 Qual é a corrente que flui através de um capacitor de 0,1 μF que tem 200 V em 400 Hz através dele?

Embora não seja especificamente estabelecido, deve ser entendido que a tensão fornecida e a corrente no capacitor a ser encontrada é a eficaz. Se ambos os lados de $I_m = \omega C V_m$ são divididos por $\sqrt{2}$, o resultado é, $I_m/\sqrt{2} = \omega C V_m/\sqrt{2}$ ou $I_{\text{ef}} = \omega C V_{\text{ef}}$. Assim,

$$I_{\text{ef}} = 2\pi(400)(0{,}1 \times 10^{-6})(200) \text{ A} = 50{,}3 \text{ mA}$$

9.44 Qual é a tensão em um capacitor que transporta uma corrente 120 mA se a reatância capacitiva é $-230\ \Omega$?

A partir da solução para o Problema 9.43, $I_{\text{ef}} = \omega C V_{\text{ef}}$ ou $V_{\text{ef}} = I_{\text{ef}}(1/\omega C)$. Uma vez que $1/\omega C$ é a *magnitude* da reatância capacitiva, a tensão e a corrente eficaz de um capacitor têm uma relação de $V_{\text{ef}} = I_{\text{ef}}|X_C|$. Por conseguinte, aqui, $V_{\text{ef}} = (120 \times 10^{-3})|-230| = 27{,}6$ V.

9.45 A tensão $v = 30 \operatorname{sen}(200\pi t + 30°)$ V se dá através de um capacitor que tem reatância de $-62\ \Omega$. Encontre a corrente no capacitor e trace um ciclo da tensão e corrente em um mesmo gráfico.

A partir de $V_m/I_m = 1/\omega C = |X_C|$, o pico de corrente é igual ao pico de tensão dividido pelo módulo da reatância capacitiva: $I_m = 30/|-62| = 0{,}484$ A. Além disso, uma vez que a corrente está adiantada 90° em relação à tensão,

$$i = 0{,}484 \operatorname{sen}(200\pi t + 30° + 90°) = 0{,}484 \cos(200\pi t + 30°) \text{ A}$$

Observe que a corrente senoidal tem o mesmo ângulo de fase que a tensão senoidal, mas, devido ao adiantamento de 90°, é uma onda cosseno de fase deslocada em vez de uma onda seno de fase deslocada como a tensão.

O gráfico de tensão é o mesmo que o da Fig. 9-10. O gráfico de corrente difere daquele da Fig. 9-10 por um desvio para a esquerda de um tempo correspondente a 90°, no qual o tempo é um quarto de período: 10/4 = 2,5 ms. As formas de onda são mostradas na Fig. 9-13.

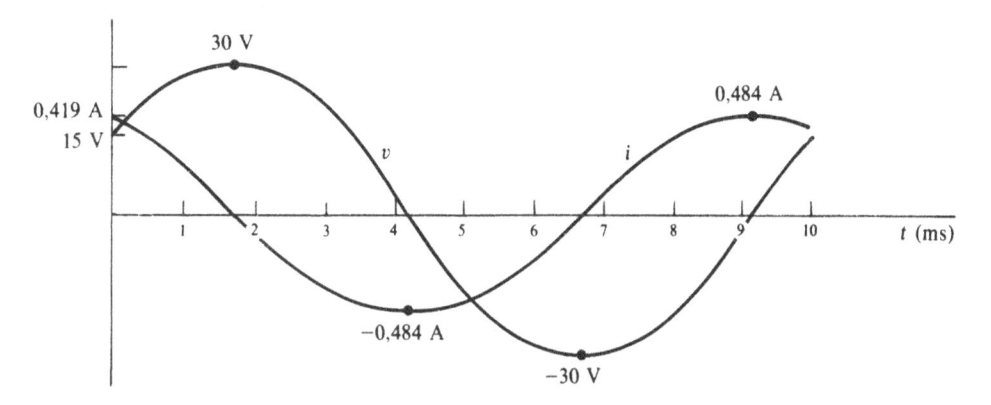

Figura 9-13

9.46 Qual é o fluxo de corrente através de um capacitor de 2 μF para tensões de (a) $v = 5$ sen $(377t + 10°)$ V e (b) $v = 12 \cos(10^4 t - 20°)$ V?

(a) A corrente de pico igual a ωC vezes a tensão de pico:

$$I_m = \omega C V_m = 377(2 \times 10^{-6})(5) \text{ A} = 3,77 \text{ mA}$$

Além disso, em função de a corrente no capacitor estar adiantada 90° em relação à tensão no capacitor e a tensão ser uma uma onda seno de fase deslocada, a corrente pode ser expressa como uma onda cosseno de fase deslocada com o mesmo ângulo de fase: $i = 3,77 \cos(377t + 10°)$ mA.

(b) O pico de corrente é

$$I_m = \omega C V_m = 10^4 (2 \times 10^{-6})(12) = 0,24 \text{ A}$$

Além disso, a corrente está adiantada 90° em relação à tensão. Como resultado,

$$i = 0,24 \cos(10^4 t - 20° + 90°) = 0,24 \cos(10^4 t + 70°) \text{ A}$$

Problemas Complementares

9.47 Encontre os períodos das correntes periódicas que têm frequências de (a) 1,2 mHz, (b) 2,31 kHz e (c) 16,7 MHz.
Resp. (a) 833 s, (b) 433 μs, (c) 59,9 ns

9.48 Quais são as frequências das tensões periódicas que têm períodos de (a) 18,3 ps, (b) 42,3 s e (c) 1 d?
Resp. (a) 546 GHz (giga-hertz – isto é, 10^9 Hz), (b) 23,6 mHz, (c) 11,6 μHz

9.49 Quais são o período e frequência de uma corrente contínua para que 423 ciclos ocorram em 6,19 ms?
Resp. 14,6 μs, 68,3 kHz

9.50 Converta os seguintes ângulos em graus para ângulos em radianos: (a) $-40°$, (b) $-1.123°$ e (c) $78°$.
Resp. (a) $-0,698$ rad, (b) $-19,6$ rad, (c) $1,36$ rad

9.51 Converta os seguintes ângulos em radianos para ângulos em graus: (a) 13,4 rad, (b) 0,675 rad e (c) $-11,7$ rad.
Resp. (a) 768°, (b) 38,7°, (c) $-670°$

9.52 Encontre os períodos das tensões senoidais que têm frequências de (a) 120π rad/s, (b) 0,625 rad/s e (c) 62,1 krad/s.

Resp. (a) 16,7 ms, (b) 10,1 s, (c) 101 μs

9.53 Encontre as frequências angulares das correntes senoidais que têm períodos de (a) 17,6 μs, (b) 4,12 ms e (c) 1 d.

Resp. (a) 357 krad/s, (b) 1,53 krad/s, (c) 72,7 μrad/s

9.54 Quais são as amplitudes e frequências de (a) $-63{,}7\cos(754t-50°)$ e (b) $429\,\text{sen}\,(4000t+15°)$?

Resp. (a) 63,7, 120 Hz, (b) 429, 637 Hz

9.55 Encontre o valor instantâneo de $i = 80\,\text{sen}\,500t$ mA em (a) $t = 4$ ms e (b) $t = 2{,}1$ s.

Resp. (a) 72,7 mA, (b) 52 mA

9.56 Qual é a frequência de uma onda senoidal de tensão cujo pico é de 45 V e que aumenta continuamente de 0 V $t = 0$ s a 24 V em $t = 46{,}2$ ms?

Resp. 1,94 Hz

9.57 Se uma onda cosseno de tensão tem um valor de pico de 20 V em $t = 0$ s, e se é necessário um mínimo de 0,123 s para essa tensão diminuir de 20 a 17 V, encontre a tensão em $t = 4{,}12$ s.

Resp. 19,3 V

9.58 Qual é o valor instantâneo de $i = 13{,}2\cos(377t + 50°)$ mA em (a) $t = -42{,}1$ ms e (b) $t = 6{,}3$ s?

Resp. (a) -10 mA, (b) 7,91 mA

9.59 Encontre a expressão para uma corrente senoidal de 400 Hz que tem um pico de 2,3 A positivo em $t = -0{,}45$ ms.

Resp. $i = 2{,}3\cos(800\pi t + 64{,}8°)$ A

9.60 Encontre a expressão para uma tensão senoidal que é 0 V em $t = -8{,}13$ ms, após o que aumenta para um pico de 15 V em $t = 6{,}78$ ms.

Resp. $v = 15\,\text{sen}\,(105t + 49{,}1°)$ V

9.61 Qual é o menor tempo necessário para uma senoide de 4,3 krad/s aumentar a partir de 2/5 a 4/5 do seu valor de pico?

Resp. 120 μs

9.62 Se 43,7 V é a tensão de pico induzida no condutor do alternador mostrado na Fig. 9-2, encontre a tensão induzida após o condutor ter girado através de um ângulo de 43° a partir da sua posição horizontal.

Resp. $\pm 29{,}8$ V

9.63 Se o condutor do alternador da Fig. 9-2 está girando a 400 Hz, e se a tensão induzida tem um pico de 23 V, encontre a tensão induzida 0,23 ms após o condutor passar através da sua posição vertical.

Resp. $\pm 19{,}3$ V

9.64 Encontre os períodos de (a) $4 + 3\,\text{sen}\,(800\pi t - 15°)$, (b) $8{,}1\cos^2 9\pi t$ e (c) $8\,\text{sen}\,16t\cos 16t$.

Resp. (a) 2,5 ms, (b) 111ms, (c) 196 ms

9.65 Encontre as relações de fase para os seguintes pares de senoides:

(a) $v = 6\,\text{sen}\,(30t - 40°)$ V, $i = 10\,\text{sen}\,(30t - \pi/3)$ mA

(b) $v_1 = -8\,\text{sen}\,(40t - 80°)$ V, $v_2 = -10\,\text{sen}\,(40t - 50°)$ V

(c) $i_1 = 4\cos(70t - 40°)$ mA, $i_2 = -6\cos(70t + 80°)$ mA

(d) $v = -4 \operatorname{sen}(45t + 5°)$ V, $i = 7 \cos(45t + 80°)$ mA

Resp. (a) v está adiantada 20° em relação a i, (b) v_1 está atrasado 30° em relação a v_2, (c) i_1 está adiantada 60° em relação a i_2 e (d) v está adiantada 15° em relação i

9.66 Encontre o valor médio de meia onda senoidal de tensão retificada que tem um pico de 12 V. Essa onda consiste apenas em meios ciclos positivos da tensão senoidal é zero durante os intervalos que a senoide for negativa.

Resp. 3,82 V

9.67 Encontre os valores médios das formas de onda periódica mostrada na Fig. 9-14.

Resp. (a) 3,5, (b) 4, (c) 15

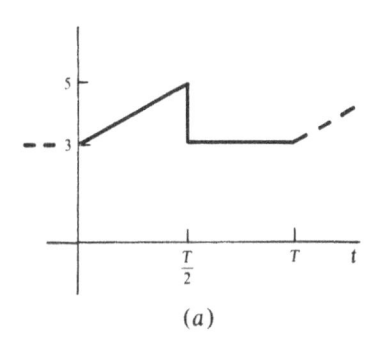

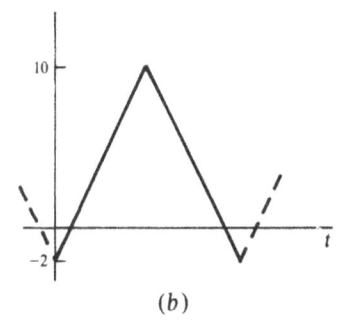

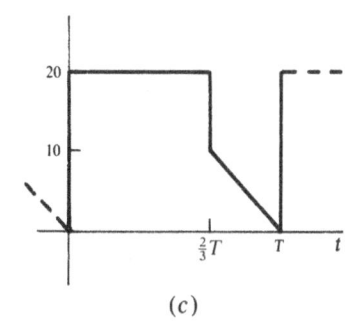

Figura 9-14

9.68 Qual é a potência média absorvida por um componente de circuito que tem tensão $v = 10$ V através dele, quando uma corrente que flui sobre ele é $i = 5 + 6 \cos 33t$ A?

Resp. 50 W

9.69 Encontre a potência média absorvida por um componente de circuito que tem tensão $v = 20,3 \cos(754t - 10°)$ V através dele quando percorrido por uma corrente $i = 15,6 \cos(754t - 30°)$ mA.

Resp. 149 mW

9.70 Qual é a condutância de um resistor que tem tensão $v = 50,1 \operatorname{sen}(200\pi t + 30°)$ V através dele quando percorrido por uma corrente $i = 6,78 \operatorname{sen}(200\pi t + 30°)$ mA?

Resp. 135 μS

9.71 Se há uma tensão $v = 150 \cos(377t + 45°)$ V através de um resistor de 33 kΩ, qual é a corrente no resistor?

Resp. $i = 4,55 \cos(377t + 45°)$ mA

9.72 Encontre a potência média absorvida por um resistor de 82 Ω que tem tensão $v = 311 \cos(377t - 45°)$ V através dele.

Resp. 590 W

9.73 Qual é a potência média absorvida por um resistor de 91 Ω que tem corrente $i = 9,76 \operatorname{sen}(754t - 36°)$ mA fluindo através dele?

Resp. 43,3 mW

9.74 Encontre a potência média absorvida por um resistor com tensão $v = 87,7 \cos(400\pi t - 15°)$ V através dele e uma corrente $i = 2,72 \cos(400\pi t - 15°)$ mA que o atravessa.

Resp. 119 mA

9.75 Qual é a leitura de um amperímetro CA que está em série com um resistor de 470 Ω, com tensão $v = 150 \cos(377t + 30°)$ V através dele?

Resp. 226 mA

9.76 Qual é a leitura de um amperímetro CA que está em série com um resistor de 270 Ω, com pico de dissipação de potência de 10 W?

Resp. 136 mA

9.77 Qual é a expressão para uma onda cosseno de corrente de 400 Hz que tem um valor eficaz de 13,2 mA?

Resp. $i = 18{,}7 \cos 800\pi t$ mA

9.78 Encontre o valor eficaz de $v = 3 + 2 \operatorname{sen} 4t$ V. (*Sugestão*: utillize uma identidade senoidal para encontrar o valor médio da tensão quadrática.)

Resp. 3,32 V

9.79 Encontre o valor eficaz de uma corrente periódica que tem um valor de 40 mA por 2/3 de um período e 25 mA para o terço restante do período. Será que o valor eficaz seria diferente se a corrente fosse − 25 mA em vez de 25 mA para 1/3 do período?

Resp. 35,7 mA, não

9.80 Encontre o valor eficaz de uma corrente periódica que em um período de 20 ms tem um valor de 0,761 A para 4 ms, 0 A para 2 ms, −0,925 A para 8 ms e 1,23 A para os 6 ms restantes. O valor eficaz seria diferente se os segmentos de tempo fossem em segundos em vez de em milissegundos?

Resp. 0,955 A, não

9.81 Encontre as reatâncias de um indutor de 180 mH em (*a*) 754 rad/s, (*b*) 400 Hz e (*c*) 250 kHz.

Resp (*a*) 136 Ω, (*b*) 452 Ω, (*c*) 283 kΩ

9.82 Encontre as indutâncias dos indutores que têm reatâncias de (*a*) 72,1 Ω em 754 rad/s, (*b*) 11,9 Ω em 12 kHz e (*c*) 42,1 kΩ em 2,1 MHz.

Resp. (*a*) 95,6 mH, (*b*) 158 μH, (*c*) 3,19 mH

9.83 Quais são as frequências em que um indutor de 120 mH tem reatâncias de (*a*) 45 Ω e (*b*) 97,1 kΩ?

Resp. (*a*) 59,7 Hz, (*b*) 129 kHz

9.84 Qual é a corrente que flui através de um indutor de 80 mH que tem 120 V, 60 Hz, através dele?

Resp. 3,98 A

9.85 Qual é a indutância do indutor que vai extrair uma corrente de 250 mA quando conectado a uma fonte de tensão de 120 V, 60 Hz?

Resp. 1,27 H

9.86 Quais são as correntes que fluem em um indutor de 500 mH para tensões de (*a*) $v = 170 \operatorname{sen}(400t + \pi/6)$ V e (*b*) $v = 156 \cos(1.000t + 10°)$ V?

Resp. (*a*) $i = 0{,}85 \operatorname{sen}(400t - 60°)$ A, (*b*) $i = 0{,}312 \operatorname{sen}(1.000t + 10°)$ A

9.87 Encontre as reatâncias de um capacitor de 0,25 μF em (*a*) 754 rad/s, (*b*) 400 Hz e (*c*) 2 MHz.

Resp. (*a*) − 5,31 kΩ, (*b*) − 1,59 kΩ, (*c*) − 0,318 Ω

9.88 Encontre as capacitâncias dos capacitores que têm reatâncias de (*a*) − 700 Ω em 377 rad/s, (*b*) − 450 Ω em 400 Hz e (*c*) − 1,23 kΩ em 25 kHz.

Resp. (*a*) 3,79 μF, (*b*) 0,884 μF, (*c*) 5,18 nF

9.89 Encontre a frequência com a qual um capacitor de 0,1 μF e um indutor de 120 mH têm a mesma magnitude de reatância.

Resp. 1,45 kHz

9.90 Qual é a capacitância de um capacitor que extrai 150 mA quando conectado a uma fonte de tensão de 100 V, 400 Hz?

Resp. 0,597 μF

9.91 Quais são as correntes que circulam em um capacitor de 0,5 μF para tensões no capacitores de (*a*) $v = 190 \text{ sen}(377t + 15°)$ V e (*b*) $v = 200 \cos(1.000t - 40°)$ V?

Resp. (*a*) $i = 35,8 \cos(377t + 15°)$ mA, (*b*) $i = 0,1 \cos(1.000t + 50°)$ A

9.92 Quais são as tensões através de um capacitor de 2 μF para as correntes de (*a*) $i = 7 \text{ sen}(754t + 15°)$ mA e (*b*) $i = 250 \cos(10^3 t - 30°)$ mA?

Resp. (*a*) $v = 4,64 \text{ sen}(754t - 75°)$ V, (*b*) $v = 125 \text{ sen}(10^3 t - 30°)$ V

Capítulo 10

Álgebra Complexa e Fasores

INTRODUÇÃO

A melhor maneira de analisar a maioria dos circuitos de corrente alternada é utilizar a *álgebra complexa*. Álgebra complexa é uma extensão da álgebra dos números reais. Em álgebra complexa, porém, números complexos são incluídos junto com suas regras especiais próprias, para a multiplicação, adição, subtração e divisão. Como será explicado nos Capítulos 11 e 12, em análise de circuito CA, tensões e correntes senoidais são *transformadas* em números complexos chamados de *fasores*; resistências, indutâncias e capacitâncias são transformadas em números complexos chamados de *impedâncias* e, em seguida, a álgebra complexa é aplicada da mesma maneira que a álgebra comum é aplicada na análise de circuito.

Uma calculadora científica vai operar com números complexos tão facilmente quanto com números reais. No entanto, ainda é importante saber como executar as várias operações com números complexos sem o uso da calculadora.

NÚMEROS IMAGINÁRIOS

Os números comuns utilizados por todos nós são *números reais*, mas esses não são os únicos tipos de números. Há também *números imaginários*. O nome "imaginário" é ilusório, pois sugere que tais números existem apenas na imaginação, quando na verdade são números tanto quanto os números reais. Os números imaginários foram inventados quando se tornou necessário ter números para obter raízes quadradas de números negativos (não são números reais). A invenção de números não era nova, uma vez que tinha sido precedida pelas invenções de números reais não inteiros e números reais negativos.

Números imaginários precisam ser distinguidos de números reais porque diversas regras devem ser aplicadas nas operações matemáticas que os envolvem. Não há uma forma universalmente aceita de representar números imaginários. No campo elétrico, no entanto, é padrão usar a letra j, como em $j2$, $j0,01$ e $-j5,6$.

As regras para somar e subtrair números imaginários são as mesmas para somar e subtrair números reais, exceto pelo fato de que as somas e diferenças são imaginárias. Para ilustrar,

$$j3 + j9 = j12 \qquad j12,5 - j3,4 = j9,1 \qquad j6,25 - j8,4 = -j2,15$$

A regra da multiplicação, porém, é diferente. O produto de dois números imaginários é um número *real*, que é o *negativo* do produto que seria encontrado se os números fossem números reais. Por exemplo,

$$j2(j6) = -12 \qquad j4(-j3) = 12 \qquad -j5(-j4) = -20$$

Além disso, $j1(j1) = -1$, a partir do qual $j1 = \sqrt{-1}$. Da mesma forma, $j2 = \sqrt{-4}$, $j3 = \sqrt{-9}$ e assim por diante.

Às vezes, potências de $j1$ aparecem nos cálculos. Estas podem ter valores iguais de 1, -1, $j1$ e $-j1$, como pode ser demonstrado iniciando com $(j1)^2 = j1(j1) = -1$ e, em seguida, progressivamente multiplicando por $j1$ e avaliando. Como ilustração, $(j1)^3 = j1(j1)^2 = j1(-1) = -j1$ e $(j1)^4 = j1(j1)^3 = j1(-j1) = 1$.

O produto de um número real e um número imaginário é um número imaginário que, exceto pelo fato de ser imaginário, é o mesmo que se os números fossem ambos reais. Por exemplo, $3(j5) = j15$ e $-j5,1(4) = -j20,4$.

Na divisão de dois números imaginários, o quociente é real, da mesma forma que se os números fossem reais. Como ilustração,

$$\frac{j8}{j4} = 2 \qquad \text{e} \qquad \frac{j20}{-j100} = -0,2$$

Uma ajuda de memória conveniente para a divisão é tratar os j como se fossem números e dividi-los fora como em

$$\frac{\cancel{j}16}{\cancel{j}2} = 8$$

Isso deve ser visto somente como um auxílio de memória, porque j apenas designa um número como sendo imaginário, mas não é um número em si. No entanto, o tratamento de j como um número na divisão, bem como nas outras operações matemáticas, é muitas vezes feito devido à conveniência e ao fato de que ele dá respostas corretas.

Se um número imaginário é dividido por um número real, o quociente é imaginário, mas, caso contrário, é o mesmo que para os números reais. Por exemplo,

$$\frac{j16}{4} = j4 \qquad \text{e} \qquad \frac{j2,4}{-0,6} = -j4$$

A única diferença se o denominador é imaginário e o numerador é real é que o quociente é o negativo do anterior. Para ilustrar,

$$\frac{1}{j1} = -j1 \qquad \text{e} \qquad \frac{-100}{j20} = j5$$

A base para essa regra pode ser mostrada multiplicando o numerador e o denominador por $j1$, como em

$$\frac{225}{j5} = \frac{225 \times j1}{j5 \times j1} = \frac{j225}{-5} = -j45$$

A multiplicação para tornar o denominador real, como aqui, é chamada de *racionalização*.

NÚMEROS COMPLEXOS E A FORMA RETANGULAR

Se um número real e um número imaginário são adicionados, como em $3 + j4$, ou subtraídos, como em $6 - j8$, o resultado é considerado um único *número complexo* na *forma retangular*. Outras formas de números complexos são introduzidas na próxima seção.

Um número complexo pode ser representado por um ponto no *plano complexo*, conforme mostrado na Fig. 10-1. O eixo horizontal, chamado de *eixo real*, e o eixo vertical, chamado de *eixo imaginário*, dividem o número complexo no plano em quatro quadrantes, como indicado. Ambos os eixos têm a mesma escala. Os pontos de números reais estão no eixo real, porque um número real pode ser considerado como um número complexo com a parte imaginária igual a zero. A Fig. 10-1 apresenta quatro desses pontos: $-5, -1, 2$ e 4. Os pontos de números imaginários estão no eixo imaginário, porque um número imaginário pode ser considerado um número complexo com a parte real igual a zero. A Fig. 10-1 apresenta quatro desses pontos: $j3, j1, -j2$ e $-j4$. Outros números complexos não nulos têm partes reais e imaginárias, e assim correspondem a pontos fora dos eixos. A parte real de cada número dá a posição para a direita ou para a esquerda do eixo vertical e a parte imaginária dá a posição acima ou abaixo do eixo horizontal. A Fig. 10-1 tem quatro desses números, um em cada quadrante.

Na Fig. 10-1, os números complexos $4 + j2$ e $4 - j2$ têm a mesma parte real, e também têm a mesma parte imaginária – exceto pelo sinal. Um par de números complexos com essa relação é denominado *conjugado*: $4 + j2$ é o conjugado de $4 - j2$ e também $4 - j2$ é o conjugado de $4 + j2$. Pontos de números conjugados têm a mesma

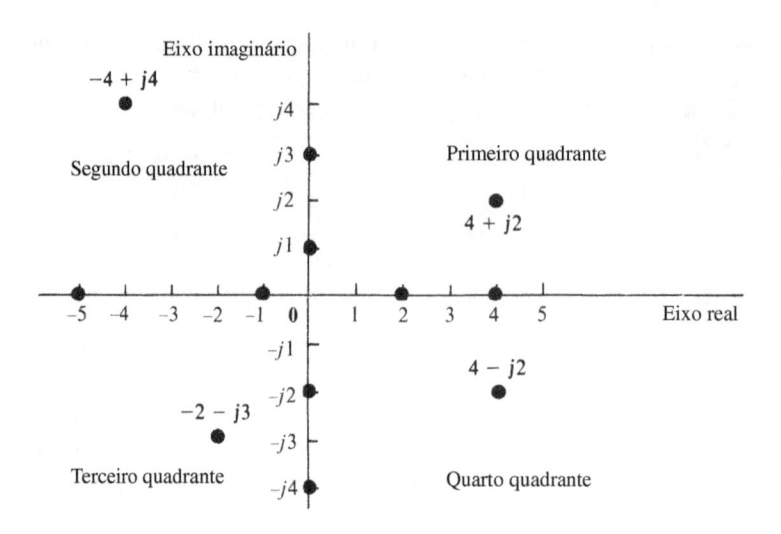

Figura 10-1

posição horizontal, mas posições verticais opostas, sendo equidistantes em lados opostos do eixo real. Se linhas são desenhadas a partir da origem para esses pontos, as duas linhas terão o mesmo comprimento, e, exceto pelo sinal, o mesmo ângulo a partir do eixo real positivo (os ângulos são positivos se medidos em sentido anti-horário a partir desse eixo e negativos se medidos em sentido horário). Tais relações gráficas de conjugados são importantes para a forma polar dos números complexos apresentados na seção seguinte.

A forma retangular é a única forma prática para adição e subtração. Essas operações são aplicadas separadamente para as partes real e imaginária. Como ilustração, $(3 + j4) + (2 + j6) = 5 + j10$ e $(6 - j7) - (4 - j2) = 2 - j5$.

Na multiplicação de números complexos na forma retangular, as regras ordinárias da álgebra são usadas juntamente com as regras de números imaginários. Por exemplo,

$$(2 + j4)(3 + j5) = 2(3) + 2(j5) + j4(3) + j4(j5) = 6 + j10 + j12 - 20 = -14 + j22$$

Resulta da regra da multiplicação que, se um número complexo é multiplicado por seu conjugado, o produto é real e é a soma da parte real ao quadrado e da parte imaginária ao quadrado. Para ilustrar,

$$(3 + j4)(3 - j4) = 3(3) + 3(-j4) + j4(3) + j4(-j4) = 9 - j12 + j12 + 16 = 9 + 16 = 3^2 + 4^2 = 25$$

Na divisão de números complexos na forma retangular, o numerador e denominador são primeiro multiplicados pelo conjugado do denominador para tornar o denominador real, ou racionalizado, de modo que a divisão se torne mais simples. Como um exemplo dessa operação, considere

$$\frac{10 + j24}{6 + j4} = \frac{(10 + j24)(6 - j4)}{(6 + j4)(6 - j4)} = \frac{156 + j104}{6^2 + 4^2} = \frac{156 + j104}{52} = 3 + j2$$

FORMA POLAR

A *forma polar* de um número complexo é um atalho para a *forma exponencial*. Formas polar ou exponencial geralmente são as melhores formas de multiplicar e dividir, mas não são úteis para somar e subtrair, a menos que seja feito graficamente, o que raramente ocorre. Normalmente, porém, uma calculadora científica pode somar e subtrair números complexos na forma polar, bem como na forma retangular. A forma exponencial é $Ae^{j\theta}$, onde A é a *magnitude* e θ é o *ângulo* do número complexo. Além disso, $e = 2,718...$ é a base do logaritmo natural. A abreviação polar para $Ae^{j\theta}$ é $A\underline{/\theta}$ como em $4e^{j45°} = 4\underline{/45°}$ e em $-8e^{j60°} = -8\underline{/60°}$. Embora ambas as formas sejam equivalentes, a forma polar é muito mais popular porque é mais fácil de escrever.

Que um número como $5e^{j60°}$ é um número complexo é evidente a partir da *identidade de Euler*: $e^{j\theta} = \cos\theta + j\,\text{sen}\,\theta$. Como ilustração, $7e^{j30°} = 7\underline{/30°} = 7\cos 30° + j7\,\text{sen}\,30° = 6,06 + j3,5$. Essa utilização de identidade de

Euler não só mostra que um número, como $Ae^{j\theta} = A\underline{/\theta}$ é um número complexo, mas também fornece um método para a conversão de um número de forma exponencial ou polar para a forma retangular.

Outra utilização da identidade de Euler é na derivação de fórmulas para a conversão de um número complexo da forma retangular para as formas exponencial e polar. Suponha que x e y são conhecidos em $x + jy$ e que A e θ se encontram de modo que $x + jy = Ae^{j\theta} = A\underline{/\theta}$. Pela identidade de Euler, $x + jy = A\cos\theta + jA\,\text{sen}\,\theta$. Visto que dois números complexos são iguais apenas se as partes reais são iguais e se as partes imaginárias são iguais, segue que $x = A\cos\theta$ e $y = A\,\text{sen}\,\theta$. Tomando a relação dessas equações, elimina-se o A:

$$\frac{\cancel{A}\,\text{sen}\,\theta}{\cancel{A}\cos\theta} = \text{tg}\,\theta = \frac{y}{x} \qquad \text{a partir do qual} \qquad \theta = \text{tg}^{-1}\frac{y}{x}$$

(Observe que, se x for negativo, 180° deve ser adicionado ou subtraído de θ.) Assim, θ pode ser encontrado a partir do arco tangente da relação entre a parte imaginária e a parte real. Com θ conhecido, A pode ser encontrado por substituição de θ em $x = A\cos\theta$ ou em $y = A\,\text{sen}\,\theta$.

Outra forma popular de encontrar A é da fórmula básica elevando ao quadrado ambos os lados de $A\cos\theta = x$ e $A\,\text{sen}\,\theta = y$ e somando-os:

$$A^2\cos^2\theta + A^2\,\text{sen}^2\,\theta = A^2(\cos^2\theta + \text{sen}^2\,\theta) = x^2 + y^2$$

No entanto, uma vez que, da trigonometria, $\cos^2\theta + \text{sen}^2\,\theta = 1$, segue que $A^2 = x^2 + y^2$ e $A = \sqrt{x^2 + y^2}$. Assim, o módulo de um número complexo é igual à raiz quadrada da soma dos quadrados dos componentes reais e imaginários. A maior parte das calculadoras científicas possui um recurso para a conversão entre as formas retangulares e polares.

Essa conversão também pode ser entendida a partir de uma consideração gráfica. A Fig. 10-2a mostra uma linha reta desde a origem até o ponto do número complexo $x + jy$. Como mostrado na Fig. 10-2b, essa linha forma um triângulo com as suas projeções horizontais e verticais. Da trigonometria elementar, $x = A\cos\theta$, $y = A\,\text{sen}\,\theta$ e $A = \sqrt{x^2 + y^2}$, de acordo com os resultados a partir da identidade de Euler. Frequentemente, essa linha, em vez de o ponto, corresponde a um número complexo porque seus comprimento e ângulo são a amplitude e o ângulo do número complexo na forma polar.

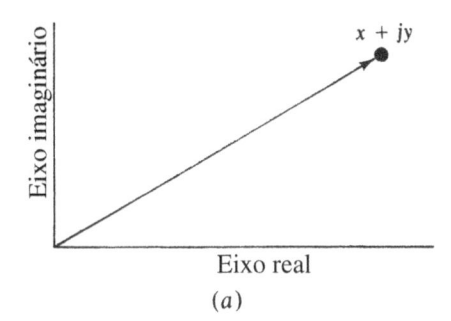

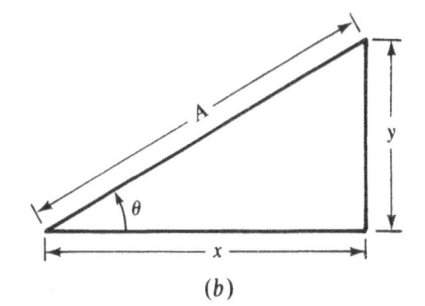

Figura 10-2

Como já foi mencionado, o conjugado de um número complexo na forma retangular difere apenas no sinal da parte imaginária. Na forma polar, essa diferença aparece como uma diferença de sinal do ângulo, como pode ser mostrada pela conversão de quaisquer dois conjugados de forma polar. Por exemplo, $6 + j5 = 7{,}81\underline{/39{,}8°}$ e seu conjugado é $6 - j5 = 7{,}81\underline{/39{,}8°}$.

Como foi dito, a forma retangular é melhor para a adição e subtração, e a forma polar é melhor para a multiplicação e divisão. As fórmulas de multiplicação e divisão de números complexos na forma polar são fáceis de obter a partir dos correspondentes números exponenciais e da lei dos expoentes. O produto dos números complexos $Ae^{j\theta}$ e $Be^{j\phi}$ é $(Ae^{j\theta})(Be^{j\phi}) = AB e^{j(\theta + \phi)}$, que tem um módulo AB, produto dos módulos individuais, e um ângulo de $\theta + \phi$ que, pela lei dos expoentes, é a soma dos ângulos individuais. Na forma polar, isso é $A\underline{/\theta} \times B\underline{/\theta} = AB\underline{/\theta + \phi}$.

Para a divisão, o resultado é

$$\frac{Ae^{j\theta}}{Be^{j\phi}} = \frac{A}{B} e^{j(\theta - \phi)} \qquad \text{que, na forma polar, é} \qquad \frac{A\underline{/\theta}}{B\underline{/\phi}} = \frac{A}{B} \underline{/\theta - \phi}$$

Assim, o módulo do quociente é o quociente A/B dos módulos e o ângulo do quociente é, pela lei dos expoentes, a diferença $\theta - \phi$ do ângulo do numerador menos o ângulo do denominador.

FASORES

Por definição, *fasor* é um número complexo associado a uma onda seno de fase deslocada de modo que, se o fasor está na forma polar, seu módulo é o valor eficaz (rms) da tensão ou corrente e seu ângulo é o ângulo de fase da fase deslocada da onda seno. Por exemplo, $\mathbf{V} = 3\underline{/45°}$ V é o fasor para $v = 3\sqrt{2}$ sen $(377t + 45°)$ V e $\mathbf{I} = 0{,}439\underline{/-27°}$ A é o fasor para $i = 0{,}621$ sen $(754t - 27°)$ A. Obviamente, $0{,}621 = \sqrt{2}(0{,}439)$.

Observe a utilização das letras em negrito $\mathbf{V}$ e $\mathbf{I}$ para os símbolos do fasor da tensão e da corrente. Essa é a convenção para o uso de símbolos de letras em negrito para *todas* as grandezas complexas. Além disso, um asterisco sobrescrito é utilizado para designar um conjugado. Como ilustração, se $\mathbf{V} = -6 + j10 = 11{,}7\underline{/121°}$ V, então $\mathbf{V}^* = -6 - j10 = 11{,}7\underline{/121°}$ V. O módulo de um fasor variável é indicado sem utilizar o negrito, e o módulo de um número complexo é indicado pelo uso de linhas paralelas. Por exemplo, se $\mathbf{I} = 3 + j4 = 5\underline{/53{,}1°}$, então $I = |3 + j4| = 5\underline{/53{,}1°} = 5$A.

Um erro comum é igualar um fasor e sua senoide correspondente. Eles não podem ser iguais porque o fasor é uma constante complexa, mas a senoide é uma função do tempo. Em suma, é *errado* escrever algo como $3\underline{/30°} = 3\sqrt{2}$ sen $(\omega t + 30°)$.

Por conveniência, fasores geralmente são mostrados sob a forma polar. Contudo, a forma retangular é tão correta quanto, porque, sendo um número complexo, um fasor pode ser expresso em qualquer uma das formas de números complexos. Nem todos os números complexos, porém, são fasores – apenas aqueles que correspondem a senoides.

Não existe total acordo sobre a definição de um fasor. Muitos engenheiros eletricistas utilizam o valor de pico senoidal em vez do valor eficaz. Além disso, eles usam o ângulo da onda cosseno de fase deslocada cosseno em vez da onda seno.

Uma utilização de fasores é para somar senoides de *mesma* frequência. Se cada senoide é transformada em um fasor e os fasores somados e depois reduzidos a um único número complexo, este número é o fasor para a soma senoidal. Como ilustração, a senoide correspondente a $v = 3$ sen $(2t + 30°) + 2$ sen $(2t - 15°)$ V pode ser encontrada através da adição dos fasores correspondentes,

$$\mathbf{V} = \frac{3}{\sqrt{2}} \underline{/30°} + \frac{2}{\sqrt{2}} \underline{/-15°} = \frac{4{,}64}{\sqrt{2}} \underline{/12{,}2°} \text{ V}$$

e em seguida transformar a soma do fasor em uma senoide. O resultado é $v = 4{,}64$ sen $(2t + 12{,}2°)$ V. Esse procedimento funciona para qualquer número de senoides sendo adicionadas ou subtraídas, desde que todas tenham a mesma frequência.

Observe que o uso de $\sqrt{2}$ não contribuiu em nada para o resultado final. O $\sqrt{2}$ foi introduzido para encontrar os fasores e então apagado na transformação da soma do fasor para uma senoide. Quando a informação do problema está em senoides e a resposta deve ser uma senoide, é mais fácil ignorar $\sqrt{2}$ e usar fasores que se baseiem em valores de pico, em vez de em valores eficazes.

Fasores às vezes são mostrados no plano complexo em um diagrama chamado de *diagrama fasorial*. Os fasores são mostrados como setas direcionadas para fora a partir da origem, com comprimentos correspondendo aos módulos fasoriais e dispostos em ângulos, que são os ângulos de fasores correspondentes. Esses diagramas são convenientes para mostrar as relações angulares entre tensões e correntes de mesma frequência. Por vezes, eles são também utilizados para a adição e subtração, mas não no caso em que a precisão é importante.

Outro diagrama, chamado de *diagrama vetorial*, é mais conveniente para a adição e subtração gráfica. Nesse tipo de diagrama, adição e subtração são as mesmas que para os vetores. Para a adição, as setas dos fasores são colocadas uma após a outra e o fasor soma é encontrado fazendo uma seta a partir do início da primeira da seta até o final da última seta. Se um fasor deve ser subtraído, sua seta é girada em 180° (invertida) e depois adicionada.

Problemas Resolvidos

10.1 Efetue as seguintes operações:

(a) $j2 + j3 - j6 - j8$ (b) $j2(-j3)(j4)(-j6)$ (c) $\dfrac{1}{j0,25}$ (d) $\dfrac{j100}{j8}$

(a) As regras para adição e subtração de números imaginários são as mesmas para adição e subtração de números reais, exceto pelo fato de que o resultado é imaginário. Assim,

$$j2 + j3 - j6 - j8 = j5 - j14 = -j9$$

(b) Os números podem ser multiplicados dois a dois, com o resultado

$$[j2(-j3)][j4(-j6)] = 6(24) = 144$$

Alternativamente, $j1$ pode ser fatorado em cada fator e uma potência de $j1$ encontrada vezes um produto de números reais:

$$j2(-j3)(j4)(-j6) = (j1)^4[2(-3)(4)(-6)] = 1(144) = 144$$

(c) O denominador pode ser transformado em real multiplicando o numerador e o denominador por $j1$ e, então, realizando a divisão como se os números fossem reais – exceto pelo fato de que o quociente é imaginário:

$$\frac{1}{j0,25} = \frac{1(j1)}{j0,25(j1)} = \frac{j1}{-0,25} = -j4$$

Alternativamente, uma vez que $1/j1 = -j1$,

$$\frac{1}{j0,25} = \frac{1}{j1}\left(\frac{1}{0,25}\right) = -j1(4) = -j4$$

(d) Por conveniência, os js podem ser considerados números e eliminados:

$$\frac{j100}{j8} = \frac{\cancel{j}100}{\cancel{j}8} = 12,5$$

10.2 Adicione e subtraia como indicado e expresse o resultado na forma retangular:

(a) $(6,21 + j3,24) + (4,13 - j9,47)$

(b) $(7,34 - j1,29) + (5,62 + j8,92)$

(c) $(-24 + j12) - (-36 - j16) - (17 - j24)$

As partes real e imaginária são adicionadas ou subtraídas separadamente:

(a) $(6,21 + j3,24) + (4,13 - j9,47) = (6,21 + 4,13) + j(3,24 - 9,47) = 10,34 - j6,23$

(b) $(7,34 - j1,29) + (5,62 + j8,92) = (7,34 - 5,62) - j(1,29 + 8,92) = 1,72 - j10,21$

(c) $(-24 + j12) - (-36 - j16) - (17 - j24) = (-24 + 36 - 17) + j(12 + 16 + 24) = -5 + j52$

10.3 Encontre os seguintes produtos e expresse-os na forma retangular:

(a) $(4 + j2)(3 + j4)$ (b) $(6 + j2)(3 - j5)(2 - j3)$

Na multiplicação de um número complexo na forma retangular, são utilizadas as regras básicas da álgebra, juntamente com as regras dos números imaginários:

(a) $(4 + j2)(3 + j4) = 4(3) + 4(j4) + j2(3) + j2(j4) = 12 + j16 + j6 - 8 = 4 + j22$

(b) É melhor fazer a multiplicação de dois números por vez:

$$(6+j2)(3-j5)(2-j3) = [6(3) + 6(-j5) + j2(3) + j2(-j5)](2-j3) = (18 - j30 + j6 + 10)(2-j3)$$
$$= (28 - j24)(2-j3) = 28(2) + 28(-j3) + (-j24)(2) + (-j24)(-j3)$$
$$= 56 - j84 - j48 - 72 = -16 - j132$$

Multiplicar três ou mais números complexos na forma retangular normalmente requer mais trabalho que se eles fossem convertidos para a forma polar antes da multiplicação.

10.4 Calcule

$$\begin{vmatrix} 4+j3 & -j2 \\ -j2 & 5-j6 \end{vmatrix}$$

O valor desse determinante de segunda ordem é igual ao produto dos elementos da diagonal principal menos o produto dos elementos da outra diagonal, da mesma forma que para elementos reais.

$$\begin{vmatrix} 4+j3 & -j2 \\ -j2 & 5-j6 \end{vmatrix} = (4+j3)(5-j6) - (-j2)(-j2) = 20 - j24 + j15 + 18 + 4 = 42 - j9$$

10.5 Calcule

$$\begin{vmatrix} 4+j6 & -j4 & -2 \\ -j4 & 6+j10 & -3 \\ -2 & -3 & 2+j1 \end{vmatrix}$$

A resolução de um determinante de terceira ordem com elementos complexos é a mesma da de elementos reais:

$$= (4+j6)(6+j10)(2+j1) + (-j4)(-3)(-2) + (-2)(-j4)(-3) - (-2)(6+j10)(-2)$$
$$- (-3)(-3)(4+j6) - (2+j1)(-j4)(-j4)$$
$$= -148 + j116 - j24 - j24 - 24 - j40 - 36 - j54 + 32 + j16 = -176 - j10$$

Embora esse procedimento seja fácil, é difícil de fazê-lo sem cometer erros. Utilizar uma calculadora é muito mais fácil.

10.6 Encontre os seguintes quocientes na forma retangular:

(a) $\dfrac{1}{0{,}2 + j0{,}5}$ (b) $\dfrac{14 + j5}{4 - j1}$

Para a divisão na forma retangular, o numerador e o denominador devem ser multiplicados pelo conjugado do denominador para tornar o denominador real. Então a divisão é direta. Fazendo isso, tem-se:

(a) $\dfrac{1}{0{,}2 + j0{,}5} \times \dfrac{0{,}2 - j0{,}5}{0{,}2 - j0{,}5} = \dfrac{0{,}2 - j0{,}5}{0{,}2^2 + 0{,}5^2} = \dfrac{0{,}2 - j0{,}5}{0{,}29} = \dfrac{0{,}2}{0{,}29} - j\dfrac{0{,}5}{0{,}29} = 0{,}69 - j1{,}72$

(b) $\dfrac{14 + j5}{4 - j1} \times \dfrac{4 + j1}{4 + j1} = \dfrac{51 + j34}{17} = 3 + j2$

10.7 Converta os seguintes números para a forma polar:

(a) $6 + j9$ (b) $-21{,}4 + j33{,}3$ (c) $-0{,}521 - j1{,}42$ (d) $4{,}23 + j4{,}23$

Se for utilizada uma calculadora que não faz a conversão de retangular para polar, então um número complexo $x + jy$ pode ser convertido em seu equivalente $A\underline{/\theta}$ com as fórmulas $A = \sqrt{x^2 + y^2}$ e $\theta = \text{tg}^{-1}(y/x)$. Com esse recurso:

(a) $6 + j9 = \sqrt{6^2 + 9^2}\underline{/\text{tg}^{-1}(9/6)} = 10,8\underline{/56,3°}$

(b) $-21,4 + j33,3 = \sqrt{(-21,4)^2 + 33,3^2}\underline{/\text{tg}^{-1}[33,3/(-21,4)]} = 39,6\underline{/122,7°}$

Normalmente, uma calculadora dará $\text{tg}^{-1}(-33,3/21,4) = -57,3°$, o qual difere do ângulo correto de 180°. Para essa calculadora, o erro de 180° ocorre na conversão da forma retangular para a polar sempre que a parte real do número complexo for negativa. A solução, é claro, é mudar o ângulo na calculadora por um positivo ou negativo, o que for mais conveniente.

(c) $-0,521 - j1,42 = \sqrt{(-0,521)^2 + (-1,42)^2}\underline{/\text{tg}^{-1}[-1,42/(-0,521)]} = 1,51\underline{/-110°}$

Novamente, por ter a parte real negativa, a calculadora não pode dar um ângulo de $-110°$, mas $\text{tg}^{-1}(1,42/0,521) = 70°$, como alternativa.

(d) $4,23 + j4,23 = \sqrt{4,23^2 + 4,23^2}\underline{/\text{tg}^{-1}(4,23/4,23)} = \sqrt{2}(4,23)\underline{/\text{tg}^{-1}1} = 5,98\underline{/45°}$

Como pode ser generalizado a partir desse resultado, quando os módulos da parte real e imaginária são iguais, o módulo real é $\sqrt{2}$ vezes o módulo. Além disso, o ângulo é de 45° se o número está no primeiro quadrante do plano complexo, 135° se está no segundo, $-135°$ se está no terceiro e $-45°$ se está no quarto.

10.8 Converta os seguintes números para a forma retangular:

(a) $10,2\underline{/20°}$ (b) $6,41\underline{/-30°}$ (c) $-142\underline{/-80,3°}$ (d) $142\underline{/-260,3°}$ (e) $-142\underline{/-440,3°}$

Se for utilizada uma calculadora que não faça a conversão de retangular para polar, então pode ser utilizada a identidade de Euler: $A\underline{/\theta} = A\cos\theta + jA\,\text{sen}\,\theta)$. Com esse recurso

(a) $10,2\underline{/20°} = 10,2\cos 20° + j10,2\,\text{sen}\,20° = 9,58 + j3,49$

(b) $6,41\underline{/-30°} = 6,41\cos(-30°) + j6,41\,\text{sen}(-30°) = 5,55 - j3,21$

(c) $-142\underline{/-80,3°} = -142\cos(-80,3°) - j142\,\text{sen}(-80,3°) = -23,9 + j140$

(d) $142\underline{/-260,3°} = 142\cos(-260,3°) + j142\,\text{sen})(-260,3°) = -23,9 + j140$

(e) $-142\underline{/-440,3°} = -142\cos(-440,3°) - j142\,\text{sen})(-440,3°) = -23,9 + j140$

As respostas (c) e (d) mostram que uma diferença de 180° corresponde a uma multiplicação por -1. As respostas (c) e (e) mostram que a diferença angular de 360° não tem efeito. Assim, em geral, $A\underline{/\theta \pm 180°} = -A\underline{/\theta}$ e $A\underline{/\theta \pm 360°} = A\underline{/\theta}$.

10.9 Encontre os seguintes produtos na forma polar:

(a) $(3\underline{/25°})(4\underline{/-60°})(-5\underline{/120°})(-6\underline{/-210°})$ (b) $(0,3 + j0,4)(-5 + j6)(7\underline{/35°})(-8 - j9)$

(a) Quando todos os fatores estão na forma polar, o módulo do produto é o produto dos módulos individuais juntamente com seus sinais negativos, se existirem, e o produto dos ângulos é a soma dos ângulos individuais. Assim,

$$(3\underline{/25°})(4\underline{/-60°})(-5\underline{/120°})(-6\underline{/-210°}) = 3(4)(-5)(-6)\underline{/25° - 60° + 120° - 210°} = 360\underline{/-125°}$$

(b) Os números na forma retangular precisam ser convertidos para a forma polar antes de serem multiplicados:

$$(0,3 + j0,4)(-5 + j6)(7\underline{/35°})(-8 - j9) = (0,5\underline{/53,1°})(7,81\underline{/129,8°})(7\underline{/35°})(12,04\underline{/-131,6°})$$
$$= 0,5(7,81)(7)(12,04)\underline{/53,1° + 129,8° + 35° - 131,6°} = 329\underline{/86,3°}$$

10.10 Encontre os quocientes na forma polar de (a) $(81\underline{/45°})/(3\underline{/16°})$ e (b) $-9,1\underline{/20°}/(-4 + j7)$.

(a) Quando o numerador e o denominador estão na forma polar, o módulo do quociente é o quociente dos módulos e o ângulo do quociente é o ângulo do numerador menos o ângulo do denominador. Assim,

$$\frac{81\underline{/45°}}{3\underline{/16°}} = \frac{81}{3}\underline{/45° - 16°} = 27\underline{/29°}$$

(b) O denominador precisa ser convertido para a forma polar como um primeiro passo:

$$\frac{-9{,}1\underline{/20°}}{-4+j7} = \frac{-9{,}1\underline{/20°}}{8{,}06\underline{/119{,}7°}} = -\frac{9{,}1}{8{,}06}\underline{/20° - 119{,}7°} = -1{,}13\underline{/-99{,}7°} = 1{,}13\underline{/-99{,}7° + 180°} = 1{,}13\underline{/80{,}3°}$$

10.11 Encontre o seguinte quociente:

$$\frac{(1{,}2\underline{/35°})^3 (4{,}2\underline{/-20°})^6}{(2{,}1\underline{/-10°})^4 (-3+j6)^5}$$

Visto que cada expoente de um número indica quantas vezes o número deve ser multiplicado por ele mesmo, o efeito do expoente de um expoente é elevar o módulo do número a esse expoente e multiplicar o ângulo por ele. Portanto:

$$\frac{(1{,}2\underline{/35°})^3(4{,}2\underline{/-20°})^6}{(2{,}1\underline{/-10°})^4(-3+j6)^5} = \frac{(1{,}2\underline{/35°})^3(4{,}2\underline{/-20°})^6}{(2{,}1\underline{/-10°})^4(6{,}71\underline{/117°})^5} = \frac{1{,}2^3(4{,}2)^6\underline{/3(35°)-6(20°)}}{2{,}1^4(6{,}71)^5\underline{/4(-10°)+5(117°)}}$$

$$= \frac{1{,}73(5489)\underline{/-15°}}{19{,}4(13\,584)\underline{/543°}} = \frac{9{,}49 \times 10^3\underline{/-15°}}{2{,}64 \times 10^5\underline{/543°}} = 0{,}0359\underline{/-558°} = 0{,}0359\underline{/-198°} = -0{,}0359\underline{/-18°}$$

10.12 Encontre os seguintes fasores de tensão e corrente correspondente:
  (a) $v = \sqrt{2}(50)\,\text{sen}\,(377t - 35°)$ V   (c) $v = 83{,}6\cos(400t - 15°)$ V
  (b) $i = \sqrt{2}(90{,}4)\,\text{sen}\,(754t - 48°)$ mA   (d) $i = 3{,}46\cos(815t - 30°)$ A

Um fasor na forma polar tem um módulo com valor eficaz que corresponde à tensão ou corrente senoidal e um ângulo que é o ângulo de fase da senoide se ela estiver na forma onda seno de fase deslocada. Assim,

  (a) $v = \sqrt{2}(50)\,\text{sen}\,(377t - 35°)\,\text{V} \rightarrow \mathbf{V} = 50\underline{/-35°}$ V
  (b) $i = \sqrt{2}(90{,}4)\,\text{sen}\,(754t - 48°)\,\text{mA} \rightarrow \mathbf{I} = 90{,}4\underline{/48°}$ mA
  (c) $v = 83{,}6\cos(400t - 15°) = 83{,}6\,\text{sen}\,(400t - 15° + 90°) = 83{,}6\,\text{sen}\,(400t - 75°)$ V

$$\rightarrow \mathbf{V} = (83{,}6/\sqrt{2})\underline{/75°} = 59{,}1\underline{/75°}\text{ V}$$

  (d) $i = 3{,}46\cos(815t + 30°) = 3{,}46\,\text{sen}\,(815t + 30° + 90°) = 3{,}46\,\text{sen}\,(815t + 120°)$ A

$$\rightarrow \mathbf{I} = (3{,}46/\sqrt{2})\underline{/120°} = 2{,}45\underline{/120°}\text{ A}$$

10.13 Encontre as tensões e correntes correspondentes ao fasor das tensões e correntes abaixo (cada senoide possui uma frequência angular de 377 rad/s):
  (a) $\mathbf{V} = 20\underline{/35°}$ V (b) $\mathbf{I} = 10{,}2\underline{/-41°}$ mA (c) $\mathbf{V} = 4 - j6$ V (d) $\mathbf{I} = -3 + j1$ A

Se um fasor está na forma polar, a tensão ou corrente correspondente é uma onda seno de fase deslocada que tem um ângulo de fase que é o ângulo do fasor e um valor de pico que é $\sqrt{2}$ vezes o módulo do fasor. Assim,

  (a) $\mathbf{V} = 20\underline{/35°}\text{ V} \rightarrow v = 20\sqrt{2}\,\text{sen}\,(377t + 35°) = 28{,}3\,\text{sen}\,(377t + 35°)$ V
  (b) $\mathbf{I} = 10{,}2\underline{/-41°}\text{ mA} \rightarrow i = \sqrt{2}(10{,}2)\,\text{sen}\,(377t - 41°) = 14{,}4\,\text{sen}\,(377t - 41°)$ mA
  (c) $\mathbf{V} = 4 - j6 = 7{,}21\underline{/-56{,}3°}\text{ V} \rightarrow v = \sqrt{2}(7{,}21)\,\text{sen}\,(377t - 56{,}3°) = 10{,}2\,\text{sen}\,(377t - 56{,}3°)$ V
  (d) $\mathbf{I} = -3 + j1 = 3{,}16\underline{/161{,}6°}\text{ A} \rightarrow i = \sqrt{2}(3{,}16)\,\text{sen}\,(377t + 161{,}6°) = 4{,}47\,\text{sen}\,(377t + 161{,}6°)$ A

10.14 Encontre uma única senoide que é equivalente a cada uma das seguintes:
  (a) $6{,}23\,\text{sen}\,\omega t + 9{,}34\cos\omega t$
  (b) $5\,\text{sen}\,(4t - 20°) + 6\,\text{sen}\,(4t + 45°) - 7\cos(4t - 60°) + 8\cos(4t + 30°)$
  (c) $5\,\text{sen}\,377t + 6\cos 754t$

Uma abordagem fasorial pode ser utilizada desde que os termos sejam senoides. O procedimento é encontrar o fasor correspondente para cada senoide, somar os fasores para obter um único número complexo e então encontrar a senoide correspondente desse número. Preferencialmente, os fasores são baseados em valores de pico, porque não existe vantagem em introduzir um fator de $\sqrt{2}$, uma vez que os enunciados dos problemas e as respostas são senoides. Dessa maneira:

(a) $6{,}23 \operatorname{sen} \omega t + 9{,}34 \cos \omega t \rightarrow 6{,}23\underline{/0°} + 9{,}34\underline{/90°} = 11{,}2\underline{/56{,}3°} \rightarrow 11{,}2 \operatorname{sen}(\omega t + 56{,}3°)$

(b) $5 \operatorname{sen}(4t - 20°) + 6 \operatorname{sen}(4t + 45°) - 7 \cos(4t - 60°) + 8 \cos(4t + 30°)$

$\rightarrow 5\underline{/-20°} + 6\underline{/45°} - 7\underline{/30°} + 8\underline{/120°} = 6{,}07\underline{/100{,}7°} = -6{,}07\underline{/-79{,}3°} \rightarrow -6{,}07 \operatorname{sen}(4t - 79{,}3°)$

(c) As senoides não podem ser combinadas porque possuem frequências diferentes.

10.15 Para o circuito mostrado na Fig. 10-3, encontre v_S se $v_1 = 10{,}2 \operatorname{sen}(754t + 30°)$ V, $v_2 = 14{,}9 \operatorname{sen}(754t - 10°)$ V e $v_3 = 16{,}1 \cos(754t - 25°)$ V.

Pela LKT, $v_S = v_1 - v_2 + v_3 = 10{,}2 \operatorname{sen}(754t + 30°) - 14{,}9 \operatorname{sen}(754t - 10°) + 16{,}1 \cos(754t - 25°)$ V.

A soma das senoides pode ser obtida utilizando fasores:

$$V_S = V_1 - V_2 + V_3 = \frac{10{,}2}{\sqrt{2}}\underline{/30°} - \frac{14{,}9}{\sqrt{2}}\underline{/-10°} + \frac{16{,}1}{\sqrt{2}}\underline{/65°} = \frac{22{,}3}{\sqrt{2}}\underline{/87{,}5°} \text{ V}$$

$\rightarrow v_S = 22{,}3 \operatorname{sen}(754t + 87{,}5°)$ V

Uma vez que a formulação do problema e o resultado final são uma senoide, a solução seria mais simples usando fasores com base nos valores de pico em vez de valores rms.

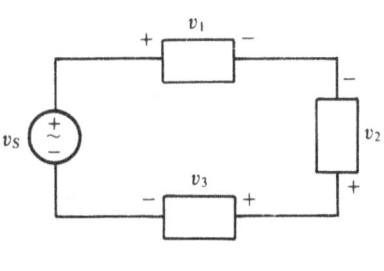

Figura 10-3

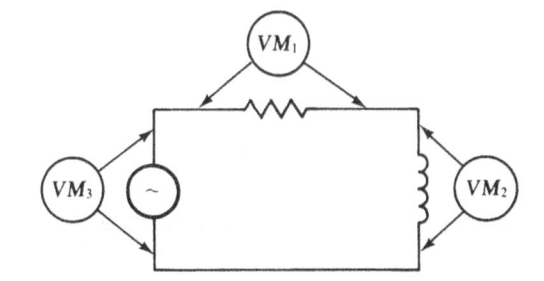

Figura 10-4

10.16 No circuito mostrado na Fig. 10-4, os voltímetros VM_1 e VM_2 apresentam leituras de 40 e 30 V, respectivamente. Encontre a leitura do voltímetro VM_3.

É tentador concluir que, pela LKT, a leitura do voltímetro VM_3 é a soma das leituras dos voltímetros VM_1 e VM_2. Porém, isso é *errado*, porque a LKT aplica-se a tensões fasoriais, mas não a tensões rms que são lidas pelo voltímetro. As tensões rms, sendo constantes reais positivas, não têm os ângulos que as tensões fasoriais teriam.

Para os fasores requeridos pela LKT, os ângulos devem ser associados com as tensões rms dadas. Um ângulo pode ser selecionado arbitrariamente, porque apenas a soma do módulo é desejada. Se 0° é selecionado para o fasor da tensão no resistor, esse fasor é $40\underline{/0°}$ V e então o fasor da tensão no indutor deve ser $30\underline{/90°}$ V. O fasor tensão no indutor tem um ângulo de 90° maior, porque essa tensão está adiantada 90° em relação à corrente, mas a tensão no resistor está em fase com a corrente. Pela LKT, o fasor da tensão para a fonte é $40 + 30\underline{/90°} = 40 + j30 = 50\underline{/36{,}9}$ V, o qual tem um valor rms de 50 V. Assim, a leitura do voltímetro VM_3 é 50 V e não $30 + 40 = 70$ V, como havia sido suposto.

10.17 Encontre v_S para o circuito mostrado na Fig. 10-5.

A tensão v_S pode ser determinada a partir de $v_S = v_R + v_L + v_C$ após as tensões nesses componentes serem encontradas. Pela lei de Ohm,

$$v_R = [0{,}234 \operatorname{sen}(3.000t - 10°)](270) = 63{,}2 \operatorname{sen}(3.000t - 10°) \text{ V}$$

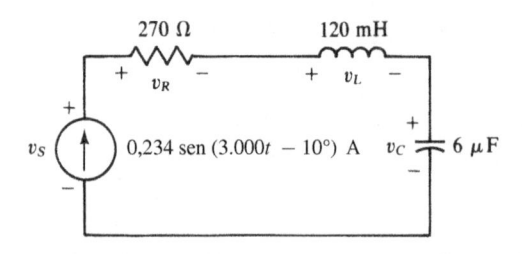

A tensão no indutor v_L está adiantada 90° em relação à corrente e tem um valor de pico de $\omega L = 3.000(120 \times 10^{-3}) = 360$ vezes o valor de pico da corrente:

$$v_L = 360(0,234)\operatorname{sen}(3.000t - 10° + 90°) = 84,2\operatorname{sen}(3.000t + 80°)\ \text{V}$$

A tensão no capacitor v_C está atrasada 90° em relação à corrente e tem um valor de pico de $1/\omega C = 1/(3.000 \times 6 \times 10^{-6}) = 55,6$ vezes o valor de pico da corrente:

$$v_C = 55,6(0,234)\operatorname{sen}(3.000t - 10° - 90°) = 13\operatorname{sen}(3.000t - 100°)\ \text{V}$$

Os fasores, que são convenientemente baseados nos valores de pico, podem ser utilizados para encontrar a soma de senoides:

$$\mathbf{V}_S = \mathbf{V}_R + \mathbf{V}_L + \mathbf{V}_C = 63,2\underline{/-10°} + 84,2\underline{/80°} + 13\underline{/-100°} = 95,2\underline{/38,4°}\ \text{V}$$
$$\to v_S = 95,2\operatorname{sen}(3.000t + 38,4°)\ \text{V}$$

Figura 10-5

Figura 10-6

10.18 Encontre i_S para o circuito mostrado na Fig. 10-6.

A corrente i_S pode ser determinada a partir de $i_S = i_R + i_L + i_C$ após as correntes nesses componentes serem encontradas. Pela lei de Ohm:

$$i_R = \frac{150\operatorname{sen}(2.500t - 34°)}{10} = 15\operatorname{sen}(2.500t - 34°)\ \text{A}$$

A corrente no indutor i_L está atrasada 90° em relação à tensão e tem um valor de pico de $1/\omega L = 1/(2.500 \times 6 \times 10^{-3}) = 1/15$ vezes o valor de pico da tensão:

$$i_L = \frac{150\operatorname{sen}(2.500t - 34° - 90°)}{15} = 10\operatorname{sen}(2.500t - 124°)\ \text{A}$$

A corrente no capacitor i_C está adiantada 90° em relação à tensão e tem um valor de pico de $\omega C = 2.500(20 \times 10^{-6}) = 0,05$ vezes o valor de pico da tensão:

$$i_C = 0,05(150)\operatorname{sen}(2.500t - 34° + 90°) = 7,5\operatorname{sen}(2.500t + 56°)\ \text{A}$$

Os fasores, que são convenientemente baseados nos valores de pico, podem ser utilizados para encontrar a soma de senoides:

$$\mathbf{I}_S = \mathbf{I}_R + \mathbf{I}_L + \mathbf{I}_C = 15\underline{/-34°} + 10\underline{/-124°} + 7,5\underline{/56°} = 15,2\underline{/-43,5°}\ \text{A} \to i_S = 15,2\operatorname{sen}(2.500t - 43,5°)\ \text{A}$$

10.19 Se duas correntes têm fasores de $10\underline{/0°}$ e $7\underline{/30°}$ mA, qual é o ângulo e o valor rms da corrente que é a soma dessas correntes? Resolva usando o diagrama vetorial. Verifique a resposta usando álgebra complexa.

A Fig. 10-7 mostra que a parte final do fasor de 7 mA está na extremidade do fasor de 10 mA, como requerido para a adição de vetores. O fasor soma, que se estende a partir da extremidade final do fasor de 10 mA para a extremidade inicial do fasor de 7 mA, tem comprimento de aproximadamente 16,5 mA e ângulo de aproximadamente 13°. Em comparação, o resultado da álgebra complexa é

$$1.010\underline{/0°} + 77\underline{/30°} = 10 + 6,06 + j3,5 = 16,06 + j3,5 = 16,4\underline{/12,3°}\ \text{mA}$$

que é, naturalmente, muito mais preciso que o resultado gráfico.

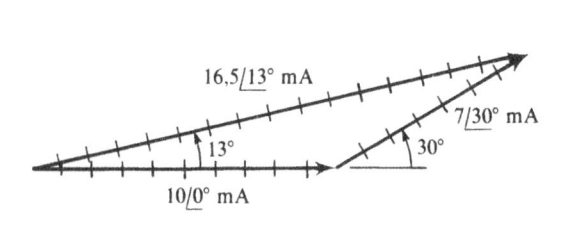

Figura 10-7

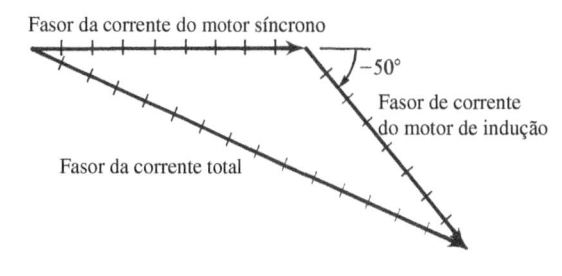

Figura 10-8

10.20 Um motor síncrono solicita uma corrente de 9 A de uma fonte de 240 V, 60 Hz. Um motor de indução paralelo solicita 8 A. Se a corrente do motor síncrono está adiantada 20° em relação à tensão aplicada e a corrente do motor de indução está atrasada 30° em relação a essa tensão, qual é a corrente total tirada da fonte? Encontre essa corrente gráfica e algebricamente.

A escolha do fasor referência – na disposição horizontal 0° – é um tanto arbitrária. Deve ser utillizado o fasor tensão ou outro fasor corrente. De fato, nenhum fasor tem que ser de 0°, mas é geralmente conveniente ter um nesse ângulo. Na Fig. 10-8, o fasor de corrente do motor síncrono é arbitrariamente posicionado na horizontal, e o fasor da corrente do motor de indução na sua extremidade é posicionado em um ângulo de − 50° com o primeiro, visto que existe uma diferença de fase de 20° − (− 30°) = 50° entre as duas correntes – como mostrado no fasor soma, o qual tem uma medida de comprimento de 15,4 A. Em comparação, da álgebra complexa,

$$\mathbf{I} = 9\underline{/0°} + 8\underline{/-50°} = 9 + 5{,}14 - j6{,}13 = 14{,}14 - j6{,}13 = 15{,}4\underline{/-23{,}4°} \text{ A}$$

e $\quad \mathbf{I} = |\mathbf{I}| = |15{,}4\underline{/-23{,}4°}| = 15{,}4 \text{ A}$

de acordo com o resultado gráfico para três dígitos significativos. Normalmente, deve-se esperar o acordo para apenas dois algarismos significativos por causa da falta de exatidão com a abordagem gráfica.

Problemas Complementares

10.21 Efetue as seguintes operações:

(a) $j6 - j7 + j4 - j8 + j9$ (b) $(j2)^2(-j3)(j7)(-j8)(j0{,}9)$ (c) $\dfrac{-j100}{5}$ (d) $\dfrac{8}{-j4}$

Resp. (a) $j4$, (b) $-604{,}8$ (c) $-j20$, (d) $j2$

10.22 Efetue as seguintes operações e expresse os resultados na forma retangular:

(a) $(4{,}59 + j6{,}28) + (5{,}21 - j4{,}63)$

(b) $(8{,}21 + j4{,}31) - (4{,}92 - j6{,}23) - (-5{,}16 + j7{,}21)$

(c) $3 + j4 - 5 + j6 - 7 + j8 - 9 + j10 - 11$

Resp. (a) $9{,}8 + j1{,}65$, (b) $8{,}45 + j3{,}33$, (c) $-29 + j28$

10.23 Encontre os produtos abaixo e expresse-os na forma retangular:

(a) $(6 - j7)(4 + j2)$

(b) $(5 + j1)(-7 - j4)(-6 + j9)$

(c) $(-2 + j6)(-4 - j4)(-6 + j8)(7 + j3)$

Resp. (a) $38 - j16$, (b) $429 - j117$, (c) $-1504 + j2272$

10.24 Encontre os produtos abaixo e expresse-os na forma retangular:

(a) $(4 + j3)^2(4 - j3)^2$ (b) $(0{,}6 - j0{,}3)^2(-2 + j4)^3$

Resp. (a) 625, (b) $18 - j36$

10.25 Calcule $\begin{vmatrix} 6-j8 & 2-j3 \\ -4+j2 & -5+j9 \end{vmatrix}$.

Resp. $44 + j78$

10.26 Calcule $\begin{vmatrix} 6+j5 & -j2 & -4 \\ -j2 & 10-j8 & -6 \\ -4 & -6 & 5-j6 \end{vmatrix}$.

Resp. $156 - j762$

10.27 Calcule $\begin{vmatrix} 10-j2 & -2+j1 & -3-j4 \\ -2+j1 & 9-j8 & -6+j2 \\ -3-j4 & -6+j2 & 12-j4 \end{vmatrix}$.

Resp. $-65 - j1400$

10.28 Encontre os quocientes abaixo na forma retangular:

(a) $\dfrac{1}{0{,}1 - j0{,}4}$ (b) $\dfrac{1}{-0{,}4 + j0{,}5}$ (c) $\dfrac{7 - j2}{6 - j3}$

Resp. (a) $0{,}588 + j2{,}35$ (b) $-0{,}976 - j1{,}22$ (c) $1{,}07 + j0{,}2$

10.29 Converta cada item abaixo para a forma polar:

(a) $8{,}1 + j11$ (c) $-33{,}4 + j14{,}7$ (e) $16{,}2 + j16{,}2$

(b) $16{,}3 - j12{,}2$ (d) $-12{,}7 - j17{,}3$ (f) $-19{,}1 + j19{,}1$

Resp. (a) $13{,}7\underline{/53{,}6°}$ (b) $20{,}4\underline{/-36{,}8°}$ (c) $36{,}5\underline{/156°}$ (d) $21{,}5\underline{/-126°}$ (e) $22{,}9\underline{/45°}$ (f) $27\underline{/135°}$

10.30 Converta cada item abaixo para a forma retangular:

(a) $11{,}8\underline{/51°}$ (c) $15{,}8\underline{/215°}$ (e) $(-16{,}9\underline{/-36°})$

(b) $13{,}7\underline{/142°}$ (d) $27{,}4\underline{/-73°}$ (f) $(-24{,}1\underline{/-1200°})$

Resp. (a) $7{,}43 + j9{,}17$ (b) $-10{,}8 + j8{,}43$ (c) $-12{,}9 - j9{,}06$ (d) $8{,}01 - j26{,}2$ (e) $-13{,}7 + j9{,}93$ (f) $12{,}1 + j20{,}9$

10.31 Realize as seguintes operações e expresse os resultados na forma polar:

(a) $6{,}31 - j8{,}23 + 7{,}14\underline{/23{,}1°} - 8{,}92\underline{/-47{,}5°}$

(b) $45{,}7\underline{/-34{,}6°} - 68{,}9\underline{/-76{,}3°} - 48{,}9\underline{/121°}$

(c) $-56{,}1\underline{/-49{,}8°} + 73{,}1\underline{/-74{,}2°} - 8 - j6$

Resp. (a) $6{,}95\underline{/9{,}51°}$, (b) $46{,}5\underline{/-1{,}14°}$, (c) $41{,}4\underline{/-126°}$

10.32 Encontre os produtos abaixo na forma polar:

(a) $(5{,}21\underline{/-36{,}1°})(0{,}141\underline{/110°})(-6{,}31\underline{/-116°})(1{,}72\underline{/210°})$

(b) $(5 + j3)(-6 + j1)(0{,}23\underline{/-17{,}1°})$

(c) $(0{,}2 - j0{,}5)(1{,}4 - j0{,}72)(-2{,}3 + j1{,}3)(-1{,}62 - j1{,}13)$

Resp. (a) $7{,}97\underline{/-12{,}1°}$, (b) $-8{,}16\underline{/4{,}4°}$, (c) $4{,}42\underline{/-90°}$

10.33 Encontre os quocientes abaixo na forma polar:

(a) $\dfrac{173\underline{/62{,}1°}}{38{,}9\underline{/-14{,}1°}}$ (b) $\dfrac{4{,}13 - j3{,}21}{-7{,}12\underline{/23{,}1°}}$ (c) $\dfrac{26{,}1\underline{/37{,}8°}}{-4{,}91 - j5{,}32}$

Resp. (a) $4{,}45\underline{/76{,}2°}$, (b) $-0{,}735\underline{/-61°}$, (c) $-3{,}61\underline{/-9{,}5°}$

10.34 Encontre os quocientes abaixo na forma polar:

(a) $\dfrac{(6{,}21 - j9{,}23)(-7{,}21 + j3{,}62)(21{,}3\underline{/35{,}1°})}{(-14{,}1 + j6{,}82)(6{,}97\underline{/68°})(10{,}2\underline{/-41°})}$

(b) $\dfrac{(6\underline{/-45°})(3 - j8) - (-7 + j4)(8 - j4)(3{,}62\underline{/70°})}{(-4{,}1 + j2)(3{,}4 + j6{,}1)(11\underline{/-27°})}$

Resp. (a) $1{,}72\underline{/-48{,}8°}$, (b) $-0{,}665\underline{/-4{,}14°}$

10.35 Encontre o quociente abaixo na forma polar:

$$\dfrac{(-6{,}29\underline{/-70{,}1°})^4 (8{,}4\underline{/17°})^3 (8{,}1\underline{/44°})^{1/2}}{(13{,}4\underline{/-16°})^2 (-62{,}9\underline{/-107°})(0{,}729\underline{/93°})^{1/3}}$$

Resp. $260\underline{/80{,}6°}$

10.36 Encontre os fasores de tensão e corrente correspondentes na forma polar:

(a) $v = \sqrt{2}(42{,}1)\,\text{sen}\,(400t - 30°)$ V (d) $i = -38{,}1\cos(754t - 72°)$ A

(b) $i = \sqrt{2}(36{,}9)\,\text{sen}\,(6.000t + 72°)$ A (e) $v = -86{,}4\cos(672t + 34°)$ V

(c) $v = -64{,}3\,\text{sen}\,(377t - 34°)$ V

Resp. (a) $\mathbf{V} = 42{,}1\underline{/-30°}$ V, (b) $\mathbf{I} = 36{,}9\underline{/72°}$ A, (c) $\mathbf{V} = -45{,}5\underline{/-34°}$ V, (d) $\mathbf{I} = -26{,}9\underline{/18°}$ A, (e) $\mathbf{V} = 61{,}1\underline{/-56°}$ V

10.37 Encontre as tensões e correntes correspondentes para os fasores de tensão e corrente abaixo (cada senoide tem uma frequência angular de 754 rad/s):

(a) $\mathbf{V} = 15{,}1\underline{/62°}$ V (c) $\mathbf{V} = -14{,}3\underline{/-69{,}7°}$ V (e) $\mathbf{V} = -7 - j8$ V

(b) $\mathbf{I} = 9{,}62\underline{/-31°}$ A (d) $\mathbf{I} = 4 - j6$ A (f) $\mathbf{I} = -8{,}96 - j7{,}61$ A

Resp. (a) $v = 21{,}4\,\text{sen}\,(754t + 62°)$ V   (d) $i = 10{,}2\,\text{sen}\,(754t - 56{,}3°)$ A

(b) $i = 13{,}6\,\text{sen}\,(754t - 31°)$ A   (e) $v = -15\,\text{sen}\,(754t + 48{,}8°)$ V

(c) $v = -20{,}2\,\text{sen}\,(754t - 69{,}7°)$ V   (f) $i = -16{,}6\,\text{sen}\,(754t - 40{,}3°)$ A

10.38 Encontre a única senoide que é equivalente a cada uma das seguintes:

(a) $7{,}21\,\text{sen}\,\omega t + 11{,}2\cos\omega t$

(b) $-8{,}63\,\text{sen}\,377t - 4{,}19\cos 377t$

(c) $4{,}12\,\text{sen}\,(64t - 10°) - 6{,}23\,\text{sen}\,(64t - 35°) + 7{,}26\cos(64t - 35°) - 8{,}92\cos(64t + 17°)$

Resp. (a) $13{,}3\,\text{sen}\,(\omega t + 57{,}2°)$, (b) $-9{,}59\,\text{sen}\,(377t + 25{,}9°)$, (c) $5{,}73\,\text{sen}\,(64t + 2{,}75°)$

10.39 Na Fig. 10-9, encontre i_1 se $i_2 = 14{,}6\,\text{sen}\,(377t - 15°)$ mA, $i_3 = 21{,}3\,\text{sen}\,(377t + 30°)$ mA e $i_4 = 13{,}7\cos(377t + 15°)$ mA.

Resp. $i_1 = -27{,}7\cos(377t + 88{,}3°)$ mA

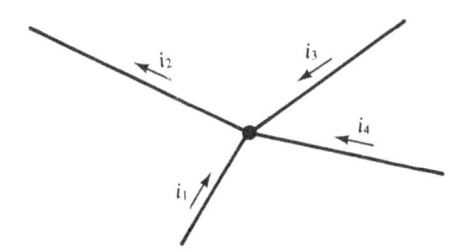

Figura 10-9 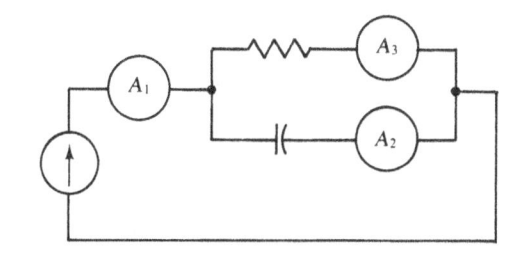 *Figura 10-10*

10.40 No circuito mostrado na Fig. 10-10, os amperímetros A_1 e A_2 apresentam leituras de 4 e 3 A, respectivamente. Qual é a leitura do amperímetro A_3?

Resp. 2,65 A

10.41 A corrente $i = 0,621$ sen $(400t + 30°)$ mA circula através de um resistor de 3,3 kΩ em série com um capacitor de 0,5 μF. Encontre a tensão através da combinação série. Como sempre, assuma referências associadas quando, como aqui, não houver especificação em contrário.

Resp. $v = 3,72$ sen $(400t - 26,6°)$ V

10.42 A tensão $v = 240$ sen $(400t + 10°)$ V está sobre um resistor de 680 Ω em paralelo com um indutor de 1 H. Encontre a corrente fluindo nessa combinação paralela.

Resp. $i = 0,696$ sen $(400t - 49,5°)$ A

10.43 A corrente $i = 0,248$ cos $(377t - 15°)$ A circula através de uma combinação série de um resistor de 91 Ω, um indutor de 120 mH e um capacitor de 20 μF. Encontre a tensão através da combinação série.

Resp. $v = 31,3$ sen $(377t + 31,2°)$ V

10.44 A tensão $v = 120$ sen $(1.000t + 20°)$ V está sobre a combinação paralela de um resistor de 10 kΩ, um indutor de 100 mH e um capacitor de 10 μF. Encontre a corrente total i_T que circula na combinação paralela. Também encontre a corrente no indutor i_L e compare os valores de pico de i_L e i_T.

Resp. $i_T = 0,012$ sen $(1.000t + 20°)$ A e $i_L = 1,2$ sen $(1.000t - 70°)$ A. A corrente de pico no indutor é 100 vezes a corrente de pico na entrada.

Capítulo 11

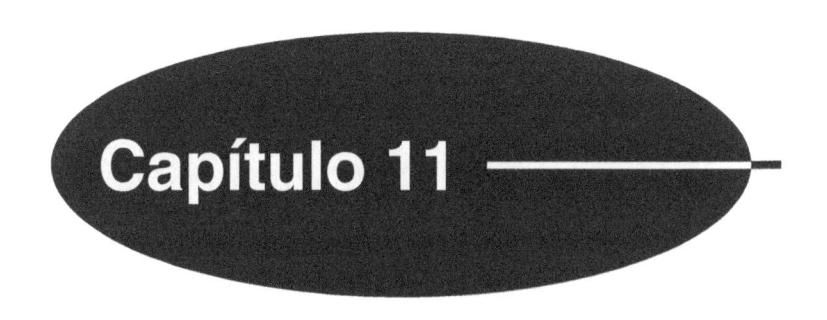

Análise de Circuitos CA Básicos, Impedância e Admitância

INTRODUÇÃO

Na análise de um circuito CA, fasores de tensão e corrente são utilizados com resistências e reatâncias da mesma maneira que as tensões e as correntes são utilizadas com resistências na análise de um circuito CC. O circuito original CA, denominado *circuito de domínio no tempo*, é transformado em um *circuito no domínio fasorial* que tem fasores em vez de tensões e correntes senoidais, e reatâncias em vez de indutâncias e capacitâncias. As resistências permanecem inalteradas. O circuito de domínio fasorial é o circuito realmente analisado. Ele tem a vantagem de que as resistências e reatâncias têm a mesma unidade ohm e assim podem ser combinados de forma semelhante, de modo que as resistências podem ser combinadas em uma análise de circuito CC. Além disso, a análise do circuito de domínio fasorial não requer cálculo, apenas álgebra complexa. Finalmente, todos os conceitos de análise de circuito CC para encontrar tensões e correntes aplicam-se à análise de um circuito de domínio fasorial, mas, é claro, utilizam-se números complexos em vez de números reais.

ELEMENTOS DE CIRCUITO NO DOMÍNIO FASORIAL

A transformação de um circuito no domínio do tempo em um circuito no domínio fasorial requer relações entre os fasores de tensão e corrente para resistores, indutores e capacitores. Primeiramente, considere a obtenção dessa relação para um resistor de R ohms. Para uma corrente $i = I_m \,\text{sen}\,(\omega t + \theta)$, a tensão do resistor é, naturalmente, $v = RI_m \,\text{sen}\,(\omega t + \theta)$, com referências associadas assumidas. Os fasores correspondentes são

$$\mathbf{I} = \frac{I_m}{\sqrt{2}} \underline{/\theta} \ \text{A} \qquad \text{e} \qquad \mathbf{V} = \frac{RI_m}{\sqrt{2}} \underline{/\theta} \ \text{V}$$

Dividindo a equação de tensão pela equação corrente elimina-se I_m, θ e $\sqrt{2}$, e produz-se uma relação entre os fasores de tensão e corrente:

$$\frac{\mathbf{V}}{\mathbf{I}} = \frac{(I_m R/\sqrt{2})\underline{/\theta}}{(I_m/\sqrt{2})\underline{/\theta}} = R$$

Esse resultado mostra que a resistência R de um resistor relaciona os fasores da tensão e da corrente do resistor do mesmo modo que se relaciona a tensão e a corrente no resistor ($R = v/i$). Devido a essa semelhança, a relação $\mathbf{V}/\mathbf{I} = R$ pode ser representada em um circuito no domínio fasorial do mesmo modo que $v/i = R$ é representado no circuito de domínio de tempo original. A Fig. 11-1 mostra isso.

Figura 11-1

Em seguida, considere um indutor de L henries. Como mostrado no Capítulo 9, para uma corrente $i = I_m \,\text{sen}\,(\omega t + \theta)$, a tensão de indutor é $v = \omega L I_m \cos(\omega t + \theta) = \omega L I_m \,\text{sen}\,(\omega t + \theta + 90°)$. Os fasores correspondentes são

$$\mathbf{I} = \frac{I_m}{\sqrt{2}}\underline{/\theta}\ \text{A} \qquad \text{e} \qquad \mathbf{V} = \frac{\omega L I_m}{\sqrt{2}}\underline{/\theta + 90°}\ \text{V}$$

Dividir a equação de tensão pela equação de corrente resulta na relação de fasor

$$\frac{\mathbf{V}}{\mathbf{I}} = \frac{(\omega L I_m/\sqrt{2})\underline{/\theta + 90°}}{(I_m/\sqrt{2})\underline{/\theta}} = \omega L \underline{/90°}$$

Esse resultado de $\omega L \underline{/90°}$ na forma polar é $j\omega L$ na forma retangular. Uma vez que ωL é a reatância indutiva X_L, conforme definido no Capítulo 9, então

$$\frac{\mathbf{V}}{\mathbf{I}} = j\omega L = jX_L$$

Observe que $j\omega L$ relaciona o fasor da tensão e da corrente no indutor da mesma forma que R relaciona o fasor tensão e corrente no resistor. Consequentemente, $j\omega L$ tem uma ação limitadora de corrente semelhante e a mesma unidade ohm. Além disso, devido ao seu multiplicador $j1$, ele produz um deslocamento de fase de 90° ($j1 = 1\underline{/90°}$).

A partir da discussão do resistor e da semelhança de $\mathbf{V}/\mathbf{I} = R$ e $\mathbf{V}/\mathbf{I} = j\omega L$, a transformação do circuito de domínio de tempo para circuito no domínio fasorial para um indutor, como mostrado na Fig. 11-2, deveria ser evidente. O símbolo habitual para o circuito com indutor é utilizado no circuito de domínio fasorial, mas está associado com $j\omega L$ ohms em vez de com L henries do circuito de domínio de tempo original. A tensão e corrente no indutor são transformadas, é claro, em fasores correspondentes.

Figura 11-2

A mesma aproximação pode ser utilizada para um capacitor. Para uma tensão $v = V_m \,\text{sen}\,(\omega t + \theta)$, um capacitor de C farads tem corrente de $i = \omega C V_m \,\text{sen}\,(\omega t + \theta + 90°)$. Os fasores correspondentes são

$$\mathbf{V} = \frac{V_m}{\sqrt{2}}\underline{/\theta}\ \text{V} \qquad \text{e} \qquad \mathbf{I} = \frac{\omega C V_m}{\sqrt{2}}\underline{/\theta + 90°}\ \text{A}$$

e

$$\frac{\mathbf{V}}{\mathbf{I}} = \frac{(V_m/\sqrt{2})\underline{/\theta}}{(\omega C V_m/\sqrt{2})\underline{/\theta + 90°}} = \frac{1}{\omega C\underline{/90°}} = \frac{1}{j\omega C} = \frac{-j1}{\omega C}$$

Conforme definido no Capítulo 9, $-1/\omega C$ é a reatância X_C do capacitor. Portanto,

$$\frac{\mathbf{V}}{\mathbf{I}} = \frac{-j1}{\omega C} = jX_C$$

(Lembre que muitos livros de circuitos têm reatância capacitiva definida como $X_C = 1/\omega C$, caso em que a quantidade $\mathbf{V}/\mathbf{I} = -jX_C$ tem um limitador de corrente de ação semelhante ao de uma resistência. Além disso, o multiplicador de $-j1$ produz um deslocamento de fase de $-90°$.)

A Fig. 11-3 mostra a transformação do circuito no domínio do tempo para o circuito do fasorial para um capacitor. No circuito de domínio fasorial, é utilizado o símbolo convencional para circuito com capacitor, mas ele está associado com $-j1/\omega C$ ohms em vez de com C farads do circuito de domínio de tempo original.

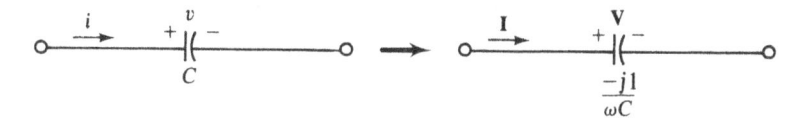

Figura 11-3

ANÁLISE DE CIRCUITOS CA EM SÉRIE

Um método para a análise de um circuito CA série pode ser entendido a partir de um exemplo simples. Suponha que a corrente senoidal i deve ser encontrada no circuito série mostrado na Fig. 11-4a, em que a fonte tem uma frequência angular $\omega = 4$ rad/s. O primeiro passo é desenhar o circuito de domínio fasorial correspondente, mostrado na Fig. 11-4b, no qual a corrente e a tensão são substituídas pelos fasores correspondentes. A indutância é substituída por

$$j\omega L = j4(2) = j8 \; \Omega$$

e a capacitância é substituída por

$$\frac{-j1}{\omega C} = \frac{-j1}{4(1/16)} = -j4 \; \Omega$$

A resistência, é claro, não é alterada.

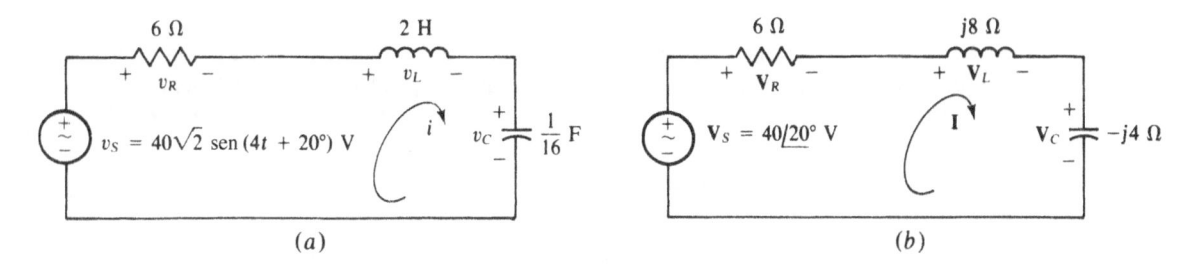

Figura 11-4

O próximo passo consiste em aplicar a LKT a esse circuito de domínio fasorial. Embora não seja óbvio, aplica-se a LKT aos fasores de tensão, bem como a tensões, porque se aplica às tensões senoidais e essas senoides podem ser somadas usando fasores (por razões semelhantes, a LKC se aplica aos fasores de correntes em circuitos de domínio fasoriais). O resultado da aplicação da LKT é

$$\mathbf{V}_S = \mathbf{V}_R + \mathbf{V}_L + \mathbf{V}_C$$

O terceiro passo é substituir os Vs usando $\mathbf{V}_S = 40\underline{/20°}$, $\mathbf{V}_R = 6\mathbf{I}$, $\mathbf{V}_L = j8\mathbf{I}$ e $\mathbf{V}_C = -j4\mathbf{I}$. Com essas substituições, a equação da LKT torna-se

$$40\underline{/20°}20 = 6\mathbf{I} + j8\mathbf{I} - j4\mathbf{I} = (6 + j4)\mathbf{I}$$

a partir da qual
$$\mathbf{I} = \frac{40\underline{/20°}}{6+j4} = \frac{40\underline{/20°}}{7{,}211\underline{/33{,}7°}} = 5{,}547\underline{/-13{,}7°} \; A$$

e
$$i = 5{,}547\sqrt{2} \; \text{sen} \; (4t - 13{,}7°) = 7{,}84 \; \text{sen} \; (4t - 13{,}7°) \; A$$

IMPEDÂNCIA

O método de análise pela LKT da última seção requer muito mais trabalho do que o necessário. Alguns dos passos iniciais podem ser eliminados usando *impedância*. Impedância tem o símbolo **Z** e a unidade ohm (Ω). Para um circuito de dois terminais com um fasor de tensão de entrada **V** e um fasor de corrente de entrada **I**, como mostrado na Fig. 11-5, a impedância **Z** do circuito é definida como

$$\mathbf{Z} = \frac{\mathbf{V}}{\mathbf{I}}$$

Para essa impedância existir, o circuito não pode ter qualquer fonte independente, embora ele possa ter qualquer número de fontes dependentes. Tal impedância é muitas vezes chamada de *impedância total* ou *equivalente*. Ela também é chamada de *impedância de entrada*, especialmente para um circuito que tem fontes dependentes ou transformadores (que serão discutidos no Capítulo 15).

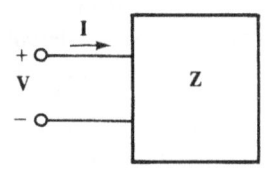

Figura 11-5

Em geral, e não apenas para circuitos em série,

$$\mathbf{Z} = R + jX$$

no qual R, a parte real, é a *resistência* e X, a parte imaginária, é a *reatância* da impedância. Para o circuito série no domínio de fasores mostrado na Fig. 11-4b, $R = 6\,\Omega$ e $X = 8 - 4 = 4\,\Omega$. Para esse circuito, a resistência R depende apenas da resistência do resistor e a reatância X depende apenas das reatâncias do indutor e do capacitor. Mas, para um circuito mais complexo, R e X geralmente são ambos dependentes das resistências individuais e reatâncias.

Sendo uma grandeza complexa, a impedância pode ser expressa na forma polar. A partir da álgebra complexa,

$$\mathbf{Z} = R + jX = \sqrt{R^2 + X^2}\,\underline{/\mathrm{tg}^{-1}(X/R)}$$

em que $\sqrt{R^2 + X^2} = |\mathbf{Z}| = Z$ é o módulo da impedância e $\mathrm{tg}^{-1}(X/R)$ é o ângulo da impedância.

Como deve ser evidente a partir de $\mathbf{Z} = \mathbf{V}/\mathbf{I}$, o ângulo da impedância é o ângulo pelo qual a tensão de entrada está *adiantada* em relação à corrente de entrada, desde que esse ângulo seja positivo. Se ele for negativo, então a corrente está adiantada em relação à tensão. Um circuito com um ângulo de impedância positivo às vezes é chamado de *circuito indutivo*, porque as reatâncias indutivas dominam as reatâncias capacitivas para fazer com que a corrente de entrada fique atrasada em relação à tensão de entrada. Da mesma forma, um circuito que tem ângulo de impedância negativo é chamado às vezes de *circuito capacitivo*.

Pelo fato de as impedâncias relacionarem os fasores de tensão e corrente, da mesma forma que as resistências relacionam tensões e correntes CC, segue-se que as impedâncias podem ser combinadas da mesma maneira que as resistências. Por conseguinte, a impedância total $\mathbf{Z}_T$ de componentes elétricos conectados em série é igual à soma das impedâncias dos componentes individuais:

$$\mathbf{Z}_T = \mathbf{Z}_1 + \mathbf{Z}_2 + \mathbf{Z}_3 + \cdots + \mathbf{Z}_N$$

E, para dois componentes em paralelo com impedâncias $\mathbf{Z}_1$ e $\mathbf{Z}_2$,

$$\mathbf{Z}_T = \frac{\mathbf{Z}_1 \mathbf{Z}_2}{\mathbf{Z}_1 + \mathbf{Z}_2}$$

Muitas vezes, o subscrito T em $\mathbf{Z}_T$ é omitido.

CAPÍTULO 11 • ANÁLISE DE CIRCUITOS CA BÁSICOS, IMPEDÂNCIA E ADMITÂNCIA

A impedância total de um circuito CA é utilizada da mesma maneira que a resistência total de um circuito CC. Por exemplo, para o circuito mostrado na Fig. 11-4*a*, o primeiro passo depois de desenhar o circuito no domínio fasorial ilustrado na Fig. 11-4*b* é encontrar a impedância do circuito nos terminais da fonte. Sendo um circuito série, a impedância total é igual à soma das impedâncias individuais:

$$\mathbf{Z} = 6 + j(8-4) = 6 + j4 = 7{,}211\underline{/33{,}7°}\ \Omega$$

Em seguida, o fasor de tensão é dividido por ele para obter o fasor de corrente:

$$\mathbf{I} = \frac{\mathbf{V}}{\mathbf{Z}} = \frac{40\underline{/20°}}{7{,}211\underline{/33{,}7°}} = 5{,}547\underline{/-13{,}7°}\ \mathrm{A}$$

Certamente, a corrente *i* pode ser encontrada a partir do seu fasor **I**, como tem sido feito.

Um *diagrama de impedância* é uma ajuda para a compreensão da impedância. Esse diagrama é construído sobre um plano de impedância, que, como ilustrado na Fig. 11-6, tem um eixo de resistência horizontal designado por *R* e um eixo vertical designado por reatância *jX*. Ambos os eixos têm a mesma escala. É mostrado um diagrama de $\mathbf{Z}_1 = 6 + j5 = 7{,}81\underline{/39{,}8°}\ \Omega$ para um circuito indutivo e $\mathbf{Z}_2 = 8 - j6 = 10\underline{/-36{,}9°}\ \Omega$ para um circuito capacitivo. Um circuito indutivo tem diagrama de impedância no primeiro quadrante e um circuito capacitivo o tem no quarto quadrante. Para um diagrama estar no segundo ou terceiro quadrante, um circuito deve ter resistência negativa, que pode ocorrer se um circuito contém fontes dependentes.

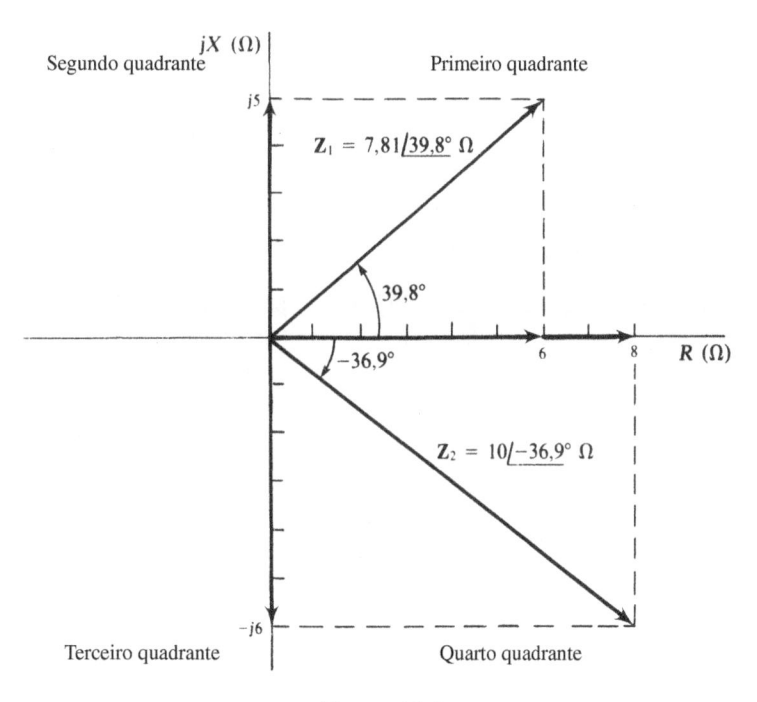

Figura 11-6

Um *triângulo de impedância* é muitas vezes uma representação gráfica mais conveniente. O triângulo contém vetores correspondendo a *R*, *jX* e **Z**, com o vetor para *jX* desenhado no final do vetor *R* e o vetor para **Z** desenhado como a soma desses dois vetores, como na Fig. 11-7*a*. A Fig. 11-7*b* mostra um triângulo de impedância para $\mathbf{Z} = 6 + j8 = 10\underline{/53{,}1°}\ \Omega$ e a Fig. 11-7*c* para $\mathbf{Z} = 6 - j8 = 10\underline{/-53{,}1°}\ \Omega$.

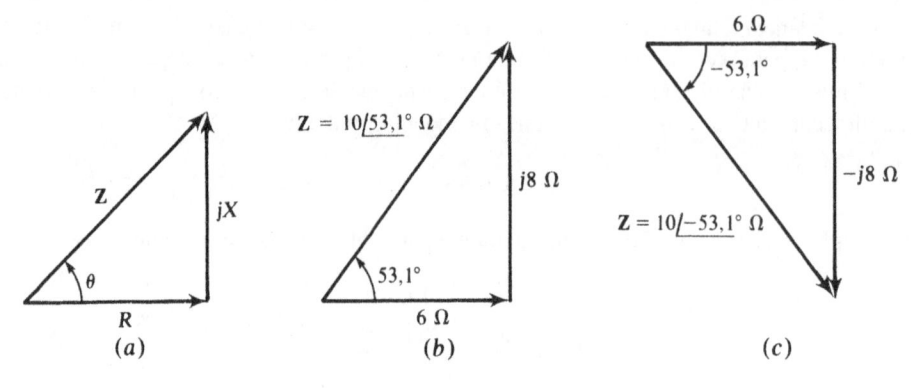

Figura 11-7

DIVISÃO DE TENSÃO

A divisão de tensão ou regra para dividir circuitos CA é evidente a partir das regras para os circuitos CC. Obviamente, devem ser utilizados fasores de tensão em vez de tensões, e impedâncias em vez de resistências. Assim, para um circuito em série energizado por uma tensão aplicada com fasor $\mathbf{V}_S$, o fasor tensão $\mathbf{V}_X$ através de um componente com impedância $\mathbf{Z}_X$ é

$$\mathbf{V}_X = \frac{\mathbf{Z}_X}{\mathbf{Z}_T} \mathbf{V}_S$$

em que $\mathbf{Z}_T$ é a soma das impedâncias. Um sinal negativo deve ser incluído se $\mathbf{V}_X$ e $\mathbf{V}_S$ não têm oposição de polaridades.

ANÁLISE DE CIRCUITO CA PARALELO

Um método para a análise de um circuito CA paralelo pode ser ilustrado por um exemplo simples. Suponha que a tensão senoidal v deve ser encontrada no circuito paralelo mostrado na Fig. 11-8a. Com as técnicas apresentadas até agora, o primeiro passo para encontrar v é desenhar o circuito de domínio fasorial correspondente, mostrado na Fig. 11-8b, utilizando a frequência da fonte de 5.000 rad/s. O próximo passo é a aplicação da LKC a esse circuito:

$$\mathbf{I}_S = \mathbf{I}_R + \mathbf{I}_L + \mathbf{I}_C$$

O terceiro passo é substituir pelos $\mathbf{I}_S$, usando $\mathbf{I}_S = 10\underline{/0°}$, $\mathbf{I}_R = \mathbf{V}/1.000$, $\mathbf{I}_L = \mathbf{V}/j2.500$ e $\mathbf{I}_C = \mathbf{V}/(-j1.000)$. Com essas substituições, a equação torna-se

$$10\underline{/0°} = \frac{\mathbf{V}}{1.000} + \frac{\mathbf{V}}{j2.500} + \frac{\mathbf{V}}{-j1.000}$$

o que simplifica para
$$10\underline{/0°} = (0,001 + j0,0006)\mathbf{V}$$

a partir do qual
$$\mathbf{V} = \frac{10\underline{/0°}}{0,001 + j0,0006} = \frac{10\underline{/0°}}{0,001\,166\underline{/31°}} \mathbf{V} = 8,6\underline{/-31°} \text{ kV}$$

A tensão correspondente é

$$v = 8,6\sqrt{2}\ \text{sen}\ (5.000t - 31°) = 12\ \text{sen}\ (5.000t - 31°)\ \text{kV}$$

Uma vez que a tensão está atrasada em relação à corrente de entrada, o circuito é capacitivo. Esse é o resultado de a reatância capacitiva ser menor que a reatância indutiva – diretamente oposta ao efeito para um circuito em série.

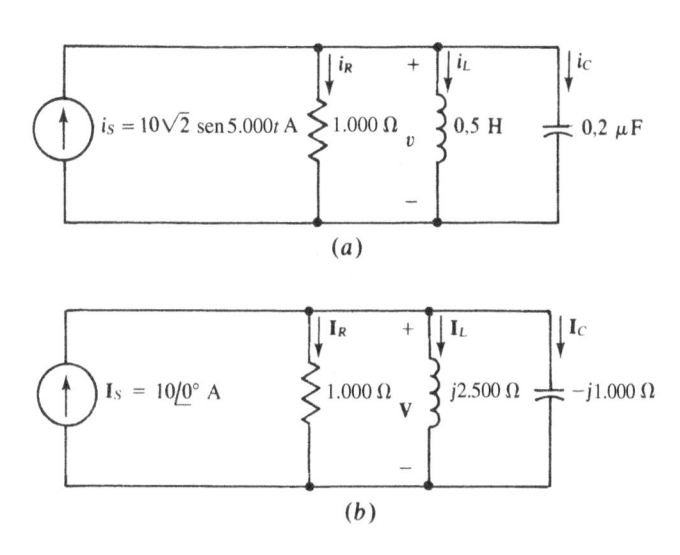

Figura 11-8

ADMITÂNCIA

O método de análise da última seção pode ser melhorado usando *admitância*, que tem o símbolo **Y** e a unidade siemens (S). Por definição, admitância é o inverso da impedância:

$$\mathbf{Y} = \frac{1}{\mathbf{Z}}$$

A partir disso, segue que

$$\mathbf{I} = \mathbf{YV}$$

Além disso, a admitância de um resistor é $\mathbf{Y} = 1/R = G$, a de um indutor é $\mathbf{Y} = 1/j\omega L = -j1/\omega L$ e a de um capacitor é $\mathbf{Y} = 1/(-j1/\omega C) = j\omega C$.

Sendo o inverso da impedância, a admitância de um circuito CA corresponde à condutância de um circuito CC resistivo. Consequentemente, admitâncias de componentes em *paralelo* podem ser somadas:

$$\mathbf{Y}_T = \mathbf{Y}_1 + \mathbf{Y}_2 + \mathbf{Y}_3 + \cdots + \mathbf{Y}_N$$

Em geral, e não apenas para circuitos em paralelo,

$$\mathbf{Y} = G + jB$$

em que G, a parte real, é a *condutância* e B, a parte imaginária é a *susceptância* da admitância. Para o circuito no domínio fasorial paralelo mostrado na Fig. 11-8*b*,

$$\mathbf{Y} = \frac{1}{1.000} + \frac{1}{j2.500} + \frac{1}{-j1.000} = 0{,}001 + j0{,}0006 \text{ S}$$

a partir do qual $G = 0{,}001$ S e $B = 0{,}0006$ S. Para esse circuito paralelo simples, a condutância G depende apenas da condutância do resistor e a susceptância B depende apenas das susceptâncias do indutor e do capacitor. Mas, para um circuito mais complexo, tanto G quanto B geralmente dependem das condutâncias e susceptâncias individuais.

Sendo uma grandeza complexa, a admitância pode ser expressa na forma polar. A partir da álgebra complexa,

$$\mathbf{Y} = G + jB = \sqrt{G^2 + B^2} \, \underline{/\text{tg}^{-1}(B/G)}$$

em que $\sqrt{G^2 + B^2} = |\mathbf{Y}| = Y$ é o módulo e tg^{-1} (B/G) é o ângulo da admitância.

Uma vez que a admitância é o inverso da impedância, o ângulo de uma admitância é o negativo do ângulo da impedância correspondente. Consequentemente, o ângulo de admitância é positivo para um circuito capacitivo e negativo para um circuito indutivo. Além disso, a susceptância B tem esses mesmos sinais.

A admitância total de um circuito CA é utilizada da mesma maneira que a condutância total de um circuito CC. Para ilustrar, para o circuito mostrado na Fig. 11-8a, o primeiro passo depois de desenhar o circuito de domínio fasorial ilustrado na Fig. 11-8b é encontrar a admitância do circuito nos terminais da fonte. Como foi encontrado, $\mathbf{Y} = 0{,}001 + j0{,}0006 = 0{,}001\,166\,\underline{/31°}$ S. Então, este é dividido pelo fasor de corrente para obter o fasor de tensão:

$$\mathbf{V} = \frac{\mathbf{I}}{\mathbf{Y}} = \frac{10\,\underline{/0°}}{0{,}001\,166\,\underline{/31°}}\,\mathrm{V} = 8{,}6\,\underline{/-31°}\,\mathrm{kV}$$

Finalmente, a tensão v pode ser determinada a partir de seu fasor $\mathbf{V}$, como tem sido feito.

Como seria de esperar a partir da discussão de um diagrama de impedância, existe um *diagrama de admitância* que pode ser construído sobre um plano de admitância que tem um eixo horizontal de condutância G e um eixo vertical de susceptância jB. Existe também um *triângulo de admitância* que é utilizado de forma semelhante à do triângulo de impedância.

DIVISÃO DE CORRENTE

A divisão de corrente é aplicada a circuitos de domínio fasorial CA da mesma maneira que para os circuitos CC resistivos. Assim, se um circuito de domínio fasorial paralelo tem um fasor de corrente $\mathbf{I}_S$ direcionado para ele, o fasor de corrente $\mathbf{I}_X$ para um ramo que tem uma admitância $\mathbf{Y}_X$ é

$$\mathbf{I}_X = \frac{\mathbf{Y}_X}{\mathbf{Y}_T}\mathbf{I}_S$$

em que $\mathbf{Y}_T$ é a soma das admitâncias. Um sinal negativo deve ser incluído se $\mathbf{I}_X$ e $\mathbf{I}_S$ não tiverem direções de referência opostas em um dos nós. Para o caso especial de dois ramos paralelos com impedâncias $\mathbf{Z}_1$ e $\mathbf{Z}_2$, essa fórmula reduz em

$$\mathbf{I}_1 = \frac{\mathbf{Z}_2}{\mathbf{Z}_1 + \mathbf{Z}_2}\mathbf{I}_S$$

em que $\mathbf{I}_1$ é o fasor de corrente* para o ramo $\mathbf{Z}_1$.

Problemas Resolvidos

11.1 Encontre a impedância total na forma polar de um indutor de 0,5 H e um resistor de 20 Ω em série, em (a) 0 Hz, (b) 10 Hz e (c) 10 kHz.

A impedância total é $\mathbf{Z} = R + j\omega L = R + j2\pi f L$.

(a) Para $f = 0$ Hz,

$$\mathbf{Z} = 20 + 2\pi(0)(0{,}5) = 20 = 20\,\underline{/0°}\ \Omega$$

A impedância é puramente resistiva porque 0 Hz corresponde a CC e um indutor é um curto-circuito em CC.

(b) Para $f = 10$ Hz,

$$\mathbf{Z} = 20 + j2\pi(10)(0{,}5) = 20 + j31{,}4 = 37{,}2\,\underline{/57{,}5°}\ \Omega$$

---

* A partir deste ponto, a palavra "fasor" em fasor de tensão e fasor de corrente será omitida. Isto é, os $\mathbf{V}$s e $\mathbf{I}$s, muitas vezes, serão referenciados como tensões e correntes, respectivamente, como é prática comum.

(c) Para $f = 10$ kHz,

$$\mathbf{Z} = 20 + j2\pi(10^4)(0{,}5) = 20 + j3{,}14 \times 10^4 \ \Omega = 31{,}4\underline{/89{,}96°} \ k\Omega$$

Em 10 kHz, a reatância é muito maior que a resistência e esta é desprezível para a maioria dos propósitos.

11.2 Um resistor de 200 Ω, um indutor de 150 mH e um capacitor de 2 μF estão em série. Encontre a impedância total em forma polar a 400 Hz. Além disso, desenhe o diagrama e o triângulo de impedância.

A impedância total é

$$\mathbf{Z} = R + j2\pi fL + \frac{-j1}{2\pi fC} = 200 + j2\pi(400)(150 \times 10^{-3}) + \frac{-j1}{2\pi(400)(2 \times 10^{-6})}$$

$$= 200 + j377 - j199 = 200 + j178 = 268\underline{/41{,}7°} \ \Omega$$

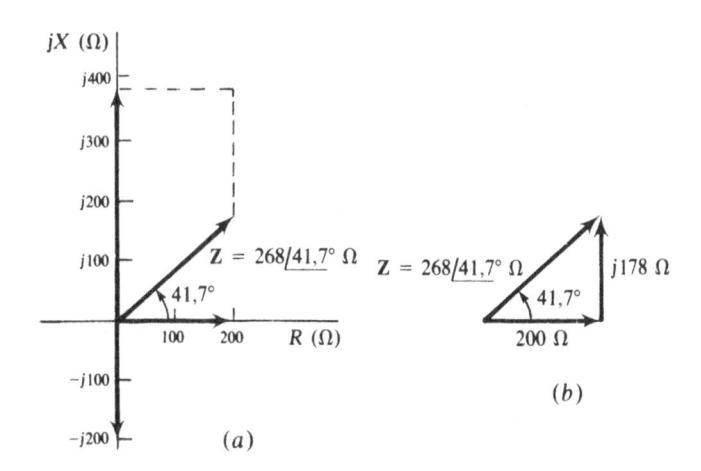

Figura 11-9

O diagrama de impedância é mostrado na Fig. 11-9a e o triângulo de impedância é mostrado na Fig. 11-9b. No diagrama de impedância, o ponto final para a seta **Z** é encontrado iniciando na origem e movendo-se no eixo vertical para cima para $j377 \ \Omega \ (jX_L)$, movendo-se horizontalmente à direita para 200 Ω (R), e finalmente movendo-se verticalmente para baixo por 199 Ω, o módulo da reatância capacitiva ($|X_C|$). A construção do triângulo de impedância é óbvia a partir do cálculo de $R = 200 \ \Omega$ e $X = 178 \ \Omega$.

11.3 Um resistor de 2.000 Ω, um indutor de 1 H e um capacitor de 0,01 μF estão em série. Encontre a impedância total na forma polar em (a) 5 krad/s, (b) 10 krad/s e (c) 20 krad/s.

A fórmula para a impedância total é $\mathbf{Z} = R + j\omega L - j1/\omega C$. Assim,

(a) $\mathbf{Z} = 2.000 + j5.000(1) - \dfrac{j1}{5.000(10^{-8})} = 2.000 - j15.000 \ \Omega = 15{,}1\underline{/-82{,}4°} \ k\Omega$

(b) $\mathbf{Z} = 2.000 + j10.000(1) - \dfrac{j1}{10.000(10^{-8})} = 2.000 \ \Omega = 2\underline{/0°} \ k\Omega$

(c) $\mathbf{Z} = 2.000 + j20.000(1) - \dfrac{j1}{20.000(10^{-8})} = 2.000 + j15.000 \ \Omega = 15{,}1\underline{/82{,}4°} \ k\Omega$

Observe que, para $\omega = 10$ krad/s, na parte (b), a impedância é puramente resistiva, pois os termos indutivos e capacitivos se cancelam. Esta é a *frequência angular de ressonância* do circuito. Para frequências mais baixas, o circuito é capacitivo, como verificado na parte (a). Para frequências mais elevadas, o circuito é indutivo, como verificado na parte (c).

11.4 Uma bobina energizada com 120 V e 60 Hz solicita uma corrente de 2 A que está atrasada 40° em relação à tensão. Quais são a resistência e indutância da bobina?

O módulo da impedância pode ser encontrado dividindo a tensão rms pela corrente rms: $Z = 120/2 = 60\ \Omega$. O ângulo da impedância é o ângulo de 40°, através do qual a tensão está adiantada em relação à corrente. Consequentemente, $\mathbf{Z} = 60\underline{/40°} = 46 + j38{,}6\ \Omega$. A partir da parte real, a resistência da bobina é de 46 Ω e a partir da parte imaginária, a reatância é 38,6 Ω. Desde que ωL é a reatância e $\omega = 2\pi(60) = 377$ rad/s, a indutância é $L = 38{,}6/377 = 0{,}102$ H.

11.5 Uma carga tem tensão $\mathbf{V} = 120\underline{/30°}$ V e corrente $\mathbf{I} = 30\underline{/50°}$ A a uma frequência de 400 Hz. Encontre os dois elementos do circuito série que a carga pode ser. Suponha referências associadas.

A impedância é

$$\mathbf{Z} = \frac{\mathbf{V}}{\mathbf{I}} = \frac{120\underline{/30°}}{30\underline{/50°}} = 4\underline{/-20°} = 3{,}76 - j1{,}37\ \Omega$$

Como a parte imaginária é negativa, o circuito é capacitivo, o que significa que os dois elementos da série são um resistor e um capacitor. A parte real é a resistência do resistor: $R = 3{,}76\ \Omega$. A parte imaginária é a reatância do capacitor, $-1/\omega C = -1{,}37$, a partir do qual

$$C = \frac{1}{1{,}37\omega} = \frac{1}{1{,}37(2\pi)(400)}\ \mathrm{F} = 291\ \mu\mathrm{F}$$

11.6 Um resistor 20 Ω está em série com um capacitor de 0,1 μF. Em qual frequência angular estão a tensão e a corrente de saída do circuito defasadas por 40°?

Uma boa abordagem é encontrar a reatância a partir do ângulo de impedância e da resistência e, em seguida, encontrar a frequência angular da reatância e da capacitância. O ângulo de impedância tem um módulo de 40°, uma vez que esta é a diferença de ângulo de fase entre a tensão e a corrente. Além disso, o ângulo é negativo, porque trata-se de um circuito capacitivo. Então, $\theta = -40°$. Como deve ser evidente a partir do triângulo de impedância mostrado na Fig. 11-7a, e também a partir da apresentação da álgebra complexa, a reatância e a resistência estão relacionadas pela tangente do ângulo de impedância: $X = R\ \mathrm{tg}\ \theta$. Aqui, $X_C = 20\ \mathrm{tg}(-40°) = -16{,}8\ \Omega$. Finalmente, a partir de $X_C = -1/\omega C$,

$$\omega = \frac{-1}{CX_C} = \frac{-1}{10^{-7}(-16{,}8)}\ \mathrm{rad/s} = 0{,}596\ \mathrm{Mrad/s}$$

11.7 Um indutor de 200 mH e um resistor em série extraem 0,6 A quando aplicados 120 V a 100 Hz. Encontre a impedância na forma polar.

O módulo da impedância pode ser encontrado dividindo a tensão pela corrente: $Z = 120/0{,}6 = 200\ \Omega$. O ângulo da impedância é $\theta = \mathrm{sen}^{-1}(X_L/Z)$, como é evidente a partir do triângulo de impedância mostrado na Fig. 11-7a. Aqui,

$$\frac{X_L}{Z} = \frac{2\pi(100)(0{,}2)}{200} = 0{,}2\pi \qquad \text{e, assim,} \qquad \theta = \mathrm{sen}^{-1} 0{,}2\pi = 38{,}9°$$

A impedância é $\mathbf{Z} = 200\underline{/38{,}9°}\ \Omega$.

11.8 Qual capacitor em série com um resistor de 750 Ω limita a corrente de 0,2 A quando 240 V a 400 Hz é aplicado?

Quando o capacitor está no circuito, a impedância tem um módulo de $Z = V/I = 240/0{,}2 = 1.200\ \Omega$. Isso está relacionado com a resistência e a reatância por $Z = \sqrt{R^2 + X^2}$. Se ambos os lados estiverem ao quadrado e X for isolado, o resultado será

$$X^2 = Z^2 - R^2 \rightarrow X = \pm\sqrt{Z^2 - R^2}$$

CAPÍTULO 11 • ANÁLISE DE CIRCUITOS CA BÁSICOS, IMPEDÂNCIA E ADMITÂNCIA   217

O sinal negativo deve ser selecionado porque o circuito é capacitivo e, portanto, não tem uma reatância negativa. Substituindo por Z e R, tem-se

$$X = -\sqrt{Z^2 - R^2} = -\sqrt{1200^2 - 750^2} = -937\ \Omega$$

Finalmente, uma vez que $X = -1/\omega C$,

$$C = \frac{-1}{\omega X} = \frac{-1}{2\pi(400)(-937)}\ \text{F} = 0{,}425\ \mu\text{F}$$

A propósito, outra forma de encontrar X é a partir do módulo da impedância vezes o seno do ângulo da impedância:

$$X = Z\ \text{sen}\left(-\cos^{-1}\frac{R}{Z}\right) = 1.200\ \text{sen}\left(-\cos^{-1}\frac{750}{1.200}\right) = -937\ \Omega$$

11.9 Um capacitor está em série com uma bobina que tem 1,5 H de indutância e 5 Ω de resistência. Encontre a capacitância que torna a combinação puramente resistiva igual a 60 Hz.

Para o circuito se tornar puramente resistivo, as reatâncias devem somar zero. Além disso, uma vez que a reatância do indutor é $2\pi(60)(1{,}5) = 565\ \Omega$, a reatância do capacitor deve ser $-565\ \Omega$. De $X_C = -1/\omega C$,

$$C = -\frac{1}{\omega X_C} = \frac{-1}{2\pi(60)(-565)}\ \text{F} = 4{,}69\ \mu\text{F}$$

11.10 Três elementos de circuito em série solicitam uma corrente de 10 sen (400t + 70°) A em resposta a uma tensão aplicada de 50 sen (400t + 15°) V. Se um elemento é um indutor de 16 mH, quais são os outros dois elementos?

Os elementos desconhecidos podem ser encontrados a partir da impedância. Ela tem um módulo que é igual à tensão de pico dividida pela corrente de pico: $Z = 50/10 = 5\ \Omega$, e um ângulo que é o ângulo de fase da tensão menos o ângulo de fase da corrente: $\theta = 15° - 70° = -55°$. Portanto, a impedância é $\mathbf{Z} = 5\underline{/-55°} = 2{,}87 - j4{,}1\ \Omega$. A parte real deve ser produzida por um resistor de 2,87 Ω. O terceiro elemento deve ser um capacitor, porque a parte imaginária, a reatância, é negativa. A reatância capacitiva mais a reatância indutiva é igual à reatância da impedância:

$$\frac{-1}{400C} + 400(16 \times 10^{-3}) = -4{,}1 \qquad \text{a partir do qual} \quad C = 238\ \mu\text{F}$$

11.11 Encontre a impedância de entrada em 5 krad/s do circuito mostrado na Fig. 11-10a.

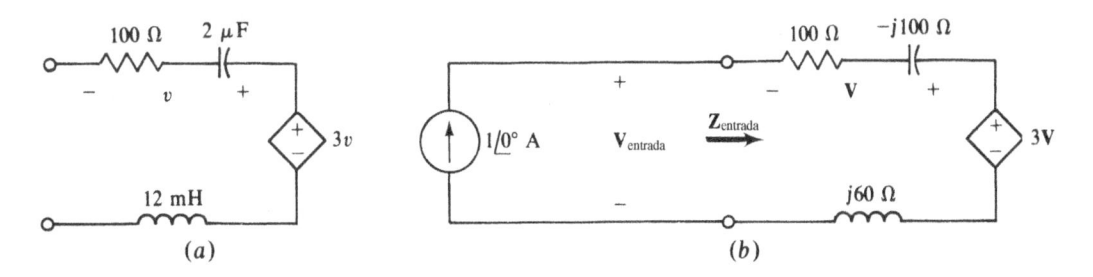

Figura 11-10

O primeiro passo é a utilização de $j\omega L$, $-j1/\omega C$ e dos fasores para construir o circuito de domínio fasorial correspondente que é mostrado na Fig. 11-10b juntamente com uma fonte de $1\underline{/0°}$ A. A presença de uma fonte dependente torna necessário aplicar uma fonte para encontrar $\mathbf{Z}_{\text{entrada}}$ e a melhor fonte é uma fonte de corrente de $1\underline{/0°}$, porque, com ela, $\mathbf{Z}_{entrada} = \mathbf{V}_{entrada}/1\underline{/0°} = \mathbf{V}_{entrada}$. Observe que a tensão de controle para a fonte dependente é a queda de tensão através do resistor e do capacitor:

$$\mathbf{V} = -(1\underline{/0°})(100 - j100) = -100 + j100 \text{ V}$$

O sinal negativo inicial é necessário porque as referências de tensão e corrente não estão associadas. Pela LKT,

$$\mathbf{V}_{entrada} = (1\underline{/0°})(100) + (1\underline{/0°})(-j100) + 3(-100 + j100) + (1\underline{/0°})(j60)$$
$$= 100 - j100 - 300 + j300 + j60 = -200 + j260 = 328\underline{/128°} \text{ V}$$

Finalmente, $\mathbf{Z}_{entrada} = \mathbf{V}_{entrada} = 238 \underline{/128°} \, \Omega$.

11.12 Uma fonte 240 V está conectada em série com dois componentes, um dos quais tem uma impedância de $80\underline{/60°} \, \Omega$. Qual é a impedância do outro componente, se a corrente que flui é de 2 A e está adiantada 40° em relação à fonte tensão?

Uma vez que a impedância total é a soma das impedâncias conhecidas e desconhecidas, a impedância desconhecida é a impedância total menos a impedância conhecida. A impedância total tem um módulo de

$$Z_T = \frac{V}{I} = \frac{240}{2} = 120 \, \Omega$$

e um ângulo de $-40°$, o ângulo através do qual a tensão está adiantada em relação à corrente (esse ângulo é negativo porque a tensão atrasa, em vez de adiantar). Portanto, a impedância total é $\mathbf{Z}_T = 120 \underline{/-40°} \, \Omega$. Subtraindo a impedância conhecida de $80 \underline{/60°} \, \Omega$, tem-se a impedância desejada:

$$\mathbf{Z} = 120\underline{/-40°} - 80\underline{/60°} = 91,9 - j77,1 - (40 + j69,3) = 51,9 - j146,3 = 155\underline{/-70,5°} \, \Omega$$

11.13 Encontre a impedância total de dois componentes paralelos que têm impedâncias de $\mathbf{Z}_1 = 300\underline{/30°} \, \Omega$ e $\mathbf{Z}_2 = 400\underline{/-50°} \, \Omega$.

A impedância total é o produto das impedâncias individuais dividido pela soma:

$$\mathbf{Z}_T = \frac{\mathbf{Z}_1 \mathbf{Z}_2}{\mathbf{Z}_1 + \mathbf{Z}_2} = \frac{(300\underline{/30°})(400\underline{/-50°})}{300\underline{/30°} + 400\underline{/-50°}} = \frac{120.000\underline{/-20°}}{540\underline{/-16,8°}} = 222\underline{/-3,2°} \, \Omega$$

11.14 Encontre as impedâncias totais em 1 krad/s de um indutor de 1 H e um capacitor de 1 μF conectados em série e também em paralelo.

A impedância do indutor e do capacitor são

$$j\omega L = j1.000(1) = j1.000 \, \Omega \qquad \text{e} \qquad \frac{-j1}{\omega C} = \frac{-j1}{1.000(10^{-6})} = -j1.000 \, \Omega$$

A impedância total dos elementos em série é a soma das impedâncias individuais: $\mathbf{Z} = j1.000 - j1.000 = 0 \, \Omega$, que é um curto-circuito. Para as duas em paralelo, a impedância total é

$$\mathbf{Z} = \frac{j1.000(-j1.000)}{j1.000 - j1.000} = \frac{10^6}{0} \to \infty \, \Omega$$

que é um circuito aberto.

11.15 Quais capacitor e resistor ligados em série têm a mesma impedância total a 400 rad/s com um capacitor de 10 μF e um resitor de 500 Ω conectados em paralelo?

Em 400 rad/s, a impedância do capacitor de 10 μF é

$$\frac{-j1}{\omega C} = \frac{-j1}{400(10 \times 10^{-6})} = -j250 \, \Omega$$

A impedância total da combinação em paralelo é o produto das impedâncias individuais dividido pela soma:

$$\frac{500(-j250)}{500-j250} = \frac{125.000\underline{/-90°}}{559\underline{/-26,6°}} = 224\underline{/-63,4°} = 100 - j200\ \Omega$$

Para o resistor e o capacitor em série terem essa impedância, a resistência do resistor deve ser de 100 Ω, a parte real, e a reatância do capacitor deve ser − 200 Ω, a parte imaginária. Assim, $R = 100\ \Omega$ e, pela fórmula de reatância do capacitor,

$$\frac{-1}{\omega C} = \frac{-1}{400C} = -200\ \Omega \qquad \text{a partir do qual} \qquad C = \frac{1}{200(400)}\ F = 12,5\ \mu F$$

11.16 Quais dois elementos de circuito conectados em série têm a mesma impedância total em 4 krad/s da combinação em paralelo de um capacitor de 50 μF e uma bobina de 2 mH com resistência do enrolamento de 10 Ω?

A impedância da bobina é

$$10 + j4.000(2 \times 10^{-3}) = 10 + j8 = 12,8\ \underline{/38,7°}\ \Omega$$

e a do capacitor é

$$\frac{-j1}{4.000(50 \times 10^{-6})} = -j5 = 5\underline{/-90°}\ \Omega$$

A impedância da combinação paralela é o produto dessas impedâncias dividido pela soma:

$$\frac{(12,8\underline{/38,7°})(5\underline{/-90°})}{10 + j8 - j5} = \frac{64\underline{/-51,3°}}{10,44\underline{/16,7°}} = 6,13\underline{/-68°} = 2,29 - j5,69\ \Omega$$

Para produzir uma impedância de 2,29 − j5,69 Ω, os dois componentes em série devem ter um resistor com resistência de 2,29 Ω e um capacitor com reatância de − 5,69 Ω. Uma vez que $X_C = -1/\omega C$,

$$C = \frac{-1}{\omega X_C} = \frac{-1}{4.000(-5,69)}\ F = 44\ \mu F$$

11.17 Para o circuito mostrado na Fig. 11-11, encontre os fasores desconhecidos indicados e as senoides correspondentes. A frequência é de 60 Hz. Além disso, encontre a potência média entregue pela fonte.

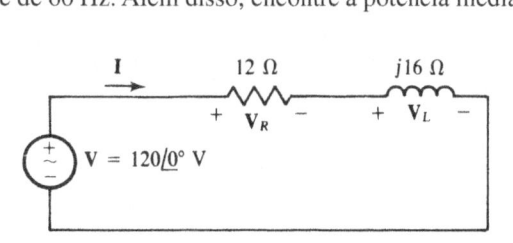

Figura 11-11

Uma vez que trata-se de um circuito em série, a corrente pode ser encontrada em primeiro lugar e, em seguida, utilizada para encontrar as tensões:

$$I = \frac{V}{Z} = \frac{120\underline{/0°}}{12 + j16} = \frac{120\underline{/0°}}{20\underline{/53,1°}} = 6\underline{/-53,1°}\ A$$

A queda de tensão no resistor e no indutor são os produtos dessa corrente e as impedâncias individuais:

$$V_R = (6\underline{/-53,1°})(12) = 72\underline{/-53,1°}\ V$$
$$V_L = (6\underline{/-53,1°})(j16) = (6\underline{/-53,1°})(16\underline{/90°}) = 96\underline{/36,9°}\ V$$

A frequência angular necessária para as senoides correspondentes é $\omega = 2\pi(60) = 377$ rad/s. Os valores de pico das senoides são, obviamente, os módulos dos fasores correspondentes vezes $\sqrt{2}$. Assim,

$$i = 6\sqrt{2}\,\text{sen}\,(377t - 53{,}1°) = 8{,}49\,\text{sen}\,(377t - 53{,}1°)\,\text{A}$$
$$v_R = 72\sqrt{2}\,\text{sen}\,(377t - 53{,}1°) = 102\,\text{sen}\,(377t - 53{,}1°)\,\text{V}$$
$$v_L = 92\sqrt{2}\,\text{sen}\,(377t + 36{,}9°) = 136\,\text{sen}\,(377t + 36{,}9°)\,\text{V}$$

Uma vez que a potência média absorvida pelo indutor é zero, a potência média entregue pela fonte é a mesma que a absorvida pela resistência, que é $I^2R = 6^2 \times 12 = 432$ W.

11.18 Encontre a corrente e as tensões desconhecidas no circuito mostrado na Fig. 11-12a.

O primeiro passo é desenhar o circuito de domínio fasorial correspondente mostrado na Fig. 11-12b usando $\omega = 4.000$ rad/s da fonte. Como são desejados resultados senoidais, é melhor usar fasores com base em valores de pico em vez de valores eficazes. Por isso, a fonte na Fig. 11-12b tem tensão de $140\underline{/-10°}$ V em vez de $99\underline{/-10°}$ V ($99 = 140/\sqrt{2}$). A corrente é

$$\mathbf{I} = \frac{\mathbf{V}}{\mathbf{Z}} = \frac{140\underline{/-10°}}{3.600 + j4.800 - j6.250} = \frac{140\underline{/-10°}}{3.881\underline{/-21{,}9°}}\,\text{A} = 36{,}1\underline{/11{,}9°}\,\text{mA}$$

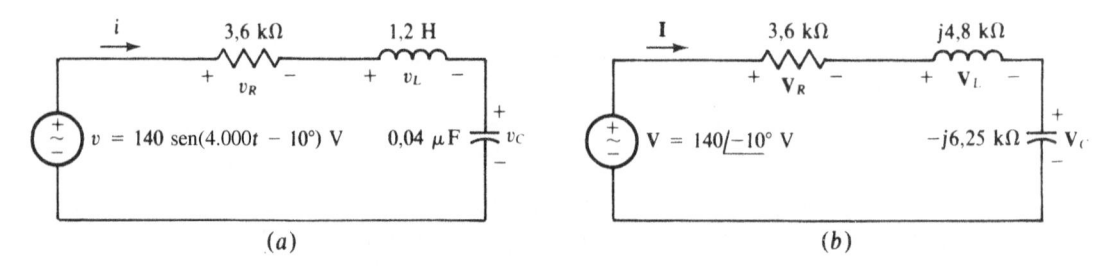

Figura 11-12

Essa corrente pode ser utilizada para obter os fasores de tensão:

$$\mathbf{V}_R = (0{,}0361\underline{/11{,}9°})(3.600) = 130\underline{/11{,}9°}\,\text{V}$$
$$\mathbf{V}_L = (0{,}0361\underline{/11{,}9°})(4.800\underline{/90°}) = 173\underline{/102°}\,\text{V}$$
$$\mathbf{V}_C = (0{,}0361\underline{/11{,}9°})(6.250\underline{/-90°}) = 225\underline{/-78{,}1°}\,\text{V}$$

As grandezas senoidais correspondentes são

$$i = 36{,}1\,\text{sen}\,(4.000t + 11{,}9°)\,\text{mA}$$
$$v_R = 130\,\text{sen}\,(4.000t + 11{,}9°)\,\text{V}$$
$$v_L = 173\,\text{sen}\,(4.000t + 102°) = 173\,\text{cos}\,(4.000t + 12°)\,\text{V}$$
$$v_C = 225\,\text{sen}\,(4.000t - 78{,}1°)\,\text{V}$$

11.19 Uma tensão de $100\underline{/30°}$ V é aplicada através de um resistor e um indutor que estão em série. Se a queda de tensão rms no resistor é de 40 V, qual é o fasor de tensão indutor?

Um diagrama vetorial é útil neste caso. Uma vez que a tensão do resistor está em fase com a corrente e a tensão do indutor está adiantada 90° em relação à corrente, o diagrama vetorial do fasor é um triângulo retângulo, como mostrado na Fig. 11-13. Esse diagrama em particular é útil apenas para encontrar o módulo do fasor e as relações fasoriais angulares *relativas*, isso porque os fasores não estão com seus ângulos corretos. Pelo teorema de Pitágoras, $V_L = \sqrt{100^2 - 40^2} = 91{,}7$ V. O ângulo mostrado θ é $\theta = \text{tg}^{-1}(91{,}7/40) = 66{,}4°$. O ângulo da tensão no resistor é menor que o ângulo de tensão da fonte pela presente em 66,4°: $\phi = 30° - 66{,}4 = -36{,}4°$. O ângulo da tensão no indutor é

90° maior que o ângulo da tensão no resistor: $90° + (-36{,}4°) = 53{,}6°$. Assim, o fasor de tensão no indutor é $\mathbf{V}_L = 91{,}7\,\underline{/53{,}6°}$ V.

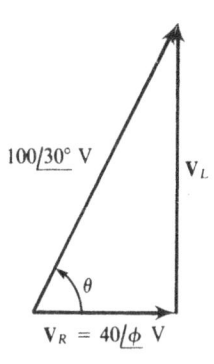

Figura 11-13

11.20 Em um circuito de domínio fasorial, $220\,\underline{/30°}$ V é aplicada através de dois componentes em série, um dos quais é um resistor de 20 Ω e o outro é uma bobina com impedância de $40\,\underline{/20°}$ Ω. Use corrente para encontrar os componente individuais das quedas de tensão.

A corrente é

$$\mathbf{I} = \frac{\mathbf{V}}{\mathbf{Z}} = \frac{220\,\underline{/30°}}{20 + 40\,\underline{/20°}} = \frac{220\,\underline{/30°}}{59{,}2\,\underline{/13{,}4°}} = 3{,}72\,\underline{/16{,}6°}\text{ A}$$

Cada queda de tensão no componente é o produto de sua corrente e impedância:

$$\mathbf{V}_R = (3{,}72\,\underline{/16{,}6°})(20) = 74\,\underline{/16{,}6°}\text{ V}$$
$$\mathbf{V}_Z = (3{,}72\,\underline{/16{,}6°})(40\,\underline{/20°}) = 149\,\underline{/36{,}6°}\text{ V}$$

11.21 Repita o Problema 11.20 usando divisão de tensão.

A divisão de tensão elimina o passo de encontrar a corrente. Em vez disso, as tensões são encontradas diretamente a partir da tensão aplicada e das impedâncias:

$$\mathbf{V}_R = \frac{R}{\mathbf{Z}_T}\mathbf{V}_S = \frac{20}{59{,}2\,\underline{/13{,}4°}} \times 220\,\underline{/30°} = 74\,\underline{/16{,}6°}\text{ V}$$

$$\mathbf{V}_Z = \frac{\mathbf{Z}_Z}{\mathbf{Z}_T}\mathbf{V}_S = \frac{40\,\underline{/20°}}{59{,}2\,\underline{/13{,}4°}} \times 220\,\underline{/30°} = 149\,\underline{/36{,}6°}\text{ V}$$

11.22 Um circuito no domínio de fasores tem $200\,\underline{/15°}$ V aplicada através de três componentes ligados em série tendo impedâncias de $20\,\underline{/15°}$, $30\,\underline{/-40°}$ e $40\,\underline{/50°}$ Ω. Use divisão de tensão para encontrar a queda de tensão $\mathbf{V}$ através do componente com a impedância de $40\,\underline{/50°}$ Ω.

$$\mathbf{V} = \frac{40\,\underline{/50°}}{20\,\underline{/15°} + 30\,\underline{/-40°} + 40\,\underline{/50°}} \times 200\,\underline{/15°} = \frac{8.000\,\underline{/65°}}{70\,\underline{/13{,}7°}} = 114\,\underline{/51{,}3°}\text{ V}$$

11.23 Utilize divisão de tensão para encontrar $\mathbf{V}_R$, $\mathbf{V}_L$ e $\mathbf{V}_C$ no circuito mostrado na Fig. 11-14.

Por divisão de tensão, a impedância total $\mathbf{Z}$ é necessária: $\mathbf{Z} = 20 + j1.000 - j1.000 = 20$ Ω. Incidentalmente, uma vez que essa impedância é puramente resistiva, o circuito está em *ressonância*. Pela fórmula de divisão de tensão,

$$\mathbf{V}_R = \frac{20}{20} \times 100\,\underline{/30°} = 100\,\underline{/30°}\text{ V}$$

$$V_L = \frac{j1.000}{20} \times 100\underline{/30°} = (50\underline{/90°})(100\underline{/30°}) = 5.000\underline{/120°} \text{ V}$$

$$V_C = \frac{-j1.000}{20} \times 100\underline{/30°} = (50\underline{/-90°})(100\underline{/30°}) = 5.000\underline{/-60°} \text{ V}$$

Observe que as tensões rms no indutor no capacitor são 50 vezes maiores que a tensão rms da fonte. Tal aumento de tensão, apesar de impossível em um circuito CC resistivo, é comum em um circuito CA ressonante em série.

11.24 Use divisão de tensão para encontrar a tensão **V** no circuito mostrado na Fig. 11-15.

Uma vez que as duas fontes de tensão estão em série, elas produzem uma tensão aplicada que é a soma das tensões individuais: $V_S = 90\underline{/60°} + 100\underline{/30°} = 184\underline{/44,2°}$ V, que é a tensão necessária para a fórmula de divisão de tensão. Os componentes da série submetidos a **V** têm uma impedância combinada de $Z = 50 - j60 + j70 = 50 + j10 = 51\underline{/11,3°}$ Ω. A impedância total do circuito é

$$Z_T = 30 + j40 + 50 - j60 + j70 + 80 = 160 + j50 = 168\underline{/17,4°} \text{ Ω}$$

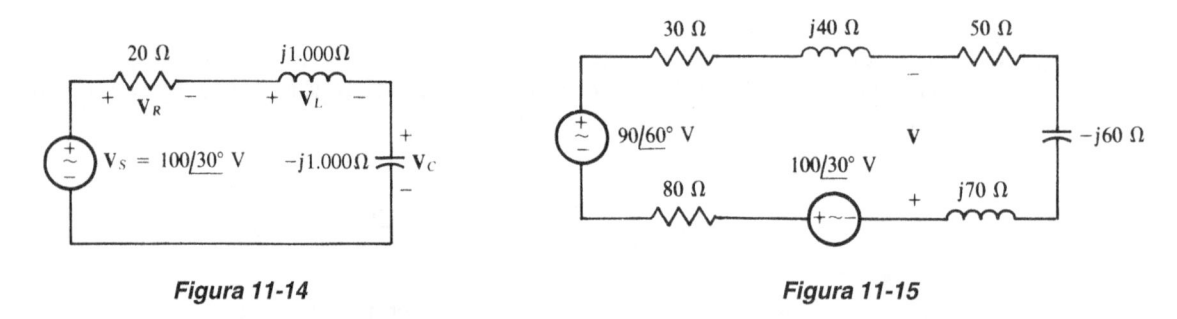

Figura 11-14

Figura 11-15

Agora, foram calculadas todas as quantidades necessárias para a fórmula de divisão de tensão, que é

$$V = -\frac{Z}{Z_T} V_S = -\frac{51\underline{/11,3°}}{168\underline{/17,4°}} \times 184\underline{/44,2°} = -55,8\underline{/38,1°} \text{ V}$$

O sinal negativo é exigido na fórmula porque a polaridade de referência de **V** não se opõe às polaridades das fontes.

11.25 Encontre a corrente **I** no circuito mostrado na Fig. 11-16.

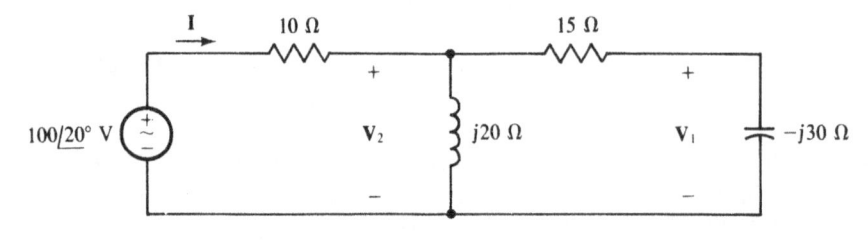

Figura 11-16

A corrente pode ser encontrada dividindo a tensão pela impedância total, e a impedância total pode ser encontrada pela combinação de impedâncias começando na extremidade oposta do circuito da fonte. Ali, as resistências em série e capacitor têm uma impedância combinada de $15 - j30 = 33,5\underline{/-63,4°}$ Ω. Isso pode ser combinado em paralelo com $j20$ Ω do indutor em paralelo:

$$\frac{j20(33,5\underline{/-63,4°})}{j20 + 15 - j30} = \frac{671\underline{/26,6°}}{18\underline{/-33,7°}} = 37,2\underline{/60,3°} = 18,5 + j32,3 \text{ Ω}$$

Esse resultado, somado aos 10 Ω do resistor em série, é a impedância total:

$$\mathbf{Z} = 10 + 18,5 + j32,3 = 43,1\underline{/48,6°}\ \Omega$$

Finalmente, a corrente **I** é,

$$\mathbf{I} = \frac{\mathbf{V}}{\mathbf{Z}} = \frac{100\underline{/20°}}{43,1\underline{/48,6°}} = 2,32\underline{/-28,6°}\ \text{A}$$

11.26 Use divisão de tensão duas vezes para encontrar $\mathbf{V}_1$ no circuito mostrado na Fig. 11-16.

A divisão de tensão pode ser utilizada para encontrar $\mathbf{V}_2$ a partir da fonte de tensão e utilizada novamente para encontrar $\mathbf{V}_1$ a partir de $\mathbf{V}_2$. Para o cálculo de $\mathbf{V}_2$, a impedância equivalente à direita do resistor de 10 Ω é necessária. Ela é $37,2\underline{/60,3°} = 18,5 + j32,3\ \Omega$, como se verificou na solução do Problema 11.25. Por divisão de tensão,

$$\mathbf{V}_2 = \frac{37,2\underline{/60,3°}}{10 + 18,5 + j32,3} \times 100\underline{/20°} = \frac{3.720\underline{/80,3°}}{43,1\underline{/48,6°}} = 86,4\underline{/32°}\ \text{V}$$

Por divisão de tensão novamente,

$$\mathbf{V}_1 = \frac{-j30}{15 - j30} \times 86,4\underline{/32°} = \frac{2.590\underline{/-58°}}{33,5\underline{/-63°}} = 77,3\underline{/5°}\ \text{V}$$

11.27 Obtenha as expressões para a condutância e para a susceptância de uma admitância em termos de resistência e reatância da impedância correspondente.

Em geral,

$$\mathbf{Y} = \frac{1}{\mathbf{Z}} = \frac{1}{R + jX}$$

Racionalizando,

$$\mathbf{Y} \times \frac{1}{R + jX} \times \frac{R - jX}{R - jX} = \frac{R}{R^2 + X^2} + j\frac{-X}{R^2 + X^2}$$

Como $\mathbf{Y} = G + jB$,

$$G = \frac{R}{R^2 + X^2} \qquad \text{e} \qquad B = \frac{-X}{R^2 + X^2}$$

Observe a partir de $G = R/(R^2 + X^2)$ e $B = -X/(R^2 + X^2)$ que a condutância e a susceptância são ambas funções da resistência e da reatância. Além disso, $G \neq 1/R$, exceto se $X = 0$ e $B \neq 1/X$. No entanto, $B = -1/X$, se $R = 0$.

11.28 A impedância de um circuito tem resistência de 2 Ω e reatância de 4 Ω. Quais são a condutância e susceptância da admitância?

As expressões desenvolvidas na solução do Problema 11.27 podem ser utilizadas:

$$G = \frac{2}{2^2 + 4^2} = \frac{2}{20} = 0,1\ \text{S} \qquad \text{e} \qquad B = \frac{-4}{2^2 + 4^2} = \frac{-4}{20} = -0,2\ \text{S}$$

Entretanto, em geral, é mais fácil usar o inverso da impedância:

$$\mathbf{Y} = \frac{1}{\mathbf{Z}} = \frac{1}{2 + j4} = \frac{1}{4,47\underline{/63,4°}} = 0,224\underline{/-63,4°} = 0,1 - j0,2\ \text{S}$$

A parte real é a condutância: $G = 0,1$ S; a parte imaginária é a susceptância: $B = -0,2$ S.

11.29 Encontre as admitâncias totais na forma polar de um capacitor de 0,2 μF em paralelo com um resistor de 5,1 Ω nas frequências de (a) 0 Hz, (b) 100 kHz e (c) 40 MHz.

A admitância total é $\mathbf{Y} = G + j\omega C = 1/R + j2\pi fC$

(a) Para $f = 0$ Hz,

$$\mathbf{Y} = 1/5,1 + j2\pi(0)(0,2 \times 10^{-6}) = 0,196 = 0,196\underline{/0°} \text{ S}$$

(b) Para $f = 100$ kHz,

$$\mathbf{Y} = 1/5,1 + j2\pi(100 \times 10^3)(0,2 \times 10^{-6}) = 0,196 + j0,126 = 0,233\underline{/32,7°} \text{ S}$$

(c) Para $f = 40$ MHz,

$$\mathbf{Y} = 1/5,1 + j2\pi(40 \times 10^6)(0,2 \times 10^{-6}) = 0,196 + j50,3 = 50,3\underline{/89,8°} \text{ S}$$

Em 40 MHz, a susceptância é muito maior do que a condutância, de forma que a condutância é insignificante para a maioria das finalidades.

11.30 Um resistor de 200 Ω, um capacitor de 1 μF e um indutor de 75 mH estão em paralelo. Encontre a admitância total na forma polar a 400 Hz. Além disso, desenhe o diagrama e o triângulo de admitância.

A admitância total é

$$\mathbf{Y} = \frac{1}{R} + j2\pi fC + \frac{-j1}{2\pi fL} = \frac{1}{200} + j2\pi(400)(1 \times 10^{-6}) + \frac{-j1}{2\pi(400)(75 \times 10^{-3})}$$

$$= 5 \times 10^{-3} + j2,51 \times 10^{-3} - j5,31 \times 10^{-3} = (5 - j2,8)(10^{-3}) \text{ S} = 5,73\underline{/-29,2°} \text{ mS}$$

O diagrama de admitância é mostrado na Fig. 11-17a e o triângulo de admitância na Fig. 11-17b. No diagrama de admitância, o ponto final para a seta **Y** é encontrado partindo da origem e movendo-se para baixo do eixo vertical para $-j5,31$ mS (jB_L) e, em seguida, movendo-se horizontalmente para a direita em 5 mS (G) e verticalmente para cima por 2,51 mS (B_C).

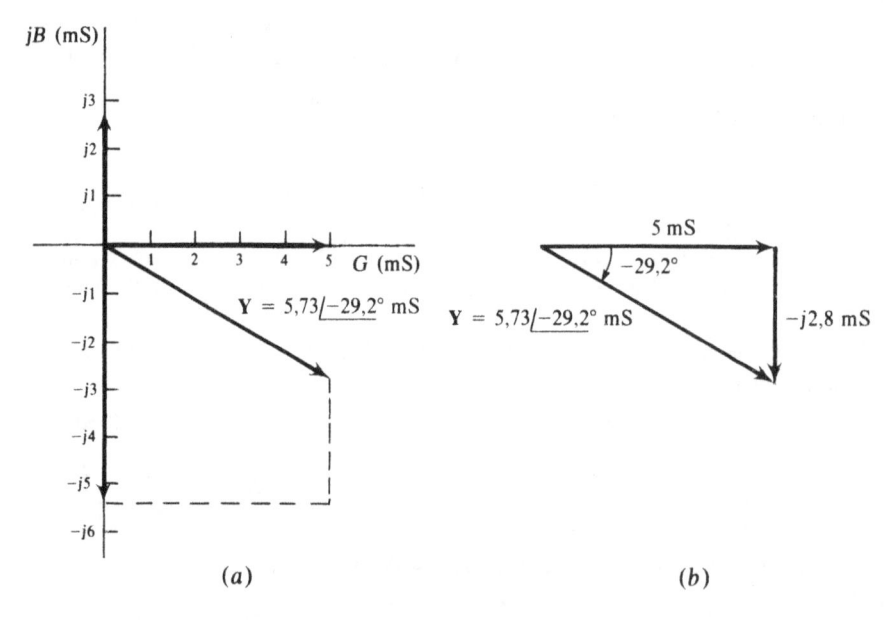

Figura 11-17

11.31 Um resistor de 100 Ω, um indutor de 1 mH e um capacitor de 0,1 μF estão em paralelo. Encontre as admitâncias totais na forma polar e as frequências angulares em (a) 50 krad/s, (b) 100 krad/s e (c) 200 krad/s.

A expressão para a admitância total é $\mathbf{Y} = 1/R + j\omega C - j1/\omega L$.

(a) $\mathbf{Y} = \dfrac{1}{100} + j(50 \times 10^3)(0,1 \times 10^{-6}) - \dfrac{j1}{(50 \times 10^3)(10^{-3})}$

$= 0,01 + j0,005 - j0,02 = 0,01 - j0,015 = 0,018\underline{/-56,3°}$ S

(b) $\mathbf{Y} = \dfrac{1}{100} + j(10^5)(0,1 \times 10^{-6}) - \dfrac{j1}{10^5(10^{-3})} = 0,01 + j0,01 - j0,01 = 0,01\underline{/0°}$ S

(c) $\mathbf{Y} = \dfrac{1}{100} + j(2 \times 10^5)(0,1 \times 10^{-6}) - \dfrac{j1}{(2 \times 10^5)(10^{-3})} = 0,01 + j0,02 - j0,005$

$= 0,01 + j0,015 = 0,018\underline{/56,3°}$ S

Observe para $\omega = 100$ krad/, na parte (b), que a admitância é real porque os termos susceptância indutiva e capacitiva se cancelam. Consequentemente, essa é a frequência angular ressonante do circuito. Para frequências mais baixas, o circuito é indutivo, como é verificado na parte (a). Para as frequências maiores, o circuito é capacitivo, como é verificado na parte (c). Essa resposta é o oposto do que para um circuito *RLC* série.

11.32 Três componentes em paralelo tem admitância total de $\mathbf{Y}_T = 6\underline{/30°}$ S. Se as admitâncias de dois dos componentes são $\mathbf{Y}_1 = 4\underline{/45°}$ S e $\mathbf{Y}_2 = 7\underline{/60°}$ S, qual é a admitância $\mathbf{Y}_3$ do terceiro componente?

Uma vez que $\mathbf{Y}_T = \mathbf{Y}_1 + \mathbf{Y}_2 + \mathbf{Y}_3$,

$$\mathbf{Y}_3 = \mathbf{Y}_T - \mathbf{Y}_1 - \mathbf{Y}_2 = 6\underline{/30°} - 4\underline{/45°} - 7\underline{/60°} = 6\underline{/-101°} \text{ S}$$

11.33 Qual é a impedância total de três componentes paralelos que têm impedâncias $\mathbf{Z}_1 = 2,5\underline{/75°}\ \Omega$, $\mathbf{Z}_2 = 4\underline{/-50°}\ \Omega$ e $\mathbf{Z}_3 = 5\underline{/45°}\ \Omega$?

Talvez a melhor abordagem seja inverter cada impedância para encontrar a admitância correspondente, adicionar as admitâncias individuais para obter a admitância total e depois inverter a admitância total para encontrar a impedância total.

Invertendo,

$$\mathbf{Y}_1 = \dfrac{1}{\mathbf{Z}_1} = \dfrac{1}{2,5\underline{/75°}} = 0,4\underline{/-75°} \text{ S} \quad \mathbf{Y}_2 = \dfrac{1}{\mathbf{Z}_2} = \dfrac{1}{4\underline{/-50°}} = 0,25\underline{/50°} \text{ S} \quad \mathbf{Y}_3 = \dfrac{1}{\mathbf{Z}_3} = \dfrac{1}{5\underline{/45°}} = 0,2\underline{/-45°} \text{ S}$$

Adicionando, $\quad \mathbf{Y}_T = \mathbf{Y}_1 + \mathbf{Y}_2 + \mathbf{Y}_3 = 0,4\underline{/-75°} + 0,25\underline{/50°} + 0,2\underline{/-45°} = 0,527\underline{/-39,7°}$ S

Invertendo, $\quad \mathbf{Z}_T = \dfrac{1}{\mathbf{Y}_T} = \dfrac{1}{0,527\underline{/-39,7°}} = 1,9\underline{/39,7°}\ \Omega$

11.34 Encontre o mais simples circuito paralelo que tenha a mesma impedância em 400 Hz que a combinação em série de um resistor de 300 Ω, um indutor de 0,25 H e um capacitor de 1 μF.

O circuito paralelo pode ser determinado a partir da admitância, que pode ser encontrada invertendo a impedância:

$$\mathbf{Y} = \dfrac{1}{300 + j2\pi(400)(0,25) - j1/[2\pi(400)(10^{-6})]} = \dfrac{1}{300 + j230} = \dfrac{1}{378\underline{/37,5°}}$$

$= 2,64 \times 10^{-3}\underline{/-37,5°}$ S $= 2,096 - j1,61$ mS

O mais simples circuito paralelo que tem essa admitância é um resistor e um indutor em paralelo. A partir da parte real da admitância, esse resistor deve ter uma condutância de 2,096 mS e assim uma resistência de $1/(2,096 \times 10^{-3}) = 477\ \Omega$. Da parte imaginária, o indutor deve ter uma susceptância de $-1,61$ mS.

A indutância correspondente é, a partir de $B_L = -1/\omega L$,

$$L = \dfrac{-1}{\omega B_L} = \dfrac{-1}{2\pi(400)(-1,61 \times 10^{-3})} \text{ H} = 247 \text{ mH}$$

11.35 Uma carga tem tensão de $\mathbf{V} = 120\underline{/20°}$ V e corrente de $\mathbf{I} = 48\underline{/60°}$ A, ambas em 2 kHz. Encontre os dois elementos do circuito paralelo que podem ser a carga. Como sempre, assuma referências associadas, porque não há declaração em contrário.

Uma vez que os dois elementos estão em paralelo, a admitância de carga deve ser utilizada para encontrá-los:

$$\mathbf{Y} = \frac{\mathbf{I}}{\mathbf{V}} = \frac{48\underline{/60°}}{120\underline{/20°}} = 0{,}4\underline{/40°} = 0{,}3064 + j0{,}2571 \text{ S}$$

A parte real 0,3064 é, certamente, a condutância de um resistor. A resistência correspondente é $R = 1/0{,}3064 = 3{,}26\ \Omega$. A parte imaginária 0,2571, sendo positiva, é a susceptância de um capacitor. De $B_C = \omega C$,

$$C = \frac{B_C}{\omega} = \frac{0{,}2571}{2\pi(2.000)} \text{ F} = 20{,}5\ \mu\text{F}$$

11.36 Um resistor de 0,5 Ω está em paralelo com um indutor de 10 mH. Em que frequência angular a tensão e a corrente do circuito têm uma diferença de ângulo de fase de 40°?

Uma boa abordagem é encontrar a susceptância a partir do ângulo de admitância e de condutância, e então encontrar a frequência angular da susceptância e da indutância. O ângulo de admitância tem módulo de 40°, porque essa é a diferença do ângulo de fase entre a tensão e a corrente, e é negativo, porque trata-se de um circuito indutivo. Assim, $\theta = -40°$. Em seguida, a partir de $\theta = \text{tg}^{-1}(B_L/G)$,

$$B_L = G\,\text{tg}\,\theta = (1/0{,}5)\,\text{tg}\,(-40°) = -1{,}678 \text{ S}$$

A partir da fórmula para susceptância indutiva, $B_L = -1/\omega L$,

$$\omega = \frac{-1}{LB_L} = \frac{-1}{0{,}01(-1{,}678)} = 59{,}6 \text{ rad/s}$$

11.37 Um resistor e um capacitor de 1μF em paralelo solicitam corrente de 0,48 A quando 120 V em 400 Hz são aplicados. Encontre a admitância na forma polar.

O módulo da admitância é $Y = I/V = 0{,}48/120$ S $= 4$ mS. A partir de considerações do triângulo de admitância, o ângulo da admitância é $\theta = \text{sen}^{-1}(B/Y)$. Como $B = \omega C$,

$$\frac{B}{Y} = \frac{\omega C}{Y} = \frac{2\pi(400)(10^{-6})}{0{,}004} = 0{,}2\pi$$

e $\theta = \text{sen}^{-1} 0{,}2\pi = 38{,}9°$. Portanto, a admitância é $\mathbf{Y} = 4\underline{/38{,}9°}$ mS.

11.38 Capacitores são, por vezes, conectados em paralelo com cargas indutivas industriais para diminuir a corrente consumida a partir da fonte, sem afetar a corrente de carga. Para verificar esse conceito, considere a ligação de um capacitor através de uma bobina que tem 10 mH de indutância e resistência de 2 Ω, e que é energizado por uma fonte de 120 V, 60 Hz. Qual é a capacitância necessária para fazer que a fonte de corrente seja mínima e qual é a redução de corrente?

Uma vez que $\mathbf{I} = \mathbf{YV}$, o módulo da corrente será mínimo quando o módulo da admitância Y for mínimo. A admitância $\mathbf{Y}$ total é a soma das admitâncias da bobina e do capacitor:

$$\mathbf{Y} = \frac{1}{R + j\omega L} + j\omega C = \frac{1}{2 + j2\pi(60)(10 \times 10^{-3})} + j2\pi(60)C = \frac{1}{2 + j3{,}77} + j377C$$

$$= 0{,}110 - j0{,}207 + j377C$$

Pela razão de que a capacitância pode afetar apenas a susceptância, o módulo da admitância é mínimo para uma susceptância zero. Para isso,

$$377C = 0{,}207 \qquad \text{a partir do qual} \qquad C = \frac{0{,}207}{377} \text{ F} = 549\ \mu\text{F}$$

Com a susceptância zero, $\mathbf{Y} = 0,110$ S e $|\mathbf{I}| = |\mathbf{Y}||\mathbf{V}| = 0,110(120) = 13,2$ A. Em comparação, antes de o capacitor ser adicionado, o módulo da corrente era igual ao produto do módulo da admitância da bobina e a tensão: $|0,110 - j0,207|(120) = 0,234(120) = 28,1$ A. Assim, o capacitor em paralelo provoca uma diminuição na corrente da fonte de $28,1 - 13,2 = 14,9$ A, mesmo que a corrente na bobina continue a ser 28,1 A. O que acontece é que parte da corrente da bobina flui através do capacitor em vez de através da fonte. Incidentalmente, uma vez que a susceptância é zero, o circuito está em ressonância.

11.39 Encontre a impedância total $\mathbf{Z}_T$ do circuito mostrado na Fig. 11-18.

Este é, é claro, um circuito em escada. Embora para tal circuito seja possível encontrar $\mathbf{Z}_T$ usando apenas impedância (ou admitância), geralmente é melhor alternar admitância e impedância, usando admitância para ramos paralelos e impedância para ramos em série. Isso será feito a partir da extremidade oposta à entrada.

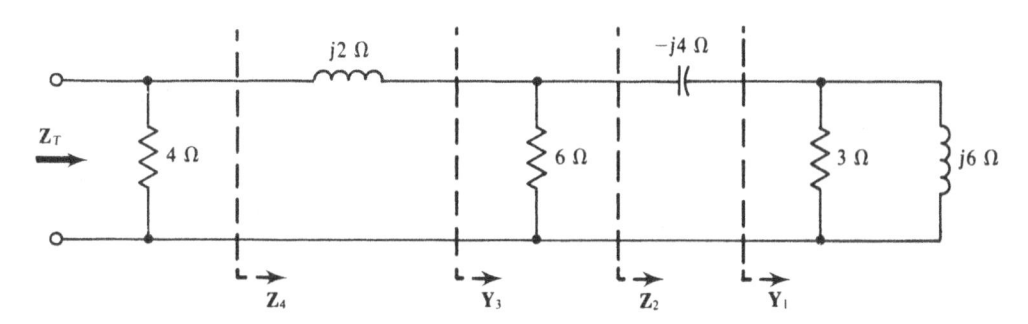

Figura 11-18

Ali, os elementos de 3 e $j6\ \Omega$ têm admitância combinada de

$$\mathbf{Y}_1 = \frac{1}{3} - j\frac{1}{6} = 0,373\underline{/-26,6°}\ \text{S}$$

o que corresponde a uma impedância de

$$\frac{1}{0,373\underline{/-26,6°}} = 2,68\underline{/26,6°} = 2,4 + j1,2\ \Omega$$

Esse resultado é adicionado ao $-j4\ \Omega$ do capacitor em série para uma impedância de

$$\mathbf{Z}_2 = 2,4 + j1,2 - j4 = 2,4 - j2,8 = 3,69\underline{/-49,4°}\ \Omega$$

O inverso disso adicionado à condutância do resistor 6 Ω em paralelo é

$$\mathbf{Y}_3 = \frac{1}{3,69\underline{/-49,4°}} + \frac{1}{6} = 0,176 + j0,206 + 0,167 = 0,4\underline{/31°}\ \text{S}$$

A impedância correspondente adicionada ao $j2\ \Omega$ do indutor em série é:

$$\mathbf{Z}_4 = \frac{1}{0,4\underline{/31°}} + j2 = 2,14 - j1,29 + j2 = 2,26\underline{/18,4°}\ \Omega$$

A admitância correspondente somada à condutância do resistor de 4 Ω é $\mathbf{Y}_T$:

$$\mathbf{Y}_T = \frac{1}{2,26\underline{/18,4°}} + \frac{1}{4} = 0,42 - j0,14 + 0,25 = 0,684\underline{/-11,8°}\ \text{S}$$

Finalmente,
$$\mathbf{Z}_T = \frac{1}{\mathbf{Y}_T} = \frac{1}{0,684\underline{/-11,8°}} = 1,46\underline{/11,8°}\ \Omega$$

11.40 Encontre a admitância de entrada em 50 krad/s do circuito mostrado na Fig. 11-19a.

O primeiro passo é a utilização de $-j1/\omega L$, G, $j\omega C$ e fasores para construir o circuito de domínio fasorial correspondente mostrado na Fig. 11-19b, juntamente com uma fonte de $1/\underline{0°}$ V. Com essa fonte, o circuito tem uma admitância de entrada de $\mathbf{Y}_{entrada} = \mathbf{I}_{entrada}/1/\underline{0°} = \mathbf{I}_{entrada}$. Observe que a corrente de controle $\mathbf{I}$ é a soma das correntes nos dois ramos da direita:

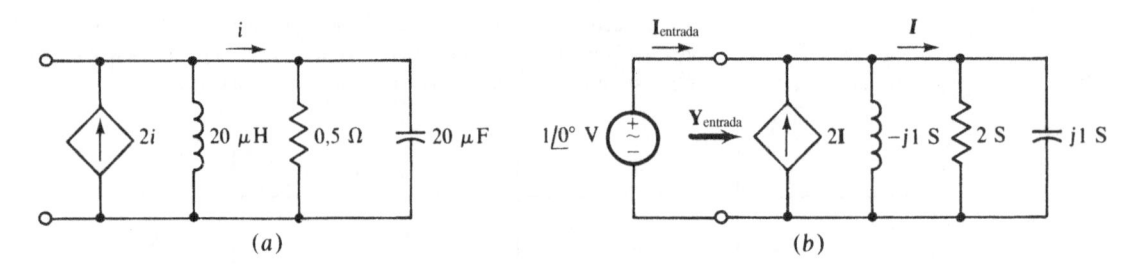

$$\mathbf{I} = (1/\underline{0°})(2) + (1/\underline{0°})(j1) = 2 + j1 \text{ A}$$

Figura 11-19

E assim a corrente da fonte dependente fluindo para baixo é $-2\mathbf{I} = -2(2+j1)$. Isso pode ser utilizado em uma equação da LKC no nó superior para obter $\mathbf{I}_{entrada}$:

$$\mathbf{I}_{entrada} = -2(2+j1) + (1/\underline{0°})(-j1) + 2 + j1 = -2 - j2 = 2{,}83/\underline{-135°} \text{ A}$$

Finalmente, $\qquad \mathbf{Y}_{entrada} = \mathbf{I}_{entrada} = 2{,}83/\underline{-135°} \text{ S}$

11.41 Encontre $\mathbf{I}_{entrada}$ e $\mathbf{I}_L$ para o circuito mostrado na Fig. 11-20.

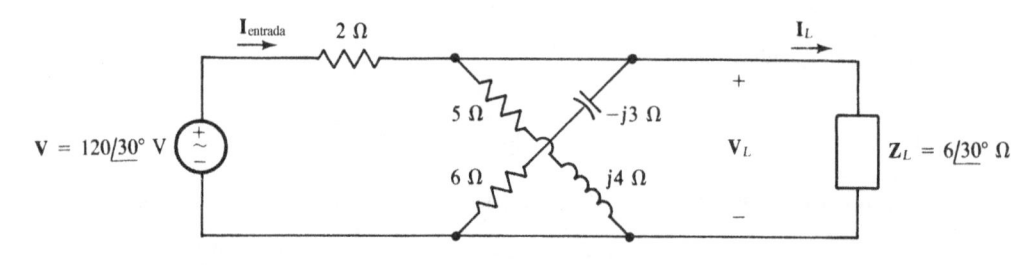

Figura 11-20

A corrente $\mathbf{I}_{entrada}$ pode ser encontrada a partir da tensão da fonte dividida pela impedância de entrada $\mathbf{Z}_{entrada}$ que é igual ao resistor de 2 Ω somado à impedância total dos três ramos à direita do resistor. Uma vez que esses ramos se estendem entre os mesmos dois nós, eles estão em paralelo e têm uma admitância total $\mathbf{Y}$, que é a soma das admitâncias individuais:

$$\mathbf{Y} = \frac{1}{5+j4} + \frac{1}{6-j3} + \frac{1}{6/\underline{30°}} = 0{,}156/\underline{-38{,}7°} + 0{,}149/\underline{26{,}6°} + 0{,}167/\underline{-30°} = 0{,}416/\underline{-16°} \text{ S}$$

Adicionando os 2 Ω ao inverso dessa admitância, tem-se

$$\mathbf{Z}_{entrada} = 2 + \frac{1}{\mathbf{Y}} = 2 + \frac{1}{0{,}416/\underline{-16°}} = 2 + 2{,}41/\underline{16°} = 4{,}36/\underline{8{,}72°} \text{ Ω}$$

a partir da qual $\qquad \mathbf{I}_{entrada} = \dfrac{\mathbf{V}}{\mathbf{Z}_{entrada}} = \dfrac{120/\underline{30°}}{4{,}36/\underline{8{,}72°}} = 27{,}5/\underline{21{,}3°} \text{ A}$

A corrente $\mathbf{I}_L$ pode ser encontrada a partir da tensão de carga e impedância. A tensão de carga $\mathbf{V}_L$ é igual à corrente $\mathbf{I}_{\text{entrada}}$ dividida pela admitância total dos três ramos paralelos:

$$\mathbf{V}_L = \frac{\mathbf{I}_{\text{entrada}}}{\mathbf{Y}} = \frac{27{,}5\underline{/21{,}3°}}{0{,}416\underline{/-16°}} = 66{,}2\underline{/37°}\ \text{V}$$

e

$$\mathbf{I}_L = \frac{\mathbf{V}_L}{\mathbf{Z}_L} = \frac{66{,}2\underline{/37°}}{6\underline{/30°}} = 11\underline{/7°}\ \text{A}$$

Alternativamente, $\mathbf{I}_L$ pode ser encontrada diretamente a partir de $\mathbf{I}_{\text{entrada}}$ por divisão de corrente. $\mathbf{I}_L$ é igual ao produto de $\mathbf{I}_{\text{entrada}}$ e a admitância da carga dividida pela admitância total dos três ramos paralelos:

$$\mathbf{I}_L = 27{,}5\underline{/21{,}3°} \times \frac{0{,}167\underline{/-30°}}{0{,}416\underline{/-16°}} = 11\underline{/7°}\ \text{A}$$

11.42 Uma corrente de $4\underline{/30°}$ A flui em quatro ramos paralelos que têm admitâncias de $6\underline{/-70°}$, $5\underline{/30°}$, $7\underline{/60°}$ e $9\underline{/45°}$ S. Use divisão de corrente para encontrar a corrente $\mathbf{I}$ no ramo de $5\underline{/30°}$ S. Desde que não exista indicação em contrário, assuma que as referências de corrente sejam tais que a fórmula de divisão de corrente não tenha sinal negativo.

A corrente $\mathbf{I}$ no ramo com a admitância de $5\underline{/30°}$ S é igual a essa admitância dividida pela soma das admitâncias, tudo vezes a corrente de entrada:

$$\mathbf{I} = \frac{5\underline{/30°}}{6\underline{/-70°} + 5\underline{/30°} + 7\underline{/60°} + 9\underline{/45°}} \times 4\underline{/30°} = \frac{20\underline{/60°}}{18{,}7\underline{/29{,}8°}} = 1{,}07\underline{/30{,}2°}\ \text{A}$$

11.43 Use divisão de corrente para encontrar $\mathbf{I}_L$ para o circuito mostrado na Fig. 11-21.

Uma vez que existem apenas dois ramos e as impedâncias dos ramos são especificadas, a forma de impedância da fórmula de divisão de corrente é preferível: a corrente em um ramo é igual à impedância do outro dividida pela soma das impedâncias, tudo vezes a corrente de entrada. Para este circuito, contudo, um sinal negativo é necessário porque a corrente de entrada e $\mathbf{I}_L$ têm direções de referência para o mesmo nó – o nó inferior:

$$\mathbf{I}_L = -\frac{6}{6 + j9} \times 4\underline{/20°} = \frac{-24\underline{/20°}}{10{,}8\underline{/56{,}3°}} = -2{,}22\underline{/-36{,}3°}\ \text{A}$$

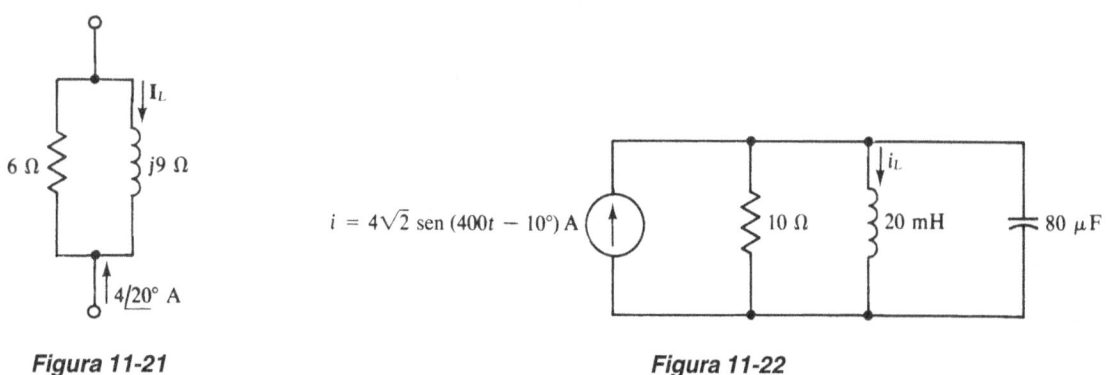

Figura 11-21

Figura 11-22

11.44 Use divisão de corrente para encontrar i_L para o circuito mostrado na Fig. 11-22.

As admitâncias individuais são

$$G = \frac{1}{10} = 0{,}1\ \text{S} \qquad jB_L = -\frac{j1}{\omega L} = \frac{-j1}{400(20 \times 10^{-3})} = -j0{,}125\ \text{S} \qquad jB_C = j\omega C = j400(80 \times 10^{-6})$$

$$= j0{,}032\ \text{S}$$

Esses substituídos na fórmula de divisão de corrente dão

$$\mathbf{I}_L = \frac{jB_L}{G + jB_L + jB_C} \times \mathbf{I} = \frac{-j0,125}{0,1 - j0,125 + j0,032} \times 4\underline{/-10°} = \frac{(0,125\underline{/-90°})(4\underline{/-10°})}{0,1366\underline{/-42,9°}} = 3,66\underline{/-57,1°}\ \text{A}$$

a partir do qual $\quad i_L = 3,66\sqrt{2}\ \text{sen}\ (400t - 57,1°) = 5,18\ \text{sen}\ (400t - 57,1°)\ \text{A}$

11.45 Use divisão de corrente duas vezes para encontrar a corrente $\mathbf{I}_L$ para o circuito mostrado na Fig. 11-23.

A abordagem é encontrar $\mathbf{I}$ a partir da fonte de corrente por divisão de corrente e então encontrar $\mathbf{I}_L$ a partir de $\mathbf{I}$ por divisão de corrente. Para a fórmula de divisão corrente para $\mathbf{I}$, a impedância à direita do resistor de 2 Ω é necessária. Ela é

$$j3 + \frac{4(-j5)}{4 - j5} = j3 + 3,12\underline{/-38,7°} = 2,65\underline{/23,3°}\ \Omega$$

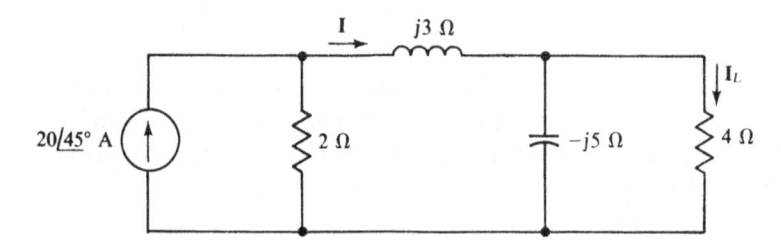

Figura 11-23

Pela divisão de corrente,

$$\mathbf{I} = \frac{2}{2 + 2,65\underline{/23,3°}} \times 20\underline{/45°} = \frac{40\underline{/45°}}{4,56\underline{/13,3°}} = 8,77\underline{/31,7°}\ \text{A}$$

Pela divisão atual, novamente,

$$\mathbf{I}_L = \frac{-j5}{4 - j5} \times 8,77\underline{/31,7°} = \frac{43,8\underline{/-58,3°}}{6,4\underline{/-51,3°}} = 6,85\underline{/-7°}\ \text{A}$$

11.46 Determine $\mathbf{V}_o$ e $\mathbf{I}_o$ no circuito da Fig. 11-24.

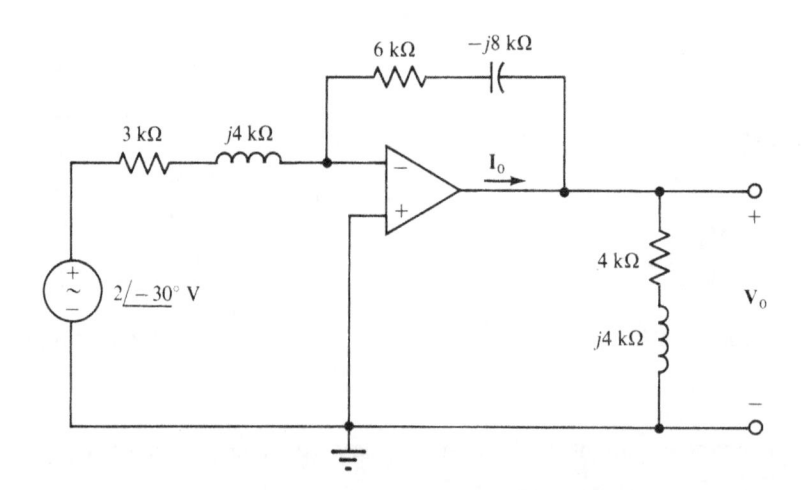

Figura 11-24

CAPÍTULO 11 • ANÁLISE DE CIRCUITOS CA BÁSICOS, IMPEDÂNCIA E ADMITÂNCIA

Uma vez que esse circuito tem a mesma configuração que o circuito amp op inversor da Fig. 6-4, a mesma fórmula se aplica, com os Rs substituídos por Zs. A impedância de realimentação é $Z_f = 6 - j8$ kΩ e a impedância de entrada é $Z_i = 3 + j4$ kΩ. Portanto, com as impedâncias expressas em quilo-ohms,

$$\mathbf{V}_o = -\frac{\mathbf{Z}_f}{\mathbf{Z}_i}\mathbf{V}_i = -\frac{6-j8}{3+j4} \times 2\underline{/-30°} = 4\underline{/43{,}7°} \text{ V} \qquad \text{e} \qquad \mathbf{I}_o = \frac{4\underline{/43{,}7°}}{4+j4} + \frac{4\underline{/43{,}7°}}{6-j8} = 0{,}762\underline{/30{,}1°} \text{ mA}$$

11.47 Encontre v_o e i_o no circuito da Fig. 11-25a.

O primeiro passo é desenhar o circuito de domínio fasorial correspondente da Fig. 11-25b usando $\omega = 10.000$ rad/s da fonte. O valor de pico mostrado de 4 V para o módulo do fasor da fonte de tensão é preferível para o valor rms porque as respostas desejadas são senoidais.

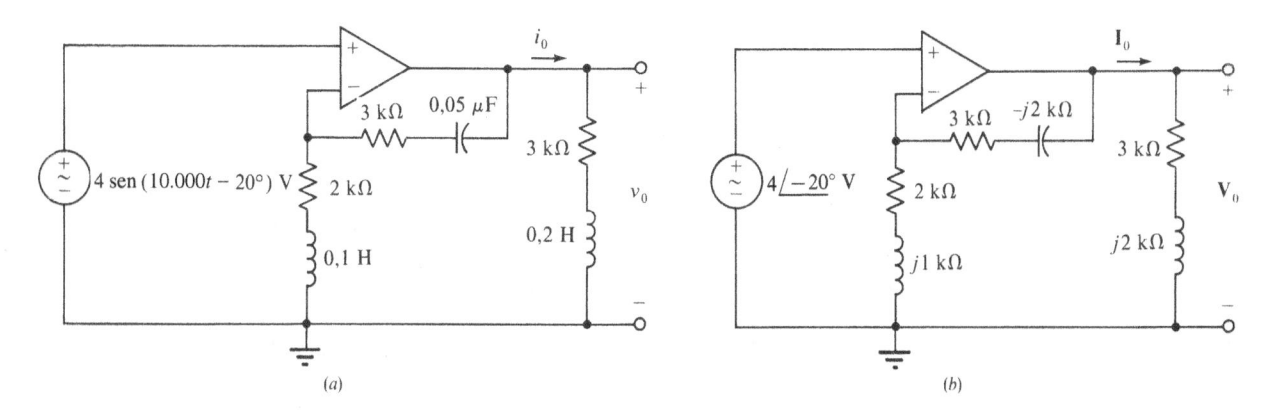

Figura 11-25

Pela razão de o circuito da Fig. 11-25b ter a mesma configuração que o amplificador não inversor da Fig. 6-6, a mesma fórmula de ganho de tensão é válida, com os Rs substituídos por Zs. Aqui, $\mathbf{Z}_f = 3 - j2$ kΩ e $\mathbf{Z}_a = 2 + j1$ kΩ. Com as impedâncias expressas em quilo-ohms,

$$\mathbf{V}_o = \left(1 + \frac{\mathbf{Z}_f}{\mathbf{Z}_a}\right)\mathbf{V}_i = \left(1 + \frac{3-j2}{2+j1}\right) \times 4\underline{/-20°} = 9{,}12\underline{/-57{,}9°} \text{ V}$$

e

$$\mathbf{I}_o = \frac{9{,}12\underline{/-57{,}9°}}{3+j2} = 2{,}53\underline{/-91{,}6°} \text{ mA}$$

As senoides correspondentes são

$$v_o = 9{,}12 \text{ sen }(10.000t - 57{,}9°) \text{ V} \quad \text{e} \quad i_o = 2{,}53 \text{ sen }(10.000t - 91{,}6°) \text{ mA}$$

11.48 Calcule $\mathbf{V}_o$ no circuito da Fig. 11-26.

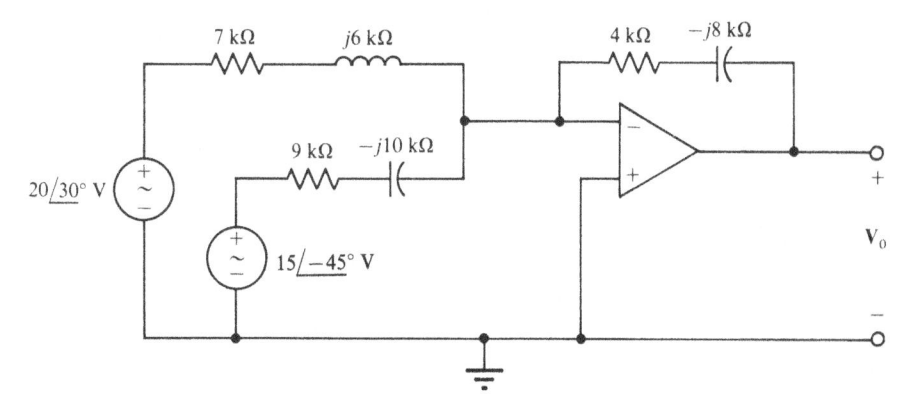

Figura 11-26

Uma vez que o circuito amp op da Fig. 11-26 tem a mesma configuração que a soma da Fig. 6-5, a mesma fórmula se aplica, com os Rs substituídos por $\mathbf{Z}$s. Assim, com as impedâncias expressas em quilo-ohms,

$$\mathbf{V}_o = -\left(\frac{4-j8}{7+j6} \times 20\underline{/30°} + \frac{4-j8}{9-j10} \times 15\underline{/-45°}\right) = -29{,}2\underline{/-69{,}4°} \text{ V}$$

11.49 Encontre $\mathbf{I}_o$ no circuito da Fig. 11-27.

O circuito da Fig. 11-27 consiste em dois circuitos amp op em cascata que têm configurações de, respectivamente, um amplificador de tensão não inversor e um amplificador de tensão inversor. Consequentemente, são aplicáveis as fórmulas do não inversor e do inversor, com os Rs substituídos pelos $\mathbf{Z}$s. Portanto,

$$\mathbf{V}_o = \left(1 + \frac{4-j5}{3-j4}\right) \times 4\underline{/20°} \times \left(-\frac{9-j6}{2+j5}\right) = 18{,}3\underline{/99{,}1°} \text{ V}$$

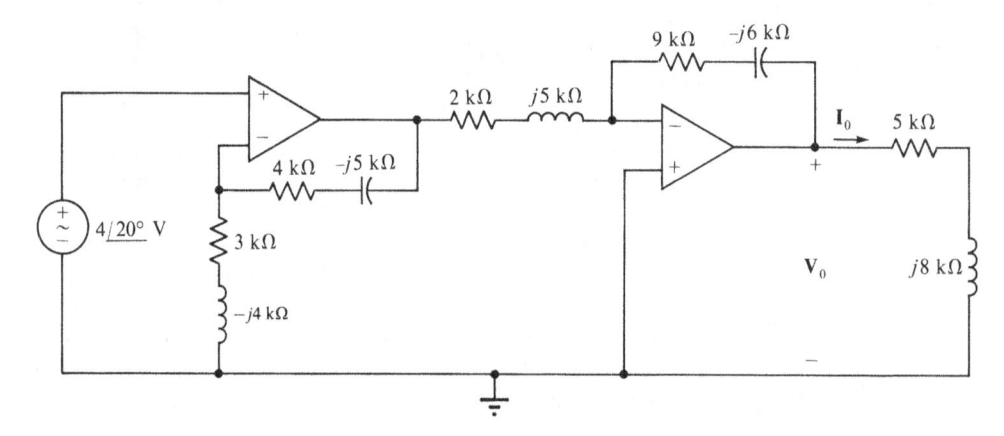

e $\quad \mathbf{I}_o = \dfrac{\mathbf{V}_o}{5+j8} = \dfrac{18{,}3\underline{/99{,}1°}}{5+j8} = 1{,}94\underline{/41{,}1°} \text{ mA}$

Figura 11-27

11.50 Determine $\mathbf{V}_o$ no circuito da Fig. 11-28.

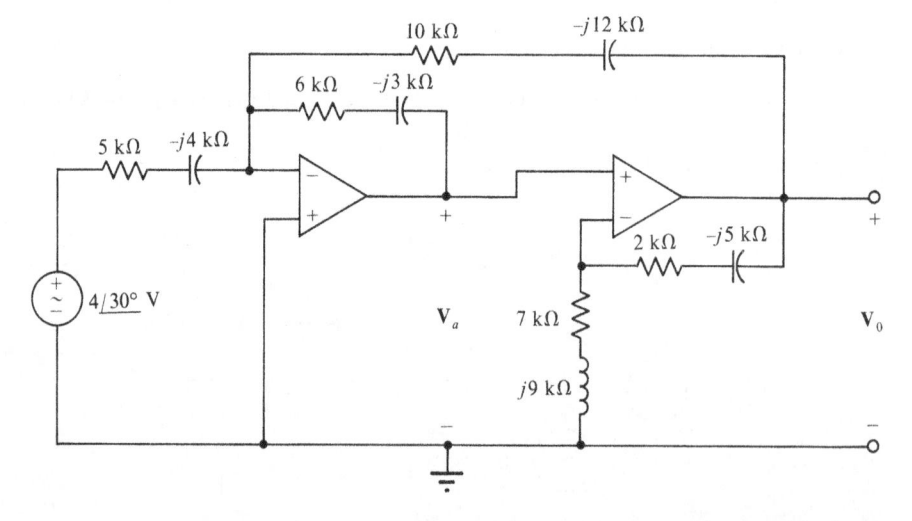

Figura 11-28

O circuito do primeiro amp op pode ser considerado semelhante a um somador com uma entrada de $4\underline{/30°}$ V e a outra de $\mathbf{V}_o$. Assim, a saída $\mathbf{V}_a$ é

$$\mathbf{V}_a = -\left(\frac{6-j3}{5-j4} \times 4\underline{/30°} + \frac{6-j3}{10-j12}\mathbf{V}_o\right) = 4{,}19\underline{/-138°} + (0{,}429\underline{/-156°})\mathbf{V}_o$$

$\mathbf{V}_a$ é a entrada para o segundo circuito com amp op, o qual tem uma configuração semelhante a de um amplificador não inversor. Consequentemente,

$$\mathbf{V}_o = \left(1 + \frac{2-j5}{7+j9}\right)\mathbf{V}_a = \frac{9+j4}{7+j9}[4{,}19\underline{/-138°} + (0{,}429\underline{/-156°})\mathbf{V}_o] = 3{,}62\underline{/-166°} + (0{,}371\underline{/175°})\mathbf{V}_o$$

Finalmente,
$$\mathbf{V}_o = \frac{3{,}62\underline{/-166°}}{1 - 0{,}371\underline{/175°}} = 2{,}64\underline{/-165°} \text{ V}$$

Problemas Complementares

11.51 Um capacitor de 0,5 μF e um resistor 2 kΩ estão em série. Encontre a impedância total na forma polar em (*a*) 0 Hz, (*b*) 60 Hz e (*c*) 10 kHz.

Resp. (*a*) $\infty\underline{/-90°}$ Ω, (*b*) $5{,}67\underline{/-69{,}3°}$ kΩ, (*c*) $2\underline{/-0{,}912°}$ kΩ

11.52 Um resistor de 300 Ω, um indutor de 1 H e um capacitor de 1 μF estão em série. Encontre a impedância total na forma polar se o circuito é indutivo ou capacitivo em (*a*) 833 rad/s, (*b*) 1.000 rad/s e (*c*) 1.200 rad/s.

Resp. (*a*) $474\underline{/-50{,}8°}$ Ω, capacitivo, (*b*) $300\underline{/0°}$ Ω, nem capacitivo, nem indutivo, (*c*) $474\underline{/50{,}7°}$ Ω, indutivo

11.53 Um capacitor e um resistor em série têm uma impedância de $1{,}34\underline{/-45°}$ kΩ a 400 Hz. Encontre a capacitância e resistência.

Resp. 0,42 μF, 948 Ω

11.54 Uma carga tem tensão de $240\underline{/75°}$ V e corrente de $20\underline{/60°}$ A para uma frequência de 60 Hz. Encontre os dois elementos em série do circuito que podem ser a carga.

Resp. Um resistor de 11,6 Ω e um indutor de 8,24 mH

11.55 Dois elementos de circuito em série são percorridos por uma corrente de 16 sen (200t + 35°) A em resposta a uma tensão aplicada de 80 cos 200t V. Encontre os dois elementos.

Resp. Um resistor de 2,87 Ω e um indutor de 20,5 mH

11.56 Um resistor de 100 Ω está em série com um indutor de 120 mH. Em que frequência a tensão e a corrente do circuito têm uma diferença de ângulo de fase de 35°?

Resp. 92,9 Hz

11.57 Um resistor de 750 Ω está em série com um capacitor de 0,1 μF. Em que frequência a impedância total tem um módulo de 1.000 Ω?

Resp. 2,41 kHz

11.58 Encontre a impedância total na forma polar de três componentes ligados em série que possuem impedâncias de $10\underline{/-40°}$, $12\underline{/65°}$ e $15\underline{/-30°}$ Ω.

Resp. $25{,}9\underline{/-6{,}77°}$ Ω

11.59 Qual resistor em série com indutor de 2 H limita a corrente em 120 mA quando 120 V a 60 Hz é aplicado?

Resp. 657 Ω

11.60 Dois elementos de circuito em série solicitam uma corrente de 24 sen (5.000t − 10°) mA em resposta a uma tensão aplicada de 120$\sqrt{2}$ sen (5.000t + 30°) V. Encontre os dois elementos.

Resp. Um resistor de 5,42 kΩ e um indutor de 0,909 H

11.61 Encontre a impedância de entrada em 20 krad/s para o circuito mostrado na Fig. 11-29.

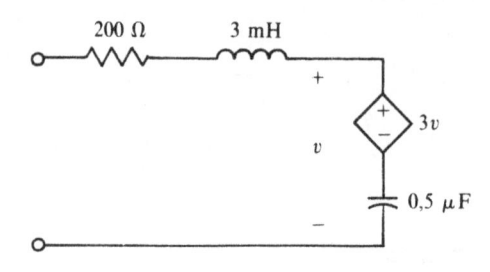

Resp. 228$\underline{/28,8°}$ Ω

Figura 11-29

11.62 Uma fonte de 300 V está conectada em série com três componentes, dois dos quais têm impedâncias de 40$\underline{/30°}$ Ω e 30$\underline{/-60°}$ Ω. Encontre a impedância do terceiro componente, se a corrente que flui por eles for de 5 A e estiver atrasada 20° em relação à fonte de tensão.

Resp. 27,3$\underline{/75,7°}$ Ω

11.63 Encontre a impedância total de dois componentes em paralelo que têm impedâncias idênticas de 100$\underline{/60°}$ Ω.

Resp. 50$\underline{/60°}$ Ω

11.64 Qual é a impedância total de dois componentes em paralelo que têm impedâncias de 80$\underline{/-30°}$ e 60$\underline{/40°}$ Ω?

Resp. 41,6$\underline{/10,7°}$ Ω

11.65 Uma bobina de 120 mH com uma resistência de enrolamento de 30 Ω está em paralelo com um resistor de 20 Ω. Qual resistor em série com um indutor produz a mesma impedância a 60 Hz nessa combinação paralela?

Resp. 15,6 Ω, 10,6 mH

11.66 Uma bobina de 2 mH com resistência de enrolamento de 10 Ω está em paralelo com um capacitor de 10 μF. Quais dois elementos de circuito em série terão a mesma impedância em 8 krad/s?

Resp. Um resistor de 13,9 Ω e um capacitor de 7,2 μF

11.67 Para o circuito mostrado na Fig. 11-30, encontre **I**, **V**$_R$ e **V**$_C$ e as grandezas senoidais correspondentes se a frequência for de 50 Hz. Encontre também a potência média entregue pela fonte.

Resp. **I** = 7,5$\underline{/81,3°}$ A **V**$_R$ = 150$\underline{/81,3°}$ V

V$_C$ = 187$\underline{/-8,66°}$ V i = 10,6 sen (314t + 81,3°) A

v_R = 212 sen (314t + 81,3°) V v_c = 265 sen (314t − 8,66°) V

Potência média entregue = 1,12 kW

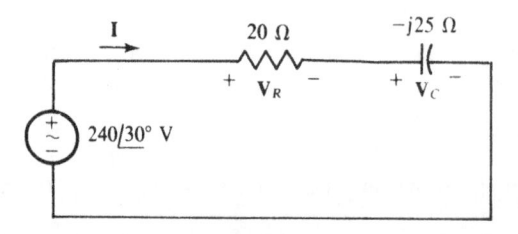

Figura 11-30

11.68 Uma fonte de tensão de 340 sen $(1.000t + 25°)$ V, um resistor de 2 Ω, um indutor de 1 H e um capacitor de 1 μF estão em série. Encontre a corrente que sai do terminal positivo da fonte. Além disso, encontre as quedas de tensão no resistor, no indutor e no capacitor.

Resp. $i = 170$ sen $(1.000t + 25°)$ A $\quad v_R = 340$ sen $(1.000t + 25°)$ V
$v_L = 170$ cos $(1.000t + 25°)$ kV $\quad v_C = 170$ sen $(1.000t - 65°)$ kV

11.69 Uma tensão que tem um fasor de $200\underline{/-40°}$ V é aplicada através de um resistor e de um capacitor que estão em série. Se a tensão rms no capacitor é de 120 V, qual é o fasor de tensão no resistor?

Resp. $160\underline{/-3,13°}$ V

11.70 Um circuito de domínio fasorial tem $220\underline{/30°}$ V aplicado através de dois componentes, um resistor de 30 Ω e uma bobina que tem impedância de $30\underline{/40°}$ Ω. Encontre as quedas de tensão através do resistor e da bobina.

Resp. Tensão no resistor = $117\underline{/10°}$ V, tensão na bobina = $117\underline{/50°}$ V

11.71 Uma fonte de tensão de 170 sen $(377t - 30°)$ V, um resistor de 200 Ω e um capacitor de 10 μF estão em série. Encontre as quedas de tensão no resistor e no capacitor.

Resp. $v_R = 102$ sen $(377t + 23°)$ V, $v_C = 136$ sen $(377t - 67°)$ V

11.72 Repita o Problema 11.71 com um indutor de 1 H adicionado em série. Além disso, encontre a tensão no indutor.

Resp. $v_R = 148$ sen $(377t - 59°)$ V, $v_C = 197$ sen $(377t - 149°)$ V, $v_L = 280$ sen $(377t + 31°)$ V

11.73 Um circuito no domínio fasorial tem $500\underline{/40°}$ V aplicada através de três componentes conectadas em série com impedâncias $20\underline{/40°}$, $30\underline{/-60°}$ e $40\underline{/70°}$ Ω. Encontre as quedas de tensão nos componentes.

Resp. $\mathbf{V}_{20} = 199\underline{/50,9°}$ V, $\mathbf{V}_{30} = 298\underline{/-49,1°}$ V, $\mathbf{V}_{40} = 397\underline{/80,9°}$ V

11.74 Qual é a corrente **I** para o circuito mostrado na Fig. 11-31?

Resp. $7,93\underline{/45,8°}$ A

11.75 Use divisão de tensão duas vezes para encontrar **V** no circuito mostrado na Fig. 11-31.

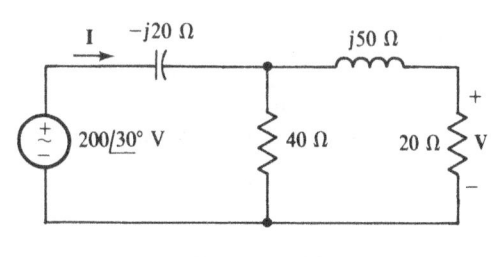

Resp. $81,2\underline{/6,04°}$ V

Figura 11-31

11.76 Desenvolva as expressões para a resistência e reatância de uma impedância em termos da condutância e da susceptância da admitância correspondente.

Resp. $R = G/(G^2 + B^2)$, $X = -B/(G^2 + B^2)$

11.77 Encontre a admitância total na forma polar de um capacitor de 1 μF e um resistor de 3,6 KΩ em paralelo em (*a*) 5 Hz, (*b*) 44,2 Hz e (*c*) 450 Hz.

Resp. (*a*) $0,28\underline{/6,45°}$ mS, (*b*) $0,393\underline{/45°}$ mS, (*c*) $2,84\underline{/84,4°}$ mS

11.78 Um resistor de 1 kΩ, um indutor de 1 H e um capacitor de 1 μF estão em paralelo. Encontre a admitância total na forma polar de (*a*) 500 rad/s, (*b*) 1.000 rad/s e (*c*) 5.000 rad/s.

Resp. (*a*) $1,8\underline{/-56,3°}$ mS, (*b*) $1\underline{/0°}$ mS, (*c*) $4,9\underline{/78,2°}$ mS

11.79 Um indutor e um resistor em paralelo têm uma admitância de $100\underline{/-30°}$ ms a 400 Hz. Quais são a indutância e a resistência?

Resp. 7,96 mH, 11,5 Ω

11.80 Encontre o circuito em série mais simples que tem a mesma impedância total em 400 Hz de uma combinação em paralelo de um resistor de 620 Ω, um indutor de 0,5 H e um capacitor de 0,5 μF.

Resp. Um resistor de 573 Ω e um capacitor de 2,43-μF

11.81 Uma carga tem tensão de $240\underline{/60°}$ V e corrente de $120\underline{/20°}$ mA. Quais são os dois elementos do circuito em paralelo da carga a 400Hz?

Resp. Um resistor de 2,61 kΩ e um indutor de 1,24 H

11.82 Um resistor e um capacitor de 0,5 μF em paralelo solicitam 50 mA quando 120 V é aplicado a 60 Hz. Qual é a admitância total na forma polar e qual é a resistência do resistor?

Resp. $0,417\underline{/26,9°}$ mS, 2,69 kΩ

11.83 Quais são os dois elementos do circuito em paralelo que têm uma admitância de $0,4\underline{/-50°}$ S a 60 Hz?

Resp. Um resistor de 3,89 Ω e um indutor de 8,66 mH

11.84 Quais são os dois elementos do circuito em paralelo que têm uma admitância de $2,5\underline{/30°}$ mS a 400 Hz?

Resp. Um resistor de 462 Ω e um capacitor de 0,497 μF

11.85 Três elementos do circuito em paralelo têm admitância de $6,3\underline{/-40°}$ mS a uma frequência de 2 kHz. Se um deles é um indutor de 60 mH, quais são os outros dois elementos?

Resp. Um resistor de 207 Ω e um indutor de 29,2 mH

11.86 Um resistor de 2 kΩ está em paralelo com um capacitor de 0,1 μF. Com que frequência a admitância total tem um ângulo de 40°?

Resp. 668 Hz

11.87 Um resistor e um indutor de 120 mH em paralelo solicitam 3 A, quando é aplicado 100 V a 60 Hz. Qual é a admitância total?

Resp. $30\underline{/-47,5°}$ mS

11.88 Determinada carga industrial tem uma impedância de $0,6\underline{/30°}$ Ω a uma frequência de 60 Hz. Qual capacitor conectado em paralelo com essa carga faz o ângulo da impedância total diminuir para 15°? Além disso, se a tensão na carga é de 120 V, qual é a diminuição da corrente de linha produzida pela adição do capacitor?

Resp. 1,18 mF, 20,7 A

11.89 Encontre a admitância **Y** do circuito mostrado na Fig. 11-32.

Resp. $2,29\underline{/-42,2°}$ S

11.90 Encontre a admitância de entrada em 1 krad/s para o circuito mostrado na Fig. 11-33.

Resp. 4 S

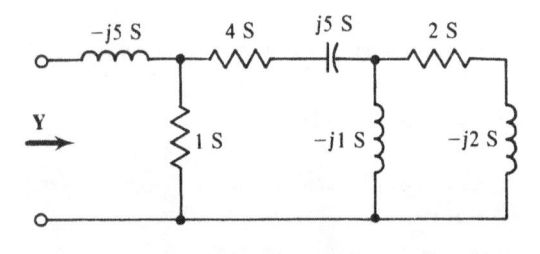

Figura 11-32

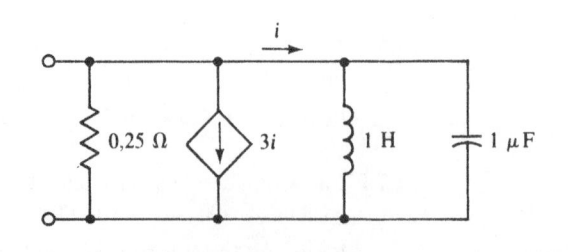

Figura 11-33

CAPÍTULO 11 • ANÁLISE DE CIRCUITOS CA BÁSICOS, IMPEDÂNCIA E ADMITÂNCIA

11.91 Repita o Problema 11.90 para uma frequência angular de 1 Mrad/s.

Resp. 5,66$\underline{/45°}$ S

11.92 Uma corrente de 20$\underline{/30°}$ A flui em três ramos paralelos que têm impedâncias de 200, $j10$ e $-j10\ \Omega$. Encontre a corrente no ramo de $j10\ \Omega$.

Resp. 400$\underline{/-60°}$ A

11.93 Uma corrente de 20 sen $(200t - 30°)$ A circula em uma combinação em paralelo de um resistor de 100 Ω e um capacitor de 25 μF. Encontre a corrente no capacitor.

Resp. 8,94 sen $(200t + 33,4°)$ A

11.94 Uma corrente de 20$\underline{/-45°}$ A circula em três ramos paralelos que têm impedâncias de 16$\underline{/30°}$, 20$\underline{/-45°}$ e 25$\underline{/-60°}$ Ω. Qual é a corrente no ramo de 25$\underline{/-60°}$ Ω?

Resp. 6,89$\underline{/-4,49°}$ A

11.95 Use divisão de corrente duas vezes para encontrar **I** no circuito mostrado na Fig. 11-34.

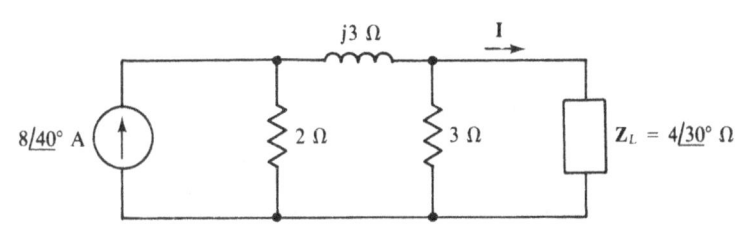

Resp. 1,41$\underline{/-19,5°}$ A

Figura 11-34

11.96 Calcule **I**$_o$ no circuito da Fig. 11-35.

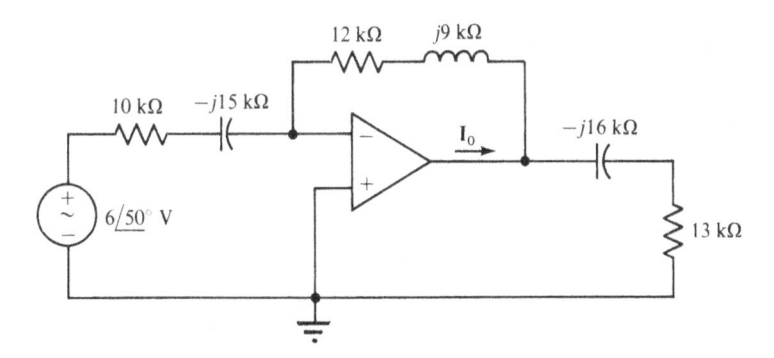

Resp. 0,419$\underline{/-38,4°}$ mA

Figura 11-35

11.97 Encontre i_o no circuito da Fig. 11-36.

Resp. 0,441 cos $(10^4 t - 69,9°)$ mA

ANÁLISE DE CIRCUITOS

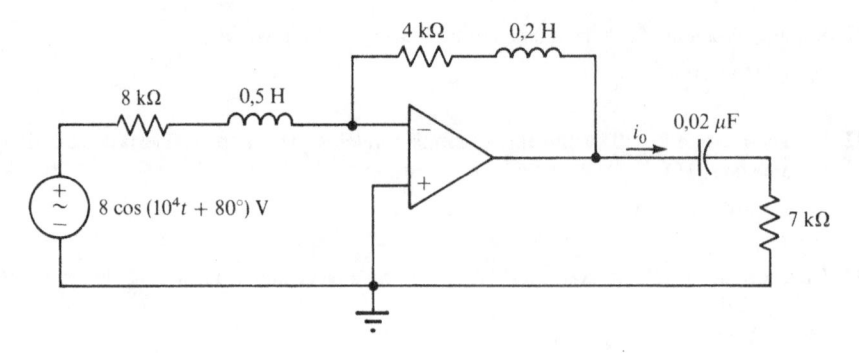

Figura 11-36

11.98 Obtenha $\mathbf{V}_o$ e $\mathbf{I}_o$ no circuito da Fig. 11-37.

Resp. $7{,}49\underline{/-45{,}0°}$ V, $2{,}04\underline{/-20{,}1°}$ mA

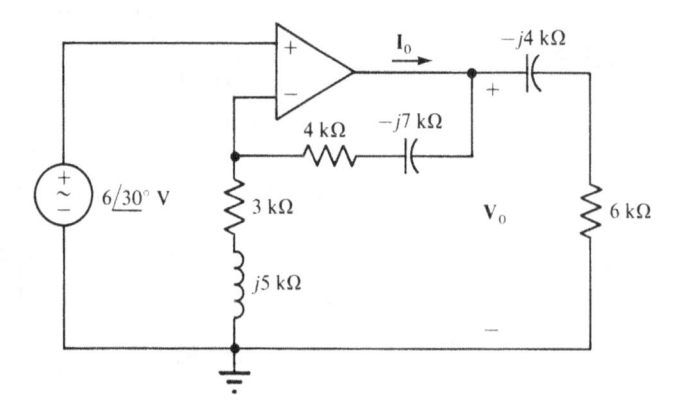

Figura 11-37

11.99 Calcule $\mathbf{V}_o$ no circuito da Fig. 11-38.

Resp. $-5{,}45\underline{/-13{,}0°}$ V

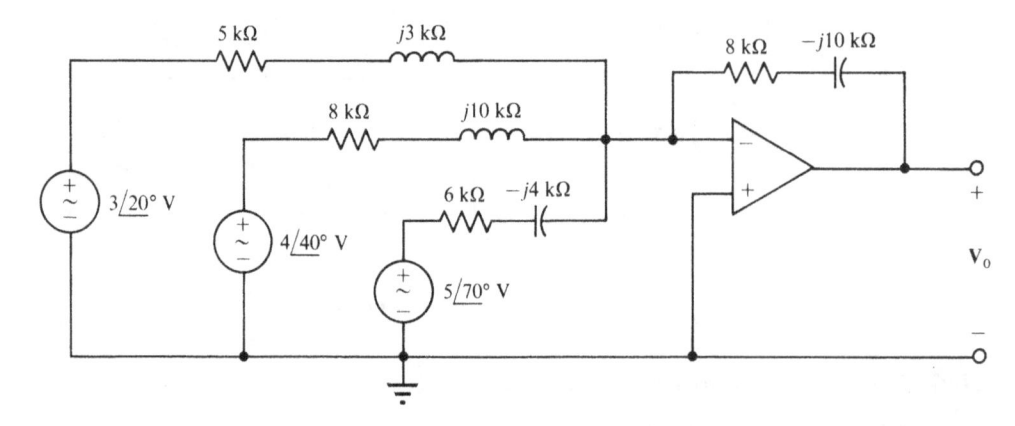

Figura 11-38

11.100 Determine $\mathbf{V}_o$ e $\mathbf{I}_o$ no circuito da Fig. 11-39.

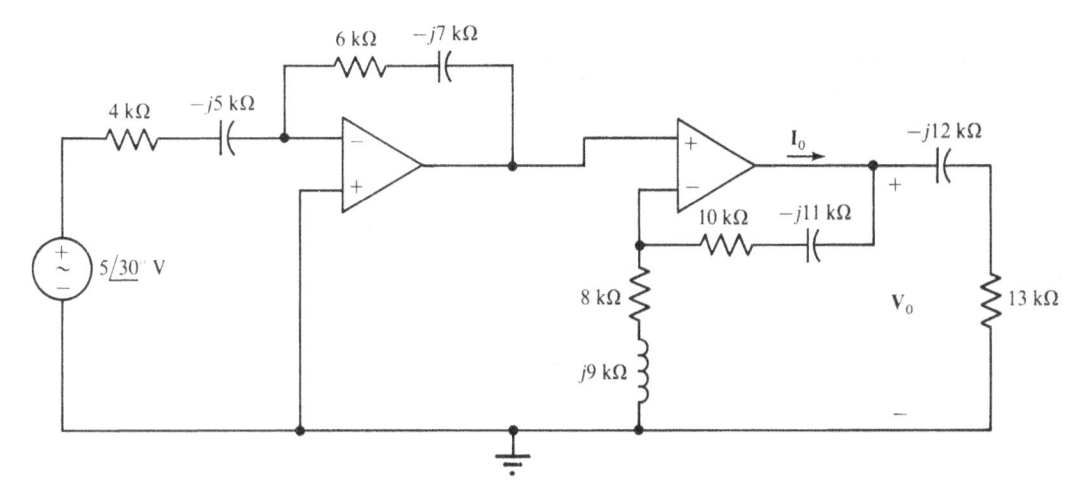

Resp. $-10,8 \underline{/-22,8°}$ V, $\quad -1,15 \underline{/1,98°}$ mA

Figura 11-39

11.101 Obtenha v_o no circuito da Fig. 11-40.

Resp. $7,40 \operatorname{sen}(8.000t + 86,5°)$ V

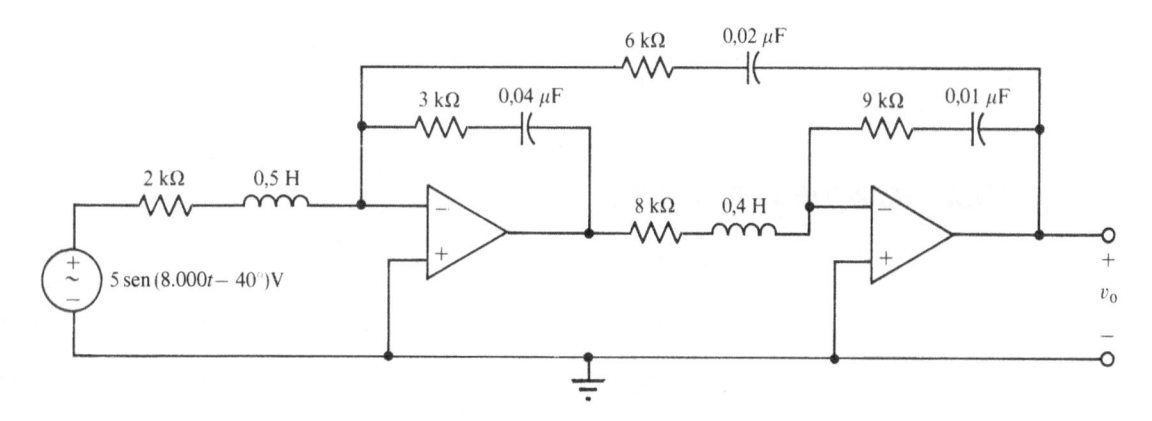

Figura 11-40

Capítulo 12

Análise de Malha, Laço e Nodal para Circuitos CA

INTRODUÇÃO

O material deste capítulo é semelhante ao apresentado no Capítulo 4. Aqui, no entanto, as técnicas de análise são aplicadas aos circuitos CA de domínio fasoriais em vez de aos circuitos CC resistivos. Assim, são aplicadas a fasores de tensão e corrente em vez de apenas a tensões e correntes, e a impedâncias e admitâncias em vez de apenas a resistências e condutâncias. Além disso, a análise é frequentemente considerada completa depois que a tensão é desconhecida ou fasores de corrente são determinados. O passo final para encontrar a função real do tempo de tensões e correntes muitas vezes não é feito, porque geralmente não são importantes. Além disso, é muito simples obtê-las a partir dos fasores.*

TRANSFORMAÇÕES DE FONTES

Como foi explicado, as análises de malha e laço geralmente são mais fáceis de fazer com todas as fontes de corrente transformadas em fontes de tensão, e a análise de nó geralmente é mais fácil de fazer com todas as fontes de tensão transformadas em fontes de corrente. A Fig. 12-1a mostra a transformação bastante óbvia a partir de uma fonte de tensão para uma fonte de corrente e a Fig. 12-1b mostra a transformação a partir de uma fonte de corrente para uma fonte de tensão. Em cada circuito, o retângulo ao lado de **Z** indica os componentes que têm uma impedância total de **Z**. Esses componentes podem estar em qualquer configuração e podem, é claro, incluir fontes dependentes – mas não fontes independentes.

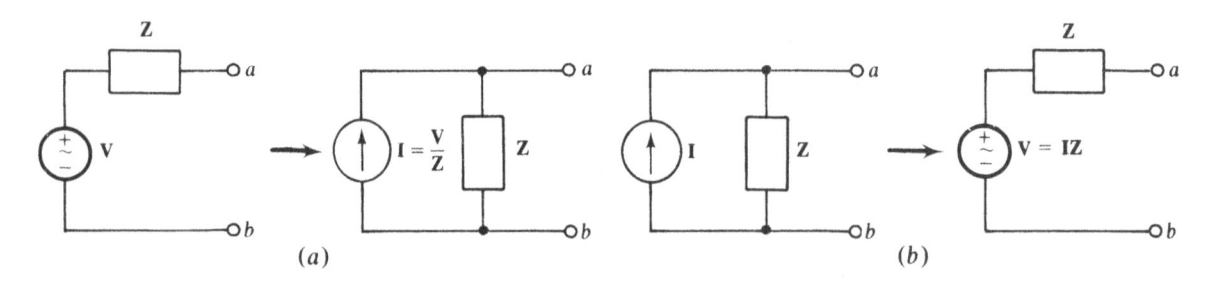

Figura 12-1

---

* Deste ponto em diante, os termos "admitâncias" e "impedância", muitas vezes, serão utilizados para significar *componentes com impedâncias* e *componentes com admitâncias*, como é comum na prática.

ANÁLISE DE MALHA E DE LAÇO

A análise de malha para circuitos de domínio fasorial deveria ser evidente a partir da apresentação da análise de malha para circuitos CC do Capítulo 4. Preferencialmente, todas as fontes de corrente são transformadas em fontes de tensão, depois o sentido horário é tomado como referência para as correntes de malha e, finalmente, é aplicada LKT a cada malha.

Como exemplo, considere o circuito no domínio fasorial mostrado na Fig. 12-2. A equação da LKT para a malha 1 é

$$\mathbf{I}_1\mathbf{Z}_1 + (\mathbf{I}_1 - \mathbf{I}_3)\mathbf{Z}_2 + (\mathbf{I}_1 - \mathbf{I}_2)\mathbf{Z}_3 = \mathbf{V}_1 + \mathbf{V}_2 - \mathbf{V}_3$$

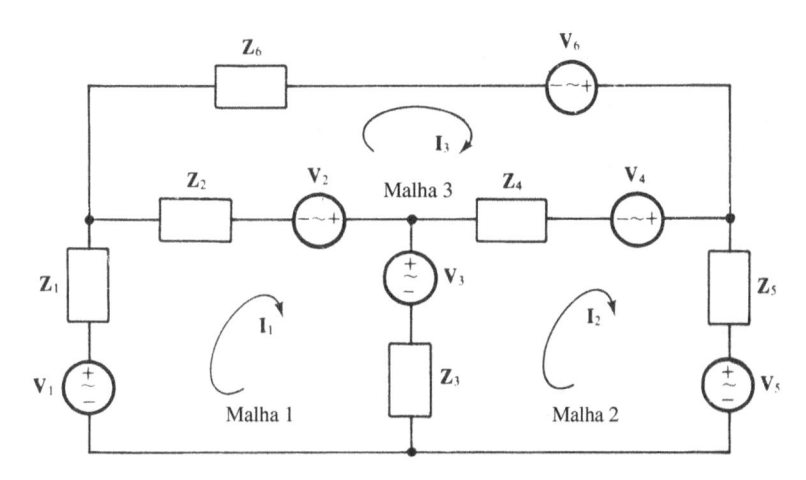

Figura 12-2

onde $\mathbf{I}_1\mathbf{Z}_1$, $(\mathbf{I}_1 - \mathbf{I}_3)\mathbf{Z}_2$ e $(\mathbf{I}_1 - \mathbf{I}_2)\mathbf{Z}_3$ são as quedas de tensão entre as impedâncias $\mathbf{Z}_1$, $\mathbf{Z}_2$ e $\mathbf{Z}_3$. É claro que $\mathbf{V}_1 + \mathbf{V}_2 - \mathbf{V}_3$ é a soma das elevações de tensão a partir das fontes de tensão da malha 1. Como um auxiliar de memória, uma fonte de tensão é adicionada, se ela "ajuda" no fluxo de corrente – isto é, se a corrente principal tem uma direção para fora do terminal positivo da fonte. Caso contrário, a tensão da fonte é subtraída.

Essa equação é simplificada para

$$(\mathbf{Z}_1 + \mathbf{Z}_2 + \mathbf{Z}_3)\mathbf{I}_1 - \mathbf{Z}_3\mathbf{I}_2 - \mathbf{Z}_2\mathbf{I}_3 = \mathbf{V}_1 + \mathbf{V}_2 - \mathbf{V}_3$$

O coeficiente de $\mathbf{I}_1$, $\mathbf{Z}_1 + \mathbf{Z}_2 + \mathbf{Z}_3$, é a *autoimpedância* da malha de 1, a qual é a soma das impedâncias da malha 1. O coeficiente de $\mathbf{I}_2$, $-\mathbf{Z}_3$, é o negativo da impedância do ramo comum para as malhas 1 e 2. Essa impedância $\mathbf{Z}_3$ é a *impedância mútua* – ela é mútua para as malhas 1 e 2. Da mesma forma, o coeficiente de $\mathbf{I}_3$, $-\mathbf{Z}_2$, é o negativo da impedância no ramo comum para as malhas 1 e 3, e assim $\mathbf{Z}_2$ também é uma impedância mútua. É importante ter em mente que, em análise de malhas, os termos mútuos têm sinais iniciais negativos.

Obviamente, é mais fácil escrever equações de malha usando autoimpedâncias e impedâncias mútuas do que aplicar diretamente a LKT. Fazer isso para malhas 2 e 3 resulta em

$$-\mathbf{Z}_3\mathbf{I}_1 + (\mathbf{Z}_3 + \mathbf{Z}_4 + \mathbf{Z}_5)\mathbf{I}_2 - \mathbf{Z}_4\mathbf{I}_3 = \mathbf{V}_3 + \mathbf{V}_4 - \mathbf{V}_5$$

e

$$-\mathbf{Z}_2\mathbf{I}_1 - \mathbf{Z}_4\mathbf{I}_2 + (\mathbf{Z}_2 + \mathbf{Z}_4 + \mathbf{Z}_6)\mathbf{I}_3 = -\mathbf{V}_2 - \mathbf{V}_4 + \mathbf{V}_6$$

Colocando as equações juntas, mostra-se a simetria dos coeficientes de $\mathbf{I}$ sobre a diagonal principal:

$$\begin{aligned}(\mathbf{Z}_1 + \mathbf{Z}_2 + \mathbf{Z}_3)\mathbf{I}_1 - \mathbf{Z}_3\mathbf{I}_2 - \mathbf{Z}_2\mathbf{I}_3 &= \mathbf{V}_1 + \mathbf{V}_2 - \mathbf{V}_3 \\ -\mathbf{Z}_3\mathbf{I}_1 + (\mathbf{Z}_3 + \mathbf{Z}_4 + \mathbf{Z}_5)\mathbf{I}_2 - \mathbf{Z}_4\mathbf{I}_3 &= \mathbf{V}_3 + \mathbf{V}_4 - \mathbf{V}_5 \\ -\mathbf{Z}_2\mathbf{I}_1 - \mathbf{Z}_4\mathbf{I}_2 + (\mathbf{Z}_2 + \mathbf{Z}_4 + \mathbf{Z}_6)\mathbf{I}_3 &= -\mathbf{V}_2 - \mathbf{V}_4 + \mathbf{V}_6\end{aligned}$$

Geralmente, tal simetria não existe se o circuito correspondente tem fontes dependentes. Além disso, alguns dos coeficientes fora da diagonal podem não ter sinais iniciais negativos.

Tal simetria dos coeficientes é ainda melhor vista com as equações escritas em forma de matriz:

$$\begin{bmatrix} Z_1+Z_2+Z_3 & -Z_3 & -Z_2 \\ -Z_3 & Z_3+Z_4+Z_5 & -Z_4 \\ -Z_2 & -Z_4 & Z_2+Z_4+Z_6 \end{bmatrix} \begin{bmatrix} I_1 \\ I_2 \\ I_3 \end{bmatrix} = \begin{bmatrix} V_1+V_2-V_3 \\ V_3+V_4-V_5 \\ -V_2-V_4+V_6 \end{bmatrix}$$

Para algumas calculadoras científicas, o melhor é colocar as equações nessa forma e, em seguida, introduzir os coeficientes e constantes para que a calculadora possa ser utilizada para resolver as equações. O método para cálculo de matrizes geralmente é superior a qualquer outro procedimento, como a regra de Cramer.

A análise de laço é similar, exceto pelo fato de que os caminhos em torno dos quais a LKT é aplicada não são necessariamente malhas, e as correntes de laço podem não ser referenciadas no sentido horário. Assim, mesmo que um circuito não tenha fontes dependentes, alguns dos coeficientes de impedância mútua iniciais podem não ter sinais negativos. Preferencialmente, os caminhos das correntes de laço são selecionados de modo que cada fonte de corrente tenha apenas uma corrente de laço através dela. Em seguida, essas correntes de laço se tornam grandezas conhecidas com o resultado que não é necessário para escrever equações da LKT para os laços ou para transformar fontes de corrente para fontes de tensão. Finalmente, o número necessário de correntes de laço é $B - N + 1$, onde B é o número de ramos e N é o número de nós. Para um circuito planar, um circuito que pode ser desenhado sobre uma superfície plana sem cruzamento de fios, esse número de correntes de laço é o mesmo que o número de malhas.

ANÁLISE NODAL

A análise nodal para circuitos de domínio fasorial é semelhante à análise nodal para circuitos CC. Preferencialmente, todas as fontes de tensão são transformadas para fontes de corrente. Em seguida, um nó de referência é selecionado e todos os outros nós são referenciados positivamente em potencial com relação a esse nó de referência. Finalmente, é aplicada a LKC a cada nó não referenciado. Muitas vezes, os sinais de polaridade para as tensões de nós não se encontram visíveis porque, por convenção, essas referências são tensões positivas com relação ao nó de referência.

Como ilustração da análise nodal aplicada a um circuito de domínio fasorial, considere o circuito mostrado na Fig. 12-3. A equação da LKC para o nó 1 é

$$V_1Y_1 + (V_1 - V_2)Y_2 + (V_1 - V_3)Y_6 = I_1 + I_2 - I_6$$

onde V_1Y_1 $(V_1 - V_2)Y_2$ e $(V_1 - V_3)Y_6$ são as correntes que fluem ao longo do nó 1 através das admitâncias Y_1, Y_2 e Y_6. Certamente, $I_1 + I_2 - I_6$ é a soma das correntes que flui para o nó 1 partindo das fontes de corrente,

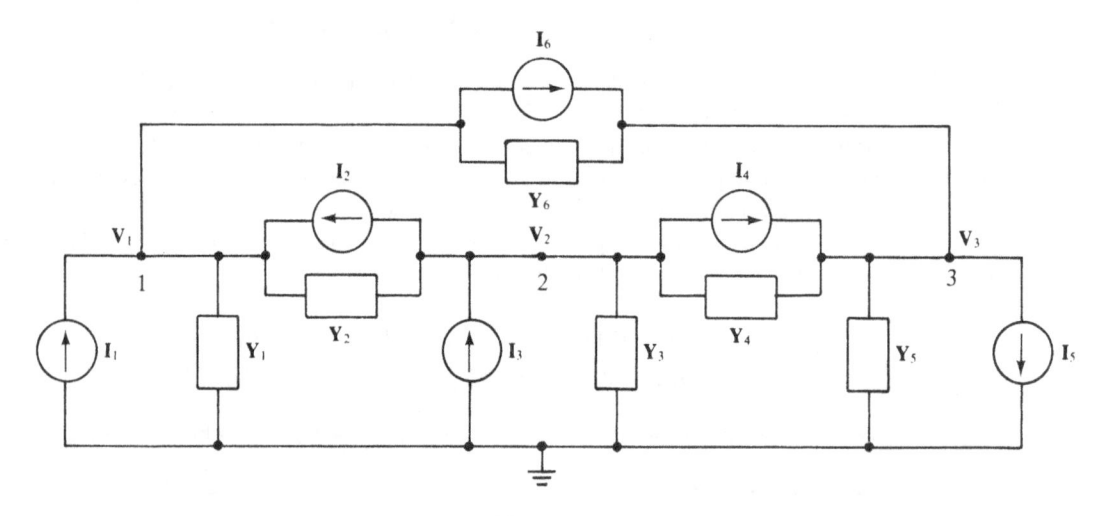

Figura 12-3

Essa equação simplificada fica

$$(Y_1 + Y_2 + Y_6)V_1 - Y_2V_2 - Y_6V_3 = I_1 + I_2 - I_6$$

O coeficiente $Y_1 + Y_2 + Y_6$ de V_1 é a *autoadmitância* do nó 1, que é a soma das admitâncias conectadas ao nó 1. O coeficiente $-Y_2$ de V_2 é o negativo da admitância conectada entre os nós 1 e 2. Assim, Y_2 é a *admitância mútua*.

Similarmente, o coeficiente $-\mathbf{Y}_6$ de $\mathbf{V}_3$ é o negativo da admitância conectada entre os nós 1 e 3, e assim $\mathbf{Y}_6$ também é uma admitância mútua.

Certamente, é mais fácil escrever equações nodais usando autoadmitâncias e admitâncias mútuas do que aplicar diretamente a LKC. Fazer isso para os nós 2 e 3 produz

$$-\mathbf{Y}_2\mathbf{V}_1(\mathbf{Y}_2 + \mathbf{Y}_3 + \mathbf{Y}_4)\mathbf{V}_2 - \mathbf{Y}_4\mathbf{V}_3 = -\mathbf{I}_2 + \mathbf{I}_3 - \mathbf{I}_4$$

e

$$-\mathbf{Y}_6\mathbf{V}_1 - \mathbf{Y}_4\mathbf{V}_2 + (\mathbf{Y}_4 + \mathbf{Y}_5 + \mathbf{Y}_6)\mathbf{V}_3 = \mathbf{I}_4 - \mathbf{I}_5 + \mathbf{I}_6$$

Colocando as equações juntas é possível ver a simetria dos coeficientes de $\mathbf{V}$ sobre a diagonal principal:

$$\begin{aligned}
(\mathbf{Y}_1 + \mathbf{Y}_2 + \mathbf{Y}_6)\mathbf{V}_1 - &\quad \mathbf{Y}_2\mathbf{V}_2 - &\quad \mathbf{Y}_6\mathbf{V}_3 &= \mathbf{I}_1 + \mathbf{I}_2 - \mathbf{I}_6 \\
-\mathbf{Y}_2\mathbf{V}_1 + (\mathbf{Y}_2 + \mathbf{Y}_3 + \mathbf{Y}_4)\mathbf{V}_2 - &\quad &\quad \mathbf{Y}_4\mathbf{V}_3 &= -\mathbf{I}_2 + \mathbf{I}_3 - \mathbf{I}_4 \\
-\mathbf{Y}_6\mathbf{V}_1 - &\quad \mathbf{Y}_4\mathbf{V}_2 + (\mathbf{Y}_4 + \mathbf{Y}_5 + \mathbf{Y}_6)\mathbf{V}_3 &= \mathbf{I}_4 - \mathbf{I}_5 + \mathbf{I}_6
\end{aligned}$$

Em geral, tal simetria não existe se o circuito correspondente tem fontes dependentes. Além disso, alguns dos coeficientes fora da diagonal podem não ter sinais iniciais negativos. Na forma de matriz, estas equações são

$$\begin{bmatrix} \mathbf{Y}_1 + \mathbf{Y}_2 + \mathbf{Y}_6 & -\mathbf{Y}_2 & -\mathbf{Y}_6 \\ -\mathbf{Y}_2 & \mathbf{Y}_2 + \mathbf{Y}_3 + \mathbf{Y}_4 & -\mathbf{Y}_4 \\ -\mathbf{Y}_6 & -\mathbf{Y}_4 & \mathbf{Y}_4 + \mathbf{Y}_5 + \mathbf{Y}_6 \end{bmatrix} \begin{bmatrix} \mathbf{V}_1 \\ \mathbf{V}_2 \\ \mathbf{V}_3 \end{bmatrix} = \begin{bmatrix} \mathbf{I}_1 + \mathbf{I}_2 - \mathbf{I}_6 \\ -\mathbf{I}_2 + \mathbf{I}_3 - \mathbf{I}_4 \\ \mathbf{I}_4 - \mathbf{I}_5 + \mathbf{I}_6 \end{bmatrix}$$

Problemas Resolvidos

12.1 Efetue a transformação de fonte no circuito mostrado na Fig. 12-4.

A impedância em série é $3 + j4 + 6\|(-j5) = 5{,}56\underline{/10{,}9°}\ \Omega$, que, quando dividida pela tensão da fonte original, dá a fonte de corrente do circuito equivalente:

$$\frac{20\underline{/30°}}{5{,}56\underline{/10{,}9°}} = 3{,}6\underline{/19{,}1°}\ \text{A}$$

Como mostrado na Fig. 12-5, o sentido da corrente é no sentido do nó a, como deve ser, porque o terminal positivo da fonte de tensão é no sentido daquele nó também. A impedância paralela é, naturalmente, a impedância em série do circuito original.

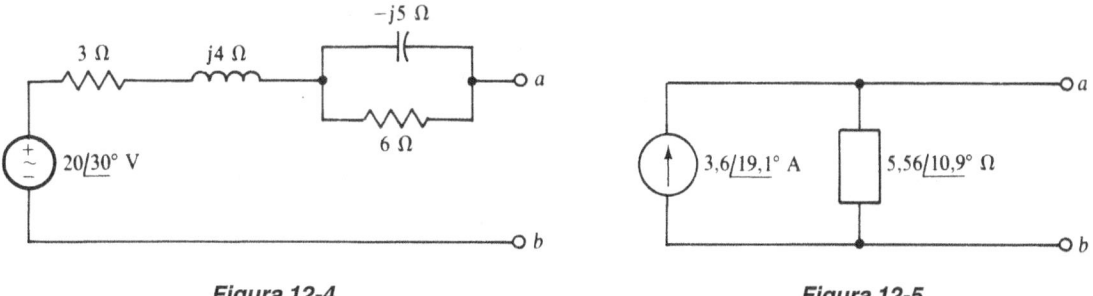

Figura 12-4

Figura 12-5

12.2 Efetue a transformação de fonte no circuito mostrado na Fig. 12-6.

Este circuito tem uma fonte de tensão dependente que fornece uma tensão em volts que é três vezes a corrente $\mathbf{I}$ que flui *em outro lugar* (não mostrado) no circuito completo. Quando, como aqui, a quantidade de controle não está no circuito a ser transformado, a transformação é a mesma que para um circuito com fonte independente. Portanto, a impedância paralela é $3 - j4 = 5\underline{/-53{,}1°}\ \Omega$ e a fonte de corrente dirigida para o nó a é

$$\frac{3\mathbf{I}}{5\underline{/-53{,}1°}} = (0{,}6\underline{/53{,}1°})\mathbf{I}$$

como mostrado na Fig. 12-7.

Figura 12-6

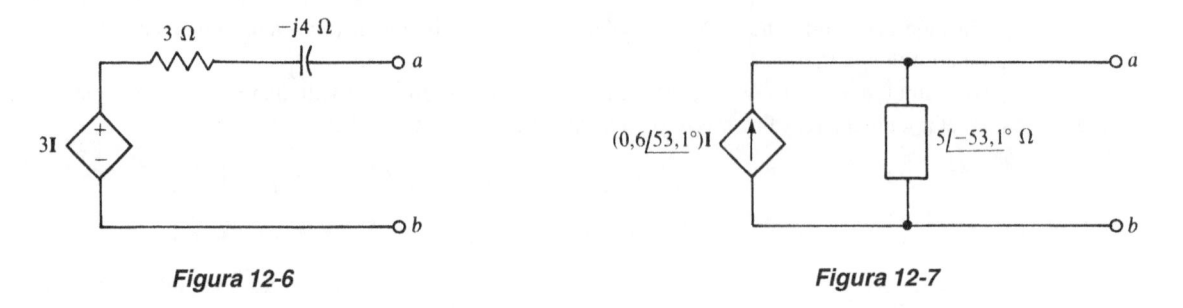

Figura 12-7

Quando a quantidade de controle está na parte do circuito a ser transformado, um método diferente deve ser utilizado, como é explicado no Capítulo 13, na seção relativa aos Teoremas de Thévenin e de Norton.

12.3 Efetue a transformação de fonte no circuito mostrado na Fig. 12-8.

A impedância paralela é $6\|(5 + j3) = 3,07\underline{/15,7°}$ Ω. O produto da impedância paralela e a corrente é a tensão da fonte de tensão equivalente:

$$(4\underline{/-35°})(3,07\underline{/15,7°}) = 12,3\underline{/-19,3°} \text{ V}$$

Como mostrado na Fig. 12-9, o terminal positivo da fonte de tensão está no sentido do nó *a*, como deve ser, uma vez que a corrente do circuito original está no sentido desse nó também. A impedância da fonte é, naturalmente, a mesma, $3,07\underline{/15,7°}$ Ω, mas está em série com a fonte em vez de em paralelo.

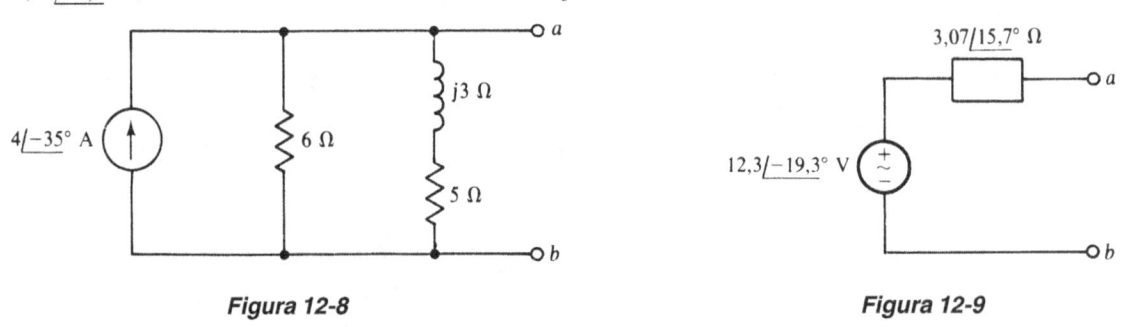

Figura 12-8

Figura 12-9

12.4 Efetue a transformação da fonte do circuito mostrado na Fig. 12-10.

Este circuito tem uma fonte de corrente dependente que fornece um fluxo de corrente em ampères que é de seis vezes a tensão **V** através de um componente *em outro lugar* (não mostrado) no circuito completo. Uma vez que a grandeza controlada não está no circuito a ser transformado, a transformação é a mesma que para um circuito com fonte independente. Consequentemente, a impedância em série é $5\|(4 - j6) = 3,33\underline{/-22,6°}$ Ω e a tensão da fonte é

$$6\mathbf{V} \times 3,33\underline{/-22,6°} = (20\underline{/-22,6°})\mathbf{V}$$

com, como mostrado na Fig. 12-11, a polaridade positiva para o nó *a* porque a corrente da fonte de corrente também está em direção a esse nó. A mesma impedância de fonte está, certamente, no circuito, mas está em série com a fonte em vez de em paralelo com ela.

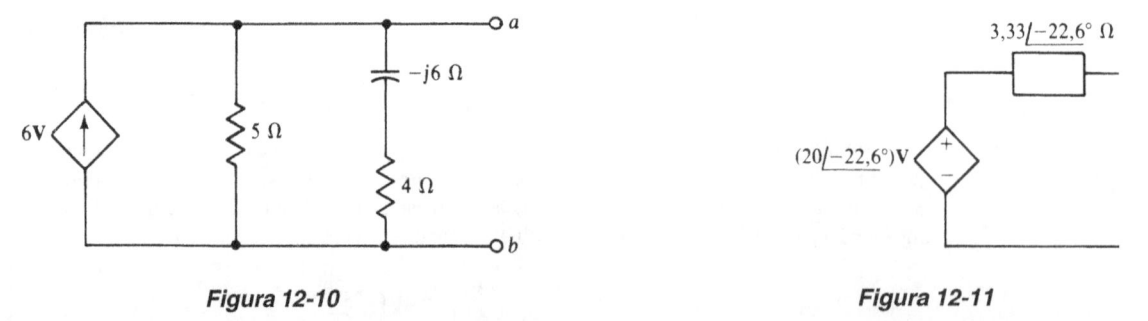

Figura 12-10

Figura 12-11

12.5 Suponha que as seguintes equações são equações de malha de um circuito que não possui fontes de corrente ou fontes dependentes. Encontre os valores que estão em branco.

CAPÍTULO 12 • ANÁLISE DE MALHA, LAÇO E NODAL PARA CIRCUITOS CA

$$(16 - j5)\mathbf{I}_1 \quad\underline{}\mathbf{I}_2 - (3 + j2)\mathbf{I}_3 = 4 - j2$$
$$-(4 + j3)\mathbf{I}_1 + (18 + j9)\mathbf{I}_2 - (6 - j8)\mathbf{I}_3 = 10\underline{/20°}$$
$$\underline{}\mathbf{I}_1 \quad\underline{}\mathbf{I}_2 + (20 + j10)\mathbf{I}_3 = 14 + j11$$

A chave é a simetria necessária dos coeficientes de **I** sobre a diagonal principal. Devido a essa simetria, o coeficiente de $\mathbf{I}_2$ na primeira equação deve ser $-(4 + j3)$, o mesmo que o coeficiente de $\mathbf{I}_1$ na segunda equação. Além disso, o coeficiente de $\mathbf{I}_1$ na terceira equação deve ser $-(3 + j2)$, o mesmo que o coeficiente de $\mathbf{I}_3$ na primeira equação. Por fim, o coeficiente de $\mathbf{I}_2$ na terceira equação deve ser $-(6 - j8)$, o mesmo que o coeficiente de $\mathbf{I}_3$ na segunda equação.

12.6 Encontre as tensões por meio das impedâncias no circuito mostrado na Fig.12-12a. Em seguida, transforme a fonte de tensão e o componente $10\underline{/30°}$ Ω em uma fonte de corrente equivalente e novamente encontre as tensões. Compare os resultados.

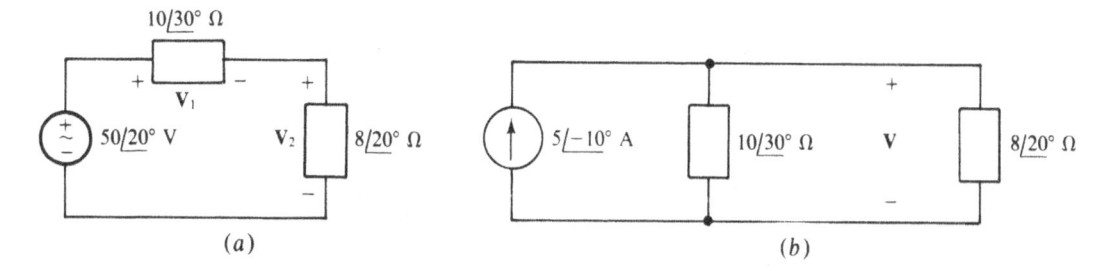

Figura 12-12

Por divisão de tensão,

$$\mathbf{V}_1 = \frac{10\underline{/30°}}{10\underline{/30°} + 8\underline{/20°}} \times 50\underline{/20°} = \frac{500\underline{/50°}}{17,9\underline{/25,6°}} = 27,9\underline{/24,4°} \text{ V}$$

Pela LKT,

$$\mathbf{V}_2 = 50\underline{/20°} - 27,9\underline{/24,4°} = 22,3\underline{/14,4°} \text{ V}$$

A transformação da fonte de tensão resulta em uma fonte de corrente de $(50\underline{/20°})/(10\underline{/30°}) = 5\underline{/-10°}$ A em paralelo com um componente $10\underline{/30°}$ Ω, ambos em paralelo com o componente $8\underline{/20°}$ Ω, como mostrado na Fig. 12-12b. Nesse circuito paralelo, a mesma tensão V ocorre através de todos os componentes. Essa tensão pode ser encontrada a partir do produto da impedância total e da corrente:

$$\mathbf{V} = \frac{(10\underline{/30°})(8\underline{/20°})}{10\underline{/30°} + 8\underline{/20°}} \times 5\underline{/-10°} = \frac{400\underline{/40°}}{17,9\underline{/25,6°}} = 22,3\underline{/14,4°} \text{ V}$$

Observe que a tensão no componente $8\underline{/20°}$ Ω é a mesma que para o circuito original, mas que a tensão no componente $10\underline{/30°}$ Ω é diferente. Esse resultado ilustra o fato de que uma fonte transformada produz as tensões e correntes mesmo fora da fonte, mas geralmente não em seu interior.

12.7 Encontre as correntes de malha para o circuito mostrado na Fig. 12-13.

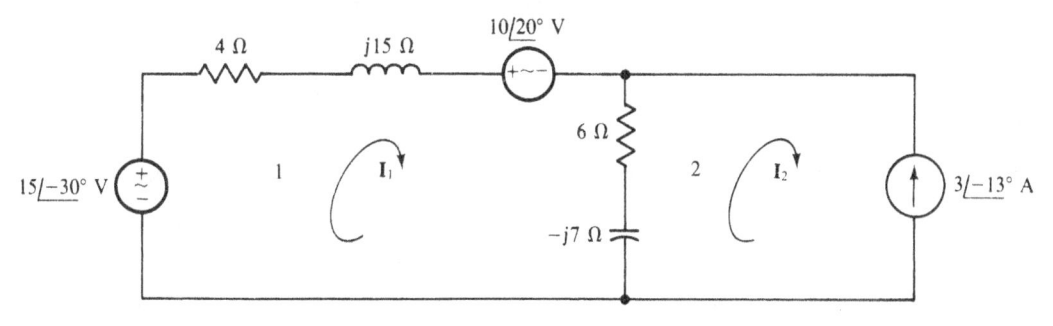

Figura 12-13

A autoimpedância e a impedância mútua são sempre o melhor método para obter equações de malha. A autoimpedância da malha 1 é $4 + j15 + 6 - j7 = 10 + j8$ Ω, e a impedância mútua com a malha 2 é $6 - j7$ Ω. A soma das elevações de tensão da fonte na direção de $\mathbf{I}_1$ é $15\underline{/-30} - 10\underline{/20°} = 11{,}5\underline{/-71{,}8°}$ V. Nessa soma, a tensão $10\underline{/20°}$ V é subtraída porque é uma queda de tensão em vez de um aumento. A equação da malha 1 tem, é claro, um lado esquerdo que é o produto da autoimpedância e $\mathbf{I}_1$ menos o produto da impedância mútua e $\mathbf{I}_2$. O lado direito é a soma do aumento de tensão de origem.

Assim, essa equação é

$$(10 + j8)\mathbf{I}_1 - (6 - j7)\mathbf{I}_2 = 11{,}5\underline{/-71{,}8°}$$

Nenhuma equação da LKT é necessária para a malha 2, porque $\mathbf{I}_2$ é a única corrente na malha através da fonte de corrente $3\underline{/-13°}$ A. Como resultado, $\mathbf{I}_2 = -3\underline{/-13°}$ A. O sinal negativo inicial é necessário porque $\mathbf{I}_2$ tem um sentido positivo para baixo através da fonte, mas a corrente de $3\underline{/-13°}$ A especificada é para cima. Recorde que, se por alguma razão, uma equação da LKT para a malha 2 é desejada, uma variável deve ser incluída para a tensão através da fonte de corrente uma vez que essa tensão não é conhecida.

A substituição de $\mathbf{I}_2 = -3\underline{/-13°}$ A na equação da malha 1 produz

$$(10 + j8)\mathbf{I}_1 - (6 - j7)(-3\underline{/-13°}) = 11{,}5\underline{/-71{,}8°}$$

a partir do qual

$$\mathbf{I}_1 = \frac{11{,}5\underline{/-71{,}8°} + (6 - j7)(-3\underline{/-13°})}{10 + j8} = \frac{16{,}4\underline{/124{,}2°}}{12{,}8\underline{/38{,}7°}} = 1{,}28\underline{/85{,}5°} \text{ A}$$

Outra boa abordagem de análise é primeiro transformar a fonte de corrente e a impedância em paralelo para uma fonte de tensão equivalente e impedância em série, e então encontrar $\mathbf{I}_1$ do circuito resultante de uma única malha. Se isso for feito, a equação para $\mathbf{I}_1$ será idêntica à equação acima.

12.8 Encontre as correntes de malha $\mathbf{I}_1$ e $\mathbf{I}_2$ no circuito mostrado na Fig. 12-14.

A abordagem de autoimpedância e impedância mútua é a melhor para analisar a malha. A autoimpedância da malha 1 é $8 - j14 + 4 = 12 - j14$ Ω, a impedância mútua com a malha 2 é 4 Ω e a soma da tensão da fonte que sobe na direção de $\mathbf{I}_1$ é $10\underline{/-40°} + 12\underline{/10°} = 20\underline{/-12{,}6°}$ V. Assim, a equação da LKT para a malha 1 é

$$(12 - j14)\mathbf{I}_1 - 4\mathbf{I}_2 = 20\underline{/-12{,}6°}$$

Para a malha 2, a autoimpedância é $6 + j10 + 4 = 10 + j10$ Ω, a impedância mútua é 4 Ω e a soma da elevação de tensão a partir da fonte de tensão é $-12\underline{/10°}$. Assim, a equação da LKT da malha 2 é

$$-4\mathbf{I}_1 + (10 + j10)\mathbf{I}_2 = -12\underline{/10°}$$

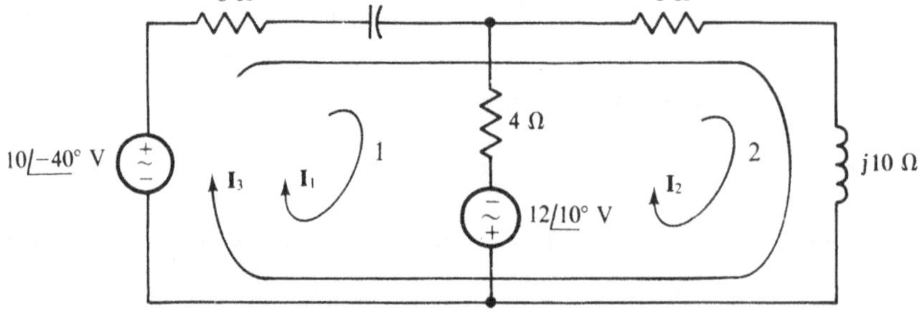

Figura 12-14

Colocar as duas equações de malha juntas mostra a simetria de coeficientes (aqui, -4) sobre a diagonal principal como o resultado comum da impedância mútua:

$$(12 - j14)\mathbf{I}_1 - 4\mathbf{I}_2 = 20\underline{/-12{,}6°}$$
$$-4\mathbf{I}_1 + (10 + j10)\mathbf{I}_2 = -12\underline{/10°}$$

Pela regra de Cramer:

$$\mathbf{I}_1 = \frac{\begin{vmatrix} 20\underline{/-12,6°} & -4 \\ -12\underline{/10°} & 10+j10 \end{vmatrix}}{\begin{vmatrix} 12-j14 & -4 \\ -4 & 10+j10 \end{vmatrix}} = \frac{(20\underline{/-12,6°})(10+j10)-(-12\underline{/10°})(-4)}{(12-j14)(10+j10)-(-4)(-4)} = \frac{239\underline{/36,8°}}{245\underline{/-4,7°}} = 0,974\underline{/41,5°} \text{ A}$$

e, desde que $\mathbf{I}_2$ tem o mesmo denominador de $\mathbf{I}_1$,

$$\mathbf{I}_2 = \frac{\begin{vmatrix} 12-j14 & 20\underline{/-12,6°} \\ -4 & -12\underline{/10°} \end{vmatrix}}{245\underline{/-4,7°}} = \frac{(12-j14)(-12\underline{/10°})-(-4)(20\underline{/-12,6°})}{245\underline{/-4,7°}} = -0,63\underline{/-48,2°} \text{ A}$$

12.9 Use a análise de laço para encontrar a corrente para baixo através do resistor de 4 Ω no circuito mostrado na Fig.12-14.

A seleção preferível do laço de correntes é $\mathbf{I}_1$ e $\mathbf{I}_3$, porque $\mathbf{I}_1$ é a corrente desejada, uma vez que é a única corrente no resistor 4 Ω e tem um sentido descendente. Naturalmente, deve ser utilizada a abordagem de autoimpedância e impedância mútua.

A autoimpedância do laço de $\mathbf{I}_1$ é $8-j14+4 = 12-j14$ Ω, a impedância mútua com o laço de $\mathbf{I}_3$ é $8-j14$ Ω e a soma da elevação de tensão da fonte na direção da $\mathbf{I}_1$ é $10\underline{/-40°}+12\underline{/10°} = 20\underline{/-12,6°}$ V. A autoimpedância do laço de $\mathbf{I}_3$ é $8-j14+6+j10 = 14-j4$ Ω, dos quais $8-j14$ Ω é mútua com o laço de $\mathbf{I}_1$. O aumento da tensão da fonte na direção de $\mathbf{I}_3$ é $10\underline{/-40°}$ V. Por conseguinte, as equações de laço são

$$(12-j14)\mathbf{I}_1 + (8-j14)\mathbf{I}_3 = 20\underline{/-12,6°}$$
$$(8-j14)\mathbf{I}_1 + (14-j4)\mathbf{I}_3 = 10\underline{/-40°}$$

Os termos mútuos são positivos porque as correntes de laço $\mathbf{I}_1$ e $\mathbf{I}_3$ têm a mesma direção através da impedância mútua.

Pela regra de Cramer,

$$\mathbf{I}_1 = \frac{\begin{vmatrix} 20\underline{/-12,6°} & 8-j14 \\ 10\underline{/-40°} & 14-j4 \end{vmatrix}}{\begin{vmatrix} 12-j14 & 8-j14 \\ 8-j14 & 14-j4 \end{vmatrix}} = \frac{(20\underline{/-12,6°})(14-j4)-(10\underline{/-40°})(8-j14)}{(12-j14)(14-j4)-(8-j14)(8-j14)} = \frac{285\underline{/4°}}{245\underline{/-4,7°}} = 1,16\underline{/8,7°} \text{ A}$$

Como verificação, observe que a corrente de laço deve ser igual à diferença das correntes da malha $\mathbf{I}_1$ e $\mathbf{I}_2$ encontradas na solução do Problema 12.8. Isto é, $\mathbf{I}_1 - \mathbf{I}_2 = 0,974\underline{/41,5°} - (-0,63\underline{/-48,2°}) = 1,16\underline{/8,7°}$ A.

12.10 Encontre as correntes de malha para o circuito mostrado na Fig. 12-15a.

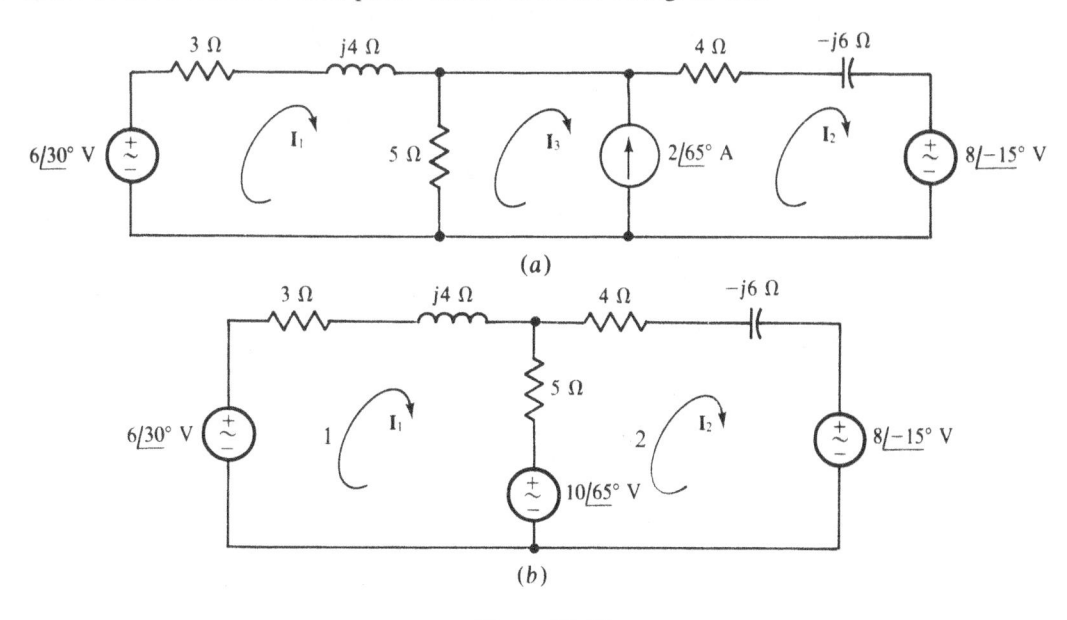

Figura 12-15

Um bom primeiro passo consiste na transformação da fonte de corrente de $2\underline{/65°}$ A e resistor de 5 Ω em paralelo em uma fonte de tensão e resistor em série, como mostrado no circuito da Fig. 12-15b. Observe que essa transformação elimina a malha 3. A autoimpedância da malha 1 é $3 + j4 + 5 = 8 + j4$ Ω e da malha 2 é $4 - j6 + 5 = 9 - j6$ Ω. A impedância mútua é 5 Ω. A soma do aumento de tensão a partir da fontes é $6\underline{/30°} - 10\underline{/65°} = 6{,}14\underline{/-80{,}9°}$ V para a malha 1 e $10\underline{/65°} - 8\underline{/-15°} = 11{,}7\underline{/107°}$ V para a malha 2. As equações de malha correspondentes são

$$(8 + j4)\mathbf{I}_1 - 5\mathbf{I}_2 = 6{,}14\underline{/-80{,}9°}$$
$$-5\mathbf{I}_1 + (9 - j6)\mathbf{I}_2 = 11{,}7\underline{/107°}$$

Na forma matricial, tornam-se

$$\begin{bmatrix} 8 + j4 & -5 \\ -5 & 9 - j6 \end{bmatrix} \begin{bmatrix} \mathbf{I}_1 \\ \mathbf{I}_2 \end{bmatrix} = \begin{bmatrix} 6{,}14\underline{/-80{,}9°} \\ 11{,}7\underline{/107°} \end{bmatrix}$$

Essas equações são resolvidas mais facilmente usando uma calculadora científica (ou um computador). As soluções obtidas são: $\mathbf{I}_1 = 0{,}631\underline{/-164{,}4°} = -0{,}631\underline{/15{,}6°}$ A e $\mathbf{I}_2 = 1{,}13\underline{/156{,}1°} = -1{,}13\underline{/-23{,}9°}$ A.

A partir do circuito original mostrado na Fig. 12-15a, a corrente na fonte de corrente é $\mathbf{I}_2 - \mathbf{I}_3 = 2\underline{/65°}$ A. Consequentemente,

$$\mathbf{I}_3 = \mathbf{I}_2 - 2\underline{/65°} = -1{,}13\underline{/-23{,}9°} - 2\underline{/65°} = 2{,}31\underline{/-144{,}1°} = -2{,}31\underline{/35{,}9°} \text{ A}$$

12.11 Use análise de laço para encontrar a corrente que flui para baixo através do resistor de 5 Ω no circuito mostrado na Fig. 12-15a.

Pelo fato de esse circuito ter três malhas, a análise exige três correntes de laço. Os laços podem ser selecionados como na Fig. 12-16, com apenas uma corrente $\mathbf{I}_1$ fluindo através do resistor de 5 Ω, de modo que apenas uma corrente precisa ser encontrada. Além disso, preferencialmente, apenas um laço de corrente deve fluir através da fonte de corrente.

A autoimpedância do laço de $\mathbf{I}_1$ é $3 + j4 + 5 = 8 + j4$ Ω, a impedância mútua com o laço $\mathbf{I}_2$ é $3 + j4$ Ω e a fonte de tensão auxiliar é $6\underline{/30°}$ V. Assim, a equação do laço 1 é

$$(8 + j4)\mathbf{I}_1 + (3 + j4)\mathbf{I}_2 = 6\underline{/30°}$$

O coeficiente de $\mathbf{I}_2$ é positivo, porque $\mathbf{I}_2$ e $\mathbf{I}_1$ têm a mesma direção através dos componentes mútuos.

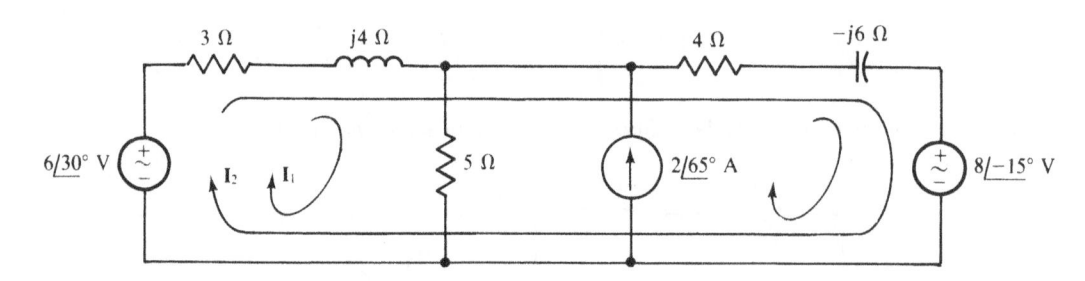

Figura 12-16

Para o segundo laço, a autoimpedância é $3 + j4 + 4 - j6 = 7 - j12$ Ω, dos quais $3 + j4$ Ω é mútuo com o laço 1. A corrente de $2\underline{/65°}$ A que flui através dos componentes de $4 - j6$ Ω produz uma queda de tensão de $(4 - j6 \text{ Ω})(2\underline{/65°}) = 14{,}4\underline{/8{,}69°}$ V que tem o mesmo efeito que a tensão de uma fonte de tensão em oposição. Além disso, as fontes de tensão têm uma tensão de rede auxiliar de $6\underline{/30°} - 8\underline{/-15°} = 5{,}67\underline{/117°}$ V. A equação resultante do laço 2 é

$$(3 + j4)\mathbf{I}_1 + (7 - j2)\mathbf{I}_2 = 5{,}67\underline{/117°} - 14{,}4\underline{/8{,}69°} = 17\underline{/170°}$$

Na forma matricial, essas equações são

$$\begin{bmatrix} 8 + j4 & 3 + j4 \\ 3 + j4 & 7 - j2 \end{bmatrix} \begin{bmatrix} \mathbf{I}_1 \\ \mathbf{I}_2 \end{bmatrix} = \begin{bmatrix} 6\underline{/30°} \\ 17\underline{/170°} \end{bmatrix}$$

Uma calculadora científica pode ser utilizada para obter $\mathbf{I}_1 = 1{,}74\underline{/43{,}1°}$ A a partir das equações acima.

Como verificação, o laço de corrente $\mathbf{I}_1$ deve ser igual à diferença das correntes da malha $\mathbf{I}_1$ e $\mathbf{I}_3$ encontrada na solução do Problema 12.10, isto é, $\mathbf{I}_1 - \mathbf{I}_3 = -0{,}631\underline{/15{,}6°} - (-2{,}31\underline{/35{,}9°}) = 1{,}74\underline{/43{,}1°}$ A.

12.12 Utilize análise de malha para calcular as correntes no circuito da Fig. 12-17.

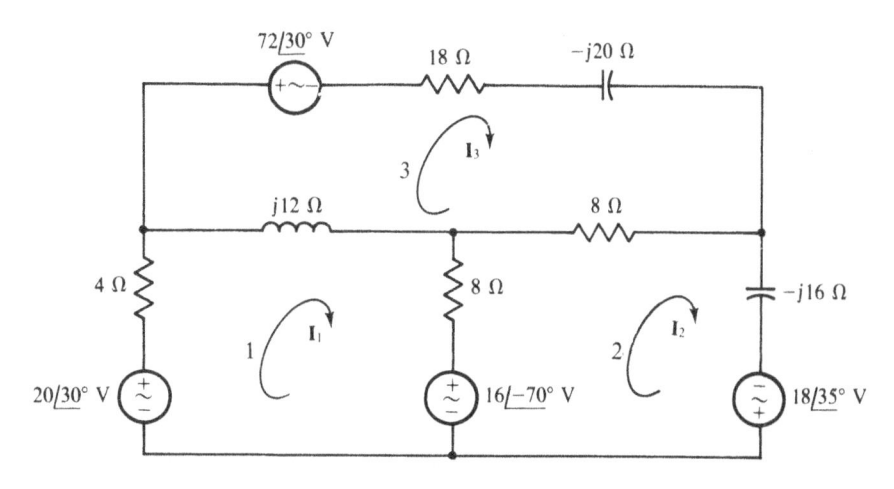

Figura 12-17

As autoimpedâncias são $4 + j12 + 8 = 12 + j12\ \Omega$ para a malha 1, $8 + 8 - j16 = 16 - j16\ \Omega$ para a malha 2 e $18 - j20 + 8 + j12 = 26 - j8\ \Omega$ para a malha 3. As impedâncias mútuas são $8\ \Omega$ para as malhas 1 e 2, $8\ \Omega$ para as malhas 2 e 3, e $j12\ \Omega$ para as malhas 1 e 3. A soma das tensões auxiliares das fontes é $20\underline{/30°} - 16\underline{/-70°} = 27{,}7\underline{/64{,}7°}$ V para a malha 1, $16\underline{/-70°} + 18\underline{/35°} = 20{,}8\underline{/-13{,}1°}$ V para a malha 2 e $-72\underline{/30°}$ V para a malha 3. Na forma de matriz, as equações de malhas são

$$\begin{bmatrix} 12+j12 & -8 & -j12 \\ -8 & 16-j16 & -8 \\ -j12 & -8 & 26-j8 \end{bmatrix} \begin{bmatrix} \mathbf{I}_1 \\ \mathbf{I}_2 \\ \mathbf{I}_3 \end{bmatrix} = \begin{bmatrix} 27{,}7\underline{/64{,}7°} \\ 20{,}8\underline{/-13{,}1°} \\ -72\underline{/30°} \end{bmatrix}$$

As soluções, que são mais bem obtidas usando uma calculadora ou um computador, são

$$\mathbf{I}_1 = 2{,}07\underline{/-26{,}6°}\ \text{A} \qquad \mathbf{I}_2 = 1{,}38\underline{/7{,}36°}\ \text{A} \qquad \text{e} \qquad \mathbf{I}_3 = 1{,}55\underline{/-146°}\ \text{A}$$

12.13 Mostre o circuito que corresponde às equações das seguintes malhas:

$$(17 - j4)\mathbf{I}_1 - (11 + j5)\mathbf{I}_2 = 6\underline{/30°}$$
$$-(11 + j5)\mathbf{I}_1 + (18 + j7)\mathbf{I}_2 = -8\underline{/30°}$$

Uma vez que existem duas equações, o circuito tem duas malhas: a malha 1, para a qual $\mathbf{I}_1$ é a principal corrente da malha, e a malha 2, para a qual $\mathbf{I}_2$ é a principal corrente da malha. Os coeficientes $-(11+j5)$ indicam que as malhas 1 e 2 têm uma impedância mútua de $11+j5\ \Omega$, que pode ser a partir do resistor de $11\ \Omega$ em série com um indutor que tem uma reatância de $5\ \Omega$. Na primeira equação, o coeficiente de $\mathbf{I}_1$ indica que os resistores da malha 1 têm uma resistência total de $17\ \Omega$. Uma vez que $11\ \Omega$ correspondem à impedância mútua, há $17-11 = 6\ \Omega$ de resistência na malha 1 que não é mútua. O $-j4$ do coeficiente de $\mathbf{I}_1$ indica que a malha 1 possui uma reatância total de $-4\ \Omega$. Uma vez que o ramo mútuo tem uma reatância de $5\ \Omega$, o restante da malha de 1 deve ter uma reatância de $-4-5 = -9\ \Omega$, que pode ser de um único capacitor. Os $6\underline{/30°}$, no lado direito da equação da malha 1, são resultado de um total de $6\underline{/30°}$ V dos aumentos de tensão da fonte (auxiliando fontes de tensões). Uma maneira de obter isso é com a única fonte de $6\underline{/30°}$ V que não está no ramo mútuo e que tem uma polaridade de modo que $\mathbf{I}_1$ flui para fora do terminal positivo.

De modo semelhante, a partir da segunda equação, a malha 2 tem uma resistência não mútua de $18-11 = 7\ \Omega$ que pode ser de um resistor que não está no ramo mútuo. E, a partir da parte $j7$ do coeficiente de $\mathbf{I}_2$, a malha 2 tem uma reatância total de $7\ \Omega$. Uma vez que $5\ \Omega$ está no ramo mútuo, tem $7-5 = 2\ \Omega$ remanescente que poderia ser de um único indutor que não está no ramo mútuo. Os $-8\underline{/30°}$ no lado direito é o resultado de um total de $8\underline{/30°}$ V da queda da fonte de tensão – fonte de tensões oposta. Uma maneira de obter isso é com uma única fonte de $8\underline{/30°}$ V que não está no ramo mútuo e que tem uma polaridade de modo que o fluxo de $\mathbf{I}_2$ esteja fluindo para *dentro* do terminal positivo.

A Fig. 12-18 mostra o circuito correspondente. Este é apenas um de um número infinito de circuitos a partir do qual as equações poderiam ter sido escritas.

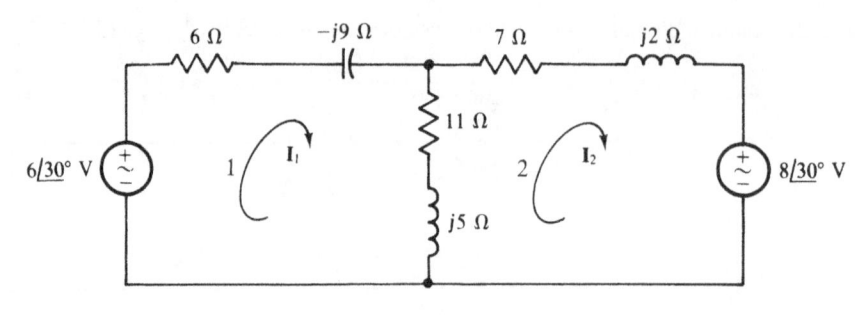

Figura 12-18

12.14 Utilize análise de laço para calcular a corrente que flui para a direita através do resistor de 6 Ω no circuito mostrado na Fig. 12-19.

Três laços de correntes são necessários porque o circuito tem três malhas. Apenas uma das correntes de laço deve fluir através do resistor de 6 Ω de modo que apenas uma corrente precisa ser calculada. Essa corrente é I_2, como mostrado. Os caminhos para as outras duas correntes de laço podem ser selecionados como mostrado, mas há também outros caminhos adequados.

É relativamente fácil colocar essas equações em forma matricial. Os laços de autoimpedâncias e impedâncias mútuas podem ser utilizados para preencher os coeficientes da matriz. Além disso, os elementos do vetor fonte são $100\underline{/20°}$ V para o laço 1 e 0 V para os dois outros laços. Assim, as equações em forma de matriz são

$$\begin{bmatrix} 8-j2 & j12 & j2 \\ j12 & 6-j20 & -j20 \\ j2 & -j20 & 16-j10 \end{bmatrix} \begin{bmatrix} I_1 \\ I_2 \\ I_3 \end{bmatrix} = \begin{bmatrix} 100\underline{/20°} \\ 0 \\ 0 \end{bmatrix}$$

As soluções, que são mais bem obtidas a partir de uma calculadora ou computador, incluem $I_2 = 3{,}62\underline{/-45{,}8°}$ A.

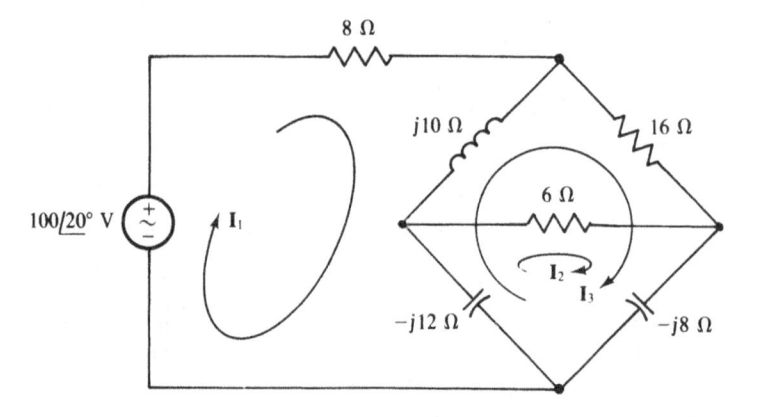

Figura 12-19

12.15 Encontre as tensões de nós no circuito mostrado na Fig. 12-20.

Utilizar autoadmitâncias e admitâncias mútuas é quase sempre melhor para a obtenção das equações nodais. A autoadmitância no nó 1 é

$$\frac{1}{0{,}25} + \frac{1}{j0{,}5} = 4 - j2 \text{ S}$$

dos quais 4 S é condutância mútua. A soma das correntes de fontes de corrente para o nó 1 é $20\underline{/10°} + 15\underline{/-30°} = 32{,}9\underline{/-7{,}02°}$ A. Assim, a equação da LKC para o nó 1 é

$$(4 - j2)\mathbf{V}_1 - 4\mathbf{V}_2 = 32{,}9\underline{/-7{,}02°}$$

Não é necessária a equação da LKC para o nó 2, porque uma fonte de tensão aterrada está conectada a ele, fazendo $V_2 = -12\underline{/-15°}$ V. Se, contudo, por alguma razão, uma equação da LKC é desejada para o nó 2, uma variável deve ser introduzida para a corrente através da fonte de tensão, porque essa corrente é desconhecida. Observe que, pelo fato de a fonte de tensão não ter uma impedância em série, ela não pode ser transformada em uma fonte de corrente com as técnicas de transformação de fonte apresentadas neste capítulo.

A substituição de $V_2 = -12\underline{/-15°}$ na equação do nó 1 resulta em

$$(4 - j2)V_1 - 4(-12\underline{/-15°}) = 32,9\underline{/-7,02°}$$

a partir do qual

$$V_1 = \frac{32,9\underline{/-7,02°} - 48\underline{/-15°}}{4 - j2} = \frac{16,05\underline{/148°}}{4,47\underline{/-27°}} = 3,59\underline{/175°} = -3,59\underline{/-5°} \text{ A}$$

12.16 Encontre as tensões de nó no circuito mostrado na Fig. 12-21.

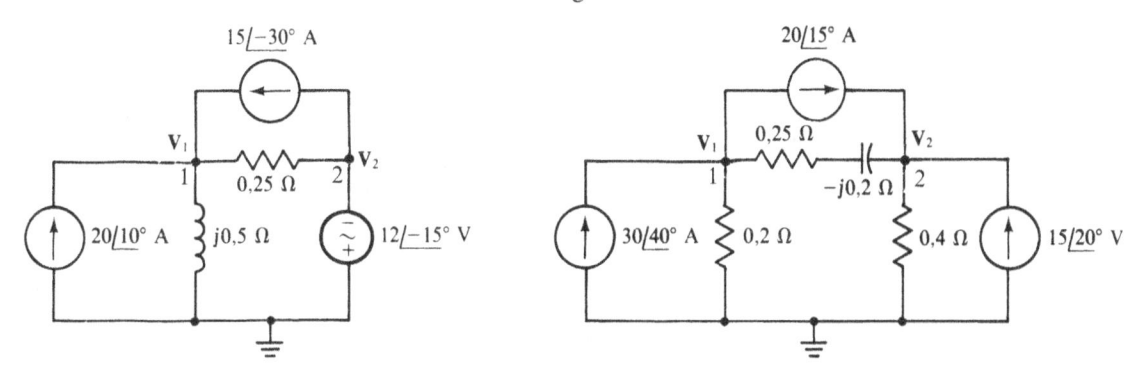

Figura 12-20

Figura 12-21

A autoadmitância do nó 1 é

$$\frac{1}{0,2} + \frac{1}{0,25 - j0,2} = 5 + 2,44 + j1,95 = 7,69\underline{/14,7°} \text{ S}$$

dos quais $2,44 + j1,95 = 3,12\underline{/38,7°}$ é a admitância mútua. A soma das correntes que chegam no nó 1 a partir das fontes de corrente é $30\underline{/40°} - 20\underline{/15°} = 14,6\underline{/75,4°}$ A. Portanto, a equação da LKC do nó 1 é

$$(7,69\underline{/14,7°})V_1 - (3,12\underline{/38,7°})V_2 = 14,6\underline{/75,4°}$$

A autoadmitância do nó 2 é

$$\frac{1}{0,4} + \frac{1}{0,25 - j0,2} = 2,5 + 2,44 + j1,95 = 5,31\underline{/21,6°} \text{ S}$$

dos quais $3,12\underline{/38,7°}$ é a admitância mútua. A soma das correntes que chegam no nó 2 a partir das fontes de corrente é $20\underline{/15°} + 15\underline{/20°} = 35,0\underline{/17,1°}$ A. O resultado é uma equação da LKC do nó 2 de

$$-(3,12\underline{/38,7°})V_1 + (5,31\underline{/21,6°})V_2 = 35,0\underline{/17,1°}$$

Na forma matricial, as equações são

$$\begin{bmatrix} 7,69\underline{/14,7°} & -3,12\underline{/38,7°} \\ -3,12\underline{/38,7°} & 5,31\underline{/21,6°} \end{bmatrix} \begin{bmatrix} V_1 \\ V_2 \end{bmatrix} = \begin{bmatrix} 14,6\underline{/75,4°} \\ 35,0\underline{/17,1°} \end{bmatrix}$$

As soluções, que são facilmente obtidas com uma calculadora científica, são $V_1 = 5,13\underline{/47,3°}$ V e $V_2 = 8,18\underline{/15,7°}$ V.

12.17 Utilize a análise nodal para encontrar **V** para o circuito mostrado na Fig. 12-22.

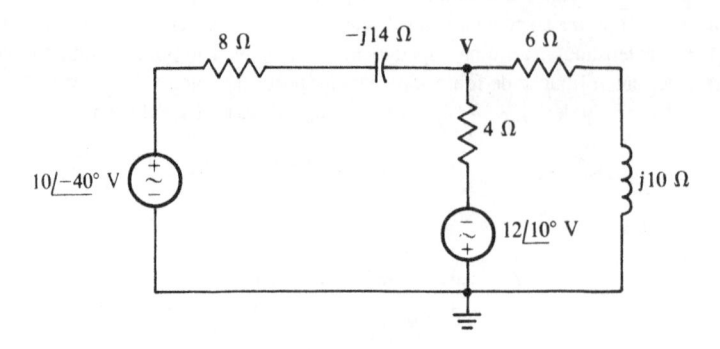

Figura 12-22

Apesar de ser uma boa abordagem transformar as duas fontes de tensão para fontes de corrente, essa transformação não é essencial, pois ambas as fontes de tensão estão aterradas (na realidade, as transformações de fonte nunca são absolutamente necessárias). Deixando o circuito como está e somando as correntes que saem do nó **V** sob a forma de tensões divididas por impedâncias, tem-se a equação

$$\frac{\mathbf{V} - 10\underline{/-40°}}{8 - j14} + \frac{\mathbf{V} - (-12\underline{/10°})}{4} + \frac{\mathbf{V}}{6 + j10} = 0$$

O primeiro termo é a corrente que flui para a esquerda através dos componentes $8 - j14\ \Omega$, o segundo é a corrente que flui para baixo através do resistor de $4\ \Omega$ e o terceiro é a corrente que flui para a direita através dos componentes de $6 + j10\ \Omega$.

Essa equação simplifica para

$$(0{,}062\underline{/60{,}3°} + 0{,}25 + 0{,}0857\underline{/-59°})\mathbf{V} = 0{,}62\underline{/20{,}3°} - 3\underline{/10°}$$

Outra simplificação reduz a equação para

$$(0{,}325\underline{/-3{,}47°})\mathbf{V} = 2{,}392\underline{/-173°}$$

a partir do qual
$$\mathbf{V} = \frac{2{,}392\underline{/-173°}}{0{,}325\underline{/-3{,}47°}} = 7{,}35\underline{/-169{,}2°} = -7{,}35\underline{/10{,}8°}\ \text{V}$$

Incidentalmente, esse resultado pode ser verificado, uma vez que o circuito mostrado na Fig. 12-22 é o mesmo que o mostrado na Fig. 12-14, para o qual, na solução do Problema 12.9, a corrente para baixo através do resistor de $4\ \Omega$ foi encontrada como sendo $1{,}16\underline{/8{,}7°}$ A. A tensão **V** através do ramo central pode ser calculada a partir dessa corrente: $\mathbf{V} = 4(1{,}16\underline{/8{,}7°}) - 12\underline{/10°} = -7{,}35\underline{/10{,}8°}$ V, o qual é verificado.

12.18 Encontre as tensões de nó no circuito mostrado na Fig. 12-23a.

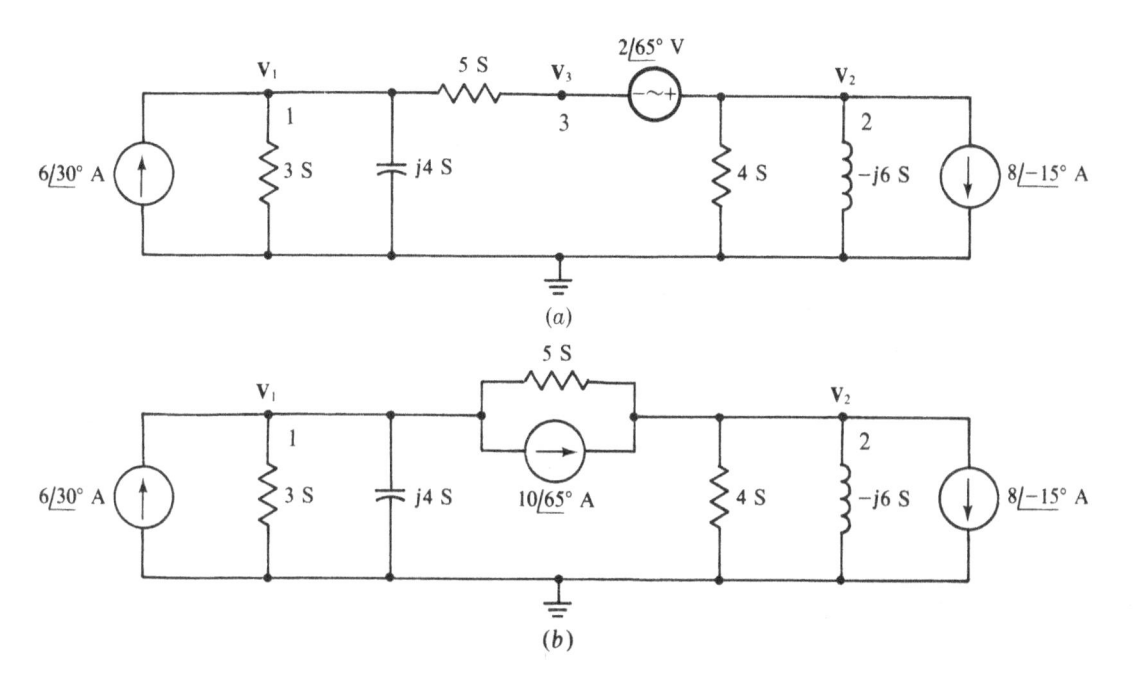

Figura 12-23

Uma vez que a fonte de tensão não tem um terminal conectado ao terra, um bom primeiro passo para a análise nodal é transformar essa fonte e o resistor em série em uma fonte de corrente e um resistor em paralelo, como mostrado na Fig. 12-23b. Observe que essa transformação elimina o nó 3. No circuito mostrado na Fig. 12-23b, a autoadmitância do nó 1 é $3 + j4 + 5 = 8 + j4$ S e para o nó 2 é $5 + 4 - j6 = 9 - j6$ S. A admitância mútua é 5 S. A soma das correntes que entram no nó 1 a partir das fontes de corrente é $6\underline{/30°} - 10\underline{/65°} = 6{,}14\underline{/-80{,}9°}$ A, e a das que entram no nó 2 é $10\underline{/65°} - 8\underline{/-15°} = 11{,}7\underline{/107°}$ A. Assim, as equações nodais correspondentes são

$$(8 + j4)\mathbf{V}_1 - 5\mathbf{V}_2 = 6{,}14\underline{/-80{,}9°}$$
$$-5\mathbf{V}_1 + (9 - j6)\mathbf{V}_2 = 11{,}7\underline{/107°}$$

Exceto por ter **V**s, em vez de **I**s, tratam-se das mesmas equações do Problema 12.10. Consequentemente, as respostas são numericamente as mesmas: $\mathbf{V}_1 = -0{,}631\underline{/15{,}6°}$ V e $\mathbf{V}_2 = -1{,}13\underline{/-23{,}9°}$ V.

A partir do circuito original mostrado na Fig. 12-23a, a tensão no nó 3 é de $2\underline{/65°}$ V mais negativos que a tensão no nó 2. Assim,

$$\mathbf{V}_3 = \mathbf{V}_2 - 2\underline{/65°} = -1{,}13\underline{/-23{,}9°} - 2\underline{/65°} = 2{,}31\underline{/-144{,}1°} = -2{,}31\underline{/35{,}9°} \text{ V}$$

12.19 Calcule as tensões de nó no circuito da Fig. 12-24.

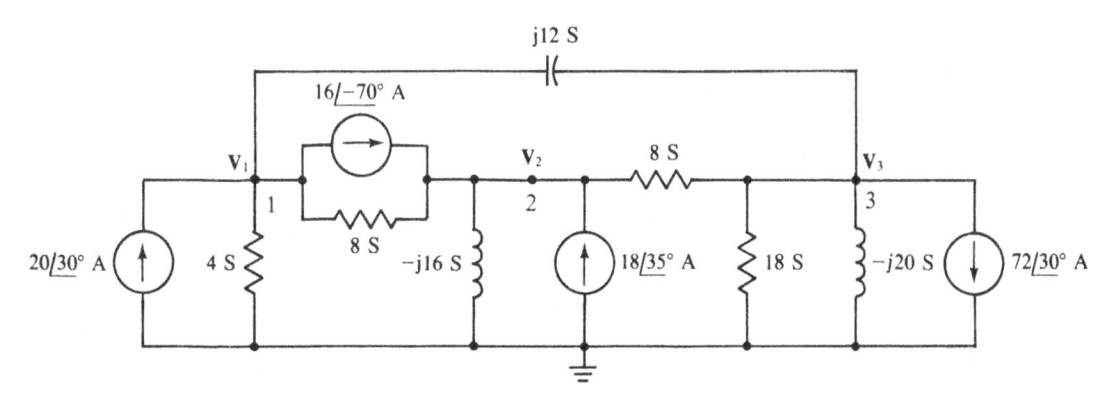

Figura 12-24

As autoadmitâncias são $4 + 8 + j12 = 12 + j12$ S para o nó 1, $8 - j16 + 8 = 16 - j16$ S para o nó 2 e $8 + 18 - j20 + j12 = 26 - j8$ S para o nó 3. As admitâncias mútuas são 8 S para os nós 1 e 2, $j12$ S para os nós 1 e 3, e 8 S para os nós 2 e 3. As correntes que fluem na direção dos nós das fontes de corrente são $20\underline{/30°} - 16\underline{/-70°} = 27{,}7\underline{/64{,}7°}$ A para o nó 1, $16\underline{/-70°} + 18\underline{/35°} = 20{,}8\underline{/-13{,}1°}$ A para o nó 2 e $-72\underline{/30°}$ A para o nó 3. Assim, as equações nodais são

$$(12 + j12)\mathbf{V}_1 - 8\mathbf{V}_2 - j12\mathbf{V}_3 = 27{,}7\underline{/64{,}7°}$$
$$-8\mathbf{V}_1 + (16 - j16)\mathbf{V}_2 - 8\mathbf{V}_3 = 20{,}8\underline{/-13{,}1°}$$
$$-j12\mathbf{V}_1 - 8\mathbf{V}_2 + (26 - j8)\mathbf{V}_3 = -72\underline{/30°}$$

Exceto pelo fato de ter **V**s em vez de **I**s, esse conjunto de equações é o mesmo do Problema 12.12. Assim, as respostas são numericamente as mesmas: $\mathbf{V}_1 = 2{,}07\underline{/-26{,}6°}$ V, $\mathbf{V}_2 = 1{,}38\underline{/7{,}36°}$ V e $\mathbf{V}_3 = 1{,}55\underline{/-146°}$ V.

12.20 Mostre o circuito correspondente às equações nodais

$$(8 + j6)\mathbf{V}_1 - (3 - j4)\mathbf{V}_2 = 4 + j2$$
$$-(3 - j4)\mathbf{V}_1 + (11 - j6)\mathbf{V}_2 = -6\underline{/-50°}$$

Uma vez que existem duas equações, o circuito tem três nós, um dos quais é o terra ou nó de referência, e os outros são os nós 1 e 2. As admitâncias do circuito podem ser encontradas, começando com a admitância mútua. A partir dos coeficientes $-(3 - j4)$, os nós 1 e 2 têm uma admitância mútua de $3 - j4$ S, que pode ser um resistor e um indutor conectados em paralelo entre os nós 1 e 2. O coeficiente $8 + j6$ de $\mathbf{V}_1$ na primeira equação é a autoadmitância do nó 1. Uma vez que $3 - j4$ S estão na admitância mútua, deve haver componentes conectados entre o nó 1 e o terra que têm um total de $8 + j6 - (3 - j4) = 5 + j10$ S de admitância. Isso pode ser a partir de um resistor e um capacitor em paralelo. De modo semelhante, a partir da segunda equação, componentes conectados entre o nó 2 e o terra têm uma admitância total de $11 - j6 - (3 - j4) = 8 - j2$ S. Isso pode se dar um resistor e um indutor em paralelo.

O $4 + j2$ no lado direito da primeira equação pode advir de uma corrente total de $4 + j2 = 4{,}47\underline{/26{,}6°}$ A entrando no nó 1 a partir de fontes de corrente. A maneira mais fácil de obter isso é com uma única fonte de corrente conectada entre o nó 1 e o terra com a seta da fonte direcionada para o nó 1. De modo semelhante, a partir da segunda equação, $-6\underline{/-50°}$ pode ser uma única fonte de corrente de $6\underline{/-50°}$ A conectada entre o nó 2 e o terra com a seta da fonte direcionada para fora a partir do nó 2 por causa do sinal inicial negativo em $-6\underline{/-50°}$.

O circuito resultante é mostrado na Fig.12-25.

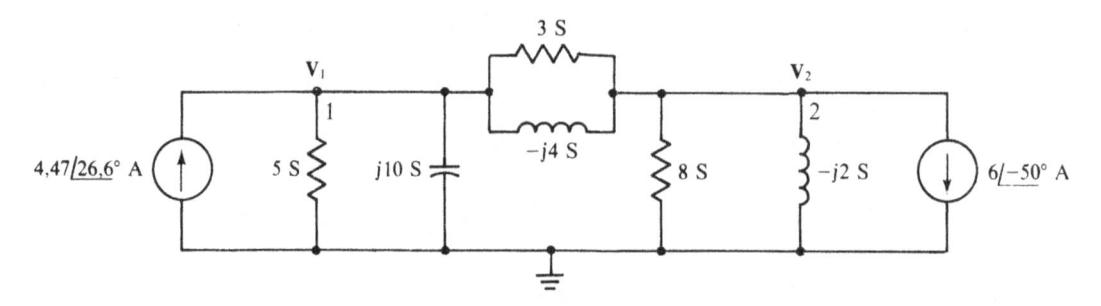

Figura 12-25

12.21 Para o circuito mostrado na Fig. 12-26, o qual contém um modelo de transistor, primeiro encontre **V** como uma função de **I**. Em seguida, encontre **V** como um valor numérico.

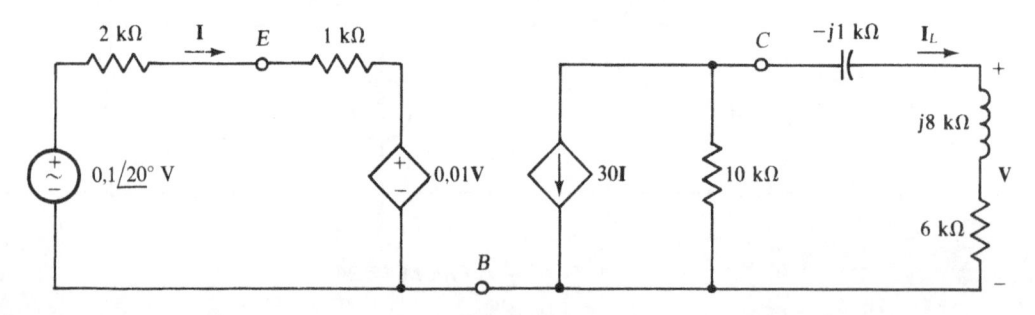

Figura 12-26

Na seção do lado direito do circuito, a corrente $\mathbf{I}_L$ é, por divisão de corrente,

$$\mathbf{I}_L = -\frac{10^4}{10.000 + 6.000 + j8.000 - j1.000} \times 30\mathbf{I} = \frac{-3 \times 10^5 \mathbf{I}}{17,46 \times 10^3 \underline{/23,6°}} = -(17,2\underline{/-23,6°})\mathbf{I}$$

Além disso, pela lei de Ohm,

$$\mathbf{V} = (6.000 + j8.000)\mathbf{I}_L = (10^4\underline{/53,1°})(-17,2\underline{/-23,6°})\mathbf{I} = (-17,2 \times 10^4\underline{/29,5°})\mathbf{I}$$

o qual demonstra que o módulo de $\mathbf{V}$ é $17,2 \times 10^4$ vezes maior que $\mathbf{I}$, e o ângulo de $\mathbf{V}$ é de $29,5° - 180° = 150,5°$ a mais que $\mathbf{I}$ ($-180°$ é a partir do sinal negativo).

Se esse valor de $\mathbf{V}$ é utilizado na expressão 0,01 V da fonte dependente na seção do lado esquerdo do circuito e em seguida a LKT é aplicada, o resultado é

$$2.000\mathbf{I} + 1.000\mathbf{I} + 0,01(-17,2 \times 10^4\underline{/29,5°})\mathbf{I} = 0,1\underline{/20°}$$

a partir do qual

$$\mathbf{I} = \frac{0,1\underline{/20°}}{2.000 + 1.000 - 17,2 \times 10^2\underline{/29,5°}} = \frac{0,1\underline{/20°}}{1,73 \times 10^3\underline{/-29,3°}} = 5,79 \times 10^{-5}\underline{/49,3°} \text{ A}$$

Isso, substituído na equação de $\mathbf{V}$, dá

$$\mathbf{V} = (-17,2 \times 10^4\underline{/29,5°})(5,79 \times 10^{-5}\underline{/49,3°}) = -9,95\underline{/78,8°} \text{ V}$$

12.22 Encontre $\mathbf{I}$ no circuito mostrado na Fig. 12-27.

Que método de análise é o melhor para este circuito? Uma breve consideração sobre o circuito mostra que duas equações são necessárias se a análise de malha, laço ou nó for utilizada. Arbitrariamente, a análise nodal será utilizada para encontrar $\mathbf{V}_1$ e em seguida $\mathbf{I}$ será encontrada a partir de $\mathbf{V}_1$. Para a análise nodal, a fonte de tensão e o resistor em série são preferencialmente transformados para uma fonte de corrente com um resistor em paralelo. A fonte de corrente tem uma corrente de $(16\underline{/-45°})/0,4 = 40\underline{/-45°}$ A direcionada para o nó 1, e o resistor paralelo tem uma resistência de 0,4 Ω.

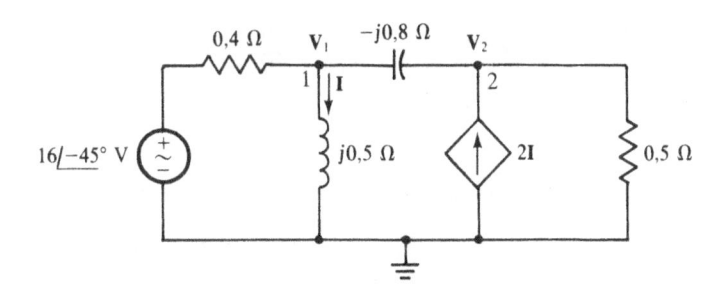

Figura 12-27

As autoadmitâncias são

$$\frac{1}{0,4} + \frac{1}{j0,5} + \frac{1}{-j0,8} = 2,5 - j0,75 \text{ S}$$

para o nó 1 e

$$\frac{1}{0,5} + \frac{1}{-j0,8} = 2 + j1,25 \text{ S}$$

para o nó 2. A admitância mútua é $1/(-j0,8) = j1,25$ S.

A corrente de controle $\mathbf{I}$ em termos de $\mathbf{V}_1$ é $\mathbf{I} = \mathbf{V}_1/j0,5 = -j2\mathbf{V}_1$, o que significa que $2\mathbf{I} = -j4\mathbf{V}_1$ é a corrente no nó 2 da fonte de corrente dependente.

A partir das admitâncias e das fontes de corrente, as equações nodais são

$$(2,5 - j0,75)\mathbf{V}_1 - j1,25\mathbf{V}_2 = 40\underline{/-45°}$$
$$-j1,25\mathbf{V}_1 + (2 + j1,25)\mathbf{V}_2 = -j4\mathbf{V}_1$$

que, com $j4\mathbf{V}_1$ adicionado a ambos os lados da segunda equação, simplifica para

$$(2,5 - j0,75)\mathbf{V}_1 - j1,25\mathbf{V}_2 = 40\underline{/-45°}$$
$$j2,75\mathbf{V}_1 + (2 + j1,25)\mathbf{V}_2 = 0$$

A falta de simetria dos coeficientes sobre a diagonal principal e a falta de um sinal inicial negativo para o termo $\mathbf{V}_1$ na segunda equação são causadas pela ação da fonte dependente.

Se é utilizada uma calculadora para encontrar $\mathbf{V}_1$, o resultado é $\mathbf{V}_1 = 31,64\underline{/-46,02°}$ V. Finalmente,

$$\mathbf{I} = \frac{\mathbf{V}_1}{j0,5} = \frac{31,64\underline{/-46,02°}}{0,5\underline{/90°}} = 63,3\underline{/-136°} = -63,3\underline{/44°} \text{ A}$$

12.23 Calcule $\mathbf{V}_o$ no circuito da Fig. 12-28.

Pela análise nodal,

$$\frac{\mathbf{V}_1 - 30\underline{/-46°}}{20} + \frac{\mathbf{V}_1 - 3\mathbf{V}_o}{14} + \frac{\mathbf{V}_1 - \mathbf{V}_o}{-j16} = 0 \qquad \text{e} \qquad \frac{\mathbf{V}_o - \mathbf{V}_1}{-j16} + 2\mathbf{I} + \frac{\mathbf{V}_o}{10} + \frac{\mathbf{V}_o}{-j8} = 0$$

Também,
$$\mathbf{I} = \frac{\mathbf{V}_1 - 3\mathbf{V}_o}{14}$$

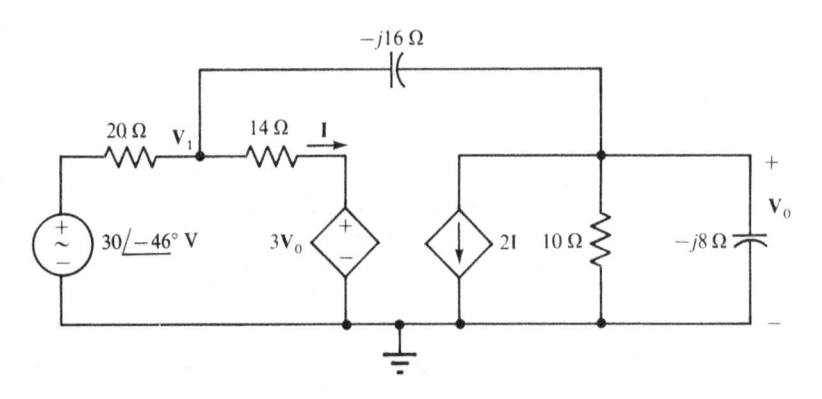

Figura 12-28

Substituindo a partir da terceira equação na segunda e multiplicando as duas equações resultantes por 280, temos

$$(34 + j17,5)\mathbf{V}_1 - (60 + j17,5)\mathbf{V}_o = 420\underline{/-46°}$$
$$(40 - j17,5)\mathbf{V}_1 + (-92 + j52,5)\mathbf{V}_o = 0$$

O uso da regra de Cramer ou uma calculadora científica fornece a solução $\mathbf{V}_o = 13,56\underline{/-77,07°}$ V.

12.24 Encontre $\mathbf{V}_o$ no circuito da Fig. 12-29.

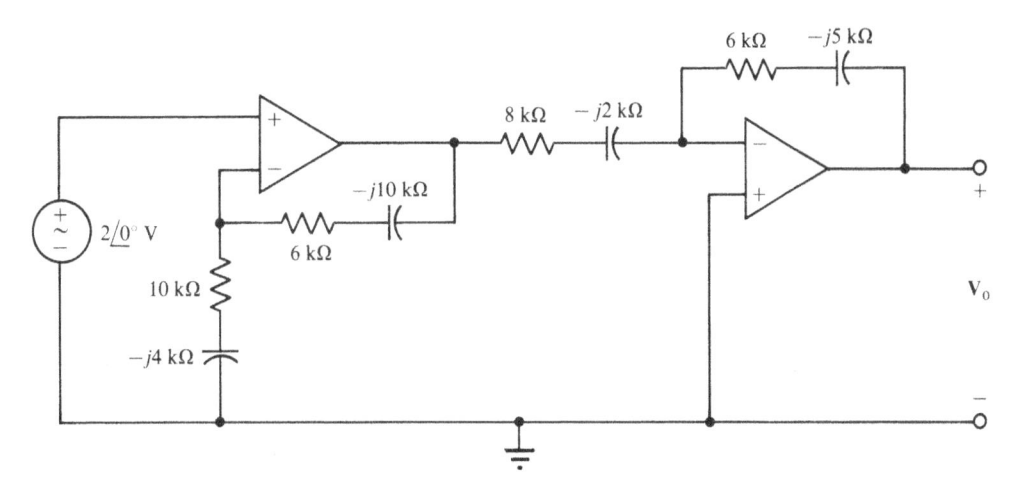

CAPÍTULO 12 • ANÁLISE DE MALHA, LAÇO E NODAL PARA CIRCUITOS CA

Figura 12-29

Uma vez que o circuito do primeiro amp op tem a configuração de um amplificador não inversor e que o segundo tem a de um inversor, as fórmulas pertinentes do Capítulo 6 aplicam-se, com os **R**s substituídos pelos **Z**s. Assim, com as impedâncias expressas em quilo-ohms,

$$\mathbf{V}_o = \left(1 + \frac{6-j10}{10-j4}\right)(-1)\left(\frac{6-j5}{8-j2}\right)(2\underline{/0°}) = 3{,}74\underline{/134{,}8°} \text{ V}$$

Problemas Complementares

12.25 Um resistor de 30 Ω e um indutor de 0,1 H estão em série com uma fonte de tensão que produz uma tensão de 120 sen (377*t* + 10°) V. Encontre os componentes para a transformação no domínio fasorial correspondente para uma fonte de corrente.

Resp. Uma fonte de corrente de 1,76$\underline{/-41{,}5°}$ A em paralelo com uma impedância de 48,2$\underline{/51{,}5°}$ Ω

12.26 Uma fonte de tensão de 40$\underline{/45°}$ V está em série com um resistor de 6 Ω e a combinação em paralelo de um resistor de 10 Ω e um indutor com uma reatância de 8 Ω. Encontre o circuito da fonte de corrente equivalente.

Resp. Uma fonte de corrente de 3,62$\underline{/18{,}8°}$ A e uma impedância de 11$\underline{/26{,}2°}$ Ω em paralelo

12.27 Uma fonte de tensão de 2$\underline{/30°}$ MV está em série com a combinação paralela de um indutor que tem reatância de 100 Ω e um capacitor que tem reatância de − 100 Ω. Encontre o circuito da fonte de corrente equivalente.

Resp. Um circuito aberto

12.28 Encontre o circuito equivalente de uma fonte de tensão da combinação paralela de uma fonte de corrente de 30,4$\underline{/-24°}$ mA com um resistor de 60 Ω e um indutor com reatância 80 Ω.

Resp. Uma fonte de tensão de 1,46$\underline{/12{,}9°}$ V em série com uma impedância de 48$\underline{/36{,}9°}$ Ω

12.29 Uma fonte de corrente de 20,1$\underline{/45°}$ MA está em paralelo com a combinação em série de um indutor que tem reatância de 100 Ω e um capacitor que tem reatância de −l00 Ω. Encontre o circuito da fonte de tensão equivalente.

Resp. Um curto-circuito

12.30 No circuito mostrado na Fig. 12-30, encontre as correntes $\mathbf{I}_1$ e $\mathbf{I}_2$. Em seguida, faça uma transformação de fonte sobre a fonte de corrente e a impedância em paralelo 4$\underline{/30°}$ Ω e encontre a corrente nas impedâncias. Compare-as.

Resp. $\mathbf{I}_1 = 4{,}06\underline{/14{,}4°}$ A, $\mathbf{I}_2 = 3{,}25\underline{/84{,}4°}$ A. Após a transformação, ambas são 3,25$\underline{/84{,}4°}$ A. Assim, a corrente não permanece a mesma na impedância 4$\underline{/30°}$ Ω, envolvida na transformação da fonte.

Figura 12-30

Figura 12-31

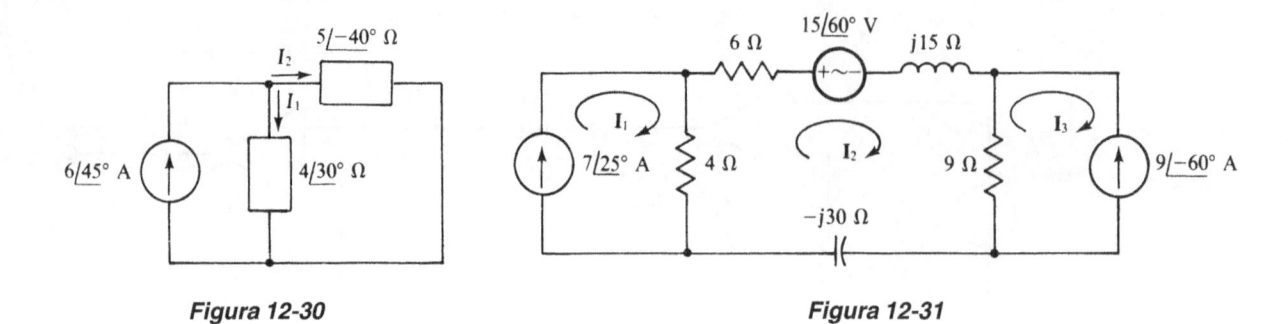

12.31 Encontre as correntes de malha no circuito mostrado na Fig. 12-31.

Resp. $I_1 = 7\underline{/25°}$ A, $I_2 = -3\underline{/-33,6°}$ A, $I_3 = -9\underline{/-60°}$ A

12.32 Encontre **I** no circuito mostrado na Fig. 12-32.

Resp. $3,86\underline{/-34,5°}$ A

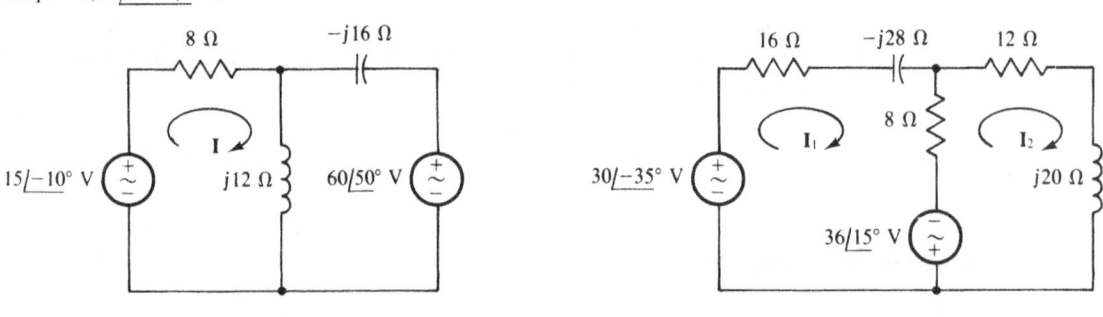

Figura 12-32

Figura 12-33

12.33 Encontre as correntes de malha no circuito mostrado na Fig. 12-33.

Resp. $I_1 = 1,46\underline{/46,5°}$ A, $I_2 = -0,945\underline{/-43,2°}$ A

12.34 Encontre as correntes de malha no circuito mostrado na Fig. 12-34.

Resp. $I_1 = 1,26\underline{/10,6°}$ A, $I_2 = 4,63\underline{/30,9°}$ A, $I_3 = 2,25\underline{/-28,9°}$ A

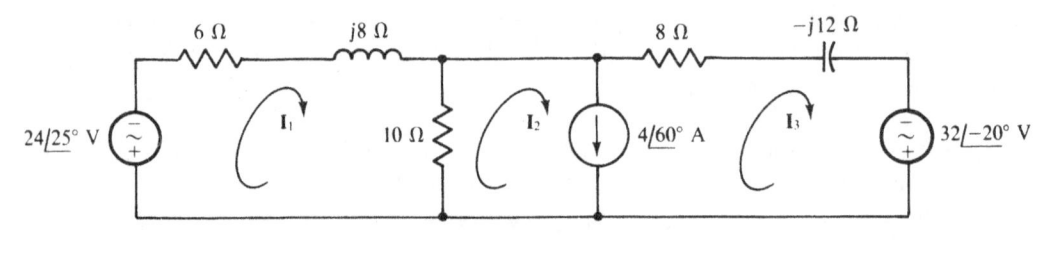

Figura 12-34

12.35 Utilize análise de laço para encontrar a corrente que flui para baixo no resistor de 10 Ω do circuito mostrado na Fig.12-34.

Resp. $-3,47\underline{/38,1°}$ A

12.36 Utilize análise de malha para encontrar a corrente **I** no circuito mostrado na Fig. 12-35.

Resp. $40,6\underline{/12,9°}$ A

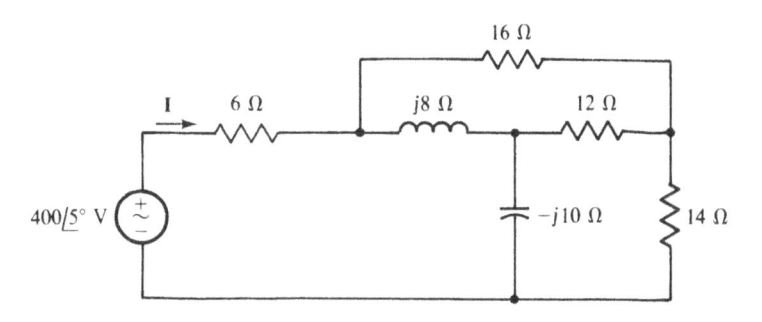

Figura 12-35

12.37 Utilize a análise de laço para encontrar a corrente que flui para baixo através do capacitor no circuito mostrado na Fig. 12-35.
 Resp. 36,1$/29,9°$ A

12.38 Encontre a corrente **I** no circuito mostrado na Fig. 12-36.
 Resp. $-13,1/-53,7°$ A

Figura 12-36

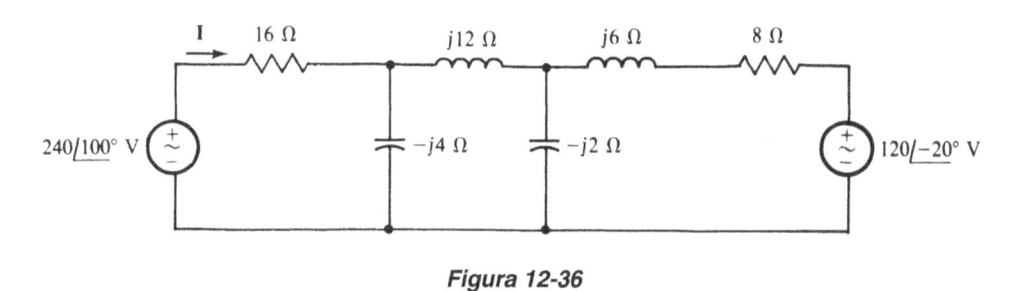

12.39 Para o circuito mostrado na Fig. 12-36, utilize a análise de laço para encontrar a corrente que flui para baixo através do capacitor que tem reatância de $-j2\ \Omega$.
 Resp. $28,5/-41,5°$ A

12.40 Utilize a análise de laço para encontrar **I** no circuito mostrado na Fig. 12-37.
 Resp. $2,71/-55,8°$ A

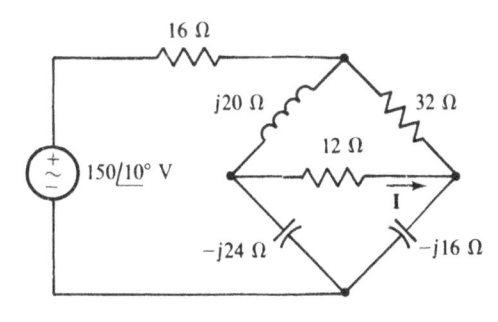

Figura 12-37

12.41 Refaça o Problema 12.40 com todas as impedâncias em dobro.
 Resp. $1,36/-55,8°$ A

12.42 Encontre as tensões nodais no circuito mostrado na Fig. 12-38.

Resp. $V_1 = -10,8\underline{/25°}$ V, $V_2 = -36\underline{/15°}$ V

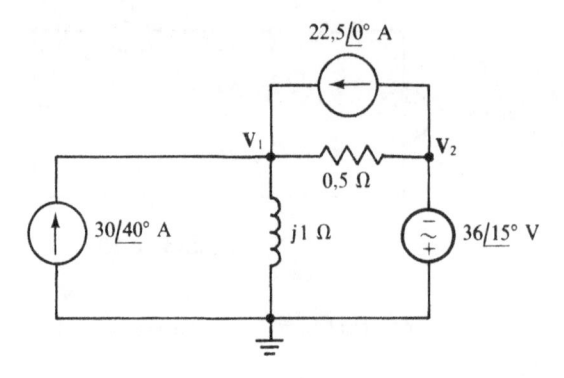

Figura 12-38

12.43 Encontre as tensões nodais no circuito mostrado na Fig. 12-39.

Resp. $V_1 = 1,17\underline{/-22,1°}$ V, $V_2 = 0,675\underline{/-7,33°}$ V

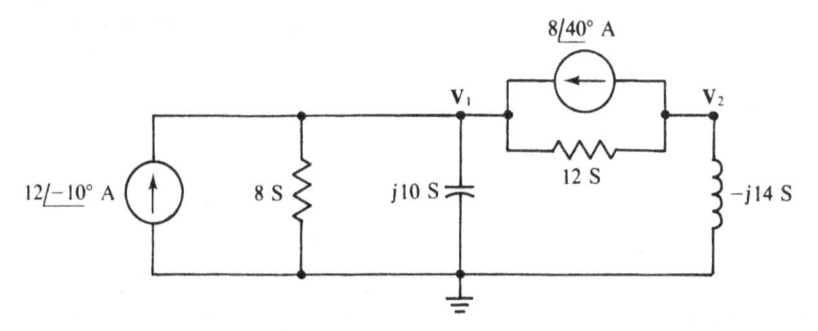

Figura 12-39

12.44 Encontre as tensões nodais no circuito mostrado na Fig. 12-40.

Resp. $V_1 = -51,9\underline{/-19,1°}$ V, $V_2 = 58,7\underline{/73,9°}$ V

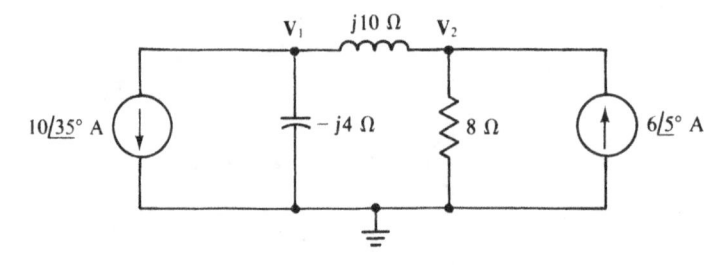

Figura 12-40

12.45 Encontre as tensões nodais no circuito mostrado na Fig. 12-41.

Resp. $V_1 = -1,26\underline{/20,6°}$ V, $V_2 = -2,25\underline{/-18,9°}$ V, $V_3 = -4,63\underline{/40,9°}$ V

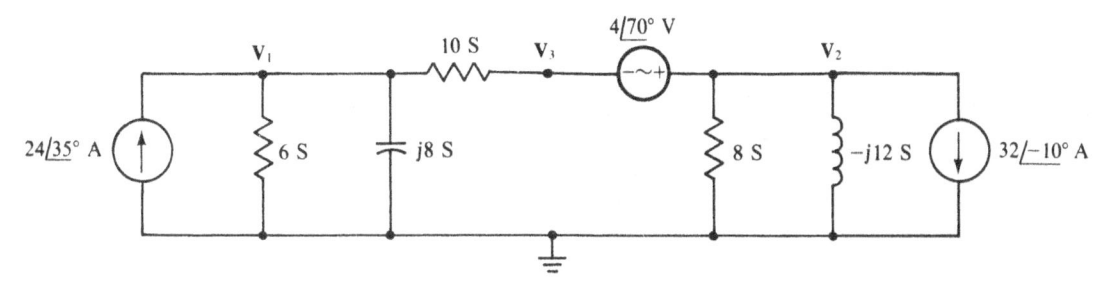

Figura 12-41

12.46 Obtenha as tensões nodais no circuito da Fig. 12-42.

Resp. $\mathbf{V}_1 = 1{,}75\underline{/50{,}9°}$ V, $\mathbf{V}_2 = 2{,}47\underline{/-24{,}6°}$ V, $\mathbf{V}_3 = 1{,}53\underline{/2{,}36°}$ V

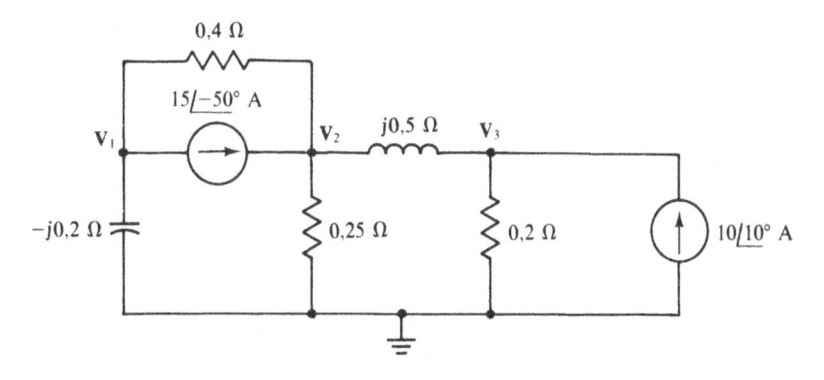

Figura 12-42

12.47 Para o circuito mostrado na Fig. 12-43, encontre **V** como função de **I** e depois encontre **V** como um valor numérico.

Resp. $\mathbf{V}_1 = (-6{,}87 \times 10^3\underline{/29{,}5°})\mathbf{I}$, $\mathbf{V}_2 = -9{,}95\underline{/68{,}8°}$ V

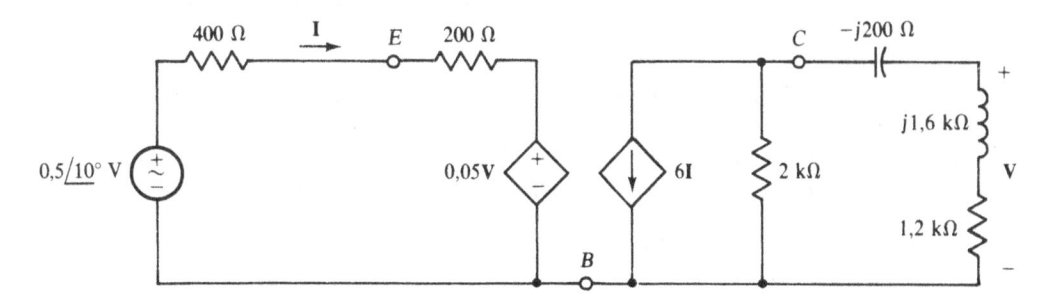

Figura 12-43

12.48 Encontre **I** no circuito mostrado na Fig. 12-44.

Resp. $-253\underline{/34°}$ A

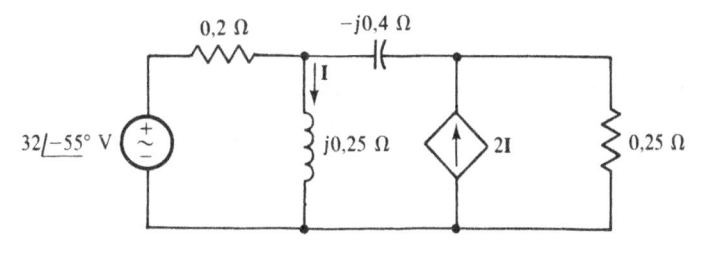

Figura 12-44

Capítulo 13

Circuitos CA Equivalentes, Teoremas de Rede e Circuitos Ponte

INTRODUÇÃO

Com duas pequenas modificações, os teoremas de rede CC discutidos no Capítulo 5 se aplicam também aos circuitos de domínio fasoriais CA: o teorema da máxima transferência de potência tem de ser ligeiramente modificado para circuitos contendo indutores ou capacitores, e o mesmo é verdade para o teorema da superposição se os circuitos de domínio no tempo têm fontes de frequências diferentes. Caso contrário, no entanto, as aplicações dos teoremas para circuitos CA de domínio fasorial são essencialmente as mesmas que para os circuitos CC.

TEOREMAS DE THÉVENIN E DE NORTON

Na aplicação dos teoremas de Thévenin e de Norton a um circuito CA no domínio fasorial, o circuito é dividido em duas partes, A e B, com dois fios de união, como mostrado na Fig. 13-1a. Em seguida, para o teorema de Thévenin aplicado à parte A, os fios são separados nos terminais a e b, e a tensão de circuito aberto $\mathbf{V}_{Th}$, a *tensão de Thévenin*, é encontrada referenciada positiva no terminal a, como mostrado na Fig. 13-1b. O próximo passo, como mostrado na Fig. 13-1c, é encontrar a *impedância de Thévenin* $\mathbf{Z}_{Th}$ da parte A nos terminais a e b. Para aplicar o teorema de Thévenin, a parte A deve ser linear e bilateral, assim como para um circuito CC.

Existem três maneiras de encontrar $\mathbf{Z}_{Th}$. Para uma maneira, a parte A não deve ter fontes dependentes. Além disso, preferencialmente, as impedâncias estão dispostas em uma configuração série-paralela. Nessa abordagem, as fontes independentes na parte A são desativadas e, em seguida, $\mathbf{Z}_{Th}$ é encontrada pela combinação de impedâncias e admitâncias, isto é, por redução de circuito.

Se as impedâncias da parte A não estão dispostas em série-paralelo, pode não ser conveniente utilizar a redução de circuito ou pode ser impossível, especialmente se a parte A tiver fontes dependentes. Nesse caso, $\mathbf{Z}_{Th}$ pode ser encontrada em uma segunda maneira, aplicando uma fonte de tensão, como mostrado na Fig. 13-1d ou uma fonte de corrente, como mostrado na Fig. 13-1e, e encontrando $\mathbf{Z}_{Th} = \mathbf{V}_T/\mathbf{I}_T$. Muitas vezes, a tensão da fonte mais conveniente é $\mathbf{V}_T = 1\underline{/0°}$ V e a fonte de corrente mais conveniente é $\mathbf{I}_T = 1\underline{/0°}$ A.

A terceira forma de encontrar $\mathbf{Z}_{Th}$ é aplicar um curto-circuito entre os terminais a e b, como mostrado na Fig. 13-1f, e em seguida encontrar a corrente de curto-circuito $\mathbf{I}_{SC}$ e utilizá-la em $\mathbf{Z}_{Th} = \mathbf{V}_{Th}/\mathbf{I}_{SC}$. Obviamente, $\mathbf{V}_{Th}$ também deve ser conhecido. Para essa abordagem, a parte A deve ter fontes independentes, e elas não devem ser desativadas.

No circuito mostrado na Fig. 13-1g, o equivalente de Thévenin na parte B produz as mesmas tensões e correntes que na parte A original. No entanto, apenas as tensões e correntes da parte B permanecem as mesmas; aquelas na parte A quase sempre mudam, exceto nos terminais a e b.

Para o circuito equivalente de Norton mostrado na Fig. 13-1h, a impedância de Thévenin está em paralelo com uma fonte de corrente que fornece uma corrente que *sobe* e é igual à corrente de curto-circuito que *desce* no circui-

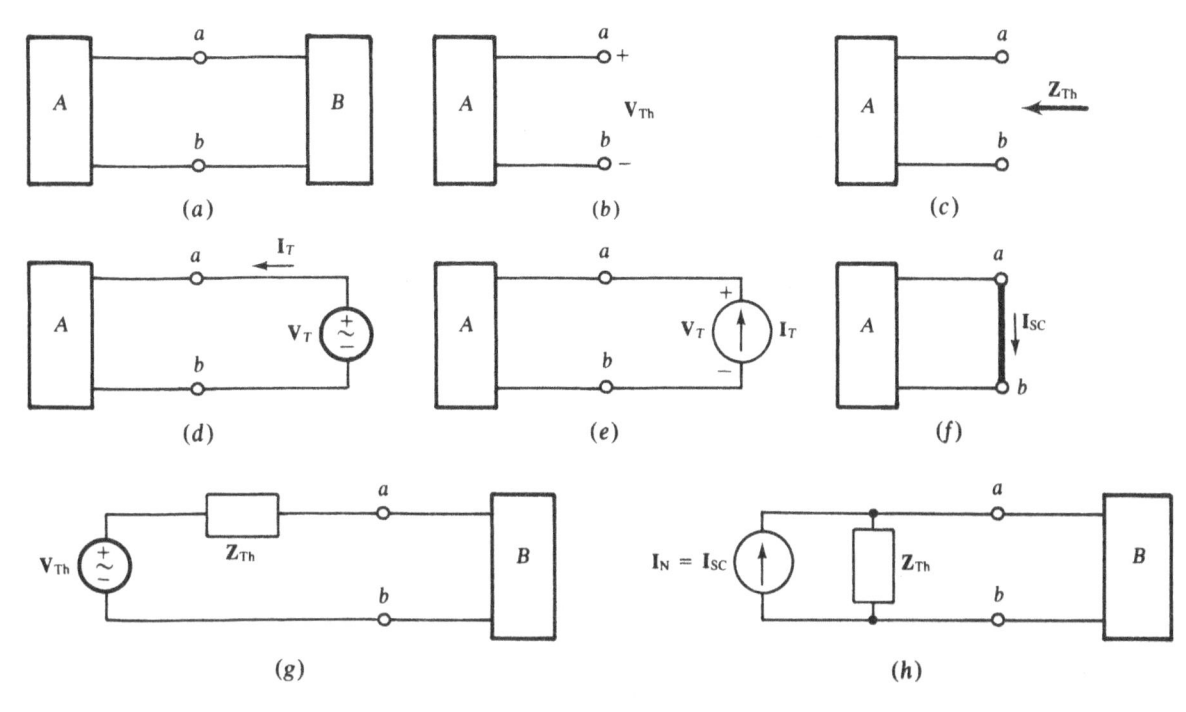

Figura 13-1

to mostrado na Fig. 13-1*f*. O circuito equivalente de Norton também produz na parte *B* as mesmas tensões e correntes que a parte *A* original produz.

Devido à relação $\mathbf{V}_{Th} = \mathbf{I}_{SC}\mathbf{Z}_{Th}$, quaisquer duas das três grandezas $\mathbf{V}_{Th}$, $\mathbf{I}_{SC}$ e $\mathbf{Z}_{Th}$ podem ser encontradas a partir da parte *A* e, em seguida, essa equação pode ser utilizada para encontrar a terceira grandeza se ela for necessária para a aplicação do teorema de Thévenin ou de Norton.

TEOREMA DA MÁXIMA TRANSFERÊNCIA DE POTÊNCIA

A carga que absorve a máxima potência média a partir de um circuito pode ser encontrada com base no equivalente de Thévenin desse circuito nos terminais da carga. A carga deve ter uma reatância que cancela a reatância da impedância de Thévenin, porque a reatância não absorve qualquer potência média, mas *limita* a corrente. Obviamente, para a máxima transferência de potência, não deve haver qualquer reatância limitando o fluxo de corrente para a parte da resistência da carga. Isso, por sua vez, significa que a carga e as reatâncias de Thévenin devem ser iguais em módulo, mas de sinal oposto.

Com o cancelamento da reatância, o circuito global se torna, essencialmente, puramente resistivo. Como resultado, a regra para a máxima transferência de potência para as resistências é a mesma que para um circuito CC: a resistência de carga deve ser igual à parte resistiva da impedância de Thévenin. Tendo a mesma resistência, mas uma reatância que difere apenas em sinal, *a impedância de carga para a máxima transferência de potência é o conjugado da impedância do circuito de Thévenin conectado à carga*: $\mathbf{Z}_L = \mathbf{Z}_{Th}^*$. Além disso, uma vez que o circuito geral é puramente resistivo, a máxima potência absorvida pela carga é a mesma que para um circuito CC: $V_{Th}^2/4R_{Th}$, em que V_{Th} é o valor rms da tensão de Thévenin $\mathbf{V}_{Th}$ e R_{Th} é a parte resistiva de $\mathbf{Z}_{Th}$.

TEOREMA DA SUPERPOSIÇÃO

Se, em um circuito de domínio do tempo CA, as fontes independentes operam na *mesma* frequência, o teorema da superposição para o circuito do domínio fasorial correspondente é o mesmo que para um circuito CC, isto é, a tensão desejada ou o fasor da contribuição de corrente é encontrado a partir de cada fonte individual ou de uma combinação de fontes, e então as várias contribuições são algebricamente adicionadas para obter a tensão ou o fasor corrente desejado. Fontes independentes não envolvidas em uma solução particular são desativadas, mas fontes dependentes são deixadas no circuito.

Para um circuito em que todas as fontes têm a mesma frequência, uma análise com o teorema da superposição é geralmente mais trabalhosa que uma análise de malha, laço ou nodal padrão com todas as fontes presentes. Mas o teorema da superposição é essencial se um circuito de domínio do tempo tem indutores ou capacitores e fontes que operam em *diferentes* frequências. Uma vez que as reatâncias dependem da frequência angular, o memo circuito no domínio fasorial não pode ser utilizado para todas as fontes se elas não têm a mesma frequência. Haverá um circuito de domínio fasorial diferente para cada frequência angular diferente, com as diferenças sendo nas reatâncias e na desativação das várias fontes independentes. Preferencialmente, todas as fontes independentes que tiverem a mesma frequência angular serão consideradas de uma só vez, enquanto as outras fontes independentes serão desativadas. Essa frequência angular é utilizada para encontrar as reatâncias indutivas e capacitivas para o circuito no domínio fasorial correspondente, e o circuito é analisado para encontrar o fasor desejado. Então, o fasor é transformado em senoide. Esse processo é repetido para cada frequência angular diferente das fontes. Finalmente, as respostas senoidais individuais são adicionadas para obter a resposta total. Observe que a adição é de senoides, não de fasores. Isso ocorre porque os fasores de frequências diferentes não podem ser validamente adicionados.

TRANSFORMAÇÕES Y-Δ E Δ-Y EM CA

O Capítulo 5 apresenta fórmulas de transformação Y-Δ e Δ-Y de resistências. A única diferença para impedâncias está no uso de **Z**s, em vez de *R*s. Especificamente, para o arranjo Δ-Y mostrado na Fig.13-2, as fórmulas para a transformação de Y para Δ são

$$\mathbf{Z}_1 = \frac{\mathbf{Z}_A \mathbf{Z}_B + \mathbf{Z}_A \mathbf{Z}_C + \mathbf{Z}_B \mathbf{Z}_C}{\mathbf{Z}_B} \qquad \mathbf{Z}_2 = \frac{\mathbf{Z}_A \mathbf{Z}_B + \mathbf{Z}_A \mathbf{Z}_C + \mathbf{Z}_B \mathbf{Z}_C}{\mathbf{Z}_C} \qquad \mathbf{Z}_3 = \frac{\mathbf{Z}_A \mathbf{Z}_B + \mathbf{Z}_A \mathbf{Z}_C + \mathbf{Z}_B \mathbf{Z}_C}{\mathbf{Z}_A}$$

e as fórmulas para a transformação de Δ paraY são

$$\mathbf{Z}_A = \frac{\mathbf{Z}_1 \mathbf{Z}_2}{\mathbf{Z}_1 + \mathbf{Z}_2 + \mathbf{Z}_3} \qquad \mathbf{Z}_B = \frac{\mathbf{Z}_2 \mathbf{Z}_3}{\mathbf{Z}_1 + \mathbf{Z}_2 + \mathbf{Z}_3} \qquad \mathbf{Z}_C = \frac{\mathbf{Z}_1 \mathbf{Z}_3}{\mathbf{Z}_1 + \mathbf{Z}_2 + \mathbf{Z}_3}$$

As fórmulas da transformação Y para Δ fórmulas têm todas o mesmo numerador, que é a soma dos diferentes produtos dos pares das impedâncias Y. Cada denominador é a impedância Y mostrada na Fig. 13-2, que é a impedância oposta a ser encontrada. As fórmulas da transformação Δ para Y, por outro lado, têm o mesmo denominador, que é a soma das impedâncias Δ. Cada numerador é o produto de duas impedâncias Δ mostradas na Fig. 13-2, que são adjacentes à impedância Y sendo encontrada.

Se todas as impedâncias Y são as mesmas $\mathbf{Z}_Y$, as fórmulas de transformação Y para Δ são as mesmas: $\mathbf{Z}_\Delta = 3\mathbf{Z}_Y$. Além disso, se todas as três impedâncias Δ são as mesmas $\mathbf{Z}_\Delta$, as fórmulas de transformação Δ para Y são as mesmas: $\mathbf{Z}_Y = \mathbf{Z}_\Delta/3$.

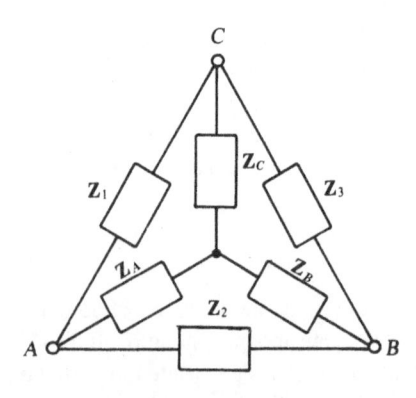

Figura 13-2

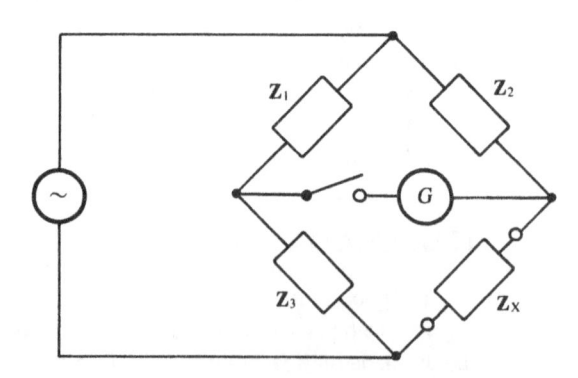

Figura 13-3

CIRCUITOS CA PONTE

Um circuito CA ponte, como o mostrado na Fig. 13-3, pode ser utilizado para medir a indutância ou capacitância da mesma maneira que uma ponte de Wheatstone pode ser utilizada para medir a resistência, como explicado no Capítulo 5. Os componentes da ponte, com exceção da impedância $\mathbf{Z}_X$ desconhecida, normalmente são apenas resistores e uma capacitância padrão – capacitância de um capacitor que é conhecida com grande precisão. Para uma medição, dois dos resistores são variados até que o galvanômetro no braço central leia zero quando a chave é fechada. Então a ponte está balanceada e a impedância $\mathbf{Z}_X$ desconhecida pode ser encontrada a partir da equação de balanceamento da ponte $\mathbf{Z}_X = \mathbf{Z}_2\mathbf{Z}_3/\mathbf{Z}_1$, que é a mesma que para uma ponte de Wheatstone, exceto por ter $\mathbf{Z}$s, em vez de Rs.

Problemas Resolvidos

Nos problemas de circuitos equivalentes de Thévenin e Norton em que os circuitos equivalentes não são mostrados, os circuitos equivalentes são conforme os mostrados na Fig. 13-1g e h, com $\mathbf{V}_{Th}$ com referência positiva em um terminal a e $\mathbf{I}_N = \mathbf{I}_{SC}$ referenciado para o mesmo terminal. A impedância de Thévenin é, naturalmente, em série com a fonte de tensão de Thévenin no circuito equivalente de Thévenin e está em paralelo com a fonte de corrente de Norton no circuito equivalente de Norton.

13.1 Encontre $\mathbf{Z}_{Th}$, $\mathbf{Y}_{Th}$ e $\mathbf{I}_N$ para os equivalentes de Thévenin e Norton do circuito externo à impedância de carga $\mathbf{Z}_L$ no circuito mostrado na Fig. 13-4.

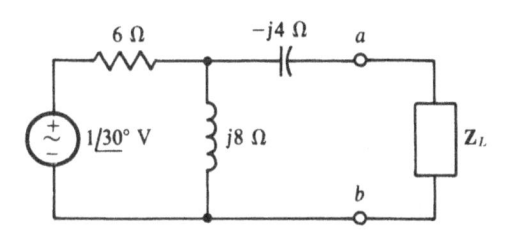

Figura 13-4

A impedância de Thévenin $\mathbf{Z}_{Th}$ é a impedância nos terminais a e b com a impedância de carga removida e a fonte de tensão substituída por um curto-circuito. A partir da combinação de impedâncias,

$$\mathbf{Z}_{Th} = -j4 + \frac{6(j8)}{6 + j8} = -j4 + 4{,}8\underline{/36{,}87°} = 4\underline{/-16{,}26°}\ \Omega$$

Embora tanto $\mathbf{V}_{Th}$ quanto $\mathbf{I}_N$ possam ser encontrados, $\mathbf{V}_{Th}$ será encontrado porque o ramo $-j4\ \Omega$ em série torna $\mathbf{I}_N$ mais difícil de encontrar. Com um circuito aberto nos terminais a e b, esse ramo tem zero de corrente e assim zero de tensão. Consequentemente, $\mathbf{V}_{Th}$ é igual à queda de tensão através da impedância de $j8\Omega$. Por divisão de tensão,

$$\mathbf{V}_{Th} = \frac{j8}{6 + j8} \times 1\underline{/30°} = \frac{8\underline{/120°}}{10\underline{/53{,}13°}} = 0{,}8\underline{/66{,}87°}\ \text{V}$$

Finalmente,

$$\mathbf{I}_N = \frac{\mathbf{V}_{Th}}{\mathbf{Z}_{Th}} = \frac{0{,}8\underline{/66{,}87°}}{4\underline{/-16{,}26°}} = 0{,}2\underline{/83{,}1°}\ \text{A}$$

13.2 Se, no circuito mostrado na Fig. 13-4, a carga é um resistor com resistência R, que valor de R causa um um fluxo de corrente de 0,1 A rms através da carga?

Como é evidente a partir da Fig. 13-1g, a corrente de carga é igual à tensão de Thévenin dividida pela soma das impedâncias de Thévenin de carga:

$$\mathbf{I}_L = \frac{\mathbf{V}_{Th}}{\mathbf{Z}_{Th} + \mathbf{Z}_L} \qquad \text{a partir do qual} \qquad \mathbf{Z}_{Th} + \mathbf{Z}_L = \frac{\mathbf{V}_{Th}}{\mathbf{I}_L}$$

Uma vez que apenas a corrente rms de carga é especificada, os ângulos não são conhecidos, o que significa que os módulos devem ser utilizados. Substituindo $V_{Th} = 0{,}8$ V a partir da solução do Problema 13.1,

$$|\mathbf{Z}_{Th} + \mathbf{Z}_L| = \frac{V_{Th}}{I_L} = \frac{0{,}8}{0{,}1} = 8 \ \Omega$$

Também a partir dessa solução, $\mathbf{Z}_{Th} = 4\underline{/-16{,}26°}\ \Omega$. Assim,

$$|4\underline{/-16{,}26°} + R| = 8 \quad \text{ou} \quad |3{,}84 - j1{,}12 + R| = 8$$

Já que o módulo de um número complexo é igual à raiz quadrada da soma dos quadrados dos componentes das partes real e imaginária,

$$\sqrt{(3{,}84 + R)^2 + (-1{,}12)^2} = 8$$

Elevando ao quadrado e simplificando,

$$R^2 + 7{,}68R + 16 = 64 \quad \text{ou} \quad R^2 + 7{,}68R - 48 = 0$$

Aplicando a fórmula quadrática,

$$R = \frac{-7{,}68 \pm \sqrt{7{,}68^2 - 4(-48)}}{2} = \frac{-7{,}68 \pm 15{,}84}{2}$$

O sinal positivo deve ser utilizado para obter uma resistência fisicamente positiva significativa. Assim,

$$R = \frac{-7{,}68 + 15{,}84}{2} = 4{,}08 \ \Omega$$

Observe na solução que as impedâncias de Thévenin e carga devem ser adicionadas antes, e não depois de os módulos serem obtidos, porque $|\mathbf{Z}_{Th}| + |\mathbf{Z}_L| \neq |\mathbf{Z}_L| + |\mathbf{Z}_{Th}|$.

13.3 Encontre $\mathbf{Z}_{Th}$, $\mathbf{V}_{Th}$ e $\mathbf{I}_N$ para os equivalentes de Thévenin e Norton do circuito mostrado na Fig. 13-5.

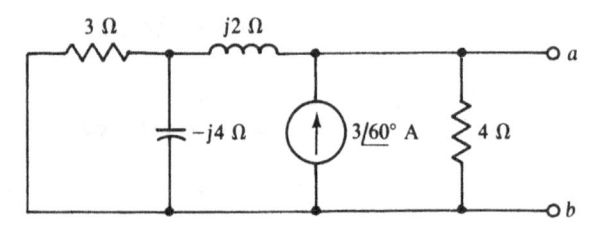

Figura 13-5

A impedância de Thévenin $\mathbf{Z}_{Th}$ é a impedância nos terminais a e b com a fonte de corrente substituída por um circuito aberto. Por redução do circuito,

$$\mathbf{Z}_{Th} = 4\|[j2 + 3\|(-j4)] = \frac{4[j2 + 3(-j4)/(3 - j4)]}{4 + j2 + 3(-j4)/(3 - j4)}$$

Multiplicando o numerador e o denominador por $3 - j4$ dá

$$\mathbf{Z}_{Th} = \frac{4[j2(3 - j4) - j12]}{(4 + j2)(3 - j4) - j12} = \frac{40\underline{/-36{,}87°}}{29{,}7\underline{/-47{,}73°}} = 1{,}35\underline{/10{,}9°}\ \Omega$$

A corrente de curto-circuito é fácil de encontrar porque, se um curto-circuito é colocado entre os terminais a e b, todos os fluxos de fonte de corrente passarão através desse curto-circuito: $\mathbf{I}_{sc} = \mathbf{I}_N = 3\underline{/60°}$ A. Nenhuma corrente pode fluir através das impedâncias porque o curto-circuito coloca uma tensão zero através delas. Finalmente,

$$\mathbf{V}_{Th} = \mathbf{I}_N \mathbf{Z}_{Th} = (3\underline{/60°})(1{,}35\underline{/10{,}9°}) = 4{,}04\underline{/70{,}9°}\ \text{V}$$

13.4 Encontre $\mathbf{Z}_{Th}$, $\mathbf{V}_{Th}$ e $\mathbf{I}_N$ para os equivalentes de Thévenin e Norton do circuito mostrado na Fig. 13-6.

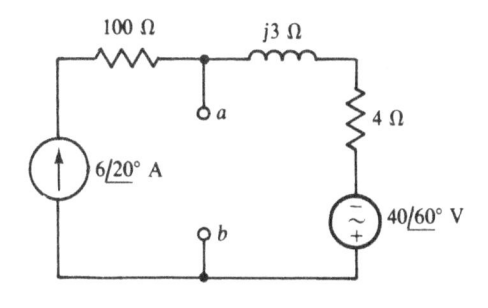

Figura 13-6

A impedância de Thévenin $\mathbf{Z}_{Th}$ é a impedância nos terminais a e b, com a fonte de corrente substituída por um circuito aberto e a fonte de tensão substituída por um curto-circuito. O resistor de 100 Ω é então colocado em série com o circuito aberto que substituiu a fonte de corrente. Consequentemente, este resistor não tem efeito sobre $\mathbf{Z}_{Th}$. As impedâncias $j3$ e 4 Ω são colocadas entre os terminais a e b pelo curto-circuito que substitui a fonte de tensão. Como resultado, $\mathbf{Z}_{Th} = 4 + j3 = 5\underline{/36{,}9}$ Ω.

A corrente de curto-circuito $\mathbf{I}_{SC} = \mathbf{I}_N$ será encontrada e utilizada para obter $\mathbf{V}_{Th}$. Se um curto-circuito é colocado entre os terminais a e b, a corrente para a direita através da impedância $j3$ Ω é

$$\frac{40\underline{/60°}}{4+j3} = \frac{40\underline{/60°}}{5\underline{/36{,}9°}} = 8\underline{/23{,}1°} \text{ A}$$

porque o curto-circuito coloca toda a fonte de tensão $40\underline{/60°}$ V através das impedâncias 4 e $j3$ Ω. Obviamente, a corrente para a direita através do resistor de 100 Ω é a corrente $6\underline{/20°}$ A da fonte. Pela LKC aplicada ao terminal a, a corrente de curto-circuito é a diferença entre essas correntes:

Finalmente, $\quad \mathbf{I}_{SC} = \mathbf{I}_N = 6\underline{/20°} - 8\underline{/23{,}1°} = 2{,}04\underline{/-147{,}6°} = -2{,}04\underline{/32{,}4°}$ A

$$\mathbf{V}_{Th} = \mathbf{I}_N \mathbf{Z}_{Th} = (-2{,}04\underline{/32{,}4°})(5\underline{/36{,}9°}) = -10{,}2\underline{/69{,}3°} \text{ V}$$

Os sinais negativos para $\mathbf{I}_N$ e $\mathbf{V}_{Th}$ podem, é claro, ser eliminados, invertendo as referências – ou seja, por terem a fonte de tensão de Thévenin positiva em relação ao terminal b, a fonte de corrente de Norton é direcionada para o terminal b.

Como verificação, $\mathbf{V}_{Th}$ pode ser encontrado a partir da tensão de circuito aberto entre os terminais a e b. Devido a esse circuito aberto, toda a corrente da fonte de $6\underline{/20°}$ A deve fluir através das impedâncias 4 e $j3$ Ω. Consequentemente, a partir da metade direita do circuito, a queda de tensão a partir do terminal a para b é

$$\mathbf{V}_{Th} = (6\underline{/20°})(4+j3) - 40\underline{/60°} = 30\underline{/56{,}9°} - 40\underline{/60°} = 10{,}2\underline{/-110{,}7°} = -10{,}2\underline{/69{,}3°} \text{ V}$$

que se verifica.

13.5 Encontre $\mathbf{Z}_{Th}$ e $\mathbf{V}_{Th}$ para o equivalente de Thévenin do circuito mostrado na Fig. 13-7.

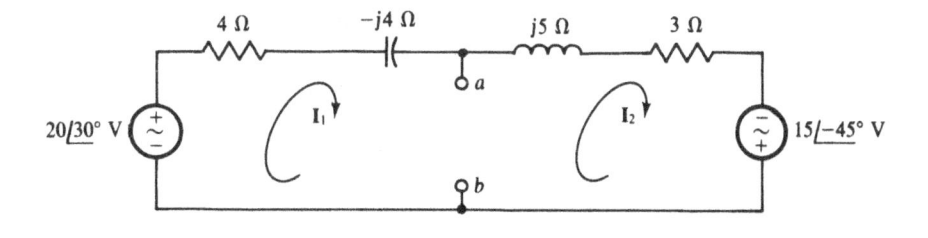

Figura 13-7

A impedância de Thévenin Z_{Th} pode ser facilmente encontrada por meio da substituição das fontes de tensão por curtos-circuitos e encontrando as impedâncias nos terminais a e b. Uma vez que o curto-circuito coloca as duas metades direita e esquerda do circuito em paralelo,

$$Z_{Th} = \frac{(4-j4)(3+j5)}{4-j4+3+j5} = \frac{32+j8}{7+j1} = \frac{32{,}98\underline{/14{,}04°}}{7{,}07\underline{/8{,}13°}} = 4{,}66\underline{/5{,}91°}\ \Omega$$

Uma breve inspeção do circuito mostra que a corrente de curto-circuito é mais fácil de se encontrar que a tensão de circuito aberto. A corrente nos terminais a e b é

Finalmente, $\quad I_{SC} = I_1 - I_2 = \dfrac{20\underline{/30°}}{4-j4} - \dfrac{15\underline{/-45°}}{3+j5} = 3{,}54\underline{/75°} - 2{,}57\underline{/-104°} = 6{,}11\underline{/75{,}4°}\ A$

$$V_{Th} = I_{SC}Z_{Th} = (6{,}11\underline{/75{,}4°})(4{,}66\underline{/5{,}91°}) = 28{,}5\underline{/81{,}3°}\ V$$

13.6 Encontre Z_{Th} e V_{Th} para o equivalente de Thévenin do circuito mostrado na Fig. 13-8.

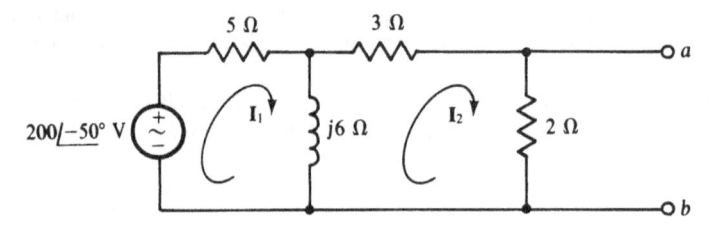

Figura 13-8

Se a fonte de tensão é substituída por um curto-circuito, a impedância Z_{Th}, nos terminais a e b é, por redução de circuito,

$$Z_{Th} = 2\|(3+j6\|5) = \frac{2[3+5(j6)/(5+j6)]}{2+3+5(j6)/(5+j6)} = 1{,}55\underline{/5{,}27°}\ \Omega$$

A tensão de Thévenin pode ser encontrada a partir de I_2, e I_2 pode ser encontrado a partir da análise de malha. As equações de malha são, a partir da abordagem de autoimpedância e impedância mútua,

$$(5+j6)I_1 - j6 I_2 = 200\underline{/-50°}$$
$$-j6 I_1 + (5+j6)I_2 = 0$$

Se a regra de Cramer for utilizada para obter I_2, então

$$I_2 = \frac{\begin{vmatrix} 5+j6 & 200\underline{/-50°} \\ -j6 & 0 \end{vmatrix}}{\begin{vmatrix} 5+j6 & -j6 \\ -j6 & 5+j6 \end{vmatrix}} = \frac{-(-j6)(200\underline{/-50°})}{(5+j6)^2-(-j6)^2} = \frac{1{.}200\underline{/40°}}{65\underline{/67{,}4°}} = 18{,}46\underline{/-27{,}4°}\ A$$

e $\quad V_{Th} = 2I_2 = 2(18{,}46\underline{/-27{,}4°}) = 36{,}9\underline{/-27{,}4°}\ V$

13.7 Encontre Z_{Th} e I_N para o equivalente de Norton do circuito mostrado na Fig. 13-9.

Quando a fonte de corrente é substituída por um circuito aberto e a fonte de tensão é substituída por um curto-circuito, a impedância nos terminais a e b é

$$Z_{Th} = 4 + \frac{5(-j8)}{5-j8} = \frac{20-j72}{5-j8} = 7{,}92\underline{/-16{,}48°}\ \Omega$$

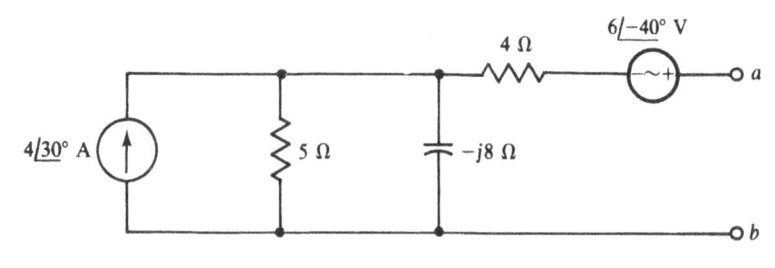

Figura 13-9

Por causa do ramo em série conectado ao terminal *a* e da fonte de tensão, a corrente de Norton é encontrada mais facilmente a partir da tensão e da impedância de Thévenin. A tensão de Thévenin é igual à queda de tensão através dos componentes paralelos mais a tensão da fonte de tensão:

$$\mathbf{V}_{Th} = \frac{5(-j8)}{5-j8} \times 4\underline{/30°} + 6\underline{/-40°} = 22\underline{/-11,67°} \text{ V}$$

e
$$\mathbf{I}_N = \frac{\mathbf{V}_{Th}}{\mathbf{Z}_{Th}} = \frac{22\underline{/-11,67°}}{7,92\underline{/-16,48°}} = 2,78\underline{/4,81°} \text{ A}$$

13.8 Encontre $\mathbf{Z}_{Th}$ e $\mathbf{V}_{Th}$ para o equivalente de Thévenin do circuito mostrado na Fig. 13-10.

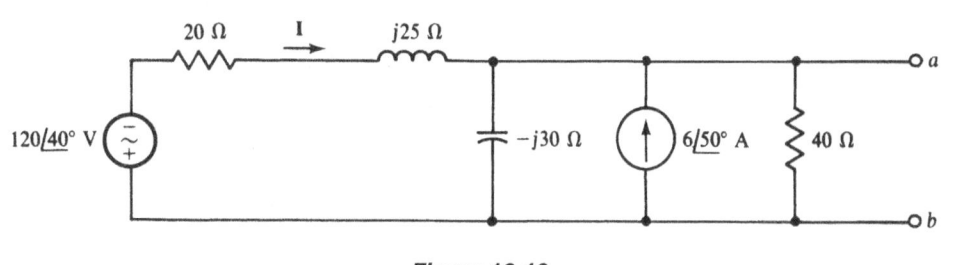

Figura 13-10

Quando a fonte de tensão é substituída por um curto-circuito e a fonte de corrente por um circuito aberto, a admitância nos terminais *a* e *b* é

$$\frac{1}{40} + \frac{1}{-j30} + \frac{1}{20+j25} = 0,025 + j0,0333 + 0,0195 - j0,0244 = 0,0454\underline{/11,36°} \text{ S}$$

O inverso disso é $\mathbf{Z}_{Th}$:

$$\mathbf{Z}_{Th} = \frac{1}{0,0454\underline{/11,36°}} = 22\underline{/-11,36°} \text{ }\Omega$$

Devido à configuração geralmente paralela do circuito, pode ser melhor não encontrar $\mathbf{V}_{Th}$ diretamente, mas obter $\mathbf{I}_N$ em primeiro lugar e, em seguida, encontrar $\mathbf{V}_{Th}$ a partir de $\mathbf{V}_{Th} = \mathbf{I}_N\mathbf{Z}_{Th}$. Se um curto-circuito é colocado entre os terminais *a* e *b*, a corrente de curto-circuito é $\mathbf{I} + 6\underline{/50°}$, uma vez que o curto-circuito impede qualquer fluxo de corrente através das duas impedâncias em paralelo. A corrente $\mathbf{I}$ pode ser encontrada a partir da fonte de tensão dividida pela soma das impedâncias em série, visto que o curto-circuito coloca essa tensão através dessas impedâncias:

$$\mathbf{I} = -\frac{120\underline{/40°}}{20+j25} = -3,75\underline{/-11,3°} \text{ A}$$

E assim $\quad \mathbf{I}_N = \mathbf{I} + 6\underline{/50°} = -3,75\underline{/-11,3°} + 6\underline{/50°} = 5,34\underline{/88,05°} \text{ A}$

Finalmente, $\quad \mathbf{V}_{Th} = \mathbf{I}_N\mathbf{Z}_{Th} = (5,34\underline{/88,05°})(22\underline{/-11,36°}) = 118\underline{/76,7°} \text{ V}$

13.9 Utilize o teorema de Thévenin ou de Norton para encontrar **I** no circuito ponte mostrado na Fig. 13-11, se $\mathbf{I}_S = 0$ A.

A fonte de corrente produz 0 A, que é equivalente a um circuito aberto e pode ser retirado do circuito. Além disso, as impedâncias de 2 Ω e $j3$ Ω precisam ser removidas para encontrar o circuito equivalente, porque essas são as impedâncias de carga.

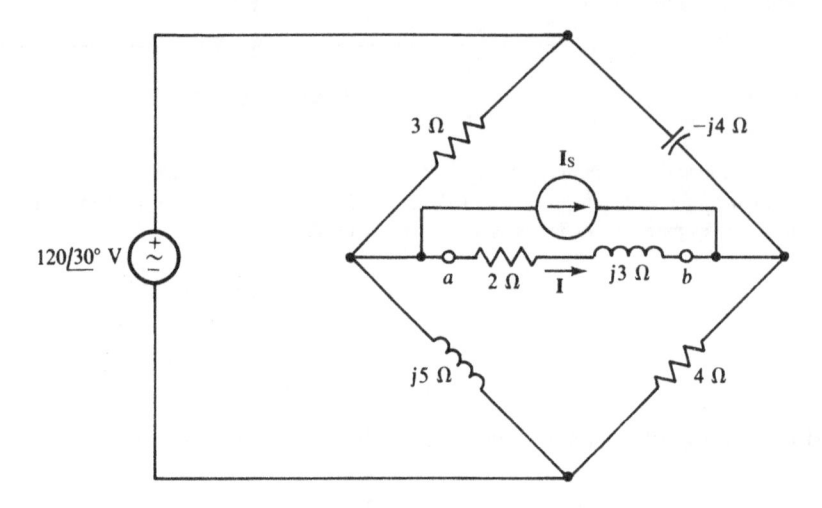

Figura 13-11

Com isso feito, $\mathbf{Z}_{Th}$ pode ser encontrada após a substituição da fonte de tensão por um curto-circuito. Esse curto-circuito coloca as impedâncias 3 Ω, $j5$ Ω, $-j4$ Ω e 4 Ω em paralelo. Uma vez que os dois arranjos paralelos estão em série entre os terminais a e b,

$$\mathbf{Z}_{Th} = 3\|j5 + 4\|(-j4) = \frac{3(j5)}{3+j5} + \frac{4(-j4)}{4-j4} = 2{,}572\underline{/30{,}96°} + 2{,}828\underline{/-45°} = 4{,}26\underline{/-9{,}14°}\ \Omega$$

A tensão de circuito aberto é mais fácil de encontrar que a corrente de curto-circuito. Pela LKT aplicada na metade inferior da ponte, $\mathbf{V}_{Th}$ é igual à diferença das quedas de tensão através das impedâncias $j5$ e 4 Ω, quedas que podem ser obtidas por divisão de tensão. Assim,

$$\mathbf{V}_{Th} = \frac{j5}{3+j5} \times 120\underline{/30°} - \frac{4}{4-j4} \times 120\underline{/30°} = 29{,}1\underline{/16°}\ \text{V}$$

Como deveria ser evidente a partir da discussão de Thévenin, e também a partir da Fig. 13-1g, **I** é igual à tensão de Thévenin dividida pela soma das impedâncias de Thévenin e de carga:

$$\mathbf{I} = \frac{29{,}1\underline{/16°}}{4{,}26\underline{/-9{,}14°} + 2 + j3} = 4{,}39\underline{/-4{,}5°}\ \text{A}$$

13.10 Encontre **I** para o circuito mostrado na Fig. 13-11 se $\mathbf{I}_S = 10\underline{/-50°}$ A.

A fonte de corrente não afeta $\mathbf{Z}_{Th}$, que tem o mesmo valor encontrado na solução do Problema 13.9: $\mathbf{Z}_{Th} = 4{,}26\ \underline{/-9{,}14°}\ \Omega$. A fonte de corrente, no entanto, contribui para a tensão de Thévenin. Por meio de superposição, essa contribuição da tensão é igual à fonte de corrente vezes a impedância nos terminais a e b, com a carga substituída por um circuito aberto. Uma vez que a impedância é $\mathbf{Z}_{Th}$, a contribuição da tensão da fonte de corrente é $(10\underline{/-50°})(4{,}26\underline{/-9{,}14°}) = 42{,}6\ \underline{/-59{,}1°}$ V, que é uma queda de tensão a partir do terminal b para a porque a fonte de corrente está em direção do terminal b. Consequentemente, a tensão de Thévenin é, por superposição, a tensão de Thévenin obtida na solução do Problema 13.9 menos a tensão presente:

$$\mathbf{V}_{Th} = 29{,}1\underline{/16°} - 42{,}6\underline{/-59{,}1°} = 45\underline{/82{,}1°}\ \text{V}$$

e

$$\mathbf{I} = \frac{\mathbf{V}_{Th}}{\mathbf{Z}_{Th} + \mathbf{Z}_L} = \frac{45\underline{/82{,}1°}}{4{,}26\underline{/-9{,}14°} + (2+j3)} = \frac{45\underline{/82{,}1°}}{6{,}63\underline{/20{,}5°}} = 6{,}79\underline{/61{,}6°}\ \text{A}$$

CAPÍTULO 13 • CIRCUITOS CA EQUIVALENTES, TEOREMAS DE REDE E CIRCUITOS PONTE — 271

13.11 Encontre a impedância de saída do circuito à esquerda dos terminais a e b para o circuito mostrado na Fig. 13-12.

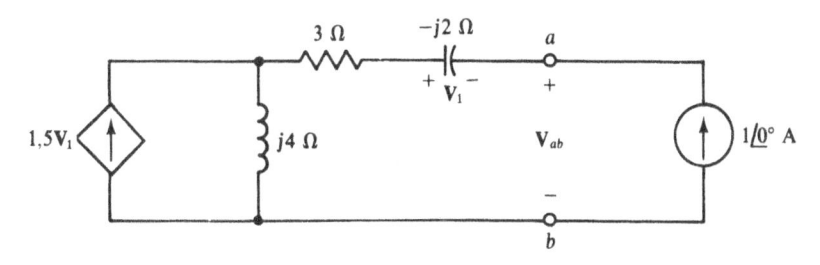

Figura 13-12

A impedância de saída é a mesma que a impedância de Thévenin. A única maneira de se encontrar $\mathbf{Z}_{Th}$ é por meio da aplicação de uma fonte e encontrando a razão entre a tensão e a corrente nos terminais da fonte. Essa impedância não pode ser encontrada a partir de $\mathbf{Z}_{Th} = \mathbf{V}_{Th}/\mathbf{I}_N$ porque $\mathbf{V}_{Th}$ e $\mathbf{I}_N$ são ambos zero, uma vez que não existem fontes independentes para a esquerda dos terminais a e b. E, é claro, a redução de circuito não pode ser utilizada por causa da presença da fonte dependente. A fonte mais conveniente para se aplicar é uma fonte de corrente de $1\underline{/0°}$ A, com uma direção da corrente no terminal a, como mostrado na Fig. 13-12. Em seguida, $\mathbf{Z}_{Th} = \mathbf{V}_{ab}/1\underline{/0°} = \mathbf{V}_{ab}$.

O primeiro passo no cálculo de $\mathbf{Z}_{Th}$ é encontrar a tensão de controle $\mathbf{V}_1$. Ela é $\mathbf{V}_1 = -(-j2)(1\underline{/0°}) = j2$ V, com o sinal inicial negativo ocorrendo porque a tensão no capacitor e a corrente de referência não estão associadas (a corrente $1\underline{/0°}$ A é dirigida para o terminal negativo de $\mathbf{V}_1$). O próximo passo é encontrar a corrente que flui para baixo através da impedância $j4$ Ω. Essa é a corrente $1\underline{/0°}$ A da fonte independente de corrente mais a corrente $1,5\mathbf{V}_1 = 1,5(j2) = j3$ A da fonte de corrente dependente, um total de $1 + j3$ A. Com a corrente conhecida, a tensão $\mathbf{V}_{ab}$ pode ser encontrada a partir da soma das quedas de tensão através das três impedâncias:

$$\mathbf{V}_{ab} = (1\underline{/0°})(3 - j2) + (1 + j3)(j4) = 3 - j2 + j4 - 12 = -9 + j2 \text{ V}$$

a qual, como mencionado, forma $\mathbf{Z}_{Th} = -9 + j2$ Ω. A resistência negativa (-9 Ω) é o resultado da ação da fonte dependente. Na forma polar, a impedância é

$$\mathbf{Z}_{Th} = -9 + j2 = 9,22\underline{/167,5°} = -9,22\underline{/-12,5°} \text{ Ω}$$

13.12 Encontre $\mathbf{Z}_{Th}$ e $\mathbf{I}_N$ para o equivalente de Norton do circuito mostrado na Fig. 13-13.

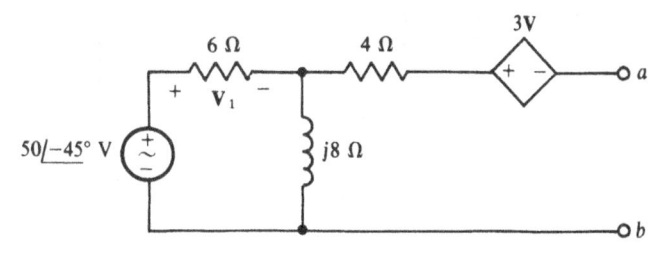

Figura 13-13

Por causa do ramo em série com a fonte dependente conectado ao terminal de a, $\mathbf{V}_{Th}$ é mais fácil de ser encontrado que $\mathbf{I}_N$. Essa tensão é igual à soma das quedas de tensão através da impedância $j8$ Ω e da fonte de tensão dependente $3\mathbf{V}_1$ (obviamente, o resistor de 4 Ω tem uma queda de 0 V). Geralmente é melhor resolver primeiro para a quantidade de controle, que aqui é a tensão $\mathbf{V}_1$ através da resistência de 6 Ω. Por divisão de tensão,

$$\mathbf{V}_1 = \frac{6}{6 + j8} \times 50\underline{/-45°} = 30\underline{/-98,1°} \text{ V}$$

Uma vez que existe uma queda 0 V através do resistor de 4 Ω, a LKT aplicada em torno do laço exterior dá

$$\mathbf{V}_{Th} = 50\underline{/-45°} - \mathbf{V}_1 - 3\mathbf{V}_1 = 50\underline{/-45°} - 4(30\underline{/-98,1°}) = 98,49\underline{/57,91°} \text{ V}$$

A impedância de Thévenin pode ser encontrada pela aplicação de uma fonte de corrente de $1\underline{/0°}$ A nos terminais a e b, como mostrado no circuito da Fig. 13-14, e encontrando a tensão $\mathbf{V}_{ab}$. Então, $\mathbf{Z}_{Th} = \mathbf{V}_{ab}/1\underline{/0°} = \mathbf{V}_{ab}$. A tensão de controle $\mathbf{V}_1$ deve ser encontrada primeiro, como era esperado. Ela tem um valor diferente que o $\mathbf{V}_{Th}$ calculado porque o circuito é diferente.

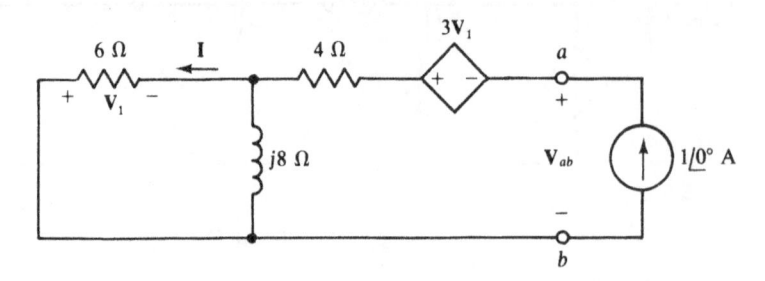

Figura 13-14

A tensão $\mathbf{V}_1$ pode ser encontrada a partir da corrente $\mathbf{I}$ que flui através do resistor de 6 Ω através do qual $\mathbf{V}_1$ é conduzido. Uma vez que as impedâncias 6 e $j8$ Ω estão em paralelo e que, $1\underline{/0°}$ A da fonte de corrente flui para esse arranjo paralelo, $\mathbf{I}$ é, por divisão de corrente,

$$\mathbf{I} = \frac{j8}{6 + j8} \times 1\underline{/0°} = 0{,}8\underline{/36{,}9°} \text{ A}$$

e, pela lei de Ohm, $\quad \mathbf{V}_1 = -6\mathbf{I} = -6(0{,}8\underline{/36{,}9°}) = -4{,}8\underline{/36{,}9°}$ V

O sinal negativo é necessário porque $\mathbf{V}_1$ e $\mathbf{I}$ não têm referências associadas.

Com $\mathbf{V}_1$ conhecido, $\mathbf{V}_{ab}$ pode ser encontrada pela soma das quedas de tensão a partir do terminal a para o terminal b:

$$\mathbf{V}_{ab} = -3(-4{,}8\underline{/36{,}9°}) + (1\underline{/0°})(4) - (-4{,}8\underline{/36{,}9°}) = 22{,}53\underline{/30{,}75°} \text{ V}$$

a partir da qual $\quad \mathbf{Z}_{Th} = 22{,}53\underline{/30{,}75°}$ Ω.

Finalmente, $\quad \mathbf{I}_N = \dfrac{\mathbf{V}_{Th}}{\mathbf{Z}_{Th}} = \dfrac{98{,}49\underline{/57{,}91°}}{22{,}53\underline{/30{,}75°}} = 4{,}37\underline{/27{,}2°}$ A

13.13 Encontre $\mathbf{Z}_{Th}$ e $\mathbf{I}_N$ para o equivalente de Norton do circuito com transistor mostrado na Fig. 13-15.

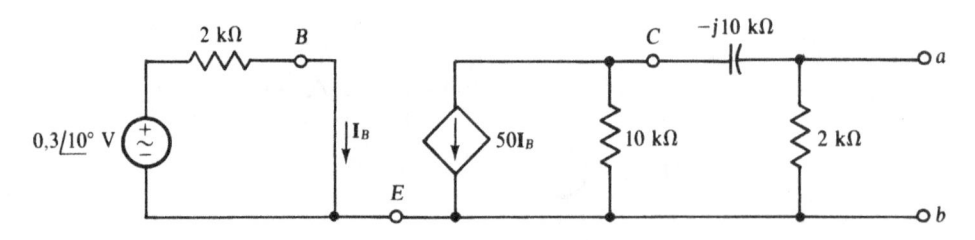

Figura 13-15

A impedância de Thévenin $\mathbf{Z}_{Th}$ pode ser encontrada diretamente pela substituição da fonte de tensão independente por um curto-circuito. Uma vez que com essa substituição não há uma fonte de tensão no circuito de base, $\mathbf{I}_B = 0$ A e assim $50\mathbf{I}_B$ da fonte de corrente dependente também é 0 A. Isso significa que a fonte dependente é equivalente a um circuito aberto. Observe que a fonte dependente não foi desativada, como uma fonte independente seria. Em vez disso, ela é equivalente a um circuito aberto devido ao fato de sua corrente de controle ser 0 A. Com fonte de corrente substituída por um circuito aberto, $\mathbf{Z}_{Th}$ pode ser encontrada pela combinação de impedâncias:

$$\mathbf{Z}_{Th} = \frac{2.000(10.000 - j10.000)}{2.000 + 10.000 - j10.000} = 1{,}81\underline{/-5{,}19°} \text{ k}\Omega$$

A corrente $\mathbf{I}_N$ pode ser encontrada a partir da corrente que flui através de um curto-circuito colocado entre os terminais a e b. Uma vez que esse curto-circuito coloca as impedâncais de 10 kΩ e $-j10$ kΩ em paralelo, e uma vez que $\mathbf{I}_N$ é a corrente através da impedância $-j10$ kΩ, então, por divisão de corrente, $\mathbf{I}_N$ é

CAPÍTULO 13 • CIRCUITOS CA EQUIVALENTES, TEOREMAS DE REDE E CIRCUITOS PONTE

$$\mathbf{I}_N = -\frac{10.000}{10.000 - j10.000} \times 50\mathbf{I}_B = \frac{-50\mathbf{I}_B}{\sqrt{2}\underline{/-45°}}$$

O sinal negativo inicial é necessário porque tanto $50\mathbf{I}_B$ como $\mathbf{I}_N$ estão na direção do terminal b. A resistência de 2 kΩ entre os terminais a e b não aparece porque está em paralelo com o curto-circuito.

A partir do circuito de base,

$$\mathbf{I}_B = \frac{0,3\underline{/10°}}{2.000}\text{ A} = 0,15\underline{/10°}\text{ mA}$$

Finalmente,
$$\mathbf{I}_N = \frac{-50(0,15\underline{/10°})}{\sqrt{2}\underline{/-45°}} = -5,3\underline{/55°}\text{ mA}$$

13.14 Qual é a máxima potência média que pode ser estabelecida a partir de um gerador CA que possui impedância interna de $150\underline{/60°}$ Ω e tensão rms de circuito aberto de 12,5 kV? Não fique preocupado se a potência do gerador for ultrapassada.

A máxima potência média será absorvida por uma carga, que é o conjugado da impedância interna, que é também a impedância de Thévenin. A fórmula para essa potência é $P_{\text{máx}} = V_{\text{Th}}^2/4R_{\text{Th}}$. Aqui, $V_{\text{Th}} = 12,5$ kV e $R_{\text{Th}} = 150\cos 60° = 75$ Ω. Então,

$$P_{\text{máx}} = \frac{(12,5 \times 10^3)^2}{4(75)}\text{ W} = 521\text{ kW}$$

13.15 Um gerador de sinal operando a 2 MHz tem uma tensão rms de circuito aberto de 0,5 V e uma impedância interna de $50\underline{/30°}$ Ω. Se ele energiza um capacitor e um resistor em paralelo, encontre a capacitância e resistência desses componentes para a máxima potência média absorvida pelo resistor. Além disso, encontre a potência.

A carga que absorve a máxima potência média tem uma impedância $\mathbf{Z}_L$, que é o conjugado da impedância interna do gerador. Assim, $\mathbf{Z}_L = 50\underline{/-30°}$ Ω, sendo que o conjugado tem o mesmo módulo e um ângulo que difere apenas no sinal. Estando em paralelo, o resistor de carga e capacitor podem ser mais bem determinados a partir da admitância de carga, que é

$$\mathbf{Y}_L = \frac{1}{\mathbf{Z}_L} = \frac{1}{50\underline{/-30°}} = 0,02\underline{/30°}\text{ S} = 17,3 + j10\text{ mS}$$

Mas $\mathbf{Y}_L = G + j\omega C$ em que $\omega = 2\pi f = 2\pi(2 \times 10^6)$ rad/s = 12,6 Mrad/s

Então, $G = \dfrac{1}{R} = 17,3$ mS a partir do qual $R = \dfrac{1}{17,3 \times 10^{-3}} = 57,7$ Ω

e $j\omega C = j(12,6 \times 10^6)C = j10 \times 10^{-3}$ S a partir do qual $C = \dfrac{10 \times 10^{-3}}{12,6 \times 10^6}$ F = 796 pF

A máxima potência média absorvida pelo resistor de 57,7 Ω pode ser encontrada a partir de $P_{\text{máx}} = V_{\text{Th}}^2/4R_{\text{Th}}$ em que R_{Th} é a resistência de $50\underline{/30°} = 43,3 + j25$ Ω:

$$P_{\text{máx}} = \frac{0,5^2}{4(43,3)}\text{ W} = 1,44\text{ mW}$$

Certamente, é utilizado 43,3 Ω em vez de 57,7 Ω do resistor de carga, porque 43,3 Ω é a resistência de Thévenin da fonte, bem como a resistência da impedância da carga paralela do resistor-capacitor.

13.16 Para o circuito mostrado na Fig. 13-16, qual é a impedância de carga $\mathbf{Z}_L$ que absorve máxima potência média e qual é essa potência?

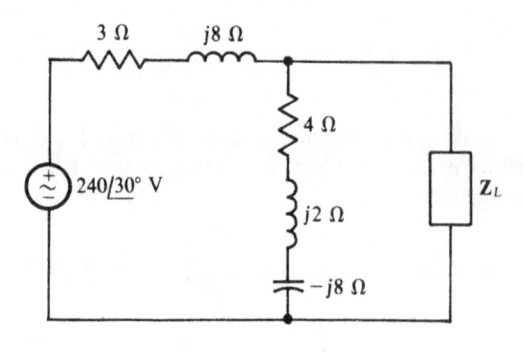

Figura 13-16

O equivalente de Thévenin do circuito da fonte nos terminais da carga é necessário. Por divisão de tensão,

$$\mathbf{V}_{Th} = \frac{4 + j2 - j8}{4 + j2 - j8 + 3 + j8} \times 240\underline{/30°} = 237{,}7\underline{/-42{,}3°} \text{ V}$$

A impedância de Thévenin é

$$\mathbf{Z}_{Th} = \frac{(3 + j8)(4 + j2 - j8)}{3 + j8 + 4 + j2 - j8} = \frac{60 + j14}{7 + j2} = 8{,}46\underline{/-2{,}81°} \text{ }\Omega$$

Para a absorção da máxima potência média, $\mathbf{Z}_L = \mathbf{Z}_{Th}^* = 8{,}46\underline{/2{,}81°}$ Ω, cuja parte resistiva é $R_{Th} = 8{,}46 \cos 2{,}81° = 8{,}45$ Ω. Finalmente, a máxima potência média absorvida é

$$P_{máx} = \frac{V_{Th}^2}{4R_{Th}} = \frac{237{,}7^2}{4(8{,}45)} \text{ W} = 1{,}67 \text{ kW}$$

13.17 No circuito mostrado na Fig. 13-17, encontre R e L para o consumo máximo de potência média pela carga de um resistor e capacitor em paralelo, e também encontre essa potência.

Um bom primeiro passo é encontrar a impedância de carga. Uma vez que a impedância do capacitor é

$$jX_C = \frac{-j1}{\omega C} = \frac{-j1}{10^6(0{,}1 \times 10^{-6})} = -j10 \text{ }\Omega$$

a impedância da carga é

$$\mathbf{Z}_L = \frac{8(-j10)}{8 - j10} = 4{,}88 - j3{,}9 \text{ }\Omega$$

Uma vez que para o consumo da máxima da potência média não deve haver reatância limitando a corrente para a parte resistiva da carga, a indutância L deve ser selecionada de modo que sua reatância indutiva cancele a reatância capacitiva da carga. Assim, $\omega L = 3{,}9$ Ω, a partir do qual $L = 3{,}9/10^6$ H $= 3{,}9$ μH. Com o cancelamento das reatâncias, o circuito é essencialmente a fonte de tensão, a resistência R e o 4,88 Ω da carga, todos em série. Como deve ser evidente, para um consumo máximo de potência média pelo 4,88 Ω da carga, a resistência da fonte deve ser zero: $R = 0$ Ω. Então, toda tensão da fonte é através dos 4,88 Ω e a potência consumida é

$$P_{máx} = \frac{(45/\sqrt{2})^2}{4{,}88} = 208 \text{ W}$$

Observe que a impedância da fonte não é o conjugado da impedância da carga. A razão é que aqui a resistência da carga é fixada enquanto a resistência da fonte é variável. O conjugado como resultado ocorre na situação mais comum em que a impedância da carga pode ser variada, mas a impedância da fonte é fixa.

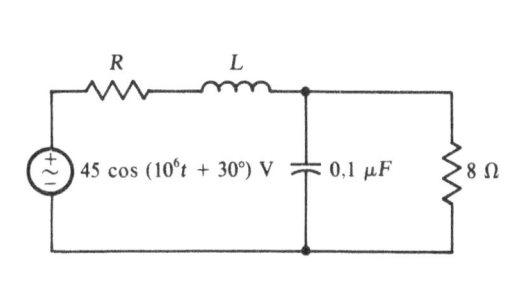

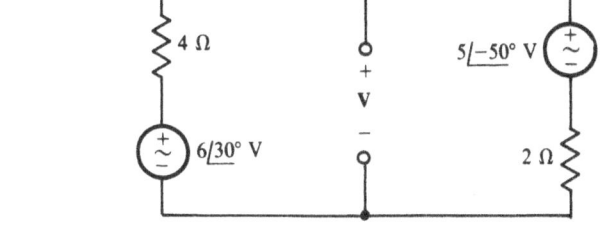

CAPÍTULO 13 • CIRCUITOS CA EQUIVALENTES, TEOREMAS DE REDE E CIRCUITOS PONTE

Figura 13-17

Figura 13-18

13.18 Use superposição para encontrar **V** no circuito mostrado na Fig. 13-18.

A tensão V pode ser considerada como tendo um componente **V'** devido à fonte $6\underline{/30°}$ V e um outro componente **V"** devido à fonte $5\underline{/-50°}$ V tal que **V = V' + V"**. O componente **V'** pode ser encontrado utilizando divisão de tensão após a substituição da fonte de $5\underline{/-50°}$ V por um curto-circuito:

$$V' = \frac{2+j3}{2+j3+4} \times 6\underline{/30°} = 3{,}22\underline{/59{,}7°} \text{ V}$$

Da mesma forma, **V"** pode ser encontrado por meio de divisão de tensão após a substituição da fonte $6\underline{/30°}$ V por um curto-circuito:

$$V'' = \frac{4}{2+j3+4} \times 5\underline{/-50°} = 2{,}98\underline{/-76{,}6°} \text{ V}$$

Adicionando, $\quad \mathbf{V} = \mathbf{V'} + \mathbf{V''} = 3{,}22\underline{/59{,}7°} + 2{,}98\underline{/-76{,}6°} = 2{,}32\underline{/-2{,}82°}$ V

13.19 Use sobreposição para encontrar *i* no circuito mostrado na Fig. 13-19.

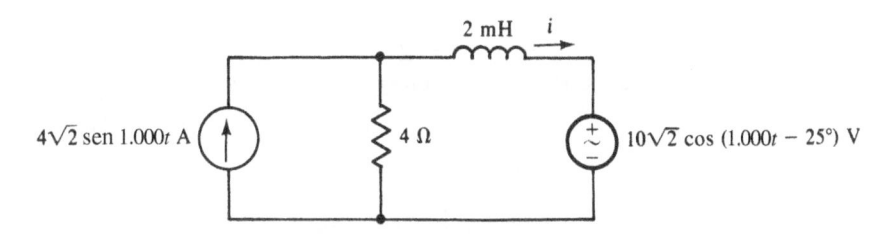

Figura 13-19

É necessário construir o circuito do domínio de fasores correspondente, como mostrado na Fig. 13-20. A corrente **I** pode ser considerada como tendo uma componente **I'** a partir da fonte de corrente e uma componente **I"** a partir da fonte de tensão, de modo que **I = I' + I"**. O componente **I'** pode ser encontrado usando divisão de corrente depois de substituir a fonte de tensão por um curto-circuito:

$$I' = \frac{4}{4+j2} \times 4\underline{/0°} = 3{,}58\underline{/-26{,}6°} \text{ A}$$

E **I"** pode ser encontrada usando a lei de Ohm após a substituição da fonte de corrente por um circuito aberto:

$$I'' = -\frac{10\underline{/65°}}{4+j2} = -2{,}24\underline{/38{,}4°} \text{ A}$$

O sinal negativo é necessário porque as referências de tensão e de corrente não estão associadas. Adicionando,

$$\mathbf{I} = \mathbf{I'} + \mathbf{I''} = 3{,}58\underline{/-26{,}6°} - 2{,}24\underline{/38{,}4°} = 3{,}32\underline{/-64{,}2°} \text{ A}$$

Finalmente, a respectiva corrente senoidal é

$$i = \sqrt{2}(3,32) \operatorname{sen}(1.000t - 64,2°) = 4,7 \operatorname{sen}(1.000t - 64,2°) \text{ A}$$

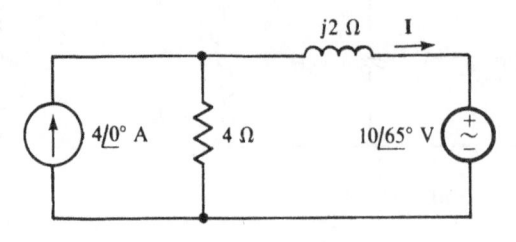

Figura 13-20

13.20 Use superposição para encontrar i para o circuito mostrado na Fig. 13-19, se a tensão da fonte de tensão é substituída por $10\sqrt{2}\cos(2.000t - 25°)$ V.

A corrente i pode ser considerada como tendo um componente i' a partir da fonte de corrente e um componente i'' a partir da fonte de tensão. Como essas duas fontes têm frequências diferentes, são necessários dois circuitos de domínio de fasores diferentes. O circuito de domínio de fasor para a fonte de corrente é o mesmo que foi mostrado na Fig. 13-20, mas com a fonte de tensão substituída por um curto-circuito. Como resultado, o fasor corrente $\mathbf{I'}$ é o mesmo que se encontra na solução do Problema 13.19: $\mathbf{I'} = 3,58\underline{/-26,6°}$ A. A corrente correspondente é

$$i = \sqrt{2}(3,58) \operatorname{sen}(1.000t - 26,6°) = 5,06 \operatorname{sen}(1.000t - 26,6°) \text{ A}$$

O circuito no domínio de fasores para a fonte de tensão e $\omega = 2.000$ rad/s é mostrado na Fig. 13-21. Pela lei de Ohm,

$$\mathbf{I''} = -\frac{10\underline{/65°}}{4 + j4} = -1,77\underline{/20°} \text{ A}$$

a partir do qual $\quad i'' = \sqrt{2}(-1,77) \operatorname{sen}(2.000t + 20°) = -2,5 \operatorname{sen}(2.000t + 20°)$ A

Finalmente, $\quad i = i' + i'' = 5,06 \operatorname{sen}(1.000t - 26,6°) - 2,5 \operatorname{sen}(2.000t + 20°)$ A

Observe que, com essa solução, os fasores $\mathbf{I'}$ e $\mathbf{I''}$ não podem ser somados, uma vez que estão na solução do Problema 13.19. A razão é que aqui os fasores são para frequências diferentes, enquanto na solução do Problema 13.19 eles são para a mesma frequência. Quando os fasores são para frequências diferentes, as senoides correspondentes devem ser encontradas primeiramente e depois somados os fasores. Além disso, as senoides não podem ser combinadas em um único termo.

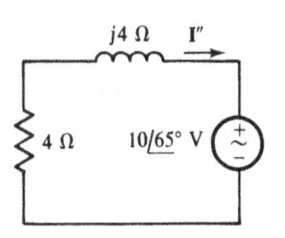

Figura 13-21 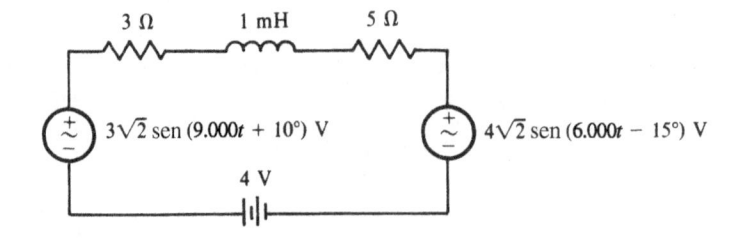 *Figura 13-22*

13.21 Embora a superposição normalmente não se aplique a cálculos de potência, ela se aplica ao cálculo da potência *média* consumida quando todas as fontes são senoides de *diferentes* frequências (a fonte CC pode ser considerada como uma fonte senoidal de frequência zero). Use esse fato para encontrar a potência média consumida pelo resistor de 5 Ω do circuito mostrado na Fig. 13-22.

Considere primeiro o componente CC da potência média consumida pelo resistor de 5 Ω. Obviamente, para esse cálculo, as fontes de tensão CA são substituídas por curtos-circuitos. Além disso, o indutor é substituído por um curto--circuito porque um indutor é um curto-circuito em CC. Assim,

$$I_{CC} = \frac{4}{3+5} = 0{,}5 \text{ A}$$

A corrente de 0,5 A produz uma dissipação de potência no resistor de 5 Ω de $P_{CC} = 0{,}5^2(5) = 1{,}25$ W.

O valor rms da corrente a partir da fonte de tensão de 6.000 rad/s é, por superposição,

$$I_{6.000} = \frac{|4\underline{/-15°}|}{|3+j6+5|} = \frac{4}{10} = 0{,}4 \text{ A}$$

Ela produz uma dissipação de potência de $P_{6.000} = 0{,}4^2(5) = 0{,}8$ W no resistor de 5 Ω e a corrente rms da fonte de tensão de 9.000 rad/s é

$$I_{9.000} = \frac{|3\underline{/10°}|}{|3+j9+5|} = \frac{3}{12{,}04} = 0{,}249 \text{ A}$$

Ela produz uma dissipação de potência de $P_{9.000} = 0{,}249^2(5) = 0{,}31$ W no resistor de 5 Ω.

A potência média total consumida $P_{méd}$ é a soma dessas potências:

$$P_{méd} = P_{CC} + P_{6.000} + P_{9.000} = 1{,}25 + 0{,}8 + 0{,}31 = 2{,}36 \text{ W}$$

13.22 Use superposição para encontrar **Y** no circuito mostrado na Fig. 13-23.

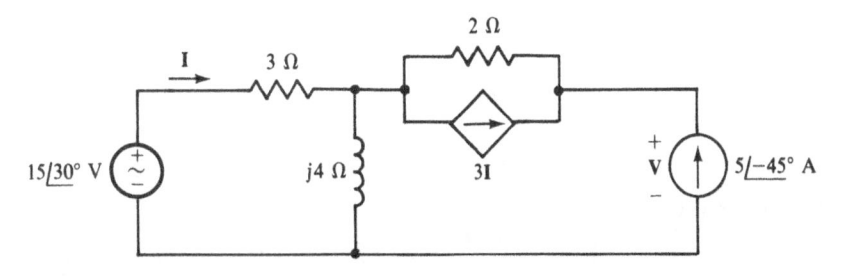

Figura 13-23

Se a fonte independente de corrente é substituída por um circuito aberto, o circuito é como o mostrado na Fig. 13-24, em que **V** é o componente de **V** da fonte de tensão. Por causa dos terminais em circuito aberto, nenhuma parte de **I** pode fluir através do resistor de 2 Ω e pela fonte de corrente dependente 3**I**. Em vez disso, toda a **I** circula através da impedância j4 Ω, bem como através da resistência de 3 Ω. Assim,

$$\mathbf{I} = \frac{15\underline{/30°}}{3+j4} = 3\underline{/-23{,}1°} \text{ A}$$

Com **I** conhecido, **V′** pode ser encontrado a partir das quedas de tensão através das impedâncias 2 e j4 Ω:

$$\mathbf{V'} = \mathbf{V}_1 + \mathbf{V}_2 = 2(3\mathbf{I}) + j4\mathbf{I} = (6+j4)(3\underline{/-23{,}1°}) = 21{,}6\underline{/10{,}6°} \text{ V}$$

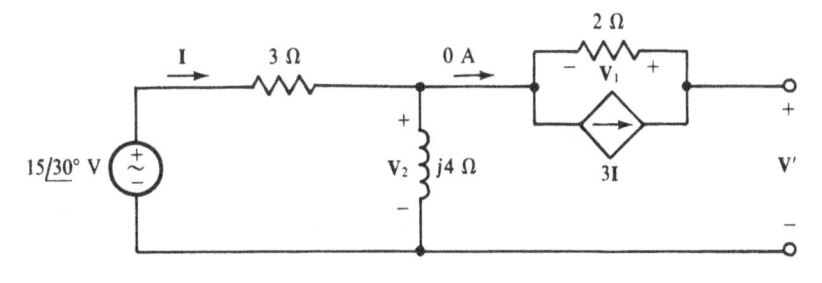

Figura 13-24

Se a fonte de tensão no circuito da Fig. 13-23 é substituída por um curto-circuito, o circuito é como o mostrado na Fig. 13-25, em que $\mathbf{V}''$ é o componente de $\mathbf{V}$ a partir da fonte de corrente independente. Como um lembrete, a combinação da corrente à esquerda do resistor paralelo e a fonte dependente é mostrada como $5\underline{/-45°}$ A, o mesmo que a fonte de corrente independente, como deve ser. Pela razão de essa corrente circular pela combinação em paralelo de 3 Ω e $j4$ Ω, a corrente $\mathbf{I}$ no resistor de 3 Ω pode ser encontrada por divisão de corrente.

$$\mathbf{I} = -\frac{j4}{3+j4} \times 5\underline{/-45°} = 4\underline{/-188{,}1°} \text{ A}$$

Com $\mathbf{I}$ conhecido, $\mathbf{V}''$ pode ser encontrado a partir das quedas de tensão $\mathbf{V}_1$ e $\mathbf{V}_2$ através do resistor de 2 Ω e das impedâncias em paralelo 3 Ω e $j4$.Ω. Uma vez que a corrente no resistor de 2 Ω é $3\mathbf{I} + 5\underline{/-45°}$,

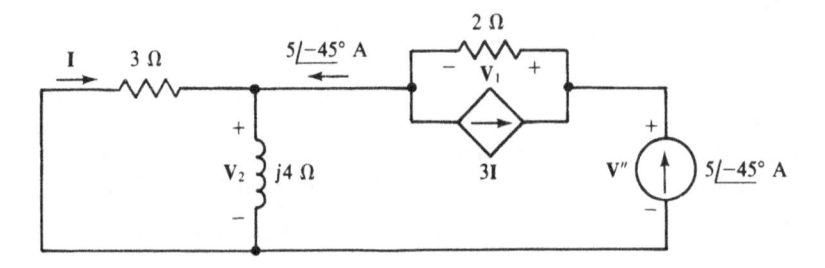

$$\mathbf{V}_1 = [3(4\underline{/-188{,}1°}) + 5\underline{/-45°}](2) = -17{,}1\underline{/12{,}4°} \text{ V}$$

Figura 13-25

Além disso, uma vez que a corrente na combinação em paralelo 3 Ω e $j4$-Ω é $5\underline{/-45°}$ A,

$$\mathbf{V}_2 = \frac{3(j4)}{3+j4} \times 5\underline{/-45°} = 12\underline{/-8{,}1°} \text{ V}$$

Assim, $\quad \mathbf{V}'' = \mathbf{V}_1 + \mathbf{V}_2 = -17{,}1\underline{/12{,}4°} + 12\underline{/-8{,}1°} = 7{,}21\underline{/-132°} \text{ V}$

Finalmente, por superposição,

$$\mathbf{V} = \mathbf{V}' + \mathbf{V}'' = 21{,}6\underline{/10{,}6°} + 7{,}21\underline{/-132°} = 16{,}5\underline{/-4{,}89°} \text{ V}$$

O objetivo principal deste problema é ilustrar o fato de que as fontes dependentes não são desativadas no uso de superposição. Na verdade, o uso de superposição sobre o circuito mostrado na Fig. 13-23 é mais trabalhoso do que usar análise de laço ou nodal.

13.23 Transforme o Δ mostrado na Fig. 13-26a para o Y na Fig. 13-26b para (a) $\mathbf{Z}_1 = \mathbf{Z}_2 = \mathbf{Z}_3 = 12\underline{/36°}$ Ω e (b) $\mathbf{Z}_1 = 3 + j5$ Ω, $\mathbf{Z}_2 = 6\underline{/20°}$ Ω e $\mathbf{Z}_3 = 4\underline{/-30°}$ Ω.

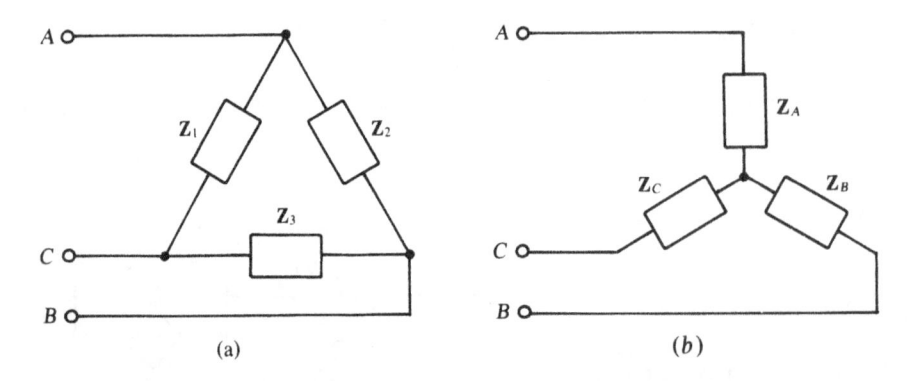

Figura 13-26

(a) Uma vez que as três impedâncias Δ são as mesmas, todas impedâncias Y são a mesma e cada uma é igual a 1/3 da impedância Δ comum:

CAPÍTULO 13 • CIRCUITOS CA EQUIVALENTES, TEOREMAS DE REDE E CIRCUITOS PONTE

$$Z_A = Z_B = Z_C = \frac{12\underline{/36°}}{3} = 4\underline{/36°}\,\Omega$$

(b) Todas as fórmulas de transformação de Δ para Y têm o mesmo denominador, que é

$$Z_1 + Z_2 + Z_3 = (3 + j5) + 6\underline{/20°} + 4\underline{/-30°} = 13{,}1\underline{/22{,}66°}\,\Omega$$

Por essas fórmulas.

$$Z_A = \frac{Z_1 Z_2}{Z_1 + Z_2 + Z_3} = \frac{(3 + j5)(6\underline{/20°})}{13{,}1\underline{/22{,}66°}} = 2{,}67\underline{/56{,}4°}\,\Omega$$

$$Z_B = \frac{Z_2 Z_3}{Z_1 + Z_2 + Z_3} = \frac{(6\underline{/20°})(4\underline{/-30°})}{13{,}1\underline{/22{,}66°}} = 1{,}83\underline{/-32{,}7°}\,\Omega$$

$$Z_C = \frac{Z_1 Z_3}{Z_1 + Z_2 + Z_3} = \frac{(3 + j5)(4\underline{/-30°})}{13{,}1\underline{/22{,}66°}} = 1{,}78\underline{/6{,}38°}\,\Omega$$

13.24 Transforme o Y mostrado na Fig. 13-26b para o Δ na Fig. 13-26a para (a) $Z_A = Z_B = Z_C = 4 - j7\,\Omega$ e (b) $Z_A = 10\,\Omega$, $Z_B = 6 - j8\,\Omega$ e $Z_C = 9\underline{/30°}\,\Omega$.

(a) Pela razão de as três impedâncias Y serem as mesmas, todas as impedâncias Δ são as mesmas e cada uma é igual a três vezes a impedância Y comum. Assim,

$$Z_1 = Z_2 = Z_3 = 3(4 - j7) = 12 - j21 = 24{,}2\underline{/-60{,}3°}\,\Omega$$

(b) Todas as fórmulas da transformação Y para Δ têm o mesmo numerador, que aqui é

$$Z_A Z_B + Z_A Z_C + Z_B Z_C = 10(6 - j8) + 10(9\underline{/30°}) + (6 - j8)(9\underline{/30°}) = 231{,}6\underline{/-17{,}7°}$$

Por essas fórmulas,

$$Z_1 = \frac{Z_A Z_B + Z_A Z_C + Z_B Z_C}{Z_B} = \frac{231{,}6\underline{/-17{,}7°}}{6 - j8} = 23{,}2\underline{/35{,}4°}\,\Omega$$

$$Z_2 = \frac{Z_A Z_B + Z_A Z_C + Z_B Z_C}{Z_C} = \frac{231{,}6\underline{/-17{,}7°}}{9\underline{/30°}} = 25{,}7\underline{/-47{,}7°}\,\Omega$$

$$Z_3 = \frac{Z_A Z_B + Z_A Z_C + Z_B Z_C}{Z_A} = \frac{231{,}6\underline{/-17{,}7°}}{10} = 23{,}2\underline{/-17{,}7°}\,\Omega$$

13.25 Usando uma transformação de Δ para Y, encontre **I** para o circuito mostrado na Fig. 13-27.

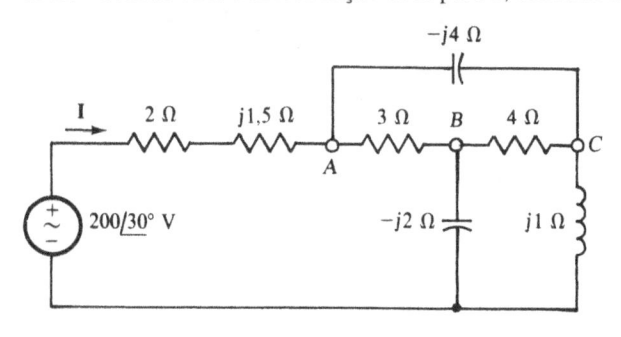

Figura 13-27

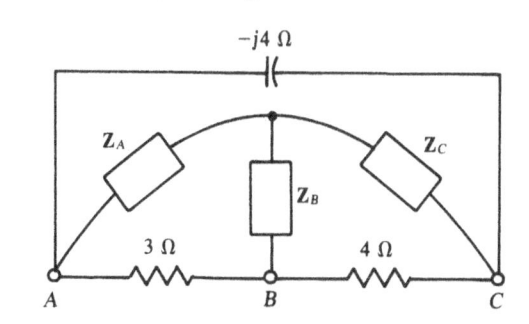

Figura 13-28

Existe um Δ entre os nós A, B e C, como mostrado na Fig. 13-28, que pode ser transformado para o Y mostrado, com o resultado de que todo o circuito se torna série-paralelo e por isso pode ser reduzido pela combinação de impedâncias. O denominador de cada fórmula de transformação de Δ para Y é $3 + 4 - j4 = 7 - j4 = 8{,}062\underline{/-29{,}7°}\,\Omega$. Por essas fórmulas,

$$Z_A = \frac{3(-j4)}{8,062\underline{/-29,7°}} = 1,49\underline{/-60,3°}\ \Omega \qquad Z_B = \frac{3(4)}{8,062\underline{/-29,7°}} = 1,49\underline{/29,7°}\ \Omega$$

$$Z_C = \frac{4(-j4)}{8,062\underline{/-29,7°}} = 1,98\underline{/-60,3°}\ \Omega$$

Com essa transformação Δ para Y, o circuito fica como o mostrado na Fig. 13-29. Uma vez que esse circuito está na forma série-paralelo, a impedância de entrada $Z_{entrada}$ pode ser encontrada pela redução do circuito. E, em seguida, a tensão aplicada pode ser dividida por $Z_{entrada}$ para obter a corrente **I**:

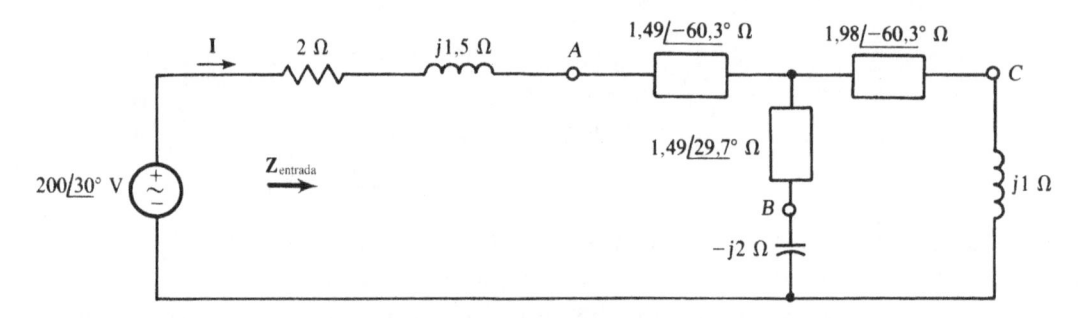

Figura 13-29

$$Z_{entrada} = 2 + j1,5 + 1,49\underline{/-60,3°} + \frac{(1,49\underline{/29,7°} - j2)(1,98\underline{/-60,3°} + j1)}{1,49\underline{/29,7°} - j2 + 1,98\underline{/-60,3°} + j1} = 3,31\underline{/-4,5°}\ \Omega$$

Finalmente, $$\mathbf{I} = \frac{\mathbf{V}}{Z_{entrada}} = \frac{200\underline{/30°}}{3,31\underline{/-4,5°}} = 60,4\underline{/34,5°}\ A$$

A propósito, o circuito mostrado na Fig. 13-27 pode também ser reduzido para a forma da série-paralelo ao transformar o Δ das impedâncias $-j2$, 4 e $j1$ Ω para Y, ou pela transformação em Δ do Y das impedâncias 3, $-j2$ e 4 Ω ou das impedâncias $-j4$, 4 e $j1$ Ω.

13.26 Encontre a corrente **I** para o circuito mostrado na Fig. 13-30.

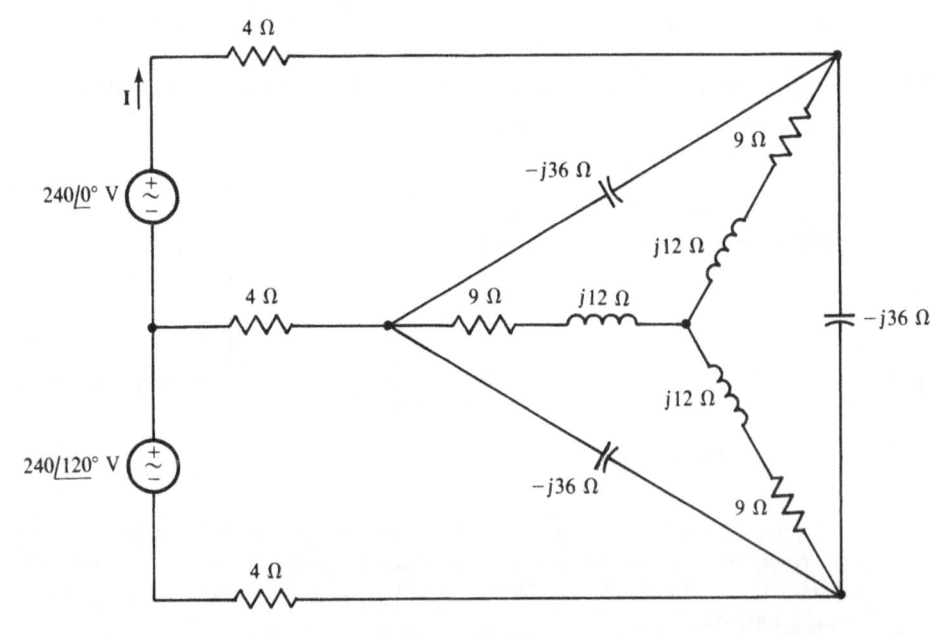

Figura 13-30

Capítulo 13 • Circuitos CA Equivalentes, Teoremas de Rede e Circuitos Ponte   281

Como o circuito se encontra, um número considerável de equações de malha ou nodal são necessárias para encontrar **I**. Mas o circuito, que tem um Δ e um Y, pode ser facilmente reduzido a apenas duas malhas usando transformações Δ-Y. Embora essas transformações nem sempre reduzam o trabalho necessário, aqui elas reduzem, porque são tão simples como o resultado das impedâncias comuns dos ramos Y e também dos ramos Δ.

Uma forma de reduzir a configuração Δ-Y é a mostrada na Fig. 13-31. Se a impedância Y de $9 + j12\ \Omega$ é transformada para um Δ, o resultado é um Δ com as impedâncias $3(9 + j12) = 27 + j36\ \Omega$ em paralelo com as impedâncias $-j36\ \Omega$ do Δ original, como mostrado na Fig. 13-31a. Combinar as impedâncias em paralelo produz um Δ, com impedâncias de

$$\frac{(27 + j36)(-j36)}{27 + j36 - j36} = 48 - j36\ \Omega$$

como mostrado na Fig. 13-31b. Em seguida, se este é transformado em Y, o Y tem impedâncias de $(48 - j36)/3 = 16 - j12\ \Omega$, como mostrado na Fig. 13-31c.

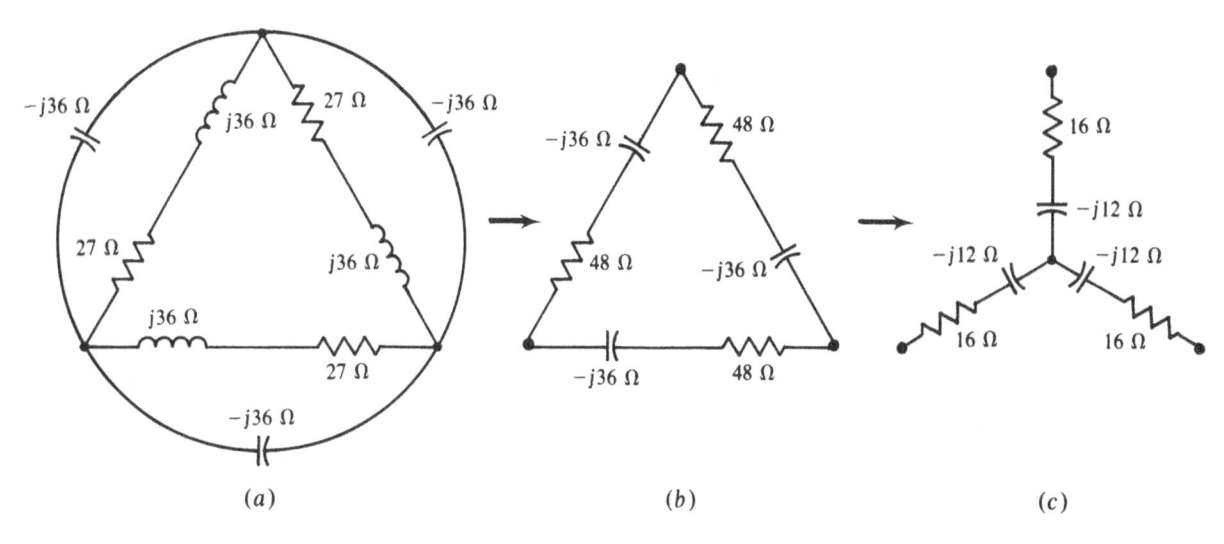

Figura 13-31

A Fig. 13-32 mostra o circuito com Y substituindo a combinação Δ-Y. As autoimpedâncias e as malhas são as mesmas: $4 + 16 - j12 - j12 + 16 + 4 = 40 - j24\ \Omega$, e a impedância mútua é de $20 - j12\ \Omega$. Assim, as equações de malha são

$$(40 - j24)\mathbf{I} - (20 - j12)\mathbf{I}' = 240\underline{/0°}$$
$$-(20 - j12)\mathbf{I} + (40 - j24)\mathbf{I}' = 240\underline{/120°}$$

Pela regra de Cramer,

$$\mathbf{I} = \frac{\begin{vmatrix} 240\underline{/0°} & -(20 - j12) \\ 240\underline{/120°} & 40 - j24 \end{vmatrix}}{\begin{vmatrix} 40 - j24 & -(20 - j12) \\ -(20 - j12) & 40 - j24 \end{vmatrix}} = \frac{9696\underline{/-0,96°}}{1632\underline{/-61,93°}} = 5{,}94\underline{/61°}\ \text{A}$$

Na redução do circuito Δ-Y, teria sido mais fácil transformar o Δ de impedância $-j36\ \Omega$ em um de Y de impedâncias $-j36/3 = -j12\ \Omega$. Então, embora não seja evidente, as impedâncias de Y estariam em paralelo com as impedâncias correspondentes do outro Y, como resultado dos dois nós centrais estarem no mesmo potencial, o que ocorre devido ao fato de as impedâncias dos ramos serem iguais em cada Y. Se as impedâncias em paralelo são combinadas, o resultado é um Y de impedâncias iguais a

$$\frac{-j12(9 + j12)}{-j12 + 9 + j12} = 16 - j12\ \Omega$$

as mesmas mostradas na Fig. 13-31c.

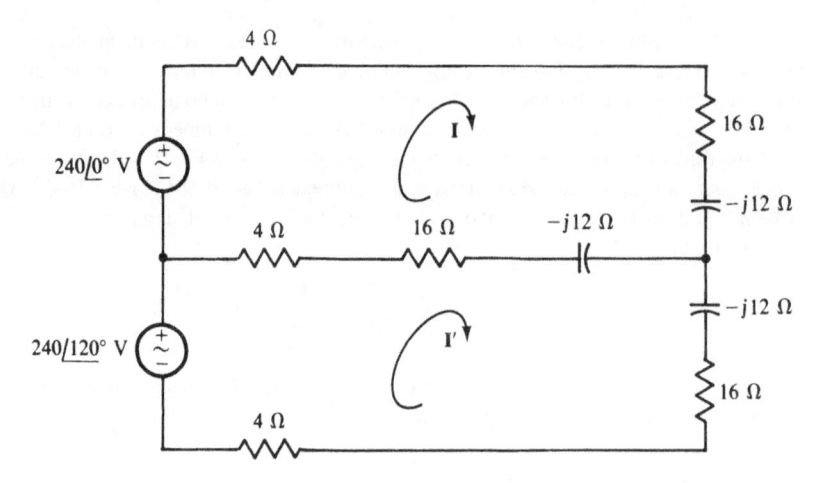

Figura 13-32

13.27 Assuma que o circuito ponte da Fig. 13-3 esteja equilibrado para $Z_1 = 5\,\Omega$, $Z_2 = 4\underline{/30°}\,\Omega$ e $Z_3 = 8,2\,\Omega$, e por uma fonte de frequência de 2 kHz. Se o ramo Z_X consiste em dois componentes em série, quais são eles?

Os dois componentes podem ser determinados a partir das partes real e imaginária de Z_X. A partir da equação de balanço da ponte,

$$Z_X = \frac{Z_2 Z_3}{Z_1} = \frac{(4\underline{/30°})(8,2)}{5} = 6,56\underline{/30°} = 5,68 + j3,28\,\Omega$$

o que corresponde a um resistor de 5,68 Ω e um indutor em série que tem reatância de 3,28 Ω. A indutância correspondente é

$$L = \frac{X_L}{\omega} = \frac{3,28}{2\pi(2.000)}\,\text{H} = 261\,\mu\text{H}$$

13.28 O circuito ponte mostrado na Fig. 13-33 é uma *ponte de comparação de capacitância* que é utilizada para medir a capacitância C_X de um capacitor e de qualquer resistência R_X inerente ao capacitor ou em série com ele. A ponte tem um capacitor padrão de capacitância C_S que é conhecida. Encontre R_X e C_X se a ponte está em equilíbrio para $R_1 = 500\,\Omega$, $R_2 = 2\,\text{k}\Omega$, $R_3 = 1\,\text{k}\Omega$, $C_S = 0,02\,\mu\text{F}$ e uma fonte de frequência angular de 1 krad/s.

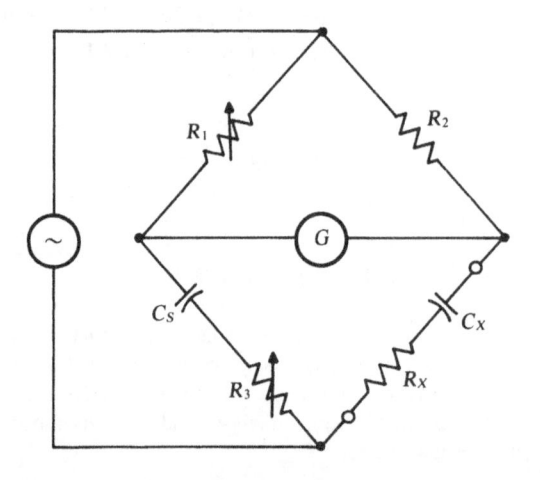

Figura 13-33

A equação de equilíbrio da ponte pode ser usada para determinar R_X e C_X. A partir da comparação das Figs. 13-3 e 13-33, $Z_1 = 500\,\Omega$, $Z_2 = 2.000\,\Omega$,

CAPÍTULO 13 • CIRCUITOS CA EQUIVALENTES, TEOREMAS DE REDE E CIRCUITOS PONTE

$$Z_3 = 1.000 - \frac{j1}{1.000(0,02 \times 10^{-6})} = 1.000 - j50.000 \; \Omega$$

e
$$Z_X = R_X - \frac{j1}{1.000 C_X}$$

A partir da equação de equilíbrio da ponte, $Z_X = Z_2 Z_3 / Z_1$,

$$R_X - \frac{j1}{1.000 C_X} = \frac{2.000(1.000 - j50.000)}{500} = 4.000 - j200.000 \; \Omega$$

Para duas grandezas complexas na forma retangular serem iguais, como aqui, ambas as partes reais devem ser iguais como as partes imaginárias devem ser iguais. Isso significa que $R_X = 4.000 \; \Omega$ e

$$-\frac{1}{1.000 C_X} = -200.000 \quad \text{a partir do qual} \quad C_X = \frac{1}{1.000(200.000)} \; F = 5 \; nF$$

13.29 Para a ponte de comparação de capacitância mostrada na Fig. 13-33, desenvolva fórmulas gerais para R_X e C_X em termos dos componentes de outra ponte.

Para manter o equilíbrio da ponte, $Z_1 Z_X = Z_2 Z_3$, que, em termos dos componentes da ponte é

$$R_1 \left(R_X - \frac{j1}{\omega C_X} \right) = R_2 \left(R_3 - \frac{j1}{\omega C_S} \right) \quad \text{ou} \quad R_1 R_X - j\frac{R_1}{\omega C_X} = R_2 R_3 - j\frac{R_2}{\omega C_S}$$

Da igualdade das partes reais, $R_1 R_X = R_2 R_3$ ou $R_X = R_2 R_3 / R_1$. Da igualdade das partes imaginárias, $-R_1/(\omega C_X) = -R_2/(\omega C_S)$ ou $C_X = R_1 C_S / R_2$.

13.30 O circuito ponte mostrado na Fig. 13-34, chamado de *ponte de Maxwell*, é utilizado para a medição da resistência e da indutância de uma bobina, em termos de uma capacitância padrão. Encontre L_X e R_X se a ponte está em equilíbrio para $R_1 = 500 \; k\Omega$, $R_2 = 6,2 \; k\Omega$, $R_3 = 5 \; k\Omega$ e $C_S = 0,1 \; \mu F$.

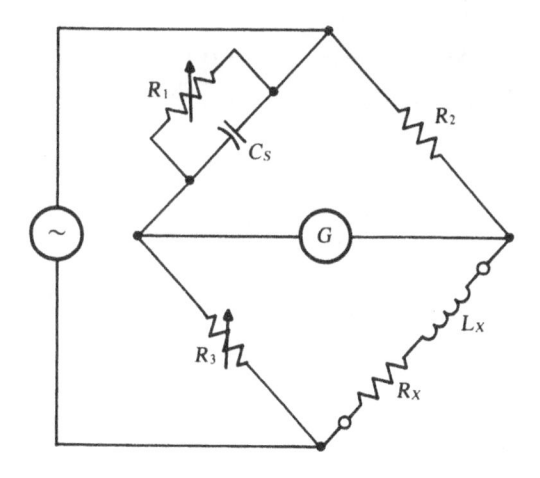

Figura 13-34

Primeiramente, as fórmulas gerais serão derivadas de R_X e L_X em termos dos componentes da ponte. Então, os valores serão substituídos nessas fórmulas para encontrar R_X e L_X para a ponte especificada. A partir de uma comparação das Figs. 13-3 e 13-34, $Z_2 = R_2$, $Z_3 = R_3$, $Z_X = R_X + j\omega L_X$ e

$$Z_1 = \frac{R_1(-j1/\omega C_S)}{R_1 - j1/\omega C_S} = \frac{-jR_1}{R_1 \omega C_S - j1}$$

Substituindo-os na equação de equilíbrio da ponte $Z_1 Z_X = Z_2 Z_3$, temos

$$\frac{-jR_1}{R_1 \omega C_S - j1}(R_X + j\omega L_X) = R_2 R_3$$

o qual, depois de ser multiplicado por $R_1\omega C_S - j1$ e simplificado, torna-se

$$R_1\omega L_X - jR_1R_X = R_2R_3R_1\omega C_S - jR_2R_3$$

Da igualdade das partes reais,

$$R_1\omega L_X = R_2R_3R_1\omega C_S \quad \text{a partir do qual} \quad L_X = R_2R_3C_S$$

e da igualdade das partes imaginárias,

$$-R_1R_X = -R_2R_3 \quad \text{a partir do qual} \quad R_X = \frac{R_2R_3}{R_1}$$

os quais são as fórmulas gerais para L_X e R_X. Para os valores da ponte especificada, essas fórmulas fornecem

$$R_X = \frac{(6{,}2 \times 10^3)(5 \times 10^3)}{500 \times 10^3} = 62\,\Omega \quad \text{e} \quad L_X = (6{,}2 \times 10^3)(5 \times 10^3)(0{,}1 \times 10^{-6}) = 3{,}1\,\text{H}$$

Problemas Complementares

13.31 Encontre $\mathbf{V}_{Th}$ e $\mathbf{Z}_{Th}$ para o equivalente de Thévenin do circuito mostrado na Fig. 13-35.
Resp. $133\underline{/-88{,}4°}$ V, $8{,}36\underline{/17{,}6°}\,\Omega$

13.32 Qual resistor solicita uma corrente de 8 A rms quando conectado entre os terminais a e b do circuito mostrado na Fig. 13-35?
Resp. $8{,}44\,\Omega$

Figura 13-35

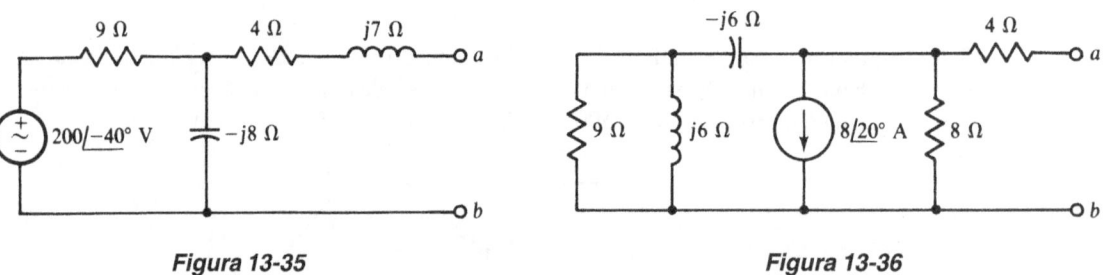

Figura 13-36

13.33 Encontre $\mathbf{I}_N$ e $\mathbf{Z}_{Th}$ para o equivalente de Norton do circuito mostrado na Fig. 13-36.
Resp. $-3{,}09\underline{/5{,}07°}$ A, $6{,}3\underline{/-9{,}03°}\,\Omega$

13.34 Encontre $\mathbf{V}_{Th}$ e $\mathbf{Z}_{Th}$ para o equivalente de Thévenin do circuito mostrado na Fig. 13-37 para $R = 0\,\Omega$.
Resp. $3{,}47\underline{/123°}$ V, $3{,}05\underline{/29{,}2°}\,\Omega$

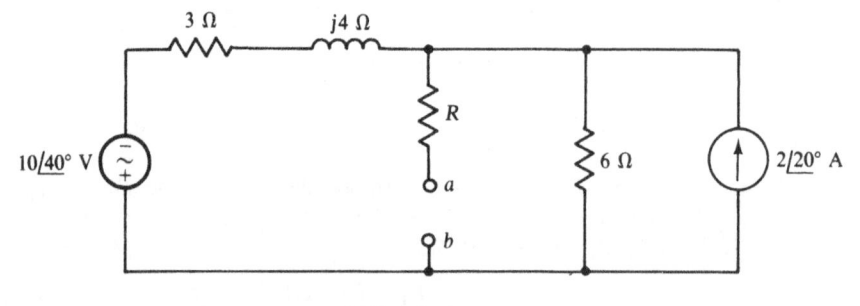

Figura 13-37

13.35 Encontre $\mathbf{I}_N$ e $\mathbf{Z}_{Th}$ para o equivalente de Norton do circuito mostrado na Fig. 13-37 para $R = 2\,\Omega$.
Resp. $0{,}71\underline{/105°}$ A, $4{,}89\underline{/17{,}7°}\,\Omega$

13.36 Encontre $\mathbf{V}_{Th}$ e $\mathbf{Z}_{Th}$ para o equivalente de Thévenin do circuito mostrado na Fig. 13-38 para $R_1 = R_2 = 0\,\Omega$ e $\mathbf{V}_S = 0$ V.

Resp. $-40,4\underline{/-41,4°}$ V, $1,92\underline{/19,4°}\,\Omega$

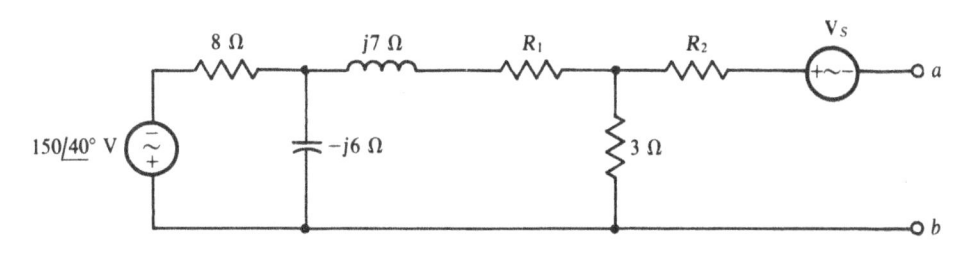

Figura 13-38

13.37 Encontre $\mathbf{V}_{Th}$ e $\mathbf{Z}_{Th}$ para o equivalente de Thévenin do circuito mostrado na Fig. 13-38 para $R_1 = 5\,\Omega$, $R_2 = 4\,\Omega$ e $\mathbf{V}_S = 50\underline{/-60°}$ V.

Resp. $-71,5\underline{/-50,2°}$ V, $6,24\underline{/2,03°}\,\Omega$

13.38 Encontre $\mathbf{V}_{Th}$ e $\mathbf{Z}_{Th}$ para o equivalente de Thévenin do circuito mostrado na Fig. 13-39.

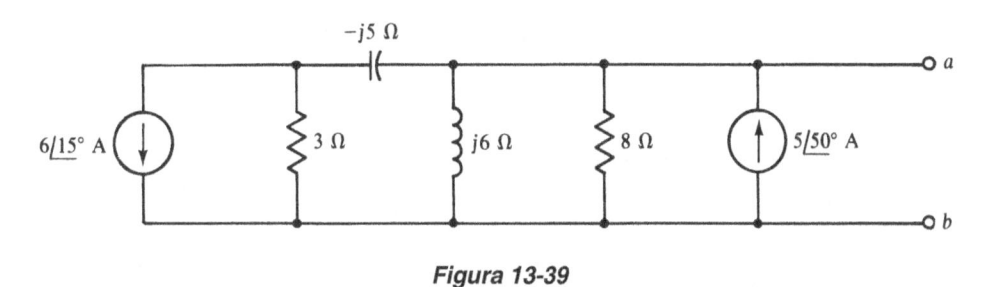

Resp. $11,8\underline{/25,3°}$ V, $4,67\underline{/5,25°}\,\Omega$

Figura 13-39

13.39 Qual resistor solicitará uma corrente de 2 A rms quando conectado entre os terminais a e b do circuito mostrado na Fig. 13-39?

Resp. $1,21\,\Omega$

13.40 Utilizando o teorema de Thévenin ou de Norton, encontre $\mathbf{I}$ para o circuito ponte representado na Fig. 13-40, se $\mathbf{I}_S = 0$ A e $\mathbf{Z}_L = 60\underline{/30°}\,\Omega$.

Resp. $10,4\underline{/-43,5°}$ A

13.41 Encontre $\mathbf{I}$ para o circuito ponte mostrado na Fig. 13-40, se $\mathbf{I}_S = 10\underline{/30°}$ A e $\mathbf{Z}_L = 40\underline{/-40°}\,\Omega$.

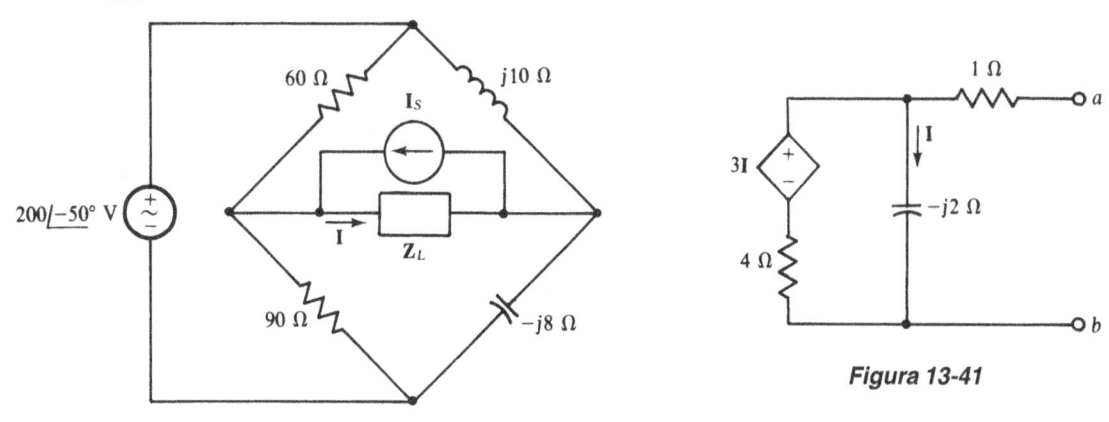

Resp. $15\underline{/6,3°}$ A

Figura 13-40

Figura 13-41

13.42 Encontre a impedância de saída do circuito representado na Fig. 13-41.

Resp. $4,49\underline{/-20,9°}\ \Omega$

13.43 Encontre a impedância de saída do circuito representado na Fig. 13-41, com a referência de **I** em direção contrária – para cima em vez de para baixo.

Resp. $1,68\underline{/-39,1°}\ \Omega$

13.44 Encontre $\mathbf{V}_{Th}$ e $\mathbf{Z}_{Th}$ para o equivalente de Thévenin do circuito mostrado na Fig. 13-42.

Resp. $-1,75\underline{/23°}$ V, $\ 0,361\underline{/19,4°}\ \Omega$

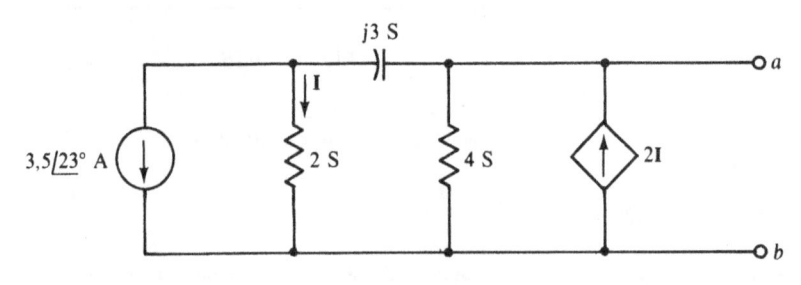

Figura 13-42

13.45 No circuito mostrado na Fig.13-42, inverta a direção da referência de **I** – para cima em vez de para baixo – e encontre $\mathbf{I}_N$ e $\mathbf{Z}_{Th}$ para o circuito equivalente de Norton.

Resp. $4,85\underline{/-70,2°}$ A, $\ 0,116\underline{/-18,8°}\ \Omega$

13.46 Encontre a impedância de saída a 10^4 rad/s do circuito mostrado na Fig. 13-43.

Resp. $11,9\underline{/-4,7°}\ k\Omega$

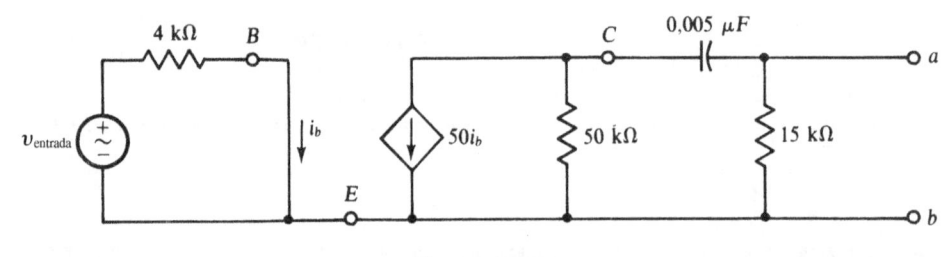

Figura 13-43

13.47 Qual é a máxima potência média que pode ser estabelecida a partir de um gerador CA que possui uma impedância interna de $100\underline{/20°}\ \Omega$ e uma tensão de circuito aberto de 25 kV rms?

Resp. 1,66 MW

13.48 Um gerador de sinal operando em 5 MHz tem uma corrente de curto-circuito rms 100 mA e uma impedância interna de $80\underline{/20°}\ \Omega$. Se ele energiza um capacitor e um resistor em paralelo, encontre a capacitância e resistência para o máximo consumo de potência média do resistor. Além disso, encontre a potência.

Resp. 136 pF, $\ $ 85,1 Ω, $\ $ 0,213 W

13.49 Para o circuito mostrado na Fig. 13-44, qual $\mathbf{Z}_L$ solicitará a máxima potência média e qual é essa potência?

Resp. $12,8\underline{/-51,3°}\ \Omega,\ $ 48,5 W

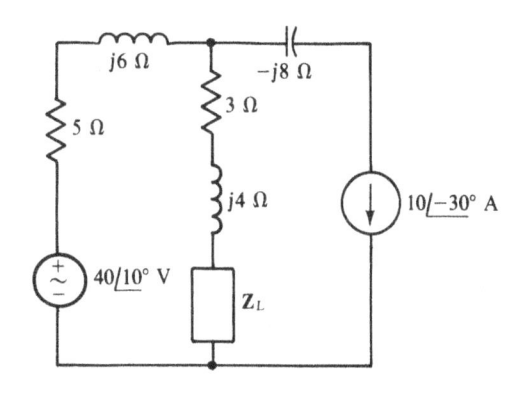

Figura 13-44

13.50 No circuito mostrado na Fig. 13-44, mude a impedância $-j8\ \Omega$ em série com a fonte de corrente por em paralelo com ele. Encontre o $\mathbf{Z}_L$ que consome a máxima potência média e encontre essa potência.

Resp. $14\underline{/-1{,}69°}\ \Omega$, 61 W

13.51 Use superposição para encontrar **I** para o circuito mostrado na Fig. 13-45.

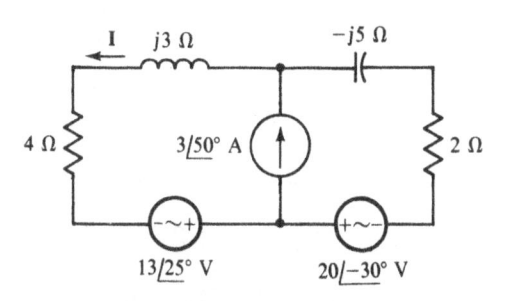

Resp. $2{,}27\underline{/65{,}2°}$ A

Figura 13-45

13.52 Para o circuito mostrado na Fig. 13-46, encontre a potência média dissipada no resistor de 3 Ω usando superposição e sem o uso de superposição. Repita isso com ângulo de fase de 10° trocado por 40° para a fonte de tensão (este problema ilustra o fato de a superposição poder ser utilizada para encontrar a potência média consumida por um resistor de duas fontes de *mesma* frequência apenas se essas fontes produzirem correntes no resistores com uma diferença no ângulo de fase de 90°).

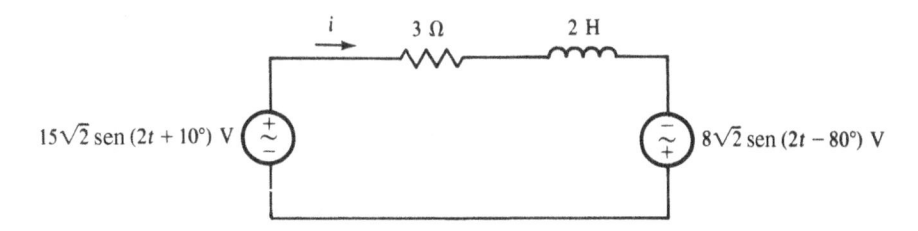

Figura 13-46

Resp. 34,7 W usando superposição e sem o uso de superposição; um valor incorreto de 34,7 W, com superposição e um correto de 20,3 W sem o uso de superposição.

13.53 Encontre v para o circuito mostrado na Fig. 13-47.

Resp. $5{,}24\ \text{sen}\ (5.000t - 61{,}6°) - 4{,}39\ \text{sen}\ (8.000t - 34{,}6°)$ V

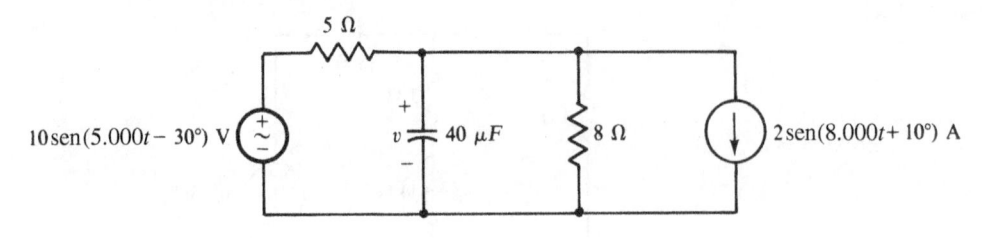

Figura 13-47

13.54 Encontre a potência média dissipada no resistor de 5 Ω do circuito mostrado na Fig. 13-47.
Resp. 5,74 W

13.55 Encontre i para o circuito mostrado na Fig. 13-48.
Resp. $-2\,\text{sen}\,(5.000t + 23,1°) - 4,96\,\text{sen}\,(10^4 t - 2,87°)$ A

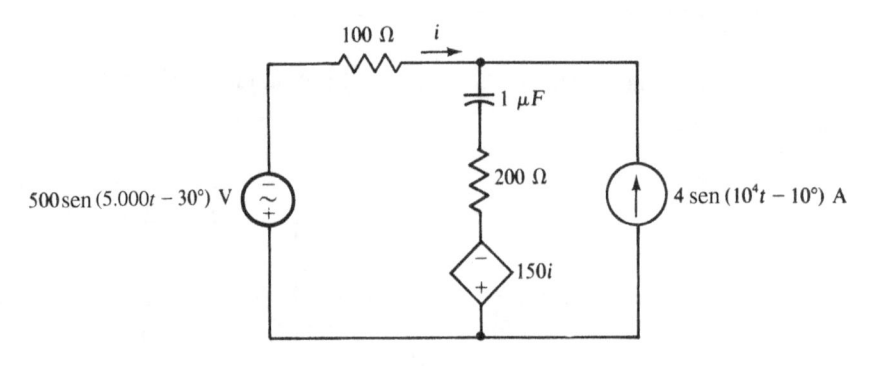

Figura 13-48

13.56 Encontre a potência média consumida pelo resistor de 200 Ω no circuito mostrado na Fig. 13-48.
Resp. 523 W

13.57 Transforme o T mostrado na Fig. 13-49a para o Π na Fig. 13-49b para (a) $\mathbf{Z}_A = \mathbf{Z}_B = \mathbf{Z}_C = 10\underline{/-50°}$ Ω e (b) $\mathbf{Z}_A = 5\underline{/-30°}$ Ω, $\mathbf{Z}_B = 6\underline{/40°}$ Ω, $\mathbf{Z}_C = 6 - j7$ Ω.
Resp. (a) $\mathbf{Z}_1 = \mathbf{Z}_2 = \mathbf{Z}_3 = 30\underline{/-50°}$ Ω
(b) $\mathbf{Z}_1 = 17,5\underline{/-68°}$ Ω, $\mathbf{Z}_2 = 11,4\underline{/21,4°}$ Ω, $\mathbf{Z}_3 = 21\underline{/2,05°}$ Ω

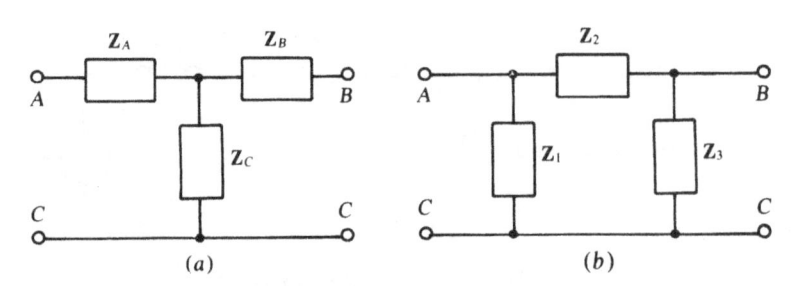

Figura 13-49

13.58 Transforme o Π mostrado na Fig. 13-49b para o T na Fig. 13-49a para (a) $\mathbf{Z}_1 = \mathbf{Z}_2 = \mathbf{Z}_3 = 36\underline{/-24°}$ Ω e (b) $\mathbf{Z}_1 = 15\underline{/-24°}$ Ω, $\mathbf{Z}_2 = 14 - j20$ Ω, $\mathbf{Z}_3 = 10 + j16$ Ω.
Resp. (a) $\mathbf{Z}_A = \mathbf{Z}_B = \mathbf{Z}_C = 12\underline{/-24°}$ Ω
(b) $\mathbf{Z}_A = 9,38\underline{/-64°}$ Ω, $\mathbf{Z}_B = 11,8\underline{/18°}$ Ω, $\mathbf{Z}_C = 7,25\underline{/49°}$ Ω

13.59 Usando uma transformação Δ-Y, encontre **I** para o circuito mostrado na Fig. 13-50.
Resp. $26,9\underline{/22°}$ A

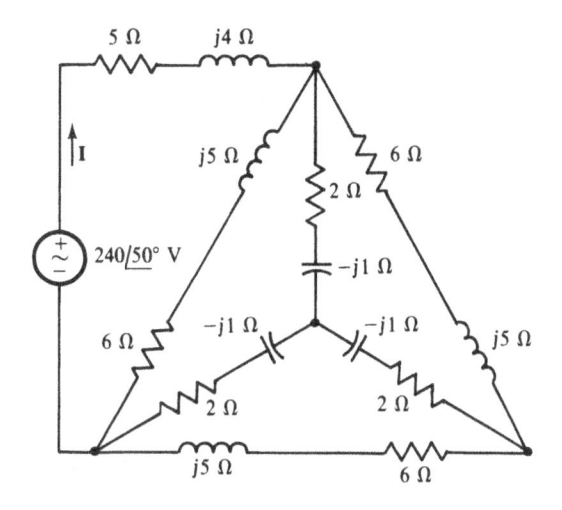

CAPÍTULO 13 • CIRCUITOS CA EQUIVALENTES, TEOREMAS DE REDE E CIRCUITOS PONTE

Figura 13-50

13.60 Usando uma transformação Δ-Y, encontre **I** para o circuito mostrado na Fig. 13-51.

Resp. $17{,}6\underline{/13{,}1°}$ A

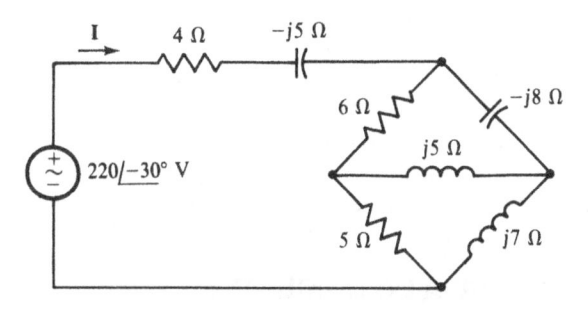

Figura 13-51

13.61 Assuma que o circuito ponte mostrado na Fig. 13-3 é balanceado para $Z_1 = 10\underline{/-30°}\ \Omega$, $Z_2 = 15\underline{/40°}\ \Omega$ e $Z_3 = 9{,}1\ \Omega$ e para uma frequência de fonte de 5 kHz. Se o ramo Z_X consiste em dois componentes em paralelo, quais são eles?

Resp. Um resistor de 39,9 Ω e um indutor de 462 μH

13.62 Encontre C_X e R_X para a ponte de comparação de capacitor mostrado na Fig. 13-33 se a ponte é balanceada para $R_1 = 1$ kΩ, $R_2 = 4$ KΩ, $R_3 = 2$ kΩ e $C_S = 0{,}1$ μF.

Resp. 25 nF, 8 kΩ

13.63 Encontre L_X e R_X para a ponte de Maxwell mostrada na Fig. 13-34, se essa ponte é balanceada para $R_1 = 50$ kΩ, $R_2 = 8{,}2$ kΩ, $R_3 = 4$ kΩ e $C_S = 0{,}05$ μF.

Resp. 1,64 H, 656 Ω

Capítulo 14

Potência em Circuitos CA

INTRODUÇÃO

O assunto principal deste capítulo é a potência *média* consumida durante um período por componentes e circuitos CA. Consequentemente, não será necessário usar sempre o adjetivo "*média*" junto com *potência* para evitar equívocos. Além disso, não é necessário utilizar a notação subscrita "méd" com o símbolo *P*. De modo semelhante, uma vez que as fórmulas de potência conhecidas possuem apenas valores eficazes ou rms de tensão e de corrente, a notação subscrita "eff" pode ser eliminada de V_{eff} e I_{eff} (ou "rms" de V_{rms} e I_{rms}), e apenas as letras *V* e *I* serão utilizadas para designar os valores eficazes ou rms.

Por fim, no texto do material a seguir e nos problemas, as tensões e as correntes especificadas sempre terão referências associadas, a menos que haja declarações especificando o contrário.

CONSUMO DE POTÊNCIA DO CIRCUITO

A potência média consumida por um circuito CA de dois terminais pode ser procedente a partir da potência instantânea consumida. Se o circuito tem uma tensão aplicada $v = V_m \operatorname{sen}(\omega t + \theta)$ e uma corrente de entrada $i = I_m \operatorname{sen} \omega t$, a potência instantânea consumida pelo circuito é

$$p = vi = V_m \operatorname{sen}(\omega t + \theta) \times I_m \operatorname{sen} \omega t = V_m I_m \operatorname{sen}(\omega t + \theta) \operatorname{sen} \omega t$$

Isso pode ser simplificado usando a identidade trigonométrica

$$\operatorname{sen} A \operatorname{sen} B = \tfrac{1}{2}[\cos(A - B) - \cos(\cos(A + B)]$$

e as substituições $A = \omega t + \theta$ e $B = \omega t$. O resultado é

$$p = \frac{V_m I_m}{2}[\cos \theta - \cos(2\omega t + \theta)]$$

Uma vez que
$$\frac{V_m I_m}{2} = \frac{V_m}{\sqrt{2}} \times \frac{I_m}{\sqrt{2}} = VI$$

a potência instantânea pode ser expressa como

$$p = VI \cos \theta - VI \cos(2\omega t + \theta)$$

O valor médio dessa potência é a soma dos valores médios dos dois termos. O segundo termo, sendo senoidal, tem um valor de zero ao longo de um período médio. O primeiro termo, no entanto, é uma constante, e assim deve ser a potência média consumida pelo circuito ao longo de um período. Assim,

$$P = VI \cos \theta$$

É importante lembrar que, nessa fórmula, o ângulo θ é o ângulo pelo qual a tensão de entrada está adiantada em relação à corrente de entrada. Para um circuito que não contém fontes independentes, esse é o ângulo da impedância.

Para um circuito puramente resistivo, $\theta = 0°$ e $\cos 0° = 1$, portanto, $P = VI \cos \theta = VI$. Para um circuito puramente indutivo, $\theta = 90°$ e $\cos \theta = \cos 90° = 0$; portanto, $P = 0$ W, o que significa que um circuito puramente indutivo consome uma potência média zero. O mesmo é verdade para um circuito puramente capacitivo, uma vez que, para isso, $\theta = -90°$ e $\cos(-90°) = 0$.

O termo "$\cos \theta$" é chamado de *fator de potência*. Ele é frequentemente simbolizado como PF, como em $P = VI \times$ PF. O ângulo θ é chamado de *ângulo do fator de potência*. Como mencionado, ele é frequentemente também o ângulo da impedância.

O ângulo de fator de potência tem sinais diferentes para os circuitos indutivos e capacitivos, mas desde que $\cos \theta = \cos(-\theta)$, o sinal do ângulo de fator de potência não tem efeito sobre o fator de potência. Uma vez que os fatores de potência de circuitos indutivos e capacitivos não podem ser distinguidos matematicamente, eles são distinguidos pelo nome. O fator de potência de um circuito indutivo é chamado de *fator de potência atrasado* e o de um circuito capacitivo é chamado *fator de potência adiantado*. Esses nomes podem ser lembrados a partir do fato de que, para um circuito indutivo, a corrente está *atrasada* em relação à tensão, e, para um circuito capacitivo, a corrente está *adiantada* em relação à tensão.

Outra fórmula de potência pode ser obtida pela substituição de $V = IZ$ em $P = VI \cos \theta$:

$$P = VI \cos \theta = (IZ)I \cos \theta = I^2(Z \cos \theta) = I^2 R$$

Obviamente, $R = Z \cos \theta$ é a resistência de entrada, a mesma que a parte real da impedância de entrada. A fórmula $P = I^2 R$ pode parecer óbvia a partir de considerações CC, mas lembre-se de que R geralmente não é a resistência de um resistor físico. Pelo contrário, é a parte real da impedância de entrada e é geralmente dependente de reatâncias indutivas e capacitivas, bem como das resistências.

Da mesma forma, com a substituição de $I = YV$,

$$P = VI \cos \theta = V(VY) \cos \theta = V^2(Y \cos \theta) = V^2 G$$

em que $G = Y \cos \theta$ é a condutância de entrada. Na utilização dessa fórmula, $P = V^2 G$, lembre-se de que, exceto para um circuito puramente resistivo, a condutância de entrada G não é o inverso da resistência de entrada R. Se, no entanto, V é a tensão através de um resistor de R ohms, então $P = V^2 G = V^2/R$.

WATTÍMETROS

A potência média pode ser medida por um instrumento chamado de *wattímetro*, como mostrado na Fig. 14-1. Ele tem dois pares de terminais: um par de terminais de tensão do lado esquerdo e um par de terminais de corrente do lado direito. O terminal inferior de cada par tem uma designação $\pm$ para auxiliar na ligação do wattímetro, como será explicado.

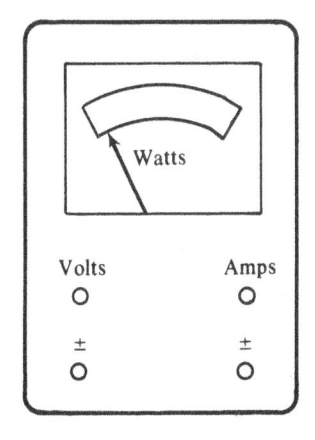

Figura 14-1

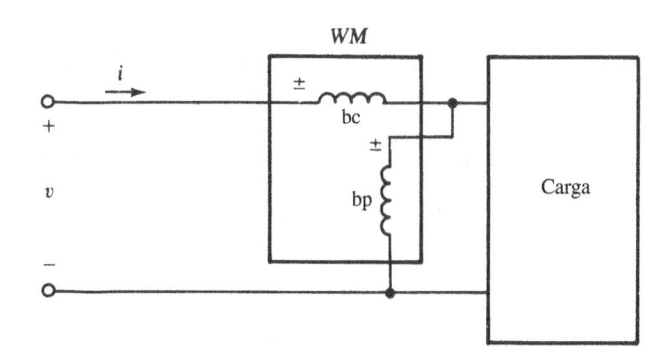

Figura 14-2

Para obter uma medição da potência consumida por uma carga, os terminais de tensão são conectados em paralelo com a carga e os terminais de corrente são conectados em série com a carga. Uma vez que o circuito de tensão interno do wattímetro tem uma resistência muito alta e o circuito de corrente possui resistência muito baixa, a tensão do circuito pode ser considerada como um circuito aberto e o circuito de corrente como um curto-circuito para as medições de potência de quase todas as cargas. Como resultado, a inserção de um wattímetro em um circuito raramente tem efeito significativo sobre a potência consumida. Por conveniência, nos diagramas de circuito, o circuito de tensão será mostrado como uma bobina rotulada "bp" (para bobina de potencial) e o circuito de corrente será mostrada como uma bobina rotulada "bc" (para bobina de corrente), como mostrado na Fig. 14-2. Um tipo de wattímetro, o wattímetro eletrodinâmico, realmente tem essas bobinas.

As designações ± ajudam a fazer a conexão do wattímetro de modo que o wattímetro leia a escala de forma crescente, para a direita na Fig. 14-1, para uma potência consumida positiva. Um wattímetro vai ler uma escala crescente com a conexão da Fig. 14-2 se a carga consumir potência média. Observe que, para a tensão e corrente de referência associada, a referência de corrente entra no terminal ± de corrente e a referência positiva da tensão encontra-se no terminal ± de tensão. O efeito é o mesmo, embora ambas as bobinas sejam invertidas. Se uma carga estiver ativa – uma fonte de potência média – então a conexão de uma das bobinas, mas não de ambas, deve ser invertida para uma leitura crescente. Em seguida, a leitura do wattímetro é considerada negativa para essa ligação. Incidentalmente, no circuito mostrado na Fig. 14-2, o wattímetro lê essencialmente a mesma coisa, com a bobina de potencial conectada no lado da fonte da corrente da bobina em vez de no lado da carga.

POTÊNCIA REATIVA

Para considerações de potência industrial, uma grandeza chamada de *potência reativa* é muitas vezes útil. Essa grandeza tem símbolo Q e a unidade de *voltampère reativo*, cujo símbolo é VAR. A potência reativa, que é muitas vezes referida como *vars*, é definida como

$$Q = VI \operatorname{sen} \theta$$

para um circuito com dois terminais com uma tensão de entrada rms V e uma corrente rms de entrada I. O Q é a potência reativa *absorvida*. O θ é o ângulo pelo qual a tensão de entrada está adiantada em relação à corrente de entrada – o ângulo de fator de potência. A grandeza "sen θ" é chamada de *fator reativo* da carga e tem o símbolo FR. Observe que ele é negativo para cargas capacitivas e positivo para cargas indutivas. Uma carga que absorve vars negativo é considerada como produzindo vars – ou seja, é uma fonte de potência reativa.

Assim como foi feito para a potência real P, outras fórmulas para Q podem ser encontradas pela substituição de $V = IZ$ e $I = YV$ em $Q = VI \operatorname{sen} \theta$. Tais fórmulas são

$$Q = I^2 X \quad \text{e} \quad Q = -V^2 B$$

onde X é a reatância ou parte imaginária da impedância de entrada e B é a susceptância ou parte imaginária da admitância de entrada (lembre que B não é o inverso de X). Adicionalmente, se V é a tensão através de um indutor ou capacitor com reatância X, então $Q = V^2/X$. Assim, $Q = V^2/\omega L$ para um indutor e $Q = -\omega C V^2$ para um capacitor.

POTÊNCIA COMPLEXA E POTÊNCIA APARENTE

Existe uma relação entre a potência real de uma carga, a potência reativa e outra potência chamada de *potência complexa*. Para a derivação dessa relação, considere o triângulo de impedância de carga mostrado na Fig. 14-3a. Se cada um dos lados é multiplicado pelo quadrado da corrente rms I de carga, o resultado é o triângulo representado na Fig. 14-3b. Observe que essa multiplicação não afeta o ângulo θ de impedância, desde que cada lado seja multiplicado pela mesma quantidade. O lado horizontal é a potência real $P = I^2 R$, o lado vertical é $j1$ vezes a potência reativa, $jI^2 X = jQ$, e a hipotenusa $I^2 \mathbf{Z}$ é a potência complexa da carga. A potência complexa tem o símbolo $\mathbf{S}$, com unidade de *voltampère* e símbolo VA. Tais quantidades de potência são mostradas na Fig. 14-3c, que é conhecida como o *triângulo de potência*. A partir desse triângulo, claramente $\mathbf{S} = P + jQ$.

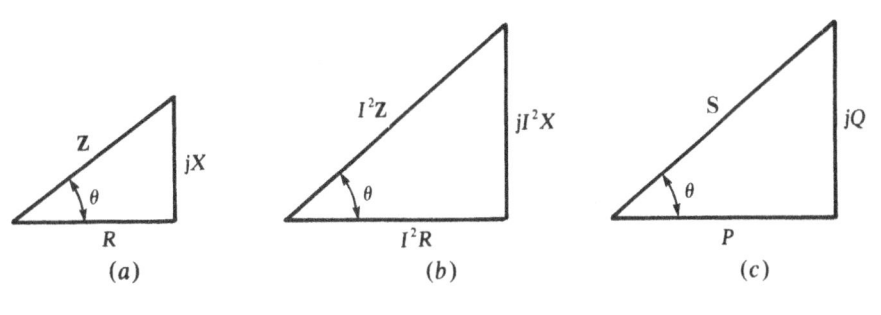

Figura 14-3

O comprimento da hipotenusa $|\mathbf{S}| = S$ é chamado de *potência aparente*. Seu nome deriva do fato de que ela é igual ao produto da tensão e da corrente de entrada rms:

$$S = |I^2\mathbf{Z}| = |I\mathbf{Z}| \times I = VI$$

e pelo fato de que em circuitos CC esse produto VI é a potência absorvida. A substituição de $V = IZ$ e $I = V/Z$ em $S = VI$ produz duas outras fórmulas: $S = I^2Z$ e $S = V^2/Z$.

A fórmula VI para potência aparente leva a outra fórmula conhecida de potência complexa. Uma vez que $\mathbf{S} = S\underline{/\theta}$ e $S = VI$, então $\mathbf{S} = VI\underline{/\theta}$.

A terceira fórmula para potência complexa é $\mathbf{S} = \mathbf{VI}^*$, em que $\mathbf{I}^*$ é o conjugado da corrente de entrada $\mathbf{I}$. Essa é uma fórmula válida desde que o módulo de $\mathbf{VI}^*$ seja o produto da tensão e corrente rms aplicada, e, consequentemente, a potência aparente. Além disso, o ângulo desse produto é o ângulo do fasor da tensão *menos* o ângulo do fasor da corrente, com a subtração acontecendo por causa da utilização do conjugado do fasor da corrente. Essa diferença de ângulos é, evidentemente, o ângulo de potência complexa θ – o ângulo pelo qual a tensão de entrada é adiantada em relação à corrente de entrada – e também o ângulo do fator de potência.

Um uso de potência complexa é para a obtenção da potência complexa total para várias cargas energizadas pela mesma fonte, geralmente em paralelo. Pode ser mostrado que a potência complexa total é a soma das potências complexas individuais, independentemente da forma como as cargas estão conectadas. É mostrado que a potência real total é a soma das potências reais individuais reais e que a potência reativa total é a soma das potências reativas individuais. Repetindo para enfatizar: potências complexas, potências reais e potências reativas podem ser adicionadas para obter a potência complexa total, a potência real e a potência reativa, respectivamente. O mesmo *não* é verdade para as potências aparentes. Em geral, as potências aparentes não podem ser adicionadas para obter a potência aparente total, não mais do que tensões ou correntes rms podem ser adicionadas para a obtenção de uma tensão ou corrente rms total.

A potência complexa total pode ser utilizada para encontrar a corrente total de entrada, como deve ser evidente a partir do fato de que o módulo da potência complexa total, a potência aparente, é o produto da tensão e da corrente de entrada. Outro uso para a potência complexa é na correção do fator de potência, assunto da próxima seção.

CORREÇÃO DO FATOR DE POTÊNCIA

No consumo de uma grande quantidade de potência, um fator de potência elevado é desejável – quanto maior, melhor. A razão é que a corrente necessária para fornecer uma determinada quantidade de potência para a carga é inversamente proporcional ao fator de potência da carga, como é evidente pelo rearranjo $P = VI \cos \theta$ para

$$I = \frac{P}{V \cos \theta} = \frac{P}{V \times \mathrm{PF}}$$

Assim, para uma dada potência P absorvida e uma tensão V aplicada, quanto menor for o fator de potência, maior será a corrente I de carga. Correntes maiores que as necessárias são indesejáveis porque acompanham grandes perdas de tensão e as perdas de energia I^2R em linhas de potência e em outros equipamentos de distribuição de energia.

Como uma questão prática, os fatores de baixa potência são sempre o resultado de cargas indutivas porque quase todas são cargas indutivas. De um ponto de vista do triângulo de potência, os vars que tais cargas consomem fazem o triângulo de potência ter um grande lado vertical e, portanto, um grande ângulo θ. O resultado é um pequeno cos θ, o qual é o fator de potência. A melhoria do fator de potência da carga exige a adição de capacitores através de toda a linha de alimentação para a carga para fornecer os vars consumidos pela carga indutiva. De outro ponto de vista, esses capacitores fornecem corrente para os indutores de carga, cuja corrente, sem os capacitores, teria que vir da linha de potência. Mais precisamente, existe uma troca de corrente entre os capacitores e os indutores de carga.

Embora a adição de capacitâncias suficiente para aumentar o fator de potência para a unidade seja possível, pode não ser econômica. Para encontrar a capacitância mínima necessária para melhorar o fator de potência para o valor desejado, o procedimento geral consiste, em primeiro lugar, em calcular o número inicial de vars Q_i sendo consumido pela carga. Isso pode ser calculado a partir de $Q_i = P$ tg θ_i, cuja fórmula deve ser evidente a partir do triângulo de potência mostrado na Fig. 14-3c. É claro que Q_i é o ângulo da impedância de carga. O próximo passo é determinar o ângulo final da impedância Q_f a partir do fator de potência final desejado: $\theta_f = \cos^{-1}$ PF$_f$. Esse ângulo é utilizado em $Q_f = P$ tg θ_f para encontrar o número total de vars Q_f para a carga combinada. Essa fórmula é válida desde que a adição do capacitor paralelo ou os capacitores não alterem P. O próximo passo é encontrar o vars que os capacitores adicionados devem fornecer: $\Delta Q = Q_f - Q_i$. Finalmente, ΔQ é usado para encontrar a quantidade necessária de capacitância:

$$\Delta Q = \frac{V^2}{X} = \frac{V^2}{-1/\omega C} = -\omega C V^2 \qquad \text{a partir do qual} \qquad C = -\frac{\Delta Q}{\omega V^2}$$

Se ΔQ é definido como $Q_i - Q_f$, o sinal negativo pode ser eliminado na fórmula para C; então, $C = \Delta Q/\omega V^2$. Todo esse procedimento pode ser realizado em uma única etapa com

$$C = \frac{P[\text{ tg }(\cos^{-1} \text{PF}_i) - \text{ tg }(\cos^{-1} \text{PF}_f)]}{\omega V^2}$$

Embora o cálculo da capacitância necessária para a correção do fator de potência possa ser um bom exercício acadêmico, ele não é necessário no trabalho. Os fabricantes especificam seus capacitores para correção do fator de potência pela tensão de operação e os quilovars que os capacitores produzem. Assim, para corrigir o fator de potência, é apenas necessário conhecer as tensões das linhas através das quais os capacitores serão colocados e os quilovars necessários.

Problemas Resolvidos

14.1 A potência instantânea absorvida por um circuito é $p = 10 + 8$ sen $(377t + 40°)$ W. Encontre as potências máxima, mínima e média absorvidas.

O valor máximo ocorre nos instantes em que o termo senoidal é máximo. Uma vez que esse termo tem um valor máximo de 8, $p_{máx} = 10 + 8 = 18$ W. O valor mínimo ocorre quando o termo senoidal está no seu valor mínimo de -8: $p_{mín} = 10 - 8 = 2$ W. Uma vez que o termo senoidal tem valor médio zero, a potência média absorvida é $P = 10 + 0 = 10$ W.

14.2 Com $v = 300 \cos(20t + 30°)$ V aplicada, um circuito solicita $i = 15 \cos(20t - 25°)$ A. Encontre o fator de potência e também as potências média, máxima e mínima absorvidas.

O fator de potência do circuito é o cosseno do ângulo de fator de potência, que é o ângulo pelo qual a tensão está adiantada da corrente:

$$\text{PF} = \cos[30° - (-25°)] = \cos 55° = 0{,}574$$

Ela está atrasada porque a corrente está atrasada em relação à tensão.

A potência média absorvida é o produto da tensão rms e corrente e do fator de potência:

$$P = \frac{300}{\sqrt{2}} \times \frac{15}{\sqrt{2}} \times 0{,}574 = 1{,}29 \times 10^3 \text{ W} = 1{,}29 \text{ kW}$$

As potências máxima e mínima absorvidas podem ser encontradas a partir da potência instantânea, que é

$$p = vi = 300 \cos(20t + 30°) \times 15 \cos(20t - 25°) = 4.500 \cos(20t + 30°) \cos(20t - 25°)$$

Isso pode ser simplificado usando a identidade trigonométrica

$$\cos A \cos B = 0{,}5 \, [\cos(A + B) + \cos(A - B)]$$

e as substituições A = $20t + 30°$ e B = $20t - 25°$. O resultado é

$$p = 4.500 \times 0{,}5 \, [\cos(40t + 5°) + \cos 55°] = 2.250 \cos(40t + 5°) + 2.250 \cos 55° \text{ W}$$

Claramente, o valor máximo ocorre quando o cosseno do primeiro termo é 1 e o valor mínimo quando esse termo é −1:

$$p_{máx} = 2.250(1 + \cos 55°) \text{ W} = 3{,}54 \text{ kW}$$
$$p_{mín} = 2.250(-1 + \cos 55°) = -959 \text{ W}$$

Uma potência mínima absorvida negativa indica que o circuito está entregando potência em vez de absorvê-la.

14.3 Para cada par de tensão e corrente de carga seguinte, encontre o fator de potência correspondente e potência média absorvida:

(a) $v = 277\sqrt{2} \, \text{sen}(377t + 30°)$ V, $i = 5{,}1\sqrt{2} \, \text{sen}(377t - 10°)$ A

(b) $v = 679 \, \text{sen}(377t + 50°)$ V, $i = 13 \cos(377t + 10°)$ A

(c) $v = -170 \, \text{sen}(377t - 30°)$ V, $i = 8{,}1 \cos(377t + 30°)$ A

(a) Uma vez que o ângulo pelo qual a tensão está adiantada em relação à corrente é de $\theta = 30° - (-10°) = 40°$, o fator de potência é PF = $\cos 40° = 0{,}766$. Ela está atrasada porque a corrente está atrasada em relação à tensão ou, em outras palavras, porque o ângulo do fator de potência θ é positivo. A potência média absorvida é o produto da tensão rms e da corrente rms e do fator de potência:

$$P = VI \times \text{PF} = 277(5{,}1)(0{,}766) = 1{,}08 \times 10^3 \text{ W} = 1{,}08 \text{ kW}$$

(b) O ângulo do fator de potência θ pode ser encontrado pela subtração dos ângulos apenas se v e i tiverem a mesma forma senoidal, o que não ocorre aqui. O termo cosseno de i pode ser convertido na forma de seno de v usando a identidade $\cos x = \text{sen}(x + 90°)$:

$$i = 13 \cos(377t + 10°) = 13 \, \text{sen}(377t + 10° + 90°) = 13 \, \text{sen}(377t + 100°) \text{ A}$$

Então, o ângulo de fator de potência é $\theta = 50° - 100° = -50°$ e o fator de potência é PF = $\cos(-50°) = 0{,}643$. É um fator de potência adiantado porque a corrente está adiantada em relação à tensão e também porque θ é negativo, o que é equivalente. A potência média absorvida é

$$P = VI \times \text{PF} = \frac{679}{\sqrt{2}} \times \frac{13}{\sqrt{2}} \times 0{,}643 = 2{,}84 \times 10^3 \text{ W} = 2{,}84 \text{ kW}$$

(c) A tensão senoidal será colocada na mesma forma senoidal da corrente senoidal como auxiliar para encontrar θ. O sinal negativo pode ser eliminado usando $-\text{sen}\, x = \text{sen}(x \pm 180°)$:

$$v = -170 \, \text{sen}(377t - 30°) = 170 \, \text{sen}(377t - 30° \pm 180°)$$

Em seguida, pode ser utilizada a identidade $\text{sen}\, x = \cos(x - 90°)$:

$$v = 170 \, \text{sen}(377t - 30° \pm 180°) = 170 \cos(377t - 30° \pm 180° - 90°)$$
$$= 170 \cos(377t - 120° \pm 180°)$$

O sinal positivo de ± 180° deve ser selecionado para que os ângulos de fase da corrente e da tensão fiquem o mais próximo possível um do outro:

$$v = 170 \cos(377t - 120° + 180°) = 170 \cos(377t + 60°) \text{ V}$$

Assim, $\theta = 60° - 30° = 30°$, e o fator de potência é PF = cos 30° = 0,866. Ele está atrasado porque θ é positivo. Finalmente, a potência média absorvida é

$$P = VI \times \text{PF} = \frac{170}{\sqrt{2}} \times \frac{8,1}{\sqrt{2}} \times 0,866 = 596 \text{ W}$$

14.4 Encontre o fator de potência de um circuito que absorve 1,5 kW para uma tensão de entrada de 120 V e uma corrente de 16 A.

A partir de $P = VI \times \text{PF}$, o fator de potência é

$$\text{PF} = \frac{P}{VI} = \frac{\text{potência média}}{\text{potência aparente}} = \frac{1.500}{120(16)} = 0,781$$

Não há informação suficiente para determinar se esse fator de potência está adiantado ou atrasado.

Observe que o fator de potência é igual à potência média dividida pela potência aparente. Alguns autores de livros de análise de circuito usam isso para a definição do fator de potência, porque é mais geral que PF = cos θ.

14.5 Qual é o fator de potência de um motor de indução de 10 hp totalmente carregado, que opera com uma eficiência de 80% enquanto solicita da linha 28 A a partir de 480 V?

O fator de potência do motor é igual à potência de entrada dividida pela potência aparente de entrada, e a potência de entrada é a potência de saída dividida pela eficiência de operação:

$$P_{\text{entrada}} = \frac{P_{\text{saída}}}{\eta} = \frac{10 \times 745,7}{0,8} \text{ W} = 9,321 \text{ kW}$$

em que 1hp = 745,7 W é utilizado. Assim,

$$\text{PF} = \frac{P_{\text{entrada}}}{VI} = \frac{9,321 \times 10^3}{480(28)} = 0,694$$

Esse fator de potência está atrasado porque os motores de indução são cargas indutivas.

14.6 Encontre a potência absorvida por uma carga de $6\underline{/30°}$ Ω, quando é aplicada 42 V.

A corrente rms necessária para a fórmula de potência é igual à tensão rms dividida pelo módulo da impedância: $I = 42/6 = 7$ A. É claro que o fator de potência é o cosseno do ângulo de impedância: PF = cos 30° = 0,866. Assim,

$$P = VI \times \text{PF} = 42(7)(0,866) = 255 \text{ W}$$

A potência absorvida pode também ser obtida a partir de $P = I^2R$, em que $R = Z \cos \theta = 6 \cos 30° = 5,2$ Ω:

$$P = 7^2 \times 5,2 = 255 \text{ W}$$

A potência não pode ser encontrada a partir de $P = V^2/R$, como é evidente pelo fato de que $V^2/R = 42^2/5,2 = 339$ W, o que é incorreto. A razão para o resultado incorreto é que 42 V está através da impedância toda e não apenas em uma parte da resistência. Para $P = V^2/R$ ser válida, o V a ser utilizado deve estar através de R.

14.7 Qual é a potência absorvida por um circuito que tem admitância de entrada de $0,4 + j0,5$ S e corrente de entrada de 30 A?

A fórmula $P = V^2G$ pode ser utilizada depois da tensão de entrada V ser encontrada. Ela é igual à corrente dividida pelo módulo da admitância:

$$V = \frac{I}{|\mathbf{Y}|} = \frac{30}{|0,4 + j0,5|} = \frac{30}{0,64} = 46,85 \text{ V}$$

Assim,

$$P = V^2G = (46{,}85)^2 0{,}4 = 878 \text{ W}$$

Alternativamente, a fórmula de potência $P = VI \cos \theta$ pode ser utilizada. O ângulo de fator de potência θ é o negativo do ângulo de admitância $\theta = -\text{tg}^{-1} (0{,}5/0{,}4) = -51{,}34°$. Assim,

$$P = VI \cos \theta = 46{,}85(30) \cos (-51{,}34°) = 878 \text{ W}$$

14.8 Um resistor em paralelo com um capacitor absorve 20 W quando a combinação é conectada a uma fonte de 240 V, 60 Hz. Se o fator de potência é de 0,7 adiantado, quais são a resistência e capacitância?

A resistência pode ser encontrada pela resolução de R em $P = V^2/R$:

$$R = \frac{V^2}{P} = \frac{240^2}{20} \Omega = 2{,}88 \text{ } k\Omega$$

Uma forma de encontrar a capacitância é a partir da susceptância B, que pode ser encontrada a partir de $B = G \text{ tg } \phi$ após a condutância G e ângulo de admitância ϕ serem conhecidos. A condutância é

$$G = \frac{1}{R} = \frac{1}{2{,}88 \times 10^3} = 0{,}347 \times 10^{-3} \text{ S}$$

Para esse circuito capacitivo, o ângulo de admitância é o negativo do ângulo de fator de potência: $\phi = -(-\cos^{-1} 0{,}7) = 45{,}6°$. Assim,

$$B = G \text{ tg } \phi = 0{,}347 \times 10^{-3} \text{ tg } 45{,}6° = 0{,}354 \times 10^{-3} \text{ S}$$

Finalmente, uma vez que $B = \omega C$,

$$C = \frac{B}{\omega} = \frac{0{,}354 \times 10^{-3}}{2\pi(60)} = 0{,}94 \text{ } \mu\text{F}$$

14.9 Um resistor em série com um capacitor absorve 10 W quando a combinação é conectada a uma fonte de 120 V, 400 Hz. Se o fator de potência é de 0,6 adiantado, quais são a resistência e capacitância?

Uma vez que se trata de um circuito em série, a impedância deve ser utilizada para encontrar a resistência e a capacitância. A impedância pode ser encontrada usando a corrente de entrada, que, a partir de $P = VI \times \text{PF}$ é

$$I = \frac{P}{V \times \text{PF}} = \frac{10}{120(0{,}6)} = 0{,}1389 \text{ A}$$

O módulo da impedância é igual à tensão dividida pela corrente e o ângulo da impedância é, para esse circuito capacitivo, o negativo do cosseno do fator de potência:

$$\mathbf{Z} = \frac{V}{I} \underline{/-\cos^{-1} \text{PF}} = \frac{120}{0{,}1389} \underline{/-\cos^{-1} 0{,}6} = 864 \underline{/-53{,}13°} = 518 - j691 \text{ } \Omega$$

A partir da parte real, a resistência é $R = 518 \text{ } \Omega$, e a partir da parte imaginária e de $X = -1/\omega C$, a capacitância é

$$C = -\frac{1}{\omega X} = \frac{-1}{2\pi(400)(-691)} = 0{,}576 \text{ } \mu\text{F}$$

14.10 Se uma bobina solicita 0,5 A de uma fonte de 120 V, 60 Hz com um fator de potência 0,7 atrasado, qual é a resistência e a indutância da bobina?

A resistência e a indutância podem ser obtidas a partir da impedância. O módulo da impedância é $Z = V/I = 120/0{,}5 = 240 \text{ } \Omega$, e o ângulo de impedância é o ângulo do fator de potência $\theta = \cos^{-1} 0{,}7 = 45{,}57°$. Assim, a impedância da bobina é $\mathbf{Z} = 240\underline{/45{,}57°} = 168 + j171{,}4 \text{ } \Omega$. A partir da parte real, a resistência da bobina é $R = 168 \text{ } \Omega$, e da parte imaginária, a reatância da bobina é $171{,}4 \text{ } \Omega$. A indutância pode ser encontrada a partir de $X = \omega L$. Ela é $L = X/\omega = 171{,}4/2\pi(60) = 0{,}455 \text{ H}$.

14.11 Um resistor e um capacitor em paralelo solicitam 0,2 A de uma fonte de 24 V, 400 Hz com um fator de potência de 0,8 adiantado. Encontre a resistência e capacitância.

Uma vez que os componentes estão em paralelo, a admitância deve ser utilizada para encontrar a resistência e capacitância. O módulo da admitância é $Y = I/V = 0{,}2/24 = 8{,}33$ mS, e o ângulo de admitância é, para esse circuito capacitivo, o arco cosseno do fator de potência: $\cos^{-1} 0{,}8 = 36{,}9°$. Desse modo, a impedância é

$$\mathbf{Y} = 8{,}33\underline{/36{,}9°} = 6{,}67 + j5 \text{ mS}$$

A partir da parte real, a condutância do resistor é 6,67 mS, e por isso a resistência é $R = 1/(6{,}67 \times 10^{-3}) = 150\ \Omega$. A partir da parte imaginária, a susceptância capacitiva é de 5 mS, e por isso a capacitância é

$$C = \frac{B}{\omega} = \frac{5 \times 10^{-3}}{2\pi(400)} = 1{,}99\ \mu\text{F}$$

14.12 Operando na capacidade máxima, um alternador de 12.470 V fornece 35 MW com um fator de potência 0,7 atrasado. Qual é a potência máxima real que o alternador pode entregar?

A limitação da capacidade do alternador é o voltampères máximo – a potência aparente, que é a potência real dividida pelo fator de potência. Para esse alternador, a potência máxima aparente é P/PF = 35/0,7 = 50 MVA. Com um fator de potência unitário, toda essa potência seria potência real, o que significa que a potência máxima real que o alternador pode fornecer é de 50 MW.

14.13 Um motor de indução oferece 50 hp, enquanto operando com uma eficiência de 80% a partir de uma linha de 480 V. Se o fator de potência é 0,6, qual é a corrente solicitada pelo motor? Se o fator de potência é 0,9, qual é a corrente solicitada pelo motor?

A corrente pode ser encontrada a partir de $P = VI \times \text{PF}$, onde P é a potência de entrada do motor que é de $50 \times 745{,}7/0{,}8 = 46{,}6$ kW. Para um fator de potência de 0,6, a corrente para o motor é

$$I = \frac{P}{V \times \text{PF}} = \frac{46{,}6 \times 10^3}{480 \times 0{,}6} = 162 \text{ A}$$

E, para um fator de potência de 0,9, é

$$I = \frac{P}{V \times \text{PF}} = \frac{46{,}6 \times 10^3}{480 \times 0{,}9} = 108 \text{ A}$$

Essa diminuição da corrente de 54 A para a mesma potência de saída mostra por que um fator de grande potência é desejável.

14.14 Para o circuito mostrado na Fig. 14-4, encontre a leitura do wattímetro quando o terminal ± da bobina de potencial está conectado no nó a, e também quando está conectado ao nó b.

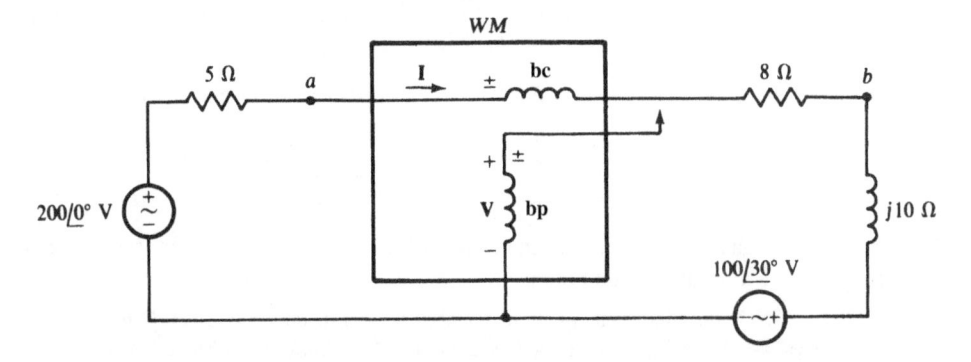

Figura 14-4

A leitura de wattímetro é igual a *VI* cos θ, em que *V* é a tensão rms através da bobina de potencial, *I* é a corrente rms que flui através da corrente da bobina e θ é a diferença do ângulo de fase correspondente aos fasores da tensão e corrente quando são referenciados como mostrado em relação à marcação ± da bobina do wattímetro. Essas três quantidades devem ser encontradas para determinar a leitura do wattímetro.

O fasor da corrente **I** é

$$\mathbf{I} = \frac{200\underline{/0°} - 100\underline{/30°}}{5 + 8 + j10} = \frac{124\underline{/-23,8°}}{16,4\underline{/37,6°}} = 7,56\underline{/-61,4°} \text{ A}$$

Com o terminal ± da bobina de potencial no nó *a*, o fasor queda de tensão *V* através da bobina é a tensão da fonte 200$\underline{/0°}$V menos a queda através do resistor de 5 Ω:

$$\mathbf{V} = 200\underline{/0°} - 5\mathbf{I} = 200\underline{/0°} - 5(7,56\underline{/-61,4°}) = 185\underline{/10,3°} \text{ V}$$

A leitura do wattímetro é

$$P = VI \cos \theta = 185(7,56) \cos [10,3° - (-61,4°)] = 439 \text{ W}$$

Com o terminal ± da bobina de potencial no nó *b*, **V** é igual à queda de tensão através da impedância *j*10 Ω e da fonte 100$\underline{/30°}$ V:

$$\mathbf{V} = j10(7,56\underline{/-61,4°}) + 100\underline{/30°} = 176\underline{/29,4°} \text{ V}$$

E assim, a leitura do wattímetro é

$$P = VI \cos \theta = 176(7,56) \cos [29,4° - (-61,4°)] = -18 \text{ W}$$

Provavelmente, o wattímetro não pode dar uma leitura negativa diretamente. Se não, nesse caso, as conexões da bobina do wattímetro devem ser invertidas de modo que o wattímetro apresente leituras crescentes. Além disso, a leitura deve ser interpretada como sendo negativa.

14.15 No circuito mostrado na Fig. 14-5, encontre a potência total absorvida pelos três resistores. A partir disso, encontre a soma das leituras dos dois wattímetros. Compare os resultados.

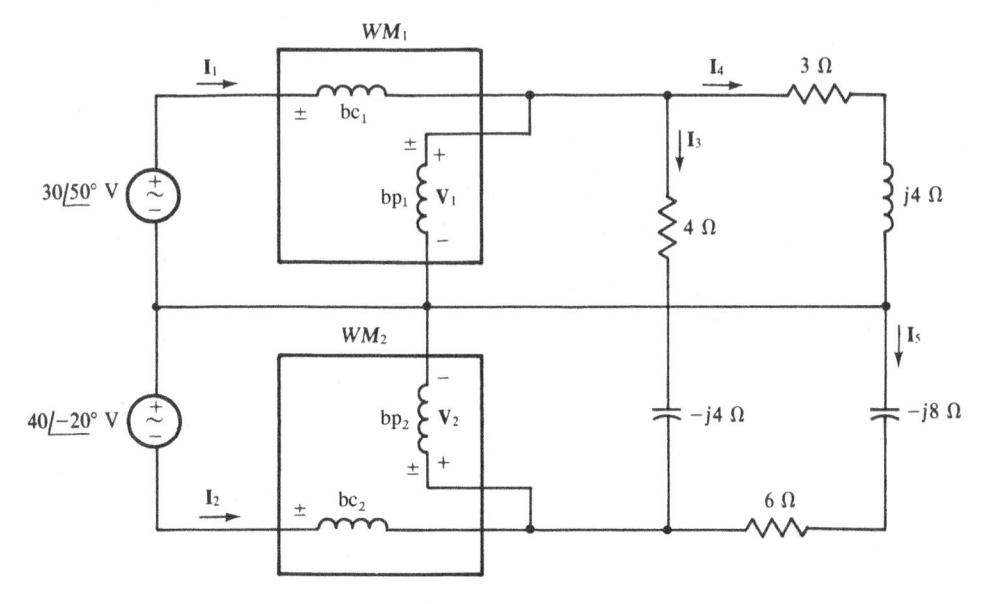

Figura 14-5

A potência absorvida pelos resistores pode ser encontrada usando $P = I^2R$. A corrente através dos resistores é

$$I_3 = \frac{30\underline{/50°} + 40\underline{/-20°}}{4 - j4} = \frac{57,6\underline{/9,29°}}{5,66\underline{/-45°}} = 10,19\underline{/54,3°}$$

$$I_4 = \frac{30\underline{/50°}}{3 + j4} = 6\underline{/-3,13°} \text{ A} \quad \text{e} \quad I_5 = \frac{40\underline{/-20°}}{6 - j8} = 4\underline{/33,1°} \text{ A}$$

Obviamente, apenas os valores rms dessas correntes são utilizados em $P = I^2R$:

$$P_T = I_3^2(4) + I_4^2(3) + I_5^2(6) = 10,19^2(4) + 6^2(3) + 4^2(6) = 619 \text{ W}$$

As correntes I_1 e I_2 são necessárias para encontrar as leituras dos wattímetros uma vez que elas são as correntes que fluem através das bobinas de corrente:

$$I_1 = I_3 + I_4 = 10,19\underline{/54,3°} + 6\underline{/-3,13°} = 14,34\underline{/33,6°} \text{ A}$$

$$I_2 = -I_3 - I_5 = -10,19\underline{/54,3°} - 4\underline{/33,1°} = 14\underline{/-131,6°} \text{ A}$$

Obviamente, as tensões potenciais nas bobinas são $V_1 = 30\underline{/50°}$ V e $V_2 = -40\underline{/-20°} = 40\underline{/160°}$ V. Essas tensões e correntes nas bobinas de potencial produzem leituras nos wattímetros que têm uma soma de

$$P_T = 30(14,34)\cos(50° - 33,6°) + 40(14)\cos[160° - (-131,6°)] = 413 + 206 = 619 \text{ W}$$

Observe que a soma das leituras dos dois wattímetros é igual à energia total absorvida. Isso não deve ser esperado, uma vez que cada leitura do wattímetro não pode estar associada com as potências absorvidas por determinados resistores. Isso pode mostrar, no entanto, que o resultado é completamente geral para cargas com três fios e para as conexões mostradas. Esse uso de wattímetros é o famoso *método dos dois wattímetros*, que é popular para a medição de potência para cargas trifásicas, como será considerado no Capítulo 16.

14.16 Qual é o fator reativo de uma carga indutiva que tem uma potência aparente de entrada de 50 kVA enquanto está absorvendo 30 kW?

O fator de potência reativo é o seno do ângulo do fator de potência θ, o qual é

$$\theta = \cos^{-1}\frac{P}{S} = \cos^{-1}\frac{30.000}{50.000} = 53,1°$$

Assim, $\qquad\qquad\qquad\qquad$ FR = sen 53,1° = 0,8

14.17 Com $v = 200$ sen $(377t + 30°)$ V aplicado, o circuito solicita $i = 25$ sen $(377t - 20°)$ A. Qual é o fator reativo e qual é a potência reativa absorvida?

O fator reativo é o seno do fator de potência do ângulo θ, o qual é o ângulo de fase da tensão menos o ângulo de fase da corrente: $\theta = 30° - (-20°) = 50°$. Assim, FR = sen 50° = 0,766. A potência reativa absorvida pode ser encontrada a partir de $Q = VI \times$ FR, onde V e I são os valores rms da tensão e da corrente:

$$Q = \frac{200}{\sqrt{2}} \times \frac{25}{\sqrt{2}} \times 0,766 = 1,92 \times 10^3 = 1,92 \text{ kVAR}$$

14.18 Qual é o fator reativo de um circuito que tem uma impedância de entrada de $40\underline{/50°}$ Ω? Ainda, qual é a potência reativa que o circuito absorve quando a corrente de entrada é 5 A?

O fator reativo é o seno do ângulo de impedância: FR = sen 50° = 0,766. Um caminho fácil para se encontrar a potência reativa é com a fórmula $Q = I^2X$, onde X, a reatância, é igual a 40 sen 50° = 30,64 Ω:

$$Q = I^2X = 5^2(30,64) = 766 \text{ VAR}$$

14.19 Qual é o fator reativo de um circuito que tem impedância de entrada de $20\underline{/-40°}$ Ω? Qual é a potência reativa absorvida com 240 V aplicado?

O fator reativo é o seno do ângulo de impedância: FR = sen $(-40°) = -0,643$. Talvez o caminho mais fácil de encontrar a potência reativa absorvida seja a partir de $Q = VI \times$ FR. A única incógnita da fórmula é a corrente rms, a qual é igual à tensão rms dividida pelo módulo da impedância: $I = V/Z = 240/20 = 12$ A. Assim,

$$Q = VI \times \text{FR} = 240(12)(-0,643) = -1,85 \text{ kVAR}$$

O sinal negativo indica que o circuito fornece vars, como é de se esperar de um circuito capacitivo.

Como verificação, a fórmula $Q = I^2X$ pode ser utilizada, onde X, a parte imaginária da impedância, é $X = 20$ sen $(-40°) = -12,86$ Ω: $Q = 12^2(-12,86) = -1,85$ kVAR, o mesmo.

14.20 Quando 3 A circula através de um circuito com uma admitância de entrada de $0,4 + j0,5$ S, qual é a potência reativa que o circuito consome?

A potência reativa consumida pode ser encontrada a partir de $Q = I^2X$ após X ser encontrado a partir da admitância. É claro que X é a parte imaginária da impedância de entrada **Z**. Resolvendo para **Z**:

$$\mathbf{Z} = \frac{1}{\mathbf{Y}} = \frac{1}{0,4 + j0,5} = \frac{1}{0,64\underline{/51,3°}} = 1,56\underline{/-51,3°} = 0,976 - j1,22 \text{ Ω}$$

Assim, $X = -1,22$ Ω e

$$Q = I^2X = 3^2(-1,22) = -11 \text{ VAR}$$

O sinal negativo indica que o circuito fornece potência reativa.

Como verificação, pode-se utilizar $Q = -V^2B$, onde $V = IZ = 3(1,56) = 4,68$ V (claramente, $B = 0,5$ S a partir da admitância de entrada). Assim,

$$Q = -V^2B = -(4,68)^2(0,5) = -11 \text{ VAR}$$

14.21 Dois elementos de circuito em série consomem 60 VAR quando conectados em uma fonte de 120 V, 60 Hz. Se o fator reativo é 0,6, quais são os dois componentes e quais são seus valores?

Os dois componentes podem ser encontrados a partir da impedância de entrada. O ângulo dessa impedância é o arco seno do fator reativo: $\theta = \text{sen}^{-1} 0,6 = 36,9°$. O módulo da impedância pode ser obtido pela substituição de $I = V/Z$ em $Q = VI \times$ FR:

$$Q = V\left(\frac{V}{Z}\right)(\text{FR}) \qquad \text{a partir do qual} \qquad Z = \frac{V^2(\text{FR})}{Q} = \frac{120^2(0,6)}{60} = 144 \text{ Ω}$$

Assim, $\mathbf{Z} = 144\underline{/36,9°} = 115 + j86,4$ Ω

A partir dessa impedância, os dois elementos devem ser um resistor com resistência de $R = 115$ Ω e um indutor com reatância de 86,4 Ω. A indutância é

$$L = \frac{X}{\omega} = \frac{86,4}{2\pi(60)} = 0,229 \text{ H}$$

14.22 Qual resistor e capacitor em paralelo apresentam a mesma carga para uma fonte de 480 V, 60 Hz, que um motor síncrono de 20 hp que opera com uma eficiência de 75% e um fator de potência de 0,8 adiantado?

A resistência pode ser encontrada a partir da potência de entrada do motor, a qual é:

$$P_{\text{entrada}} = \frac{P_{\text{saída}}}{\eta} = \frac{20 \times 745,7}{0,75} = 19,9 \text{ kW}$$

A partir de $P_{\text{entrada}} = V^2/R$,
$$R = \frac{V^2}{P_{\text{entrada}}} = \frac{480^2}{19,9 \times 10^3} = 11,6 \text{ Ω}$$

A condutância correspondente e o ângulo de admitância, que é o negativo do ângulo do fator de potência, podem ser utilizados para encontrar a susceptância capacitiva. Além disso, a capacitância pode ser obtida a partir dessa susceptância. A condutância é $G = 1/11{,}6 = 0{,}0863$ S, e o ângulo de admitância é $\phi = \cos^{-1} 0{,}8 = 36{,}9°$. Assim, a susceptância é

$$B = G \, \text{tg} \, \phi = 0{,}0863 \, \text{tg} \, 36{,}9° = 0{,}0647 \text{ S}$$

Finalmente, a capacitância é a susceptância dividida pela frequência angular:

$$C = \frac{B}{\omega} = \frac{0{,}0647}{2\pi(60)} = 172 \, \mu\text{F}$$

14.23 Um indutor de 120 mH é energizado com 120 V a 60 Hz. Encontre as potências média, de pico e reativa consumidas.

Uma vez que o fator de potência é igual a zero (PF = cos 90° = 0), o indutor absorve zero de potência média: $P = 0$ W. A potência de pico pode ser obtida a partir da potência instantânea. Como deduzido neste capítulo, a expressão geral para a potência instantânea é

$$p = VI \cos \theta - VI \cos (2\omega t + \theta)$$

Para um indutor, $\theta = 90°$, o que significa que o primeiro termo é zero. Por conseguinte, a potência de pico é o valor de pico do segundo termo, que é VI: $p_{\text{máx}} = VI$. A tensão V é dada: $V = 120$ V. A corrente I pode ser encontrada a partir dessa tensão dividida pela reatância indutiva:

$$I = \frac{V}{X} = \frac{120}{2\pi(60)(120 \times 10^{-3})} = \frac{120}{45{,}24} = 2{,}65 \text{ A}$$

Assim,

$$p_{\text{máx}} = VI = 120(2{,}65) = 318 \text{ W}$$

A potência reativa absorvida é

$$Q = I^2 X = 2{,}65^2(45{,}24) = 318 \text{ VAR}$$

a qual tem o mesmo valor numérico que a potência de pico absorvida pelo indutor. Isso é geralmente verdadeiro porque $Q = I^2 X = (IX) \, I = VI$, e VI é a potência de pico absorvida pelo indutor.

14.24 Quais são os componentes de potência resultantes de uma corrente de 4 A que circula por uma carga de $30\underline{/40°} \, \Omega$? Em outras palavras, quais são as potências complexa, real, reativa e aparente da carga?

A partir da Fig. 14-3b, a potência complexa **S** é

$$\mathbf{S} = I^2 \mathbf{Z} = 4^2(30\underline{/40°}) = 480\underline{/40°} = 368 + j309 \text{ VA}$$

A potência real é a parte real, $P = 368$ W, a potência reativa é a parte imaginária, $Q = 309$ VAR, e a potência aparente é o módulo, $S = 480$ VA.

14.25 Encontre os componentes de potência de um motor de indução que oferece 5 hp enquanto opera com uma eficiência de 85% e um fator de potência de 0,8 atrasado.

A potência de entrada é

$$P_{\text{entrada}} = \frac{P_{\text{saída}}}{\eta} = \frac{5 \times 745{,}7}{0{,}85} \text{ W} = 4{,}386 \text{ kW}$$

A potência aparente, que é o módulo da potência complexa, é a potência real dividida pelo fator de potência: $S = 4{,}386/0{,}8 = 5{,}48$ kVA. O ângulo da potência complexa é o ângulo do fator de potência: $\theta = \cos^{-1} 0{,}8 = 36{,}9°$. Assim, a potência complexa é

$$\mathbf{S} = 5{,}48\underline{/36{,}9°} = 4{,}386 + j3{,}29 \text{ kVA}$$

A potência reativa é, claro, a parte imaginária: $Q = 3,29$ kVAR.

14.26 Encontre os componentes de potência de uma carga que solicita $20\underline{/-30°}$ A com $240\underline{/20°}$ V aplicado.

A potência complexa pode ser encontrada a partir de $\mathbf{S} = \mathbf{VI}^*$. Uma vez que $\mathbf{I} = 20\underline{/-30°}$ A, o conjugado é $\mathbf{I}^* = 20\underline{/30°}$ A, e a potência complexa é

$$\mathbf{S} = (240\underline{/20°})(20\underline{/30°}) = 4800\underline{/50°} \text{ VA} = 3,09 + j3,68 \text{ kVA}$$

A partir do módulo e das partes reais e imaginárias, as potências aparente, real e reativa são $S = 4,8$ kVA, $P = 3,09$ kW e $Q = 3,68$ kVAR.

14.27 Uma carga conectada através de 12.470 V solicita uma corrente de 20 A com um fator de potência de 0,75 atrasado. Encontre a impedância da carga e os componentes da potência.

Uma vez que o módulo da impedância é igual à tensão dividida pela corrente e o ângulo da impedância é o ângulo de fator de potência, a impedância de carga é

$$\mathbf{Z} = \frac{12\,470}{20}\underline{/\cos^{-1} 0,75} = 623,5\underline{/41,4°}\ \Omega$$

A partir de $\mathbf{S} = I^2\mathbf{Z}$, a potência complexa é

$$\mathbf{S} = 20^2(623,5\underline{/41,4°}) = 249,4 \times 10^3\underline{/41,4°} \text{ VA} = 187 + j165 \text{ kVA}$$

A partir do módulo e das partes real e imaginária, $S = 249,4$ kVA, $P = 187$ kW e $Q = 165$ kVAR.

14.28 Um capacitor de 20 μF e um resistor paralelo de 200 Ω solicitam 4 A a 60Hz. Encontre os componentes de potência.

Uma vez que a impedância for encontrada, a potência complexa pode ser obtida a partir de $\mathbf{S} = I^2\mathbf{Z}$. A reatância capacitiva é

$$X = -\frac{1}{\omega C} = \frac{-1}{2\pi(60)(20 \times 10^{-6})} = -132,6\ \Omega$$

e a impedância da combinação paralela é

$$\mathbf{Z} = \frac{200(-j132,6)}{200 - j132,6} = 110,5\underline{/-56,4°}\ \Omega$$

A substituição em $\mathbf{S} = I^2\mathbf{Z}$ resulta na potência complexa de

$$\mathbf{S} = 4^2(110,5\underline{/-56,4°}) = 1,77 \times 10^3\underline{/-56,4°} \text{ VA} = 0,98 - j1,47 \text{ kVA}$$

Assim, $S = 1,77$ kVA, $P = 0,98$ kW e $Q = -1,47$ kVAR.

14.29 Um motor de indução de 10 hp em plena carga opera a partir de uma linha de 480 V, 60 Hz, com eficiência de 85% e um fator de potência de 0,8 atrasado. Encontre o fator de potência total quando um capacitor de 33,3 μF for colocado em paralelo com o motor.

O fator de potência pode ser determinado a partir do ângulo do fator de potência, o qual é $\theta = \text{arctg}\,(Q_T/P_{\text{entrada}})$. Para isso, a potência de entrada P_{entrada} e a potência reativa total Q_T são necessárias. O capacitor não muda a potência real absorvida, que é

$$P_{\text{entrada}} = \frac{P_{\text{saída}}}{\eta} = \frac{10 \times 745,7}{0,85} = 8,77 \text{ kW}$$

A potência reativa total é a soma das potências reativas do motor e do capacitor. Como é evidente a partir das considerações do triângulo de potência, a potência reativa do motor Q_M é igual à potência vezes a tangente do ângulo de fator de potência do motor, o qual é o arco cosseno do fator de potência do motor:

$$Q_M = P_{\text{entrada}} \, \text{tg} \, \theta_M = 8{,}77 \, \text{tg} \, (\cos^{-1} 0{,}8) = 6{,}58 \text{ kVAR}$$

A potência reativa absorvida pelo capacitor é

$$Q_C = -\omega C V^2 = -2\pi(60)(33{,}3 \times 10^{-6})(480)^2 = -2{,}89 \text{ kVAR}$$

E a potência reativa total é

$$Q_T = Q_M + Q_C = 6{,}58 - 2{,}89 = 3{,}69 \text{ kVAR}$$

Com Q_T e P_{entrada} conhecidos, o ângulo do fator de potência θ pode ser determinado:

$$\theta = \text{arctg} \, \frac{Q_T}{P_{\text{entrada}}} = \text{arctg} \, \frac{3{,}69 \times 10^3}{8{,}77 \times 10^3} = 22{,}8°$$

E o fator de potência total é $PF = \cos 22{,}8° = 0{,}922$. Ele está atrasado porque o ângulo do fator de potência é positivo.

14.30 Uma fonte de 240 V energiza a combinação paralela de um aquecedor puramente resistivo de 6 kW e um motor de indução que consome 7 kVA com um fator de potência de 0,8 atrasado. Encontre o fator de potência total da carga e também a corrente a partir da fonte.

O fator de potência e a corrente podem ser determinados a partir da potência complexa total $\mathbf{S}_T$, a qual é a soma das potências complexas do aquecedor e do motor:

$$\mathbf{S}_T = \mathbf{S}_H + \mathbf{S}_M = 6.000\underline{/0°} + 7.000\underline{/\cos^{-1} 0{,}8} = 6.000\underline{/0°} + 7.000\underline{/36{,}9°} = 12{,}34\underline{/19{,}9°} \text{ kVA}$$

O fator de potência total é o cosseno do ângulo da potência complexa total: $PF = \cos 19{,}9° = 0{,}94$. Ele está atrasado, é claro, porque o ângulo do fator de potência é positivo. A fonte de corrente é igual à potência aparente total dividida pela tensão:

$$I = \frac{12{,}34 \times 10^3}{240} = 51{,}4 \text{ A}$$

Observe que a potência aparente total de 12,34 kVA não é a soma das potências aparentes de carga de 6 e 7 kVA. Isso é geralmente verdadeiro, exceto na situação incomum em que todas as potências complexas têm o mesmo ângulo.

14.31 Uma fonte de 480 V energiza duas cargas em paralelo, fornecendo 2 kVA com um fator de potência de 0,5 atrasado para uma carga e 4 kVA com um fator de potência 0,6 adiantado para a outra carga. Encontre a fonte de corrente e também a impedância total da combinação.

A corrente pode ser encontrada a partir da potência total aparente, que é o módulo da potência total complexa:

$$\mathbf{S} = 2.000\underline{/\cos^{-1} 0{,}5} + 4.000\underline{/-\cos^{-1} 0{,}6} = 2.000\underline{/60°} + 4.000\underline{/-53{,}13°} = 3{,}703\underline{/-23{,}4°} \text{ kVA}$$

O ângulo do fator de potência para a carga de 4 kVA é negativo, porque o fator de potência está adiantado, o que significa que a corrente está adiantada em relação à tensão.

A corrente é igual à potência aparente dividida pela tensão:

$$I = \frac{S}{V} = \frac{3{,}703 \times 10^3}{480} = 7{,}715 \text{ A}$$

A partir de $\mathbf{S} = I^2 \mathbf{Z}$, a impedância é igual à potência complexa dividida pelo quadrado da corrente:

$$\mathbf{Z} = \frac{\mathbf{S}}{I^2} = \frac{3{,}703 \times 10^3 \underline{/-23{,}4°}}{7{,}715^2} = 62{,}2\underline{/-23{,}4°} \, \Omega$$

14.32 Três cargas são conectadas através de uma linha de 277 V. Uma delas é um motor de indução de 5 hp a plena carga, operando com uma eficiência de 75% e um fator de potência de 0,7 atrasado. Outra é um motor síncrono de 7 hp a plena carga, operando com uma eficiência de 80% e um fator de potência de 0,4 adiantado. A terceira é um aquecedor de 5 kW resistivo. Encontre a corrente total da linha e o fator de potência global.

A corrente de linha e o fator de potência podem ser determinados a partir da potência complexa total, que é a soma das potências complexas individuais. A potênca complexa do motor de indução tem um módulo que é igual à potência de entrada dividida pelo fator de potência e um ângulo que é o ângulo de fator de potência. O mesmo é verdadeiro para o motor síncrono. A potência complexa do aquecedor é, claro, a mesma que a potência real. Assim,

$$\mathbf{S} = \frac{5 \times 745{,}7}{0{,}75 \times 0{,}7} \underline{/\cos^{-1} 0{,}7} + \frac{7 \times 745{,}7}{0{,}8 \times 0{,}4} \underline{/-\cos^{-1} 0{,}4} + 5.000\underline{/0°}$$

$$= 7{,}1 \times 10^3 \underline{/45{,}6°} + 16{,}3 \times 10^3 \underline{/-66{,}4°} + 5.000\underline{/0°} = 19{,}23\underline{/-30{,}9°} \text{ kVA}$$

A corrente total da linha é igual à potência aparente dividida pela tensão da linha: $I = (19{,}23 \times 10^3)/277 = 69{,}4$ A. E o fator de potência total é o cosseno do ângulo da potência complexa total: PF = cos(−30,9°) = 0,858. Ele está adiantado porque o ângulo do fator de potência é negativo.

14.33 No circuito mostrado na Fig. 14-6, a carga 1 absorve 2,4 kW e 1,8 kVAR, a carga 2 absorve 1,3 kW e 2,6 kVAR e a carga 3 absorve 1 kW e gera 1,2 kVAR. Encontre os componentes da potência total, a fonte de corrente $\mathbf{I}_1$ e a impedância de cada carga.

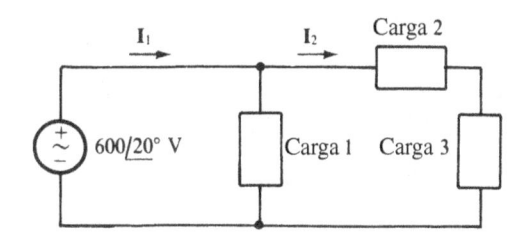

Figura 14-6

A potência complexa total é a soma das potências complexas individuais:

$$\mathbf{S}_T = \mathbf{S}_1 + \mathbf{S}_2 + \mathbf{S}_3 = (2.400 + j1.800) + (1.300 + j2.600) + (1.000 - j1.200)$$
$$= 4.700 + j3.200 \text{ VA} = 5{,}69\underline{/34{,}2°} \text{ kVA}$$

A partir da potência complexa total, a potência aparente total é $S_T = 5{,}69$ kVA, a potência real total é $P_T = 4{,}7$ kW e a potência reativa total é $Q_T = 3{,}2$ kVAR. O módulo da fonte de corrente I_1 é igual à potência aparente dividida pela tensão da fonte: $I_1 = (5{,}69 \times 10^3)/600 = 9{,}48$ A. E o ângulo de $\mathbf{I}_1$ é o ângulo da tensão menos o ângulo do fator de potência: 20° − 34,2° = −14,2°. Assim, $\mathbf{I}_1 = 9{,}48\underline{/-14{,}2°}$ A.

O ângulo da impedância $\mathbf{Z}_1$ da carga 1 é o ângulo do fator de potência da carga, que é também o ângulo da potência complexa $\mathbf{S}_1$. Uma vez que $\mathbf{S}_1 = 2.400 + j1.800 = 3.000\underline{/36{,}9°}$ VA, esse ângulo de impedância é $\theta = 36{,}9°$. Como a tensão da carga 1 é conhecida, o módulo Z_1 pode ser encontrado a partir de $S_1 = V^2/Z_1$:

$$Z_1 = \frac{V^2}{S_1} = \frac{600^2}{3.000} = 120 \text{ Ω}$$

Assim, $\mathbf{Z}_1 = Z_1\underline{/\theta} = 120\underline{/36{,}9°}$ Ω. As impedâncias $\mathbf{Z}_2$ e $\mathbf{Z}_3$ das cargas 2 e 3 não podem ser encontradas de modo semelhante, porque as cargas não são conhecidas. Mas a corrente I_2 rms pode ser encontrada a partir da soma das potências complexas das cargas 2 e 3, e utilizado em $\mathbf{S} = I^2\mathbf{Z}$ para encontrar as impedâncias. Essa soma é

$$\mathbf{S}_{23} = (1.300 + j2.600) + (1.000 - j1.200) = 2.300 + j1.400 = 2{,}693\underline{/31{,}3°} \text{ kVA}$$

A potência aparente S_{23} pode ser usada para obter I_2 a partir de $S_{23} = VI_2$:

$$I_2 = \frac{S_{23}}{V} = \frac{2{,}693 \times 10^3}{600} = 4{,}49 \text{ A}$$

Uma vez que $\mathbf{S}_2 = 1.300 + j2.600$ VA $= 2{,}91\underline{/63{,}4°}$ kVA, a impedância da carga 2 é

$$\mathbf{Z}_2 = \frac{\mathbf{S}_2}{I_2^2} = \frac{2{,}91 \times 10^3\underline{/63{,}4°}}{4{,}49^2} = 144\underline{/63{,}4°}\ \Omega$$

Similarmente, $\mathbf{S}_3 = 1.000 - j1.200$ VA $= 1{,}562\underline{/-50{,}2°}$ kVA e

$$\mathbf{Z}_3 = \frac{\mathbf{S}_3}{I_2^2} = \frac{1{,}562 \times 10^3\underline{/-50{,}2°}}{4{,}49^2} = 77{,}6\underline{/-50{,}2°}\ \Omega$$

14.34 Uma carga que absorve 100 kW com um fator de potência de 0,7 atrasado tem capacitores colocados através dela para produzir um fator de potência total de 0,9 atrasado. A tensão da linha é de 480 V. Quanta potência reativa os capacitores devem produzir e qual é a queda de corrente na linha?

A potência reativa inicial é $Q_i = P\ \text{tg}\ \theta_i$, onde θ_i é o ângulo do fator de potência inicial: $\theta_i = \cos^{-1} 0{,}7 = 45{,}6°$. Portanto,

$$Q_i = 100 \times 10^3\ \text{tg}\ 45{,}6° = 102\ \text{kVAR}$$

A potência reativa final é

$$Qf = P\ \text{tg}\ \theta_f = 100 \times 10^3\ \text{tg}\ (\cos^{-1} 0{,}9) = 48{,}4\ \text{kVAR}$$

Consequentemente, os capacitores devem fornecer $102 - 48{,}4 = 53{,}6$ kVAR

As correntes iniciais e finais podem ser obtidas a partir de $P = VI \times \text{PF}$:

$$I_i = \frac{P}{V \times \text{PF}_i} = \frac{100 \times 10^3}{480 \times 0{,}7} = 297{,}6\ \text{A} \qquad \text{e} \qquad I_f = \frac{P}{V \times \text{PF}_f} = \frac{100 \times 10^3}{480 \times 0{,}9} = 231{,}5\ \text{A}$$

A redução na corrente de linha é $297{,}6 - 231{,}5 = 66{,}1$ A.

14.35 Um motor síncrono que solicita 20 kW está em paralelo com um motor de indução que solicita 50 kW com um fator de potência de 0,7 atrasado. Se o motor síncrono é operado com um fator de potência adiantado, quanto de potência reativa ele deve oferecer para fazer com que o fator de potência total seja de 0,9 atrasado e qual será seu fator de potência?

Uma vez que a potência total de entrada é $P_T = 20 + 50 = 70$ kW, a potência reativa total é

$$Q_T = P_T\ \text{tg}\ (\cos^{-1} \text{PF}_T) = 70\ \text{tg}\ (\cos^{-1} 0{,}9) = 33{,}9\ \text{kVAR}$$

Devido à potência reativa consumida pelo motor de indução ser

$$Q_{\text{IM}} = P_{\text{IM}}\ \text{tg}\ \theta_{\text{IM}} = 50\ \text{tg}\ (\cos^{-1} 0{,}7) = 51\ \text{kVAR}$$

o motor síncrono deve fornecer $Q_{\text{IM}} - Q_T = 51 - 33{,}9 = 17{,}1$ kVAR. Assim, $Q_{\text{SM}} = -17{,}1$ kVAR.

O fator de potência resultante do motor síncrono é $\cos \theta_{\text{SM}}$, em que θ_{SM}, o ângulo do fator de potência do motor síncrono, é

$$\theta_{\text{SM}} = \text{tg}^{-1} \frac{Q_{\text{SM}}}{P_{\text{SM}}} = \text{tg}^{-1} \frac{-17{,}1 \times 10^3}{20 \times 10^3} = -40{,}5°$$

Assim, $\text{PF}_{\text{SM}} = \cos(-40{,}5°) = 0{,}76$ adiantado.

14.36 Uma fábrica solicita 100 A com um fator de potência de 0,7 atrasado a partir de uma linha de 12.470 V, 60 Hz. Qual capacitor deve ser colocado através da linha de entrada para a fábrica aumentar o fator de potência total para a unidade? Quais são as correntes finais para a fábrica, no capacitor e na linha?

A capacitância pode ser determinada a partir da potência reativa que o capacitor deve fornecer para fazer com que o fator de potência seja a unidade. A potência reativa absorvida pela fábrica é a potência aparente vezes o fator reativo, que é o seno do arco cosseno do fator de potência: FR = sen $(\cos^{-1} 0{,}7)$ = 0,714. Assim,

$$Q = VI \times \text{FR} = 12.470 \times 100 \times 0{,}714 = 890{,}5 \text{ kVAR}$$

Para um fator de potência unitário, o capacitor deve fornecer toda essa potência reativa. Uma vez que a fórmula para a potência elétrica reativa gerada no capacitor é $Q = \omega C V^2$, a capacitância necessária é

$$C = \frac{Q}{\omega V^2} = \frac{890{,}5 \times 10^3}{2\pi(60)(12.470)^2} = 15{,}2 \text{ }\mu\text{F}$$

Adicionar o capacitor em paralelo não altera a corrente de entrada para a fábrica, uma vez que não há alteração na carga da fábrica. Essa corrente permanece em 100 A. A corrente no capacitor pode ser encontrada a partir de $Q = VI_C \times$ FR com FR = -1, uma vez que o ângulo do fator de potência é $-90°$ para o capacitor. O resultado é

$$I_C = \frac{Q}{V \times \text{FR}} = \frac{-890{,}5 \times 10^3}{(12.470)(-1)} = 71{,}4 \text{ A}$$

A corrente total final da linha I_{fL} pode ser encontrada a partir da potência de entrada, que é

$$P = VI_{iL} \times \text{PF}_i = (12.470)(100)(0{,}7) = 873 \text{ kW}$$

Adicionar o capacitor não altera essa potência, mas altera o fator de potência para 1. Então, a partir de $P = VI_{fL} \times \text{PF}_f$,

$$873 \times 10^3 = 12\,470(I_{fL})(1) \quad \text{a partir do qual} \quad I_{fL} = \frac{873 \times 10^3}{12.470} = 70 \text{ A}$$

Observe que a corrente final da linha de 70 A rms não é igual à soma da corrente rms no capacitor de 71,4 A e corrente rms da fábrica de 100 A. Isso não deve ser surpreendente, porque, em geral, quantidades rms não podem ser adicionadas se os ângulos dos fasores não estão incluídos.

14.37 Uma fonte de 240 V, 60 Hz, energiza uma carga de $30\underline{/50°}$ Ω. Que capacitor em paralelo com essa carga produz um fator de potência total de 0,95 atrasado?

Embora as potências possam ser utilizadas na solução, muitas vezes é mais fácil o uso de admitância quando um circuito ou sua impedância é especificada. A admitância inicial é

$$\mathbf{Y} = \frac{1}{30\underline{/50°}} = 33{,}3 \times 10^{-3}\underline{/-50°} = 21{,}4 - j25{,}5 \text{ mS}$$

Adicionar o capacitor muda apenas a susceptância, que se torna

$$B = G \text{ tg}(-\theta) = 21{,}4 \text{ tg}(-\cos^{-1} 0{,}95) = -7{,}04 \text{ mS}$$

A fórmula $B = G \text{ tg}(-\theta)$ deveria ser evidente a partir das considerações do triângulo de admitâncias e do fato de que o ângulo de entrada é o negativo do ângulo do fator de potência. A partir de $\Delta B = \omega C$,

$$C = \frac{\Delta B}{\omega} = \frac{25{,}5 \times 10^{-3} - 7{,}04 \times 10^{-3}}{2\pi(60)} = 49{,}1 \times 10^{-6} = 49{,}1 \text{ }\mu\text{F}$$

14.38 Em 60 Hz, qual é o fator de potência do circuito mostrado na Fig. 14-7? Qual capacitor conectado entre os terminais de entrada faz com que o fator de potência total seja 1 (unidade)? Qual capacitor faz com que o fator de potência total seja de 0,85 atrasado?

Figura 14-7

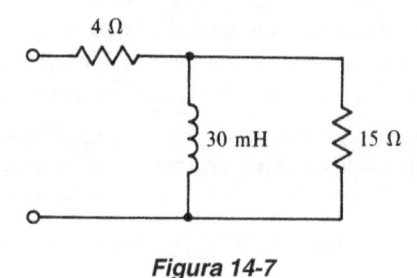

Pela razão de o circuito ser especificado, o fator de potência e o capacitor são provavelmente mais fáceis de serem encontrados usando impedância e admitância em vez de potências. O fator de potência é o cosseno do ângulo de impedância. Uma vez que a reatância do indutor é $2\pi(60)(0,03) = 11,3\ \Omega$, a impedância do circuito é

$$\mathbf{Z} = 4 + \frac{15(j11,3)}{15 + j11,3} = 11,9\underline{/37,38°}\ \Omega$$

e o fator de potência é $PF = \cos 37,38° = 0,795$ atrasado.

Pela razão de o capacitor estar conectado em paralelo, a admitância do circuito deve ser utilizada para determinar a capacitância. Antes de o capacitor ser adicionado, a admitância é

$$\mathbf{Y} = \frac{1}{\mathbf{Z}} = \frac{1}{11,9\underline{/37,38°}} = 0,0842\underline{/-37,38°} = 66,9 - j51,1\ \text{mS}$$

Para um fator de potência igual à unidade, a parte imaginária da admitância deve ser igual a zero, o que significa que o capacitor adicionado deve ter uma susceptância de 51,1 mS. Consequentemente, sua capacitância é

$$C = \frac{B}{\omega} = \frac{51,1 \times 10^{-3}}{2\pi(60)} = 136 \times 10^{-6} = 136\ \mu\text{F}$$

Um capacitor diferente é necessário para um fator de potência de 0,85 atrasado. A nova susceptância pode ser encontrada a partir de $B = G\ \text{tg}\ (-\theta)$, onde G é a condutância, que não se altera por adição de um capacitor em paralelo, e θ é o ângulo do novo fator de potência:

$$B = 66,9\ \text{tg}\ (-\cos^{-1} 0,85) = -41,5\ \text{mS}$$

Uma vez que o capacitor acrescentado proporciona uma mudança na susceptância, sua capacitância é

$$C = \frac{\Delta B}{\omega} = \frac{51,1 \times 10^{-3} - 41,5 \times 10^{-3}}{2\pi(60)} = 25,6 \times 10^{-6} = 25,6\ \mu\text{F}$$

Naturalmente, uma capacitância menor é necessária para melhorar o fator de potência para 0,85 atrasado do que para 1.

14.39 Um motor de indução solicita 50 kW com um fator de potência de 0,6 atrasado, a partir de uma fonte de 480 V, 60 Hz. Qual capacitor em paralelo vai aumentar o fator de potência total para 0,9 atrasado? Qual é a queda resultante na corrente de entrada?

A fórmula da capacitância pertinente é

$$C = \frac{P[\text{tg}\ (\cos^{-1} PF_i) - \text{tg}\ (\cos^{-1} PF_f)]}{\omega V^2}$$

Então, aqui,

$$C = \frac{50.000[\text{tg}\ (\cos^{-1} 0,6) - \text{tg}\ (\cos^{-1} 0,9)]}{2\pi(60)(480)^2} = 489\ \mu\text{F}$$

A partir de $P = VI \times \text{PF}$, a queda da corrente de entrada é

$$\Delta I = I_i - I_f = \frac{P}{V \times \text{PF}_i} - \frac{P}{V \times \text{PF}_f} = \frac{50.000}{480(0,6)} - \frac{50.000}{480(0,9)} = 57,9 \text{ A}$$

14.40 Uma fábrica solicita 30 MVA com um fator de potência de 0,7 atrasado, a partir de uma linha de 12.470 V, 60 Hz. Encontre a capacitância dos capacitores paralelos necessária para melhorar o fator de potência para 0,85 atrasado. Além disso, encontre a queda da corrente de linha.

A potência absorvida pelo fator é $P = 30(0,7) = 21$ MW. Assim, a partir da fórmula especificada para capacitância no Problema 14.39, a capacitância necessária é

$$C = \frac{(21 \times 10^6)[\text{tg }(\cos^{-1} 0,7) - \text{tg }(\cos^{-1} 0,85)]}{2\pi(60)(12.470)^2} = 143 \text{ }\mu\text{F}$$

A queda da corrente de linha é igual à redução da potência aparente dividida pela tensão de linha. A potência aparente inicial é a de 30 MVA especificada, e a potência aparente final é $P/\text{PF}_f = 21 \times 10^6/0,85 = 24,7 \times 10^6$ VA. Assim,

$$\Delta I = \frac{30 \times 10^6 - 24,7 \times 10^6}{12.470} = 425 \text{ A}$$

14.41 Uma carga industrial de 20 MW é alimentada por uma linha de 12.470 V, 60 Hz, e tem seu fator de potência melhorado para 0,9 atrasado pela adição de um banco de capacitores de 230 μF. Encontre o fator de potência da carga original.

A potência reativa inicial é necessária. Ela é igual à potência reativa final mais a dos capacitores adicionados:

$$Q_i = P \text{ tg }\theta_f + \omega CV^2 = 20 \times 10^6 \text{ tg }(\cos^{-1} 0,9) + 2\pi(60)(230 \times 10^{-6})(12.470)^2$$
$$= 9,69 \times 10^6 + 13,5 \times 10^6 = 23,2 \text{ MVAR}$$

A potência real e a potência reativa inicial podem ser utilizadas para encontrar o ângulo do fator de potência inicial:

$$\theta_i = \text{tg}^{-1}\frac{Q_i}{P} = \text{tg}^{-1}\frac{23,2 \times 10^6}{20 \times 10^6} = 49,2°$$

Finalmente, o fator de potência inicial é $\text{PF}_i = \cos\theta_i = \cos 49,2° = 0,653$ atrasado.

14.42 Uma fonte de 480 V, 60 Hz, energiza uma carga constituída por um motor de indução e um motor síncrono. O motor de indução solicita 50 kW com um fator de potência de 0,65 atrasado, e o motor síncrono solicita 10 kW com um fator de potência de 0,6 adiantado. Encontre a capacitância do capacitor paralelo necessário para produzir um fator de potência total de 0,9 atrasado.

A mudança necessária na potência reativa é necessária. A potência reativa inicial absorvida é a soma das potências dos dois motores, que, a partir de $Q = P \text{ tg }\theta$, é

$$Q_i = 50 \text{ tg }(\cos^{-1} 0,65) + 10 \text{ tg }(-\cos^{-1} 0,6) = 58,456 - 13,333 = 45,12 \text{ kVAR}$$

A potência reativa final é, a partir de $Q_f = P_T \text{ tg }(\cos^{-1} \text{PF}_f)$,

$$Q_f = (50 + 10) \text{ tg }(\cos^{-1} 0,9) = 29,06 \text{ kVAR}$$

Assim, a alteração da potência reativa ΔQ é $\Delta Q = 45,12 - 29,06 = 16,1$ kVAR e

$$C = \frac{\Delta Q}{\omega V^2} = \frac{16,1 \times 10^3}{2\pi(60)(480)^2} = 185 \text{ }\mu\text{F}$$

Problemas Complementares

14.43 A potência instantânea absorvida por um circuito é $p = 6 + 4\cos^2(2t + 30°)$ W. Encontre as potências máxima, mínima e média absorvidas.

Resp. $p_{máx} = 10$ W, $p_{mín} = 6$ W, $p = 8$ W

14.44 Com 170 sen (377t + 10°) V aplicado, um circuito solicita 8 sen (377t + 35°) A. Encontre o fator de potência e as potências máxima, mínima e média absorvidas.

Resp. PF = 0,906 adiantado, $p_{máx} = 1,3$ kW, $p_{mín} = -63,7$ W, $p = 616$ W

14.45 Para cada par de tensão e corrente de carga seguinte, encontre o fator de potência correspondente e a potência média absorvida:

(a) $v = 170$ sen $(50t - 40°)$ V, $i = 4,3$ sen $(50t + 10°)$ A

(b) $v = 340 \cos(377t - 50°)$ V, $i = 6,1$ sen $(377t + 30°)$ A

(c) $v = 679$ sen $(377t + 40°)$ V, $i = -7,2 \cos(377t + 50°)$ A

Resp. (a) 0,643 adiantada, 235 W, (b) 0,985 atrasada, 1,02 kW, (c) 0,174 atrasada, 424 W

14.46 Encontre o fator de potência de um motor de indução de 5 hp totalmente carregado, que opera com eficiência de 85% enquanto solicita da linha de 480 V, 15 A.

Resp. 0,609 atrasado

14.47 Qual é o fator de potência de um circuito que tem uma impedância de entrada de $5\underline{/-25°}$ Ω? Além disso, qual é a potência absorvida quando 50 V é aplicado?

Resp. 0,906 adiantado, 453 W

14.48 Se um circuito tem uma admitância de entrada de $40 + j20$ S e uma tensão aplicada de 180 V, qual é o fator de potência e a potência absorvida?

Resp. 0,894 adiantado, 1,3 MW

14.49 Um resistência em paralelo com um indutor absorve 25 W quando a combinação está conectada a uma fonte de 120 V, 60 Hz. Se a corrente total é de 0,3 A, quais são a resistência e a indutância?

Resp. 576 Ω, 1,47 H

14.50 Uma bobina absorve 20 W, quando conectada a uma fonte de 240 V, 400 Hz. Se a corrente é de 0, 2 A, encontre a resistência e a indutância da bobina.

Resp. 500 Ω, 0,434 H

14.51 Um resistor e um capacitor em série solicitam 1 A de uma fonte de 120 V, 60 Hz, com um fator de potência 0,6 adiantado. Encontre a resistência e a capacitância.

Resp. 72 Ω, 27,6 μF

14.52 Um resistor e um capacitor em paralelo solicitam 0,6 A de uma fonte de 120 V, 400 Hz, com um fator de potência 0,7 adiantado. Encontre a resistência e a capacitância.

Resp. 286 Ω, 1,42 μF

14.53 Uma carga de 100 kW opera com um fator de potência 0,6 atrasado a partir de uma linha de 480 V, 60 Hz. Qual é a corrente de carga solicitada? Qual é a corrente solicitada pela a carga se ela opera com fator de potência unitário em vez disso?

Resp. 347 A, 208 A

14.54 Um motor de indução de 100 hp em plena carga opera com eficiência de 85% a partir de uma linha de 480 V. Se o fator de potência é de 0,65 atrasado, qual é a corrente solicitada pelo motor? Se, em vez disso, o fator de potência é de 0,9, qual é a corrente solicitada por esse motor?

Resp. 281 A, 203 A

14.55 Encontre a leitura do wattímetro para o circuito mostrado na Fig. 14-8.

Resp. 16 W

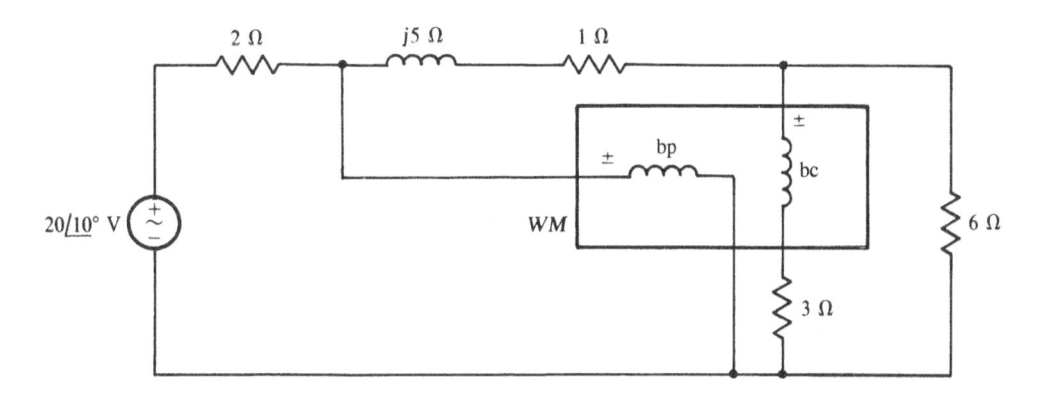

Figura 14-8

14.56 Encontre a leitura de cada wattímetro para o circuito mostrado na Fig. 14-9.

Resp. $WM_1 = 1{,}54$ kW, $WM_2 = 656$ W

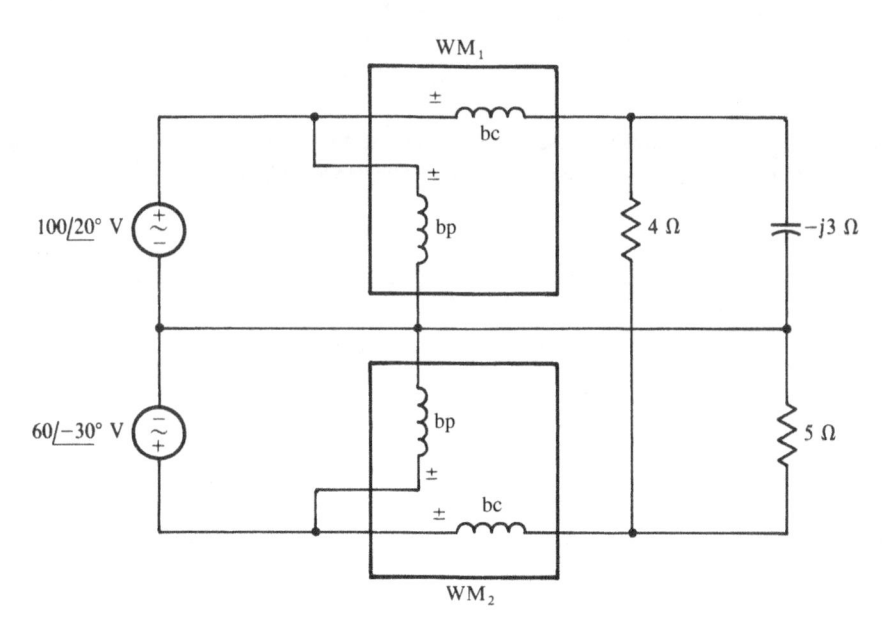

Figura 14-9

14.57 Com $200 \text{ sen}(754t + 35°)$ V aplicado, um circuito solicita $456 \text{ sen}(754t + 15°)$ mA. Qual é o fator reativo e qual é a potência reativa absorvida?

Resp. 0,342, 15,6 VAR

14.58 Com 300 cos (377t − 75°) V aplicado, um circuito solicita 2,1 sen (377t + 70°) A. Qual é o fator reativo e qual é a potência reativa absorvida?

Resp. −0,819, −258 VAR

14.59 Qual é o fator reativo de um circuito que tem uma impedância de entrada de 50$\underline{/35°}$ Ω? Qual é a potência reativa absorvida pelo circuito quando a corrente de entrada é 4 A?

Resp. 0,574, 459 VAR

14.60 Qual é o fator reativo de um circuito que tem impedância de entrada de 600$\underline{/-30°}$ Ω? Qual é a potência absorvida quando 480 V é aplicado?

Resp. −0,5, −192 VAR

14.61 Quando 120 V é aplicado através de um circuito com uma admitância de entrada de 1,23$\underline{/40°}$ S, qual é a potência reativa absorvida pelo circuito?

Resp. −11,4 kVAR

14.62 Quando 4,1 A circula em um circuito com uma admitância de entrada de 0,7 − j1,1 S, qual é a potência reativa absorvida pelo circuito?

Resp. 10,9 VAR

14.63 Uma carga consome 500 VAR quando energizada por uma fonte de 240 V. Se o fator reativo é de 0,35, qual é a corrente solicitada pela carga e qual a impedância da carga?

Resp. 5,95 A, 40,3$\underline{/20,5°}$ Ω

14.64 Dois elementos do circuito em paralelo consomem 90 VAR quando conectados a uma fonte de 120 V, 60 Hz. Se o fator reativo é de 0,8, quais são os dois componentes e seus valores?

Resp. Um resistor de 213 Ω e um indutor de 0,424 H

14.65 Dois elementos do circuito em série consomem −80 VAR quando conectados a uma fonte de 240 V, 60 Hz. Se o fator reativo é −0,7, quais são os dois componentes e quais são seus valores?

Resp. Um resistor de 360 Ω e um capacitor de 7,52 μF

14.66 Uma corrente de 300 mA, 60 Hz, circula através de um capacitor de 10 μF. Encontre as potências média, de pico e reativa absorvidas.

Resp. P = 0 W, $p_{máx}$ = 23,9 W, Q = −23,9 VAR

14.67 Quais são os componentes da potência resultante de uma corrente de 3,6 A circulando através de uma carga de 50$\underline{/-30°}$ Ω?

Resp. **S** = 648$\underline{/-30°}$ VA, S = 648 VA, P = 561 W, Q = −324 VAR

14.68 Encontre os componentes de potência de um motor síncrono de 10 hp a plena carga, operando com uma eficiência de 87% e um fator de potência 0,7 adiantado.

Resp. **S** = 12,2$\underline{/-45,6°}$ kVA, S = 12,2 kVA, P = 8,57 kW, Q = −8,74 kVAR

14.69 Uma carga solicita 3 A, quando 75 V é aplicado. Se o fator de potência da carga é de 0,6 atrasado, encontre os componentes de potência da carga.

Resp. **S** = 225$\underline{/53,1°}$ VA, S = 225 VA, P = 135 W, Q = 180 VAR

14.70 Encontre os componentes de potência de uma carga que solicita 8,1$\underline{/36°}$ A com 480$\underline{/10°}$ V aplicado.

Resp. **S** = 3,89$\underline{/-26°}$ kVA, S = 3,89 kVA, P = 3,49 kW, Q = −1,7 kVAR

14.71 Um indutor de 120 mH e um resistor de 30 Ω em paralelo solicitam 6,1 A em 60 Hz. Encontre os componentes da potência.

Resp. **S** = 930$\underline{/33,6°}$ VA, S = 930 VA, P = 775 W, Q = 514 VAR

14.72 Um motor de indução de 15 hp a plena carga opera a partir de uma linha de 480 V, 60 Hz, com uma eficiência de 83% e um fator de potência de 0,7 atrasado. Encontre o fator de potência geral quando um capacitor de 75 μF é colocado em paralelo com o motor.

Resp. 0,881 atrasado

14.73 Duas cargas são conectadas em paralelo através de uma linha de 277 V. Uma delas é um motor de indução de 5 hp totalmente carregado que opera com uma eficiência de 80% e um fator de potência de 0,7 atrasado. A outra é um aquecedor resistivo de 5 kW. Encontre o fator de potência total e a corrente de linha.

Resp. 0,897 atrasado, 38,9 A

14.74 Duas cargas são conectadas em paralelo através de uma linha de 12.470 V. Uma carga solicita 23 kVA com um fator de potência de 0,75 atrasado e a outra solicita 10 kVA com um fator de potência de 0,6 adiantado. Encontre a corrente de linha total e também a impedância da combinação.

Resp. 1,95 A, 6,39$\underline{/17,2°}$ kΩ

14.75 Três cargas são conectadas através de uma linha de 480 V. Uma delas é um motor de indução de 10 hp a plena carga, operando com uma eficiência de 80% e um fator de potência de 0,6 atrasado. A outra é um motor síncrono de 5hp, totalmente carregado operando com uma eficiência de 75% e um fator de potência 0,6 adiantado. A terceira é um aquecedor resistivo de 7 kW. Encontre a corrente total da linha e o fator de potência global.

Resp. 46 A, 0,965 atrasado

14.76 No circuito mostrado na Fig. 14-10, a carga 1 absorve 6,3 kW e 9,27 kVAR, e carga absorve 5,26 kW e gera 2,17 kVAR. Encontre os componentes para potência, a tensão **V** da fonte e impedância de cada carga.

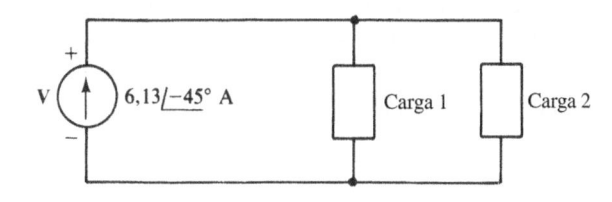

Resp. S_T = 13,6$\underline{/31,6°}$ kVA S_T = 13,6 kVA P_T = 11,6 kW Q_T = 7,1 kVAR
V = 2,21$\underline{/-13,4°}$ kV   **Z**$_1$ = 437$\underline{/55,8°}$ Ω   **Z**$_2$ = 861$\underline{/-22,4°}$ Ω

Figura 14-10

14.77 Quanta potência reativa deve ser fornecida por capacitores paralelos para uma carga de 50 kVA com um fator de potência de 0,65 atrasado para aumentar o fator de potência total para 0,85 em atraso?

Resp. 17,9 kVAR

14.78 Um motor elétrico fornece 50 hp durante a operação em uma linha de 480 V a uma eficiência de 83% e um fator de potência de 0,65 atrasado. Se ele está em paralelo com um capacitor, que aumenta o fator de potência total em 0,9 atrasado, qual é o decréscimo na corrente de linha?

Resp. 40 A

14.79 Uma carga energizada por uma linha com 480 V, 60 Hz, tem um fator de potência de 0,6 atrasado. Se colocar um capacitor de 100 μF em toda a linha eleva o fator de potência total para 0,85 atrasado, encontre a potência real da carga e o decréscimo da corrente de linha.

Resp. 12,2 kW, 12,4 A

14.80 Uma fábrica solicita 90 A com um fator de potência de 0,75 atrasado de uma linha de 25.000 V, 60 Hz. Encontre a capacitância de um capacitor paralelo que vai aumentar o fator de potência global para 0,9 atrasado.

Resp. 2,85 μF

14.81 Um motor de indução de 75 hp totalmente carregado opera a partir de uma linha de 480 V, 60 Hz, a uma eficiência de 80% e um fator de potência de 0,65 atrasado. O fator de potência deve ser elevado para 0,9 atrasado, colocando um capacitor nos terminais do motor. Encontre a capacitância necessária e a queda resultante na corrente de linha.

Resp. 551 μF, 62,2 A

14.82 Uma carga de $50\underline{/60°}$ Ω está conectada a uma fonte de 480 V, 60 Hz. Qual capacitor conectado em paralelo com a carga irá produzir um fator de potência total de 0,9 atrasado?

Resp. 33,1 μF

14.83 A 400 Hz, qual é o fator de potência do circuito mostrado na Fig. 14-11? Qual capacitor conectado entre os terminais de entrada causa um fator de potência total de 0,9 atrasado?

Resp. 0,77 atrasado, 8,06 μF

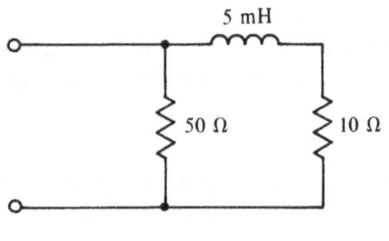

Figura 14-11

14.84 Para uma carga energizada por uma fonte de 277 V, 60 Hz, um capacitor de 5 μF adicionado em paralelo melhora o fator de potência de 0,65 atrasado para 0,9 atrasado. Qual é a corrente da fonte tanto antes como depois de o capacitor ser adicionado?

Resp. 1,17 A, 0,847 A

Capítulo 15

Transformadores

INTRODUÇÃO

Um *transformador* tem dois ou mais enrolamentos, também chamados de bobinas, que são magneticamente acoplados. Como mostrado na Fig. 15-1, um transformador típico tem dois enrolamentos em torno de um núcleo que pode ser feito de ferro. Cada cerco de enrolamento do núcleo é chamado de *espira* e é designado por N. Aqui, o enrolamento 1 tem $N_1 = 4$ espiras e o enrolamento 2 tem $N_2 = 3$ espiras (enrolamentos de transformadores na prática têm muito mais espiras). O Circuito 1, conectado ao enrolamento 1, é muitas vezes uma fonte, e o circuito 2, ligado ao enrolamento 2, é muitas vezes uma carga. Nesse caso, o enrolamento 1 é chamado de *enrolamento primário* ou apenas *primário*, e o enrolamento 2 é chamado de enrolamento secundário ou apenas *secundário*.

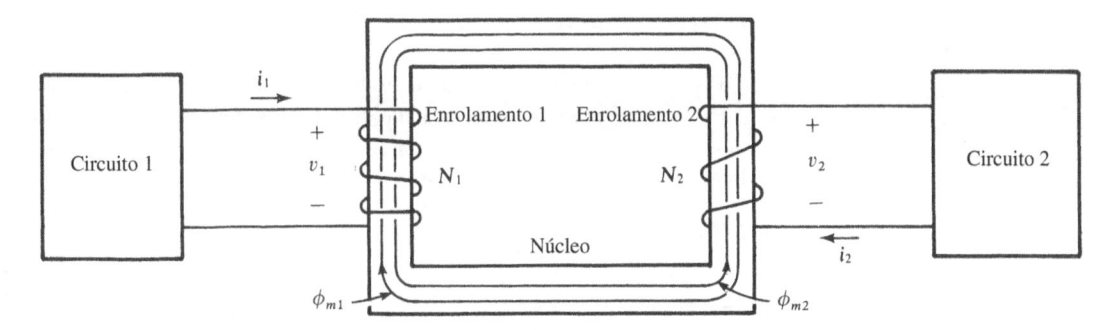

Figura 15-1

Em operação, a corrente i_1 que circula no enrolamento 1 produz um fluxo magnético ϕ_{m1} que, para transformadores de potência, encontra-se idealmente confinado ao núcleo e assim passa através do ou acopla o enrolamento 2. O m no índice significa "mútuo" – o fluxo é *mútuo* para ambos os enrolamentos. Da mesma forma, a corrente i_2, fluindo no enrolamento 2, produz um fluxo ϕ_{m2} que acopla o enrolamento 1. Quando essas correntes mudam o módulo ou a direção, elas produzem mudanças correspondentes nos fluxos, e as variações nos fluxos induzem tensões nos enrolamentos. Desse modo, o transformador acopla o circuito 1 e o circuito 2, de modo que a energia elétrica pode fluir a partir de um circuito para outro.

Apesar de o fluxo ser um auxílio útil para a compreensão da operação do transformador, não é utilizado na análise de circuitos com transformador. Em vez disso, serão utilizadas as relações de transformação, conforme será explicado.

Transformadores são componentes elétricos muito importantes. Com alta eficiência, eles alteram os níveis de tensão e corrente, o que é essencial para a distribuição de energia elétrica. Em aplicações eletrônicas, eles combinam as impedâncias de carga e as impedâncias de fonte para a máxima transferência de potência. Além disso, acoplam amplificadores sem ligações metálicas diretas que conduzem correntes CC. Ao mesmo tempo, elas podem atuar com capacitor para filtrar sinais.

REGRA DA MÃO DIREITA

Na Fig. 15-1, o fluxo ϕ_{m1} produzido por i_1 tem uma direção horária, mas o ϕ_{m2} produzido por i_2 tem uma direção anti-horária. A direção do fluxo produzido pela corrente que flui num enrolamento pode ser determinada a partir de uma versão da *regra da mão direita* que é diferente da apresentada no Capítulo 8 para um único fio. Como mostrado na Fig. 15-2, se os dedos da mão direita cercarem um enrolamento no sentido da corrente, o polegar aponta na direção do fluxo produzido no enrolamento pela corrente.

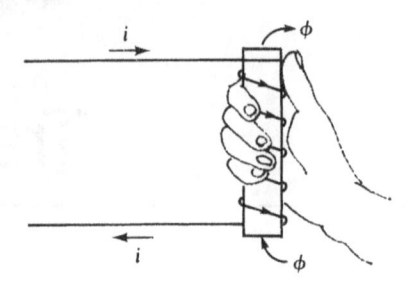

Figura 15-2

CONVENÇÃO DE PONTOS

A utilização de pontos nos terminais dos enrolamentos de acordo com a *convenção de pontos* é um método conveniente para especificar relações de direção nos enrolamentos. Um terminal de cada um dos enrolamentos é marcado com um ponto, com os terminais marcados selecionados de modo que *as correntes que entram nos terminais marcados com pontos produzem fluxos que se fundem*. Uma vez que esses pontos especificam as relações do enrolamento do transformador, eles são utilizados nos diagramas de circuitos com símbolos de indutor em vez dos enrolamentos ilustrados. Um símbolo de transformador no diagrama de circuito é composto por dois símbolos de adjacentes de indutor com pontos. Se as relações de enrolamento não são importantes, os pontos podem ser omitidos.

A Fig. 15-3 mostra o uso de pontos. Em um diagrama de circuito, a representação de transformador mais conveniente, com pontos na Fig. 15-3b, é utilizada em vez daquele com enrolamentos na Fig. 15-3a, mas ambos são equivalentes. Um transformador real pode ter alguma outra marcação que não pontos. Na Fig. 15-3b, as duas linhas verticais entre o símbolo do indutor designam o transformador com um núcleo de ferro ou um transformador ideal, que é considerado a seguir.

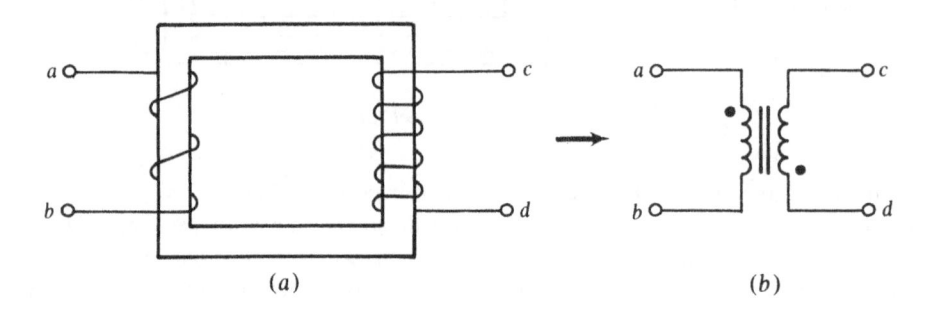

Figura 15-3

TRANSFORMADOR IDEAL

Em muitos aspectos, um *transformador ideal* é um excelente modelo para um transformador com um núcleo de ferro – *um transformador de núcleo de ferro*. Transformadores de potência e transformadores utilizados em sistemas de distribuição de potência elétrica são transformadores de núcleo de ferro. Sendo um modelo, um transformador ideal é uma aproximação conveniente do objeto real. As aproximações são enrolamentos com resistência zero,

zero perda do núcleo e permeabilidade do núcleo infinita. Tendo enrolamentos de resistência zero, um transformador ideal não tem perda ôhmica de potência do enrolamento (perda I^2R) nem quedas resistivas de tensão. A segunda propriedade, perdas zero no núcleo, significa que não há perda de potência no núcleo – sem histerese ou perdas por correntes parasitas. E, uma vez que não há perda de potência em nenhum dos enrolamentos, não há qualquer perda de potência em todo o transformador ideal – a potência de saída é igual à potência de entrada. O terceiro e último aspecto, a permeabilidade do núcleo infinita, significa que nenhuma corrente é necessária para estabelecer o fluxo magnético para produzir as tensões induzidas. Isso também significa que todo o fluxo magnético está confinado no núcleo, em ambos os enrolamentos de acoplamento. Todo o fluxo é mútuo, e não há qualquer *fluxo de dispersão*, o qual é o fluxo qua acopla apenas um enrolamento.

Na análise de um circuito contendo um transformador ideal, é utilizada a *relação de espiras* do transformador, também chamada de *relação de transformação*, em vez de fluxo. A relação de espiras, com símbolo a, é $a = N_1/N_2$. Essa é a razão entre o número de espiras primárias e o número de espiras secundárias. Em muitos livros de circuitos elétricos, no entanto, essa relação é definida como o número de espiras secundárias pelo número de espiras primárias e, por vezes, o símbolo n ou N é utilizado.

Em um diagrama de circuito, a relação de espiras de um transformador de núcleo de ferro ou ideal é especificada sobre o símbolo do transformador por uma designação como 20:1, o que significa que o enrolamento do lado esquerdo das barras verticais tem 20 vezes mais espiras que o enrolamento do lado direito. Se a designação for 1: 25, o enrolamento do lado direito terá 25 vezes mais espiras que o enrolamento do lado esquerdo.

A relação de espiras é conveniente, pois se refere às tensões do enrolamento. Pela lei de Faraday, $v_1 = \pm N_1 d\phi/dt$ e $v_2 = \pm N_2 d\phi/dt$ (o mesmo fluxo ϕ está em ambas as equações, pois um transformador ideal não tem fluxo de dispersão). A relação dessas equações é

$$\frac{v_1}{v_2} = \pm \frac{N_1 (d\phi/dt)}{N_2 (d\phi/dt)} = \pm \frac{N_1}{N_2} = \pm a$$

O sinal positivo deve ser selecionado quando ambos os terminais marcados com pontos têm a referência de polaridade de tensão. Caso contrário, o sinal negativo deve ser selecionado. A justificativa para essa escolha é que, como pode ser demonstrado pela lei de Lenz, em qualquer momento os terminais marcados por pontos de um transformador ideal terão sempre a mesma polaridade real – ambos positivos ou negativos em relação aos outros terminais. Incidentalmente, essas polaridades reais nada têm a ver com a seleção de referência de polaridades de tensão, que é completamente arbitrária.

É óbvio, a partir de $v_1/v_2 = \pm a$, que, se um transformador tem uma relação de espiras inferior a um ($a < 1$), a tensão rms no secundário é maior que a tensão rms no primário. Tal transformador é chamado de *transformador elevador*. Entretanto, se a relação de espiras é maior que um ($a > 1$), a tensão rms no secundário é menor que a tensão rms no primário, e o transformador é chamado de *transformador abaixador*.

Assim como pode ser mostrado a partir da propriedade de permeabilidade infinita, ou a partir da perda de potência zero, as correntes do primário e do secundário têm uma relação que é o inverso do que para as tensões primária e secundária. Especificamente,

$$\frac{i_2}{i_1} = \pm \frac{N_1}{N_2} = \pm a$$

O sinal positivo deve ser selecionado se uma referência de corrente estiver entrando em um terminal com ponto e a outra referência de corrente estiver saindo de um terminal com ponto. Caso contrário, o sinal negativo deve ser selecionado. A razão para essa escolha é que, em qualquer momento, o fluxo real de corrente está entrando no terminal com ponto de um enrolamento e saindo do terminal com o ponto do outro. Assim, somente a seleção especificada de sinais dará os sinais corretos para as correntes. No entanto, essa seleção de sinais nada tem a ver com a escolha de direções de referência de corrente, que é completamente arbitrária.

É importante lembrar que o enrolamento com o maior número de espiras tem maior tensão, porém menor corrente.

Na análise de um circuito contendo transformadores ideais, uma abordagem comum consiste em eliminar os transformadores por reflexão de impedâncias e, se necessário, fontes. Essa abordagem se aplica somente se não há caminhos de corrente entre os circuitos primário e secundário, como é normalmente o caso. Para um entendimento dessa abordagem, considere o circuito mostrado na Fig. 15-4a. A impedância $\mathbf{Z}_r$, "olhando para" o enrolamento primário, é chamada de *impedância refletida*,

$$\mathbf{Z}_r = \frac{\mathbf{V}_1}{\mathbf{I}_1} = \frac{-a\mathbf{V}_2}{(-1/a)\mathbf{I}_2} = a^2\frac{\mathbf{V}_2}{\mathbf{I}_2} = a^2\mathbf{Z}_2$$

que é a relação de espiras ao quadrado vezes a impedância do circuito secundário $\mathbf{Z}_2$. Se $\mathbf{Z}_r$ substitui o enrolamento primário, como mostrado na Fig. 15-4b, a corrente primária $\mathbf{I}_1$ permanece inalterada. Como pode ser comprovado por todos os arranjos diferentes marcados por pontos, as localizações de pontos não têm efeito sobre a impedância refletida.

Portanto, se as tensões e correntes do circuito primário são de interesse, o transformador pode ser eliminado pela substituição do enrolamento primário do transformador com a impedância refletida do circuito secundário, assumindo que esse circuito não contém fontes independentes. O circuito primário resultante pode ser analisado da maneira usual.

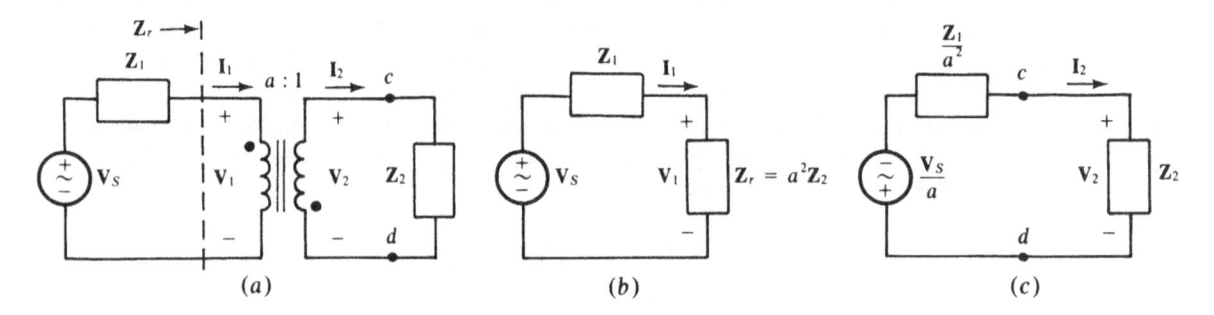

Figura 15-4

Então, se a tensão e a corrente do enrolamento secundário são também de interesse, elas podem ser obtidas a partir da tensão e da corrente do enrolamento primário.

Se o circuito secundário não é um conjunto de impedância, mas um circuito com componentes individuais resistivos e reativos, a impedância total pode ser encontrada e refletida. Alternativamente, todo o circuito secundário pode ser refletido no circuito primário. Nessa reflexão, a configuração do circuito é mantida a mesma e cada impedância individual é multiplicada pelo quadrado da relação de espiras. Obviamente, o transformador é eliminado.

A reflexão também pode ser do primário para o secundário. Para ver isso, considere fazer cortes nos terminais *c* e *d* no circuito mostrado na Fig. 15-4a e encontrando o equivalente de Thévenin do circuito à esquerda. Devido ao circuito aberto criado pelos cortes, a corrente secundária é zero: $\mathbf{I}_2 = 0$ A, que, por sua vez, significa que a corrente primária é zero: $\mathbf{I}_1 = 0$ A. Consequentemente, existe 0 V através de $\mathbf{Z}_1$ e toda a fonte tensão é através do enrolamento primário. Como resultado, a tensão de Thévenin referenciada positiva em relação ao terminal *c* é $\mathbf{V}_{Th} = \mathbf{V}_2 = -\mathbf{V}_1/a = -\mathbf{V}_S/a$. A partir da reflexão de impedância, a impedância de Thévenin é $\mathbf{Z}_{Th} = \mathbf{Z}_1/a^2$, com a^2 sendo o denominador em vez do numerador, uma vez que o enrolamento "analisado" é o enrolamento secundário. O resultado é mostrado no circuito da Fig. 15-4c. Observe que a polaridade da fonte de tensão é invertida porque os pontos estão em extremidades opostas dos enrolamentos. Pela utilização do teorema de Norton de um modo semelhante, pode-se mostrar que a fonte de corrente $\mathbf{I}_S$ teria refletido no secundário como $a\mathbf{I}_S$ e teria sido invertida em direção, porque os pontos não estão nas mesmas extremidades dos enrolamentos. Todo o circuito pode ser refletido dessa forma.

Uma alternativa para a abordagem de análise de reflexão está em escrever as equações do circuito, as quais são geralmente as equações de malha, com as tensões e as correntes do transformador como variáveis. Desde que o número de incógnitas ultrapasse o número de equações, essas equações podem ser aumentadas com relações de espiras da tensão e corrente do transformador. A título de ilustração, para o circuito da Fig. 15-4a, essas equações são

$$\mathbf{Z}_1\mathbf{I}_1 + \mathbf{V}_1 = \mathbf{V}_S$$
$$\mathbf{Z}_2\mathbf{I}_2 - \mathbf{V}_2 = 0$$
$$\mathbf{V}_1 + a\mathbf{V}_2 = 0$$
$$a\mathbf{I}_1 + \mathbf{I}_2 = 0$$

O fato de que essa abordagem exige mais equações que a abordagem de reflexão não é uma desvantagem significativa se uma calculadora científica avançada é utilizada nos cálculos, e essa abordagem pode ser mais fácil no geral.

Para tensões e correntes CA, um transformador ideal dá resultados que estão dentro de uma pequena porcentagem daqueles do transformador de potência real correspondente. Entretanto, para tensões e correntes CC, um transformador ideal dá resultados incorretos. A razão é que um transformador ideal irá transformar tensões e correntes CC, enquanto um transformador real não.

TRANSFORMADOR COM NÚCLEO DE AR

A aproximação do transformador ideal não é válida para um transformador com um núcleo feito de material não magnético, como pode ser necessário para a operação de rádio e altas frequências. Um transformador com tal núcleo muitas vezes é chamado de *transformador de núcleo de ar* ou de *transformador linear*.

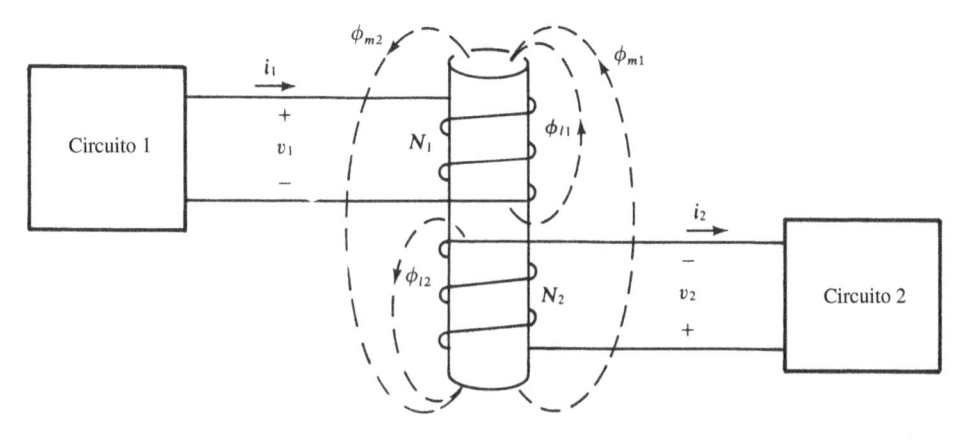

Figura 15-5

A Fig. 15-5 mostra dois circuitos acoplados por meio de um transformador de núcleo de ar. A corrente i_1 produz um fluxo mútuo ϕ_{m1} e um fluxo de dispersão ϕ_{l1}, e a corrente i_2 produz um fluxo mútuo ϕ_{m2} e um fluxo de dispersão ϕ_{l2}. Como mencionado, um fluxo mútuo acopla ambos os enrolamentos, mas um fluxo de dispersão acopla somente um deles.

O *coeficiente de acoplamento*, com símbolo k, indica o grau de acoplamento, o qual, por sua vez, indica qual fração do fluxo total é mútua. Especificamente,

$$k = \sqrt{\frac{\phi_{m1}}{\phi_{l1} + \phi_{m1}} \times \frac{\phi_{m2}}{\phi_{l2} + \phi_{m2}}}$$

Claramente, k não pode ter um valor maior que 1 ou menor que 0. E quanto maior for cada fração de fluxo mútuo, maior será o coeficiente de acoplamento. O coeficiente de acoplamento de um bom transformador de potência é muito próximo de 1, mas um transformador de núcleo de ar normalmente tem um coeficiente de acoplamento menor que 0,5.

As tensões induzidas por fluxos variáveis são dadas pela lei de Faraday:

$$v_1 = \pm N_1 \frac{d}{dt}(\phi_{m1} + \phi_{l1} \pm \phi_{m2}) \qquad v_2 = \pm N_2 \frac{d}{dt}(\phi_{m2} + \phi_{l2} \pm \phi_{m1})$$

Os sinais positivos em $\pm \phi_{m2}$ e $\pm \phi_{m1}$ são selecionados se, e somente se, ambos os fluxos mútuos tiverem a mesma direção em cada enrolamento.

Para a análise de circuito, é melhor usar indutâncias em vez de fluxos. As *autoindutâncias* dos enrolamentos são

$$L_1 = \frac{N_1(\phi_{m1} + \phi_{l1})}{i_1} \qquad L_2 = \frac{N_2(\phi_{m2} + \phi_{l2})}{i_2}$$

Essas são apenas as indutâncias ordinárias dos enrolamentos como definidas no Capítulo 8. Existe, no entanto, outra indutância chamada de *indutância mútua*, com símbolo *M*. Ela representa o fluxo concatenado de um enrolamento causado pelo fluxo de corrente no outro enrolamento. Especificamente,

$$M = \frac{N_1 \phi_{m2}}{i_2} = \frac{N_2 \phi_{m1}}{i_1}$$

Com essas substituições, as equações de tensão se tornam

$$v_1 = L_1 \frac{di_1}{dt} \pm M \frac{di_2}{dt} \quad \text{e} \quad v_2 = L_2 \frac{di_2}{dt} \pm M \frac{di_1}{dt}$$

em que os sinais ± para os termos *L di/dt* foram apagados por causa da suposição de referências de tensão e corrente associadas. Para uma análise senoidal, as equações correspondentes são

$$\mathbf{V}_1 = j\omega L_1 \mathbf{I}_1 \pm j\omega M \mathbf{I}_2 \quad \text{e} \quad \mathbf{V}_2 = j\omega L_2 \mathbf{I}_2 \pm j\omega M \mathbf{I}_1$$

Nessas equações, os sinais negativos de ± são utilizados se uma corrente tem uma referência entrando em um terminal com ponto e o outro tem uma referência saindo do terminal com ponto. Caso contrário, os sinais positivos são utilizados. Colocado de outra forma, se positivos, i_1 e i_2 ou $\mathbf{I}_1$ e $\mathbf{I}_2$ produzem uma soma de fluxos mútuos, então os termos *L* e *M* se somam. Como mencionado, essas equações são baseadas em tensão e corrente com referências associadas. Se um par dessas referências não está associado, o *v* ou **V** da equação correspondente deve ter um sinal negativo. Todo o resto, porém, continua o mesmo.

Em um diagrama de circuito de domínio do tempo, as autoindutâncias são especificadas adjacentes aos correspondentes enrolamentos na forma usual. As indutâncias mútuas são especificadas com setas para designar com qual cada par de enrolamento a indutância mútua está. Em um circuito de domínio fasorial, é claro, utilizam-se $j\omega L_1$, $j\omega L_2$ e $j\omega M$ em vez de L_1, L_2 e *M*.

Se as substituições são feitas para os fluxos das equações do coeficiente de acoplamento, o resultado é $k = M/\sqrt{L_1 L_2}$.

As análises de malha e de laço são melhores para a análise de circuitos de transformadores com núcleo de ar, uma vez que a análise nodal é difícil de usar. Escreve-se as equações da LKV da mesma forma que para os outros circuitos, exceto para a necessidade de incluir os termos *jω MI* resultantes do acoplamento magnético. Além disso, as tensões variáveis *não* estão atribuídas aos enrolamentos.

Se o circuito secundário não contém fontes independentes e nenhum caminho de corrente para o circuito primário, é possível refletir impedâncias de modo semelhante àquele utilizado para transformadores ideais. Para um entendimento dessa reflexão, considere o circuito mostrado na Fig. 15-6. As equações de malha são

$$\mathbf{V}_S = (\mathbf{Z}_1 + j\omega L_1)\mathbf{I}_1 - j\omega M \mathbf{I}_2$$
$$0 = -j\omega M \mathbf{I}_1 + (j\omega L_2 + \mathbf{Z}_L)\mathbf{I}_2$$

Os termos mútuos são negativos em ambas as equações porque uma corrente de enrolamento é referenciada entrando no terminal com ponto, enquanto a outra é referenciada saindo do terminal com ponto. Se $\mathbf{I}_2$ é encontrado para a segunda equação e uma substituição feita para $\mathbf{I}_2$ na primeira equação, o resultado é

$$\mathbf{V}_S = \left(\mathbf{Z}_1 + j\omega L_1 + \frac{\omega^2 M^2}{j\omega L_2 + \mathbf{Z}_L}\right)\mathbf{I}_1$$

o qual indica que o circuito secundário reflete no circuito primário como uma impedância $\omega^2 M^2/(j\omega L_2 + \mathbf{Z}_L)$ em *série com o enrolamento primário*. Assim como pode ser encontrado por diferentes tentativas de localizações de pontos, a impedância não depende dessas localizações. Alguns autores de livros sobre circuitos chamam essa impedância de "impedância refletida". Outros, no entanto, usam o termo "impedância acoplada."

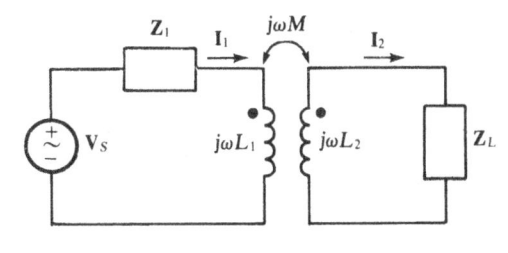

Figura 15-6

AUTOTRANSFORMADOR

Um *autotransformador* é um transformador com um único enrolamento que tem um terminal intermédio que divide o enrolamento em duas seções. Para um entendimento do funcionamento do autotransformador, ajuda considerar as duas seções do enrolamento como sendo dois enrolamentos de um transformador de potência, como é feito em seguida.

Considere um transformador de potência de 50 kVA que tem uma tensão nominal de 10.000/200 V. A partir do kVA e da relação de tensão, a corrente de plena carga do enrolamento de alta tensão é 50.000/10.000 = 5 A e do enrolamento de baixa tensão é 50.000/200 = 250 A. A Fig. 15-7a mostra tal transformador, plena carga, com seus enrolamentos conectados de tal forma que a extremidade com o ponto de um enrolamento é conectada ao final do outro sem ponto. Como mostrado, os 10.000 V do circuito secundário podem ser carregados por um máximo de 250 + 5 = 255 A sem que nenhum dos enrolamentos tenha corrente sobrecarga. Uma vez que a fonte de corrente é de 250 A, o transformador pode fornecer 10.200 × 250 = 2.550 kVA. Isso também pode ser determinado a partir do circuito secundário: 10.000 × 255 = 2.550 kVA. Com efeito, a conexão como autotransformador teve aumento no transformador, na razão de 50 para 2.550 kVA.

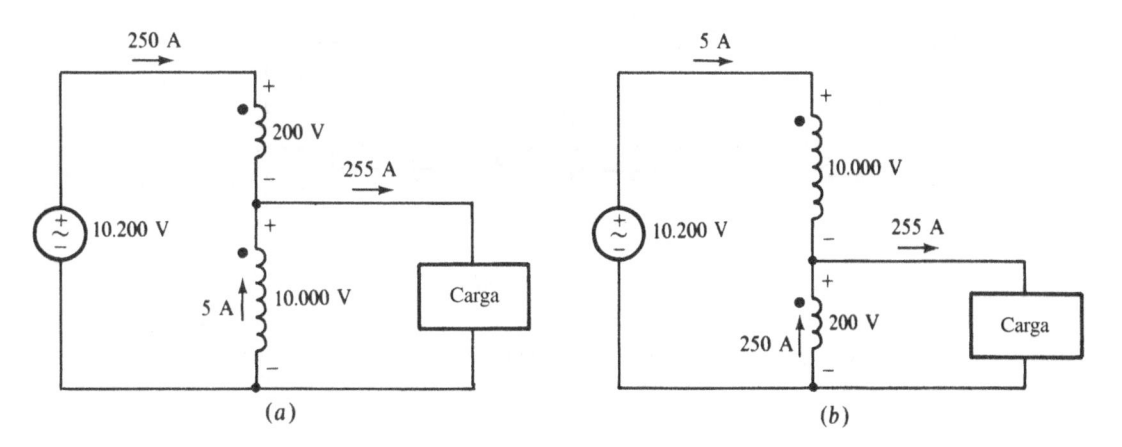

Figura 15-7

A explicação para esse aumento é que o transformador original de 50 kVA não tinha qualquer conexão metálica entre os dois enrolamentos, e assim os 50 kVA da plena carga completa tinham que passar através do transformador de acoplamento magnético. Mas, com os enrolamentos conectados para proporcionar o funcionamento de autotransformador, existe uma conexão metálica entre os enrolamentos que passa 2.550 − 50 = 2.500 kVA sem ser magneticamente transformada. Assim, é a conexão metálica direta que proporciona o aumento de kVA. Embora vantajosa a esse respeito, tal conexão destrói a propriedade de isolamento que têm os transformadores convencionais, o que por sua vez significa que autotransformadores não podem ser utilizados em todas as aplicações de transformador.

Se os enrolamentos são conectados como mostrado na Fig. 15-7b, a taxa de kVA é apenas 10.200 × 5 = 200 × 255 = 51 kVA. Esse ligeiro aumento de 2% na taxa de kVA é o resultado dos níveis de tensão muito diferentes dos dois circuitos conectados ao autotransformador. Em geral, quanto mais próximos estão os níveis de tensão, maior será o aumento de kVA. É por isso que autotransformadores são utilizados para ligações entre sistemas de potência, normalmente se os sistemas estão operando nos mesmos níveis de tensão.

Na Fig. 15-7a, a carga e a fonte de tensão podem ser intercambiadas. Em seguida, a carga é conectada sobre ambos os enrolamentos e a fonte de tensão através de apenas uma. Esse arranjo é utilizado quando a tensão de carga é maior que a tensão da fonte. O aumento em kVA é o mesmo.

Na análise de um circuito contendo um autotransformador, um modelo de transformador ideal pode ser assumido, e sua relação de espiras utilizada da mesma maneira que para uma ligação de transformador convencional. Junto a isso, pode ser utilizado o fato de que as linhas com a tensão menor transportam a soma das duas correntes do enrolamento. Além disso, parte do enrolamento carrega apenas a diferença da fonte e das correntes de carga. Esta é a parte comum a ambos os circuitos: a fonte e a carga.

Ao contrário do que a Fig. 15-7 sugere, autotransformadores são preferencialmente adquiridos como tais, e não construídos como transformadores de potência convencionais. Como exceção, porém, há o transformador "buck e boost".* Um modelo típico pode ser utilizado para reduzir 120 ou 240 V para 12 ou 24 V. O uso principal, no entanto, é como um autotransformador com o primário e o secundário interligados para dar um ligeiro ajuste de tensão, seja maior ou menor.

Problemas Resolvidos

15.1 Para o enrolamento mostrado na Fig.15-8a, qual é a direção do fluxo produzido no núcleo pela corrente para dentro do terminal a?

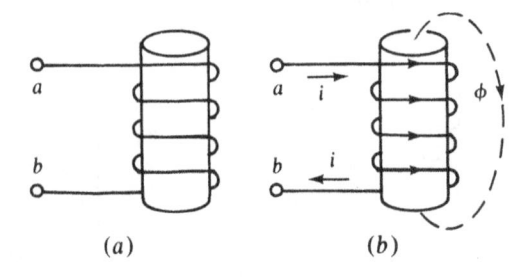

Figura 15-8

A corrente que circula para dentro do terminal a circula ao longo do núcleo para a direita, por baixo para a esquerda, em seguida ao longo do núcleo para a direita novamente e assim por diante, como mostrado na Fig. 15-8b. Para a aplicação da regra da mão direita, os dedos da mão direita devem ser imaginados segurando o núcleo com os dedos dirigidos a partir da esquerda para a direita sobre o núcleo. Então o polegar apontará para cima, significando que a direção do fluxo está no *interior* do núcleo.

15.2 Forneça os pontos em falta para os transformadores mostrados na Fig. 15-9.

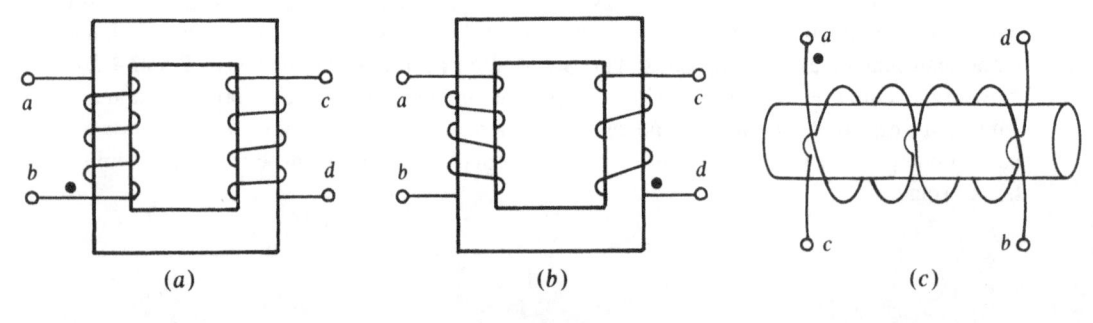

Figura 15-9

---

* N. T.: Este termo não costuma ser traduzido, por isso o mantivemos em inglês.

(*a*) Pela regra da mão direita, a corrente fluindo para dentro do ponto do terminal *b* produz um fluxo no sentido horário. Por tentativa e erro, pode-se encontrar que a corrente entrando no terminal *c* também produz um fluxo horário. Então o terminal *c* deve ter um ponto.

(*b*) A corrente fluindo para dentro do ponto do terminal *d* produz um fluxo anti-horário. Uma vez que a corrente entrando no terminal *b* também produz um fluxo anti-horário, o terminal *b* deve ter um ponto.

(*c*) A corrente fluindo para dentro do ponto do terminal *a* produz um fluxo para a direita dentro do núcleo. Já que a corrente fluindo para dentro do terminal *d* também produz fluxo para a direita no interior do núcleo, o terminal *d* deve ter um ponto.

15.3 Qual é a relação de espiras de um transformador que tem 684 espiras no enrolamento primário e 36 espiras no enrolamento secundário?

A relação de espiras *a* é a razão entre o número de espiras primárias e o número de espiras do secundário: $a = 684/36 = 19$.

15.4 Encontre a relação de espiras de um transformador que transforma a 12.470 V de uma linha de potência para 240 V fornecido para uma casa.

Uma vez que o enrolamento de alta tensão está ligado às linhas de alimentação, ele é o principal. A relação de espiras é igual à razão entre as tensões primárias para tensões secundárias: $a = 12\,470/240 = 51,96$.

15.5 Quais são as correntes em plena carga primária e secundária de um transformador de 25.000/240 V, 50.KVA? Assuma, é claro, que o enrolamento primário é de 25.000 V.

A relação de corrente de um enrolamento do transformador é a relação de kVA dividida pela tensão enrolamento. Assim, a corrente de plena carga do primário é $50.000/25.000 = 2$ A, e a corrente de plena carga secundária é $50.000/240 = 208$ A.

15.6 Um transformador de potência com tensão nominal de 12.500/240 V tem uma corrente nominal de 50 A. Encontre o transformador a relação kVA e a corrente secundária se a 240 V é a tensão secundária.

O transformador tem uma relação de kVA que é igual ao produto da tensão nominal primária e a relação de corrente primária: $12.500(50) = 625.000$ VA $= 625$ kVA. Uma vez que esta é também igual ao produto da tensão do secundário pela corrente, a relação de corrente secundária é $625.000/240 = 2,6 \times 10^3$ A $= 2,6$ kA. Como verificação, a relação de corrente secundária é igual à relação de corrente primária vezes a relação de espiras, a qual é $a = 12.500/240 = 52,1$. Assim, a relação de corrente secundária é $52,1(50) = 2,6 \times 10^3$ A $= 2,6$ kA, que se verifica.

15.7 Um transformador tem um enrolamento de 500 espiras acoplado por um fluxo mudando a uma taxa de 0,4 Wb/s. Encontre a tensão induzida.

Se a polaridade da tensão é temporariamente ignorada, então, pela lei de Faraday, $v = N\,d\phi/dt$. A quantidade $d\phi/dt$ é a taxa de variação do fluxo, que é especificada como 0,4 Wb/s. Assim, $v = 500(0,4) = 200$ V; o módulo da tensão induzida é 200 V. A polaridade da tensão pode ser positiva ou negativa, dependendo da referência da polaridade da tensão, da direção do enrolamento e da direção em que o fluxo magnético é crescente ou decrescente, mas nada disso é especificado. Assim, o máximo que pode ser determinado é que o módulo da tensão induzida é 200 V no momento em que o fluxo está mudando a uma taxa de 0,4 Wb/s.

15.8 Um transformador de núcleo de ferro tem 400 espiras primárias e 100 espiras secundárias. Se a tensão aplicada no primário é 240 V rms a 60 Hz, encontre a tensão rms secundária e o pico de fluxo magnético.

Uma vez que o transformador tem um núcleo de ferro, a relação de espiras pode ser utilizada para encontrar a tensão rms secundária: $V_2 = (1/a)V_1 = (100/400)(240) = 60$ V rms. Como as tensões variam senoidalmente, elas são induzidas por um fluxo senoidalmente variável que pode ser considerado $\phi = \phi_m \,\text{sen}\,\omega t$, onde ϕ_m é o valor de pico de fluxo e ω é a frequência angular de $\omega = 2\pi(60) = 377$ rad/s. A taxa de variação do fluxo no tempo é $d\phi/dt = d(\phi_m \,\text{sen}\,\omega t)/dt = \omega\phi_m \cos \omega t$, que tem um valor de pico de $\omega\phi_m$. Uma vez que a tensão de pico é $\sqrt{2}V_{\text{rms}}$, segue-se, a partir de $v = N\,d\phi/dt$, que a tensão de pico e os valores do fluxo estão relacionados por $\sqrt{2}V_{\text{rms}} = N\omega\phi_m$. Se ϕ_m é encontrado e grandezas primárias são utilizados, o resultado é

$$\phi_m = \frac{\sqrt{2}V_{\text{rms}}}{N\omega} = \frac{\sqrt{2}(240)}{400(377)} = 2,25 \times 10^{-3}\text{ Wb} = 2,25\text{ mWb}$$

Como alternativa, a tensão do secundário e o número de espiras poderiam ter sido utilizados, uma vez que o mesmo fluxo é assumido para acoplar os dois enrolamentos.

Incidentalmente, a partir de $\sqrt{2}V_{rms} = N\omega\phi_m$, a tensão V_{rms} pode ser expressa como

$$V_{rms} = \frac{N(2\pi f)\phi_m}{\sqrt{2}} = 4{,}44 f N \phi_m$$

Esta é a chamada *equação geral transformador*.

15.9 Se o enrolamento de um transformador de 50 espiras tem uma tensão aplicada de 120 V rms e o fluxo de pico de acoplamento é 20 mWb, encontre a frequência da tensão aplicada.

Reorganizando a equação do transformador geral definido no Problema 15.8,

$$f = \frac{V_{rms}}{4{,}44 N \phi_m} = \frac{120}{4{,}44(50)(20 \times 10^{-3})} = 27 \text{ Hz}$$

15.10 Um transformador com núcleo de ferro tem 1.500 espiras primárias e 500 espiras secundárias. Um resistor de 12 Ω é conectado através do enrolamento secundário. Encontre a tensão no resistor quando a corrente primária é 5 A.

Uma vez que não há referências especificadas de tensão ou corrente, apenas valores rms são de interesse e serão assumidos sem menção específica a eles. A corrente secundária é igual à relação do número de espiras vezes a corrente primária: (1.500/500)(5) = 15 A. Quando esse fluxo de corrente flui através do resistor de 12 Ω, produz uma tensão de 15(12) = 180 V.

15.11 O estágio de saída de um sistema de áudio tem uma resistência de saída de 2 kΩ. Um transformador de saída faz o casamento da resistência com um alto-falante de 6 Ω. Se esse transformador tem 400 espiras primárias, quantas espiras secundárias ele tem?

O termo "casamento de resistência" significa que a saída apresenta uma resistência de 2 kΩ refletida para o estágio de saída de áudio para que haja máxima transferência de potência para o alto-falante de 6 Ω. Uma vez que, em geral, a resistência refletida R_r é igual à relação de espiras ao quadrado vezes a resistência da carga R_L conectada ao secundário ($R_r = a^2 R_L$), a relação de espiras do transformador de saída é

$$a = \sqrt{\frac{R_r}{R_L}} = \sqrt{\frac{2.000}{6}} = 18{,}26$$

e o número de espiras secundárias é

$$N_2 = \frac{N_1}{a} = \frac{400}{18{,}26} = 22$$

15.12 No circuito mostrado na Fig. 15-10, encontre R para a máxima absorção de potência. Além disso, encontre **I** para $R = 3$ Ω. Finalmente, determine se conectar um condutor entre os terminais d e f mudaria tais resultados.

O valor de R para a máxima absorção de potência é o valor para o qual a resistência refletida $a^2 R$ é igual à resistência de fonte de 27 Ω. Uma vez que o enrolamento primário tem 4 espiras e o enrolamento secundário tem duas espiras, a relação de espiras é $a = N_1/N_2 = 4/2 = 2$. E, a partir de $27 = 2^2 R$, o valor de R para a máxima absorção de potência é $R = 27/4 = 6{,}75$ Ω.

Para $R = 3$ Ω, a resistência refletida é $2^2(3) = 12$ Ω. Assim, a corrente primária entrando no terminal c é (216 $\underline{/0°}$)/(27 + 12) = 5,54 $\underline{/0°}$ A. Se o terminal c é marcado com ponto, então o terminal e deve ser marcado com ponto, como é evidente pela regra da mão direita. E, uma vez que **I** é direcionada saindo de terminal e enquanto a corrente calculada está entrando no terminal c, **I** é apenas a relação de espiras vezes a corrente de entrada no terminal c: **I** = 2(5,54 $\underline{/0°}$) = 11,1 $\underline{/0°}$ A.

Um condutor conectado entre os terminais d e f não afeta esses resultados, uma vez que a corrente não pode fluir em um único condutor. Para haver fluxo de corrente, deveria haver outro condutor para fornecer um caminho de retorno.

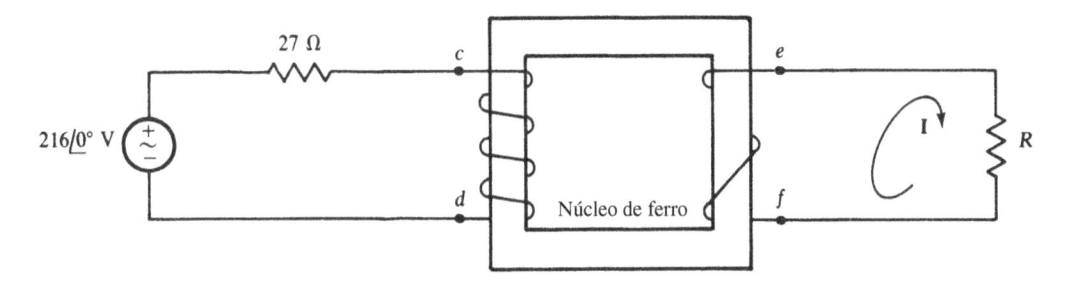

Figura 15-10

15.13 Encontre i_1, i_2 e i_3 para o circuito mostrado na Fig. 15-11. Os transformadores são ideais.

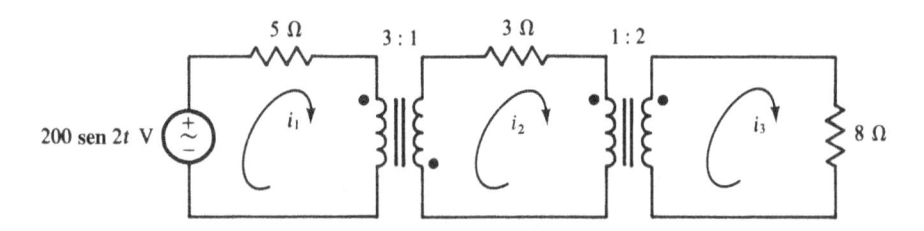

Figura 15-11

Um bom procedimento é encontrar i_1 usando a resistência refletida, depois encontrar i_2 a partir de i_1 e por último encontrar i_3 a partir de i_2. Os 8 Ω refletem dentro do circuito do meio como $8/2^2 = 2$ Ω, fazendo uma resistência total de $2 + 3 = 5$ Ω no circuito do meio. Esse 5 Ω reflete dentro do circuito da fonte como $3^2(5) = 45$ Ω. Consequentemente,

$$i_1 = \frac{200 \text{ sen } 2t}{5 + 45} = 4 \text{ sen } 2t \text{ A}$$

Pela razão de i_1 e i_2 terem direções de referência para os terminais com ponto do primeiro transformador, i_2 é igual ao negativo da relação de espiras vezes i_1: $i_2 = -3(4 \text{ sen } 2t) = -12 \text{ sen } 2t$ A. Finalmente, uma vez que i_2 tem uma direção de referência entrando no terminal com ponto do segundo transformador e i_3 tem uma direção de referência saindo do terminal com ponto desse transformador, i_3 é igual à razão de espiras (1/2 = 0,5) vezes i_2: $i_3 = 0,5(-12 \text{ sen } 2t) = -6 \text{ sen } 2t$ A.

15.14 Encontre $\mathbf{I}_1$ e $\mathbf{I}_2$ para o circuito mostrado na Fig. 15-12.

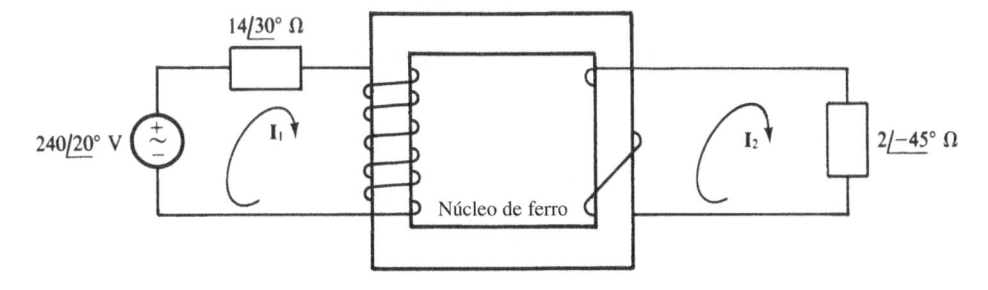

Figura 15-12

Uma vez que o primário tem 6 espiras e o secundário tem duas espiras, a razão de espiras é $a = 6/2 = 3$ e, portanto, a impedância refletida no circuito primário é $3^2(2\underline{/-45°}) = 18\underline{/-45°}$ Ω. Assim,

$$\mathbf{I}_1 = \frac{240\underline{/20°}}{14\underline{/30°} + 18\underline{/-45°}} = \frac{240\underline{/20°}}{25,5\underline{/-13°}} = 9,41\underline{/33°} \text{ A}$$

Se o terminal primário superior é marcado com ponto, o terminal secundário inferior também deve sê-lo. Então $\mathbf{I}_1$ e $\mathbf{I}_2$ serão referenciados como entrando nos pontos, e então $\mathbf{I}_2$ é igual ao negativo da relação de espiras vezes $\mathbf{I}_1$:

$$\mathbf{I}_2 = -3\mathbf{I}_1 = -3(9{,}41\underline{/33°}) = -28{,}2\underline{/33°}\ \text{A}$$

15.15 Encontre $\mathbf{I}_1$ e $\mathbf{I}_2$ para o circuito mostrado na Fig. 15-13a.

A resistência de 1 Ω e a impedância indutiva de $j2$ Ω no circuito secundário refletem no circuito primário como $3^2(1) = 9\ \Omega$ e $3^2(j2) = j18\ \Omega$ em série com a resistência de 6 Ω, como mostrado na Fig. 15-13b. Com efeito, esses elementos refletidos substituem o enrolamento primário. A partir do circuito simplificado, a corrente primária é

$$\mathbf{I}_1 = \frac{80\underline{/40°}}{6 + 9 + j18} = \frac{80\underline{/40°}}{23{,}43\underline{/50{,}2°}} = 3{,}41\underline{/-10{,}2°}\ \text{A}$$

Uma vez que $\mathbf{I}_1$ é referenciado entrando no terminal com ponto e $\mathbf{I}_2$ é referenciado saindo de um terminal com ponto, $\mathbf{I}_2$ é igual apenas à relação de espiras vezes $\mathbf{I}_1$ (sem sinal negativo):

$$\mathbf{I}_2 = 3\mathbf{I}_1 = 3(3{,}41\underline{/-10{,}2°}) = 10{,}2\underline{/-10{,}2°}\ \text{A}$$

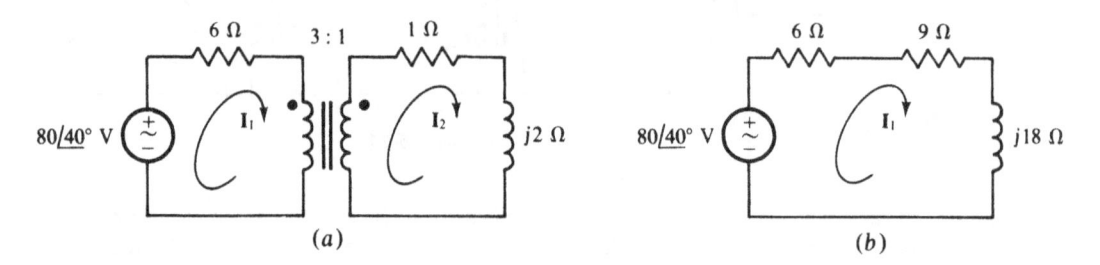

Figura 15-13

15.16 Encontre $\mathbf{I}_1$, $\mathbf{I}_2$ e $\mathbf{I}_3$ para o circuito mostrado na Fig. 15-14a.

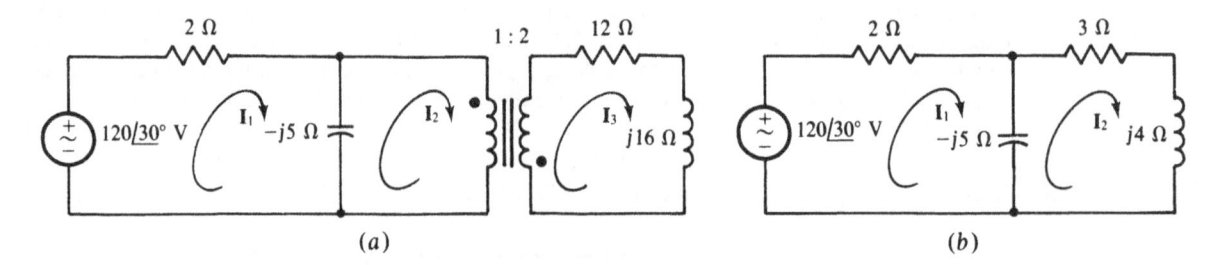

Figura 15-14

A resistência de 12 Ω e a impedância indutiva de $j16$ Ω refletem no circuito primário como uma resistência de $(1/2)^2(12) = 3\ \Omega$ com uma impedância indutiva em série $(1/2)^2(j16) = j4\ \Omega$ em paralelo com uma impedância capacitiva de $-j5$ Ω, como mostrado na Fig. 15-14b. A impedância da combinação paralela é

$$\frac{-j5(3 + j4)}{-j5 + 3 + j4} = \frac{20 - j15}{3 - j1} = 7{,}91\underline{/-18{,}4°}\ \Omega$$

Assim,

$$\mathbf{I}_1 = \frac{120\underline{/30°}}{2 + 7{,}91\underline{/-18{,}4°}} = 12{,}2\underline{/44{,}7°}\ \text{A}$$

Por divisão de corrente,

$$\mathbf{I}_2 = \frac{-j5}{3 + j4 - j5} \times 12{,}2\underline{/44{,}7°} = 19{,}3\underline{/-26{,}8°}\ \text{A}$$

Finalmente, uma vez que I_2 e I_3 têm direções de referência entrando no ponto, I_3 é igual ao negativo da razão de espiras vezes I_2:

$$I_3 = -0,5(19,3\underline{/-26,8°}) = -9,66\underline{/-26,8°} \text{ A}$$

15.17 Encontre **V** para o circuito mostrado na Fig. 15-15a.

Embora a reflexão possa ser utilizada, um circuito deve ser refletido em vez de apenas uma impedância porque cada circuito tem uma fonte de tensão. Visto que uma tensão no circuito secundário é desejada, é preferível refletir o circuito primário para dentro do secundário. Claramente, cada impedância refletida é $(1/a)^2$ vezes a impedância original, e a tensão da fonte de tensão refletida é $1/a$ vezes a tensão original.

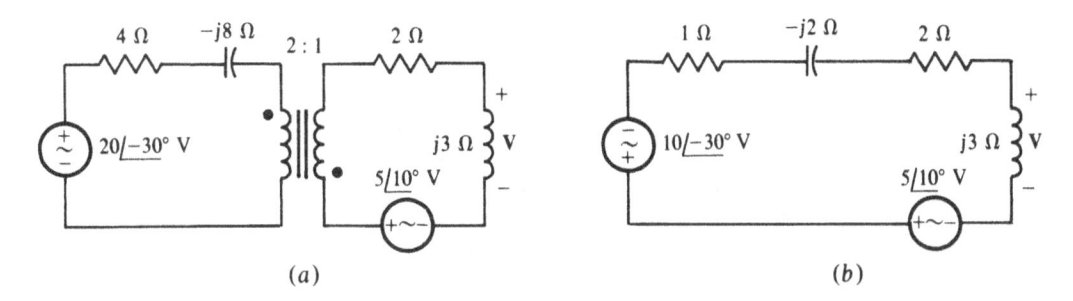

Figura 15-15

Além disso, a polaridade da fonte de tensão refletida é invertida, porque os pontos estão localizados em extremidades opostas dos enrolamentos. O resultado é mostrado na Fig. 15-14b. Por divisão de tensão,

$$\mathbf{V} = \frac{j3}{1-j2+2+j3} \times (5\underline{/10°} - 10\underline{/-30°}) = \frac{20,9\underline{/212°}}{3,16\underline{/18°}} = 6,6\underline{/194°} = -6,6\underline{/14°} \text{ V}$$

15.18 Encontre I_1 e I_2 no circuito da Fig. 15-16.

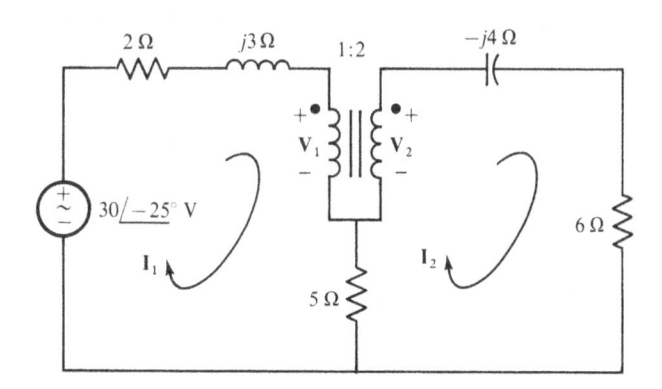

Figura 15-16

Uma vez que o resistor de 5 Ω acopla diretamente ambas as metades do circuito, a abordagem de reflexão não pode ser utilizada. No entanto, duas equações de malha podem ser escritas e então ampliadas com as equações de transformação de tensão e corrente para obter quatro equações em termos de quatro incógnitas:

$$(7+j3)\mathbf{I}_1 - 5\mathbf{I}_2 + \mathbf{V}_1 = 30\underline{/-25°}$$
$$-5\mathbf{I}_1 + (11-j4)\mathbf{I}_2 - \mathbf{V}_2 = 0$$
$$-2\mathbf{V}_1 + \mathbf{V}_2 = 0$$
$$\mathbf{I}_1 - 2\mathbf{I}_2 = 0$$

Em forma de matriz, essas equações são

$$\begin{bmatrix} 7+j3 & -5 & 1 & 0 \\ -5 & 11-j4 & 0 & -1 \\ 0 & 0 & -2 & 1 \\ 1 & -2 & 0 & 0 \end{bmatrix} \begin{bmatrix} \mathbf{I}_1 \\ \mathbf{I}_2 \\ \mathbf{V}_1 \\ \mathbf{V}_2 \end{bmatrix} = \begin{bmatrix} 30\underline{/-25°} \\ 0 \\ 0 \\ 0 \end{bmatrix}$$

Pode-se utilizar uma calculadora científica para resolver $\mathbf{I}_1$ e $\mathbf{I}_2$. Os resultados são $\mathbf{I}_1 = 5{,}821\underline{/-47{,}83°}$ A e $\mathbf{I}_2 = 2{,}910\underline{/-47{,}83°}$ A.

15.19 Determine as correntes de ramo $\mathbf{I}_1$, $\mathbf{I}_2$ e $\mathbf{I}_3$ no circuito da Fig. 15-17.

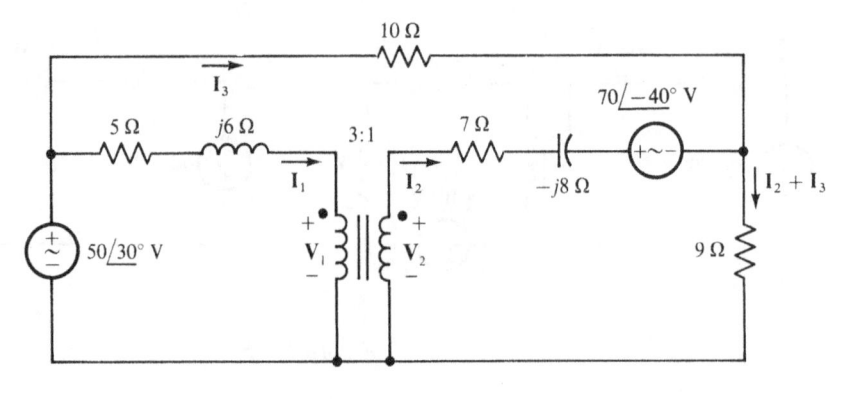

Figura 15-17

A reflexão não pode ser utilizada aqui, devido à presença do resistor de 10 Ω que, juntamente com um terra comum, fornece um caminho de corrente entre os dois circuitos do enrolamento. Para a reflexão ser aplicável, os dois enrolamentos devem ser apenas acoplados magneticamente. A LKT pode, no entanto, ser aplicada, e é mais bem aplicada em torno de duas das malhas de enrolamento e do laço externo. As três equações resultantes irão conter cinco variáveis e devem ser ampliadas com as equações de transformador de tensão e corrente. Essas cinco equações são

$$(5+j6)\mathbf{I}_1 + \mathbf{V}_1 = 50\underline{/30°}$$
$$-\mathbf{V}_2 + (7-j8)\mathbf{I}_2 + 9(\mathbf{I}_2+\mathbf{I}_3) = -70\underline{/-40°}$$
$$10\mathbf{I}_3 + 9(\mathbf{I}_3+\mathbf{I}_2) = 50\underline{/30°}$$
$$\mathbf{V}_1 - 3\mathbf{V}_2 = 0$$
$$3\mathbf{I}_1 - \mathbf{I}_2 = 0$$

Em forma de matriz, são

$$\begin{bmatrix} 5+j6 & 0 & 0 & 1 & 0 \\ 0 & 16-j8 & 9 & 0 & -1 \\ 0 & 9 & 19 & 0 & 0 \\ 0 & 0 & 0 & 1 & -3 \\ 3 & -1 & 0 & 0 & 0 \end{bmatrix} \begin{bmatrix} \mathbf{I}_1 \\ \mathbf{I}_2 \\ \mathbf{I}_3 \\ \mathbf{V}_1 \\ \mathbf{V}_2 \end{bmatrix} = \begin{bmatrix} 50\underline{/30°} \\ -70\underline{/-40°} \\ 50\underline{/30°} \\ 0 \\ 0 \end{bmatrix}$$

Se se utiliza uma calculadora científica para obter as soluções, os resultados são $\mathbf{I}_1 = 1{,}693\underline{/176{,}0°}$ A, $\mathbf{I}_2 = 5{,}079\underline{/176{,}0°}$ A e $\mathbf{I}_3 = 4{,}818\underline{/13{,}80°}$ A.

15.20 Um transformador com núcleo de ar tem correntes primária e secundária de $i_1 = 0{,}2$ A e $i_2 = 0{,}4$ A que produzem fluxos de $\phi_{m1} = 100\mu$Wb, $\phi_{l1} = 250\mu$Wb e $\phi_{l2} = 300\mu$Wb. Encontre ϕ_{m2}, M, L_1, L_2 e k se $N_1 = 25$ espiras e $N_2 = 40$ espiras.

Pelas fórmulas de indutância mútua,

$$M = \frac{N_1 \phi_{m2}}{i_2} = \frac{N_2 \phi_{m1}}{i_1} \qquad \text{a partir do qual} \qquad \phi_{m2} = \frac{i_2 N_2 \phi_{m1}}{N_1 i_1} = \frac{0{,}4(40)(100)}{25(0{,}2)} = 320 \;\mu\text{Wb}$$

Também,
$$M = \frac{N_1 \phi_{m2}}{i_2} = \frac{25(320 \times 10^{-6})}{0{,}4} = 20 \;\text{mH}$$

A partir das fórmulas de autoindutância,

$$L_1 = \frac{N_1(\phi_{m1} + \phi_{l1})}{i_1} = \frac{25(100 \times 10^{-6} + 250 \times 10^{-6})}{0{,}2} = 43{,}8 \;\text{mH}$$

e
$$L_2 = \frac{N_2(\phi_{m2} + \phi_{l2})}{i_2} = \frac{40(320 \times 10^{-6} + 300 \times 10^{-6})}{0{,}4} = 62 \;\text{mH}$$

O coeficiente de acoplamento é

$$k = \sqrt{\frac{\phi_{m1}}{\phi_{l1} + \phi_{m1}} \times \frac{\phi_{m2}}{\phi_{l2} + \phi_{m2}}} = \sqrt{\frac{100 \times 10^{-6}}{250 \times 10^{-6} + 100 \times 10^{-6}} \times \frac{320 \times 10^{-6}}{300 \times 10^{-6} + 320 \times 10^{-6}}} = 0{,}384$$

Alternativamente,
$$k = \frac{M}{\sqrt{L_1 L_2}} = \frac{20 \times 10^{-3}}{\sqrt{(43{,}8 \times 10^{-3})(62 \times 10^{-3})}} = 0{,}384$$

15.21 Qual é a maior indutância mútua que um transformador com núcleo de ar pode ter se suas autoindutâncias são 0,3 e 0,7 H?

De $k = M/\sqrt{L_1 L_2}$ reorganizada para $M = k\sqrt{L_1 L_2}$ e do fato de que k tem um valor máximo de 1, $M_{\text{máx}} = \sqrt{0{,}3(0{,}7)} = 0{,}458$ H.

15.22 Para cada um dos itens seguintes, encontre a quantidade faltando – autoindutância, indutância mútua ou coeficiente de acoplamento:

(a) $L_1 = 0{,}3$ H, $L_2 = 0{,}4$ H, $M = 0{,}2$ H

(b) $L_1 = 4$ mH, $M = 5$ mH, $k = 0{,}4$

(c) $L_1 = 30\;\mu$H, $L_2 = 40\;\mu$H, $k = 0{,}5$

(d) $L_2 = 0{,}4$ H, $M = 0{,}2$ H, $k = 0{,}2$

(a) $k = \dfrac{M}{\sqrt{L_1 L_2}} = \dfrac{0{,}2}{\sqrt{0{,}3(0{,}4)}} = 0{,}577$

(b) $k\sqrt{L_1 L_2} = M$ a partir do qual $L_2 = \dfrac{M^2}{L_1 k^2} = \dfrac{5^2}{4(0{,}4)^2} = 39{,}1$ mH

(c) $M = k\sqrt{L_1 L_2} = 0{,}5\sqrt{30(40)} = 17{,}3\;\mu$H

(d) $L_1 = \dfrac{M^2}{L_2 k^2} = \dfrac{0{,}2^2}{0{,}4(0{,}2)^2} = 2{,}5$ H

15.23 Um transformador com núcleo de ar tem um enrolamento secundário em circuito aberto com 50 V através dele quando a corrente no primário é 30 mA a 3 kHz. Se a autoindutância primária é 0,3 H, encontre a tensão primária e a indutância mútua.

Uma vez que os fasores não são especificados ou mencionados, provavelmente as quantidades elétricas especificadas e procuradas são rms. Pela razão de o secundário estar em circuito aberto, $I_2 = 0$ A, o que significa que $\omega M I_2 = 0$ e $\omega L_2 I_2 = 0$ nas equações de tensão. Assim, a tensão rms no primário é

$$V_1 = \omega L_1 I_1 = 2\pi(3.000)(0{,}3)(30 \times 10^{-3}) = 170 \;\text{V}$$

Além disso, a equação da tensão secundária é $V_2 = \omega M I_1$, a partir da qual

$$M = \frac{V_2}{\omega I_1} = \frac{50}{2\pi(3.000)(30 \times 10^{-3})} = 88{,}4 \;\text{mH}$$

15.24 Um transformador com núcleo de ar tem um secundário em circuito aberto com 80 V através dele quando o primário conduz uma corrente de 0,4 A e tem uma tensão de 120 V a 60 Hz. Quais são a autoindutância primária e também a indutância mútua?

Pela razão de que o secundário está em circuito aberto, não há corrente nesse enrolamento e assim não há tensão mutuamente induzida no enrolamento primário. Como consequência, a tensão rms e a corrente do primário estão relacionadas pela reatância do enrolamento primário: $\omega L_1 = V_1/I_1$, a partir do qual

$$L_1 = \frac{V_1}{\omega I_1} = \frac{120}{2\pi(60)(0,4)} = 0,796 \text{ H}$$

Com o secundário em circuito aberto carregando corrente zero, a tensão desse enrolamento é apenas a tensão mutuamente induzida: $V_2 = \omega M L_1$, a partir da qual

$$M = \frac{V_2}{\omega I_1} = \frac{80}{2\pi(60)(0,4)} = 0,531 \text{ H}$$

15.25 Encontre a tensão através do circuito aberto do secundário de um transformador com núcleo de ar, quando 35 V a 400 Hz é aplicado ao primário. As indutâncias do transformador são $L_1 = 0,75$ H, $L_2 = 0,83$ H e $M = 0,47$ H.

Pela razão de que o secundário está em circuito aberto, $I_2 = 0$ A, o que significa que a tensão rms do primário é $V_1 = \omega L_1 I_1$ e a tensão rms do secundário é $V_2 = \omega M L_1$. A relação dessas equações é

$$\frac{V_2}{V_1} = \frac{\omega M I_1}{\omega L_1 I_1} \quad \text{a partir da qual} \quad V_2 = \frac{MV_1}{L_1} = \frac{0,47(35)}{0,75} = 21,9 \text{ V}$$

15.26 Um transformador de núcleo de ar com o secundário em circuito aberto tem indutâncias $L_1 = 20$ mH, $L_2 = 32$ mH e $M = 13$ mH. Encontre as tensões primária e secundária, quando a corrente primária aumenta a uma taxa de 0,4 kA/s.

Com o pressuposto de referências relacionadas,

$$v_1 = L_1 \frac{di_1}{dt} \pm M \frac{di_2}{dt} \quad \text{e} \quad v_2 = L_2 \frac{di_2}{dt} \pm M \frac{di_1}{dt}$$

Na primeira equação, di_2/dt é zero porque o circuito está aberto e di_1/dt é especificado 0,4 kA/s. Assim, $v_1 = (20 \times 10^{-3})(0,4 \times 10^3) = 8$ V. Da mesma forma, a tensão do secundário é $v_2 = \pm M \, di_1/dt = \pm (13 \times 10^{-3})(0,4 \times 10^3) = \pm 5,2$ V. Uma vez que a referência de v_2 não é especificada, o sinal de v_2 não pode ser determinado.

15.27 Um transformador com o secundário em curto-circuito tem indutâncias $L_1 = 0,3$ H, $L_2 = 0,4$ H e $M = 0,2$ H. Encontre a corrente de curto-circuito I_2 do secundário quando a corrente do primário é $I_1 = 0,5$ A em 60 Hz.

Por causa do curto-circuito,

$$\mathbf{V}_2 = j\omega L_2 \mathbf{I}_2 \pm j\omega M \mathbf{I}_1 = 0 \quad \text{a partir do qual} \quad j\omega L_2 \mathbf{I}_2 = \pm j\omega M \mathbf{I}_1 \quad \text{e} \quad L_2 \mathbf{I}_2 = \pm M \mathbf{I}_1$$

Uma vez que apenas quantidades rms são de interesse, como deve ser assumido a partir da especificação do problema, os ângulos de $\mathbf{I}_1$ e $\mathbf{I}_2$ podem ser abandonados e o sinal + de ± utilizado, dando $L_2 I_2 = M I_1$. A partir daí, a corrente de curto-circuito I_2 do secundário é

$$I_2 = \frac{MI_1}{L_2} = \frac{0,2(0,5)}{0,4} = 0,25 \text{ A}$$

O mesmo resultado poderia ter sido obtido pela divisão de $\omega M \mathbf{I}_1$, tensão rms do gerador de indução, por ωL_2, reatância das correntes de curto-circuito do secundário que flui através de $\mathbf{I}_2$.

15.28 Quando conectados em série, dois enrolamentos de um transformador com núcleo de ar têm uma indutância total de 0,4 H. Com a inversão das conexões para um enrolamento, entretanto, a indutância total é 0,8 H. Encontre a indutância mútua do transformador.

Pela razão de que os enrolamentos estão em série, a mesma corrente i flui através delas durante a medição de indutância, produzindo uma queda de tensão de $L_1\, di/dt \pm M\, di/dt = (L_1 \pm M)\, di/dt$ em um enrolamento e uma queda de tensão de $L_2\, di/dt \pm M\, di/dt = (L_2 \pm M)\, di/dt$ no outro. Se os enrolamentos estão dispostos de tal forma que i flui para o terminal do enrolamento com ponto de um enrolamento, mas para fora do terminal com ponto do outro, ambos os termos mútuos são negativos. Mas se i flui ambos os terminais com ponto ou fora deles, ambos os termos mútuos são positivos. Uma vez que os termos $M\, di/dt$ têm o mesmo sinal, ambos positivos ou negativos, a queda de tensão total é $(L_1 + L_2 \pm 2M)\, di/dt$. O coeficiente $L_1 + L_2 \pm 2M$ de di/dt é a indutância total. Obviamente, a indutância de maior medida deve ser para o sinal positivo, $L_1 + L_2 + 2M = 0,8$ H, e a indutância de menor medida deve ser para o sinal negativo, $L_1 + L_2 - 2M = 0,4$ H. Se a segunda equação é subtraída da primeira, o resultado é

$$L_1 + L_2 + 2M - (L_1 + L_2 - 2M) = 0,8 - 0,4 = 0,4$$

a partir de que $4M = 0,4$ e $M = 0,1$ H.

Consequentemente, um método para encontrar a indutância mútua de um transformador com núcleo de ar é conectar os dois enrolamentos em série e medir a indutância total, então inverter uma conexão do enrolamento e medir a indutância total. A indutância mútua é um quarto da diferença da maior medida menos a menor medida. Obviamente, a autoindutância de um enrolamento pode ser medida diretamente, se o outro enrolamento está em circuito aberto.

15.29 Um transformador com núcleo de ar tem indutância mútua de 3 mH e uma autoindutância 5 mH no secundário. Um resistor de 5 Ω e um capacitor de 100 μF estão em série com o enrolamento secundário. Encontre a impedância acoplada no primário para $\omega = 1$ krad/s.

A impedância acoplada é $(\omega M)^2/\mathbf{Z}_2$, onde $\mathbf{Z}_2$ é a impedância total do circuito secundário.
Aqui, $\omega M = 10^3(3 \times 10^{-3}) = 3\ \Omega$ e

$$\mathbf{Z}_2 = R + j\omega L + \frac{-j1}{\omega C} = 5 + j10^3(5 \times 10^{-3}) + \frac{-j1}{10^3(100 \times 10^{-6})} = 5 + j5 - j10 = 5 - j5 = 7{,}07\underline{/-45°}\ \Omega$$

e, assim, a impedância acoplada é

$$\frac{(\omega M)^2}{\mathbf{Z}_2} = \frac{3^2}{7{,}07\underline{/-45°}} = 1{,}27\underline{/45°}\ \Omega$$

Observe que a impedância capacitiva do secundário acopla no circuito primário como uma impedância indutiva. Essa mudança na natureza da impedância sempre ocorre no acoplamento, porque a impedância do circuito secundário está no denominador da fórmula de impedância de acoplamento. Em contrapartida, não há mudança de impedância refletida com um transformador ideal.

15.30 Um resistor de 1 kΩ está ligado através do secundário de um transformador para o qual $L_1 = 0,1$ H, $L_2 = 2$ H e $k = 0,5$. Encontre a tensão no resistor quando 250 V em 400 Hz é aplicado ao primário.

Uma boa abordagem é primeiro encontrar $\omega M I_1$, que é a tensão mútua induzida no secundário, e então usá-la para encontrar a tensão sobre o resistor de 1 kΩ. Uma vez que tanto M quanto I_1 em $\omega M I_1$ são desconhecidos, eles devem ser encontrados. A indutância mútua M é

$$M = k\sqrt{L_1 L_2} = 0{,}5\sqrt{0{,}1(2)} = 0{,}224\ \text{H}$$

Com M conhecido, a impedância acoplada pode ser utilizada para obter I_1. Tal impedância é

$$\frac{\omega^2 M^2}{R_2 + j\omega L_2} = \frac{(2\pi \times 400)^2(0{,}224)^2}{1.000 + j(2\pi \times 400)(2)} = 61{,}6\underline{/-78{,}7°}\ \Omega$$

A corrente I_1 é igual à tensão aplicada no primário dividida pelo módulo da soma da impedância acoplada e a impedância do enrolamento primário:

$$I_1 = \frac{250}{|j(2\pi \times 400)(0{,}1) + 61{,}6\underline{/-78{,}7°}|} = \frac{250}{191} = 1{,}31\ \text{A}$$

Agora, com M e I_1 conhecidos, a tensão induzida no secundário ωMI_1 pode ser encontrada:

$$\omega MI_1 = (2\pi \times 400)(0{,}224)(1{,}31) = 735 \text{ V}$$

A divisão de tensão pode ser utilizada para encontrar a tensão V_2 desejada a partir da tensão induzida. A tensão V_2 é igual a essa tensão induzida vezes o quociente da resistência de carga e o módulo da impedância total do circuito secundário:

$$V_2 = 735 \frac{1.000}{|1.000 + j2\pi(400)(2)|} = \frac{735 \times 10^3}{5{,}13 \times 10^3} = 143 \text{ V}$$

15.31 Encontre v para o circuito mostrado na Fig. 15-18a.

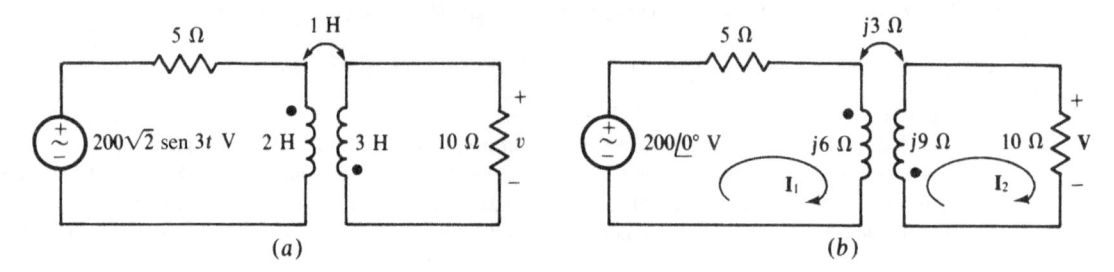

Figura 15-18

O primeiro passo é a construção do circuito de domínio fasorial mostrado na Fig. 15-18b. Em seguida, as equações de malha são escritas:

$$(5 + j6)\mathbf{I}_1 + j3\mathbf{I}_2 = 200$$

$$j3\mathbf{I}_1 + (10 + j9)\mathbf{I}_2 = 0$$

Observe que os termos mútuos são positivos porque tanto $\mathbf{I}_1$ quanto $\mathbf{I}_2$ têm direções de referência para os terminais com ponto. Pela regra de Cramer,

$$\mathbf{I}_2 = \frac{\begin{vmatrix} 5+j6 & 200 \\ j3 & 0 \end{vmatrix}}{\begin{vmatrix} 5+j6 & j3 \\ j3 & 10+j9 \end{vmatrix}} = \frac{-j3(200)}{(5+j6)(10+j9) - (j3)^2} = \frac{600\underline{/-90°}}{5+j105} = \frac{600\underline{/-90°}}{105\underline{/87{,}3°}} = 5{,}71\underline{/-177{,}3°} \text{ A}$$

E $\mathbf{V} = 10\mathbf{I}_2 = 57{,}1\underline{/-177{,}3°}$ V. A tensão correspondente é

$$v = 57{,}1\sqrt{2}\,\text{sen}\,(3t - 177{,}3°) = -80{,}7\,\text{sen}\,(3t + 2{,}7°) \text{ V}$$

15.32 Encontre $\mathbf{I}_2$ para o circuito mostrado na Fig. 15-19.

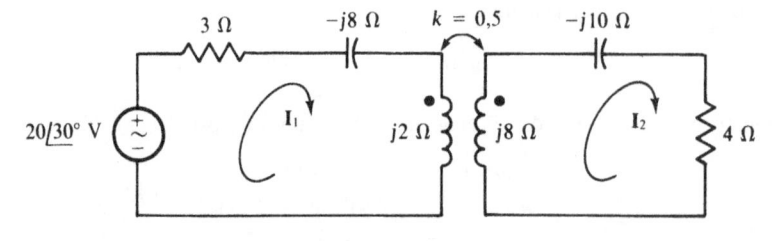

Figura 15-19

Antes que as equações de malha possam ser escritas, o módulo ωM de $j\omega M$ deve ser determinado. A partir da multiplicação de ambos os lados de $M = k\sqrt{L_1 L_2}$ por ω,

$$\omega M = k\sqrt{(\omega L_1)(\omega L_2)} = 0{,}5\sqrt{2(8)} = 2 \text{ }\Omega$$

Agora, as equações de malha podem ser escritas:

$$(3 - j8 + j2)\mathbf{I}_1 - j2\mathbf{I}_2 = 20\underline{/30°}$$
$$-j2\mathbf{I}_1 + (4 + j8 - j10)\mathbf{I}_2 = 0$$

Observe que os termos de tensão mútua têm sinal oposto (negativo) aos termos da tensão autoinduzida (positivo) porque a direção de referência da corrente é um terminal com ponto e o outro não é. Em forma de matriz, essas equações são

$$\begin{bmatrix} 3 - j6 & -j2 \\ -j2 & 4 - j2 \end{bmatrix} \begin{bmatrix} \mathbf{I}_1 \\ \mathbf{I}_2 \end{bmatrix} = \begin{bmatrix} 20\underline{/30°} \\ 0 \end{bmatrix}$$

a partir da qual $\mathbf{I}_2 = 1{,}32\underline{/-157{,}6°} = -1{,}32\underline{/22{,}4}$ A, que pode ser obtido por meio de uma calculadora científica.

15.33 Qual é a indutância total de um transformador com núcleo de ar com seus enrolamentos conectados em paralelo, se ambos os pontos estão no mesmo extremo e a indutância mútua é 0,1 H e as autoindutâncias são 0,2 e 0,4 H?

Devido aos efeitos da indutância mútua, não é possível simplesmente combinar indutâncias. Em vez disso, uma fonte deve ser aplicada e a indutância total encontrada a partir da relação da fonte de tensão pela fonte de corrente, a qual é a relação de impedância de entrada. É claro que um circuito de domínio fasorial terá que ser utilizado. Para esse circuito, a frequência mais conveniente é $\omega = 1$ rad/s e a fonte mais conveniente é $\mathbf{I}_S = 1\underline{/0°}$ A. O circuito é mostrado na Fig. 15-20. As impedâncias do transformador devem ser óbvias a partir das especificações das indutâncias e da frequência angular de $\omega = 1$ rad/s. Como mostrado, $1\underline{/0°}$ A da corrente de entrada $\mathbf{I}_1$ flui através do enrolamento esquerdo, deixando uma corrente de $1\underline{/0°} - \mathbf{I}_1$ para a direita do enrolamento.

As quedas de tensão através dos enrolamentos são

$$\mathbf{V} = j0{,}2\mathbf{I}_1 + j0{,}1(1\underline{/0°} - \mathbf{I}_1) \quad \text{e} \quad \mathbf{V} = j0{,}1\mathbf{I}_1 + j0{,}4(1\underline{/0°} - \mathbf{I}_1)$$

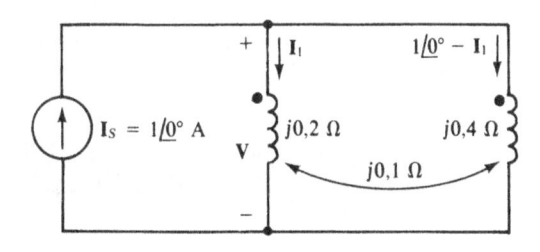

Figura 15-20

Os termos de tensão mútua têm os mesmos sinais que os termos da tensão autoinduzida, porque ambas as direções de referência das correntes são para dentro das extremidades com ponto. Após a reorganização e simplificação, essas equações se tornam

$$-j0{,}1\mathbf{I}_1 + \mathbf{V} = j0{,}1 \quad \text{e} \quad j0{,}3\mathbf{I}_1 + \mathbf{V} = j0{,}4$$

O $\mathbf{I}_1$ desconhecido pode ser eliminado pela multiplicação da primeira equação por 3 e adicionando os lados correspondentes das equações. O resultado é

$$3\mathbf{V} + \mathbf{V} = j0{,}3 + j0{,}4 \quad \text{a partir do qual} \quad \mathbf{V} = \frac{j0{,}7}{4} = j0{,}175 \text{ V}$$

mas

$$j\omega L_T = \frac{\mathbf{V}}{\mathbf{I}_S} = \frac{j0{,}175}{1\underline{/0°}} = j0{,}175 \text{ Ω}$$

Finalmente, uma vez que $\omega = 1$ rad/s, a indutância total é $L_T = 0{,}175$ H.

15.34 Encontre i_2 para o circuito mostrado na Fig. 15-21a.

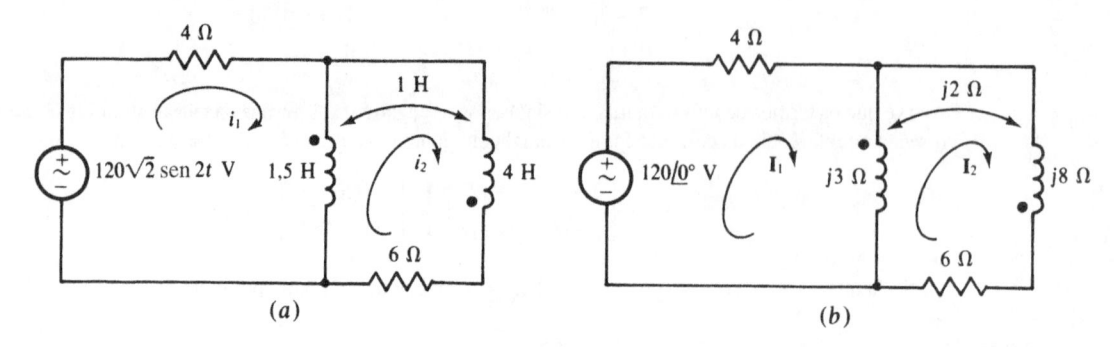

Figura 15-21

O primeiro passo é a construção do circuito no domínio fasorial mostrado na Fig. 15-21b, a partir do qual as equações de malha podem ser escritas. Elas são

$$(4+j3)\mathbf{I}_1 - j3\mathbf{I}_2 - j2\mathbf{I}_2 = 120\underline{/0°}$$
$$-j3\mathbf{I}_1 - j2\mathbf{I}_1 + [j3+j8+6+2(j2)]\mathbf{I}_2 = 0$$

Na primeira equação, $4+j3$, coeficiente de $\mathbf{I}_1$, é, naturalmente, a autoimpedância da malha 1, e $-j3$, coeficiente de $\mathbf{I}_2$, é o negativo da impedância mútua. O termo $-j2\mathbf{I}_2$ é a tensão induzida no enrolamento do lado esquerdo por $\mathbf{I}_2$ fluindo no enrolamento do lado direito. Esse termo é negativo porque $\mathbf{I}_1$ entra no terminal com ponto, mas $\mathbf{I}_2$ não o faz. Na segunda equação, o termo $-j3\mathbf{I}_1$ é a tensão de impedância mútua e $-j2\mathbf{I}_1$ é a tensão induzida no enrolamento do lado direito por $\mathbf{I}_1$ fluindo no enrolamento da esquerda. Esse termo é negativo, pela mesma razão que $-j2\mathbf{I}_2$ é negativo na primeira equação, como já foi explicado. O $j3+j8+6$, parte do coeficiente de $\mathbf{I}_2$, é a autoimpedância da malha 2. A parte $2(j2)$ desse coeficiente é a tensão induzida $j2\mathbf{I}_2$ no enrolamento por cada $\mathbf{I}_2$ que flui nos outros enrolamentos. Ele é positivo porque $\mathbf{I}_2$ entra nos terminais sem ponto de ambos os enrolamentos.

Essas equações simplificam para

$$(4+j3)\mathbf{I}_1 - j5\mathbf{I}_2 = 120$$
$$-j5\mathbf{I}_1 + (6+j15)\mathbf{I}_2 = 0$$

Pela regra de Cramer,

$$\mathbf{I}_2 = \frac{\begin{vmatrix} 4+j3 & 120 \\ -j5 & 0 \end{vmatrix}}{\begin{vmatrix} 4+j3 & -j5 \\ -j5 & 6+j15 \end{vmatrix}} = \frac{-(-j5)(120)}{(4+j3)(6+j15)-(-j5)^2} = \frac{j600}{4+j78} = 7{,}68\underline{/2{,}94°} \text{ A}$$

A corrente correspondente é

$$i_2 = 7{,}68\sqrt{2}\,\text{sen}\,(2t+2{,}94°) = 10{,}9\,\text{sen}\,(2t+2{,}94°)\text{ A}$$

15.35 Encontre **V** para o circuito mostrado na Fig. 15-22. Depois, substitua o resistor de 15 Ω por um circuito aberto e encontre **V** novamente.

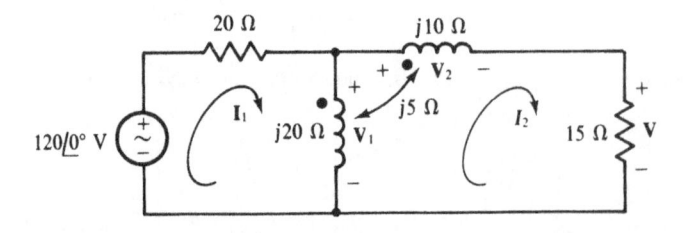

Figura 15-22

As equações de malha são

$$(20 + j20)\mathbf{I}_1 - j20\mathbf{I}_2 + j5\mathbf{I}_2 = 120\underline{/0°}$$
$$-j20\mathbf{I}_1 + j5\mathbf{I}_1 + [j20 + j10 + 15 - 2(j5)]\mathbf{I}_2 = 0$$

Todos os termos devem ser aparentes, exceto, talvez, para efeitos de tensão mutuamente induzida. O $j5\mathbf{I}_2$ na primeira equação é a tensão induzida no enrolamento vertical por $\mathbf{I}_2$ fluindo no enrolamento horizontal. Ele é positivo porque tanto $\mathbf{I}_1$ quanto $\mathbf{I}_2$ entram pelos terminais com ponto. O termo $j5\mathbf{I}_1$, na segunda equação, é a tensão induzida no enrolamento horizontal por $\mathbf{I}_1$ fluindo no enrolamento vertical. Ele é positivo pela mesma razão que $j5\mathbf{I}_2$ é positivo na primeira equação. O termo $-2(j5)\mathbf{I}_2$ é o resultado de uma tensão de induzida $j5\mathbf{I}_2$ em cada um dos enrolamentos por $\mathbf{I}_2$ fluindo em outros enrolamentos. Ele é negativo porque $\mathbf{I}_2$ entra no terminal de um enrolamento com ponto, e não no outro. Essas equações simplificam para

$$(20 + j20)\mathbf{I}_1 - j15\mathbf{I}_2 = 120$$
$$-j15\mathbf{I}_1 + (15 + j20)\mathbf{I}_2 = 0$$

a partir do qual

$$\mathbf{I}_2 = \frac{\begin{vmatrix} 20+j20 & 120 \\ -j15 & 0 \end{vmatrix}}{\begin{vmatrix} 20+j20 & -j15 \\ -j15 & 15+j20 \end{vmatrix}} = \frac{-(-j15)(120)}{(20+j20)(15+j20)-(-j15)^2} = \frac{j1800}{125+j700} = 2{,}53\underline{/10{,}1°}\ \text{A}$$

Finalmente, $\qquad \mathbf{V} = 15\mathbf{I}_2 = 15(2{,}53\underline{/10{,}1°}) = 38\underline{/10{,}1°}\ \text{V}$

Se o resistor de 15 Ω for removido, então $\mathbf{I}_2 = 0$ A e $\mathbf{V}$ é igual à queda de tensão através dos dois enrolamentos. A única corrente que flui é $\mathbf{I}_1$, que é

$$\mathbf{I}_1 = \frac{120\underline{/0°}}{20+j20} = 4{,}24\underline{/-45°}\ \text{A}$$

Através do enrolamento vertical, $\mathbf{I}_1$ produz uma queda de tensão de autoindução de

$$\mathbf{V}_1 = j20\mathbf{I}_1 = j20(4{,}24\underline{/-45°}) = 84{,}8\underline{/45°}\ \text{V}$$

referenciada positivamente na extremidade com ponto. Através do enrolamento horizontal, $\mathbf{I}_1$ produz uma tensão mutuamente induzida de

$$\mathbf{V}_2 = j5\mathbf{I}_1 = j5(4{,}24\underline{/-45°}) = 21{,}2\underline{/45°}\ \text{V}$$

Como a outra tensão induzida, essa também tem uma referência positiva na extremidade com o ponto, uma vez que parte do fluxo é produzida por ela (atualmente, um fluxo produz a mudança correspondente das tensões v_1 e v_2). Finalmente, uma vez que as extremidades com ponto dos dois enrolamentos são adjacentes, $\mathbf{V}$ é igual à diferença entre as duas tensões do enrolamento:

$$\mathbf{V} = \mathbf{V}_1 - \mathbf{V}_2 = 84{,}8\underline{/45°} - 21{,}2\underline{/45°} = 63{,}6\underline{/45°}\ \text{V}$$

15.36 Determine as correntes de malha no circuito da Fig. 15-23.

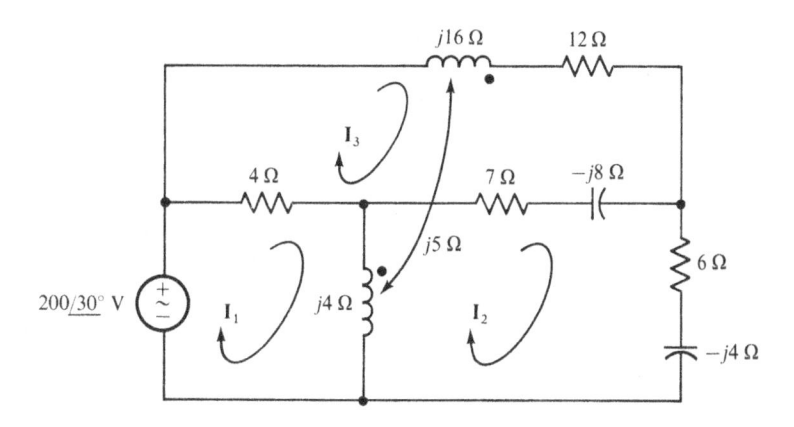

Figura 15-23

As equações de malha são

$$(4 + j4)\mathbf{I}_1 - j4\mathbf{I}_2 - 4\mathbf{I}_3 - j5\mathbf{I}_3 = 200\underline{/30°}$$
$$-j4\mathbf{I}_1 + (j4 + 7 - j8 + 6 - j4)\mathbf{I}_2 - (7 - j8)\mathbf{I}_3 + j5\mathbf{I}_3 = 0$$
$$-4\mathbf{I}_1 - (7 - j8)\mathbf{I}_2 + (4 + j16 + 12 - j8 + 7)\mathbf{I}_3 + j5(\mathbf{I}_2 - \mathbf{I}_1) = 0$$

Na equação de malha $\mathbf{I}_1$, o termo mútuo $-j5\mathbf{I}_3$ tem um sinal negativo porque $\mathbf{I}_1$ é direcionado para uma extremidade com ponto do enrolamento do transformador, mas $\mathbf{I}_3$ não o é. Na equação de malha $\mathbf{I}_2$, o termo $j5\mathbf{I}_3$ mútuo não tem um sinal negativo, porque tanto $\mathbf{I}_2$ quanto $\mathbf{I}_3$ têm sentidos nas extremidades sem ponto dos enrolamentos do transformador. E na equação de malha $\mathbf{I}_3$, o termo mútuo é $j5(\mathbf{I}_2 - \mathbf{I}_1)$, porque tanto $\mathbf{I}_2$ quanto $\mathbf{I}_3$ têm sentidos em extremidades sem ponto dos enrolamentos do transformador, mas $\mathbf{I}_1$ não. Quando simplificadas e colocadas em forma de matriz, as equações se tornam

$$\begin{bmatrix} 4 + j4 & -j4 & -4 - j5 \\ -j4 & 13 - j8 & -7 + j13 \\ -4 - j5 & -7 + j13 & 23 + j8 \end{bmatrix} \begin{bmatrix} \mathbf{I}_1 \\ \mathbf{I}_2 \\ \mathbf{I}_3 \end{bmatrix} = \begin{bmatrix} 200\underline{/30°} \\ 0 \\ 0 \end{bmatrix}$$

As soluções para as três equações podem ser obtidas por meio de uma calculadora científica. Elas são $\mathbf{I}_1 = 51{,}37\underline{/5{,}836°}$ A, $\mathbf{I}_2 = 10{,}06\underline{/44{,}79°}$ A e $\mathbf{I}_3 = 16{,}28\underline{/44{,}79°}$ A.

15.37 Qual é a relação de espiras de um transformador de dois enrolamentos que pode ser conectado como um autotransformador de 500/350 kV?

Como pode ser visto a partir da Fig. 15-7, a tensão mais baixa é a tensão através de um enrolamento e a tensão mais alta é a soma das tensões do enrolamento. Assim, para este transformador, um enrolamento de tensão tem taxa de 350 kV e o outro de 500 − 350 = 150 kV. A relação de espiras é, obviamente, igual à relação das taxas: $a = 350/150 = 2{,}33$ ou $a = 150/350 = 0{,}429$, dependendo de qual é o enrolamento primário e qual é o secundário.

15.38 Compare as correntes do enrolamento de um transformador de dois enrolamentos de 277/120V, 50 kVA, a plena carga, e um autotransformador com a mesma relação.

Um enrolamento de alta tensão de um transformador convencional deve transportar 50.000/277 = 181 A e o enrolamento de baixa tensão deve conduzir 50.000/120 = 417 A. Assim, um enrolamento conduz a corrente da fonte e o outro a corrente da carga. Em contraste, e como mostrado no circuito da Fig. 15-24, parte do enrolamento do autotransformador deve conduzir somente a diferença da corrente da fonte e da carga, que é 417 − 181 = 236 A, em comparação com os 417 A que o enrolamento de baixa tensão do transformador convencional deve conduzir. Por conseguinte, condutores menores podem ser utilizados no autotransformador, o que resulta em uma economia nos custos de cobre. Além disso, o autotransformador pode ser menor e mais leve.

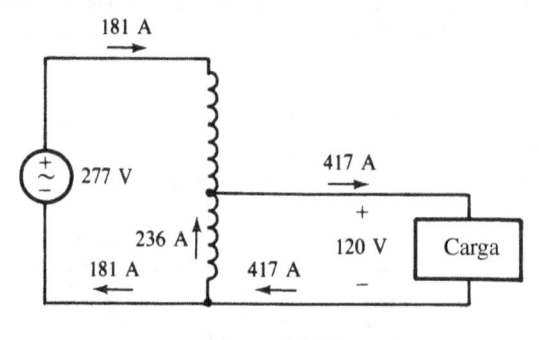

Figura 15-24

15.39 Um transformador de 12.470/277 V, 50 KVA, é conectado como um autotransformador. Qual é a taxa de kVA nos enrolamentos conectados como mostrado na Fig. 15-7a? E qual é essa taxa se os enrolamentos são ligados como mostrado na Fig. 15-7b?

Para ambas as conexões, a tensão máxima aplicada é a soma das taxas de tensão dos enrolamentos: 12.470 + 277 = 12.747 V. Uma vez que, para a ligação mostrada na Fig. 15-7a, a corrente da fonte circula através do enrolamento de baixa tensão, a máxima corrente de entrada é a taxa de corrente desse enrolamento, que é 50.000/277 = 181 A. Assim, a taxa kVA para essa conexão é 12.747 × 181 VA = 2.300 kVA. Para a outra ligação, ilustrada na Fig. 15-7b, a corrente da fonte circula através do enrolamento de alta tensão. Consequentemente, a máxima corrente de entrada é a taxa de corrente do enrolamento, que é $50.000/12.470 = 4,01$ A, e a taxa de kVA é apenas $12.747 \times 4,01$ VA $= 51,1$ kVA.

15.40 Encontre as três correntes I_1, I_2 e I_3 para o circuito mostrado na Fig. 15-25.

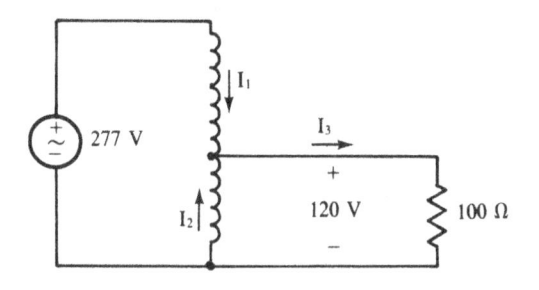

Figura 15-25

A corrente no resistor é, obviamente, $I_3 = 120/100 = 1,2$ A, e o resistor recebe $120 \times 1,2 = 144$ VA. Uma vez que se trata também do voltampère fornecido pela fonte, então $277I_1 = 144$ e $I_1 = 144/277 = 0,52$ A. Finalmente, pela LKC aplicada na derivação do enrolamento do transformador, $I_2 = I_3 - I_1 = 1,2 - 0,52 = 0,68$ A. A soma escalar pode ser utilizada aqui, pois as três correntes estão em fase.

Problemas Complementares

15.41 No tansformador mostrado na Fig. 15-26, qual é a direção do fluxo produzido no núcleo pelo fluxo de corrente entrando (a) no terminal a, (b) no terminal b, (c) no terminal c e (d) no terminal d?

Resp. (a) horário, (b) anti-horário, (c) anti-horário, (d) horário

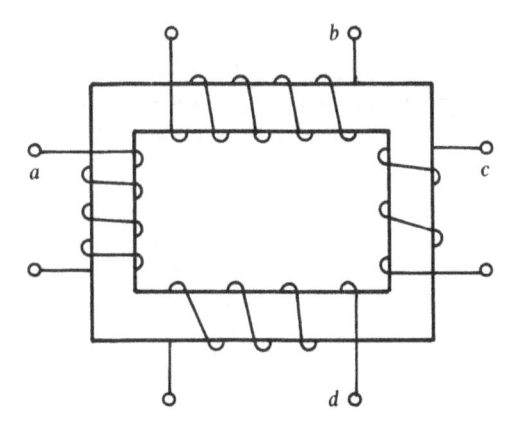

Figura 15-26

15.42 Forneça os pontos em falta para os transformadores mostrados na Fig. 15-27.

Resp. (a) ponto no terminal d, (b) ponto no terminal b, (c) pontos nos terminais b, c e g

(a)   (b)   (c)

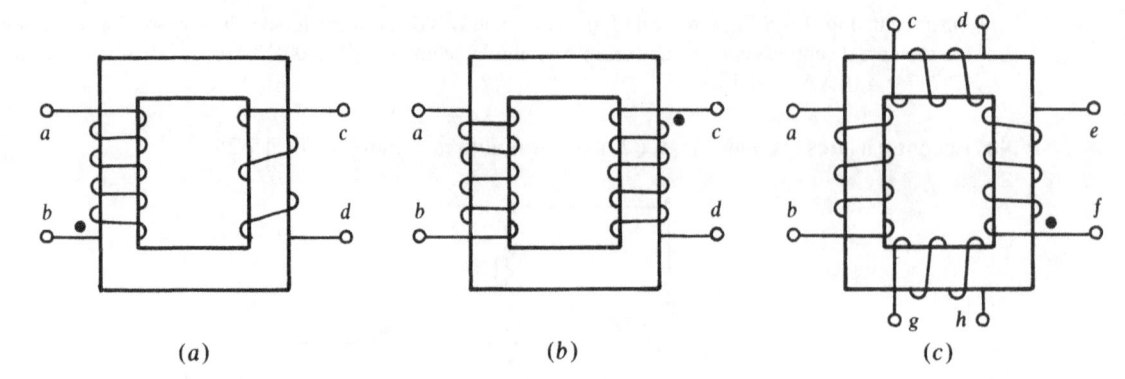

Figura 15-27

15.43 Qual é a relação de espiras de um transformador de potência que tem uma corrente de 6,25 A no primário ao mesmo tempo em que tem uma corrente de 50 A no secundário?

Resp. $a = 8$

15.44 Encontre a relação de espiras de um transformador de potência que transforma os 12.470 V de uma linha de alimentação em 480 V utilizado numa fábrica.

Resp. $a = 26$

15.45 Quais são as correntes a plena carga primária e secundária de um transformador de potência de 7.200/120V, 25 kVA? Suponha que 7.200 V seja o enrolamento primário.

Resp. Corrente primária de 3,47 A e corrente secundária de 208 A

15.46 Um transformador de potência com uma relação de 13.200/480 V, a plena carga, tem corrente primária de 152 A. Encontre a taxa kVA do transformador e a corrente secundária, a plena carga, se 480 V é a tensão secundária.

Resp. 2.000 kVA, 4,18 kA

15.47 Um transformador de 7.200/120 V, 60 Hz tem 1.620 espiras no primário. Qual é a taxa de pico de variação do fluxo magnético? (*Sugestão*: lembre-se de que as relações de tensão estão em rms.)

Resp. 6,29 Wb/s

15.48 Um transformador de núcleo de ferro tem 3.089 espiras primárias e 62 espiras secundárias. Se a tensão aplicada no primário é 13.800 V rms a 60 Hz, encontre a tensão rms no secundário e o pico de fluxo magnético.

Resp. 277 V, 16,8 mWb

15.49 Se um enrolamento de 27 espiras de um transformador tem 120 V rms aplicados e o fluxo de acoplamento de pico é 20 mWb, qual é a frequência da tensão aplicada?

Resp. 50 Hz

15.50 Um transformador de núcleo de ferro tem 1.620 espiras primárias e 54 espiras secundárias. Um resistor de 10 Ω é conectado através do enrolamento secundário. Encontre a tensão no resistor quando a corrente primária é 0,1 A.

Resp. 30 V

15.51 Qual deve ser a relação de espiras de um transformador de saída que conecta um alto-falante de 4 Ω em um sistema de áudio que tem resistência de saída de 1.600 Ω?

Resp. $a = 20$

15.52 No circuito mostrado na Fig. 15-28, quais devem ser a e X_C para uma máxima potência média consumida pela impedância de carga, e qual é essa potência?

Resp. 3,19, − 4,52 Ω, 376 W

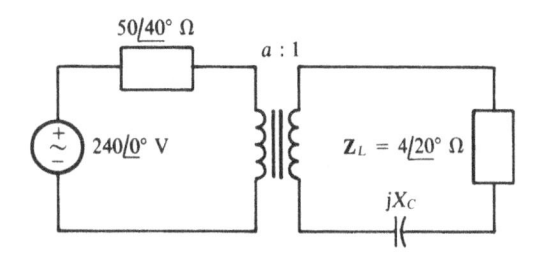

Figura 15-28

15.53 Encontre i_1, i_2 e i_3 no circuito mostrado na Fig. 15-29.

Resp. $i_1 = 4 \text{ sen } (3t - 36,9°)$ A
$i_2 = 8 \text{ sen } (3t - 36,9°)$ A
$i_3 = -24 \text{ sen } (3t - 36,9°)$ A

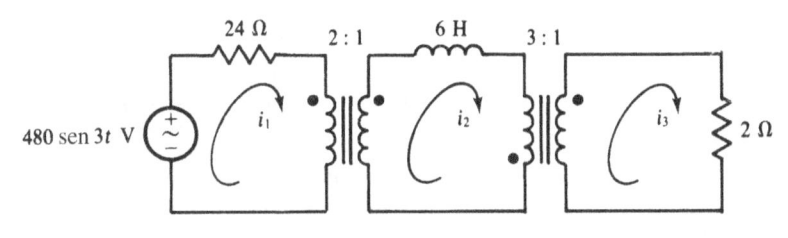

Figura 15-29

15.54 Encontre **V** no circuito mostrado na Fig. 15-30.

Resp. $-312\underline{/60,7°}$ V

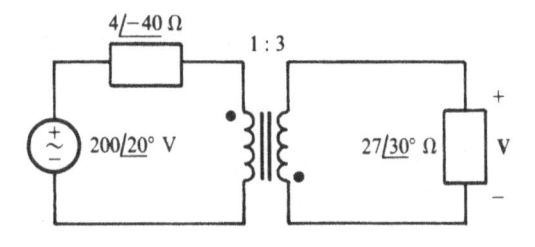

Figura 15-30

15.55 Encontre $\mathbf{I}_1$, $\mathbf{I}_2$ e $\mathbf{I}_3$ no circuito mostrado na Fig. 15-31.

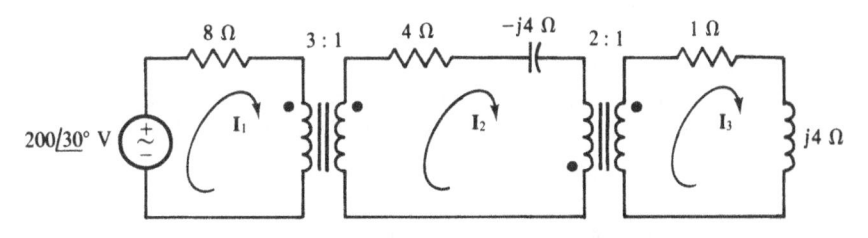

Resp. $\mathbf{I}_1 = 1,49\underline{/-23,5°}$ A, $\mathbf{I}_2 = 4,46\underline{/-23,5°}$ A, $\mathbf{I}_3 = -8,93\underline{/-23,5°}$ A

Figura 15-31

15.56 Qual é v no circuito mostrado na Fig. 15-32?

Resp. $-23,7 \text{ sen } (2t - 6,09°)$ V

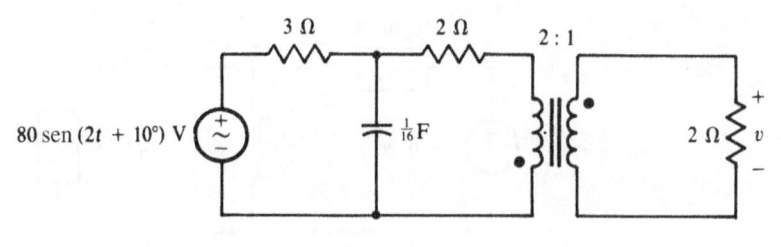

Figura 15-32

15.57 Encontre **I** no circuito mostrado na Fig. 15-33.

Resp. $2{,}28\underline{/-39{,}7°}$ A

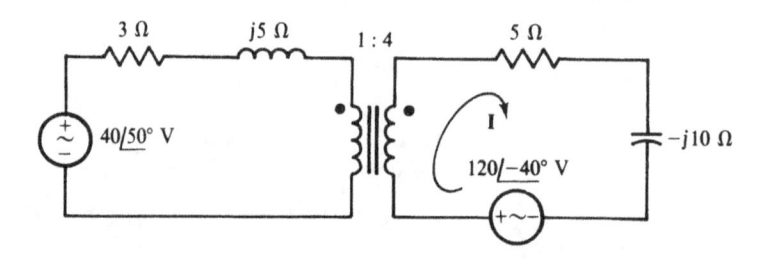

Figura 15-33

15.58 Um transformador com núcleo de ar tem corrente primária de 0,2 A e uma segunda corrente de 0,1 A que produzem fluxos de $\phi_{l1} = 40\ \mu$Wb, $\phi_{m2} = 10\ \mu$Wb e $\phi_{l2} = 30\ \mu$Wb. Encontre ϕ_{m1}, L_1, L_2, M e k se $N_1 = 30$ espiras e $N_2 = 50$ espiras.

Resp. $\phi_{m1} = 12\ \mu$Wb, $L_1 = 7{,}8$ mH, $L_2 = 20$ mH, $M = 3$ mH, $k = 0{,}24$

15.59 Qual é a maior indutância mútua possível de um transformador com núcleo de ar que tem autoindutâncias de 120 e 90 mH?

Resp. 104 mH

15.60 Para cada um dos seguintes itens, encontre a quantidade em falta – autoindutância, indutância mútua ou coeficiente de acoplamento.

(a) $L_1 = 130$ mH, $L_2 = 200$ mH, $M = 64{,}5$ mH

(b) $L_1 = 2{,}6\ \mu$H, $L_2 = 3\ \mu$H, $k = 0{,}4$

(c) $L_1 = 350$ mH, $M = 100$ mH, $k = 0{,}3$

Resp. (a) $k = 0{,}4$, (b) $M = 1{,}12\ \mu$H, (c) $L_2 = 317$ mH

15.61 Um transformador com núcleo de ar tem um enrolamento secundário em circuito aberto com 70 V induzidos nele, quando o enrolamento primário transporta uma corrente de 0,3 A e tem tensão de 120 V a 600 Hz através dele. Quais são a indutância mútua e a autoindutância primária?

Resp. $M = 61{,}9$ mH, $L_1 = 106$ mH

15.62 Um transformador com núcleo de ar com secundário em circuito aberto tem indutâncias de $L_1 = 200$ mH, $L_2 = 320$ mH e $M = 130$ mH. Encontre as tensões primárias e secundárias, referenciadas positivamente nos terminais com ponto, quando a corrente primária crescer a uma taxa de 0,3 kA/s entrando no terminal com ponto do enrolamento primário.

Resp. $v_1 = 60$ V, $v_2 = 39$ V

15.63 Um transformador com núcleo de ar tem indutâncias de $L_1 = 0{,}3$ H, $L_2 = 0{,}7$ H e $M = 0{,}3$ H. A corrente primária está crescendo, entrando no terminal primário com ponto, a uma taxa de 200 A/s, e a corrente no secundário está crescendo, entrando no terminal secundário com ponto, a uma taxa de 300 A/s. Quais são as tensões primária e secundária referenciadas positivas nos terminais com ponto?

Resp. $v_1 = 150$ V, $v_2 = 270$ V

15.64 Um transformador com núcleo de ar, com o secundário em curto-circuito, tem uma corrente de curto-circuito no secundário de 90mA e uma corrente no primário de 150 mA quando aplicado 50 V a 400 Hz ao primário. Se a indutância mútua é 110 mH, encontre as autoindutâncias.

Resp. $L_1 = 199$ mH, $L_2 = 183$ mH

15.65 Um transformador com núcleo de ar, com o secundário em curto-circuito tem indutâncias de $L_1 = 0,6$ H, $L_2 = 0,4$ H e $M = 0,2$ H. Encontre as correntes nos enrolamentos quando uma tensão primária de 50 V a 60 Hz é aplicada.

Resp. $I_1 = 265$ mA, $I_2 = 133$ mA

15.66 Um transformador tem autoindutâncias de 1 e 0,6 H. Uma conexão em série de enrolamentos resulta em uma indutância total de 1 H. Qual é o coeficiente de acoplamento?

Resp. $k = 0,387$

15.67 Os enrolamentos de um transformador estão ligados em série com os terminais com ponto adjacentes. Encontre a indutância total dos enrolamentos ligados em série, se $L_1 = 0,6$ H, $L_2 = 0,4$ H e $k = 0,35$.

Resp. 0,657 H

15.68 Um transformador com núcleo de ar tem uma indutância mútua de 80 mH e uma autoindutância do secundário de 200 mH. Um resistor de 2 kΩ e um indutor de 100 mH estão em série com o enrolamento secundário. Encontre a impedância acoplada no primário para $\omega = 10$ krad/s.

Resp. $178\underline{/-56,3°}$ Ω

15.69 Encontre **V** no circuito da Fig. 15-34.

Resp. $-80\underline{/-37,4°}$ V

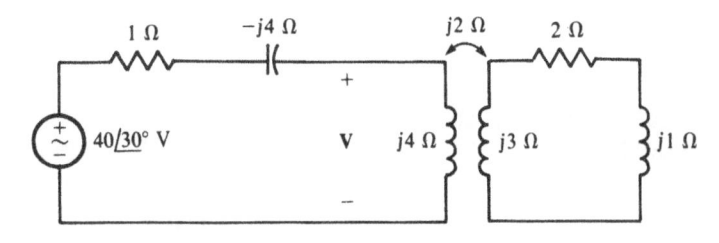

Figura 15-34

15.70 Um resistor de 6,8 kΩ está ligado através do secundário de um transformador com indutâncias de $L_1 = 150$ mH, $L_2 = 300$ mH e $M = 64$ mH. Qual é a corrente no resistor quando 40 V a 10 krad/s é aplicada ao primário?

Resp. 2,33 mA

15.71 Encontre *i* no circuito da Fig. 15-35.

Resp. 103 sen (1.000t − 73,1°) mA

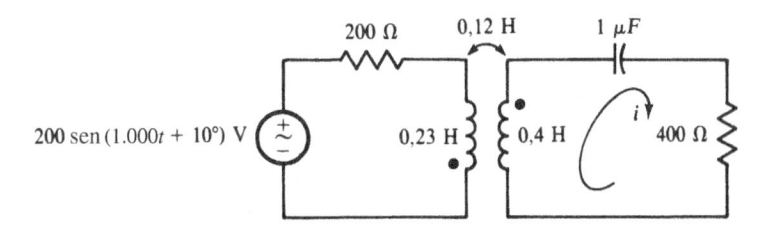

Figura 15-35

15.72 Qual é a indutância total dos enrolamentos de um transformador com núcleo de ar conectados em paralelo, se os pontos estão em extremidades opostas e se a indutância mútua é 100 mH e as autoindutâncias são 200 e 400 mH?

Resp. 87,5 mH

15.73 Encontre i no circuito da Fig. 15-36.

Resp. 24 sen $(2t - 76,6°)$ A

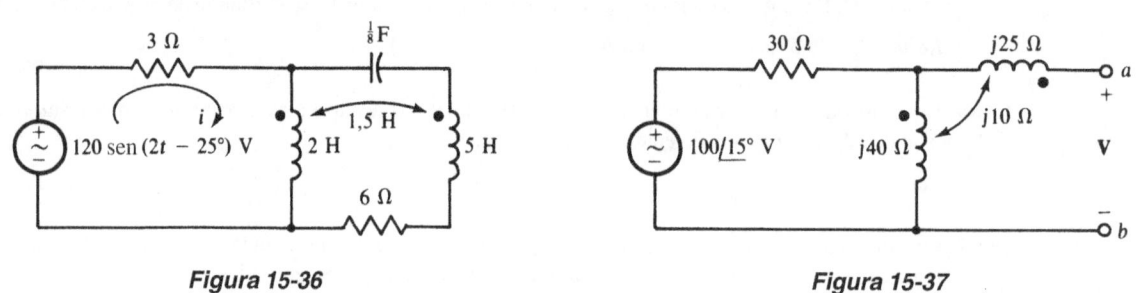

Figura 15-36

Figura 15-37

15.74 Encontre **V** no circuito da Fig. 15-37. Em seguida, mude o ponto de um enrolamento e encontre **V** novamente.

Resp. $100\underline{/51,9°}$ V, $60\underline{/51,9°}$ V

15.75 No circuito mostrado na Fig. 15-37, coloque um curto-circuito nos terminais a e b e encontre a corrente de curto-circuito direcionada a partir do terminal a para o terminal b.

Resp. $1,85\underline{/-4,44°}$ A

15.76 Para o circuito mostrado na Fig. 15-37, qual é a carga ligada aos terminais a e b que absorve a máxima potência e qual é essa potência?

Resp. $54,1\underline{/-56,3°}$ Ω, 83,3 W

15.77 Encontre **I** no circuito da Fig. 15-38.

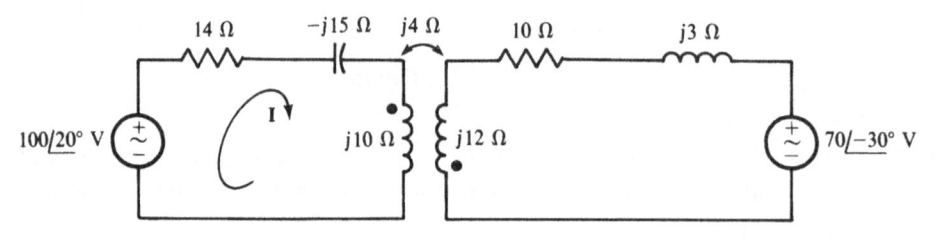

Resp. $7,38\underline{/39,4°}$ A

Figura 15-38

15.78 Qual é a relação de espiras de um transformador com núcleo de ferro de dois enrolamentos que pode ser conectado como um autotransformador de 277/120 V?

Resp. $a = 1,31$ ou $a = 0,764$

15.79 Um transformador de potência de 4.800/240 V, 75 kVA, é conectado como um autotransformador. Qual é a taxa kVA do autotransformador para a conexão mostrada na Fig. 15-7a? Qual é a taxa kVA para a conexão mostrada na Fig. 15-7b?

Resp. 1.575 kVA, 78,75 kVA

15.80 Encontre as correntes I_1, I_2 e I_3 no circuito da Fig. 15-39.

Resp. $I_1 = 800$ A, $I_2 = 343$ A, $I_3 = 1,14$ kA

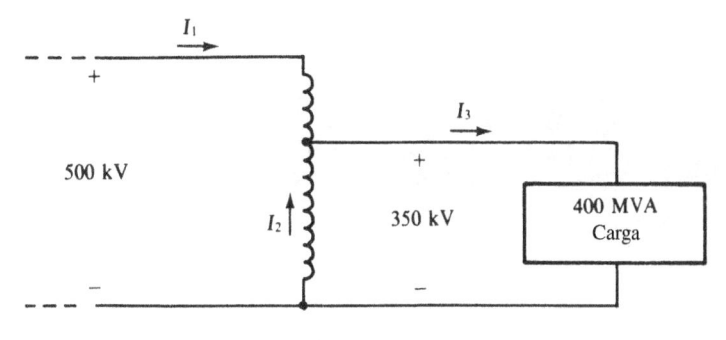

Figura 15-39

Capítulo 16

Circuitos Trifásicos

INTRODUÇÃO

Os *circuitos trifásicos* são importantes porque quase toda a potência elétrica gerada e distribuída é trifásica. Um circuito trifásico tem um gerador CA, também chamado de *alternador*, que produz três tensões senoidais, que são idênticas, exceto quanto a uma diferença de ângulo de fase de 120°. A energia elétrica é transmitida através de três ou quatro fios, mais frequentemente chamados de *linhas*. A maioria dos circuitos trifásicos apresentados neste capítulo é *equilibrada*. Neles, três das correntes de linha são idênticas, exceto para uma diferença de ângulo de fase de 120°.

NOTAÇÃO DE ÍNDICE

As polaridades das tensões em circuitos trifásicos são designadas pelos índices duplos, como em $\mathbf{V}_{AB}$. Como pode ser lembrado do Cap. 1, esses índices identificam os nós que a tensão está atravessando. Além disso, a ordem dá a referência de polaridade de tensão. Especificamente, o primeiro índice especifica o nó positivamente referenciado e o segundo índice especifica o nó negativamente referenciado. Assim, $\mathbf{V}_{AB}$ é uma queda de tensão do nó A para o nó B. Igualmente, $\mathbf{V}_{AB} = -\mathbf{V}_{BA}$.

Índices duplos também são necessários para alguns símbolos de quantidade de corrente, como em $\mathbf{I}_{AB}$. Tais índices identificam os nós entre os quais $\mathbf{I}_{AB}$ flui, e a ordem do índice especifica a direção de referência da corrente. Especificamente, a direção de referência de corrente é a partir do nó do primeiro índice para o nó do segundo índice. Assim, a corrente $\mathbf{I}_{AB}$ tem uma direção de referência do nó A para o nó B. Além disso, $\mathbf{I}_{AB} = -\mathbf{I}_{BA}$. A Fig. 16-1 ilustra a convenção de índice para $\mathbf{I}_{AB}$ e também para $\mathbf{V}_{AB}$.

A notação de duplo índice também é utilizada para algumas impedâncias, como em $\mathbf{Z}_{AB}$. Os índices identificam os dois nós entre os quais a impedância é conectada. No entanto, a ordem dos índices não tem significado. Consequentemente, $\mathbf{Z}_{AB} = \mathbf{Z}_{BA}$.

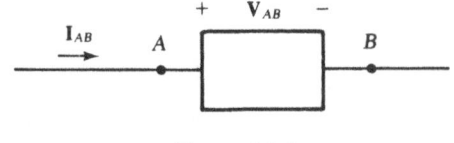

Figura 16-1

GERAÇÃO DE TENSÃO TRIFÁSICA

A Fig. 16-2a é uma vista em corte transversal de um alternador trifásico com estator estacionário e rotor girando no sentido anti-horário. Fisicamente deslocados por 120° em torno da periferia interna do estator, estão três conjuntos de enrolamentos da armadura com terminais A e A', B e B', C e C'. Nesses enrolamentos, as tensões trifásicas senoidais são geradas. O rotor tem um enrolamento de campo no qual o fluxo de uma corrente CC produz um campo magnético.

À medida que o rotor gira no sentido anti-horário a 3.600 r/min, seu campo magnético corta os enrolamentos da armadura induzindo neles as tensões senoidais mostradas na Fig. 16-2b. Essas tensões têm picos a cada um terço do período separadamente, ou separados 120° entre si, por causa do deslocamento espacial de 120° dos enrolamentos da armadura. Como resultado, o alternador produz três tensões do mesmo valor rms, o que pode ser tão grande como a 30 kV, e com a mesma frequência (60 Hz), mas desfasadas em 120°.

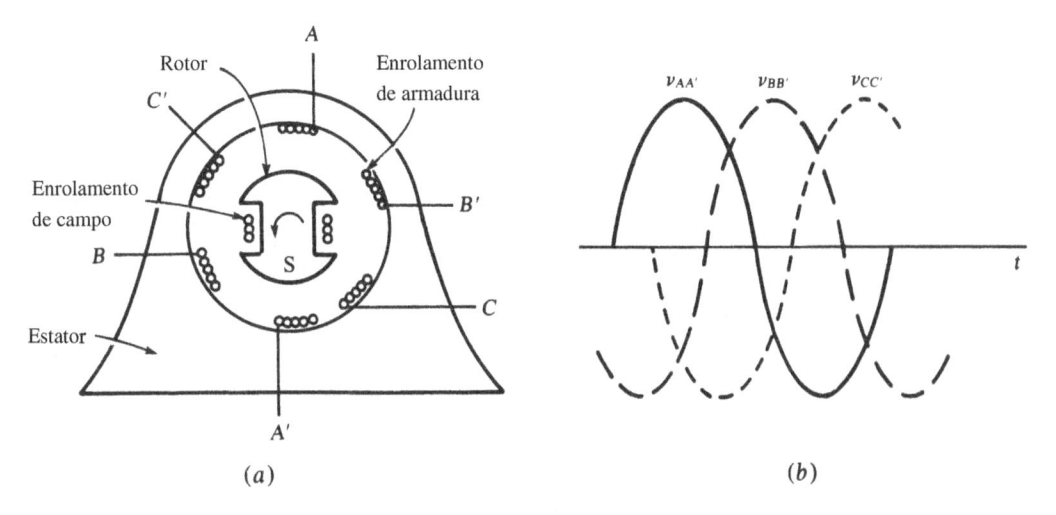

Figura 16-2

As tensões podem ser, por exemplo,

$$v_{AA'} = 25.000 \text{ sen } 377t \text{ V}$$
$$v_{BB'} = 25.000 \text{ sen } (377t - 120°) \text{ V}$$

e

$$v_{CC'} = 25.000 \text{ sen } (377t + 120°) \text{ V}$$

Se as tensões mostradas na Fig. 16-2b são calculadas em qualquer instante de tempo, será encontrado que a soma delas é zero, A soma zero também pode ser demonstrada pela adição gráfica de vetores dos fasores correspondentes a essas tensões. A Fig. 16-3a é um diagrama fasorial dos três fasores $\mathbf{V}_{AA'}$, $\mathbf{V}_{BB}$ e $\mathbf{V}_{CC'}$, correspondentes às tensões geradas. Esses três fasores são somados na Fig. 16-3b, conectando o início $\mathbf{V}_{BB'}$ à ponta de $\mathbf{V}_{AA'}$ e o início de $\mathbf{V}_{CC'}$ à ponta de $\mathbf{V}_{BB'}$. Uma vez que a ponta de $\mathbf{V}_{CC'}$ toca o início de $\mathbf{V}_{AA'}$, a soma é igual a zero, e uma vez que a soma das tensões fasoriais é zero, a soma das tensões instantâneas correspondentes é zero para todos os tempos.

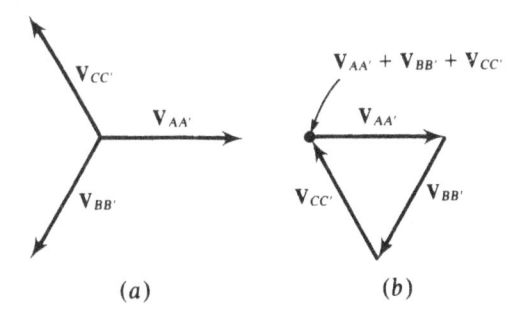

Figura 16-3

Em geral, três senoides têm uma soma zero se têm a mesma frequência e o mesmo valor de pico, mas estão defasadas 120°. Isso é verdade independentemente de a que as senoides correspondem. Em particular, isso é verdade para correntes.

CONEXÕES DOS ENROLAMENTOS DO GERADOR

As extremidades finais dos enrolamentos do gerador são conectadas para reduzir o número de linhas necessárias para conexões com cargas. Os terminais iniciais podem ser conectados em conjunto para formar o Y (estrela) mostrado na Fig. 16-4a, ou o início de um terminal pode ser conectado com o final de outro terminal para formar o Δ (delta) mostrado na Fig. 16-4b.

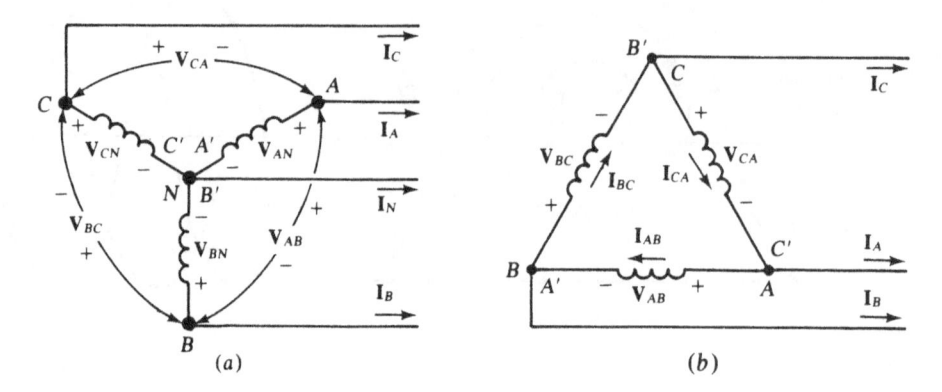

Figura 16-4

As letras iniciais estão incluídas dessa vez para mostrar essas conexões. Entretanto, visto que os terminais em que se situam também têm letras finais, as letras iniciais não são necessárias. As conexões Y e Δ não estão limitadas aos enrolamentos dos geradores; também são aplicadas aos enrolamentos do transformador e impedâncias de carga. Há algumas razões práticas para preferir a conexão Y para enrolamentos do alternador, mas tanto as conexões Y quanto Δ são utilizadas para enrolamentos do transformador e para impedâncias de carga. Incidentalmente, nos diagramas de circuitos, às vezes são utilizados os símbolos do gerador CA circulares em vez de símbolos de bobina.

Na conexão Y mostrada na Fig. 16-4a, os terminais iniciais são unidos a um terminal comum marcado com N para *neutro*. Pode haver uma linha conectada ao terminal, como mostrado, caso em que existem quatro fios ou linhas. Se nenhum fio é conectado ao neutro, o circuito é um circuito de três fios. A conexão Δ ilustrada na Fig. 16-4b basicamente resulta em um circuito de três fios, pois não há terminal de neutro.

Para a conexão Y, as *correntes de linha* são também as correntes de enrolamento, também chamadas de *correntes de fase*. Uma linha de corrente é uma corrente em uma das linhas e, por convenção, é referenciada a partir da fonte para a carga. Uma corrente de fase é uma corrente em um enrolamento do gerador ou do transformador ou de uma única impedância de carga, a qual é também chamada de *fase* de carga.

Uma conexão Y de enrolamentos ou de impedâncias tem dois conjuntos de tensões. Existem as tensões $\mathbf{V}_{AN}$, $\mathbf{V}_{BN}$ e $\mathbf{V}_{CN}$ dos terminais A, B e C para o terminal N. Essas são *tensões de fase* e diferem das tensões *linha a linha*, ou apenas *tensões de linha*, $\mathbf{V}_{AB}$, $\mathbf{V}_{BC}$ e $\mathbf{V}_{CA}$, através dos terminais A, B e C. Existem outras três tensões de linha que têm 120° de diferença de ângulo: $\mathbf{V}_{AC}$, $\mathbf{V}_{BA}$ e $\mathbf{V}_{CB}$, que são os negativos das outras tensões de linha. Em cada conjunto de tensões de linha, não há dois índices começando ou terminando com a mesma letra. Além disso, não há dois pares de índices com as mesmas letras.

Para o Δ mostrado na Fig. 16-4b, as tensões de linha são as mesmas que as tensões de fase, mas as correntes de linha $\mathbf{I}_A$, $\mathbf{I}_B$ e $\mathbf{I}_C$ diferem das correntes de fase $\mathbf{I}_{AB}$, $\mathbf{I}_{BC}$ e $\mathbf{I}_{CA}$ que fluem através dos enrolamentos. Existe outro conjunto de correntes de fase adequado: $\mathbf{I}_{AC}$, $\mathbf{I}_{BA}$ e $\mathbf{I}_{CB}$, que são os negativos das correntes do primeiro conjunto.

SEQUÊNCIA DE FASE

A *sequência de fase* de um circuito de trifásico é a ordem na qual as tensões ou correntes atingem seus máximos. Como ilustração, a Fig. 16-2b mostra que $v_{AA'}$ atinge o pico primeiro, depois $v_{BB'}$, $v_{CC'}$, $v_{AA'}$, etc., que está em ordem de ... *ABC ABC AB* ... . Quaisquer três cartas adjacentes podem ser selecionadas para designar a sequência de fases, mas normalmente as três selecionadas são *ABC*. Isso às vezes é chamado de *sequência de fase positiva*. Se, na Fig. 16-2a, os rótulos dos dois enrolamentos são trocados, ou se o rotor é girado no sentido horário, em vez de anti-horário, a sequência de fases é *ACB* (ou *CBA* ou *BAC*), também chamada de *sequência de fase negativa*. Embora essa explicação da sequência de fase tenha sido em relação à tensão de pico, a sequência de fase se aplica também a um pico de corrente.

A sequência de fase pode ser relacionada com os índices de fasores de tensão e corrente. Se, por exemplo, $\mathbf{V}_{AN}$ tem um ângulo 120° maior que o de $\mathbf{V}_{BN}$, então v_{AN} deve estar adiantado 120° em relação a v_{BN} e, portanto, a sequência de fase deve ser *ABC*. Incidentalmente, os termos "adiantado" e "atrasado" são frequentemente aplicados aos fasores de tensão, bem como às tensões instantâneas correspondentes. Para outro exemplo, se $\mathbf{V}_{CN}$ está adiantado 120° em relação a $\mathbf{V}_{BN}$, então, na sequência de fases, o primeiro índice *C* de $\mathbf{V}_{CN}$ deve estar imediatamente à frente do primeiro índice *B* de $\mathbf{V}_{BN}$. Consequentemente, a sequência de fase é *CBA*, ou *ACB*, a sequência de fase negativa.

A sequência de fase pode ser relacionada tanto ao primeiro quanto ao segundo índice dos fasores de tensão de linha. Isso pode ser verificado com um exemplo. A Fig. 16-5a mostra um diagrama fasorial de tensões das fases $\mathbf{V}_{AN}$, $\mathbf{V}_{BN}$ e $\mathbf{V}_{CN}$ para uma sequência de fases *ABC*. Além disso, estão incluídos os terminais *A*, *B*, *C* e *N* posicionados de forma que as linhas desenhadas entre os dois forneçam os fasores corretos correspondentes. Desenhado entre os terminais *A*, *B* e *C* está um conjunto de fasores de tensão de linha: $\mathbf{V}_{AB}$, $\mathbf{V}_{BC}$ e $\mathbf{V}_{CA}$, que são redesenhados no diagrama fasorial mostrado na Fig. 16-5b. Observe que $\mathbf{V}_{AB}$ está adiantado 120° em relação a $\mathbf{V}_{BC}$ e que $\mathbf{V}_{BC}$ está adiantado 120° em relação a $\mathbf{V}_{CA}$. Com base nesses adiantamentos, a ordem do primeiro conjunto de índices é *ABC*, em concordância com a sequência de fase. A ordem do segundo conjunto de índices é *BCA*, o que é equivalente a *ABC*, também de acordo com a sequência de fases. Essa ordem também pode ser encontrada por meio de um ponto de referência *R* no diagrama fasorial, como mostrado. Se os fasores giram no sentido anti-horário sobre a origem, o primeiro índice passa o ponto de referência na ordem da sequência de fase, como faz o segundo índice.

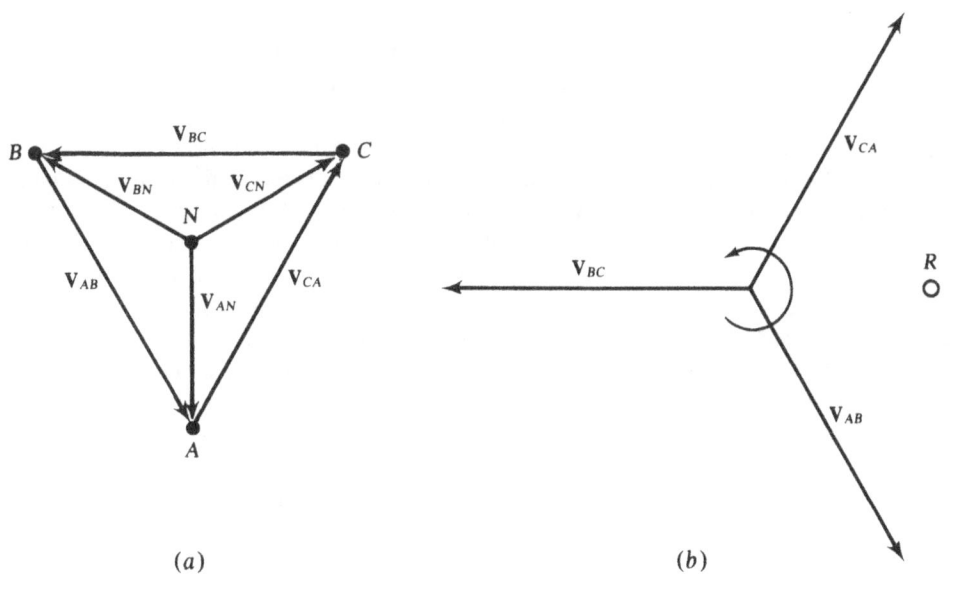

(a)   *(b)*

Figura 16-5

De uma maneira semelhante, pode ser mostrado por um circuito balanceado que os índices fasoriais das linhas de corrente correspondem à ordem de sequência de fase da mesma maneira como explicado para os índices fasoriais da tensão. Além disso, o mesmo é verdade tanto para o primeiro como para o segundo índice do fasor de corrente de fase para uma carga Δ balanceada (a carga Δ balanceada tem três impedâncias iguais).

CIRCUITO Y BALANCEADO

A Fig. 16-6 mostra um *circuito Y balanceado* que tem carga Y balanceada (uma carga Y de impedâncias idênticas) energizada por um gerador com enrolamentos conectados em Y. Em vez dos enrolamentos do gerador, os enrolamentos poderiam muito bem ser os enrolamentos secundários de um transformador trifásico. Um fio neutro conecta os dois nós neutros.

Um circuito trifásico balanceado é fácil de analisar, porque ele é, na verdade, três circuitos interligados, mas separados, em que a única diferença nas respostas é uma diferença de 120° no ângulo. O procedimento de análise geral é encontrar a tensão ou corrente desejada em uma fase e utilizá-la com a sequência de fase para obter a tensão ou corrente correspondente nas duas outras fases. Por exemplo, no circuito mostrado na Fig. 16-6, a corrente de linha $\mathbf{I}_A$ pode ser encontrada a partir de $\mathbf{I}_A = \mathbf{V}_{AN}/\mathbf{Z}_Y$. Então $\mathbf{I}_B$ e $\mathbf{I}_C$ podem ser encontradas a partir de $\mathbf{I}_A$ e da sequência de fase: elas têm o mesmo módulo de $\mathbf{I}_A$, mas estão adiantadas e atrasadas 120° em relação a $\mathbf{I}_A$, conforme determinado a partir da sequência de fase.

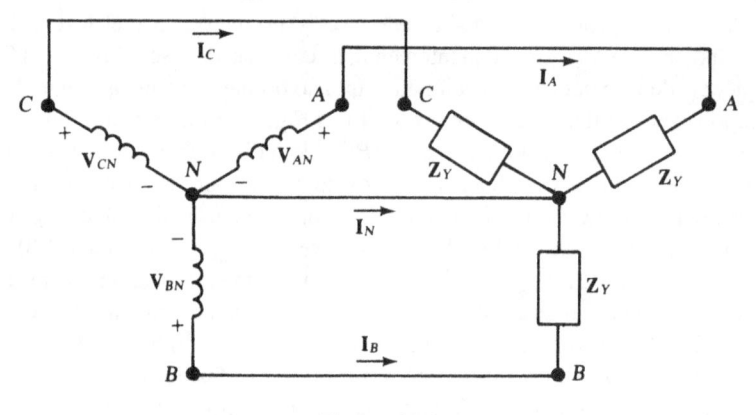

Figura 16-6

Uma vez que as três correntes $\mathbf{I}_A$, $\mathbf{I}_B$ e $\mathbf{I}_C$ têm o mesmo módulo, mas uma diferença de 120° no ângulo, sua soma é zero: $\mathbf{I}_A + \mathbf{I}_B + \mathbf{I}_C = 0$. E, a partir da LKC, $\mathbf{I}_N = -(\mathbf{I}_A + \mathbf{I}_B + \mathbf{I}_C) = 0$ A. Visto que o fio neutro não conduz corrente, ele pode ser eliminado para mudar o circuito de quatro fios para um circuito de três fios. A maior consequência da corrente zero do neutro é a de que *os dois nós neutros estão ao mesmo potencial*, mesmo sem o condutor neutro. Na prática, porém, pode ser uma boa ideia ter um pequeno fio neutro para garantir tensões de fase balanceadas caso as impedâncias de carga não sejam exatamente as mesmas.

O conjunto de tensões de fase e o conjunto de tensões de linha para uma carga Y balanceada têm determinadas relações de ângulo e módulo que são *independentes da impedância de carga*. Essas relações podem ser obtidas a partir de um triângulo mostrado na Fig. 16-5a. Considere o triângulo formado por $\mathbf{V}_{BN}$, $\mathbf{V}_{CN}$ e $\mathbf{V}_{BC}$. O maior ângulo é de 120°, deixando 180° − 120° = 60° para os outros dois ângulos. Uma vez que são lados opostos e de mesmo comprimento, eles devem ser iguais e com 30° cada um, como mostrado na Fig. 16-7a. Pode ser visto que existe um ângulo de 30° entre a tensão de linha $\mathbf{V}_{BC}$ e a tensão de fase $\mathbf{V}_{BN}$, como é mostrado na Fig. 16-7b. Como deve ser evidente a partir da Fig. 16-5a, também existe uma diferença de 30° entre o ângulo de $\mathbf{V}_{AN}$ e $\mathbf{V}_{AB}$ e entre $\mathbf{V}_{CA}$ e $\mathbf{V}_{CN}$. Em geral, no diagrama fasorial de tensão para uma carga Y balanceada, existe um ângulo de 30° entre cada tensão de fase e a tensão de linha mais próxima. Esses 30° podem ser tanto um adiantamento ou um atraso, dependendo do conjunto de tensões de linha e também da sequência de fases.

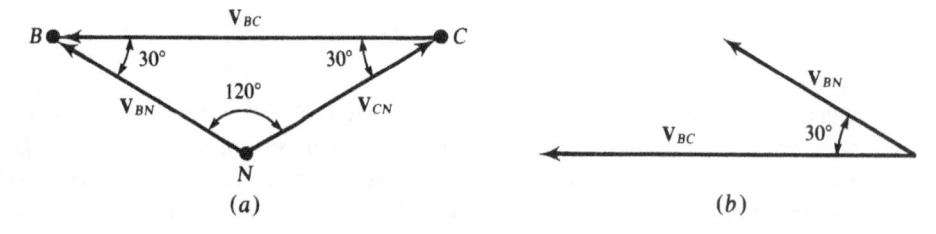

Figura 16-7

A Fig. 16-8 tem todos os diagramas fasoriais possíveis que se relacionam às tensões de fase Y e os dois conjuntos de tensões de linha para as duas sequências de fase. Assim, todas as relações angulares entre as tensões de linha e fase Y podem ser determinadas a partir deles. A partir dos índices, deve ser evidente que as Figs. 16-8*a* e *b* são para uma sequência de fases *ABC* e as Figs. 16-8*c* e *d* são para uma sequência de fases *ACB*. Apenas os ângulos relativos são mostrados. Para ângulos reais, o diagrama adequado teria que ser rodado até que qualquer fasor estivesse no seu ângulo especificado, mas isso raramente é necessário.

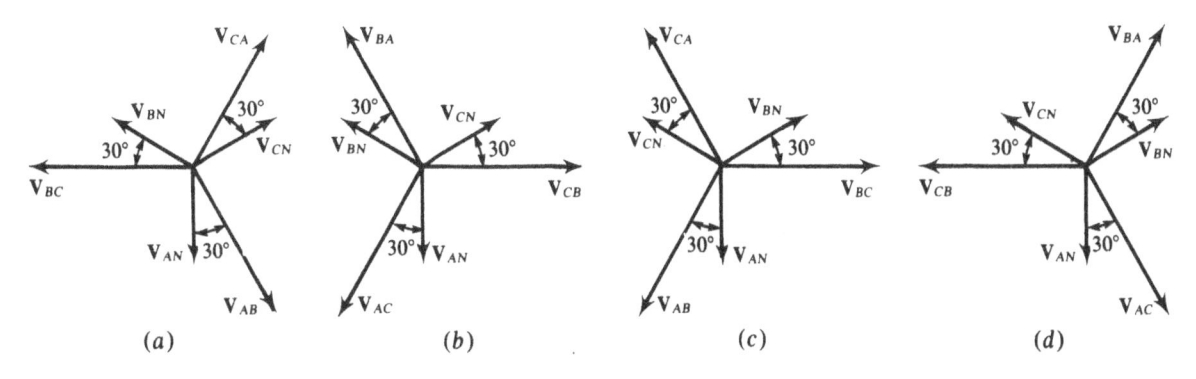

Figura 16-8

Existe também uma relação entre os módulos das tensões de linha e de fase. A partir da Fig. 16-7*a* e da lei dos senos,

$$\frac{V_{BC}}{V_{BN}} = \frac{\operatorname{sen} 120°}{\operatorname{sen} 30°} = \frac{\sqrt{3}/2}{1/2} = \sqrt{3}$$

ou $V_{BC} = \sqrt{3} V_{BN}$. Em geral, para uma carga Y balanceada, o módulo da tensão de linha V_L é $\sqrt{3}$ vezes o módulo da tensão de fase V_p: $V_L = \sqrt{3} V_p$.

Incidentalmente, na descrição de um circuito trifásico, a tensão especificada deve ser assumida como sendo a tensão rms de linha para linha.

CARGA Δ BALANCEADA

A Fig. 16-9 mostra uma carga Δ balanceada conectada por três condutores a uma fonte trifásica. Na prática, essa fonte é tanto um alternador Y conectado quanto, e mais provavelmente, um secundário de um transformador trifásico conectado em Y ou em Δ. Não existe, é claro, qualquer conector neutro, porque uma carga Δ tem apenas três terminais.

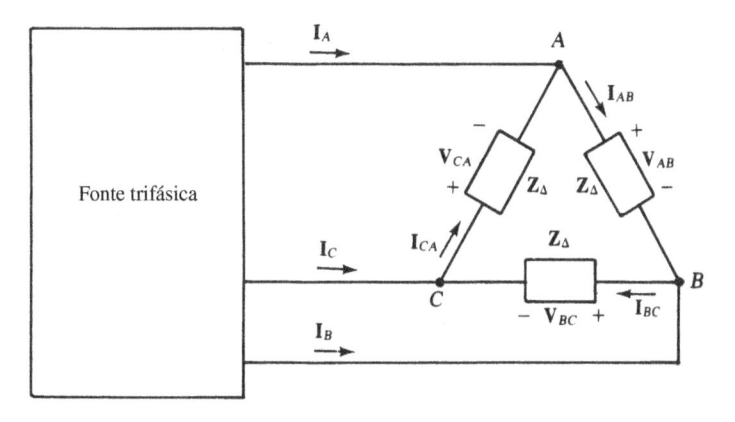

Figura 16-9

O procedimento geral para encontrar as correntes de fase Δ é primeiramente encontrar uma corrente de fase e, em seguida, usá-la com a sequência de fase para encontrar as outras duas. Por exemplo, a corrente de fase I_{AB} pode ser encontrada a partir de $I_{AB} = V_{AB}/Z_\Delta$ e então I_{BC} e I_{CA} a partir de I_{AB} e da sequência de fases: elas têm o mesmo módulo que I_{AB}, mas estão atrasadas e adiantadas 120° em relação a I_{AB}, conforme determinado a partir da sequência de fase.

Tanto o conjunto de correntes de linha quanto o conjunto de correntes de fase para um Δ balanceado têm certas relações de ângulo e de módulo que são *independentes da impedância de carga*. Essas podem ser encontradas pela aplicação da LKC em qualquer terminal do circuito representado na Fig. 16-9. Se isso for feito no terminal A, o resultado é $I_A = I_{AB} - I_{CA}$.

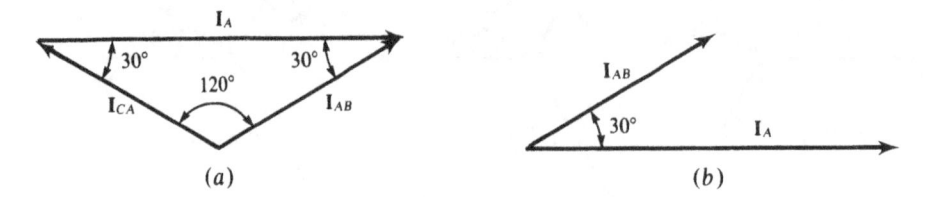

Figura 16-10

A Fig. 16-10a é uma representação gráfica dessa subtração para uma sequência de fase ABC. Sendo que essa é a mesma forma do triângulo para a tensão de fase e de linha de uma carga Y balanceada, os resultados são semelhantes: no diagrama fasorial, existe uma diferença de 30° entre o ângulo de cada corrente de fase e a corrente de linha mais próxima, como mostrado na Fig. 16-10b. Esses 30° podem ser adiantados ou atrasados, dependendo do conjunto de correntes de fase e da sequência de fases em particular. Além disso, o módulo da corrente de linha I_L é $\sqrt{3}$ vezes o módulo da corrente de fase I_p: $I_L = \sqrt{3}I_p$.

A Fig. 16-11 tem todos os diagramas fasoriais possíveis que relacionam as correntes de linha e os dois conjuntos de correntes de fase de cargas Δ balanceadas, para as duas sequências de fase. Portanto, todas as relações angulares entre as correntes Δ de fase e de linha podem ser determinadas a partir deles. A partir dos índices, deve ser evidente que as Figs. 16-11a e b são para uma sequência de fase ABC e que as Figs. 16-11c e d são para uma sequência de fase ACB. Apenas os ângulos relativos são mostrados. Para ângulos reais, o diagrama adequado teria que ser rodado até que um fasor qualquer estivesse no seu ângulo especificado, mas isso é raramente necessário.

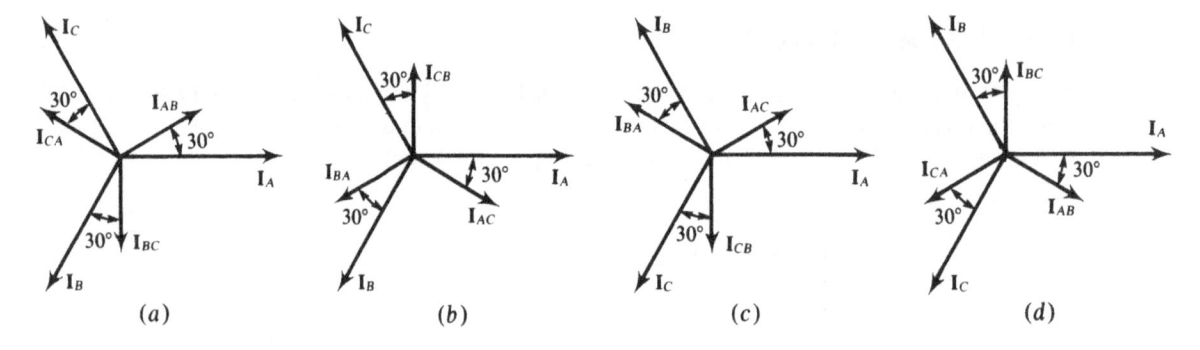

Figura 16-11

CARGAS EM PARALELO

Se um circuito trifásico tem várias cargas ligadas em paralelo, um bom primeiro passo na análise é combinar as cargas em uma única carga Y ou Δ. Então, os métodos de análise para uma única carga Y ou Δ podem ser utilizados. Essa combinação é, provavelmente, a mais óbvia para duas cargas Δ, como mostrado na Fig. 16-12a. Estando em paralelo, as impedâncias de fase correspondentes dos dois Δs podem ser combinadas para produzir um único Δ equivalente.

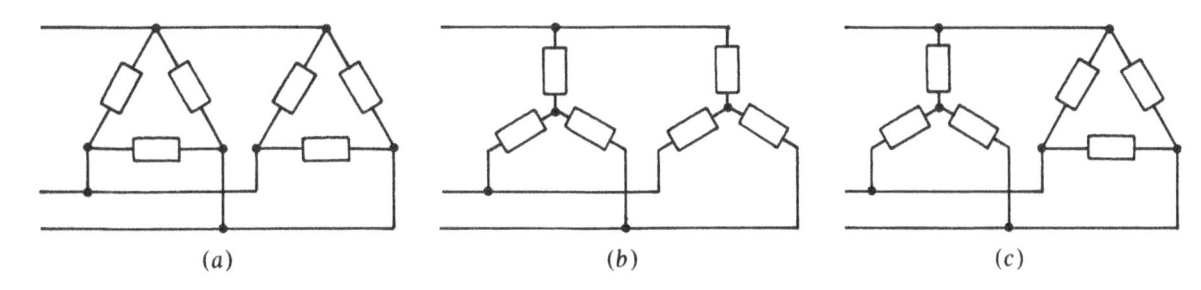

(a)　　　　　　　　　　(b)　　　　　　　　　　(c)

Figura 16-12

Se houver duas cargas em Y, como mostrado na Fig. 16-12b, e um conector neutro (não mostrado) que liga os dois nós neutros das cargas, as impedâncias de fase correspondentes dos dois Ys estão em paralelo e podem ser combinadas para produzir um único Y equivalente. Mesmo não existindo o condutor neutro, as impedâncias de fase correspondentes estão em paralelo, desde que ambas as cargas Y são balanceadas, e pela razão de que os dois nós neutros estão no mesmo potencial. Se as cargas são desbalanceadas e não existe nenhum conector neutro, as impedâncias correspondentes aos dois Ys *não* estão em paralelo. Então, o dois Ys podem ser transformados em dois Δs, e estes combinados em um único Δ equivalente.

Por vezes, um circuito trifásico tem uma carga em Y e uma carga em Δ, como mostrado na Fig. 16-12c. Se as cargas são balanceadas, Δ pode ser transformado em Y e, então, os dois Ys combinados. Se as cargas estão desbalanceadas, Y pode ser transformado para um Δ e, em seguida, os dois Δs combinados em um único Δ equivalente.

POTÊNCIA

A potência média consumida por uma carga Y ou Δ trifásico balanceado é, certamente, apenas três vezes a potência média consumida por qualquer uma das impedâncias de fase. Para qualquer carga Δ ou Y balanceada, ela é $P = 3V_p I_p \cos \theta$. A fórmula de potência é normalmente expressa em termos da tensão de linha V_L rms e corrente de linha I_L rms. Para uma carga Y, $V_p = V_L/\sqrt{3}$ e $I_p = I_L$. E para uma carga Δ, $V_p = V_L$ e $I_p = I_L/\sqrt{3}$. Com qualquer substituição, o resultado é o mesmo:

$$P = \sqrt{3} V_L I_L \cos \theta$$

que é a fórmula para a potência média total consumida por qualquer carga Y ou Δ balanceada. É importante lembrar que θ é o ângulo da impedância da carga e não o ângulo entre uma tensão de linha e corrente de linha.

As fórmulas para a potência complexa **S** e a potência reativa Q podem ser facilmente encontradas usando as relações com a potência média apresentadas no Capítulo 14. Para uma carga trifásica balanceada, o resultado é

$$\mathbf{S} = \sqrt{3} V_L I_L \underline{/\theta} \quad \text{e} \quad Q = \sqrt{3} V_L I_L \operatorname{sen} \theta$$

A correção do fator de potência trifásico é obtida com Y ou Δ de capacitores balanceados, onde cada uma das fases produzem um terço da potência reativa necessária. Portanto, para cada fase de Δ, a capacitância necessária é

$$C_\Delta = \frac{P[\operatorname{tg}(\cos^{-1} \mathrm{PF}_i) - \operatorname{tg}(\cos^{-1} \mathrm{PF}_f)]}{3\omega V_L^2}$$

Mas, uma vez que para Y a tensão de fase é $V_L/\sqrt{3}$, o fator de tensão no denominador é $V_L^2/3$. Assim, 3 é eliminado, com o resultado de

$$C_Y = \frac{P[\text{tg }(\cos^{-1} \text{PF}_i) - \text{tg }(\cos^{-1} \text{PF}_f)]}{\omega V_L^2}$$

Consequentemente, para uma ligação Y de capacitores para a correção do fator de potência, a capacitância necessária em cada fase é três vezes superior à necessária para um Δ. Por outro lado, no entanto, o requisito de tensão de ruptura é menor para os capacitores conectados em Y.

MEDIÇÕES DE POTÊNCIAS TRIFÁSICAS

Se uma carga trifásica é balanceada, a potência média total absorvida pode ser medida pela conexão de um wattímetro em uma única fase e pela multiplicação da leitura do wattímetro por três. Para isso, a bobina de corrente do wattímetro deve ser conectada em série com uma impedância de fase e a bobina de potencial do wattímetro deve ser conectada sobre essa impedância. Se a carga é desbalanceada, três medições devem ser feitas, uma em cada fase.

Frequentemente, no entanto, não é possível ligar um wattímetro em uma fase. Isso é verdadeiro, por exemplo, para o motor elétrico trifásico comum que tem apenas três condutores que se estendem a partir dele. Para tal aplicação, pode ser utilizado o *método de dois wattímetros*, desde que existam apenas três condutores para a carga.

A Fig. 16-13 mostra as conexões dos wattímetros para o método dos dois wattímetros. Observe que as bobinas de corrente estão em série com duas das linhas e que as respectivas bobinas de potencial são conectadas entre essas duas linhas e a terceira linha. Os terminais ± são conectados de forma que cada wattímetro está conectado como para dar uma leitura de escala crescente para uma potência consumida pela carga.

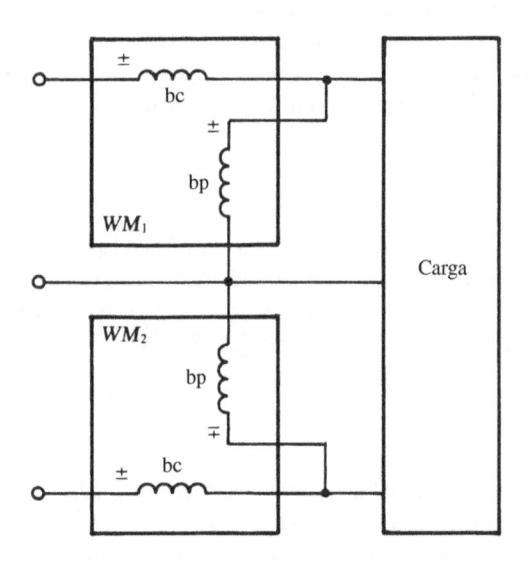

Figura 16-13

Isso pode mostrar que a potência média total consumida pela carga é igual à soma *algébrica* das duas leituras dos wattímetros. Assim, se uma leitura é negativa, ela é adicionada, sinal e tudo, à leitura do outro wattímetro (obviamente pode ser necessário inverter uma bobina para obter tal leitura). Este método de dois wattímetros é completamente geral. A carga não tem que ser balanceada. Na verdade, o circuito não tem que ser trifásico ou mesmo senoidalmente excitado.

A partir da tensão de linha e dos fasores de corrente, pode ser calculado que, para uma carga balanceada com um ângulo de impedância θ, a leitura de um wattímetro é $V_L I_L \cos(30° + \theta)$ e do outro é $V_L I_L \cos(30° - \theta)$. O wattímetro com a leitura $V_L I_L \cos(30° + \theta)$ tem uma bobina de corrente de linha correspondente à sequência de letras da fase que precede imediatamente a letra da linha na qual não existe bobina de corrente. Se, por exemplo, não existe uma bobina de corrente na linha C, e se a sequência de fase é ABC, então, uma vez que B precede C na sequência de fase, o wattímetro com sua bobina de corrente na linha B tem a leitura $V_L I_L \cos(30° + \theta)$.

O ângulo da impedância para a impedância de fase de uma carga balanceada pode ser encontrado a partir das leituras dos wattímetros conectados pelo método de dois wattímetros. Existem seis fórmulas que relacionam a tangente do ângulo de impedância com as leituras de potência. A fórmula adequada depende da sequência de fase e das linhas nas quais as bobinas de corrente são conectadas. Se P_A, P_B e P_C são as leituras dos wattímetros com bobinas de corrente nas linhas A, B e C, então, por uma sequência de fase ABC,

$$\operatorname{tg} \theta = \sqrt{3}\, \frac{P_A - P_B}{P_A + P_B} = \sqrt{3}\, \frac{P_B - P_C}{P_B + P_C} = \sqrt{3}\, \frac{P_C - P_A}{P_C + P_A}$$

Para uma sequência de fase ACB, $\tan \theta$ é igual ao negativo dessa.

CIRCUITOS DESBALANCEADOS

Se um circuito trifásico tem uma carga desbalanceada, nenhum dos atalhos para a análise de circuitos trifásicos balanceados pode ser utilizado. A análise convencional de malha ou análise de laço é geralmente preferível. Se a carga for um Y desbalanceado com um condutor neutro, então a tensão através de cada impedância de fase é conhecida, o que significa que cada corrente de fase pode ser facilmente encontrada. O mesmo é válido para uma carga Δ desbalanceada se não há impedâncias de linha. Caso contrário, pode ser preferível transformar Δ em Y de modo que as impedâncias de linha estejam em série com as impedâncias de fase Y.

Problemas Resolvidos

16.1 Qual é a sequência de fase de um circuito trifásico balanceado no qual $\mathbf{V}_{AN} = 7.200\underline{/20°}$ V e $\mathbf{V}_{CN} = 7.200\underline{/-100°}$ V? Qual é $\mathbf{V}_{BN}$?

Uma vez que $\mathbf{V}_{CN}$ está atrasado 120° em relação a $\mathbf{V}_{AN}$ e os primeiros índices são C e A, respectivamente, C segue A na sequência de fase. Assim, a sequência de fase é ACB, a sequência de fase negativa. Certamente, $\mathbf{V}_{BN}$ está adiantado 120° em relação a $\mathbf{V}_{AN}$, mas tem o mesmo módulo: $\mathbf{V}_{BN} = 7.200\underline{/20° + 120°} = 7.200\underline{/140°}$ V.

16.2 Qual é a sequência de fase de um circuito trifásico balanceado em que $\mathbf{V}_{BN} = 277\underline{/-30°}$ V e $\mathbf{V}_{CN} = 277\underline{/90°}$ V? Qual é $\mathbf{V}_{AN}$?

Uma vez que $\mathbf{V}_{CN}$ está adiantado 120° em relação a $\mathbf{V}_{BN}$ e os primeiros índices são C e B, respectivamente, C está adiantado em relação a B na sequência de fase, a qual deve ser CBA ou ACB, a sequência de fase negativa. Certamente, $\mathbf{V}_{AN}$ tem o mesmo módulo de $\mathbf{V}_{CN}$, mas tem um ângulo que é maior que 120°:

$$\mathbf{V}_{AN} = 277\underline{/90° + 120°} = 277\underline{/210°} = 277\underline{/-150°} \text{ V}$$

16.3 Em um circuito trifásio, circuito com três condutores, encontre o fasor das correntes de linha para uma carga Y balanceada em que cada impedância de fase é $\mathbf{Z}_Y = 20\underline{/30°}$ Ω. Além disso, $\mathbf{V}_{AN} = 120\underline{/20°}$ V e a sequência de fases é ABC.

A corrente de linha $\mathbf{I}_A$ pode ser encontrada dividindo a tensão de fase $\mathbf{V}_{AN}$ pela impedância de fase $\mathbf{Z}_Y$:

$$\mathbf{I}_A = \frac{\mathbf{V}_{AN}}{\mathbf{Z}_Y} = \frac{120\underline{/20°}}{20\underline{/30°}} = 6\underline{/-10°} \text{ A}$$

A outra corrente de linha pode ser determinada a partir de $\mathbf{I}_A$ e da sequência da fase. Elas têm o mesmo módulo que $\mathbf{I}_A$, e, para a sequência de fase especificada ABC, as correntes $\mathbf{I}_B$ e $\mathbf{I}_C$, respectivamente, estão atrasada e adiantada 120°. Assim,

$$\mathbf{I}_B = 6\underline{/-10° - 120°} = 6\underline{/-130°} \text{ A} \qquad \text{e} \qquad \mathbf{I}_C = 6\underline{/-10° + 120°} = 6\underline{/110°} \text{ A}$$

16.4 Qual é a sequência de fase de um circuito trifásico em que $V_{AB} = 13.200\underline{/-10°}$ V e $V_{BC} = 13.200\underline{/110°}$ V? Além disso, qual é a tensão de linha que tem um ângulo que difere de 120° dos ângulos dessas tensões?

A sequência de fase pode ser encontrada a partir dos ângulos de tensão e do primeiro índice. Uma vez que V_{BC} está adiantado 120° em relação a V_{AB}, e uma vez que os primeiros índices são B e A, respectivamente, B está imediatamente à frente de A na sequência de fase. Assim, a sequência de fase deve ser BAC ou, equivalentemente, ACB, a sequência de fase negativa.

A tensão da terceira linha é V_{CA} ou V_{AC}, uma vez que somente A e C de ABC não foram utilizados juntos no índice. A tensão da terceira linha adequada – a tensão que tem um ângulo diferente de 120° daqueles de V_{AB} e V_{BC} – é V_{CA}, uma vez que não há duas tensões de linha de um conjunto que pode ter índices que começam com a mesma letra, como seria o caso se V_{AC} fosse utilizado. Portanto, $V_{CA} = 13.200\underline{/-130°}$ V. Esse resultado é também evidente a partir da Fig. 16-8c.

16.5 Uma carga trifásica balanceada Y tem tensão de fase $V_{CN} = 277\underline{/45°}$ V. Se a sequência de fase é ACB, encontre as tensões de linha V_{CA}, V_{AB} e V_{BC}.

A partir da Fig. 16-8c, que é para uma sequência de fase ACB, e das tensões de linha específicas, pode-se ver que a tensão de linha V_{CA} tem um ângulo que é 30° menor que o de V_{CN}. Seu módulo é, certamente, maior por um fator de $\sqrt{3}$. Então, $V_{CA} = 277\sqrt{3}\underline{/45° - 30°} = 480\underline{/15°}$ V. Além disso, $V_{AB} = 480\underline{/15° + 120°} = 480\underline{/135°}$ V, a partir da mesma figura, ou do fato de que V_{AB} tem um ângulo que é 120° maior, porque seu primeiro índice A está exatamente à frente do primeiro índice C de V_{CA} na sequência de fase ACB. Da mesma forma, V_{BC} deve estar atrasado 120° em relação a V_{CA}: $V_{BC} = 480\underline{/15° - 120°} = 480\underline{/-105°}$ V.

16.6 Quais são as tensões de fase para uma carga trifásica balanceada Y se $V_{BA} = 12.470\underline{/-35°}$ V? A sequência de fase é ABC.

A partir da Fig. 16-8b, que é para uma sequência de fase ABC e o conjunto de tensões de linha que inclui V_{BA}, pode ser visto que V_{BN} está adiantado 30° em relação a V_{BA}. Além disso, o módulo de V_{BN} é menor por um fator de $\sqrt{3}$. Assim,

$$V_{BN} = \frac{12.470}{\sqrt{3}}\underline{/-35° + 30°} = 7.200\underline{/-5°} \text{ V}$$

Também, a partir dessa figura, ou a partir da sequência de fases e da primeira relação do primeiro índice, V_{AN} está adiantado 120° em relação a V_{BN} e V_{CN} está atrasado 120°:

$$V_{AN} = 7.200\underline{/-5° + 120°} = 7.200\underline{/115°} \text{ V} \quad \text{e} \quad V_{CN} = 7.200\underline{/-5° - 120°} = 7.200\underline{/-125°} \text{ V}$$

16.7 Um circuito trifásico balanceado de três condutores com uma sequência de fase ABC tem uma corrente de linha de $I_B = 20\underline{/40°}$ A. Encontre as outras correntes de linha.

Uma vez que o circuito está balanceado, as três correntes de linha têm o mesmo módulo de 20 A. E, uma vez que a sequência de fase é ABC e que A precede B na sequência, I_A está adiantado 120° em relação a I_B. Por uma razão semelhante, I_C está atrasado 120° em relação a I_B. Consequentemente,

$$I_A = 20\underline{/40° + 120°} = 20\underline{/160°} \text{ A} \quad \text{e} \quad I_C = 20\underline{/40° - 120°} = 20\underline{/-80°} \text{ A}$$

16.8 Qual é a corrente de linha I_B em um circuito trifásico desbalanceado com três condutores, onde $I_A = 50\underline{/60°}$ A e $I_C = 80\underline{/160°}$ A?

Pela LKC, a soma das três correntes de linha é zero: $I_A + I_B + I_C = 0$, a partir do qual $I_B = -I_A - I_C = -50\underline{/60°} - 80\underline{/160°} = 86,7\underline{/-54,6°}$ A.

16.9 Uma carga Y balanceada de resistores de Y 40 Ω está conectada a uma fonte trifásica, 480 V, com três condutores. Encontre a corrente de linha rms.

Cada corrente de linha é igual à tensão de fase da $480/\sqrt{3} = 277$ V dividida pela impedância de fase 40 Ω: $I_L = 277/40 = 6,93$ A.

16.10 Uma carga Y balanceada de impedância $50\underline{/-30°}$ Ω é energizada por uma fonte trifásica, 12.470 V, com três condutores. Encontre a corrente de linha rms.

Cada corrente de linha é igual à tensão de fase da carga $12.470/\sqrt{3} = 7.200$ V dividida pelo módulo da impedância fase de 50Ω: $I_L = 7.200/50 = 144$ A.

16.11 Encontre as correntes de linha fasoriais para uma carga Y balanceada de impedâncias $\mathbf{Z}_Y = 50\underline{/25°}$ Ω, energizada por uma fonte trifásica. Uma tensão de fase é $\mathbf{V}_{BN} = 120\underline{/30°}$ V e a sequência de fases é *ABC*.

A corrente de linha $\mathbf{I}_B$ pode ser encontrada dividindo a tensão de fase $\mathbf{V}_{BN}$ pela impedância de fase $\mathbf{Z}_Y$. Em seguida, a outra corrente de linha pode ser encontrada a partir de $\mathbf{I}_B$ com o auxílio da sequência de fase. A corrente de linha $\mathbf{I}_B$ é

$$\mathbf{I}_B = \frac{\mathbf{V}_{BN}}{\mathbf{Z}_Y} = \frac{120\underline{/30°}}{50\underline{/25°}} = 2{,}4\underline{/5°} \text{ A}$$

Uma vez que a sequência de fase é *ABC*, o ângulo de $\mathbf{I}_A$ é 120° maior que o ângulo de $\mathbf{I}_B$. Certamente, os módulos das correntes são os mesmos: $\mathbf{I}_A = 2{,}4\underline{/5° + 120°} = 2{,}4\underline{/125°}$ A. Da mesma forma, o ângulo de $\mathbf{I}_C$ é 120° menor. Então, $\mathbf{I}_C = 2{,}4\underline{/5° - 120°} = 2{,}4\underline{/-115°}$ A.

16.12 Em um circuito trifásico com três condutores, encontre as correntes de linha fasoriais para uma carga Y balanceada para $\mathbf{Z}_Y = 60\underline{/-30°}$ Ω e $\mathbf{V}_{CB} = 480\underline{/65°}$ V. A sequência de fase é *ABC*.

A partir da Fig. 16-8*b*, a tensão de fase $\mathbf{V}_{CN}$ tem um ângulo que é 30° maior que o de $\mathbf{V}_{CB}$ e, certamente, tem um módulo que é menor por um fator de $1/\sqrt{3}$:

$$\mathbf{V}_{CN} = \frac{480\underline{/65° + 30°}}{\sqrt{3}} = 277\underline{/95°} \text{ V}$$

A corrente de linha $\mathbf{I}_C$ é

$$\mathbf{I}_C = \frac{\mathbf{V}_{CN}}{\mathbf{Z}_Y} = \frac{277\underline{/95°}}{60\underline{/-30°}} = 4{,}62\underline{/125°} \text{ A}$$

Como *A* segue *C* na sequência de fase, $\mathbf{I}_A$ está atrasada 120° em relação a $\mathbf{I}_C$: $\mathbf{I}_A = 4{,}62\underline{/125° - 120°} = 4{,}62\underline{/5°}$ A. E, pela razão de *B* preceder *C*, na sequência de fase, $\mathbf{I}_B$ está adiantado 120° em relação a $\mathbf{I}_C$:

$$\mathbf{I}_B = 4{,}62\underline{/125° + 120°} = 4{,}62\underline{/245°} = 4{,}62\underline{/-115°} \text{ A}$$

16.13 Qual é a sequência de fase de um circuito trifásico equilibrado com uma carga Δ em que duas das correntes de fase são $\mathbf{I}_{BA} = 6\underline{/-30°}$ A e $\mathbf{I}_{CB} = 6\underline{/90°}$ A? Qual é o valor de $\mathbf{I}_{AC}$?

Desde que $\mathbf{I}_{CB}$, com o primeiro índice *C*, tem um ângulo de 120° maior que o de $\mathbf{I}_{BA}$, que tem o primeiro índice *B*, a letra *C* precede a letra *B* na sequência de fase. Assim, a sequência de fase deve ser *ACB*, a sequência de fase negativa. A partir dessa sequência de fase, a corrente $\mathbf{I}_{AC}$, com o primeiro índice *A*, tem um ângulo que é 120° menor que o de $\mathbf{I}_{BA}$. É claro que o módulo é o mesmo, então $\mathbf{I}_{AC} = 6\underline{/-30° - 120°} = 6\underline{/-150°}$ A.

16.14 Encontre as correntes de fase $\mathbf{I}_{BC}$, $\mathbf{I}_{AB}$ e $\mathbf{I}_{CA}$ de uma carga Δ trifásica balanceada para a qual uma corrente de linha é $\mathbf{I}_B = 50\underline{/-40°}$ A. A sequência de fase é *ABC*.

A partir da Fig. 16-11*a*, a qual é para uma sequência de fase *ABC* e o conjunto especificado de correntes de fase Δ, pode ser visto que $\mathbf{I}_{BC}$ tem um ângulo que é 30° maior do que o de $\mathbf{I}_B$, e, é claro, tem um módulo que é menor por um fator de $1/\sqrt{3}$. Consequentemente,

$$\mathbf{I}_{BC} = \frac{50\underline{/-40° + 30°}}{\sqrt{3}} = 28{,}9\underline{/-10°} \text{ A}$$

Além disso, a partir da mesma figura ou do fato de que $\mathbf{I}_{AB}$ tem um ângulo de 120° que é maior porque seu primeiro índice *A* está à frente do primeiro índice *B* de $\mathbf{I}_{BC}$ na sequência de fase *ABC*, $\mathbf{I}_{AB} = 28{,}9\underline{/-10° + 120°} = 28{,}9\underline{/110°}$ A. Então, $\mathbf{I}_{CA}$ deve ter um ângulo que é 120° menor que o de $\mathbf{I}_{BC}$.
Assim, $\mathbf{I}_{CA} = 28{,}9\underline{/-10° - 120°} = 28{,}9\underline{/-130°}$ A.

16.15 Uma carga trifásica Δ balanceada tem corrente de fase $\mathbf{I}_{AB} = 10\underline{/30°}$ A. A sequência de fase é *ACB*. Encontre os outros fasores das correntes de fase e também das correntes de linha.

As outras duas correntes de fase desejadas são aquelas que possuem ângulos que diferem de 120° a partir do ângulo de $\mathbf{I}_{BA}$. Estas são $\mathbf{I}_{AC}$ e $\mathbf{I}_{CB}$, como pode ser obtido a partir da relação de índices: não há duas correntes podendo ter as mesmas primeira ou segunda letras de índice, ou as duas mesmas letras. Isso também é evidente a partir da Fig. 16-11c. Como a sequência de fase é *ACB* ou negativa, $\mathbf{I}_{CB}$ deve estar adiantado 120° em relação a $\mathbf{I}_{BA}$, porque, na sequência de fase, a letra *C*, a letra do primeiro índice de $\mathbf{I}_{CB}$, precede a letra *B*, a primeira letra do índice de $\mathbf{I}_{BA}$. Além disso, a Fig. 16-11c mostra esse adiantamento de 120°. Portanto, $\mathbf{I}_{CB} = 10\underline{/30° + 120°} = 10\underline{/150°}$ A. Então, $\mathbf{I}_{AC}$ deve estar atrasada 120° em relação a $\mathbf{I}_{BA}$: $\mathbf{I}_{AC} = 10\underline{/30° - 120°} = 10\underline{/-90°}$ A.

A partir da Fig. 16-11c, $\mathbf{I}_A$ está atrasada 30° em relação a $\mathbf{I}_{AC}$ e, uma vez que tem um módulo que é maior por um fator $\sqrt{3}$, $\mathbf{I}_A = 10\sqrt{3}\underline{/-90° - 30°} = 17,3\underline{/-120°}$ A. Como a sequência de fase é *ACB*, as correntes $\mathbf{I}_B$ e $\mathbf{I}_C$ estão, respectivamente, adiantada e atrasada 120° em relação a $\mathbf{I}_A$:

$$\mathbf{I}_B = 17,3\underline{/-120° + 120°} = 17,3\underline{/0°} \text{ A} \quad \text{e} \quad \mathbf{I}_C = 17,3\underline{/-120° - 120°} = 17,3\underline{/-240°} = 17,3\underline{/120°} \text{ A}$$

16.16 Quais são os fasores das correntes de linha para uma carga Δ trifásica balanceada se uma corrente de fase é $\mathbf{I}_{CB} = 10\underline{/20°}$ A e se a sequência de fase é *ABC*?

A partir da Fig.16-11b, que é para uma sequência de fase *ABC* e um conjunto de correntes de fase que inclui $\mathbf{I}_{CB}$, pode-se ver que $\mathbf{I}_C$ está adiantado 30° em relação a $\mathbf{I}_{CB}$. Obviamente, seu módulo é maior por um fator de $\sqrt{3}$. Então, $\mathbf{I}_C = 10\sqrt{3}\underline{/20° + 30°} = 17,3\underline{/50°}$ A. A partir da sequência de fase, $\mathbf{I}_B$ está adiantado 120° em relação a $\mathbf{I}_C$ e $\mathbf{I}_A$ está atrasado 120°:

$$\mathbf{I}_B = 17,3\underline{/50° + 120°} = 17,3\underline{/170°} \text{ A} \quad \text{e} \quad \mathbf{I}_A = 17,3\underline{/50° - 120°} = 17,3\underline{/-70°} \text{ A}$$

16.17 Um circuito trifásico de 208 V tem uma carga Δ balanceada de resistores de 50 Ω. Encontre a corrente de linha rms.

A corrente de linha rms I_L pode ser encontrada a partir da corrente de fase rms I_p, que é igual à tensão de linha 208 V (e também tensão de fase) dividida pela resistência de fase 50 Ω: $I_p = 208/50 = 4,16$ A. A corrente de linha rms I_L é maior por um fator de $\sqrt{3}$: $I_L = \sqrt{3}(4,16) = 7,21$ A.

16.18 Encontre os fasores das correntes de linha para uma carga Δ trifásica balanceada com impedâncias $\mathbf{Z}_\Delta = 40\underline{/10°}$ Ω, se a tensão de fase é $\mathbf{V}_{CB} = 480\underline{/-15°}$ V e se a sequência de fase é *ACB*.

Um bom primeiro passo é encontrar a corrente de fase $\mathbf{I}_{CB}$:

$$\mathbf{I}_{CB} = \frac{\mathbf{V}_{CB}}{\mathbf{Z}_\Delta} = \frac{480\underline{/-15°}}{40\underline{/10°}} = 12\underline{/-25°} \text{ A}$$

A partir da Fig. 16-11c, a qual é para uma sequência de fase *ACB* e o conjunto de correntes de fase que inclui $\mathbf{I}_{CB}$, a corrente de linha $\mathbf{I}_C$ está atrasada 30° em relação a $\mathbf{I}_{CB}$. Certamente, o seu módulo é maior por um fator de $\sqrt{3}$. Assim,

$$\mathbf{I}_C = 12\sqrt{3}\underline{/-25° - 30°} = 20,8\underline{/-55°} \text{ A}$$

Como a sequência de fase é *ACB*, as correntes de linha $\mathbf{I}_A$ e $\mathbf{I}_B$ estão adiantada e atrasada 120° em relação a $\mathbf{I}_C$, respectivamente:

$$\mathbf{I}_A = 20,8\underline{/-55° + 120°} = 20,8\underline{/65°} \text{ A} \quad \text{e} \quad \mathbf{I}_B = 20,8\underline{/-55° - 120°} = 20,8\underline{/-175°} \text{ A}$$

16.19 Uma carga Δ balanceada de impedâncias $\mathbf{Z}_\Delta = 24\underline{/-40°}$ Ω está conectada ao secundário de um transformador trifásico em Y. A sequência de fase é *ACB* e $\mathbf{V}_{BN} = 277\underline{/50°}$ V. Encontre os fasores das correntes de linha e das correntes de fase da carga.

Uma abordagem é encontrar $\mathbf{Z}_Y$ correspondente e usá-la para encontrar $\mathbf{I}_B$ a partir de $\mathbf{I}_B = \mathbf{V}_{BN}/\mathbf{Z}_Y$. O próximo passo é usar a sequência de fase para obter $\mathbf{I}_A$ e $\mathbf{I}_C$ a partir de $\mathbf{I}_B$. O último passo é utilizar tanto a Fig. 16-11c quanto a d para obter as correntes de fase a partir de $\mathbf{I}_B$. Essa é a abordagem que será utilizada, embora existam outros métodos adequados.

A impedância Y correspondente é $\mathbf{Z}_Y = \mathbf{Z}_\Delta/3 = (24\underline{/-40°})/3 = 8\underline{/-40°}\ \Omega$, e não

$$\mathbf{I}_B = \frac{\mathbf{V}_{BN}}{\mathbf{Z}_Y} = \frac{277\underline{/50°}}{8\underline{/-40°}} = 34{,}6\underline{/90°}\ \text{A}$$

Como a sequência de fase é *ACB*, as correntes de linha $\mathbf{I}_A$ e $\mathbf{I}_C$ estão atrasada e adiantada 120° em relação a $\mathbf{I}_B$, respectivamente:

$$\mathbf{I}_A = 34{,}6\underline{/90° - 120°} = 34{,}6\underline{/-30°}\ \text{A} \qquad \text{e} \qquad \mathbf{I}_C = 34{,}6\underline{/90° + 120°} = 34{,}6\underline{/210°} = 34{,}6\underline{/-150°}\ \text{A}$$

Ambos os conjuntos de correntes de fase de carga podem ser encontrados: $\mathbf{I}_{AB}$, $\mathbf{I}_{BC}$ e $\mathbf{I}_{CA}$, ou $\mathbf{I}_{BA}$, $\mathbf{I}_{AC}$ e $\mathbf{I}_{CB}$. Se o primeiro conjunto é selecionado, então pode ser utilizada a Fig. 16-11*d*, onde essas correntes têm uma sequência de fase *ACB*. Pode ser visto que $\mathbf{I}_{AB}$, $\mathbf{I}_{BC}$ e $\mathbf{I}_{CA}$ estão atrasadas 30° em relação a $\mathbf{I}_A$, $\mathbf{I}_B$ e $\mathbf{I}_C$, respectivamente. O módulo de cada corrente de fase de carga é, obviamente, $34{,}6/\sqrt{3} = 20$ A. Assim,

$$\mathbf{I}_{AB} = 20\underline{/-60°}\ \text{A} \qquad \mathbf{I}_{BC} = 20\underline{/60°}\ \text{A} \qquad \mathbf{I}_{CA} = 20\underline{/-180°} = -20\ \text{A}$$

16.20 Encontre a tensão da linha rms V_L na fonte do circuito da Fig. 16-14. Como mostrado, a tensão de fase rms da carga é 100 V e cada impedância de linha é $2 + j3\ \Omega$.

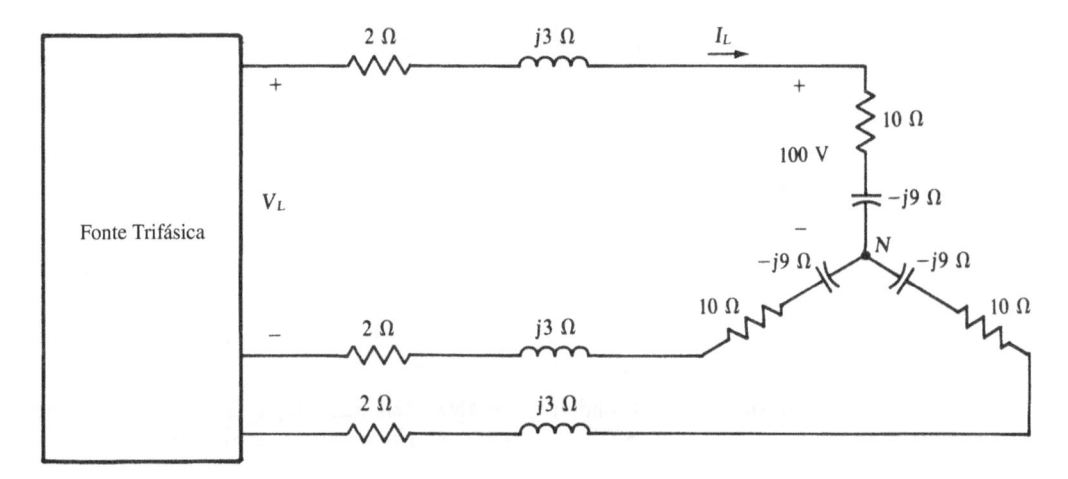

Figura 16-14

Pode-se utilizar a corrente de linha I_L rms para encontrar V_L. É claro que I_L é igual à tensão de fase de carga 100 V dividida pelo módulo da impedância de fase da carga:

$$I_L = \frac{100}{|10 - j9|} = 7{,}43\ \text{A}$$

Circulando, essa corrente produz uma queda de tensão a partir do terminal de fonte para o terminal *N* neutro da carga, queda que é igual ao produto da corrente e do módulo da soma das impedâncias através da qual a corrente flui. Essa tensão é

$$I_L|\mathbf{Z}_{\text{linha}} + \mathbf{Z}_Y| = 7{,}43\,|(2 + j3) + (10 - j9)| = 7{,}43|12 - j6| = 7{,}43(13{,}42) = 99{,}7\ \text{V}$$

A tensão da linha na fonte é igual a $\sqrt{3}$ vezes isso: $V_L = \sqrt{3}(99{,}7) = 173$ V.

16.21 Encontre a tensão de linha rms no circuito da fonte V_L da Fig 16-15. Como mostrado, a tensão de linha rms na carga é 100 V e cada impedância de linha é $2 + j3\ \Omega$.

ANÁLISE DE CIRCUITOS

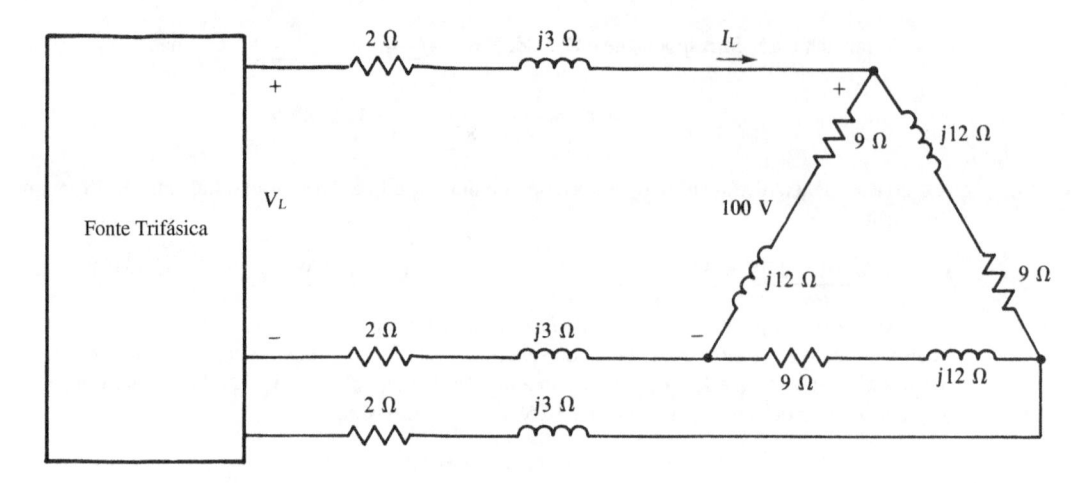

Figura 16-15

Talvez a melhor abordagem seja transformar Δ em Y equivalente e, em seguida, proceder como na solução do Problema 16.20. As impedâncias Y equivalentes são $(9 + j12)/3 = 3 + j4$. Uma vez que a tensão de linha na carga é 100 V, a tensão da linha para neutro para a carga Y equivalente é $100/\sqrt{3} = 57{,}74$ V. A corrente de linha rms I_L é igual a essa tensão dividida pelo módulo da impedância da fase Y:

$$I_L = \frac{57{,}74}{|3 + j4|} = \frac{57{,}74}{5} = 11{,}55 \text{ A}$$

Circulando, essa corrente produz uma queda de tensão a partir do terminal de fonte Y para o terminal neutro, cuja queda é igual ao produto dessa corrente e do módulo da soma das impedâncias através das quais a corrente flui. A tensão é

$$I_L|\mathbf{Z}_{\text{linha}} + \mathbf{Z}_Y| = 11{,}55\,|(2 + j3) + (3 + j4)| = 11{,}55|5 + j7| = 11{,}55(8{,}6) = 99{,}3 \text{ V}$$

E a tensão de linha da fonte é igual a $\sqrt{3}$ vezes isso: $V_L = \sqrt{3}(99{,}3) = 172$ V.

16.22 Um circuito trifásico com três condutores de 480 V tem duas cargas Δ balanceadas, conectadas em paralelo, sendo uma com resistores de 5 Ω e a outra com resistores de 20 Ω. Encontre a corrente de linha rms total.

Uma vez que os resistores correspondentes das cargas de Δ estão em paralelo, as resistências podem ser combinadas para produzir um único resistor Δ equivalente de $5\|20 = 4$ Ω. A corrente de fase do Δ é igual à tensão de rede dividida pela resistência de 4 Ω: $I_p = 480/4 = 120$ A. E, claramente, a corrente de linha é $\sqrt{3}$ vezes maior. Então, $I_L = \sqrt{3}(120) = 208$ A.

16.23 Um circuito trifásico, 208 V, de três condutores tem duas cargas Y balanceadas conectadas em paralelo, uma com resistores de 6 Ω e outra com resistores de 12 Ω. Encontre a corrente de linha rms total.

Uma vez que as cargas estão balanceadas, os nós da carga neutra estão no mesmo potencial, mesmo se não houver uma ligação entre eles. Consequentemente, os resistores correspondentes estão em paralelo e podem ser combinados. O resultado é uma rede de resistência de $6\|12 = 4$ Ω. Essa divisão pela tensão fase de $208/\sqrt{3} = 120$ V dá uma corrente rms de linha total: $I_L = 120/4 = 30$ A.

16.24 Um circuito trifásico de 600 V tem duas cargas Δ balanceadas, ligadas em paralelo, uma de impedância $40\underline{/30°}$ Ω e a outra de impedância $50\underline{/-60°}$ Ω. Encontre a corrente de linha rms total e também a potência média total consumida.

Estando em paralelo, as impedâncias Δ correspondentes podem ser combinadas para

$$\mathbf{Z}_\Delta = \frac{(40\underline{/30°})(50\underline{/-60°})}{40\underline{/30°} + 50\underline{/-60°}} = \frac{2.000\underline{/-30°}}{64\underline{/-21{,}3°}} = 31{,}2\underline{/-8{,}7°} = 30{,}9 - j4{,}7 \text{ Ω}$$

A corrente de fase rms para o Δ combinado é igual à tensão de linha dividida pelo módulo dessa impedância:

$$I_p = \frac{V_L}{Z_\Delta} = \frac{600}{31{,}2} = 19{,}2 \text{ A}$$

E a corrente de linha rms é $I_L = \sqrt{3}I_p = \sqrt{3}(19,2) = 33,3$ A

A potência média total pode ser encontrada usando a corrente de fase e de resistência do Δ combinado:

$$P = 3I_p^2 R = 3(19,2)^2(30,9) = 34,2 \times 10^3 \text{ W} = 34,2 \text{ kW}$$

Alternativamente, ela pode ser encontrada a partir das quantidades de linha e do fator de potência:

$$P = \sqrt{3}V_L I_L \times \text{PF} = \sqrt{3}(600)(33,3)\cos(-8,7°) = 34,2 \times 10^3 \text{ W} = 34,2 \text{ kW}$$

16.25 Um circuito trifásico, 208 V, tem duas cargas balanceadas conectadas em paralelo, uma Δ de impedância $21\underline{/30°}$ Ω e outra Y de impedância $9\underline{/-60°}$ Ω. Encontre a corrente de linha rms total e também a potência média total consumida.

As duas cargas podem ser combinadas, se o Δ for transformado para um Y, ou para um Δ, de modo que, com efeito, as cargas estão em paralelo. Se Δ é transformado em Y, o Y equivalente tem uma impedância de fase de $(21\underline{/30°})/3 = 7\underline{/30°}$ Ω. Uma vez que o circuito tem agora duas cargas Y balanceadas, as impedâncias correspondentes estão em paralelo e por isso podem ser combinadas:

$$\mathbf{Z}_Y = \frac{(7\underline{/30°})(9\underline{/-60°})}{7\underline{/30°} + 9\underline{/-60°}} = \frac{63\underline{/-30°}}{11,4\underline{/-22,13°}} = 5,53\underline{/-7,87°} = 5,47 - j0,76 \text{ Ω}$$

A corrente de linha rms é igual à tensão de fase $V_p = 208/\sqrt{3} = 120$ V dividida pelo módulo da impedância de fase combinada:

$$I_L = \frac{V_p}{Z_Y} = \frac{120}{5,53} = 21,7 \text{ A}$$

Uma vez que essa corrente flui efetivamente através da resistência Y combinada, a potência média total consumida é

$$P = 3I_L^2 R = 3(21,7)^2(5,47) = 7,8 \times 10^3 \text{ W} = 7,8 \text{ kW}$$

Alternativamente, a fórmula da potência, tensão de linha e corrente, pode ser utilizada:

$$P = \sqrt{3}V_L I_L \times \text{PF} = \sqrt{3}(208)(21,7)\cos(-7,87°) = 7,8 \times 103 \text{ W} = 7,8 \text{ kW}$$

16.26 Um Y balanceado com impedância de $20\underline{/20°}$ Ω e um Δ balanceado com impedância de $42\underline{/30°}$ Ω conectado em paralelo são ligados por três conectores no secundário de um transformador trifásico. Se $\mathbf{V}_{BC} = 480\underline{/10°}$ V e a sequência de fase é *ABC*, encontre o fasor das correntes de linha totais.

Uma boa abordagem é a obtenção de uma única impedância Y equivalente combinada e também da tensão de fase, para depois encontrar a corrente de linha dividindo a tensão fase por essa impedância. As outras correntes de linha podem ser obtidas a partir dessa corrente de linha, usando a sequência de fase. Para essa abordagem, o primeiro passo é encontrar a impedância Y equivalente para Δ. Ela é $(42\underline{/30°})/3 = 14\underline{/30°}$ Ω. O próximo passo é encontrar uma impedância $\mathbf{Z}_Y$ combinando Y e usando a fórmula de combinação em paralelo:

$$\mathbf{Z}_Y = \frac{(20\underline{/20°})(14\underline{/30°})}{20\underline{/20°} + 14\underline{/30°}} = \frac{280\underline{/50°}}{33,87\underline{/24,1°}} = 8,27\underline{/25,9°} \text{ Ω}$$

A partir da Fig. 16-8*a*, a qual é de uma sequência de fase *ABC*, $\mathbf{V}_{BN}$ tem um ângulo que é de 30° menor que o de $\mathbf{V}_{BC}$ e ele tem um módulo que é menor por um fator de $1/\sqrt{3}$:

$$\mathbf{V}_{BN} = \frac{480\underline{/10° - 30°}}{\sqrt{3}} = 277\underline{/-20°} \text{ V}$$

A corrente de linha $\mathbf{I}_B$ linha é igual a esta tensão dividida pela impedância de fase Y combinada:

$$\mathbf{I}_B = \frac{\mathbf{V}_{BN}}{\mathbf{Z}_Y} = \frac{277\underline{/-20°}}{8,27\underline{/25,9°}} = 33,5\underline{/-45,9°} \text{ A}$$

A partir da sequência de fase, as correntes de linha $\mathbf{I}_A$ e $\mathbf{I}_C$ estão adiantada e atrasada 120° em relação a $\mathbf{I}_B$, respectivamente: $\mathbf{I}_A = 33,5\underline{/74,1°}$ A e $\mathbf{I}_C = 33,5\underline{/-165,9°}$ A.

16.27 Uma carga Δ balanceada com impedâncias de $39\underline{/-40°}$ Ω está conectada por três condutores, com resistências de 4 Ω cada, ao secundário de um transformador trifásico. Se a tensão de linha é 480 V nos terminais secundários, encontre a corrente de linha rms.

Se Δ é transformado em Y, as impedâncias Y podem ser combinadas com as resistências de linha, encontradas dividindo o módulo da impedância de fase Y total na tensão de fase. O equivalente Y do Δ tem uma impedância de fase de

$$\frac{39\underline{/-40°}}{3} = 13\underline{/-40°} = 9{,}96 - j8{,}36 \ \Omega$$

Sendo uma impedância de Y, está em série com a resistência de linha e, portanto, pode ser combinada com ela. O resultado é

$$4 + (9{,}96 - j8{,}36) = 13{,}96 - j8{,}36 = 16{,}3\underline{/-30{,}9°} \ \Omega$$

E a corrente de linha rms é igual à tensão de fase de $480/\sqrt{3} = 277$ V dividida pelo módulo dessa impedância: $I_L = 277/16{,}3 = 17$ A.

16.28 Encontre a potência média absorvida por uma carga trifásica balanceada em um circuito ABC no qual $\mathbf{V}_{CB} = 208\underline{/15°}$ V e $\mathbf{I}_B = 3\underline{/110°}$ A.

A fórmula $P = \sqrt{3}V_L I_L \times \text{PF}$ pode ser utilizada se o fator de potência PF puder ser encontrado. Uma vez que ele é o cosseno do ângulo de impedância, o que é necessário é o ângulo entre a tensão de fase da carga e corrente. Com $\mathbf{I}_B$ conhecido, a tensão da fase mais conveniente é $\mathbf{V}_{BN}$ porque o ângulo desejado está entre $\mathbf{V}_{BN}$ e $\mathbf{I}_B$. Essa abordagem se baseia na hipótese de uma carga Y, a qual é válida desde que qualquer carga balanceada possa ser transformada em um Y equivalente. A Fig. 16-8b, que é para uma sequência de fase ABC, mostra que $\mathbf{V}_{BN}$ está adiantado 150° em relação a $\mathbf{V}_{CB}$ e assim aqui tem um ângulo de 15° + 150° = 165°. O ângulo do fator de potência, o ângulo entre $\mathbf{V}_{BN}$ e $\mathbf{I}_B$, é 165 − 110° = 55°. Assim, a potência média absorvida pela carga é

$$P = \sqrt{3}V_L I_L \times \text{PF} = \sqrt{3}(208)(3)\cos 55° = 620 \ \text{W}$$

16.29 Um motor de indução trifásico entrega 20 hp enquanto está operando com uma eficiência de 85% e um fator de potência 0,8 atrasado a partir de uma linha de 480V. Encontre a corrente de linha rms.

A corrente I_L pode ser encontrada a partir da fórmula $P_{\text{entrada}} = \sqrt{3}V_L I_L \times \text{PF}$, em que o P_{entrada} é a potência de entrada para o motor:

$$P_{\text{entrada}} = \frac{P_{\text{saída}}}{\eta} = \frac{20 \times 745{,}7}{0{,}85} = 17{,}55 \times 10^3 \ \text{W}$$

e

$$I_L = \frac{P_{\text{entrada}}}{\sqrt{3}V_L \times \text{PF}} = \frac{17{,}55 \times 10^3}{\sqrt{3}(480)(0{,}8)} = 26{,}4 \ \text{A}$$

16.30 Um motor de indução trifásico entrega 100 hp, enquanto opera com uma eficiência de 80% e um fator de potência de 0,75 atrasado, a partir de uma linha de 480 V. O fator de potência deve ser melhorado para 0,9 atrasado pela inserção de um banco de capacitores em Δ para a correção do fator de potência. Determine a capacitância $\mathbf{C}_\Delta$ necessária em cada fase.

A potência de entrada para o motor é

$$P_{\text{entrada}} = \frac{P_{\text{saída}}}{\eta} = \frac{100 \times 745{,}7}{0{,}8} \ \text{W} = 93{,}2 \ \text{kW}$$

Assim,
$$C_\Delta = \frac{(93{,}2 \times 10^3)[\ \text{tg}\ (\cos^{-1} 0{,}75) - \ \text{tg}\ (\cos^{-1} 0{,}9)]}{3(377)(480)^2} \ \text{F} = 142{,}2 \ \mu\text{F}$$

16.31 Em um circuito trifásico de 208 V, uma carga balanceada em Δ consome 2 kW em um fator de potência 0,8 adiantado. Encontre $\mathbf{Z}_\Delta$.

A partir de $P = 3V_p I_p \times \text{PF}$, a corrente de fase é

$$I_p = \frac{P}{3V_p \times \text{PF}} = \frac{2.000}{3(208)(0{,}8)} = 4{,}01 \ \text{A}$$

Uma vez que a tensão de linha é também a tensão de fase, o módulo da impedância de fase é

$$Z_\Delta = \frac{V_p}{I_p} = \frac{208}{4,01} = 51,9 \ \Omega$$

O ângulo de impedância é o ângulo do fator de potência: $\theta = -\cos^{-1} 0,8 = -36,9°$. Portanto, a impedância de fase é $\mathbf{Z}_\Delta = 51,9\underline{/-36,9°} \ \Omega$.

16.32 Dado que $\mathbf{V}_{AB} = 480\underline{/30°}$ V em um circuito trifásico *ABC*, encontre os fasores das correntes de linha para uma carga balanceada que consome 5 kW com um fator de potência 0,6 atrasado.

A partir de $P = \sqrt{3}V_L I_L \times \text{PF}$, o módulo da corrente de linha é

$$I_L = \frac{P}{\sqrt{3}V_L \times \text{PF}} = \frac{5.000}{\sqrt{3}(480)(0,6)} = 10 \ \text{A}$$

Se, por conveniência, uma carga Y é assumida, a partir da Fig. 16-8*a*, $\mathbf{V}_{AN}$ está atrasada 30° em relação a $\mathbf{V}_{AB}$ e, portanto, tem um ângulo de $30° - 30° = 0°$. Uma vez que $\mathbf{I}_A$ está atrasado em relação a $\mathbf{V}_{AN}$ pelo ângulo do fator de potência de $\theta = \cos^{-1} 0,6 = 53,1°$, $\mathbf{I}_A$ tem um ângulo de $0° - 53,1° = -53,1°$. Consequentemente, $\mathbf{I}_A = 10\underline{/-53,1°}$ A e, a partir da sequência de fase *ABC*,

$$\mathbf{I}_B = 10\underline{/-53,1° - 120°} = 10\underline{/-173,1°} \ \text{A}$$

e
$$\mathbf{I}_C = 10\underline{/-53,1° + 120°} = 10\underline{/66,9°} \ \text{A}$$

16.33 Um circuito trifásico de 480 V tem duas cargas balanceadas ligadas em paralelo. Uma delas é um aquecedor resistivo de 5 kW e a outra um motor de indução que fornece 15 hp, enquanto está operando com uma eficiência de 80% e um fator de potência 0,9 atrasado. Encontre a corrente de linha rms total.

Uma boa abordagem é encontrar a potência complexa total $\mathbf{S}_T$ e, em seguida, obter I_L a partir de $|\mathbf{S}_T| = S_T = \sqrt{3}V_L I_L$, que é a potência aparente. Uma vez que o aquecedor é puramente resistivo, sua potência complexa é $\mathbf{S}_H = 5\underline{/0°}$ kVA. A potência complexa do motor tem um módulo (a potência aparente) que é igual à potência de entrada dividida pelo fator de potência, que tem um ângulo que é o cosseno do fator de potência:

$$\mathbf{S}_M = \frac{15 \times 745,7}{0,8(0,9)} \underline{/\cos^{-1} 0,9} = 15,5 \times 10^3 \underline{/25,8°} \ \text{VA} = 13,98 + j6,77 \ \text{kVA}$$

A potência total é a soma complexa das duas potências complexas:

$$\mathbf{S}_T = \mathbf{S}_H + \mathbf{S}_M = 5 + (13,98 + j6,77) = 20,15\underline{/19,6°} \ \text{kVA}$$

Uma vez que a potência aparente é $|\mathbf{S}_T| = S_T = 20,15$ kVA,

$$I_L = \frac{S_T}{\sqrt{3}V_L} = \frac{20,15 \times 10^3}{\sqrt{3}(480)} = 24,2 \ \text{A}$$

16.34 Se, em um circuito trifásico, três condutores, *ABC*, $\mathbf{I}_A = 10\underline{/-30°}$ A, $\mathbf{I}_B = 8\underline{/45°}$ A e $\mathbf{V}_{AB} = 208\underline{/60°}$ V, encontre a leitura de um wattímetro conectado com sua bobina de corrente na linha *C* e sua bobina de potencial através das linhas *B* e *C*. O terminal $\pm$ da bobina de corrente está em direção à fonte e o terminal $\pm$ da bobina de potencial está na linha *C*.

A partir das conexões do wattímetro especificadas, a leitura do wattímetro é igual a $P = V_L I_L \cos(\text{ang } \mathbf{V}_{CB} - \mathbf{I}_C)$. É claro que $V_L = 208$ V. Além disso,

$$\mathbf{I}_C = -\mathbf{I}_A - \mathbf{I}_B = -10\underline{/-30°} - 8\underline{/45°} = 14,3\underline{/-177,4°} \ \text{A}$$

A partir de uma inspeção das Figs. 16-8*a* e *b*, deve ser bastante evidente que $\mathbf{V}_{CB}$ está adiantada 60° em relação a $\mathbf{V}_{AB}$, então $\mathbf{V}_{CB} = 208\underline{/60° + 60°} = 208\underline{/120°}$ V. Por esse motivo, a leitura do wattímetro é

$$P = 208(14,3)\cos[120° - (-177,4°)] \ \text{W} = 1,37 \ \text{kW}$$

16.35 Uma carga Y balanceada de resistores de 25 Ω é energizada a partir de uma fonte trifásica, três condutores, 480 V, *ABC*. Encontre a leitura de um wattímetro conectado com a corrente de linha de sua bobina de corrente *A* e a sua bobina de potencial através das linhas *A* e B. O terminal ± da bobina de corrente está na direção da fonte e o terminal ± da bobina de potencial está na linha *A*.

Com as conexões especificadas, o wattímetro tem uma leitura igual à $P = V_L I_L \cos(\text{ang } \mathbf{V}_{AB} - \mathbf{I}_A)$, para o qual I_L e os ângulos de $\mathbf{V}_{AB}$ e $\mathbf{I}_A$ são necessários. Uma vez que os fasores não são especificados no enunciado do problema, ao fasor $\mathbf{V}_{AB}$ pode ser convenientemente atribuído um ângulo 0°: $\mathbf{V}_{AB} = 480/0°$. A corrente I_A pode ser encontrada a partir da fase de tensão $\mathbf{V}_{AN}$ e a resistência fase de 25 Ω. Obviamente, $\mathbf{V}_{AN}$ tem um módulo de $480/\sqrt{3} = 277$ V. Além disso, a partir da Fig. 16-8*a*, ele está atrasado 30° em relação a $\mathbf{V}_{AB}$ e por isso tem um ângulo de 0° − 30° = −30°. Consequentemente, $\mathbf{V}_{AN} = 277/\underline{-30°}$ V e

$$\mathbf{I}_A = \frac{\mathbf{V}_{AN}}{R_Y} = \frac{277/\underline{-30°}}{25} = 11{,}09/\underline{-30°} \text{ A}$$

Como o módulo de $\mathbf{I}_A$ é a corrente de linha rms,

$$P = V_L I_L \cos(\text{ang } \mathbf{V}_{AB} - \mathbf{I}_A) = 480(11{,}09)\cos[0° - (-30°)] = 4{,}61 \times 10^3 \text{ W} = 4{,}61 \text{ kW}$$

A propósito, essa leitura do wattímetro é apenas metade da potência média total absorvida de $\sqrt{3} V_L I_L \times \text{PF} = \sqrt{3}(480)(11{,}09)(1) = 9.220$ W. Como deve ser evidente a partir das fórmulas dos dois wattímetros $V_L I_L \cos(30° + \theta)$ e $V_L I_L \cos(30° - \theta)$, esse resultado é geralmente verdadeiro para uma carga puramente resistiva balanceada ($\theta = 0°$) e um wattímetro conectado como se fosse um dos dois wattímetros do método de dois wattímetros.

16.36 Uma carga Δ balanceada de indutores de *j*40 Ω é energizada por uma fonte, 208 V, *ACB*. Encontre a leitura de um wattímetro conectado com a sua bobina de corrente na linha *B* e a sua bobina de potencial através das linhas *B* e *C*. O terminal ± da bobina de corrente está direcionado para a fonte e o terminal ± da bobina de potencial está na linha *B*.

Com as conexões especificadas, o wattímetro tem uma leitura igual a $P = V_L I_L \cos(\text{ang } \mathbf{V}_{BC} - \mathbf{I}_B)$, para o qual I_L e os ângulos de $\mathbf{V}_{BC}$ e $\mathbf{I}_B$ são necessários. Uma vez que os fasores não são especificados, ao fasor $\mathbf{V}_{BC}$ pode ser conveniente atribuído um ângulo de 0°: $\mathbf{V}_{BC} = 208/0°$ V. Então, $\mathbf{V}_{AB} = 208/\underline{-120°}$ V, como resulta a partir da relação entre a sequência de fase *ABC* especificada e o primeiro índice. Segue que

$$\mathbf{I}_B = \mathbf{I}_{BC} - \mathbf{I}_{AB} = \frac{\mathbf{V}_{BC}}{\mathbf{Z}_\Delta} - \frac{\mathbf{V}_{AB}}{\mathbf{Z}_\Delta} = \frac{208/0°}{j40} - \frac{208/\underline{-120°}}{j40} = 9{,}01/\underline{-60°} \text{ A}$$

Assim, a leitura do wattímetro é

$$P = V_L I_L \cos(\text{ang } \mathbf{V}_{BC} - \mathbf{I}_B) = 208(9{,}01)\cos[0° - (-60°)] = 937 \text{ W}$$

Essa leitura não tem, é claro, qualquer relação com a potência média absorvida pela carga, que deve ser de 0 W, porque a carga é puramente indutiva.

16.37 Um circuito *ABC*, 240 V, tem uma carga Y balanceada de impedâncias $20/\underline{-60°}$ Ω. Dois wattímetros são conectados pelo método dos dois wattímetros com as bobinas de corrente nas linhas *A* e *C*. Encontre as leituras dos wattímetros. Além disso, encontre essas leituras para uma sequência de fase *ACB*.

Uma vez que o módulo da tensão de linha e o ângulo da impedância são conhecidos, só o módulo da corrente de linha é necessário para determinar as leituras dos wattímetros. Esse módulo de corrente é

$$I_L = I_p = \frac{V_p}{Z_Y} = \frac{240/\sqrt{3}}{20} = 6{,}93 \text{ A}$$

Para a sequência de fase *ABC*, o wattímetro com sua bobina de corrente na linha A tem uma leitura de

$$P_A = V_L I_L \cos(30° + \theta) = 240(6{,}93)\cos(30° - 60°) = 1.440 \text{ W}$$

porque *A* precede *B* na sequência de fase e não existe bobina de corrente na linha *B*. A leitura do outro wattímetro é

$$P_C = V_L I_L \cos(30° - \theta) = 240(6{,}93)\cos[30° - (-60°)] = 0 \text{ W}$$

Observe que uma leitura do wattímetro é 0 W e a outra é a potência média total absorvida pela carga, como é geralmente verdadeiro para o método dos dois wattímetros para uma carga balanceada com um fator de potência de 0,5.

Para a sequência de fase *ACB*, a leitura do wattímetro muda porque *C* é antes de *B* na sequência de fase e não existe bobina de corrente na linha *B*. Então, $P_C = 1440$ W e $P_A = 0$ W.

16.38 Um circuito de 208 V tem uma carga balanceada Δ com impedâncias de $30\underline{/40°}$ Ω. Dois wattímetros são conectados para o método de dois wattímetros com suas bobinas de corrente nas linhas *A* e *B*. Encontre as leituras dos wattímetros para uma sequência de fase *ABC*.

A corrente de linha rms é necessária para as fórmulas dos wattímetros. Essa corrente é $\sqrt{3}$ vezes a corrente de fase rms:

$$I_L = \sqrt{3}I_p = \sqrt{3}\frac{V_p}{Z_\Delta} = \sqrt{3}\frac{208}{30} = 12 \text{ A}$$

Uma vez que não há corrente na bobina da linha *C* e que *B* precede *C* na sequência de fase, a leitura do wattímetro com sua bobina de corrente na linha *B* é

$$P_B = V_L I_L \cos(30° + \theta) = 208(12)\cos(30° + 40°) = 854 \text{ W}$$

A leitura do outro wattímetro é

$$P_A = V_L I_L \cos(30° - \theta) = 208(12)\cos(30° - 40°) \text{ W} = 2{,}46 \text{ kW}$$

16.39 Uma carga Y balanceada está conectada a uma fonte trifásica 480 V. O método de dois wattímetros é utilizado para medir a potência média absorvida pela carga. Se as leituras dos wattímetros são 5 kW e 3 kW, encontre a impedância de cada braço de carga.

Uma vez que a sequência de fase e as conexões dos wattímetros não são dadas, apenas o módulo do ângulo de impedância pode ser encontrado a partir das leituras dos wattímetros. A partir das fórmulas dos ângulos da potência, o módulo desse ângulo é

$$|\theta| = \text{tg}^{-1}\left(\sqrt{3}\frac{5-3}{5+3}\right) = 23{,}4°$$

O módulo da impedância de fase $\mathbf{Z}_Y$ pode ser encontrado a partir da relação entre a tensão e corrente de fase. A tensão de fase é $480/\sqrt{3} = 277$ V. A corrente de fase, que é também a corrente de linha, pode ser encontrada a partir da potência total absorvida, que é $5 + 3 = 8$ kW:

$$I_p = I_L = \frac{P}{\sqrt{3}V_L \times \text{PF}} = \frac{8000}{\sqrt{3}(480)(\cos 23{,}4°)} = 10{,}5 \text{ A}$$

A partir da razão entre a tensão e corrente da fase, o módulo da impedância de fase é $277/10{,}5 = 26{,}4$ Ω. Assim, a impedância de fase pode ser tanto $\mathbf{Z}_Y = 26{,}4\underline{/23{,}4°}$ Ω quanto $\mathbf{Z}_Y = 26{,}4\underline{/-23{,}4°}$ Ω.

16.40 Dois wattímetros têm leituras de 3 kW quando conectados pelo método de dois wattímetros com bobinas de correntes na linha *A* e *B* de um circuito trifásico, 600 V, *ABC*, que tem uma carga Δ balanceada. Encontre a impedância Δ de fase.

Para uma sequência de fase *ABC* e bobinas de corrente nas linhas *A* e *B*, o ângulo da impedância de fase é dado por

$$\theta = \text{tg}^{-1}\left(\sqrt{3}\frac{P_A - P_B}{P_A + P_B}\right) = \text{tg}^{-1}\left(\sqrt{3}\frac{3-3}{3+3}\right) = \text{tg}^{-1} 0 = 0°$$

Uma vez que o ângulo da impedância da carga é de 0°, a carga é puramente resistiva. A resistência de fase é igual à tensão de fase de 600 V, a qual é também a tensão de linha dividida pela corrente de fase. A partir de $P = 3V_p I_p \cos\theta$

$$I_p = \frac{P}{3V_p \cos\theta} = \frac{3.000 + 3.000}{3(600)(1)} = 3{,}33 \text{ A}$$

Finalmente,
$$R_\Delta = \frac{V_p}{I_p} = \frac{600}{3{,}33} = 180 \text{ Ω}$$

16.41 Dois wattímetros estão conectados pelo método dos dois wattímetros com as bobinas de corrente nas linhas B e C de um circuito, de 480 V, ACB, que tem uma carga Δ balanceada. Se as leituras dos wattímetros são 4 kW e 2 kW, respectivamente, encontre para Δ a impedância de fase $\mathbf{Z}_\Delta$.

O ângulo da impedância de fase é

$$\theta = \text{tg}^{-1}\left(\sqrt{3}\,\frac{P_C - P_B}{P_C + P_B}\right) = \text{tg}^{-1}\left(\sqrt{3}\,\frac{2-4}{2+4}\right) = \text{tg}^{-1}\left(-\frac{\sqrt{3}}{3}\right) = -30°$$

O módulo da impedância de fase pode ser encontrado pela divisão da tensão de fase de 480 V, a qual é também a tensão da linha, pela corrente de fase. A partir de $P = 3V_p I_p \cos\theta$, a corrente de fase é

$$I_p = \frac{P}{3V_p \cos\theta} = \frac{4.000 + 2.000}{3(480)\cos(-30°)} = 4{,}81\ \text{A}$$

Essa dividida pela tensão de fase é o módulo da impedância de fase. Consequentemente,

$$\mathbf{Z}_\Delta = \frac{480}{4{,}81}\underline{/-30°} = 99{,}8\underline{/-30°}\ \Omega$$

16.42 Dois wattímetros estão conectados pelo método dos dois wattímetros com as bobinas de corrente nas linhas A e C de um circuito de 240 V, ACB, que tem uma carga Y balanceada. Encontre a impedância de fase Y se a leitura dos dois wattímetros é − 1 kW e 2 kW, respectivamente.

O ângulo da impedância é

$$\theta = \text{tg}^{-1}\left(\sqrt{3}\,\frac{P_A - P_C}{P_A + P_C}\right) = \text{tg}^{-1}\left(\sqrt{3}\,\frac{-1-2}{-1+2}\right) = \text{tg}^{-1}(-3\sqrt{3}) = -79{,}1°$$

O módulo da impedância de fase pode ser encontrado pela divisão da tensão de fase de $V_p = 240/\sqrt{3} = 139$ V pela corrente de fase, que é também a corrente de linha. A partir de $P = \sqrt{3}V_L I_L \cos\theta$, a corrente de linha é

$$I_L = I_p = \frac{P}{\sqrt{3}V_L \cos\theta} = \frac{-1.000 + 2.000}{\sqrt{3}(240)\cos(-79{,}1°)} = 12{,}7\ \text{A}$$

Assim,
$$\mathbf{Z}_Y = \frac{139}{12{,}7}\underline{/-79{,}1°} = 10{,}9\underline{/-79{,}1°}\ \Omega$$

16.43 Um circuito de 240 V, ABC, tem uma carga Δ desbalanceada, consistindo nos resistores $R_{AC} = 45\ \Omega$, $R_{BA} = 30\ \Omega$ e $R_{CB} = 40\ \Omega$. Dois wattímetros são conectados pelo método de dois wattímetros com as bobinas de corrente nas linhas A e B. Quais são as leituras dos wattímetros e a potência média total absorvida?

A partir das conexões dos wattímetros, as leituras dos wattímetros são iguais a

$$P_A = \mathbf{V}_{AC}I_A \cos(\text{ang }\mathbf{V}_{AC} - \text{ang }\mathbf{I}_A) \quad \text{e} \quad P_B = \mathbf{V}_{BC}I_B \cos(\text{ang }\mathbf{V}_{BC} - \text{ang }\mathbf{I}_B)$$

Para os cálculos dessas potências, os fasores $\mathbf{V}_{AC}$, $\mathbf{V}_{BC}$, $\mathbf{I}_A$ e $\mathbf{I}_B$ são necessários. Uma vez que os ângulos não foram especificados, o ângulo de $\mathbf{V}_{AC}$ pode ser convenientemente selecionado como 0°, obtendo $\mathbf{V}_{AC} = 240\underline{/0°}$ V. Para uma sequência de fase ABC, V_{CB} está adiantado 120° em relação a $\mathbf{V}_{AC}$ e, portanto, é $\mathbf{V}_{CB} = 240\underline{/120°}$ V. No entanto, $\mathbf{V}_{BC}$ é necessário:

$$\mathbf{V}_{BC} = -\mathbf{V}_{CB} = -240\underline{/120°} = 240\underline{/120° - 180°} = 240\underline{/-60°}\ \text{V}$$

Além disso, $\mathbf{V}_{BA}$ está atrasado 120° em relação a $\mathbf{V}_{CA}$ e é $\mathbf{V}_{BA} = 240\underline{/-120°}$ V. A corrente de linha $\mathbf{I}_A$ e $\mathbf{I}_B$ pode ser determinada a partir das correntes de fase:

$$\mathbf{I}_A = \mathbf{I}_{AC} - \mathbf{I}_{BA} = \frac{\mathbf{V}_{AC}}{R_{AC}} - \frac{\mathbf{V}_{BA}}{R_{BA}} = \frac{240\underline{/0°}}{45} - \frac{240\underline{/-120°}}{30} = 11{,}6\underline{/36{,}6°}\ \text{A}$$

$$\mathbf{I}_B = \mathbf{I}_{BA} - \mathbf{I}_{CB} = \frac{\mathbf{V}_{BA}}{R_{BA}} - \frac{\mathbf{V}_{CB}}{R_{CB}} = \frac{240\underline{/-120°}}{30} - \frac{240\underline{/120°}}{40} = 12{,}2\underline{/-94{,}7°}\ \text{A}$$

Agora, P_A e P_B podem ser determinados:

$$P_A = V_{AC}I_A \cos(\text{ang } \mathbf{V}_{AC} - \text{ang } \mathbf{I}_A) = 240(11{,}6) \cos(0° - 36{,}6°) \text{ W} = 2{,}24 \text{ kW}$$

$$P_B = V_{BC}I_B \cos(\text{ang } \mathbf{V}_{BC} - \text{ang } \mathbf{I}_B) = 240(12{,}2) \cos[-60° - (-94{,}7°)] \text{ W} = 2{,}4 \text{ kW}$$

Observe que as duas leituras dos wattímetros não são as mesmas, apesar de que a carga é puramente resistiva. A razão pela qual não são as mesmas é que a carga não é balanceada.

A potência total absorvida é $P_A + P_B = 2{,}24 + 2{,}4 = 4{,}64$ kW. Isso pode ser verificado pela soma das potências absorvidas V^2/R por parte dos resistores individuais:

$$P_T = \frac{240^2}{45} + \frac{240^2}{30} + \frac{240^2}{40} \text{ W} = 4{,}64 \text{ kW}$$

16.44 Para um circuito *ACB*, quatro condutores, no qual $\mathbf{V}_{AN} = 277\underline{/-40°}$ V, encontre os quatro fasores de correntes de linha para uma carga Y de $\mathbf{Z}_A = 15\underline{/30°}$ Ω, $\mathbf{Z}_B = 20\underline{/-25°}$ Ω e $\mathbf{Z}_C = 25\underline{/45°}$ Ω.

As três correntes de fase, as quais são também as três correntes de linha, são iguais às tensões de fase dividida pelas impedâncias de fase. Uma tensão de fase é especificada como V_{AN}. As outras são V_{BN} e V_{CN}.
A partir da sequência de fase *ACB* especificada, as tensões $\mathbf{V}_{BN}$ e $\mathbf{V}_{CN}$, respectivamente, estão adiantadas 120° em relação a $\mathbf{V}_{AN}$: $\mathbf{V}_{BN} = 277\underline{/80°}$ V e $\mathbf{V}_{CN} = 277\underline{/-160°}$ V. Assim, as correntes de fase são

$$\mathbf{I}_A = \frac{\mathbf{V}_{AN}}{\mathbf{Z}_A} = \frac{277\underline{/-40°}}{15\underline{/30°}} = 18{,}5\underline{/-70°} \text{ A} \qquad \mathbf{I}_B = \frac{\mathbf{V}_{BN}}{\mathbf{Z}_B} = \frac{277\underline{/80°}}{20\underline{/-25°}} = 13{,}9\underline{/105°} \text{ A}$$

$$\mathbf{I}_C = \frac{\mathbf{V}_{CN}}{\mathbf{Z}_C} = \frac{277\underline{/-160°}}{25\underline{/45°}} = 11{,}1\underline{/-205°} = -11{,}1\underline{/-25°} \text{ A}$$

Pela LKC, a corrente de neutro de linha é

$$\mathbf{I}_N = -(\mathbf{I}_A + \mathbf{I}_B + \mathbf{I}_C) = -(18{,}5\underline{/-70°} + 13{,}9\underline{/105°} - 11{,}1\underline{/-25°}) = 7{,}3\underline{/-5{,}53°} \text{ A}$$

16.45 Para um circuito *ABC* em que $\mathbf{V}_{AB} = 480\underline{/40°}$ V, encontre os fasores das correntes de linha para uma carga Δ de $\mathbf{Z}_{AB} = 40\underline{/30°}$ Ω, $\mathbf{Z}_{BC} = 30\underline{/-70°}$ Ω e $\mathbf{Z}_{CA} = 50\underline{/60°}$ Ω.

Cada corrente de linha é a diferença de duas correntes de fase, e cada corrente de fase é a relação entre a tensão de fase e a impedância. Uma tensão de fase é dada $\mathbf{V}_{AB} = 480\underline{/40°}$ V. E, a partir da sequência de fase *ABC* dada, as outras tensões de fase, $\mathbf{V}_{BC}$ e $\mathbf{V}_{CA}$, respectivamente, estão atrasadas e adiantadas 120° em relação a $\mathbf{V}_{AB}$: $\mathbf{V}_{BC} = 480\underline{/-80°}$ V e $\mathbf{V}_{CA} = 480\underline{/160°}$ V. Assim, as correntes de fase são

$$\mathbf{I}_{AB} = \frac{\mathbf{V}_{AB}}{\mathbf{Z}_{AB}} = \frac{480\underline{/40°}}{40\underline{/30°}} = 12\underline{/10°} \text{ A} \qquad \mathbf{I}_{BC} = \frac{\mathbf{V}_{BC}}{\mathbf{Z}_{BC}} = \frac{480\underline{/-80°}}{30\underline{/-70°}} = 16\underline{/-10°} \text{ A}$$

$$\mathbf{I}_{CA} = \frac{\mathbf{V}_{CA}}{\mathbf{Z}_{CA}} = \frac{480\underline{/160°}}{50\underline{/60°}} = 9{,}6\underline{/100°} \text{ A}$$

E, pela LKC, as correntes de linha são

$$\mathbf{I}_A = \mathbf{I}_{AB} - \mathbf{I}_{CA} = 12\underline{/10°} - 9{,}6\underline{/100°} = 15{,}4\underline{/-28{,}7°} \text{ A}$$
$$\mathbf{I}_B = \mathbf{I}_{BC} - \mathbf{I}_{AB} = 16\underline{/-10°} - 12\underline{/10°} = 6{,}26\underline{/-51°} \text{ A}$$
$$\mathbf{I}_C = \mathbf{I}_{CA} - \mathbf{I}_{BC} = 9{,}6\underline{/100°} - 16\underline{/-10°} = 21{,}3\underline{/144{,}9°} = -21{,}3\underline{/-35{,}1°} \text{ A}$$

Como verificação, as três correntes de linha podem ser adicionadas, para ver se a soma é igual a zero, como deveria ser pela LKC. Esta soma é zero, mas é preciso mais do que três dígitos significativos para mostrar isso de forma convincente.

16.46 Para um circuito *ABC*, com três condutores, no qual $\mathbf{V}_{AB} = 480\underline{/60°}$ V, encontre as correntes de linha fasoriais para uma carga Y de $\mathbf{Z}_A = 16\underline{/-30°}$ Ω, $\mathbf{Z}_B = 14\underline{/50°}$ Ω e $\mathbf{Z}_C = 12\underline{/-40°}$ Ω.

Uma vez que a carga Y é desbalanceada e não há qualquer fio neutro, as tensões de fase de carga não são conhecidas. Isso significa que as correntes de linha não podem ser encontradas facilmente pela divisão da tensão de fase de carga pelas impedâncias de fase da carga, como na solução do Problema 16.44. Uma transformação Y para Δ é tentadora, de modo que as tensões de fase serão conhecidas e a abordagem na solução do Problema 16.45 poderá ser utilizada. Mas geralmente isso é um esforço consideravelmente maior que usar a análise de laço no circuito original.

Como mostrado na Fig. 16-16, a análise de laço pode ser utilizada para encontrar duas das três correntes de linha, aqui $\mathbf{I}_A$ e $\mathbf{I}_C$. É claro que, depois de elas serem conhecidas, a terceira corrente de linha $\mathbf{I}_B$ pode ser encontrada a partir delas pela LKC. Observe, na Fig. 16-16, que o gerador de $\mathbf{V}_{CA}$ não é mostrado. Ele não é necessário porque os dois geradores mostrados fornecem a tensão correta entre os terminais A e C. É claro, como mostrado, $\mathbf{V}_{BC}$ está atrasado 120° em relação a $\mathbf{V}_{AB}$, porque a sequência de fase é ABC.

As equações de laço são

$$(16\underline{/-30°} + 14\underline{/50°})\mathbf{I}_A + (14\underline{/50°})\mathbf{I}_C = 480\underline{/60°}$$
$$(14\underline{/50°})\mathbf{I}_A + (12\underline{/-40°} + 14\underline{/50°})\mathbf{I}_C = -480\underline{/-60°}$$

que simplificam para

$$(23\underline{/6,8°})\mathbf{I}_A + (14\underline{/50°})\mathbf{I}_C = 480\underline{/60°}$$
$$(14\underline{/50°})\mathbf{I}_A + (18,4\underline{/9,4°})\mathbf{I}_C = -480\underline{/-60°}$$

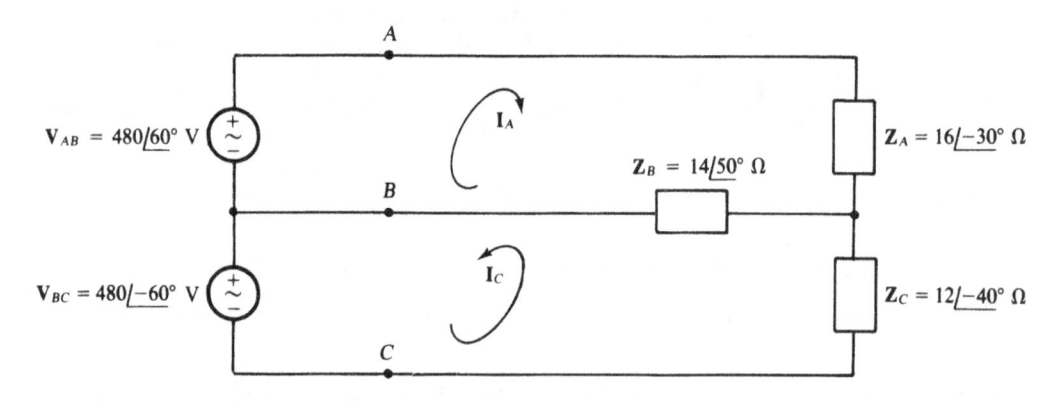

Figura 16-16

Pela regra de Cramer,

$$\mathbf{I}_A = \frac{\begin{vmatrix} 480\underline{/60°} & 14\underline{/50°} \\ -480\underline{/-60°} & 18,4\underline{/9,4°} \end{vmatrix}}{\begin{vmatrix} 23\underline{/6,8°} & 14\underline{/50°} \\ 14\underline{/50°} & 18,4\underline{/9,4°} \end{vmatrix}} = \frac{12,1 \times 10^3\underline{/36,2°}}{448\underline{/-9,6°}} = 26,9\underline{/45,8°} \text{ A}$$

$$\mathbf{I}_C = \frac{\begin{vmatrix} 23\underline{/6,8°} & 480\underline{/60°} \\ 14\underline{/50°} & -480\underline{/-60°} \end{vmatrix}}{448\underline{/-9,6°}} = \frac{5,01 \times 10^3\underline{/149,6°}}{448\underline{/-9,6°}} = 11,2\underline{/159,2°} \text{ A}$$

Pela LKC,

$$\mathbf{I}_B = -\mathbf{I}_A - \mathbf{I}_C = -26,9\underline{/45,8°} - 11,2\underline{/159,2°} = 24,7\underline{/-110°} \text{ A}$$

16.47 No circuito mostrado na Fig. 16-17, em que cada linha tem uma impedância de $5 + j8$, determine $\mathbf{I}_A$ e $\mathbf{I}_B$.

As equações de laço são

$$(5 + j8 + 15\underline{/-30°} + 13\underline{/25°} + 5 + j8)\mathbf{I}_A + (5 + j8 + 13\underline{/25°})\mathbf{I}_B = 208\underline{/40°}$$
$$(5 + j8 + 13\underline{/25°})\mathbf{I}_A + (5 + j8 + 10\underline{/45°} + 13\underline{/25°} + 5 + j8)\mathbf{I}_B = -208\underline{/-80°}$$

Na forma de matriz, elas simplificam para

$$\begin{bmatrix} 37{,}5\underline{/21{,}9°} & 21{,}5\underline{/38{,}8°} \\ 21{,}5\underline{/38{,}8°} & 40{,}6\underline{/44{,}7°} \end{bmatrix} \begin{bmatrix} \mathbf{I}_A \\ \mathbf{I}_B \end{bmatrix} = \begin{bmatrix} 208\underline{/40°} \\ -208\underline{/-80°} \end{bmatrix}$$

As soluções são $\mathbf{I}_A = 6{,}41\underline{/-9{,}14°}$ A e $\mathbf{I}_B = 5{,}11\underline{/94{,}1°}$ A. É claro que $\mathbf{I}_C = -\mathbf{I}_A - \mathbf{I}_B = 7{,}22\underline{/-146°}$ A.

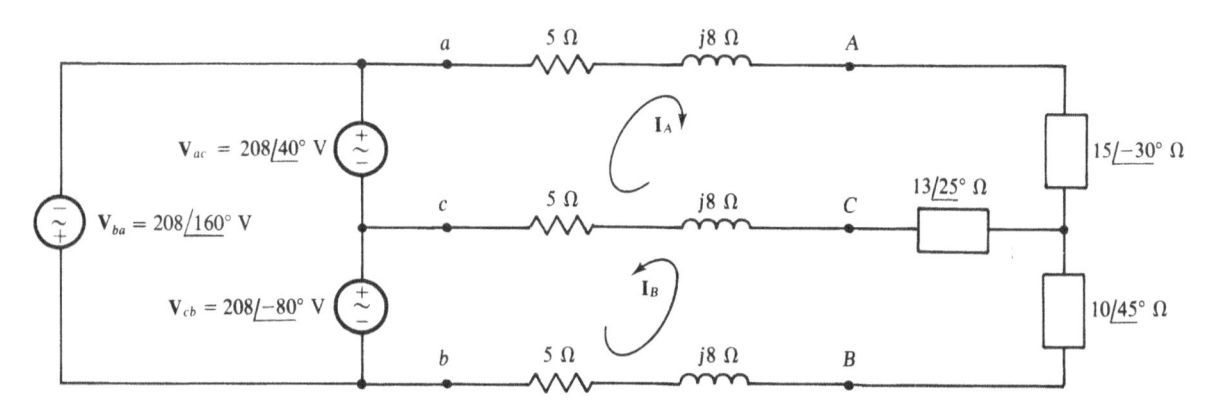

Figura 16-17

Observe na Fig. 16-17 a utilização de letras minúsculas para os terminais de fonte para os distinguir dos terminais de carga, como é necessário por causa das impedâncias de linha.

16.48 Em um circuito *ACB*, três condutores, onde uma tensão de fase na fonte é conectada em Y é $\mathbf{V}_{an} = 120\underline{/-30°}$ V, determine o fasor das correntes de linha para uma carga Δ em que $\mathbf{Z}_{AB} = 30\underline{/-40°}$ Ω, $\mathbf{Z}_{BC} = 40\underline{/30°}$ Ω e $\mathbf{Z}_{CA} = 35\underline{/60°}$ Ω. Cada linha tem uma impedância de $4 + j7$ Ω.

Uma boa abordagem é transformar Δ em Y e depois usar a análise de laço. As fórmulas para as três transformações Δ para Y têm o mesmo denominador de

$$\mathbf{Z}_{AB} + \mathbf{Z}_{BC} + \mathbf{Z}_{CA} = 30\underline{/-40°} + 40\underline{/30°} + 35\underline{/60°} = 81{,}3\underline{/22{,}4°}$$

Com estas inseridas, as fórmulas de transformação são

$$\mathbf{Z}_A = \frac{\mathbf{Z}_{AB}\mathbf{Z}_{CA}}{81{,}3\underline{/22{,}4°}} = \frac{(30\underline{/-40°})(35\underline{/60°})}{81{,}3\underline{/22{,}4°}} = \frac{1050\underline{/20°}}{81{,}3\underline{/22{,}4°}} = 12{,}9\underline{/-2{,}4°} \text{ Ω}$$

$$\mathbf{Z}_B = \frac{\mathbf{Z}_{AB}\mathbf{Z}_{BC}}{81{,}3\underline{/22{,}4°}} = \frac{(30\underline{/-40°})(40\underline{/30°})}{81{,}3\underline{/22{,}4°}} = \frac{1200\underline{/-10°}}{81{,}3\underline{/22{,}4°}} = 14{,}8\underline{/-32{,}4°} \text{ Ω}$$

$$\mathbf{Z}_C = \frac{\mathbf{Z}_{CA}\mathbf{Z}_{BC}}{81{,}3\underline{/22{,}4°}} = \frac{(35\underline{/60°})(40\underline{/30°})}{81{,}3\underline{/22{,}4°}} = \frac{1400\underline{/90°}}{81{,}3\underline{/22{,}4°}} = 17{,}2\underline{/67{,}6°} \text{ Ω}$$

Com o Y equivalente inserido para o Δ, o circuito é como o mostrado na Fig. 16-18. Pela razão de que a sequência de fase é *ACB*, $\mathbf{V}_{bn}$ está adiantado 120° em relação a $\mathbf{V}_{an}$ e $\mathbf{V}_{cn}$ está atrasado 120° em relação a $\mathbf{V}_{an}$, como mostrado.

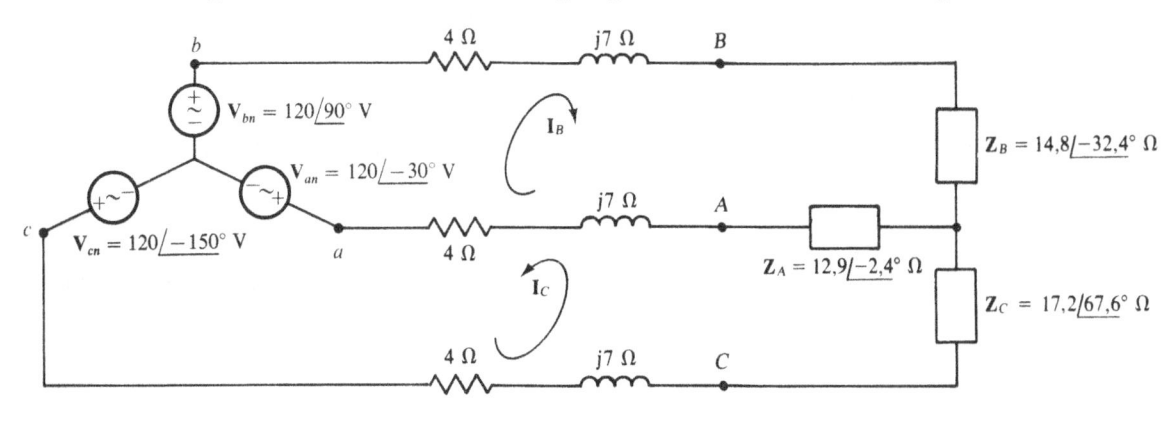

Figura 16-18

As equações de laço são

$$(4 + j7 + 14{,}8\underline{/-32{,}4°} + 12{,}9\underline{/-2{,}4°} + 4 + j7)\mathbf{I}_B + (4 + j7 + 12{,}9\underline{/-2{,}4°})\mathbf{I}_C = 120\underline{/90°} - 120\underline{/-30°}$$

$$(4 + j7 + 12{,}9\underline{/-2{,}4°})\mathbf{I}_B + (4 + j7 + 17{,}2\underline{/67{,}6°} + 12{,}9\underline{/-2{,}4°} + 4 + j7)\mathbf{I}_C = 120\underline{/-150°} - 120\underline{/-30°}$$

Estas simplificam para

$$(33{,}8\underline{/9{,}41°})\mathbf{I}_B + (18{,}1\underline{/20{,}9°})\mathbf{I}_C = 208\underline{/120°}$$
$$(18{,}1\underline{/20{,}9°})\mathbf{I}_B + (40{,}2\underline{/46{,}9°})\mathbf{I}_C = -208$$

As soluções são $\mathbf{I}_B = 5{,}4\underline{/84{,}2°}$ A e $\mathbf{I}_C = 5{,}11\underline{/160°}$ A. Obviamente, $\mathbf{I}_A = -\mathbf{I}_B - \mathbf{I}_C$, a partir do qual $\mathbf{I}_A = 8{,}27\underline{/-58{,}9°}$ A.

Problemas Complementares

16.49 Qual é a sequência de fase de um alternador trifásico conectado em Y para que $\mathbf{V}_{AN} = 7.200\underline{/-130°}$ V e $\mathbf{V}_{BN} = 7.200\underline{/110°}$ V? Além disso, qual é o valor de $\mathbf{V}_{CN}$?

Resp. ABC, $\mathbf{V}_{CN} = 7.200\underline{/-10°}$ V

16.50 Encontre a sequência de fase de um circuito trifásico balanceado em que $\mathbf{V}_{AN} = 120\underline{/15°}$ V e $\mathbf{V}_{CN} = 120\underline{/135°}$ V. Além disso, encontre $\mathbf{V}_{BN}$.

Resp. ABC, $\mathbf{V}_{BN} = 120\underline{/-105°}$ V

16.51 Para um circuito trifásico, três condutores, encontre as correntes de linha fasoriais de uma carga Y balanceada na qual cada fase tem impedância de $30\underline{/-40°}$ Ω e para a qual $\mathbf{V}_{CN} = 277\underline{/-70°}$ V. A sequência de fase é *ACB*.

Resp. $\mathbf{I}_A = 9{,}23\underline{/90°}$ A, $\mathbf{I}_B = 9{,}23\underline{/-150°}$ A, $\mathbf{I}_C = 9{,}23\underline{/-30°}$ A

16.52 Encontre a sequência de fase de um circuito trifásico no qual $\mathbf{V}_{BA} = 12.470\underline{/-140°}$ V e $\mathbf{V}_{AC} = 12.470\underline{/100°}$ V. Além disso, encontre a tensão da terceira linha.

Resp. ACB, $\mathbf{V}_{CB} = 12.470\underline{/-20°}$ V

16.53 Qual é a sequência de fase de um circuito trifásico para o qual $\mathbf{V}_{BN} = 7{,}62\underline{/-45°}$ kV e $\mathbf{V}_{CB} = 13{,}2\underline{/105°}$ kV?

Resp. ACB

16.54 Uma carga Y balanceada tem tensão de fase $\mathbf{V}_{BN} = 120\underline{/130°}$ V. Se a sequência de fase é *ABC*, encontre as tensões de linha $\mathbf{V}_{AC}$, $\mathbf{V}_{CB}$ e $\mathbf{V}_{BA}$.

Resp. $\mathbf{V}_{AC} = 208\underline{/-140°}$ V, $\mathbf{V}_{CB} = 208\underline{/-20°}$ V, $\mathbf{V}_{BA} = 208\underline{/100°}$ V

16.55 Quais são as tensões de fase para uma carga Y trifásica balanceada, se $\mathbf{V}_{CA} = 208\underline{/-125°}$ V? A sequência de fase é *ACB*.

Resp. $\mathbf{V}_{AN} = 120\underline{/25°}$ V, $\mathbf{V}_{BN} = 120\underline{/145°}$ V, $\mathbf{V}_{CN} = 120\underline{/-95°}$ V

16.56 Um circuito *ACB*, três condutores, balanceado, tem uma corrente de linha de $\mathbf{I}_C = 6\underline{/-10°}$ A. Encontre as outras correntes de linha.

Resp. $\mathbf{I}_A = 6\underline{/110°}$ A, $\mathbf{I}_B = 6\underline{/-130°}$ A

16.57 Encontre a corrente de linha $\mathbf{I}_C$ de um circuito trifásico, três condutores, desbalanceado, em que $\mathbf{I}_A = 6\underline{/-30°}$ A e $\mathbf{I}_B = -4\underline{/50°}$ A.

Resp. $\mathbf{I}_C = 6{,}61\underline{/113°}$ A

16.58 Uma carga Y balanceada com resistores de 100 Ω está conectada a uma fonte trifásica, 208 V, três condutores. Encontre a corrente de linha de corrente rms.

Resp. 1,2 A

16.59 Uma carga Y balanceada com impedâncias de $40\underline{/60°}$ Ω está conectada a uma fonte trifásica, 600 V, três condutores. Encontre a corrente de linha rms.

Resp. 8,66 A

16.60 Encontre as correntes de linha fasoriais para uma carga Y balanceada de impedâncias de $45\underline{/-48°}$ Ω. Uma tensão de fase é $\mathbf{V}_{CN} = 120\underline{/-65°}$ V, a sequência de fase é *ACB* e há apenas três condutores.

Resp. $\mathbf{I}_A = 2{,}67\underline{/103°}$ A, $\mathbf{I}_B = 2{,}67\underline{/-137°}$ A, $\mathbf{I}_C = 2{,}67\underline{/-17°}$ A

16.61 Para um circuito trifásico de três condutores, encontre as correntes de linha fasoriais para uma carga Y trifásica, balanceada, com impedâncias de $80\underline{/25°}$ Ω, se $\mathbf{V}_{AB} = 600\underline{/-30°}$ V e a sequência de fase é *ACB*.

Resp. $\mathbf{I}_A = 4{,}33\underline{/-25°}$ A, $\mathbf{I}_B = 4{,}33\underline{/95°}$ A, $\mathbf{I}_C = 4{,}33\underline{/-145°}$ A

16.62 Encontre a sequência de fase de um circuito trifásico no qual duas das correntes de fase de uma carga Δ balanceada são $\mathbf{I}_{AB} = 10\underline{/50°}$ A e $\mathbf{I}_{CA} = 10\underline{/170°}$ A. Além disso, encontre a terceira corrente de fase.

Resp. ABC, $\mathbf{I}_{BC} = 10\underline{/-70°}$ A

16.63 Encontre as correntes de fase $\mathbf{I}_{AC}$, $\mathbf{I}_{CB}$ e $\mathbf{I}_{BA}$ de uma carga Δ trifásica balanceada, para que uma corrente de linha de $\mathbf{I}_A = 1{,}4\underline{/65°}$ A. A sequência de fase é *ACB*.

Resp. $\mathbf{I}_{AC} = 0{,}808\underline{/95°}$ A, $\mathbf{I}_{CB} = 0{,}808\underline{/-25°}$ A, $\mathbf{I}_{BA} = 0{,}808\underline{/-145°}$ A

16.64 Uma carga Δ trifásica equilibrada em uma corrente de fase $\mathbf{I}_{CA} = 4\underline{/-35°}$ A. Se a sequência de fase é *ABC*, encontre as correntes de linha fasoriais e as outras correntes de fase fasoriais.

Resp. $\mathbf{I}_A = 6{,}93\underline{/175°}$ A $\quad \mathbf{I}_{AB} = 4\underline{/-155°}$ A
$\mathbf{I}_B = 6{,}93\underline{/55°}$ A $\quad \mathbf{I}_{BC} = 4\underline{/85°}$ A
$\mathbf{I}_C = 6{,}93\underline{/-65°}$ A

16.65 Encontre as correntes de linha fasoriais para uma carga Δ balanceada, trifásica, na qual a corrente de fase é $\mathbf{I}_{BA} = 4{,}2\underline{/-30°}$ A. A sequência de fase é *ACB*.

Resp. $\mathbf{I}_A = -7{,}27$ A, $\mathbf{I}_B = 7{,}27\underline{/-60°}$ A, $\mathbf{I}_C = 7{,}27\underline{/60°}$ A

16.66 Encontre o valor rms das correntes de linha para uma carga Δ balanceada de resistores de 100 Ω, de uma fonte trifásica de 480 V, três condutores.

Resp. 8,31 A

16.67 Encontre as correntes de linha fasoriais para uma carga Δ balanceada, de impedâncias $200\underline{/-55°}$ Ω se a sequência de fase é *ABC* e uma tensão de fase é $\mathbf{V}_{CA} = 208\underline{/-60°}$ V.

Resp. $\mathbf{I}_A = 1{,}8\underline{/-155°}$ A, $\mathbf{I}_B = 1{,}8\underline{/85°}$ A, $\mathbf{I}_C = 1{,}8\underline{/-35°}$ A

16.68 Uma carga Δ balanceada de impedâncias $50\underline{/35°}$ Ω é energizada pelo secundário de um transformador trifásico conectado em Y, para a qual $\mathbf{V}_{AN} = 120\underline{/-10°}$ V. Se a sequência de fase é *ABC*, encontre corrente de linha fasorial e as correntes de carga.

Resp. $\mathbf{I}_A = 7{,}2\underline{/-45°}$ A $\quad \mathbf{I}_{AC} = 4{,}16\underline{/-75°}$ A
$\mathbf{I}_B = 7{,}2\underline{/-165°}$ A $\quad \mathbf{I}_{BC} = 4{,}16\underline{/-195°}$ A
$\mathbf{I}_C = 7{,}2\underline{/75°}$ A $\quad \mathbf{I}_{CB} = 4{,}16\underline{/45°}$ A

16.69 Uma carga Y balanceada com impedâncias de $8 + j6$ Ω está conectada a uma fonte trifásica por três condutores, cada um dos quais tem impedância de $3 + j4$ Ω. A tensão de fase rms da carga é 50 V. Encontre a tensão de linha rms da fonte.

Resp. 129 V

16.70 Uma carga Δ balanceada com impedâncias de $15 - j9$ Ω está conectada a uma fonte trifásica por três condutores, cada um dos quais tem impedância de $2 + j5$ Ω. A tensão da carga é de 120 Vrms. Encontre a tensão de linha rms na fonte.

Resp. 150 V

16.71 Um circuito trifásico de 600 V, três condutores, em duas cargas Δ balanceadas, conectadas em paralelo, uma com resistores de 30 Ω e a outra com resistores de 60 Ω. Encontre a corrente de linha rms total.

Resp. 52 A

16.72 Um circuto trifásico, 480 V, três condutores, tem duas cargas Y balanceadas, conectadas em paralelo, uma com resistores de 40 Ω e a outra com resistores de 120 Ω. Encontre a corrente de linha rms total.

Resp. 9,24 A

16.73 Um circuito trifásico de 480 V tem duas cargas Δ balanceadas, conectadas em paralelo, uma com impedância de $50\underline{/-60°}$ Ω e a outra de impedância de $70\underline{/50°}$ Ω. Encontre a corrente de linha rms total e a potência média total absorvida.

Resp. 16,8 A, 13,3 kW

16.74 Um circuito de 600 V, trifásico, tem duas cargas Δ balanceadas conectadas em paralelo, uma com impedância $90\underline{/-40°}$ Ω e a outra um Y com impedância $50\underline{/30°}$ Ω. Encontre a corrente de linha rms total e a potência média total absorvida.

Resp. 15,4 A, 15,4 kW

16.75 Uma carga Y balanceada com impedância de $30\underline{/-30°}$ Ω e uma carga Δ balanceada de $90\underline{/-50°}$ Ω conectadas em paralelo são conectadas por três condutores ao secundário de um transformador trifásico. Se $V_{BA} = 208\underline{/-30°}$ V e a sequência de fase é *ACB*, encontre os fasores das correntes de linha totais.

Resp. $I_A = 7,88\underline{/-140°}$ A, $I_B = 7,88\underline{/-20°}$ A, $I_C = 7,88\underline{/100°}$ A

16.76 Uma carga Δ balanceada com impedâncias de $60\underline{/50°}$ Ω está ligada ao secundário de um transformador trifásico por três condutores que têm impedância de $3 + j4$ Ω cada. Se a tensão de linha rms é 480 V nos terminais secundários, encontre a corrente de linha rms.

Resp. 11,1 A

16.77 Encontre a potência média absorvida por uma carga trifásica balanceada num circuito *ACB*, em que uma tensão de linha é $V_{AC} = 480\underline{/30°}$ V e uma corrente de linha para a carga é $I_B = 2,1\underline{/80°}$ A.

Resp. 1,34 kW

16.78 Um motor de indução trifásico entrega 100 hp enquanto opera com uma eficiência de 80% e um fator de potência 0,7 atrasado a partir de uma linha de 600 V. Encontre a corrente de linha rms.

Resp. 128 A

16.79 Um motor de indução trifásico entrega 150 hp enquanto opera com uma eficiência de 75% e um fator de potência de 0,8 atrasado a partir de uma linha de 480 V. Um banco de capacitores em Y para correção do fator de potência deve ser inserido para melhorar o fator de potência global para 0,9 atrasado. Determine a capacitância necessária por fase.

Resp. 456 μF

16.80 Em um circuito trifásico de 480V, uma carga Δ balanceada consome 5 kW com um fator de potência 0,7 atrasado. Encontre a impedância de fase do Δ.

Resp. $96,8\underline{/45,6°}$ Ω

16.81 Dado que $V_{AC} = 208\underline{/-40°}$ V em um circuito trifásico, *ACB* trifásico, encontre o fasor das correntes de linha para uma carga balanceada que absorve 10 kW a um fator de potência 0,8 atrasado.

Resp. $I_A = 34,7\underline{/-107°}$ A, $I_B = 34,7\underline{/13°}$ A, $I_C = 34,7\underline{/133°}$ A

16.82 Um circuito trifásico de 600 V tem duas cargas balanceadas conectadas em paralelo. Uma delas é um motor síncrono, que entrega 30 hp enquanto opera com uma eficiência de 85% e um fator de potência 0,7 adiantado. A outra é um motor de indução que entrega 50 hp enquanto opera com uma eficiência de 80% e um fator de potência 0,85 atrasado. Encontre a corrente de linha rms total.

Resp. 70,2 A

16.83 Se $I_B = 20\underline{/40°}$ A, $I_C = 15\underline{/-30°}$ A e $V_{BC} = 480\underline{/-40°}$ V, em um circuito com três condutores, *ACB*, encontre a leitura de um wattímetro conectado com a bobina de corrente na linha *A* e sua bobina de potencial através das linhas *A* e *B*. O terminal ± da bobina de corrente está em direção à fonte, e o terminal ± da bobina de potencial está na linha *A*.

Resp. 13,6 kW

16.84 Uma carga Y balanceada de resistores de 50 Ω, é conectada a uma fonte trifásica, 208 V *ACB*, três condutores. Encontre a leitura de um wattímetro conectado com a sua bobina de corrente na linha *B* e a sua bobina de potencial através das linhas *A* e *C*. O terminal ± da bobina de corrente está direcionado para a fonte e o terminal ± da bobina de potencial está na linha *A*.

Resp. 0 W

16.85 Uma carga Δ balanceada, com impedâncias de $9 + j12$ Ω, está conectada a uma fonte de 480V, *ABC*. Encontre a leitura de um wattímetro conectado com sua bobina de corrente na linha *A* e sua bobina de potencial através das linhas *B* e *C*. O terminal ± da bobina de corrente está na direção da fonte e o terminal ± da bobina de potencial está na linha de *C*.

Resp. −21,3 kW

16.86 Um circuito trifásico de 600 V tem uma carga Y balanceada, de impedâncias $40\underline{/30°}$ Ω. Encontre as leituras dos wattímetros pelo método dos dois wattímetros.

Resp. 5,2 kW, 2,6 kW

16.87 Um circuito de 480 V, *ACB*, tem uma carga Y balanceada de impedâncias $30\underline{/-50°}$ Ω. Dois wattímetros são conectados pelo método dos dois wattímetros com suas bobinas de correntes nas linhas *B* e *C*. Encontre as leituras dos wattímetros.

Resp. $P_B = 4{,}17$ kW, $P_C = 770$ W

16.88 Um circuito de 600V, *ACB*, tem uma carga Δ balanceada de impedâncias $60\underline{/20°}$ Ω. Dois wattímetros são conectados pelo método dos dois wattímetros suas bobinas de correntes nas linhas B e C. Encontre as leituras dos wattímetros.

Resp. $P_B = 6{,}68$ kW, $P_C = 10{,}2$ kW

16.89 Uma carga Y balanceada está conectada a uma fonte trifásica de 208 V. O método de dois wattímetros é utilizado para medir a potência média absorvida pela carga. Se as leituras dos wattímetros são 8 kW e 4 kW, encontre a impedância de fase Y.

Resp. Tanto $3{,}12\underline{/30°}$ Ω quanto $3{,}12\underline{/-30°}$ Ω

16.90 Considere dois wattímetros, ambos tendo leituras de 5 kW quando conectados pelo método dos dois wattímetros em um circuito trifásico de 480 V que tem uma carga Δ balanceada. Encontre a impedância de fase Δ.

Resp. $69{,}1\underline{/0°}$ Ω

16.91 Dois wattímetros estão conectados pelo método dos dois wattímetros com suas bobinas de corrente nas linhas *A* e *B* de um circuito de 208 V, *ABC*, com uma carga Δ balanceada. Se as leituras dos wattímetros são 6 kW e −3 kW, respectivamente, encontre a impedância de fase Δ.

Resp. $8{,}18\underline{/79{,}1°}$ Ω

16.92 Dois wattímetros estão conectados pelo método dos dois wattímetros com suas bobinas de corrente nas linhas *B* e *C* de um circuito de 600 V, *ABC*, com uma carga Y balanceada. Encontre a impedância de fase Y se as duas leituras dos wattímetros são 3 kW e 10 kW, respectivamente.

Resp. $20{,}3\underline{/-43°}$ Ω

16.93 Um circuito *ACB*, 480 V, tem uma carga em Δ desbalanceada, consistindo nos resistores $R_{AC} = 60$ Ω, $R_{BA} = 85$ Ω e $R_{CB} = 70$ Ω. Dois wattímetros estão conectados pelo método dos dois wattímetros com suas bobinas de corrente nas linhas *A* e *C*. Quais são as leituras dos wattímetros?

Resp. $P_A = 4{,}63$ kW, $P_C = 5{,}21$ kW

16.94 Para um circuito *ABC*, quatro condutores, em que $V_{BN} = 208\underline{/65°}$ V, encontre os quatro fasores das correntes de linha para uma carga Y de $Z_A = 30\underline{/-50°}$ Ω, $Z_B = 25\underline{/38°}$ Ω e $Z_C = 35\underline{/-65°}$ Ω.

Resp. $I_A = 6{,}93\underline{/-125°}$ A, $I_B = 8{,}32\underline{/27°}$ A, $I_C = 5{,}94\underline{/10°}$ A, $I_N = 9{,}33\underline{/175°}$ A

16.95 Para um circuito ACB, no qual $\mathbf{V}_{AC} = 600\underline{/-15°}$ V, encontre os fasores das correntes de linha para uma carga Δ de $\mathbf{Z}_{AC} = 150\underline{/-35°}\ \Omega$, $\mathbf{Z}_{BA} = 200\underline{/60°}\ \Omega$ e $\mathbf{Z}_{CB} = 175\underline{/-70°}\ \Omega$.

Resp. $\mathbf{I}_A = 1{,}8\underline{/-24{,}7°}$ A, $\mathbf{I}_B = 5{,}27\underline{/82{,}7°}$ A, $\mathbf{I}_C = 5{,}04\underline{/-117°}$ A.

16.96 Em um circuito ACB, três condutores, em que $\mathbf{V}_{CB} = 208\underline{/-40°}$ V, encontre os fasores das correntes de linha para uma carga Y de $\mathbf{Z}_A = 10\underline{/30°}\ \Omega$, $\mathbf{Z}_B = 20\underline{/60°}\ \Omega$ e $\mathbf{Z}_C = 15\underline{/-50°}\ \Omega$.

Resp. $\mathbf{I}_A = 2{,}53\underline{/88{,}8°}$ A, $\mathbf{I}_B = 10{,}7\underline{/133°}$ A, $\mathbf{I}_C = 12{,}6\underline{/-54{,}8°}$ A.

16.97 Em um circuito ACB, três condutores, no qual a tensão de linha da fonte é $\mathbf{V}_{bc} = 480\underline{/-30°}$ V, encontre os fasores das correntes de linha para uma carga Y de $\mathbf{Z}_A = 12\underline{/60°}\ \Omega$, $\mathbf{Z}_B = 8\underline{/20°}\ \Omega$ e $\mathbf{Z}_C = 10\underline{/-30°}\ \Omega$. Cada linha tem uma impedância de $3 + j4\ \Omega$.

Resp. $\mathbf{I}_A = 15{,}2\underline{/-165°}$ A, $\mathbf{I}_B = 27{,}3\underline{/-33{,}9°}$ A, $\mathbf{I}_C = 20{,}9\underline{/113°}$ A

16.98 Em um circuito ABC, três condutores, no qual a tensão de linha da fonte é $\mathbf{V}_{ab} = 480\underline{/60°}$ V, encontre os fasores das correntes de linha para uma carga Δ de $\mathbf{Z}_{AB} = 40\underline{/-50°}\ \Omega$, $\mathbf{Z}_{BC} = 35\underline{/60°}\ \Omega$ e $\mathbf{Z}_{CA} = 50\underline{/40°}\ \Omega$. Cada linha tem uma impedância de $8 + j9\ \Omega$.

Resp. $\mathbf{I}_A = 7{,}44\underline{/27{,}8°}$ A, $\mathbf{I}_B = 14\underline{/-112°}$ A, $\mathbf{I}_C = 9{,}64\underline{/97{,}8°}$ A

Índice

A
Acoplamento, coeficiente de, 319–320
Admitância, 213–214
    auto, 242–243
    condutância da, 213–214
    mútua, 242–243
    susceptância da, 213–214
Agrupamento de dígitos, 1–2
Álgebra complexa, 192–196
Alternador (gerador CA), 171–172, 344–345
Ampère, 2
Amplificador de tensão não inversor, 115
Amplificador operacional (amp op), 112–113
    em cascata, 148–149
    ganho de tensão em circuito aberto, 112–113
    modelo, 112–113
Análise de laço, 57, 241–242
Análise de malha, 56, 240–241
Análise nodal, 58, 242–243
Ângulo da impedância, 210–211
Ângulo de fase, 173–174
Ângulo do fator de potência, 290–291
Aumento de tensão, 3
Aumento potencial, 3
Autoadmitância, 242–243
Autocondutância, 58
Autoimpedância, 241–242
Autoindutância, 319–320
Autorresistência, 57
Autotransformador, 320–321

B
Bobina, 158
Buffer, 116–117

C
Capacitância, 136–137
    equivalente, 137
    total, 137
Capacitor, 136–137
    energia armazenada, 138
    resposta senoidal, 176–177
Carga, 1–2
    conservação, 2
    elétron, 1–2
    próton, 1–2
Carga:
    balanceada, 347–350
    desbalanceado, 353
    paralelo trifásico, 350–351
    Y conectado, 85–86, 264–265, 347–348
    Δ conectado, 85–86, 264–265, 349–350
Carga negativa, 1–2
Carga positiva, 1–2
Cavalo-vapor, 4–5
Choque, 158
Ciclo, 170–171
Circuito, 2
    aberto, 20
    CA, 170–171
    capacitivo, 210–211
    CC, 31–32
    indutivo, 210–211
    linear, 82–83
    no domínio do tempo, 207–208
    no domínio fasorial, 207–208
    trifásico, 344–372
Circuito equivalente:
    Norton, 83–84, 262–264
    Thévenin, 82–83, 262–263
Circuito ponte, 85–86
    comparação de capacitância, 282–283
    Maxwell, 283–284
    Wheatstone, 85–86
Circuito rede, 85–86
Circuitos com amplificador operacional, 112–135
    amplificador de tensão não inversora, 115
    buffer, 116–117
    cascata de amp op, 116–117
    conversor tensão para corrente, 116–117
    inversor, 114–115
    seguidor de tensão, 116–117
Circuitos trifásicos, 344–372
    balanceado, 344–345, 347–350
    desbalanceado, 353
Cirtuito aberto de tensão, 82–83, 262–263
Código de cor, resistor, 20
Coeficiente de acoplamento, 319–320
Coeficiente de temperatura da resistência, 19
Combinação de resistências, 84–85, 324–325
Condutância, 17–18
    auto, 58
    da admitância, 213–214
    equivalente, 33–34
    mútua, 58
    total, 33–34
Condutividade, 18
Condutor, 17–18

Conexão delta (Δ), 85–86, 264–265
Conexão em paralelo, 21, 31–32
Conexão em série, 21, 31–32
Conjugado, 194
Conservação da carga, 2
Constante de tempo, 139
    RC, 139
    RL, 159–160
Constante dielétrica, 137
Convenção de pontos, 316–317
Convenção passiva de sinal, 4–5
Conversor tensão-corrente, 116–117
Correção do fator de potência, 293–294
Corrente, 2
    alternada (CA), 3, 170–171
    contínua (CC), 3
    curto-circuito, 262–264
    de fase, 346–347
    de laço, 57
    de linha, 345–346
    de malha, 56
Corrente instantânea, 138
Coulomb, 2
Curto-circuito, 20

D

Derivada, 138
Determinante, 54
Diagrama de admitância, 213–214
Diagrama de impedância, 210–211
Diagrama fasorial, 196
Dielétrico, 136–137
Diferença de fase, 173–174
Diferença de tensão, 3
Direção da corrente, 2
    referência, 2
Direção do fluxo de corrente convencional, 2
Dual, 72

E

Eficiência, 4–5
Elemento de circuito linear, 82–83
Elétron, 1–2
Energia, 3–5
    armazenada por um capacitor, 138
    armazenada por um indutor, 159–160
Enrolamento:
    primário, 315–316
    secundário, 315–316
Equação da ponte, 87, 265
Equação geral do transformador, 323–324

F

Farad, 136–137
Fasor, 196
Fator de potência, 290–291
    adiantado, 291–292
    atrasado, 291–292

Fator reativo, 292–293
Fluxo:
    fugas, 316–317
    magnético, 157–158, 315–316
    mútuo, 315–316
Fluxo de dispersão, 316–317
Fluxo de ligação, 158
Fonte:
    CA, 170–171, 344–345
    CC, 4
    controlada, 4
    corrente, 3
    dependente, 4
    equivalente, 56, 240–241
    independente, 4
    na prática, 20
    Norton, 83–84, 262–264
    tensão, 4
    Thévenin, 82–83, 262–263
Forma exponencial do número complexo, 194
Forma polar de um número complexo, 194
Forma retangular de número complexo, 193–194
Frequência, 170–171
    angular, 171–172
    radiano, 171–172
Frequência de ressonância, 215–216

G

Gerador:
    CA, 171–172, 344–345
    Δ conectado, 346–347
    Y conectado, 345–346
Giga, 2

H

Henry, 158
Hertz, 170–171

I

Identidade de Euler, 194
Impedância, 209–210
    acoplada, 320–321
    auto, 241–242
    entrada, 210–211
    equivalente, 209–210
    mútua, 241–242
    reatância de, 210–211
    refletida, 317–318, 320–321
    resistência de, 210–211
    saída, 271
    Thévenin, 262–263
    total, 209–210
Índice de notação:
    corrente, 344–345
    tensão, 3, 344–345
Indutância, 158
    auto, 319–320
    equivalente, 159

mútua, 319–320
   total, 159
Indutor, 158
   energia armazenada, 159–160
   resposta senoidal, 175–176
Inversor, 114–115
Íon, 2
Isolador, 17–18

J
Joule, 3

L
Laço, 31–32
Laço de corrente, 57
Lei de Faraday, 158
Lei de Ohm, 17–18
Leis de Kirchhoff:
   das correntes (LKC), 32–33, 242–243
   das tensões (LKT), 31–32, 240–241

M
Malha, 31–32
Material ferromagnético, 157–158
Medição de potência:
   método dos dois wattímetros, 330–301, 352–353
   monofásica, 291–292
   trifásica, 351–352
Mega, 2
Método dos dois wattímetros, 330–301, 352–353
Método quilo-ohm-miliampères, 34
Mho, 17–18
Micro, 2
Mili, 2
Modelo:
   amp op, 112–113
   transformador, 316–317

N
Nano, 2
Neutro, 346–347
Neutron, 2
Newton, 3
Nó, 31–32
   referência, 33–34
Notação do duplo índice, 3, 344–345
Número complexo:
   ângulo do, 194
   conjugado, 194
   forma exponencial, 194
   forma polar, 194
   forma retangular, 193–194
   módulo, 194
Número imaginário, 192–193
Número real, 192–193

O
Ohm, 17–18
Onda cossenoidal, 173–174

Onda senoidal, 170–172
Oscilador, 140

P
Período, 141, 170–171
Permeabilidade, 157–158
Permeabilidade relativa, 158
Permissividade, 137
Permissividade relativa, 137
Pico, 2
Plano complexo, 193–194
Plano de impedância, 210–211
Polaridade da tensão, 3
   referência, 4
Ponte balanceada, 87, 265
Ponte de comparação de capacitância, 282–283
Ponte de Maxwell, 283–284
Ponte de Wheatstone, 85–86
Potência, 4–5, 290–291
   aparente, 293–294
   complexa, 292–293
   instantâna, 174–175, 290–291
   máxima de transferência de, 84–85, 262–264
   média, 170–171, 290–291
   real, 292–293
   reativa, 292–293
   resistor, 19
   trifásica, 351–352
Próton, 1–2

Q
Quantidade periódica, 170–171
   valor eficaz, 174–175
Queda de potencial, 3
Queda de tensão, 3
Quilo, 2
Quilowatt-horas, 4–5

R
Racionalização, 193–194
Radiano, 171–172
Radiano frequência, 171–172
Ramo, 31–32
Reatância:
   capacitiva, 176–177
   de impedância, 210–211
   indutiva, 175–176
Rede (ver Circuito)
Referência nodal, 33–34
Referências associadas, 4–5
Regra da mão direita, 157–158, 315–316
Regra de Cramer, 54
Regra de divisão de corrente, 34, 214–215
Regra de divisão de tensão, 32–33, 211–212
Relação de espiras, 316–317
Relação de fase, 173–174
Relação de transformação, 316–317
Resistência, 17–18
   auto, 57
   de impedância, 210–211

entrada, 84–85
equivalente, 31–32
interna, 20
mútua, 57
saída, 82–85
Thévenin, 82–83
tolerância, 19
total, 31–32
valor nominal, 19
Resistência à temperatura de zero inferido, 18
Resistividade, 17–18
Resistor, 19
código de cores, 20
linear, 19
não linear, 19
resposta senoidal, 174–175

S

Seguidor de tensão, 116–117
Semicondutor, 18
Senoide, 173–174
valor eficaz, 175–176
valor médio, 174–175
Sequência de fase, 346–347
Sequência de fase negativa, 346–347
Sequência de fase positiva, 346–347
Siemens, 17–18
Símbolo da unidade, 1–2
Sistema Internacional de Unidades (SI), 1–2
Susceptância, 213–214

T

Temporizador RC, 140
Tensão, 3
de circuito aberto, 82–83, 262–263
de fase, 346–347
de linha, 346–347
induzida, 158, 319–320
instantânea, 138
nodal, 33–34
Tensões e correntes variando no tempo, 138
Teorema:
de Millman de, 84–85
de Norton, 83–84, 262–264
de Thévenin, 82–83, 262–263

máxima transferência de potência, 84–85, 262–264
superposição, 84–85, 262–264
Teorema de rede (ver Teorema)
Tera, 2
Terra, 33–34
Tolerância, resistência, 19
Trabalho, 3
Transformação:
$\Delta - Y$, 85–86, 264–265
fonte, 56, 240–241
Transformadores, 315–343
abaixador, 317–318
com núcleo de ar, 318–319
de núcleo de ferro, 316–317
elevador, 317–318
ideal, 316–317
linear, 318–319
Transientes, 139
Triângulo de admitância, 213–214
Triângulo de impedância, 211–212
Triângulo de potência, 292–293

U

Unidades SI, 1–2

V

Valor efetivo, 174–175
Valor médio da onda periódica, 174–175
Valor nominal de resistência, 19
Valor rms (raiz média quadrática), 175–176
VAR, 292–293
Velocidade angular, 171–172
Volt, 3
Voltampère, 292–293
Voltampère reativo, 292–293

W

Watt, 4–5
Wattímetro, 291–292
Weber, 157–158

Y

Y (estrela) conexão, 85–86, 264–265, 345–346
Y-Δ transformação, 85–86, 264–265